KB078895

기계설계산업기사
필기 3200제

이광수 편저

Industrial Engineer
Machinery Design

일진사

머리말

"지금까지의 삶의 방식을 근본적으로 바꿀 기술 혁명이 눈앞에 와 있다."

'4차 산업혁명'이라는 화제를 세계적으로 유행시킨 세계경제포럼 회장 클라우스 슈밥(Klaus Schwab)의 말이다. 산업 기술의 발전으로 '사람이 하기 힘든 일을 기계가 하는 시대'에서 '기계가 못 하는 일을 사람이 하는 시대'로 급격히 바뀌고 있으며, 자동화되는 설비로 인해 단순 노동 인력이 줄어드는 현상은 피할 수 없는 대세가 되었다. 기계설계 분야를 보는 시각도 여기에서 시작해야 한다.

모든 산업 기계 및 기구의 각 부분은 여러 구성요소로 되어 있어 용도에 맞게 사용될 수 있도록 모양·구조·크기·강도 등을 합리적으로 결정하고, 재료와 가공법 등을 알맞게 선택해야 한다. 또한 양질의 제품을 제작하기 위하여 제품의 용도나 기능에 적합하도록 면밀한 계획을 세워야 하는데, 이러한 내용을 종합하는 기술을 설계라 한다.

이 책은 기계설계산업기사 국가기술자격시험에 대비하여 최소의 시간으로 최대의 효과를 얻을 수 있도록 다음과 같이 구성하였다.

첫째, 기계설계산업기사 필기시험에서 자주 출제되는 문제를 과목별 예상문제로 수록하여 반복 출제되는 문제에 대하여 효율적으로 학습할 수 있도록 하였다.

둘째, 최근 10년간 시행된 과년도 출제문제를 수록하여 스스로 출제경향을 파악하며 학습 수준을 점검할 수 있도록 하였다.

셋째, 출제경향을 파악하고 응용할 수 있는 상세한 해설을 통해 시험 합격에 이르는 가장 가까운 길을 제시하였다.

이 책으로 공부하신 모두에게 합격의 영광이 있기를 바라며, 책이 나오기까지 관심과 배려를 아끼지 않고 도움을 주신 도서출판 **일진사** 임직원 여러분께 깊은 감사의 마음을 전한다.

저자 씀

⚙ 출제 기준 ⚙

직무 분야	기계	중직무 분야	기계제작	자격 종목	기계설계 산업기사	적용 기간	2018.7.1. ~2020.12.31.

○ 직무내용 : 주로 CAD 시스템을 이용하여 기계 도면을 작성하거나 수정, 출도를 하며 부품도를 도 면의 형식에 맞게 배열하고, 단면 형상의 표시 및 치수 노트 작성, 컴퓨터를 이용한 부 품의 전개도, 조립도, 구조도 등을 설계하며 생산관리, 품질관리, 설비관리 등의 직무 를 수행한다.

필기검정방법	객관식	문제 수	80	시험시간	2시간

필기과목명	문제	주요 항목	세부 항목	세세 항목
기계 가공법 및 안전관리	20	1. 기계 가공	1. 공작기계 및 절삭제	1. 공작 기계의 종류 및 용도 2. 절삭제, 윤활제 및 절삭 공구재료 등
			2. 기계 가공	1. 선반 가공 2. 밀링 가공 3. 연삭 가공 4. 드릴 가공 및 보링 가공 5. 브로칭, 슬로터 가공 및 기어 가공 6. 정밀 입자 가공 및 특수 가공 7. CNC 공작기계 및 기타 기계 가공법
		2. 측정, 손다듬질 가공 및 안전	1. 측정 및 손다듬질 가공	1. 길이 및 각도 측정 2. 표면 거칠기와 기하 공차 측정 3. 윤곽 측정, 나사 및 기어 측정 4. 손다듬질 가공법 등
			2. 기계 안전작업	1. 기계 가공과 관련되는 안전수칙
기계 제도	20	1. 제도 개요	1. 기계 제도 일반	1. 일반사항 2. 투상법 및 도형 표시법 3. 치수 기입법 4. 표면 거칠기 5. 공차와 끼워맞춤 6. 기하 공차 7. 가공 기호 및 약호
		2. 기계 제도	1. 기계요소 제도	1. 운동용 기계요소 2. 체결용 기계요소 3. 제어용 기계요소
			2. 도면 해독	1. 기계 가공 도면 2. 재료 기호 및 중량 산출

기계설계 및 기계재료	20	1. 기계설계	1. 기계요소 설계의 기초	1. 단위 2. 물리량 3. 표준화 등
			2. 재료의 강도 및 변형	1. 응력 2. 변형 3. 안전율 등
			3. 체결용 기계요소	1. 나사(볼트, 너트) 2. 키, 핀, 스플라인, 코터 3. 리벳, 용접
			4. 동력 전달용 기계요소	1. 축, 축이음, 베어링 2. 기어, 벨트, 로프, 체인 등
			5. 완충 및 제동용 기계요소	1. 스프링 2. 플라이휠 3. 제동장치(브레이크, 댐퍼 등)
		2. 기계 재료	1. 기계 재료의 성질과 분류	1. 기계 재료의 개요 2. 기계 재료의 물성 및 재료 시험
			2. 철강 재료의 기본 특성과 용도	1. 탄소강 2. 주철 및 주강 3. 구조용강 4. 특수강
			3. 비철금속 재료의 기본 특성과 용도	1. 구리(銅)와 그 합금 2. 알루미늄과 그 합금 3. 마그네슘과 그 합금 4. 티타늄과 그 합금 5. 니켈과 그 합금 6. 기타 비철금속 재료와 그 합금
			4. 비금속 기계 재료	1. 유기 재료(범용 플라스틱 등) 2. 무기 재료(파인 세라믹스 등)
			5. 열처리와 신소재	1. 열처리 및 표면 처리 2. 신소재
컴퓨터 응용 설계	20	1. 컴퓨터 응용 설계 관련 기초	1. CAD용 H/W	1. 그래픽 입력장치 2. 그래픽 출력장치 3. CAD 시스템의 구성방식 등
			2. CAD용 S/W	1. 소프트웨어의 종류와 구성 2. CAD 시스템에 의한 도형 처리 – 원, 타원, 스플라인 등 – 곡선 및 곡면 표현 등 3. 기하학적 도형 정의
		2. 컴퓨터 응용 설계 관련 응용	1. 그래픽과 관련된 수학 및 용어	1. 모델링을 위한 기초 수학 2. 2D / 3D 자료변환 3. CAD에서 사용하는 컴퓨터 그래픽 관련 용어의 정의

차 례

4장 컴퓨터 응용 설계

제 2 편 과년도 출제 문제

제**1**편

과목별 예상 문제

1장 기계 가공법 및 안전관리

1 공작 기계 및 절삭제

1. 선반에서 할 수 없는 작업은?

① 나사 가공　　② 널링 가공
③ 테이퍼 가공　④ 스플라인 홈 가공

해설 스플라인 홈 가공은 밀링 머신이나 브로칭 머신에서 작업 가능하다.

2. 범용 밀링 머신으로 할 수 없는 가공은?

① T홈 가공　　② 평면 가공
③ 수나사 가공　④ 더브테일 가공

해설 수나사 가공은 선반에서 작업한다.

3. 절삭 공작 기계가 아닌 것은?

① 선반　　　　② 연삭기
③ 플레이너　　④ 굽힘 프레스

해설 굽힘 프레스는 굽힘 가공에 사용하는 공작 기계로, 소성 가공 기계에 속한다.

4. 다음 중 선반을 설계할 때 고려할 사항으로 틀린 것은?

① 고장이 적고 기계 효율이 좋을 것
② 취급이 간단하고 수리가 용이할 것
③ 강력 절삭이 되고 절삭 능률이 클 것
④ 기계적 마모가 높고 가격이 저렴할 것

5. 공작 기계에서 절삭을 위한 세 가지 기본 운동에 속하지 않는 것은?

① 절삭 운동　　② 이송 운동
③ 회전 운동　　④ 위치 조정 운동

해설 공작 기계의 기본 운동
• 절삭 운동 : 절삭 시 칩의 길이 방향으로 절삭 공구가 움직이는 운동
• 이송 운동 : 공작물과 절삭 공구가 절삭 방향으로 이송하는 운동
• 위치 조정 운동 : 공구와 공작물 간의 절삭 조건에 따른 절삭 깊이 조정 및 일감, 공구의 설치 및 제거 운동

6. 공구가 회전하고 공작물은 고정되어 절삭하는 공작 기계는?

① 선반(lathe)
② 밀링 머신(milling)
③ 브로칭 머신(broaching)
④ 형삭기(shaping)

해설 • 선반 : 공작물의 회전 운동과 바이트의 직선 이송 운동으로 원통 제품을 가공하는 기계
• 브로칭 머신 : 브로치 공구를 사용하여 표면 또는 내면을 절삭 가공하는 기계
• 형삭기 : 셰이퍼나 플레이너, 슬로터에 의한 가공법으로 바이트 또는 공작물의 직선 왕복 운동과 직선 이송 운동을 하면서 절삭하는 기계

7. 특정한 제품을 대량 생산할 때 적합하지만 사용 범위가 한정되며 구조가 간단한 공작 기계는?

① 범용 공작 기계　② 전용 공작 기계
③ 단능 공작 기계　④ 만능 공작 기계

해설 • 범용 공작 기계 : 일반 기계로 다양한

작업이 가능한 기계
- 단능 공작 기계 : 한 가지 작업만 할 수 있는 기계
- 만능 공작 기계 : 다양한 작업을 할 수 있도록 제작된 기계

8. 선반 작업 시 공구에 발생하는 절삭 저항 중 가장 큰 것은?

① 배분력
② 주분력
③ 마찰 분력
④ 이송 분력

해설 절삭 저항의 3분력
주분력 > 배분력 > 이송 분력

9. 절삭 속도 150 m/min, 절삭 깊이 8 mm, 이송 0.25 mm/rev로 75 mm 지름의 원형 단면봉을 선삭할 때 주축 회전수(rpm)는?

① 160
② 320
③ 640
④ 1280

해설 $N = \dfrac{1000V}{\pi D} = \dfrac{1000 \times 150}{\pi \times 75}$
$\fallingdotseq 640\,\text{rpm}$

10. 선삭에서 지름 50 cm, 회전수 900 rpm, 이송 0.25 mm/rev, 길이 50 mm를 2회 가공할 때 소요되는 시간은 약 얼마인가?

① 13.4초
② 26.7초
③ 33.4초
④ 46.7초

해설 $T = \dfrac{L}{Nf} \times i = \dfrac{50}{900 \times 0.25} \times 2$
$\fallingdotseq 0.44\,\text{분}$
$\fallingdotseq 26.7\,\text{초}$

11. 선반 가공에서 지름 102 mm인 환봉을 300 rpm으로 가공할 때 절삭 저항력이 981 N이었다. 이때 선반의 절삭 효율을

75%라 하면 절삭 동력은 약 몇 kW인가?

① 1.4
② 2.1
③ 3.6
④ 5.4

해설 $V = \dfrac{\pi DN}{1000} = \dfrac{\pi \times 102 \times 300}{1000} \fallingdotseq 96\,\text{m/min}$

$\therefore H = \dfrac{PV}{102 \times 9.81 \times 60 \times \eta}$
$= \dfrac{981 \times 96}{102 \times 9.81 \times 60 \times 0.75} \fallingdotseq 2.1\,\text{kW}$

12. 환봉을 황삭 가공하는데 이송 0.1 mm/rev로 하려고 한다. 바이트 노즈 반지름이 1.5 mm라고 한다면 이론상 최대 표면 거칠기는?

① $8.3 \times 10^{-4}\,\text{mm}$
② $8.3 \times 10^{-3}\,\text{mm}$
③ $8.3 \times 10^{-5}\,\text{mm}$
④ $8.3 \times 10^{-2}\,\text{mm}$

해설 $H = \dfrac{f^2}{8r} = \dfrac{0.1^2}{8 \times 1.5} \fallingdotseq 8.3 \times 10^{-4}\,\text{mm}$

13. 절삭 공구가 가공물을 절삭하는 칩의 두께(mm)로 이것의 증가는 온도 상승과 절삭 저항의 증가, 공구 수명의 감소를 가져오는 것은?

① 절삭 동력
② 절삭 속도
③ 이송 속도
④ 절삭 깊이

해설 절삭 깊이는 칩의 두께를 결정하며, 절삭 깊이가 깊을수록 가공 능률은 오르지만 공구 수명은 단축된다.

14. 광물성유를 화학적으로 처리하여 원액에 80% 정도의 물을 혼합하여 사용하며, 점성이 낮고 비열과 냉각효과가 큰 절삭유는?

① 지방질유
② 광유
③ 유화유
④ 수용성 절삭유

15. 절삭제의 사용 목적과 거리가 먼 것은?

① 공구의 온도 상승 저하

② 가공물의 정밀도 저하 방지
③ 공구 수명 연장
④ 절삭 저항의 증가

[해설] 절삭제는 절삭 공구와 칩 사이의 마찰인 절삭 저항을 감소시키기 위해 사용한다.

16. 연삭액의 구비 조건으로 틀린 것은?

① 거품 발생이 많을 것
② 냉각성이 우수할 것
③ 인체에 해가 없을 것
④ 화학적으로 안정될 것

[해설] 절삭유에 거품 발생이 없어야 한다.

17. 마찰면이 넓은 부분 또는 시동횟수가 많을 때 사용하고 저속 및 중속축의 급유에 사용되는 급유 방법은?

① 담금 급유법   ② 패드 급유법
③ 적하 급유법   ④ 강제 급유법

[해설] • 담금 급유법 : 마찰면 전체를 윤활유 속에 잠기도록 급유하는 방법
• 패드 급유법 : 패드의 일부를 기름통에 담가 저널 아랫면에 모세관 현상으로 급유하는 방법
• 강제 급유법 : 고속 회전에 베어링 냉각 효과를 원할 때 대형 기계에 자동으로 급유하는 방법

18. 유막에 의해 마찰면이 완전히 분리되어 윤활의 정상적인 상태를 말하는 것은?

① 경계 윤활   ② 고체 윤활
③ 극압 윤활   ④ 유체 윤활

[해설] 유체 윤활 : 마찰면 사이에 유막이 형성되어 두 면이 완전히 분리된 상태로 상대운동을 하는 가장 정상적인 상태이다.

19. 재질이 W, Cr, V, Co 등을 주성분으로 하

는 바이트는?

① 합금 공구강 바이트
② 고속도강 바이트
③ 초경합금 바이트
④ 세라믹 바이트

[해설] 고속도강 : 절삭 공구용으로 사용되는 고속도강은 W 18−Cr 4−V1로 조성되며 표준 고속도강(하이스)이라고도 한다. 밀링 커터나 드릴, 강력 절삭 바이트 등으로 사용된다.

20. 서멧(cermet) 공구를 제작하는 가장 적합한 방법은?

① WC(텅스텐 탄화물)을 Co로 소결
② Fe에 Co를 가한 소결 초경 합금
③ 주성분이 W, Cr, Co, Fe로 된 주조 합금
④ Al_2O_3 분말에 TiC 분말을 혼합 소결

[해설] 서멧 : 내마모성과 내열성이 높은 Al_2O_3 분말 70%에 TiC 또는 TiN 분말을 30% 정도 혼합 소결하여 만든다. 크레이터 마모, 플랭크 마모가 적어 공구 수명이 길고 구성 인선이 거의 없으나 치핑이 생기기 쉬운 단점이 있다.

21. 절삭 공구 재료 중 소결 초경합금에 대한 설명으로 옳은 것은?

① 진동과 충격에 강하며 내마모성이 크다.
② Co, W, Cr 등을 주조하여 만든 합금이다.
③ 충분한 경도를 얻기 위해 질화법을 사용한다.
④ W, Ti, Ta 등의 탄화물 분말을 Co 결합제로 소결한 것이다.

[해설] 초경합금은 W, Ti, Ta 등의 탄화물 분말을 Co 결합제로 1400℃ 이상에서 소결시킨 것으로, 경도가 높고 내마모성과 취성이 크다.

22. 피복 초경합금으로 만들어진 절삭 공구의

피복 처리 방법은?

① 탈탄법   ② 경남땜법

③ 점용접법   ④ 화학증착법

해설 피복 초경합금은 초경합금의 모재 위에 내마모성이 우수한 물질을 $5 \sim 10\,\mu\mathrm{m}$ 얇게 피복한 것으로, 물리적 증착법(PVD)과 화학적 증착법(CVD)을 행하여 고온에서 증착된다.

23. 절삭 공구의 구비 조건으로 틀린 것은?

① 고온 경도가 높아야 한다.
② 내마모성이 좋아야 한다.
③ 마찰계수가 작아야 한다.
④ 충격을 받으면 파괴되어야 한다.

해설 절삭 공구는 피절삭재보다 굳고 인성이 있어 외부 충격에도 잘 견뎌야 한다.

24. 선반 가공에 영향을 주는 조건에 대한 설명으로 틀린 것은?

① 이송이 증가하면 가공 변질층은 증가한다.
② 절삭각이 커지면 가공 변질층은 증가한다.
③ 절삭 속도가 증가하면 가공 변질층은 감소한다.
④ 절삭 온도가 상승하면 가공 변질층은 증가한다.

해설 절삭열은 대부분 칩에 의해 열의 형태로 소모되기 때문에 절삭 온도가 상승하면 가공 변질층은 감소한다.

25. 공작물의 표면 거칠기와 치수 정밀도에 영향을 미치는 요소로 거리가 먼 것은?

① 절삭유   ② 절삭 깊이
③ 절삭 속도   ④ 칩 브레이커

해설 • 절삭 조건 : 절삭 속도, 이송 속도, 절삭 깊이, 절삭제 등의 영향을 받는다.

• 칩 브레이커 : 유동형 칩이 짧게 끊어지도록 바이트의 날끝 부분에 만드는 안전장치이다.

26. 절삭 공구의 수명 판정 방법으로 거리가 먼 것은?

① 날의 마멸이 일정량에 달했을 때
② 완성된 공작물의 치수 변화가 일정량에 달했을 때
③ 가공면 또는 절삭한 직후의 면에 광택이 있는 무늬 또는 점들이 생길 때
④ 절삭 저항의 주분력, 배분력이나 이송 방향 분력이 급격히 저하되었을 때

해설 절삭 공구의 수명 판정 방법
• 가공 후 표면에 광택이 있는 색조, 무늬, 반점이 발생할 때
• 공구 날끝의 마모가 일정량에 달했을 때
• 완성 가공된 치수의 변화가 일정량에 달했을 때
• 주분력에는 변화가 없더라도 이송 분력, 배분력이 급격히 증가할 때

27. 바이트 중 날과 자루(shank)가 같은 재질로 만든 것은?

① 스로 어웨이 바이트
② 클램프 바이트
③ 팁 바이트
④ 단체 바이트

해설 바이트의 구조에 따른 종류
• 클램프 바이트 : 팁을 홀더에 조립하여 사용하는 바이트(인서트 바이트, 스로 어웨이 바이트)
• 팁 바이트 : 초경합금(팁)을 자루에 용접하여 사용하는 바이트
• 단체 바이트 : 날과 자루를 같은 재질로 만든 바이트

28. 선반 작업 중 공구 절인의 선단에서 바이

트 밑면에 평행한 수평면과 경사면이 형성하는 각도는?

① 여유각　　　　　② 측면 절인각
③ 측면 여유각　　　④ 경사각

해설 • 전방 여유각 : 바이트의 선단에서 그은 수직선과 여유면이 이루는 각
• 측면 절인각 : 주 절인과 바이트 중심선이 이루는 각
• 측면 여유각 : 측면 여유면과 밑면에 수직인 직선이 이루는 각

29. 절삭 공구의 절삭면에 평행하게 마모되는 현상은?

① 치핑(chiping)
② 플랭크 마모(flank wear)
③ 크레이터 마모(creater wear)
④ 온도 파손(temperature failure)

해설 플랭크 마모는 주철과 같이 분말상 칩이 생길 때 주로 발생하며, 소리가 나고 진동이 생길 수 있다.

30. 다음 중 크레이터 마모에 관한 설명 중 틀린 것은?

① 유동형 칩에서 가장 뚜렷이 나타난다.
② 절삭 공구의 상면 경사각이 오목하게 파여지는 현상이다.
③ 크레이터 마모를 줄이려면 경사면 위의 마찰계수를 감소시킨다.
④ 처음에는 빠른 속도로 성장하다가 어느 정도 크기에 도달하면 느려진다.

해설 크레이터 마모
• 칩의 색이 변하고 불꽃이 생긴다.
• 시간이 경과하면 날의 결손이 된다.
• 칩에 의해 공구의 경사면이 움푹 파여지는 마모를 말한다.

• 가공이 진행될수록 마모의 성장이 급격히 커진다.

31. 가공물을 절삭할 때 발생하는 칩의 형태에 미치는 영향이 가장 작은 것은?

① 공작물의 재질　　② 절삭 속도
③ 윤활유　　　　　　④ 공구의 모양

해설 가공물을 절삭할 때 발생하는 칩의 형태는 공작물의 재질, 절삭 속도, 공구의 모양, 절삭 깊이 등에 따라 달라진다.

32. 선삭에서 바이트의 윗면 경사각을 크게 하고 연강 등 연한 재질의 공작물을 고속 절삭할 때 생기는 칩(chip)의 형태는?

① 유동형　　　　　② 전단형
③ 열단형　　　　　④ 균열형

해설 유동형 칩 발생 원인
• 연신율이 크고 소성 변형이 잘되는 재료
• 바이트 윗면 경사각이 클 때
• 절삭 속도가 클 때
• 절삭 깊이가 작을 때
• 윤활성이 좋은 절삭유를 사용할 때

33. 칩 브레이커에 대한 설명으로 옳은 것은?

① 칩의 한 종류로서 조각난 칩의 형태를 말한다.
② 스로 어웨이(throw away) 바이트의 일종이다.
③ 연속적인 칩의 발생을 억제하기 위한 칩 절단장치이다.
④ 인서트 팁 모양의 일종으로 가공 정밀도를 위한 장치이다.

해설 칩 브레이커는 유동형 칩이 공구, 공작물, 공작 기계(척) 등과 서로 엉키는 것을 방지하기 위해 칩이 짧게 끊어지도록 만든 안전장치이다.

34. 빌트업 에지(bulit-up edge)의 발생을 방지하는 대책으로 옳은 것은?

① 바이트의 윗면 경사각을 작게 한다.
② 절삭 깊이와 이송 속도를 크게 한다.
③ 피가공물과 친화력이 많은 공구 재료를 선택한다.
④ 절삭 속도를 높이고 절삭유를 사용한다.

해설 빌트업 에지의 방지 대책
• 바이트의 윗면 경사각을 크게 한다.
• 절삭 깊이와 이송 속도를 작게 한다.
• 절삭 속도를 높이고 절삭유를 사용한다.
• 피가공물과 친화력이 적은 공구 재료를 사용한다.

2 기계 가공

1. 길이가 짧고 지름이 큰 공작물을 절삭하는 데 사용하는 선반으로 면판을 구비하고 있는 것은?

① 수직 선반   ② 정면 선반
③ 탁상 선반   ④ 터릿 선반

해설 • 수직 선반 : 무겁고 지름이 큰 공작물을 절삭하는 데 적합하다.
• 탁상 선반 : 소형 부품을 절삭하는 데 적합하다.
• 터릿 선반 : 터릿에 여러 공구를 부착하여 다양하고 종합적인 가공을 하는 데 적합하다.

2. 터릿 선반의 설명으로 틀린 것은?

① 공구를 교환하는 시간을 단축할 수 있다.
② 가공 실물이나 모형을 따라 윤곽을 깎아낼 수 있다.
③ 숙련되지 않은 사람이라도 좋은 제품을 만들 수 있다.
④ 보통 선반의 심압대 대신 터릿대(turret carriage)를 놓는다.

해설 가공 실물이나 모형을 따라 윤곽을 깎아낼 수 있는 모방 절삭을 하는 선반은 모방 선반이다.

3. 선반의 주축을 중공축으로 한 이유로 틀린 것은?

① 굽힘과 비틀림 응력의 강화를 위하여
② 긴 가공물 고정이 편리하게 하기 위하여
③ 지름이 큰 재료의 테이퍼를 깎기 위하여
④ 무게를 감소하여 베어링에 작용하는 하중을 줄이기 위하여

해설 주축을 중공축으로 하는 이유
• 긴 공작물의 고정이 편리하다.
• 베어링에 작용하는 하중을 줄여준다.
• 굽힘과 비틀림 응력에 강하다.
• 센터를 쉽게 분리할 수 있다.

4. 선반의 심압대가 갖추어야 할 조건으로 틀린 것은?

① 베드의 안내면을 따라 이동할 수 있어야 한다.
② 센터는 편위시킬 수 있어야 한다.
③ 베드의 임의의 위치에서 고정할 수 있어야 한다.
④ 심압축은 중공으로 되어 있으며 끝부분은 내셔널 테이퍼로 되어 있어야 한다.

해설 끝부분은 모스 테이퍼로 되어 있어야 한다.

5. 선반에서 나사 가공을 위한 분할 너트(half nut)는 어느 부분에 부착되어 사용하는가?

① 주축대   ② 심압대
③ 왕복대   ④ 베드

해설 분할 너트는 왕복대에 설치되며, 왕복대는 베드 위에 있고 새들, 에이프런, 하프 너트, 복

식 공구대로 구성되어 있다.

6. 선반의 주요 구조부가 아닌 것은?

① 베드   ② 심압대
③ 주축대   ④ 회전 테이블

해설 선반의 주요 4대 구성요소
주축대, 왕복대, 심압대, 베드

7. 선반의 규격을 가장 잘 나타낸 것은?

① 선반의 총 중량과 원동기의 마력
② 깎을 수 있는 일감의 최대 지름
③ 선반의 높이와 베드의 길이
④ 주축대의 구조와 베드의 길이

해설 선반의 규격
• 베드 위에서의 스윙
• 왕복대 위에서의 스윙
• 양 센터 사이의 최대 거리
  (가공할 수 있는 공작물의 최대 지름)

8. 척에 고정할 수 없으며 불규칙하거나 대형 또는 복잡한 가공물을 고정할 때 사용하는 선반 부속품은?

① 면판(face plate)
② 맨드릴(mandrel)
③ 방진구(work rest)
④ 돌리개(straight tail dog)

해설 면판은 척을 떼어내고 부착하는 것으로 공작물의 모양이 불규칙하거나 척에 물릴 수 없을 때 사용한다. 이때 밸런스를 맞추는 다른 공작물을 설치해야 하며, 공작물을 고정할 때 앵글 플레이트와 볼트를 사용한다.

9. 선반의 부속품 중 돌리개(dog)의 종류로 틀린 것은?

① 곧은 돌리개
② 브로치 돌리개
③ 굽은(곡형) 돌리개
④ 평행(클램프) 돌리개

해설 돌리개는 주축의 회전력을 공작물에 전달하는 장치로 곧은 돌리개, 굽은 돌리개, 평행 돌리개 등이 있다.

10. 선반 가공에서 양 센터작업에 사용되는 부속품이 아닌 것은?

① 돌림판   ② 돌리개
③ 맨드릴   ④ 브로치

해설 • 선반의 부속장치 : 돌림판, 돌리개, 맨드릴
• 브로치 : 브로칭 머신에 사용되는 공구로, 홈 등을 필요한 모양으로 절삭 가공하는 기계이다.

11. 일반적으로 센터 드릴에서 사용되는 각도가 아닌 것은?

① 45°   ② 60°
③ 75°   ④ 90°

해설 일반적으로 센터 드릴 각도는 60°이며 중량물 지지 시 75°, 90°가 사용된다.

12. 표준 맨드릴(mandrel) 테이퍼값으로 적합한 것은?

① $\frac{1}{10} \sim \frac{1}{20}$ 정도

② $\frac{1}{50} \sim \frac{1}{100}$ 정도

③ $\frac{1}{100} \sim \frac{1}{1000}$ 정도

④ $\frac{1}{200} \sim \frac{1}{400}$ 정도

13. 선반에서 맨드릴(mandrel)의 종류가 아

닌 것은?

① 갱 맨드릴 ② 나사 맨드릴
③ 이동식 맨드릴 ④ 테이퍼 맨드릴

해설 맨드릴의 종류에는 표준 맨드릴, 갱 맨드릴, 팽창 맨드릴, 나사 맨드릴, 테이퍼 맨드릴, 조립식 맨드릴이 있다.

14. 선반 가공에서 이동 방진구에 대한 설명 중 틀린 것은?

① 베드의 상면에 고정하여 사용한다.
② 왕복대의 새들에 고정시켜 사용한다.
③ 두 개의 조(jaw)로 공작물을 지지한다.
④ 바이트와 함께 이동하면서 공작물을 지지한다.

해설 • 이동식 방진구 : 왕복대에 설치하여 긴 공작물의 떨림을 방지한다(조의 수 : 2개).
• 고정식 방진구 : 베드면에 설치하여 긴 공작물의 떨림을 방지한다(조의 수 : 3개).

15. 선반에서 각도가 크고 길이가 짧은 테이퍼를 가공하기에 가장 적합한 방법은?

① 심압대의 편위 방법
② 백기어 사용 방법
③ 모방 절삭 방법
④ 복식 공구대 사용 방법

해설 테이퍼 절삭 방법
• 복식 공구대 사용 방법 : 각도가 크고 길이가 짧을 때
• 심압대의 편위 방법 : 공작물이 길고 테이퍼가 작을 때

16. 보통 선반에서 테이퍼 나사를 가공하고자 할 때 절삭 방법으로 틀린 것은?

① 바이트의 높이는 공작물의 중심선보다

높게 설치하는 것이 편리하다.
② 심압대를 편위시켜 절삭하면 편리하다.
③ 테이퍼 절삭장치를 사용하면 편리하다.
④ 바이트는 테이퍼부에 직각이 되도록 고정한다.

17. 그림과 같은 공작물을 양 센터 작업에서 심압대를 편위시켜 가공할 때 편위량은? (단, 그림의 치수 단위는 mm이다.)

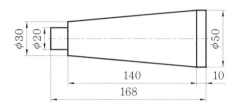

① 6mm ② 8mm
③ 10mm ④ 12mm

해설 $e = \dfrac{L(D-d)}{2l} = \dfrac{168 \times (50-30)}{2 \times 140}$
$= 12\,mm$

18. 선반의 나사 절삭 작업 시 나사의 각도를 정확히 맞추기 위하여 사용되는 것은?

① 플러그 게이지 ② 나사 피치 게이지
③ 한계 게이지 ④ 센터 게이지

19. 1인치에 4산의 리드 스크루를 가진 선반으로 피치 4mm의 나사를 깎고자 할 때, 변환 기어 잇수를 구하면? (단, A는 주축 기어의 잇수, B는 리드 스크루의 잇수이다.)

① A : 80, B : 137
② A : 120, B : 127
③ A : 40, B : 127
④ A : 80, B : 127

해설 $\dfrac{A}{B} = \dfrac{p}{P} = \dfrac{4}{25.4/4}$

$$= \frac{16}{25.4} = \frac{80}{127}$$

p : 나사 피치, P : 리드 스크루 피치

20. 선반에서 가로 이송대에 나사 피치가 8mm이고 100등분된 눈금이 달려 있을 때 30mm를 26mm로 가공하려면 핸들을 몇 눈금 돌리면 되는가?

① 20　　　　　　② 25
③ 32　　　　　　④ 50

해설 절삭 깊이 $= \frac{30-26}{2} = 2$mm

∴ 눈금 수 $= \frac{\text{등분 수}}{\text{피치}} \times$ 절삭 깊이

$= \frac{100}{8} \times 2 = 25$눈금

21. 피치 3mm의 3줄 나사가 2회전 했을 때 전진 거리는?

① 8mm　　　　　② 9mm
③ 11mm　　　　 ④ 18mm

해설 $l = np = 3 \times 3 = 9$
∴ $L = l \times$ 회전수 $= 9 \times 2 = 18$mm

22. 편심량이 2.2mm로 가공된 선반 가공물을 다이얼 게이지로 측정할 때, 다이얼 게이지 눈금의 변위량은 몇 mm인가?

① 1.1　　　　　　② 2.2
③ 4.4　　　　　　④ 6.6

해설 다이얼 게이지의 눈금 변위량은 편심량의 2배이다.
∴ 변위량 $= 2.2 \times 2 = 4.4$mm

23. 선반 가공면의 표면 거칠기 이론값 최대 높이 공식은? (단, r : 바이트 끝의 반지름,

s : 이송이다.)

① $H_{max} = \frac{s^2}{8r}$mm　　② $H_{max} = \frac{2r}{8s}$mm

③ $H_{max} = \frac{s^2}{r}$mm　　④ $H_{max} = \frac{r^2}{s}$mm

24. 중량 가공물을 가공하기 위한 대형 밀링 머신으로 플레이너와 유사한 구조로 되어 있는 것은?

① 수직 밀링 머신　② 수평 밀링 머신
③ 플래노 밀러　　　④ 회전 밀러

해설 플레이너형 밀링 머신은 중량 가공물을 가공하기 위한 대형 밀링 머신으로, 플래노 밀러라고도 한다.

25. 밀링 머신의 주요 구조 중 상면에 T홈이 파져 있는 것은?

① 새들(saddle)　　② 오버암(over arm)
③ 테이블(table)　　④ 칼럼(column)

해설 테이블에는 공작물 고정 또는 공작물을 고정하기 위한 바이스를 설치하기 위해 T홈이 파져 있으며, 공작물의 이송을 담당한다.

26. 밀링 머신 호칭 번호를 분류하는 기준으로 옳은 것은?

① 기계의 높이
② 주축 모터의 크기
③ 기계의 설치 넓이
④ 테이블의 이동 거리

해설 밀링 머신의 크기는 테이블 이동 거리로 표시하며, 호칭 번호의 숫자가 커질수록 규격도 커진다.

27. 니 칼럼형 밀링 머신에서 테이블의 상하

이동 거리가 400mm이고, 새들의 전후 이동 거리가 200mm라면 호칭 번호는 몇 번에 해당하는가? (단, 테이블의 좌우 이동 거리는 550mm이다.)

① 1번   ② 2번
③ 3번   ④ 4번

[해설] 밀링 머신의 호칭 번호

호칭 번호	0호	1호	2호	3호	4호	5호
전후 이동	150	200	250	300	350	400
좌우 이동	450	550	700	850	1050	1250
상하 이동	300	400	400	450	450	500

28. 상향 절삭과 하향 절삭에 대한 설명으로 틀린 것은?

① 하향 절삭은 상향 절삭보다 표면 거칠기가 우수하다.
② 상향 절삭은 하향 절삭에 비해 공구의 수명이 짧다.
③ 상향 절삭은 하향 절삭과는 달리 백래시 제거장치가 필요하다.
④ 상향 절삭은 하향 절삭할 때보다 가공물을 견고하게 고정해야 한다.

[해설] 상향 절삭과 하향 절삭의 비교

상향 절삭	하향 절삭
• 백래시 제거 불필요	• 백래시 제거 필요
• 공작물 고정이 불리	• 공작물 고정이 유리
• 공구 수명이 짧다.	• 공구 수명이 길다.
• 소비 동력이 크다.	• 소비 동력이 작다.
• 가공면이 거칠다.	• 가공면이 깨끗하다.
• 기계 강성이 낮아도 된다.	• 기계 강성이 높아야 한다.

29. 밀링 머신에서 테이블 백래시(back lash) 제거장치의 설치 위치는?

① 변속 기어
② 자동 이송 레버
③ 테이블 이송 나사
④ 테이블 이송 핸들

[해설] 밀링 머신의 테이블 이송 나사에 볼 스크루를 설치하면 나사에서 발생하는 백래시를 줄일 수 있다.

30. 바깥지름이 200 mm인 밀링 커터를 100rpm으로 회전시키면 절삭 속도는 약 몇 m/min 정도인가?

① 1.05   ② 2.08
③ 31.4   ④ 62.8

[해설] $V = \dfrac{\pi DN}{1000} = \dfrac{\pi \times 200 \times 100}{1000} \fallingdotseq 62.8\,\text{m/min}$

31. 밀링 머신에서 절삭 속도 20m/min, 페이스 커터의 날수 8개, 지름 120mm, 1날당 이송 0.2mm일 때 테이블 이송 속도는?

① 약 65mm/min   ② 약 75mm/min
③ 약 85mm/min   ④ 약 95mm/min

[해설] $f = f_z \times Z \times N = 0.2 \times 8 \times \dfrac{1000 \times 20}{\pi \times 120}$
$\fallingdotseq 85\,\text{mm/min}$

32. 밀링 작업의 절삭 속도 선정에 대한 설명 중 틀린 것은?

① 공작물의 경도가 높으면 저속으로 절삭한다.
② 커터날이 빠르게 마모되면 절삭 속도를 낮추어 절삭한다.
③ 거친 절삭은 절삭 속도를 빠르게 하고, 이송 속도를 느리게 한다.
④ 다듬질 절삭에서는 절삭 속도를 빠르게, 이송을 느리게, 절삭 깊이를 작게 한다.

해설 밀링 작업 시 거친 절삭은 절삭 속도를 느리게 하고, 이송 속도를 빠르게 한다.

33. 밀링 머신에서 절삭 공구를 고정하는 데 사용되는 부속장치가 아닌 것은?

① 아버(arbor) ② 콜릿(collet)
③ 새들(saddle) ④ 어댑터(adapter)

해설 새들은 밀링 머신의 주요 부속장치로, 공작물을 전후 방향으로 이송시키는 데 사용한다.

34. 밀링 머신에서 육면체 소재를 이용하여 그림과 같이 원형 기둥을 가공하기 위해 필요한 장치는?

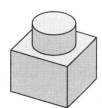

① 다이스
② 각도 바이스
③ 회전 테이블
④ 슬로팅 장치

해설 회전 테이블 장치 : 테이블 위에 고정하고 원형의 홈 가공, 바깥둘레의 원형 가공, 원판의 분할 가공 등 가공물의 원형 절삭에 사용한다.

35. 주축의 회전 운동을 직선 왕복 운동으로 변화시킬 때 사용하는 밀링 부속 장치는?

① 바이스 ② 분할대
③ 슬로팅 장치 ④ 랙 절삭 장치

해설 슬로팅 장치 : 수평 밀링 머신이나 만능 밀링 머신의 주축 회전 운동을 직선 운동으로 변환하여 슬로터 작업을 할 수 있게 하는 장치이다. 주축을 중심으로 좌우 90°씩 선회할 수 있다.

36. 수평 밀링 머신이 긴 아버(long arber)를 사용하는 절삭 공구가 아닌 것은?

① 플레인 커터 ② T 커터

③ 앵귤러 커터 ④ 사이드 밀링 커터

37. 총형 커터에 의한 방법으로 치형을 절삭할 때 사용하는 밀링 커터는?

① 베벨 밀링 커터
② 헬리컬 밀링 커터
③ 인벌류트 밀링 커터
④ 하이포이드 밀링 커터

해설 총형 커터에는 인벌류트 밀링 커터, 볼록 커터, 오목 커터, 특수 총형 커터 등이 있다.

38. 밀링 작업에서 판 캠을 절삭하기에 가장 적합한 밀링 커터는?

① 엔드밀 ② 더브테일 커터
③ 메탈 슬리팅 소 ④ 사이드 밀링 커터

해설 엔드밀 : 밀링 작업에서 키 홈이나 좁은 평면을 가공하거나 판 캠의 윤곽을 절삭하기에 가장 적합하다.

39. 밀링 머신에서 기어의 치형에 맞춘 기어 커터를 사용하여 기어 소재의 원판을 같은 간격으로 분할 가공하는 방법은?

① 래크법 ② 창성법
③ 총형법 ④ 형판법

해설 총형법 : 기어 이 홈의 모양과 같은 커터를 사용하여 기어 소재의 원판을 절삭하는 방법으로, 성형법이라고도 한다.

40. 지름이 100mm인 가공물에 리드 600mm인 오른나사 헬리컬 홈을 깎고자 한다. 테이블 이송 나사의 피치가 10mm인 밀링 머신에서 테이블 선회각을 tanθ로 나타낼 때 옳은 값은?

① 31.41 ② 1.90

③ 0.03   ④ 0.52

해설 $L = \dfrac{\pi D}{\tan\theta}$

$\therefore \tan\theta = \dfrac{\pi D}{L} = \dfrac{\pi \times 100}{600} ≒ 0.52$

41. 범용 밀링에서 원주를 10° 30′ 분할할 때 맞는 것은?

① 분할판 15구멍열에서 1회전과 3구멍씩 이동

② 분할판 18구멍열에서 1회전과 3구멍씩 이동

③ 분할판 21구멍열에서 1회전과 4구멍씩 이동

④ 분할판 33구멍열에서 1회전과 4구멍씩 이동

해설 $n = \dfrac{\theta}{9°} = \dfrac{10}{9} = 1\dfrac{1}{9} = 1\dfrac{2}{18}$

$n = \dfrac{\theta}{540′} = \dfrac{30}{540} = \dfrac{1}{18}$

$1\dfrac{2}{18} + \dfrac{1}{18} = 1\dfrac{3}{18}$

∴ 분할판 18구멍열에서 1회전과 3구멍씩 이동

42. 밀링 머신에서 원주를 단식분할법으로 13등분 하는 경우의 설명으로 옳은 것은?

① 13구멍열에서 1회전에 3구멍씩 이동한다.

② 39구멍열에서 3회전에 3구멍씩 이동한다.

③ 40구멍열에서 1회전에 13구멍씩 이동한다.

④ 40구멍열에서 3회전에 13구멍씩 이동한다.

해설 $n = \dfrac{40}{N} = \dfrac{40}{13} = 3\dfrac{1 \times 3}{13 \times 3} = 3\dfrac{3}{39}$

∴ 분할판 39구멍열에서 3회전에 3구멍씩 이동

43. 밀링 작업에서 스핀들의 앞면에 있는 24 구멍의 직접 분할핀을 사용하여 분할하며, 이때 웜을 아래로 내려 스핀들의 웜 휠과 물림을 끊는 분할법은?

① 간접 분할법   ② 직접 분할법

③ 차동 분할법   ④ 단식 분할법

해설 직접 분할법 : 주축의 앞부분에 있는 구멍 24개를 이용하여 2, 3, 4, 6, 8, 12, 24로 등분할 수 있는 방법이다.

44. 다음 연삭 가공 중 강성이 크고 강력한 연삭기가 개발됨으로 한 번에 연삭 깊이를 크게 하여 가공 능률을 향상시킨 것은?

① 자기 연삭

② 성형 연삭

③ 크리프 피드 연삭

④ 경면 연삭

해설 크리프 피드 연삭 : 강성이 큰 강력 연삭기로 개발된 것으로, 연삭 깊이를 한 번에 약 1~6mm까지 크게 하여 가공 능률을 높인 것이다.

45. 보통형(conventional type)과 유성형(planetary type) 방식이 있는 연삭기는?

① 나사 연삭기   ② 내면 연삭기

③ 외면 연삭기   ④ 평면 연삭기

해설 내면 연삭기 : 원통이나 테이퍼의 내면을 연삭하는 기계로, 구멍의 막힌 내면을 연삭하며 단면 연삭도 가능하다. 보통형과 유성형(플래니터리형)이 있다.

46. 중량물의 내면 연삭에 주로 사용되는 연삭 방법은?

① 트래버스 연삭   ② 플랜지 연삭

③ 만능 연삭   ④ 플래니터리 연삭

해설 플래니터리 연삭 : 내면 연삭에 주로 사용되는 연삭 방식으로, 공작물은 정지하고 숫돌이 회전 연삭 운동과 동시에 공전 운동을 한다.

47. 나사 연삭기의 연삭 방법이 아닌 것은?

① 다인 나사 연삭 방법
② 단식 나사 연삭 방법
③ 역식 나사 연삭 방법
④ 센터리스 나사 연삭 방법

해설 단식, 다인 나사 연삭 방법과 센터리스 나사 연삭 방법이 있다.

48. 탁상 연삭기 덮개의 노출각도에서 숫돌 주축 수평면 위로 이루는 원주의 최대각은?

① 45° ② 65°
③ 90° ④ 120°

49. 일반적으로 표면 정밀도가 낮은 것부터 높은 순서로 바른 것은?

① 래핑 → 연삭 → 호닝
② 연삭 → 호닝 → 래핑
③ 호닝 → 연삭 → 래핑
④ 래핑 → 호닝 → 연삭

해설 래핑 > 슈퍼 피니싱 > 호닝 > 연삭

50. 절삭 공구를 연삭하는 공구 연삭기의 종류가 아닌 것은?

① 센터리스 연삭기 ② 초경 공구 연삭기
③ 드릴 연삭기 ④ 만능 공구 연삭기

해설 센터리스 연삭기는 원통 연삭기의 일종으로, 센터 없이 연삭숫돌과 조정 숫돌 사이를 지지판으로 지지하면서 연삭하는 것이다. 주로 원통면의 바깥면에 회전과 이송을 주어 연삭한다.

51. 센터리스 연삭에 대한 설명으로 틀린 것은?

① 가늘고 긴 가공물의 연삭에 적합하다.
② 긴 홈이 있는 가공물의 연삭에 적합하다.

③ 다른 연삭기에 비해 연삭 여유가 작아도 된다.
④ 센터가 필요치 않아 센터 구멍을 가공할 필요가 없다.

해설 센터리스 연삭기
• 공작물의 해체나 고정이 필요 없어 고정에 따른 변형이 적다.
• 가늘고 긴 핀, 원통, 중공 축을 연삭할 수 있다.
• 긴 홈이 있거나 너무 크고 무거운 제품은 가공이 불가능하다.
• 기계의 조정이 끝나면 초보자도 작업을 할 수 있다.

52. 연삭숫돌의 입자 중에서 천연 입자가 아닌 것은?

① 석영 ② 커런덤
③ 다이아몬드 ④ 알루미나

해설 • 천연 입자 : 다이아몬드(MD), 카보런덤, 금강석(석영 : emery), 커런덤
• 인조 입자 : 알루미나, 탄화규소

53. 연삭숫돌의 입자 중 주철이나 칠드주물과 같이 경하고 취성이 많은 재료의 연삭에 적합한 것은?

① A 입자 ② B 입자
③ WA 입자 ④ C 입자

해설 C 입자 : 다이아몬드에 가까운 매우 높은 경도를 가지고 있어 주철, 칠드주철, 석재, 유리의 연삭에 사용된다.

54. 연삭숫돌 입자의 종류가 아닌 것은?

① 에머리 ② 커런덤
③ 산화규소 ④ 탄화규소

해설 • 천연 입자 : 다이아몬드, 에머리, 커런덤, 석영 등

정답 47. ③ 48. ② 49. ② 50. ① 51. ② 52. ④ 53. ④ 54. ③

• 인조 입자 : 알루미나계와 탄화규소계

55. 연삭숫돌에 대한 설명으로 틀린 것은?

① 부드럽고 전연성이 큰 연삭에서는 고운 입자를 사용한다.
② 연삭숫돌에 사용되는 숫돌 입자에는 천연산과 인조산이 있다.
③ 단단하고 치밀한 공작물의 연삭에는 고운 입자를 사용한다.
④ 숫돌과 공작물의 접촉 넓이가 작은 경우에는 고운 입자를 사용한다.

해설 부드럽고 전연성이 큰 연삭에서는 거친 입도의 연삭숫돌로 작업해야 한다.

56. 열경화성 합성수지인 베이크라이트를 주성분으로 하며 각종 용제, 기름 등에 안정된 숫돌로, 절단용 숫돌 및 정밀 연삭용으로 적합한 결합제는?

① 고무 결합제　　② 비닐 결합제
③ 셀락 결합제　　④ 레지노이드 결합제

57. 연삭숫돌의 결합제에 따른 기호가 틀린 것은?

① 고무 – R　　② 셀락 – E
③ 레지노이드 – G　　④ 비드리파이드 – V

해설 레지노이드 : B

58. 연삭숫돌 바퀴의 구성 3요소에 속하지 않는 것은?

① 숫돌 입자　　② 결합제
③ 조직　　④ 기공

해설 • 연삭숫돌의 3요소 : 숫돌 입자, 결합제, 기공

• 연삭숫돌의 5요소 : 입자, 입도, 결합도, 조직, 결합제

59. 다음과 같이 표시된 연삭숫돌에 대한 설명으로 옳은 것은?

> "WA 100 K 5 V"

① 녹색 탄화규소 입자이다.
② 고운눈 입도에 해당된다.
③ 결합도가 극히 경하다.
④ 메탈 결합제를 사용했다.

해설 • WA : 백색 산화알루미늄 입자
• 100 : 고운눈 입도
• K : 연한 결합도
• 5 : 중간 조직
• V : 비트리파이드 결합제

60. 연삭숫돌의 표시에 대한 설명으로 옳은 것은?

① 연삭 입자 C는 갈색 알루미나를 의미한다.
② 결합제 R은 레지노이드 결합제를 의미한다.
③ 연삭숫돌의 입도 #100이 #300보다 입자의 크기가 크다.
④ 결합도 K 이하는 경한 숫돌, L~O는 중간 정도, P 이상은 연한 숫돌이다.

해설 • 연삭 입자 C : 흑색 탄화규소질(SiC)
• 결합제 R : 러버 결합제를 의미한다.
• 결합도 K 이하는 연한 숫돌, L~O는 중간 정도, P 이상은 단단한 숫돌이다.

61. 연삭 작업에서 글레이징(glazing) 원인이 아닌 것은?

① 결합도가 너무 높다.
② 숫돌바퀴의 원주 속도가 너무 빠르다.
③ 숫돌 재질과 일감 재질이 적합하지 않다.

④ 연한 일감 연삭 시 발생한다.

해설 연삭 작업에서 글레이징은 경도가 큰 일감 연삭 시 발생한다.

62. 연삭 작업에서 연삭숫돌의 입자가 무디어지거나 눈메움이 생기면 연삭 능력이 저하되므로 숫돌의 예리한 날이 나타나도록 가공하는 작업은?

① 버니싱　　　　② 드레싱
③ 글레이징　　　④ 로딩

해설 드레싱 : 글레이징이나 로딩 현상이 생길 때 새로운 입자가 생성되도록 하는 작업이다.

63. 연삭숫돌의 원통도 불량에 대한 주된 원인과 대책으로 옳게 짝지어진 것은?

① 연삭숫돌의 눈메움 : 연삭숫돌의 교체
② 연삭숫돌의 흔들림 : 센터 구멍의 홈 조정
③ 연삭숫돌의 입도가 거침 : 굵은 입도의 연삭숫돌 사용
④ 테이블 운동의 정도 불량 : 정도 검사, 수리, 미끄럼면의 윤활을 양호하게 할 것

해설 • 눈메움 : 숫돌 입자 제거
• 연삭숫돌의 흔들림 : 연삭숫돌 교체
• 입도의 거침 : 연하고 연성 있는 재료 연삭

64. 센터리스 연삭기에서 조정 숫돌의 지름을 d[mm], 조정 숫돌의 경사각을 a[도], 조정 숫돌의 회전수를 n[rpm]이라고 할 때 일감의 이송 속도 f[mm/min]는?

① $f = \dfrac{\pi dn}{\sin\alpha}$　　② $f = \pi dn \cos\alpha$

③ $f = \dfrac{\pi dn}{\cos\alpha}$　　④ $f = \pi dn \sin\alpha$

해설 센터리스 연삭기에서 일감의 이송 속도

f는 조정 숫돌의 경사각 $\sin\alpha$에 비례한다.

65. 지름 50 mm인 연삭숫돌을 7000 rpm으로 회전시키는 연삭작업에서 지름 100 mm인 가공물을 100 rpm으로 연삭숫돌과 반대 방향으로 원통 연삭할 때, 접촉점에서 연삭의 상대 속도는 약 몇 m/min인가?

① 931　　　　　② 1099
③ 1131　　　　④ 1161

해설 $V = \dfrac{\pi DN}{1000}$

$V =$ 연삭숫돌의 절삭 속도 + 가공물의 절삭 속도

$= \dfrac{\pi \times 50 \times 7000}{1000} + \dfrac{\pi \times 100 \times 100}{1000}$

$\fallingdotseq 1131 \, \text{m/min}$

66. 연삭 작업에 대한 설명으로 적절하지 않은 것은?

① 거친 연삭을 할 때는 연삭 깊이를 얇게 주도록 한다.
② 연질 가공물을 연삭할 때는 결합도가 높은 숫돌이 적합하다.
③ 다듬질 연삭을 할 때는 고운 입도의 연삭숫돌을 사용한다.
④ 강의 거친 연삭에서 공작물 1회전마다 숫돌바퀴 폭의 1/2~3/4으로 이송한다.

해설 거친 연삭을 할 때는 연삭 깊이를 깊게 주고, 마무리 다듬질 연삭을 할 때는 연삭 깊이를 얇게 준다.

67. 구멍 가공을 하기 위해 가공물을 고정시키고 드릴이 가공 위치로 이동할 수 있도록 제작된 드릴링 머신은?

① 다두 드릴링 머신
② 다축 드릴링 머신

③ 탁상 드릴링 머신

④ 레이디얼 드릴링 머신

해설 레이디얼 드릴링 머신은 큰 공작물을 테이블에 고정하고 주축을 이동시켜 구멍의 중심을 맞춘 후 구멍을 뚫는다.

68. 볼트 머리나 너트가 닿는 자리면을 만들기 위하여 구멍 축에 직각 방향으로 주위를 평면으로 깎는 작업은?

① 카운터 싱킹   ② 카운터 보링

③ 스폿 페이싱   ④ 보링

해설 스폿 페이싱 : 너트 또는 볼트 머리와 접촉하는 면을 고르게 하기 위하여 구멍 축에 직각 방향으로 주위를 평면으로 깎는 작업이다.

69. 다음 중 리밍(reaming)에 관한 설명으로 틀린 것은?

① 날 모양에는 평행 날과 비틀림 날이 있다.

② 구멍의 내면을 매끈하고 정밀하게 가공하는 것을 말한다.

③ 날 끝에 테이퍼를 주어 가공할 때 공작물에 잘 들어가도록 되어 있다.

④ 핸드 리머와 기계 리머는 자루 부분이 테이퍼로 되어 있어서 가공이 편리하다.

해설 리밍에서 핸드 리머와 기계 리머는 곧은 자루로 되어 있다.

70. 드릴의 자루(shank)를 테이퍼 자루와 곧은 자루로 구분할 때 곧은 자루의 기준이 되는 드릴 지름은 몇 mm인가?

① 13   ② 18

③ 20   ④ 25

해설 드릴 지름이 13mm 이하일 때는 곧은 자루, 13mm 이상일 때는 테이퍼 자루를 사용한다.

71. 주철을 드릴로 가공할 때 드릴 날끝의 여유각은 몇 도(°)가 적합한가?

① 10° 이하   ② 12~15°

③ 20~32°   ④ 32° 이상

72. 트위스트 드릴의 인선각(표준각 또는 날끝각)은 연강용에 대하여 몇 도(°)를 표준으로 하는가?

① 110°   ② 114°

③ 118°   ④ 122°

73. 트위스트 드릴은 절삭 날의 각도가 중심에 가까울수록 절삭 작용이 나쁘게 되기 때문에 이를 개선하기 위해 드릴의 웨브 부분을 연삭하는 것은?

① 시닝(thinning)   ② 트루잉(truing)

③ 드레싱(dressing)   ④ 글레이징(glazing)

해설 • 트루잉, 드레싱 : 연삭숫돌을 수정하는 작업

• 글레이징 : 자생 작용이 잘 되지 않아 입자가 납작해지는 현상

74. 드릴링 머신에서 회전수 160rpm, 절삭속도 15m/min일 때, 드릴 지름(mm)은?

① 29.8   ② 35.1   ③ 39.5   ④ 15.4

해설 $V = \dfrac{\pi D N}{1000}$

$\therefore D = \dfrac{1000V}{\pi N} = \dfrac{1000 \times 15}{\pi \times 160} ≒ 29.8\,\text{mm}$

75. 지름 10mm, 원뿔 높이 3mm인 고속도강 드릴로 두께 30mm인 경강판을 가공할 때 소요시간은 약 몇 분인가? (단, 이송은 0.3mm/rev, 드릴 회전수는 667rpm이다.)

① 6   ② 2

③ 1.2   ④ 0.16

[해설] $T = \dfrac{t+h}{Nf} = \dfrac{30+3}{667 \times 0.3} ≒ 0.16$분

76. 드릴 작업에 대한 설명으로 적절하지 않은 것은?

① 드릴 작업은 항상 시작할 때보다 끝날 때 이송을 빠르게 한다.

② 지름이 큰 드릴을 사용할 때는 바이스를 테이블에 고정한다.

③ 드릴은 사용 전 점검하고 마모나 균열이 있는 것은 사용하지 않는다.

④ 드릴이나 드릴 소켓을 뽑을 때는 전용 공구를 사용하고 해머 등으로 두드리지 않는다.

[해설] 구멍 뚫기가 끝날 무렵은 이송을 천천히 한다.

77. 기계 가공법에서 리밍 작업 시 가장 옳은 방법은?

① 드릴 작업과 같은 속도와 이송으로 한다.

② 드릴 작업보다 고속에서 작업하고 이송을 작게 한다.

③ 드릴 작업보다 저속에서 작업하고 이송을 크게 한다.

④ 드릴 작업보다 이송만 작게 하고 같은 속도로 작업한다.

[해설] 리밍 작업은 구멍의 정밀도를 높이기 위한 작업으로, 드릴 작업 rpm의 2/3~3/4으로 하며 이송은 같거나 빠르게 한다.

78. 드릴로 구멍을 뚫은 이후에 사용되는 공구가 아닌 것은?

① 리머   ② 센터 펀치

③ 카운터 보어   ④ 카운터 싱크

[해설] 센터 펀치는 구멍 뚫을 위치를 금긋기 할 때 구멍 중심을 표시하는 데 사용한다.

79. 박스 지그(box jig)의 사용처로 옳은 것은?

① 드릴로 대량 생산을 할 때

② 선반으로 크랭크 절삭을 할 때

③ 연삭기로 테이퍼 작업을 할 때

④ 밀링으로 평면 절삭 작업을 할 때

[해설] 박스 지그는 드릴로 대량 생산을 할 때 사용하며, 상자형 지그라고도 한다.

80. 주축대의 위치를 정밀하게 하기 위해 나사식 측정 장치, 다이얼 게이지, 광학적 측정 장치를 갖추고 있는 보링 머신은?

① 수직 보링 머신   ② 보통 보링 머신

③ 지그 보링 머신   ④ 코어 보링 머신

[해설] 지그 보링 머신 : 구멍을 좌표위치에 2~10 μm의 정밀도로 구멍을 뚫는 보링 머신으로 나사식 보정 장치, 현미경을 이용한 광학적 장치 등이 있다.

81. 스핀들이 수직이고 스핀들은 안내면을 따라 이송되며, 공구 위치는 크로스 레일 공구대에 의해 조절되는 보링 머신은?

① 수직 보링 머신   ② 정밀 보링 머신

③ 지그 보링 머신   ④ 코어 보링 머신

[해설] 수직 보링 머신은 스핀들이 수직으로 설치되어 안내면을 따라 이송되며, 주축대의 위치를 정밀하게 하기 위해 나사식 측정장치, 다이얼 게이지 등을 갖추고 있다.

82. 대표적인 수평식 보링 머신은 구조에 따라 몇 가지 형으로 분류되는데 다음 중 맞지

않는 것은?

① 플로어형(floor type)

② 플레이너형(planer type)

③ 베드형(bed type)

④ 테이블형(table type)

해설 수평식 보링 머신은 주축이 수평이며, 수평인 보링 바에 설치한 보링 바이스를 회전하며 테이블 위의 공작물 구멍에 보링 가공을 한다.

83. 보링 머신의 크기를 표시하는 방법으로 틀린 것은?

① 주축의 지름

② 주축의 이송 거리

③ 테이블의 이동 거리

④ 보링 바이트의 크기

해설 보링 머신은 드릴링 머신으로 뚫은 구멍을 크게 하거나 정밀도를 높이기 위해 사용하는 장치이다.

84. 브로칭(broaching)에 관한 설명 중 틀린 것은?

① 제작과 설계에 시간이 소요되며 공구의 값이 고가이다.

② 각 제품에 따라 브로치의 제작이 불편하다.

③ 키 홈, 스플라인 홈 등을 가공하는 데 사용한다.

④ 브로치 압입 방법에는 나사식, 기어식, 공압식이 있다.

해설 브로치 압입 방법에는 나사식, 기어식, 유압식이 있으며, 큰 힘의 전달이 어려운 공압식은 사용하지 않는다.

85. 브로칭 머신에서 브로치를 인발 또는 압입하는 방법에 속하지 않는 것은?

① 나사식　　　② 기어식

③ 유압식　　　④ 압출식

86. 풀리(pulley)의 보스(boss)에 키 홈을 가공하려 할 때 사용하는 공작 기계는?

① 보링 머신　　② 호빙 머신

③ 드릴링 머신　④ 브로칭 머신

해설 브로칭 머신은 키 홈, 스플라인 구멍, 다각형 구멍 등의 작업을 할 때 사용하는 공작 기계이다.

87. 브로치 절삭날 피치를 구하는 식은? (단, P=피치, L=절삭날의 길이, C=가공물 재질에 따른 상수이다.)

① $P=C\sqrt{L}$　　② $P=C\times L$

③ $P=C\times L^2$　　④ $P=C^2\times L$

해설 브로치 절삭날의 길이는 피치의 제곱에 비례한다.

88. 호브(hob)를 사용하여 기어를 절삭하는 기계로, 차동 기구를 갖고 있는 공작 기계는?

① 레이디얼 드릴링 머신

② 호닝 머신

③ 자동 선반

④ 호빙 머신

해설 호빙 머신 : 절삭 공구인 호브와 소재를 상대 운동시켜 창성법으로 기어 이를 절삭한다.

89. 기어 절삭기에서 창성법으로 치형을 가공하는 공구가 아닌 것은?

① 호브(hob)

② 브로치(broach)

③ 랙 커터(rack cutter)

④ 피니언 커터(pinion cutter)

해설 창성법은 기어 소재와 절삭 공구가 서로 맞물려 돌아가며 기어 형상을 만드는 방법이다. 브로치를 사용하여 내면 기어를 가공할 수 있지만 창성법은 아니다.

90. 창성식 기어 절삭법에 대한 설명으로 옳은 것은?

① 밀링 머신과 같이 총형 밀링 커터를 이용하여 절삭하는 방법이다.
② 셰이퍼 등에서 바이트를 치형에 맞추어 절삭하여 완성하는 방법이다.
③ 셰이퍼의 테이블에 모형과 소재를 고정한 후 모형에 따라 절삭하는 방법이다.
④ 호빙 머신에서 절삭 공구와 일감을 서로 적당한 상대 운동을 시켜서 치형을 절삭하는 방법이다.

해설 창성법 : 인벌류트 곡선을 그리는 성질을 응용하여 기어를 깎는 방법으로 호브, 랙 커터, 피니언 커터 등으로 절삭하며 가장 많이 사용되고 있다.

91. 기어 피치원의 지름이 150 mm, 모듈(module)이 5인 표준형 기어의 잇수는? (단, 비틀림각은 30°이다.)

① 15개   ② 30개
③ 45개   ④ 50개

해설 $D = mZ$

$$\therefore Z = \frac{D}{m} = \frac{150}{5} = 30개$$

92. 내연기관의 실린더 내면에 진원도, 진직도, 표면 거칠기 등을 더욱 향상시키기 위한 가공 방법은?

① 래핑   ② 호닝
③ 슈퍼 피니싱   ④ 버핑

해설 호닝은 정밀 보링, 연삭 등에 의해 미리 가공된 원통 내면을 대상으로 진원도, 진직도, 표면 거칠기를 향상시킬 수 있는 가공법이다.

93. 슈퍼 피니싱(super finishing)의 특징과 거리가 먼 것은?

① 진폭이 수 mm이고 진동수가 매분 수백에서 수천의 값을 가진다.
② 가공열의 발생이 적고 가공 변질층이 작으므로 가공면의 특성이 양호하다.
③ 다듬질 표면은 마찰계수가 작고 내마멸성과 내식성이 우수하다.
④ 입도가 비교적 크고 경한 숫돌에 고압으로 가압하여 연마하는 방법이다.

해설 슈퍼 피니싱은 입자가 작은 숫돌로 일감을 가볍게 누르면서 축 방향으로 진동을 주어 표면을 깨끗하게 하는 다듬질하는 방법이다.

94. 일감에 회전 운동과 이송을 주며, 숫돌을 일감 표면에 약한 압력으로 눌러 대고 다듬질할 면에 따라 매우 작고 빠른 진동을 주어 가공하는 방법은?

① 래핑   ② 드레싱
③ 드릴링   ④ 슈퍼 피니싱

95. 래핑 작업에 사용하는 랩제의 종류가 아닌 것은?

① 흑연   ② 산화크로뮴
③ 탄화규소   ④ 산화알루미나

해설 랩제로는 탄화규소나 알루미나가 주로 사용되며 산화철, 산화크로뮴, 탄화붕소, 알루미늄 분말 등도 사용된다.

96. 래핑 작업에 관한 사항 중 틀린 것은?

① 경질 합금을 래핑할 때는 다이아몬드로 해서는 안 된다.

② 래핑유(lap-oil)로는 석유를 사용해서는 안 된다.

③ 강철을 래핑할 때는 주철이 널리 사용된다.

④ 랩 재료는 반드시 공작물보다 연질의 것을 사용한다.

[해설] 래핑액은 일반적으로 경유를 사용하며 머신유, 종유 등을 혼합하여 사용하기도 한다.

97. 정밀 입자 가공에 대한 설명으로 옳지 않은 것은?

① 래핑은 매끈한 면을 얻는 가공법의 하나이며, 습식법과 건식법이 있다.

② 호닝은 몇 개의 혼(hone)이라는 숫돌을 일감의 축 방향으로 작은 진동을 주어 가공하는 방법이다.

③ 슈퍼 피니싱은 축의 베어링 접촉부를 고정밀도 표면으로 다듬는 가공에 활용한다.

④ 호닝의 혼(hone) 결합제는 일반적으로 비트리파이드를 사용한다.

[해설] 호닝은 몇 개의 혼(hone)이라는 숫돌을 일감의 축 직각 방향으로 작은 진동을 주어 가공하는 방법이다.

98. 입자를 이용한 가공법이 아닌 것은?

① 래핑　　　　　② 브로칭

③ 배럴 가공　　　④ 액체 호닝

[해설] 브로칭 : 브로치 공구를 사용하여 표면 또는 내면을 필요한 모양으로 절삭 가공하는 방법이다.

99. 전해 연마 가공의 특징이 아닌 것은?

① 연마량이 적어 깊은 홈은 제거가 되지 않으며 모서리가 라운드 된다.

② 가공면에 방향성이 없다.

③ 면은 깨끗하나 도금이 잘 되지 않는다.

④ 복잡한 형상의 공작물 연마가 가능하다.

[해설] 전해 연마는 전해액 속에서 행해지므로 복잡한 형상의 재료에 적용 가능하며, 방향성이 없는 깨끗한 면이 얻어지므로 도금의 전처리로도 많이 이용된다.

100. 전해 연마에 이용되는 전해액으로 틀린 것은?

① 인산　　　　　② 황산

③ 과염소산　　　④ 초산

[해설] 전해액으로는 과염소산($HClO_4$), 황산(H_2SO_4), 인산(H_3PO_4), 질산(HNO_3), 알칼리 등이 사용된다.

101. 전해 연삭 가공의 특징이 아닌 것은?

① 경도가 낮은 재료일수록 연삭 능률이 기계 연삭보다 높다.

② 박판이나 형상이 복잡한 공작물을 변형 없이 연삭할 수 있다.

③ 연삭 저항이 적으므로 연삭열 발생이 적고 숫돌 수명이 길다.

④ 정밀도는 기계 연삭보다 낮다.

[해설] 전해 연삭 가공의 특징
• 가공 표면에 변질층이 생기지 않는다.
• 복잡한 모양의 연마에 사용한다.
• 광택이 매우 좋으며 내식성, 내마멸성이 좋다.
• 면이 깨끗하고 도금이 잘 된다.
• 설비가 간단하고 숙련이 필요 없다.
• 경도가 높은 재료일수록 연삭 능률이 기계 연삭보다 높다.

102. 목재, 피혁, 직물 등 탄성이 있는 재료

로 바퀴 표면에 부착시킨 미세한 연삭입자로, 버핑하기 전에 가공물의 표면을 다듬질하는 가공 방법은?

① 폴리싱　　　② 롤러 가공
③ 버니싱　　　④ 숏 피닝

103. 액체 호닝에서 완성 가공면의 상태를 결정하는 일반적인 요인이 아닌 것은?

① 공기 압력　　② 가공 온도
③ 분출 각도　　④ 연마제의 혼합비

해설 호닝 가공면을 결정하는 요소는 공기 압력, 시간, 노즐에서 가공면까지의 거리, 분출 각도, 연마제의 혼합비 등이 있다.

104. 압축 공기를 이용하여 가공액과 혼합된 연마재를 가공물 표면에 고압·고속으로 분사시켜 가공하는 방법은?

① 버핑　　　　② 초음파 가공
③ 액체 호닝　　④ 슈퍼 피니싱

105. 초음파 가공에 주로 사용하는 연삭 입자의 재질이 아닌 것은?

① 산화알루미나계　② 다이아몬드 분말
③ 탄화규소계　　　④ 고무분말계

해설 초음파 가공에 사용하는 연삭 입자의 재질은 산화알루미나, 탄화규소, 탄화붕소, 다이아몬드 분말이다.

106. 1차로 가공된 가공물의 안지름보다 다소 큰 강구(steel ball)를 압입 통과시켜서 가공물의 표면을 소성 변형으로 가공하는 방법은 어느 것인가?

① 래핑(lapping)

② 호닝(honing)
③ 버니싱(burnishing)
④ 그라인딩(grinding)

107. 원하는 형상을 한 공구를 공작물의 표면에 눌러대고 이동시켜 표면에 소성 변형을 주어 정도가 높은 면을 얻기 위한 가공법은?

① 래핑
② 버니싱
③ 폴리싱
④ 슈퍼 피니싱

해설 버니싱 : 1차로 가공된 가공물의 안지름보다 다소 큰 강철 볼을 압입 통과시켜 가공물을 소성 변형으로 가공하는 방법이다.

108. 방전 가공에서 전극 재료의 조건으로 맞지 않는 것은?

① 방전이 안전하고 가공 속도가 클 것
② 가공에 따른 가공 전극의 소모가 적을 것
③ 공작물보다 경도가 높을 것
④ 기계 가공이 쉽고 가공 정밀도가 높을 것

해설 방전 가공은 방전을 이용하는 방식이므로 경도는 고려할 조건이 아니다.

109. 일반적으로 방전 가공 작업 시 사용되는 가공액의 종류 중 가장 거리가 먼 것은?

① 변압기유　　② 경유
③ 등유　　　　④ 휘발유

해설 방전 가공 시 절연도가 높은 경유, 등유, 변압기유, 탈이온수(물)가 가공액으로 사용된다.

110. 기어, 회전축, 코일 스프링, 판 스프링 등의 가공에 적합한 숏 피닝(shot peening)은 무슨 하중에 가장 효과적인가?

① 압축 하중   ② 인장 하중

③ 반복 하중   ④ 굽힘 하중

해설 숏 피닝 : 강구를 공작물 표면에 분사시켜 조직을 치밀하게 하고 내마모성과 반복 하중에 의한 피로 특성을 향상시키는 가공법이다.

111. 다음 중 숏 피닝(shot peening)과 관계 없는 것은?

① 금속의 표면 경도를 증가시킨다.

② 피로 한도를 높여준다.

③ 표면 광택을 증가시킨다.

④ 기계적 성질을 증가시킨다.

해설 숏 피닝은 숏 볼을 가공면에 고속으로 강하게 두드려서 금속 표면층의 경도와 강도 증가로 피로 한계를 높여 기계적 성질을 향상시키고, 피닝 효과로 공작물의 표면 강화 및 피로 한도를 증가시킨다.

112. 다음 중 초음파 가공으로 가공하기 어려운 것은?

① 구리   ② 유리

③ 보석   ④ 세라믹

해설 구리, 알루미늄, 금, 은 등과 같은 연질 재료는 초음파 가공이 어렵다.

113. CNC 공작 기계 서보기구의 제어방식으로 잘못된 것은?

① 단일회로   ② 개방회로

③ 폐쇄회로   ④ 반폐쇄회로

114. CNC 기계의 움직임을 전기적인 신호로 속도와 위치를 피드백하는 장치는?

① 리졸버(resolver)

② 컨트롤러(controller)

③ 볼 스크루(ball screw)

④ 패리티 체크(parity-check)

해설 리졸버는 CNC 공작 기계의 움직임을 전기적인 신호로 표시하는 일종의 회전 피드백 장치이다.

115. NC 공작 기계의 특징 중 거리가 가장 먼 것은?

① 다품종 소량 생산 가공에 적합하다.

② 가공 조건을 일정하게 유지할 수 있다.

③ 공구가 표준화되어 공구 수를 증가시킬 수 있다.

④ 복잡한 형상의 부품에 대한 가공 능률화가 가능하다.

해설 NC 공작 기계는 CNC나 범용 공작 기계들과 절삭 공구의 호환이 가능하므로 공구를 표준화할 수 있으며 공구 수도 줄일 수 있다.

116. NC 밀링 머신의 활용에서의 장점을 열거하였다. 타당성이 없는 것은?

① 작업자의 신체상 또는 기능상 의존도가 적으므로 생산량의 안정을 기할 수 있다.

② 기계 운전에 고도의 숙련자를 요하지 않으며 한 사람이 몇 대를 조작할 수 있다.

③ 실제 가동률을 상승시켜 능률을 향상시킨다.

④ 적은 공구로 광범위한 절삭을 할 수 있으며, 공구 수명이 단축되어 공구비가 증가한다.

해설 많은 공구를 장착할 수 있어 다양한 절삭을 할 수 있으며, 공구 수명이 증가되어 공구 관리비를 절감할 수 있다.

117. 고속 가공의 특성에 대한 설명이 옳지 않은 것은?

① 황삭부터 정삭까지 한 번의 셋업으로 가공이 가능하다.

② 열처리된 소재는 가공할 수 없다.

③ 칩(chip)에 열이 집중되어 가공물은 절삭열 영향이 작다.

④ 절삭 저항이 감소하고 공구 수명이 길어진다.

해설 고속 가공은 열처리된 공작물도 가공할 수 있으며, 경도 HRC 60 정도는 가공이 가능하다.

118. 다음 중 200rpm으로 회전하는 스핀들에서 6회전 휴지(dwell) NC 프로그램으로 옳은 것은?

① G01 P1800 ; ② G01 P2800 ;

③ G04 P1800 ; ④ G04 P2800 ;

해설 60초 : 200회전＝x초 : 6회전

휴지시간(x)＝$\dfrac{60}{200} \times 6 = 1.8$초

∴ NC 프로그램은 다음과 같다.

- G04 X1.8 ;
- G04 U1.8 ;
- G04 P1800 ;

119. CNC 프로그래밍에서 좌표계 주소(add-ress)와 관련이 없는 것은?

① X, Y, Z ② A, B, C

③ I, J, K ④ P, U, X

해설 P, U, X : 일시 정지 지령을 위한 주소

120. NC 선반의 절삭 사이클 중 안·바깥지름 복합 반복 사이클에 해당하는 것은?

① G40 ② G50

③ G71 ④ G96

해설 · G40 : 공구 인선 반지름 보정 취소
· G50 : 공작물 좌표계 설정

· G96 : 절삭 속도 일정 제어

121. CNC 선반 프로그래밍에 사용되는 보조기능 코드와 기능이 옳게 짝지어진 것은?

① M01 : 주축 역회전

② M02 : 프로그램 종료

③ M03 : 프로그램 정지

④ M04 : 절삭유 모터 가동

해설 · M01 : 선택적 프로그램 정지
· M03 : 주축 정회전(시계 방향)
· M04 : 주축 역회전(반시계 방향)

3 측정 및 손다듬질 가공

1. 측정 오차에 관한 설명으로 틀린 것은?

① 계통 오차는 측정값에 일정한 영향을 주는 원인에 의해 생기는 오차이다.

② 우연 오차는 측정자와 관계없이 발생하며, 반복적이고 정확한 측정으로 오차 보정이 가능하다.

③ 개인 오차는 측정자의 부주의로 생기는 오차이며, 주의해서 측정하고 결과를 보정하면 줄일 수 있다.

④ 계기 오차는 측정 압력, 측정 온도, 측정기 마모 등으로 생기는 오차이다.

해설 우연 오차 : 측정자가 파악할 수 없는 변화에 의하여 발생하는 오차로, 완전히 없앨 수는 없지만 반복 측정하여 오차를 줄일 수는 있다.

2. -18μm의 오차가 있는 블록 게이지에 다이얼 게이지를 영점 세팅하여 공작물을 측정하였더니 측정값이 46.78mm이었다면 참값(mm)은?

① 46.960   ② 46.798
③ 46.762   ④ 46.603

해설 참값＝측정값＋오차
$$= 46.78 + (-0.018) = 46.762\,mm$$

3. 측정기에서 읽을 수 있는 측정값의 범위를 무엇이라 하는가?

① 지시 범위   ② 지시 한계
③ 측정 범위   ④ 측정 한계

해설 측정 범위 : 실제 측정기에서 읽을 수 있는 측정값의 범위를 말하며, 마이크로미터의 측정 범위는 보통 25mm 단위로 되어 있다.

4. 다이얼 게이지 기어의 백래시(backlash)로 인해 발생하는 오차는?

① 인접 오차   ② 지시 오차
③ 진동 오차   ④ 되돌림 오차

5. 20℃에서 20mm인 게이지 블록이 손과 접촉 후 온도가 36℃가 되었을 때 게이지 블록에 생긴 오차는 몇 mm인가? (단, 선팽창 계수는 1.0×10^{-6}/℃이다.)

① 3.2×10^{-4} ② 3.2×10^{-3}
③ 6.4×10^{-4} ④ 6.4×10^{-3}

해설 $\delta l = l \cdot \alpha \cdot \delta t$
$$= 20 \times (1.0 \times 10^{-6}) \times (36° - 20°)$$
$$= 3.2 \times 10^{-4}\,mm$$

6. 어미자의 1눈금이 0.5mm이며 아들자의 눈금이 12mm를 25등분한 버니어 캘리퍼스의 최소 측정값은?

① 0.01 mm   ② 0.05 mm
③ 0.02 mm   ④ 0.1 mm

해설 최소 측정값＝$\dfrac{\text{어미자의 최소 눈금}}{\text{등분 수}}$
$$= \frac{0.5}{25} = 0.02\,mm$$

7. 직접 측정용 길이 측정기가 아닌 것은?

① 강철자   ② 사인 바
③ 마이크로미터   ④ 버니어 캘리퍼스

해설 사인 바 : 블록 게이지의 높이와 사인 바의 길이를 측정하여 삼각함수로 각도를 계산하는 간접 측정 방식이다.

8. 마이크로미터의 스핀들 나사의 피치가 0.5mm이고 딤블의 원주 눈금이 50등분 되어 있다면 최소 측정값은?

① 2 μm ② 5 μm
③ 10 μm ④ 15 μm

해설 최소 측정값＝$\dfrac{\text{피치}}{\text{원주 눈금 수}} = \dfrac{0.5}{50}$
$$= 0.01\,mm = 10\,\mu m$$

9. 마이크로미터 사용 시 일반적인 주의사항이 아닌 것은?

① 측정 시 래칫 스톱은 1회전 반 또는 2회전을 돌려 측정력을 가한다.
② 눈금을 읽을 때는 기선의 수직위치에서 읽는다.
③ 사용 후에는 각 부분을 깨끗이 닦아 진동이 없고 직사광선을 잘 받는 곳에 보관하여야 한다.
④ 대형 외측 마이크로미터는 실제로 측정하는 자세로 영점 조정을 한다.

해설 마이크로미터 사용 및 보관 시 직사광선이나 복사열이 있는 곳은 피한다.

10. 트위스트 드릴의 각부에서 드릴 홈의 골

부위(웨브 두께) 측정에 가장 적합한 것은?

① 나사 마이크로미터
② 포인트 마이크로미터
③ 그루브 마이크로미터
④ 다이얼 게이지 마이크로미터

[해설] • 나사 마이크로미터 : 수나사의 유효 지름을 측정한다.
• 그루브 마이크로미터: 앤빌과 스핀들에 플랜지를 부착하여 구멍의 홈 폭과 내·외부에 있는 홈의 너비, 깊이 등을 측정한다.

11. 측정기에 대한 설명으로 옳은 것은?

① 일반적으로 버니어 캘리퍼스가 마이크로미터보다 측정 정밀도가 높다.
② 사인 바(sine bar)는 공작물의 안지름을 측정한다.
③ 다이얼 게이지는 각도 측정기이다.
④ 스트레이트 에지(straight edge)는 평면도의 측정에 사용된다.

[해설] 스트레이트 에지는 평면도, 진직도, 평행도 검사에 사용되며, 하이트 게이지에 부착하여 높이 측정 및 금긋기 작업에 사용한다.

12. 다음 중 텔레스코핑 게이지로 측정할 수 있는 것은?

① 진원도 측정 ② 안지름 측정
③ 높이 측정 ④ 깊이 측정

13. 견고하고 금긋기에 적당하며, 비교적 대형으로 영점 조정이 불가능한 하이트 게이지로 옳은 것은?

① HT형 ② HB형
③ HM형 ④ HC형

[해설] • HT형 : 표준형이며 척의 이동이 가능하다.

• HB형 : 경량 측정에 적당하나 금긋기용으로는 부적당하다.

14. 직접 측정의 장점에 해당되지 않는 것은?

① 측정기의 측정 범위가 다른 측정법에 비해 넓다.
② 측정물의 실제 치수를 직접 읽을 수 있다.
③ 수량이 적고 많은 종류의 제품 측정에 적합하다.
④ 측정자의 숙련과 경험이 필요 없다.

[해설] 측정기가 정밀할 때는 측정자의 숙련과 경험이 중요하다.

15. 물체의 길이, 각도, 형상 측정이 가능한 측정기는?

① 표면 거칠기 측정기
② 3차원 측정기
③ 사인 센터
④ 다이얼 게이지

16. 정밀 측정에서 아베의 원리에 대한 설명으로 옳은 것은?

① 내측 측정 시 최댓값을 택한다.
② 눈금선의 간격은 일치되어야 한다.
③ 단도기의 지지는 양끝 단면이 평행하도록 한다.
④ 표준자와 피측정물은 동일 축선상에 있어야 한다.

[해설] 아베(Abbe)의 원리 : 측정기에서 표준자의 눈금면과 측정물을 동일선상에 배치한 구조는 측정 오차가 작다는 원리이다. 외측 마이크로미터가 아베의 원리를 만족시킨다.

17. 다이얼 게이지의 사용상 주의사항이 아닌

것은?

① 스핀들이 원활하게 움직이는지 확인한다.
② 스탠드를 앞뒤로 움직여 지시값의 차를 확인한다.
③ 스핀들을 갑자기 작동시켜 반복 정밀도를 본다.
④ 다이얼 게이지의 편차가 클 때는 교환 또는 수리가 불가능하므로 무조건 폐기시킨다.

해설 다이얼 게이지의 편차가 클 때는 교환하거나 수리하여 사용한다.

18. 원형의 측정물을 V 블록 위에 올려놓은 뒤 회전하였더니 다이얼 게이지의 눈금에 0.5mm의 차이가 있었다면 그 진원도는 얼마인가?

① 0.125mm   ② 0.25mm
③ 0.5mm   ④ 1.0mm

해설 진원도＝다이얼 게이지 눈금 이동량$\times\dfrac{1}{2}$

$$=0.5\times\dfrac{1}{2}=0.25\,\text{mm}$$

19. 비교 측정하는 방식의 측정기는?

① 측장기   ② 마이크로미터
③ 다이얼 게이지   ④ 버니어 캘리퍼스

해설 비교 측정 : 이미 알고 있는 표준(기준량)과 비교하여 측정하는 방식이다.

20. 공기 마이크로미터를 그 원리에 따라 분류할 때 이에 속하지 않는 것은?

① 유량식   ② 배압식
③ 광학식   ④ 유속식

해설 공기 마이크로미터를 그 원리에 따라 분류하면 유량식, 배압식, 유속식, 진공식이 있다.

21. 공기 마이크로미터에 대한 설명으로 틀린 것은?

① 압축 공기원이 필요하다.
② 비교 측정기로서 1개의 마스터로 측정이 가능하다.
③ 타원, 테이퍼, 편심 등의 측정을 간단히 할 수 있다.
④ 확대 기구에 기계적 요소가 없기 때문에 장시간 고정도를 유지할 수 있다.

22. 블록 게이지의 부속 부품이 아닌 것은?

① 홀더
② 스크레이퍼
③ 스크라이버 포인트
④ 베이스 블록

해설 스크레이퍼 작업이란 기계가 가공된 면을 더욱 정밀하게 다듬질하는 것을 말하며, 이때 사용하는 공구를 스크레이퍼라고 한다. 공작 기계의 베드, 미끄럼면, 측정용 정밀 정반 등의 최종 마무리 가공에 사용된다.

23. 다음 중 한계 게이지의 종류에 해당되지 않는 것은?

① 봉 게이지   ② 스냅 게이지
③ 다이얼 게이지   ④ 플러그 게이지

해설 • 구멍용 한계 게이지 : 플러그 게이지, 봉 게이지, 터보 게이지
• 축용 한계 게이지 : 스냅 게이지, 링 게이지

24. 일반적으로 한계 게이지 방식의 특징에 대한 설명으로 틀린 것은?

① 대량 측정에 적당하다.
② 합격, 불합격의 판정이 용이하다.
③ 조작이 복잡하므로 경험이 필요하다.

정답 18. ② 19. ③ 20. ③ 21. ② 22. ② 23. ③ 24. ③

④ 측정 치수에 따라 각각의 게이지가 필요 하다.

해설 한계 게이지는 조작이 쉽고 간단하여 경험을 필요로 하지 않는다.

25. 게이지 종류에 대한 설명 중 틀린 것은?

① pitch 게이지 : 나사 피치 측정
② thickness 게이지 : 미세한 간격(두께) 측정
③ radius 게이지 : 기울기 측정
④ center 게이지 : 선반의 나사 바이트 각도 측정

해설 radius 게이지 : 곡면 둥글기의 반지름 측정

26. 사인 바(sine bar)의 호칭 치수는 무엇으로 표시하는가?

① 롤러 사이의 중심 거리
② 사인 바의 전장
③ 사인 바의 중량
④ 롤러의 지름

해설 사인 바 : 삼각함수의 사인(sine)을 이용하여 각도를 측정하고 설정하는 측정기이다. 크기는 롤러 중심 간의 거리로 표시하며 호칭 치수는 100 mm, 200 mm이다.

27. 각도 측정을 할 수 있는 사인 바(sine bar)의 설명으로 틀린 것은?

① 정밀한 각도 측정을 하기 위해서는 평면도가 높은 평면에서 사용해야 한다.
② 롤러 중심 거리는 보통 100 mm, 200 mm로 만든다.
③ 45° 이상의 큰 각도를 측정하는 데 유리하다.
④ 사인 바는 길이를 측정하여 직각 삼각형의 삼각함수를 이용한 계산에 의해 임의각의 측정 또는 임의각을 만드는 기구이다.

해설 사인 바는 45° 이상에서는 오차가 급격히 커지므로 45° 이하의 각도 측정에 사용한다.

28. 테이퍼 플러그 게이지(taper plug gage)의 측정에서 그림과 같이 정반 위에 놓고 핀을 이용해서 측정을 하려고 한다. M을 구하는 식은?

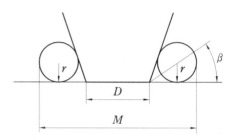

① $M = D + r + r \cdot \cot\beta$
② $M = D + r + r \cdot \tan\beta$
③ $M = D + 2r + 2r \cdot \cot\beta$
④ $M = D + 2r + 2r \cdot \tan\beta$

해설 $M = D + 2r + 2r \times \tan(90° - \beta)$
$= D + 2r + 2r \times \cot\beta$

29. 그림과 같이 더브테일 홈 가공을 하려고 할 때 X의 값은 약 얼마인가? (단, tan60°= 1.7321, tan30°=0.5774이다.)

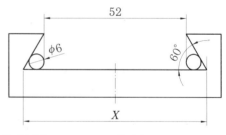

① 60.26 　　　② 68.39
③ 82.04 　　　④ 84.86

해설 $X = 52 + 2\left(\dfrac{r}{\tan 30°} + r\right)$
$= 52 + 2\left(\dfrac{3}{0.5774} + 3\right)$

$$≒52+16.392$$
$$≒68.39$$

30. 투영기에 의해 측정을 할 수 있는 것은?

① 진원도 측정　　② 진직도 측정
③ 각도 측정　　　④ 원주 흔들림 측정

해설 투영기는 물체의 형상이나 치수를 측정 및 검사하는 광학기기로 각도, 나사 유효 지름, 나사산의 반각 등을 측정한다.

31. 다듬질면 상태의 평면 검사에 사용되는 수공구는?

① 트러멜　　　　② 나이프 에지
③ 실린더 게이지　④ 앵글 플레이트

해설 • 트러멜 : 대형 금긋기용 수공구
• 실린더 게이지 : 내측 구멍을 측정하는 측정기
• 앵글 플레이트 : 각도 측정 장비

32. 마이크로미터 측정면의 평면도 검사에 가장 적합한 측정기기는?

① 옵티컬 플랫
② 공구 현미경
③ 광학식 클리노미터
④ 투영기

해설 옵티컬 플랫은 광학적인 측정기로, 매끈하게 래핑된 블록 게이지면, 각종 측정자 등의 평면 측정에 사용하며, 측정면에 접촉시켰을 때 생기는 간섭 무늬의 수로 측정한다.

33. 다음 중 표면 거칠기 측정법에 해당되지 않는 것은?

① 다이얼 게이지 이용 측정법
② 표준편과의 비교 측정법
③ 광절단식 표면 거칠기 측정법
④ 현미 간섭식 표면 거칠기 측정법

해설 다이얼 게이지는 진원도, 평면도 등을 측정하는 비교 측정기이다.

34. 평면도 측정과 관계없는 것은?

① 수준기　　　　② 링 게이지
③ 옵티컬 플랫　　④ 오토콜리메이터

해설 • 링 게이지는 바깥지름 치수를 측정하는 데 사용되는 한계 게이지이다.
• 수준기는 평면도 또는 진직도를 가장 간편하게 측정할 수 있는 측정기이다.

35. KS B 0161에 규정된 표면 거칠기 표시 방법이 아닌 것은?

① 최대 높이(Ry)
② 10점 평균 거칠기(Rz)
③ 산술 평균 거칠기(Ra)
④ 제곱 평균 거칠기($Rrms$)

해설 표면 거칠기 표시 방법은 KS B 0161이 폐지되고 KS B ISO 4287이 사용되고 있다.

36. 나사를 측정할 때 삼침법으로 측정 가능한 것은?

① 골지름　　　　② 유효 지름
③ 바깥지름　　　④ 나사의 길이

해설 삼침법은 가장 정밀도가 높은 나사의 유효 지름을 측정하는 방법으로, 지름이 같은 3개의 핀 게이지를 나사산의 골에 끼운 상태에서 바깥지름을 마이크로미터 등으로 측정하여 계산한다.

37. 나사산의 각도 측정 방법으로 틀린 것은?

① 공구 현미경에 의한 방법
② 나사 마이크로미터에 의한 방법
③ 투영기에 의한 방법

④ 만능 측정 현미경에 의한 방법

38. 수기 가공에 대한 설명으로 틀린 것은?

① 서피스 게이지는 공작물에 평행선을 긋거나 평행면의 검사용으로 사용된다.
② 스크레이퍼는 줄 가공 후 면을 정밀하게 다듬질 작업하기 위해 사용된다.
③ 카운터 보어는 드릴로 가공된 구멍에 대하여 정밀하게 다듬질 하기 위해 사용된다.
④ 센터 펀치는 펀치의 끝이 60~90° 원뿔로 되어 있으며, 위치를 표시하기 위해 사용된다.

해설 카운터 보어는 작은 나사, 볼트의 머리 부분이 완전히 묻히도록 자리 부분을 단이 있게 자리 파기하는 작업이다. 드릴로 가공된 구멍을 정밀하게 다듬질하는 공구는 리머이다.

39. 다음 중 수기 가공에 대하여 설명한 것으로 틀린 것은?

① 탭은 나사부와 자루 부분으로 되어 있다.
② 다이스는 수나사를 가공하기 위한 공구이다.
③ 다이스는 1번, 2번, 3번 순으로 나사 가공을 수행한다.
④ 줄의 작업 순서는 황목 → 중목 → 세목 순으로 한다.

해설 다이스로 가공 시 번호 순서에 따르지 않고, 유효 지름에 맞게 공구를 선택하여 작업한다.

40. 일반적인 손다듬질 작업의 공정 순서로 옳은 것은?

① 정 → 줄 → 스크레이퍼 → 쇠톱
② 줄 → 스크레이퍼 → 쇠톱 → 정
③ 쇠톱 → 정 → 줄 → 스크레이퍼
④ 스크레이퍼 → 정 → 쇠톱 → 줄

---

4 기계 안전작업

1. 기계 작업 시 안전 사항으로 가장 거리가 먼 것은?

① 기계 위에 공구나 재료를 올려놓는다.
② 선반 작업 시 보호안경을 착용한다.
③ 사용 전 기계ㆍ기구를 점검한다.
④ 절삭 공구는 기계를 정지시키고 교환한다.

해설 기계 위에 공구나 재료를 올려놓지 않는다.

2. 기계의 안전장치에 속하지 않는 것은?

① 리밋 스위치(limit switch)
② 방책(防柵)
③ 초음파 센서
④ 헬멧(helmet)

해설 헬멧은 사람이 작업 중 반드시 착용해야 하는 안전장비이다.

3. 일반적인 선반 작업의 안전 수칙으로 틀린 것은?

① 회전하는 공작물을 공구로 정지시킨다.
② 장갑, 반지 등은 착용하지 않도록 한다.
③ 바이트는 가능한 짧고 단단하게 고정한다.
④ 선반에서 드릴 작업 시 구멍 가공이 거의 끝날 때는 이송을 천천히 한다.

해설 선반에서 회전하는 공작물을 정지시킬 때는 브레이크를 사용하여 완전히 정지시킨다.

4. 밀링 작업의 안전 수칙에 대한 설명으로 틀린 것은?

① 공작물의 측정은 주축을 정지하여 놓고 실시한다.
② 급속 이송은 백래시 제거장치가 작동하

고 있을 때 실시한다.

③ 중절삭할 때는 공작물을 가능한 바이스에 깊숙이 물려야 한다.

④ 공작물을 바이스에 고정할 때 공작물이 변형되지 않도록 주의한다.

해설 급속 이송은 백래시 제거장치가 작동하지 않을 때 실시해야 한다.

5. 선반 작업에서 발생하는 재해가 아닌 것은?

① 칩에 의한 것

② 정밀 측정기에 의한 것

③ 가공물의 회전부에 휘감겨 들어가는 것

④ 가공물과 절삭 공구와의 사이에 휘감기는 것

해설 선반 작업에서 정밀 측정기는 재해를 발생시키지 않는다.

6. 연삭 작업의 안전사항으로 틀린 것은?

① 연삭숫돌의 측면부위로 연삭 작업을 수행하지 않는다.

② 숫돌은 나무해머나 고무해머 등으로 음향 검사를 실시한다.

③ 연삭 가공을 할 때 안전을 위해 원주 정면에서 작업을 한다.

④ 연삭 작업을 할 때 분진의 비산을 방지하기 위해 집진기를 가동한다.

7. 드릴링 머신으로 구멍 가공 작업을 할 때 주의해야 할 사항이 아닌 것은?

① 드릴은 흔들리지 않도록 정확하게 고정해야 한다.

② 드릴을 고정하거나 풀 때는 주축이 완전히 정지된 후 작업한다.

③ 구멍 가공 작업이 끝날 무렵은 이송을 천천히 한다.

④ 크기가 작은 공작물은 손으로 잡고 드릴링한다.

해설 크기가 작은 공작물은 반드시 클램핑 장치에 고정한 후 가공한다.

8. 회전 중에 연삭숫돌이 파괴될 것을 대비하여 설치하는 안전요소는?

① 덮개   ② 드레서

③ 소화 장치   ④ 절삭유 공급 장치

해설 숫돌의 덮개를 벗겨 놓은 상태로 사용해서는 안 된다.

9. 드릴링 머신의 안전사항에서 틀린 것은?

① 장갑을 끼고 작업을 하지 않는다.

② 가공물을 손으로 잡은 상태에서 드릴링하지 않는다.

③ 얇은 판의 구멍 뚫기에는 나무 보조판을 사용한다.

④ 구멍 뚫기가 끝날 무렵은 이송을 빠르게 한다.

해설 드릴 작업에서 구멍 뚫기가 끝날 무렵은 이송을 느리게 한다.

10. 일반적으로 안전을 위하여 보호 장갑을 끼고 작업을 해야 하는 것은?

① 밀링 작업

② 선반 작업

③ 용접 작업

④ 드릴링 작업

11. 퓨즈가 끊어져서 다시 끼웠을 때 또다시 끊어졌을 경우의 조치사항으로 가장 적합한 것은?

① 다시 한 번 끼워본다.
② 조금 더 용량이 큰 퓨즈를 끼운다.
③ 합선 여부를 검사한다.
④ 굵은 동선으로 바꾸어 끼운다.

12. 해머 작업의 안전 수칙에 대한 설명으로 틀린 것은?

① 해머의 타격면이 넓어진 것을 골라서 사용한다.
② 장갑이나 기름이 묻은 손으로 자루를 잡지 않는다.
③ 담금질된 재료는 함부로 두드리지 않는다.
④ 쐐기를 박아서 해머의 머리가 빠지지 않는 것을 사용한다.

해설 해머의 타격면이 넓어진 것은 변형된 것이므로 사용하지 않는다.

13. 스패너 작업의 안전 수칙으로 거리가 먼 것은?

① 몸의 균형을 잡은 다음 작업을 한다.
② 스패너는 너트에 알맞은 것을 사용한다.
③ 스패너 자루에 파이프를 끼워 사용한다.
④ 스패너를 해머 대용으로 사용하지 않는다.

해설 스패너의 입은 너트에 꼭 맞게 사용하며, 스패너의 자루에 파이프를 끼워 사용하면 순간적으로 빠져서 다칠 위험이 있다.

14. 수기 가공을 할 때 작업 안전 수칙으로 옳은 것은?

① 바이스를 사용할 때는 조에 기름을 충분히 묻히고 사용한다.
② 드릴 가공을 할 때는 장갑을 착용하여 단단하고 위험한 칩으로부터 손을 보호한다.
③ 금긋기 작업을 하는 이유는 주로 절단을 할 때 절삭성이 좋아지게 하기 위함이다.
④ 탭 작업 시 칩이 원활하게 배출이 될 수 있도록 후퇴와 전진을 번갈아 가면서 점진적으로 수행한다.

해설 금긋기 작업은 가공 시 작업할 부분을 명확하게 하기 위한 것이다.

1   기계 제도 일반

1. 특수 가공하는 부분이나 특별한 요구사항을 적용하도록 범위를 지정하는 데 사용하는 선의 종류는?

① 가는 1점 쇄선 ② 가는 2점 쇄선
③ 굵은 실선 ④ 굵은 1점 쇄선

해설 열처리 구간 또는 특수 표면 처리(도금) 구간 등 특수 가공을 하는 부분은 굵은 1점 쇄선으로 나타낸다.

2. 도면의 양식에서 용지를 여러 구역으로 나누는 구역 표시를 하는 데 있어서 세로 방향으로 대문자 영어를 표시한다. 이때 사용해서는 안 되는 문자는?

① A ② H ③ K ④ O

3. 기계 제도에서 사용하는 척도에 대한 설명 중 틀린 것은?

① 공통적으로 사용한 주요 척도는 표제란에 기입한다.
② 축척으로 제도한 경우 치수 기입은 실제 치수가 아닌 실물의 실제 치수에 축척 비율이 적용된 값으로 기입한다.
③ 그림의 일부를 확대하여 그려야 할 경우 배척값을 선택하여 그릴 수 있다.
④ 같은 도면에서 서로 다른 척도를 사용한 경우 해당 부품 번호의 참조 문자 부근에 척도를 기입한다.

해설 축척 비율과 상관없이 실제 치수를 기입한다.

4. 가상선을 사용하는 경우에 해당하지 않는 것은?

① 도시된 단면의 앞쪽에 있는 부분을 나타내는 경우
② 되풀이하는 것을 나타내는 경우
③ 가공 전 또는 가공 후의 모양을 나타내는 경우
④ 위치 결정의 근거가 된다는 것을 명시하는 기준선을 나타내는 경우

해설 • 위치 결정의 근거를 나타내는 기준선은 가상선에 해당하지 않으며, 이 경우 가는 1점 쇄선을 사용한다.
• 가상선은 가는 2점 쇄선을 사용한다.

5. 가는 1점 쇄선의 용도가 아닌 것은?

① 도형의 중심을 표시하는 데 쓰인다.
② 수면, 유면 등의 위치를 표시하는 데 쓰인다.
③ 중심이 이동한 중심 궤적을 표시하는 데 쓰인다.
④ 되풀이하는 도형의 피치를 취하는 기준을 표시하는 데 쓰인다.

해설 가는 1점 쇄선의 용도
• 중심선 : 도형의 중심을 표시하거나 중심이 이동한 중심 궤적을 표시할 때 쓰인다.
• 기준선 : 위치 결정의 근거를 명시할 때 쓰인다.
• 피치선 : 되풀이되는 도형의 피치를 취하는 기준을 표시할 때 쓰인다.

정답 1. ④ 2. ④ 3. ② 4. ④ 5. ②

6. 도면 작성 시 가는 실선을 사용하는 경우가 아닌 것은?

① 특별히 범위나 영역을 나타내기 위한 틀의 선
② 반복되는 자세한 모양의 생략을 나타내는 선
③ 테이퍼가 진 모양을 설명하기 위해 표시하는 선
④ 소재의 굽은 부분이나 가공 공정을 표시하는 선

[해설] ① 가는 2점 쇄선

7. 대상물의 일부를 파단한 경계 또는 일부를 떼어낸 경계를 표시하는 선으로 옳은 것은?

① 가는 1점 쇄선
② 가는 2점 쇄선
③ 가는 1점 쇄선으로 끝부분 및 방향이 변하는 부분을 굵게 한 선
④ 불규칙한 파형의 가는 실선

[해설] 파단선은 가는 실선 중에서도 불규칙한 파형으로 나타낸다.

8. 그림과 같이 하나의 그림으로 정육면체의 세 면 중의 한 면만을 중점적으로 엄밀, 정확하게 표현하는 것으로 캐비닛도가 이에 해당하는 투상법은?

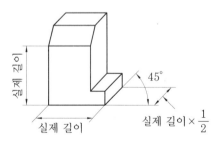

① 사투상법
② 등각투상법
③ 정투상법
④ 투시도법

[해설] • 사투상법 : 캐비닛도, 카발리에도
• 정투상법 : 제1각법, 제3각법
• 축측투상법 : 등각투상도, 부등각투상도

9. 다음 그림과 같은 입체도에서 화살표 방향을 정면도로 할 경우 우측면도로 가장 적절한 것은?

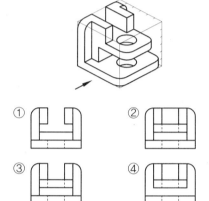

10. 다음 입체도를 제3각법에 의해 3면도로 옳게 투상한 것은? (단, 화살표 방향을 정면으로 한다.)

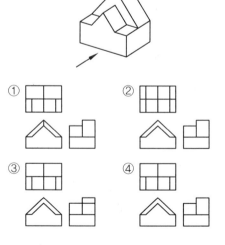

11. 도면에서 2종류 이상의 선이 같은 곳에

겹치는 경우 다음 선 중에서 우선순위가 가장 높은 선은?

① 중심선　　　② 무게중심선
③ 숨은선　　　④ 치수 보조선

해설 겹치는 선의 우선순위
외형선 > 숨은선 > 절단선 > 중심선 > 무게중심선 > 치수 보조선

12. 제3각법에 대한 설명으로 틀린 것은?

① 눈 → 투상면 → 물체의 순으로 나타난다.
② 좌측면도는 정면도의 좌측에 그린다.
③ 저면도는 우측면도의 아래에 그린다.
④ 배면도는 우측면도의 우측에 그린다.

해설 평면도는 정면도 위에, 저면도는 정면도 아래에, 좌측면도는 정면도 왼쪽에, 우측면도는 정면도 오른쪽에, 배면도는 우측면도의 오른쪽이나 좌측면도의 왼쪽에 배치한다.

13. 그림과 같은 입체도에서 화살표 방향이 정면일 때 정투상법으로 나타낸 투상도 중 잘못된 도면은?

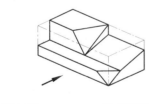

① 좌측면도

② 평면도

③ 우측면도

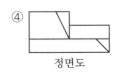
④ 정면도

14. 제3각법으로 나타낸 그림과 같은 정투상

도에 해당하는 입체도는?

①

②

③

④

15. 다음 정면도와 우측면도에 가장 적합한 평면도는?

(정면도)　　(우측면도)

①

②

③

④

해설

16. 투상도법의 설명으로 올바른 것은?

① 제1각법은 물체와 눈 사이에 투상면이 있다.
② 제3각법은 평면도가 정면도 위에, 우측면도는 정면도 오른쪽에 있다.
③ 제1각법은 우측면도가 정면도 오른쪽에

정답 12. ③　13. ③　14. ④　15. ①　16. ②

있다.

④ 제3각법은 정면도 위에 배면도가 있고 우측면도는 왼쪽에 있다.

해설 • 제1각법은 물체가 눈과 투상면 사이에 있으며, 우측면도가 정면도 왼쪽에 있다.
• 제3각법은 정면도 위에 평면도가 있으며, 우측면도는 정면도 오른쪽에 있다.

17. 그림과 같은 도면에서 점선으로 표시된 윤곽 안에 있는 투상도의 명칭으로 맞는 것은?

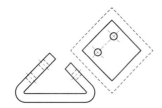

① 국부 투상도
② 회전 도시 투상도
③ 보조 투상도
④ 가상 투상도

18. 기계 제도에서 단면도 해칭에 관한 설명 중 틀린 것은?

① 같은 절단면상에 나타나는 같은 부품의 단면에는 같은 해칭을 한다.
② 해칭은 주된 중심선에 대하여 45°로 하는 것이 좋다.
③ 인접한 단면의 해칭은 선의 방향 또는 각도를 변경하거나 그 간격을 변경하여 구별한다.
④ 해칭을 하는 부분에 글자 또는 기호를 기입할 경우에는 해칭선을 중단하지 말고 그 위에 기입해야 한다.

해설 해칭을 하는 부분에 문자, 기호 등을 기입할 경우에는 해칭을 중단하고, 그 위에 기입한다.

19. 단면의 표시와 단면도의 해칭에 관한 설명으로 올바른 것은?

① 단면의 넓이가 넓은 경우에는 그 외형선을 따라 적절한 범위에 해칭 또는 스머징을 한다.
② 해칭선의 각도는 주된 중심선에 대하여 60°로 굵은 실선을 사용하여 등간격으로 그린다.
③ 인접한 부품의 단면은 해칭선의 방향이나 간격을 변경하지 않고 동일하게 사용한다.
④ 해칭 부분에 문자, 기호 등을 기입할 때는 해칭을 중단할 수 없다.

해설 해칭선은 45°로 가는 실선을 사용하며 문자 부분은 끊어 그린다. 인접한 부품의 단면은 해칭선의 방향이나 간격이 다른 해칭선을 사용한다.

20. 단면도의 절단된 부분을 나타내는 해칭선을 그리는 선은?

① 가는 2점 쇄선
② 가는 파선
③ 가는 실선
④ 가는 1점 쇄선

해설 해칭선은 가는 실선으로 그리며, 도형의 한정된 특정 부분을 다른 부분과 구별하는 데 사용한다.

21. 그림과 같은 단면도의 형태는?

① 온 단면도
② 한쪽 단면도
③ 부분 단면도
④ 회전 도시 단면도

해설 한쪽 단면도는 상하 또는 좌우가 각각 대칭인 물체를 중심선을 기준으로 내부 모양과 외부 모양을 동시에 그리는 투상도로, 반 단면도라고도 한다.

22. 바퀴의 암(arm), 형강 등과 같은 제품의 단면을 나타낼 때, 절단면을 90° 회전하거나 절단할 곳의 전후를 끊어서 그 사이에 단면도를 그리는 방법은?

① 전단면도　　　② 부분 단면도
③ 계단 단면도　　④ 회전 도시 단면도

해설 회전 도시 단면도 : 물체의 절단면을 그 자리에서 90° 회전시켜 투상하는 단면법으로, 바퀴, 리브, 형강, 혹 등의 단면 기법을 말한다.

23. KS 기계 제도에서 특수한 용도의 선으로 아주 굵은 실선을 사용해야 하는 경우는?

① 나사, 리벳 등의 위치를 명시하는 데 사용한다.
② 외형선 및 숨은선의 연장을 표시하는 데 사용한다.
③ 평면이라는 것을 나타내는 데 사용한다.
④ 얇은 부분의 단면 도시를 명시하는 데 사용한다.

해설 개스킷과 같은 두께가 얇은 부분을 도시할 때는 아주 굵은 실선을 사용한다.

24. 다음 도면에서 센터의 길이 l로 표시된 부분의 길이는? (단, 테이퍼는 1/20이고 단위는 mm이다.)

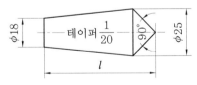

① 50　　　　　　② 82.5
③ 140　　　　　④ 152.5

해설 $\dfrac{D-d}{l_1}=\dfrac{1}{20}$

테이퍼부 길이 : l_1, 나머지 : l_2
$l_1=20(D-d)=20(25-18)=140$

$l_2=\dfrac{25}{2}\times\tan45°=12.5$
$\therefore l=l_1+l_2=140+12.5=152.5\,\mathrm{mm}$

25. 호의 치수 기입을 나타낸 것은?

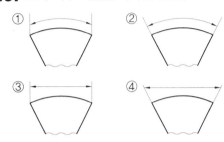

해설 치수 기입법

변의 치수　현의 치수　호의 치수　각도의 치수

26. 다음 그림에서 "C2"가 의미하는 것은?

① 크기가 2인 15° 모따기
② 크기가 2인 30° 모따기
③ 크기가 2인 45° 모따기
④ 크기가 2인 60° 모따기

해설 C는 45° 모따기(chamfer)를 나타내며, 숫자 2는 직각 변의 길이가 2mm임을 의미한다.

27. 도면에 치수를 기입하는 방법을 설명한 것 중 옳지 않은 것은?

① 특별히 명시하지 않는 한, 그 도면에 도시된 대상물의 다듬질 치수를 기입한다.
② 길이의 단위는 mm이고, 도면에는 반드시 단위를 기입한다.

정답 **22.** ④　**23.** ④　**24.** ④　**25.** ①　**26.** ③　**27.** ②

③ 각도의 단위로는 일반적으로 도(°)를 사용하고, 필요한 경우 분(')및 초(")를 병용할 수 있다.

④ 치수는 될 수 있는 대로 주투상도에 집중해서 기입한다.

해설 길이 치수는 원칙적으로 mm 단위로 기입하고 단위 기호는 붙이지 않는다.

28. 치수 수치를 기입할 공간이 부족하여 인출선을 이용하는 방법으로 가장 올바른 것은?

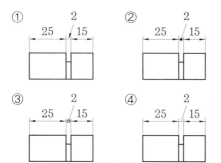

해설 인출선을 이용할 때는 다른 기호는 사용하지 않고 치수만 기입하여 나타낸다.

29. 보기 도면과 같이 강판에 구멍을 가공할 경우 가공할 구멍의 크기와 개수는?

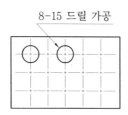

8-15 드릴 가공

① 지름 8mm, 구멍 2개
② 지름 8mm, 구멍 15개
③ 지름 15mm, 구멍 8개
④ 지름 15mm, 구멍 2개

30. 기계 제도에서 치수선을 나타내는 방법에

해당하지 않는 것은?

해설 치수선을 나타내는 방법

31. 다음 도면에서 X 부분의 치수는 얼마인가?

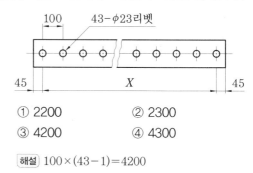

① 2200
② 2300
③ 4200
④ 4300

해설 $100 \times (43-1) = 4200$

32. 축을 가공하기 위한 센터 구멍의 도시 방법 중 그림과 같은 도시 기호의 의미는?

① 센터의 규격에 따라 다르다.
② 다듬질 부분에서 센터 구멍이 남아 있어도 좋다.
③ 다듬질 부분에서 센터 구멍이 남아 있어서는 안 된다.
④ 다듬질 부분에서 반드시 센터 구멍을 남겨둔다.

해설 센터 구멍의 도시 방법

필요   남아 있어도 좋음   불필요

33. 그림과 같은 도면에서 치수 20 부분의 "굵은 1점 쇄선 표시"가 의미하는 것으로 가장 적합한 설명은?

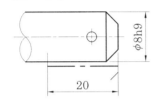

① 공차를 φ8h9보다 약간 적게 한다.
② 공차가 φ8h9 되게 축 전체 길이 부분에 필요하다.
③ 공차 φ8h9 부분은 축 길이 20mm 되는 곳까지만 필요하다.
④ 치수 20 부분을 제외하고 나머지 부분은 공차가 φ8h9 되게 가공한다.

해설 도면에서 치수 20 부분의 굵은 1점 쇄선은 특수 지시선으로 공차 φ8h9 부분은 축 길이 20mm 되는 곳까지만 필요하다는 의미이다.

34. 치수 보조 기호의 설명으로 틀린 것은?

① R15 : 반지름 15
② t15 : 판의 두께 15
③ (15) : 비례척이 아닌 치수 15
④ SR15 : 구의 반지름 15

해설 • (15) : 참고 치수
• 15 : 척도와 다름(비례척이 아님)

35. 도면의 부품란에 기입할 수 있는 항목만으로 짝지어진 것은?

① 도면 명칭, 도면 번호, 척도, 투상법
② 도면 명칭, 도면 번호, 부품 기호, 재료명
③ 부품 명칭, 부품 번호, 척도, 투상법
④ 부품 명칭, 부품 번호, 수량, 부품 기호

해설 • 부품란 : 부품 명칭, 부품 번호, 수량, 부품 기호, 무게 등 부품에 관한 정보 기입

• 표제란 : 도명, 도번, 설계자, 각법, 척도, 제작일 등 도면의 정보 기입

36. 그림과 같은 기호에서 "1.6" 숫자가 의미하는 것은?

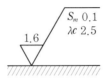

① 컷오프값
② 기준 길이값
③ 평가 길이 표준값
④ 평균 거칠기의 값

해설 • 산술평균 거칠기값 : 1.6
• 컷오프값 : 2.5
• 요철의 평균 간격 : 0.1

37. 표면의 결 지시 방법에서 "제거 가공을 허용하지 않는다"를 나타내는 것은?

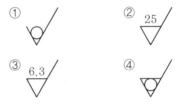

해설 표면의 결 도시

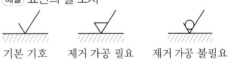

기본 기호   제거 가공 필요   제거 가공 불필요

38. 그림과 같은 표면의 결 지시 기호에서 각 항목별 설명 중 옳지 않은 것은?

① a : 거칠기값
② b : 가공 방법
③ c : 가공 여유

④ d : 표면의 줄무늬 방향

해설 c : 기준 길이

39. 보기와 같이 지시된 표면의 결 기호의 해독으로 올바른 것은?

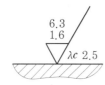

① 제거 가공 여부를 문제 삼지 않는 경우이다.
② 최대 높이 거칠기 하한값이 6.3μm이다.
③ 기준 길이는 1.6μm이다.
④ 2.5는 컷오프값이다.

해설 제거 가공을 필요로 하는 가공면으로 가공 흔적이 거의 없는 중간 또는 정밀 다듬질이다. 가공면의 하한값은 1.6μm, 상한값은 6.3μm, 컷오프값은 2.5이다.

40. 다음 치수 중 치수 공차가 0.1이 아닌 것은?

① $50^{+0.1}_{0}$ ② 50 ± 0.05
③ $50^{+0.07}_{-0.03}$ ④ 50 ± 0.1

해설 치수 공차
= 위 치수 허용 치수 − 아래 치수 허용 치수
① $+0.1-0=+0.1$
② $+0.05-(-0.05)=+0.1$
③ $+0.07-(-0.03)=+0.1$
④ $+0.1-(-0.1)=+0.2$

41. 기준 치수가 50 mm이고 최대 허용 치수가 50.015 mm이며, 최소 허용 치수가 49.990 mm일 때 치수 공차는 몇 mm인가?

① 0.025   ② 0.015
③ 0.005   ④ 0.010

해설 치수 공차 = 최대 허용 치수 − 최소 허용 치수
$=50.015-49.990=0.025\,\text{mm}$

42. 기준 치수가 30이고, 최대 허용 치수가 29.98, 최소 허용 치수가 29.95일 때 아래 치수 허용차는?

① $+0.05$ ② $+0.03$
③ -0.05 ④ -0.03

해설 아래 치수 허용차
= 최소 허용 치수 − 기준 치수
$=29.95-30=-0.05$

43. 구멍의 치수가 $\phi 35^{+0.003}_{-0.001}$이고 축의 치수가 $\phi 35^{+0.001}_{-0.004}$일 때 최대 틈새는?

① 0.004   ② 0.005
③ 0.007   ④ 0.009

해설 최대 틈새 = 구멍의 최대 허용 치수
− 축의 최소 허용 치수
$=35.003-34.996=0.007$

44. 기준 치수가 $\phi 50$인 구멍 기준식 끼워맞춤에서 구멍과 축의 공차값이 다음과 같을 때 틀린 것은?

> • 구멍 : 위 치수 허용차 $+0.025$
>   아래 치수 허용차 0.000
> • 축 : 위 치수 허용차 -0.025
>   아래 치수 허용차 -0.050

① 축의 최대 허용 치수 : 49.975
② 구멍의 최소 허용 치수 : 50.000
③ 최대 틈새 : 0.050
④ 최소 틈새 : 0.025

해설 최대 틈새
= 구멍의 최대 허용 치수 − 축의 최소 허용 치수
$=50.025-49.950=0.075$

45. 최대 틈새가 0.075 mm이고, 축의 최소

허용 치수가 49.950mm일 때 구멍의 최대 허용 치수는?

① 50.075mm ② 49.875mm
③ 49.975mm ④ 50.025mm

해설 구멍의 최대 허용 치수
=최대 틈새＋축의 최소 허용 치수
=0.075＋49.950＝50.025mm

46. 구멍 70H7($70^{+0.030}_{0}$), 축 70g6($70^{-0.010}_{-0.029}$)의 끼워맞춤이 있다. 끼워맞춤의 명칭과 최대 틈새를 바르게 설명한 것은?

① 중간 끼워맞춤이며 최대 틈새는 0.01이다.
② 헐거운 끼워맞춤이며 최대 틈새는 0.059 이다.
③ 억지 끼워맞춤이며 최대 틈새는 0.029이다.
④ 헐거운 끼워맞춤이며 최대 틈새는 0.039 이다.

해설 구멍의 치수가 축의 치수보다 항상 크므로 헐거운 끼워맞춤이다.
• 최대 틈새＝70.030−69.971＝0.059
• 최소 틈새＝70.000−69.990＝0.01

47. 끼워맞춤 중에서 구멍과 축 사이에 가장 원활한 회전 운동이 일어날 수 있는 것은?

① H7/f6 ② H7/p6
③ H7/n6 ④ H7/t6

해설 구멍 기준식 끼워맞춤

기준 구멍	헐거운 끼워맞춤			중간 끼워맞춤			억지 끼워맞춤		
H7	f6	g6	h6	js6	k6	m6	n6	p6	r6

구멍 기준식 끼워맞춤에서 가장 원활하게 회전하려면 헐거운 끼워맞춤일수록 좋으므로 알맞은 것은 f6이다.

48. 축의 치수가 $\phi30^{+0.03}_{+0.02}$이고, 구멍의 치수

가 $\phi30^{+0.01}_{0}$일 때 어떤 끼워맞춤인가?

① 중간 끼워맞춤 ② 헐거운 끼워맞춤
③ 보통 끼워맞춤 ④ 억지 끼워맞춤

해설 축의 최소 허용 치수가 구멍의 최대 허용 치수보다 크므로 억지 끼워맞춤이다.
• 축의 최소 허용 치수＝30.02
• 구멍의 최대 허용 치수＝30.01

49. 죔새가 가장 큰 억지 끼워맞춤은?

① $100\dfrac{H7}{h6}$ ② $100\dfrac{H7}{g6}$
③ $100\dfrac{H7}{x6}$ ④ $100\dfrac{H7}{m6}$

해설 구멍의 공차의 종류가 H를 중심으로 ZC에 가까우면 억지 끼워맞춤이며, 축의 공차의 종류가 h를 중심으로 zc에 가까우면 억지 끼워맞춤이다.

50. h6 공차인 축에 중간 끼워맞춤이 적용되는 구멍의 공차는?

① R7 ② K7
③ G7 ④ F7

해설 축 기준식 끼워맞춤

기준 축	헐거운 끼워맞춤			중간 끼워맞춤			억지 끼워맞춤		
h6	F6	G6	H6	JS6	K6	M6	N6	P6	
	F7	G7	H7	JS7	K7	M7	N7	P7	R7

51. 억지 끼워맞춤에서 조립 전 구멍의 최대 허용 치수와 축의 최소 허용 치수와의 차를 무엇이라 하나?

① 최대 틈새 ② 최소 틈새
③ 최대 죔새 ④ 최소 죔새

해설 억지 끼워맞춤에서
- 최대 죔새＝축의 최대 허용 치수
  - 구멍의 최소 허용 치수
- 최소 죔새＝축의 최소 허용 치수
  - 구멍의 최대 허용 치수

52. 구멍과 축의 끼워맞춤에서 G7/h6은 무엇을 뜻하는가?

① 축 기준식 억지 끼워맞춤
② 축 기준식 헐거운 끼워맞춤
③ 구멍 기준식 억지 끼워맞춤
④ 구멍 기준식 헐거운 끼워맞춤

해설 • 구멍 기준식 : H   • 축 기준식 : h
A(a)에 가까울수록 헐거운 끼워맞춤, Z(z)에 가까울수록 억지 끼워맞춤이다.

53. 데이텀(datum)에 관한 설명으로 틀린 것은?

① 데이텀을 표시하는 방법은 영어의 소문자를 정사각형으로 둘러싸서 나타낸다.
② 지시선을 연결하여 사용하는 데이텀 삼각기호는 빈틈없이 칠해도 좋고, 칠하지 않아도 좋다.
③ 형체에 지정되는 공차가 데이텀과 관련되는 경우, 데이텀은 원칙적으로 데이텀을 지시하는 문자 기호에 의하여 나타낸다.
④ 관련 형체에 기하학적 공차를 지시할 때, 그 공차 영역을 규제하기 위하여 설정한 이론적으로 정확한 기하학적 기준을 데이텀이라 한다.

해설 데이텀은 알파벳 대문자를 정사각형으로 둘러싸고 데이텀 삼각기호에 지시선을 연결하여 나타낸다.

54. 기하 공차 중 단독 형체에 관한 것들로만 짝지어진 것은?

① 진직도, 평면도, 경사도
② 진직도, 동축도, 대칭도
③ 평면도, 진원도, 원통도
④ 진직도, 동축도, 경사도

해설 단독 형체 : 진직도, 평면도, 진원도, 원통도 등으로 데이텀이 필요하지 않은 것이다.

55. KS에서 정의하는 기하 공차 기호 중에서 관련 형체의 위치 공차 기호들만으로 짝지어진 것은?

① □ ○ ─   ② ∠ ⊥ ⊿
③ ⌖ ◎ ═   ④ ↗ ⌒ ◎

해설 • 위치도 : ⌖   • 동심(동축)도 : ◎
• 대칭도 : ═

56. 위치 공차를 나타내는 기호가 아닌 것은?

① ◎   ② ═
③ ⌿   ④ ⌖

해설 위치 공차
⌖(위치도), ◎(동심(축)도), ═(대칭도)

참고 원통도(⌿)는 형상 공차이다.

57. 그림과 같은 도면에서 "가" 부분에 들어갈 가장 적절한 기하 공차 기호는?

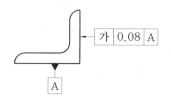

① ∥   ② ⊥   ③ □   ④ ⌖

해설 도면상에서 직각을 이루고 있는 형상이므

로 데이텀 A를 기준으로 직각도 공차를 지시하는 것이 적절하다.

58. 그림과 같은 기하 공차 기입 틀에서 "A"에 들어갈 기하 공차 기호는?

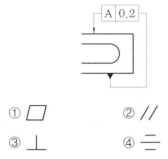

① ▱   ② //
③ ⊥   ④ ＝

59. 평행도가 데이텀 B에 대하여 지정 길이 100mm마다 0.05mm 허용값을 가질 때, 그 기하 공차 기호를 옳게 나타낸 것은?

① | // | 0.05/100 | B |
② | ▱ | 0.05/100 | B |
③ | ＝ | 0.05/100 | B |
④ | ∕ | 0.05/100 | B |

해설 • 평행도 : //   • 평면도 : ▱
　　 • 대칭도 : ＝   • 원주 흔들림 : ∕

60. 도면에 그림과 같은 기하 공차가 도시되어 있을 때, 이에 대한 설명으로 옳은 것은?

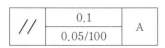

| // | 0.1 | A |
| | 0.05/100 | |

① 경사도 공차를 나타낸다.
② 전체 길이에 대한 허용값은 0.1mm이다.
③ 지정 길이에 대한 허용값은 $\frac{0.05}{100}$mm이다.
④ 이 기하 공차는 데이텀 A를 기준으

100mm 이내의 공간을 대상으로 한다.

해설 //는 평행도 공차를 나타내며, 전체 길이에 대한 허용값은 0.1mm, 지정 길이 100mm에 대한 허용값은 0.05m이다.

61. 기하 공차를 나타내는 데 있어서 대상면의 표면은 0.1mm만큼 떨어진 두 개의 평행한 평면 사이에 있어야 한다는 것을 나타내는 것은?

① | ─ | 0.1 | ② | ▱ | 0.1 |
③ | ∕ | 0.1 | ④ | ⊥ | 0.1 | A |

해설 평면도는 공차역만큼 떨어진 두 개의 평행한 평면 사이에 끼인 영역으로, 단독 형체이므로 데이텀어 필요하지 않다.

62. 그림과 같은 도면의 기하 공차 설명으로 가장 옳은 것은?

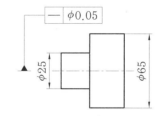

① ϕ25 부분만 중심축에 대한 평면도가 ϕ0.05 이내
② 중심축에 대한 전체의 평면도가 ϕ0.05 이내
③ ϕ25 부분만 중심축에 대한 진직도가 ϕ0.05 이내
④ 중심축에 대한 전체의 진직도가 ϕ0.05 이내

63. 다음과 같이 치수가 도시되었을 경우 그 의미로 옳은 것은?

8 − ϕ15H7

⊕ | ϕ0.1 | A | B

① 8개의 축이 ϕ15에 공차등급 H7이며, 원통도가 데이텀 A, B에 대하여 ϕ0.1을 만족해야 한다.
② 8개의 구멍이 ϕ15에 공차등급 H7이며, 원통도가 데이텀 A, B에 대하여 ϕ0.1을 만족해야 한다.
③ 8개의 축이 ϕ15에 공차등급 H7이며, 위치도가 데이텀 A, B에 대하여 ϕ0.1을 만족해야 한다.
④ 8개의 구멍이 ϕ15에 공차등급 H7이며, 위치도가 데이텀 A, B에 대하여 ϕ0.1을 만족해야 한다.

해설 · ⊕ : 위치도   · H7 : 구멍 기준

64. 축의 치수가 ϕ20±0.1이고 그 축의 기하 공차가 다음과 같다면 최대 실체 공차 방식에서 실효 치수는 얼마인가?

⊥ | ϕ0.2Ⓜ | A

① 19.6   ② 19.7
③ 20.3   ④ 20.4

해설 실효 치수＝최대 허용 치수＋기하 공차
＝20.1＋0.2
＝20.3mm

65. 다음과 같은 공차 기호에서 최대 실체 공차 방식을 표시하는 기호는?

◎ | ϕ0.04 | AⓂ

① ◎   ② A   ③ Ⓜ   ④ ϕ

해설 · ◎ : 동축도 공차(동심도 공차)
· ϕ0.04 : 공차값
· A : 데이텀 기호

66. 최대 실체 공차 방식을 적용할 때 공차붙이 형체와 그 데이텀 형체 두 곳에 함께 적용하는 경우로 옳게 표현한 것은?

① ⊕ | ϕ0.04Ⓜ | A
② ⊕ | ϕ0.04 | AⓂ
③ ⊕ | ϕ0.04 | Ⓜ | A
④ ⊕ | ϕ0.04Ⓜ | AⓂ

해설 최대 실체 공차 방식(MMS) : 형체의 부피가 최소가 될 때를 고려하여 형상 공차 또는 위치 공차를 적용하는 방법이다. 적용하는 형체의 공차나 데이텀의 문자 뒤에 Ⓜ을 붙인다.

67. 그림과 같이 상호 관련된 4개의 구멍의 치수 및 위치 허용 공차에 대한 설명으로 틀린 것은?

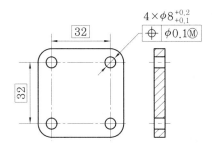

① 각 형태의 실제 부분 크기는 크기에 대한 허용 공차 0.1의 범위에 속해야 하며, 각 형태는 ϕ8.1에서 ϕ8.2 사이에서 변할 수 있다.
② 모든 허용 공차가 적용된 형태는 실질 조건 경계, 즉 ϕ8(＝ϕ8.1−0.1)의 완전한 형태의 내접 원주를 지켜야 한다.
③ ϕ8.1인 최대 재료 크기의 경우 각 형태의 축은 ϕ0.1의 위치 허용 공차 범위에 속해야 한다.
④ ϕ8.2인 최소 재료 크기일 경우 각 형태의 축은 ϕ0.1인 허용 공차 영역 내에서

변할 수 있다.

해설 Ⓜ은 최대 실체 공차로 구멍 지름 $\phi 8.2$일 때 $\phi 0.1$ 범위에서 위치 공차를 허용한다.

68. 다음 기하 공차 기호 중 돌출 공차역을 나타내는 기호는?

① Ⓟ
② Ⓜ
③ Ⓐ
④ Ⓐ

해설 • Ⓜ : 최대 실체 공차 방식
• Ⓐ : 데이텀

69. 가공 방법의 약호 중에서 다듬질 가공인 스크레이핑 가공의 약호인 것은?

① FS
② FSU
③ CS
④ FSD

해설 CS : 사형 주조

70. 가공 방법의 약호 중 래핑 가공을 나타낸 것은?

① FL
② FR
③ FS
④ FF

해설 • FR : 리밍
• FS : 스크레이핑
• FF : 줄 다듬질
참고 리밍 : FR(다듬질), DR(절삭)

71. 가공부에 표시하는 다듬질 기호 중 줄 다듬질의 기호는?

① FF
② FL
③ FS
④ FR

해설 • FL : 래핑
• FS : 스크레이핑
• FR : 리밍

72. 가공 방법의 표시 기호에서 "SPBR"은 무슨 가공인가?

① 기어 셰이빙
② 액체 호닝
③ 배럴 연마
④ 숏 블라스팅

해설 가공 방법의 표시 기호

가공 방법	약호
기어 셰이빙	TCSV
액체 호닝 가공	SPLH
배럴 연마 가공	SPBR
숏 블라스팅	SBSH

73. 가공에 의한 커터의 줄무늬가 여러 방향일 때 도시하는 기호는?

① =
② ×
③ M
④ C

해설 줄무늬 방향의 지시 기호
• = : 투상면에 평행
• × : 2개의 경사면에 수직
• C : 중심에 대해 대략 동심원 모양

74. 줄무늬 방향의 기호에 대한 설명으로 틀린 것은?

① = : 가공에 의한 컷의 줄무늬 방향이 기호를 기입한 그림의 투영면에 평행
② × : 가공에 의한 컷의 줄무늬 방향이 다방면으로 교차 또는 무방향
③ C : 가공에 의한 컷의 줄무늬가 기호를 기입한 면의 중심에 대하여 거의 동심원 모양
④ R : 가공에 의한 컷의 줄무늬가 기호를 기입한 면의 중심에 대하여 거의 방사 모양

해설 × : 가공에 의한 컷의 줄무늬 방향이 두 방향으로 교차 또는 무방향

정답 **68.** ① **69.** ① **70.** ① **71.** ① **72.** ③ **73.** ③ **74.** ②

75. 그림과 같은 표면의 상태를 기호로 표시하기 위한 표면의 결 표시 기호에서 d는 무엇을 표시하는가?

① a에 대한 기준 길이 또는 컷오프값
② 기준 길이·평가 길이
③ 줄무늬 방향의 기호
④ 가공 방법 기호

해설 · a : 산술평균 거칠기값
· b : 가공 방법   · c : 기준 길이
· d : 줄무늬 방향   · e : 다듬질 여유
· f : Ra의 파라미터값   · g : 표면 파상도

2 **기계요소 제도**

1. 구름 베어링의 호칭 번호가 6001일 때 안지름은 몇 mm인가?

① 12   ② 11
③ 10   ④ 13

해설 00 : 10mm, 01 : 12mm, 02 : 15mm, 03 : 17mm, 04부터는 5배 하면 된다.

2. 구름 베어링의 안지름 번호에 대하여 베어링의 안지름 치수를 잘못 나타낸 것은?

① 안지름 번호 : 01 - 안지름 : 12mm
② 안지름 번호 : 02 - 안지름 : 15mm
③ 안지름 번호 : 03 - 안지름 : 18mm
④ 안지름 번호 : 04 - 안지름 : 20mm

해설 00 : 10mm, 01 : 12mm, 02 : 15mm, 03 : 17mm, 04부터는 5배하면 된다.

3. 베어링 호칭 번호 NA 4916 V의 설명 중 틀린 것은?

① NA 49는 니들 롤러 베어링, 치수 계열 49
② V는 리테이너 기호로서 리테이너가 없음
③ 베어링 안지름은 80mm
④ A는 실드 기호

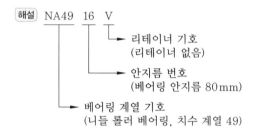

해설   NA49   16   V
→ 리테이너 기호 (리테이너 없음)
→ 안지름 번호 (베어링 안지름 80mm)
→ 베어링 계열 기호 (니들 롤러 베어링, 치수 계열 49)

4. 베어링의 호칭번호가 62/28일 때 베어링 안지름은 몇 mm인가?

① 28   ② 32
③ 120   ④ 140

해설 62/28의 62는 깊은 홈 볼 베어링, 28은 안지름이 28mm임을 의미한다.
참고 '/'로 구분되어 있는 경우에는 뒤에 있는 그대로 안지름의 값으로 읽으면 된다.

5. 베어링 기호 608C2P6에서 P6이 의미하는 것은 무엇인가?

① 정밀도 등급 기호 ② 계열 기호
③ 안지름 번호   ④ 내부 틈새 기호

해설 · 60 : 베어링 계열 번호
· 8 : 안지름 번호($8 \times 5 = 40$mm)
· C2 : 내부 틈새 기호
· P6 : 정밀도 등급 기호(6급)

6. 호칭 번호가 "NA 4916 V"인 니들 롤러 베어링의 안지름 치수는 몇 mm인가?

정답 **75.** ③ **1.** ① **2.** ③ **3.** ④ **4.** ① **5.** ① **6.** ③

① 16   ② 49
③ 80   ④ 96

해설 $16 \times 5 = 80\,mm$

7. 복렬 깊은 홈 볼 베어링의 약식 도시 기호가 바르게 표기된 것은?

①   ②

③   ④

해설 ② 복렬 자동 조심 볼 베어링
③ 복렬 앵귤러 콘택트 볼 베어링

8. 스퍼 기어에서 피치원의 지름이 150mm이고 잇수가 50일 때 모듈(module)은?

① 5   ② 4   ③ 3   ④ 2

해설 $m = \dfrac{D}{Z} = \dfrac{150}{50} = 3$

9. 기어의 부품도는 그림과 병용하여 항목표를 작성하는데 표준 스퍼 기어와 헬리컬 기어 항목표에 모두 기입하는 것은?

① 리드   ② 비틀림 방향
③ 비틀림각   ④ 기준 랙 압력각

해설 리드, 비틀림 방향, 비틀림각은 헬리컬 기어 요목표에 기입한다.

10. 표준 스퍼 기어의 항목표에는 기입되지 않지만 헬리컬 기어 항목표에는 기입되는 것은?

① 모듈   ② 비틀림각
③ 잇수   ④ 기준 피치원 지름

11. 그림은 맞물리는 어떤 기어를 나타낸 간략도이다. 이 기어는 무엇인가?

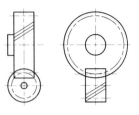

① 스퍼 기어   ② 헬리컬 기어
③ 나사 기어   ④ 스파이럴 베벨기어

12. 그림에서 도시한 기어는?

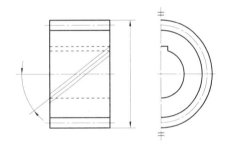

① 베벨 기어   ② 웜 기어
③ 헬리컬 기어   ④ 하이포이드 기어

해설 그림에서 도시한 기어는 비틀림각이 있는 헬리컬 기어이다. 잇줄 방향은 3개의 가는 실선으로 나타낸다.

13. 기어 제도에 관한 설명으로 옳지 않은 것은?

① 잇봉우리원은 굵은 실선으로 표시하고 피치원은 가는 1점 쇄선으로 표시한다.
② 이골원은 가는 실선으로 표시한다. 단, 축에 직각인 방향에서 본 그림을 단면으로 도시할 때는 이골의 선을 굵은 실선으로 표시한다.
③ 잇줄 방향은 통상 3개의 가는 실선으로 표시한다. 단, 주 투영도를 단면으로 도시할 때 외접 헬리컬 기어의 잇줄 방향을 지면에서 앞의 이의 잇줄 방향을 3개의

가는 2점 쇄선으로 표시한다.

④ 맞물리는 기어의 도시에서 주 투영도를 단면으로 도시할 때는 맞물림부의 한쪽 잇봉우리원을 표시하는 선을 가는 1점 쇄선 또는 굵은 1점 쇄선으로 표시한다.

해설 맞물리는 기어의 도시에서는 맞물림부를 굵은 실선으로 표시한다.

14. 다음 V 벨트의 종류 중 단면의 크기가 가장 작은 것은?

① M형   ② A형
③ B형   ④ E형

해설 V 벨트 단면의 크기
M형 < A형 < B형 < C형 < D형 < E형

15. 나사의 종류를 표시하는 기호 중 미터 사다리꼴나사의 기호는?

① M   ② SM
③ PT   ④ Tr

해설 • M : 미터나사
• SM : 미싱 나사
• PT : 관용 테이퍼 나사

16. 나사의 표시법 중 관용 평행나사 "A"급을 표시하는 방법으로 옳은 것은?

① Rc 1/2 A   ② G 1/2 A
③ A Rc 1/2   ④ A G 1/2

해설 G 1/2   A : 관용 평행나사(G 1/2) A급
      └──→ 나사의 등급
    └────→ 나사의 호칭

17. 나사의 표시가 "No.8-36UNF"로 나타날 때 나사의 종류는?

① 유니파이 보통 나사
② 유니파이 가는 나사
③ 관용 테이퍼 수나사
④ 관용 테이퍼 암나사

해설 • 유니파이 보통 나사 : UNC
• 관용 데이터 수나사 : R
• 관용 데이터 암나사 : Rc

18. 나사가 "M50×2-6H"로 표시되었을 때, 이 나사에 대한 설명 중 틀린 것은?

① 미터 가는 나사이다.
② 왼나사이다.
③ 피치 2mm이다.
④ 암나사 등급 6이다.

해설 미터나사는 나사의 방향에 대한 특별한 지시가 없으면 오른나사이다. 왼나사임을 나타낼 때는 호칭 앞에 "왼" 또는 "L"로 표시한다.

19. "2줄 M20×2"와 같은 나사 표시 기호에서 리드는 얼마인가?

① 5mm   ② 2mm   ③ 3mm   ④ 4mm

해설 $l = np = 2 × 2 = 4$mm

20. 나사의 표시가 "L 2줄 M50×3-6H"로 나타났을 때, 이 나사에 대한 설명으로 틀린 것은?

① 나사의 감김 방향이 왼쪽이다.
② 수나사 등급이 6H이다.
③ 미터나사이고 피치는 3mm이다.
④ 2줄 나사이다.

해설 수나사는 소문자, 암나사는 대문자를 사용하므로 6H는 암나사의 등급이다.

21. 나사의 도시법에 관한 설명 중 옳은 것은?

① 암나사의 골지름은 가는 실선으로 표현한다.
② 암나사의 안지름은 가는 실선으로 표현한다.
③ 수나사의 바깥지름은 가는 실선으로 표현한다.
④ 수나사의 골지름은 굵은 실선으로 표현한다.

해설 나사의 도시법
• 수나사의 바깥지름과 암나사의 안지름, 완전 나사부와 불완전 나사부의 경계선은 굵은 실선으로 그린다.
• 수나사의 골지름과 암나사의 바깥지름, 불완전 나사부의 골은 가는 실선으로 그린다.

22. 그림과 같이 암나사를 단면으로 표시할 때 가는 실선으로 도시하는 부분은?

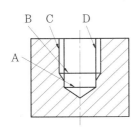

① A   ② B   ③ C   ④ D

해설 암나사의 골지름, 완전 나사부와 불완전 나사부의 경계선은 굵은 실선으로, 암나사의 바깥지름, 불완전 나사부의 골은 가는 실선으로 그린다.

23. KS 나사가 다음과 같이 표시될 때 이에 대한 설명으로 옳은 것은?

"왼 2줄 M50×2-6H"

① 나사산의 감긴 방향은 왼쪽이고, 2줄 나사이다.

② 미터 보통 나사로 피치가 6mm이다.
③ 수나사이고, 공차 등급은 6급, 공차 위치는 H이다.
④ 이 기호만으로는 암나사인지 수나사인지 알 수 없다.

해설 • M50×2 : 미터 가는 나사, 피치가 2mm
• 6H : 암나사 6급

24. 체결품의 부품 조립 간략 표시에 있어서 양쪽 면에 카운터 싱크가 있고 현장에서 드릴 가공 및 끼워맞춤을 나타내는 기호는?

①   ②

③   ④

25. 냉간 성형 리벳의 호칭 표시가 다음과 같이 호칭된 경우 "40"의 뜻은?

"둥근 머리 리벳 16×40 SWAM10 앞붙이"

① 리벳의 종류
② 리벳의 재질
③ 리벳의 지름
④ 리벳의 길이

해설 • 16 : 호칭 지름   • 40 : 리벳의 길이

26. 다음과 같은 I 형강 재료의 표시법으로 올바른 것은?

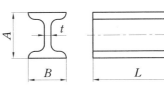

① $IA×B×t-L$ ② $t×IA×B-L$

③ $L-I{\times}A{\times}B{\times}t$ ④ $IB{\times}A{\times}t-L$

[해설] 형강의 치수 표기 방법
(형강 기호)(높이) × (폭) × (두께) − (길이)

27. 다음 도면과 같은 이음의 종류로 가장 적합한 설명은?

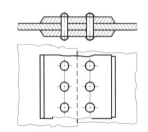

① 2열 겹치기 평행형 둥근머리 리벳 이음
② 양쪽 덮개판 1열 맞대기 둥근머리 리벳 이음
③ 양쪽 덮개판 2열 맞대기 둥근머리 리벳 이음
④ 1열 겹치기 평행형 둥근머리 리벳 이음

28. 다음과 같이 용접 기호가 도시될 때 이에 대한 설명으로 잘못된 것은?

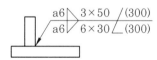

① 양쪽의 용접 목 두께는 모두 6mm이다.
② 용접부의 개수(용접 수)는 양쪽에 3개씩이다.
③ 피치는 양쪽 모두 50mm이다.
④ 지그재그 단속 용접이다.

[해설] • a6 : 목 두께
• 3×50 : 용접부의 개수×용접부의 길이
• (300) : 인접한 용접부의 간격

29. 다음 용접 보조 기호 중 전체 둘레 현장

용접 기호인 것은?

①   ② ●

③   ④ ○

[해설] • ▶ : 현장 용접 • ○ : 전체 둘레 용접

30. 이면 용접의 KS 기호로 옳은 것은?

① ▽ ② ◺

③ ⊓ ④ ○

[해설] • ◺ : 필릿 용접
• ⊓ : 플러그 용접 • ○ : 점 용접

31. 다음 용접의 기본 기호 중 플러그 용접 기호는?

① ⌓ ② ✳

③ ◺ ④ ⊓

[해설] ① 비드 용접 ② 점 용접 ③ 필릿 용접

32. 다음 필릿 용접부 기호의 설명으로 틀린 것은?

$$a{\triangle}n{\times}l(e)$$

① l : 용접부의 길이
② (e) : 인접한 용접부의 간격
③ n : 용접부의 개수
④ a : 용접부 목 길이

[해설] a : 목 두께

33. "용접할 부분이 화살표의 반대쪽인 필릿

용접"이라는 의미로 도시된 것은?

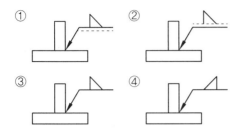

[해설] 용접 기호를 점선상에 도시하면 용접할 부분이 화살표의 반대쪽이라는 의미이다.

34. KS 용접 기호 중 현장 용접을 뜻하는 기호가 포함된 것은?

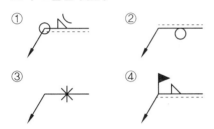

[해설] KS 용접 기호

명칭	기호
현장 용접	
전체 둘레 용접	○
전체 둘레 현장 용접	

35. 그림과 같이 기입된 KS 용접 기호의 해석으로 옳은 것은?

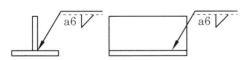

① 화살표 쪽 필릿 용접, 목 두께가 6mm
② 화살표 반대쪽 필릿 용접, 목 두께가 6mm
③ 화살표 쪽 필릿 용접, 목 길이가 6mm
④ 화살표 반대쪽 필릿 용접, 목 길이가 6m

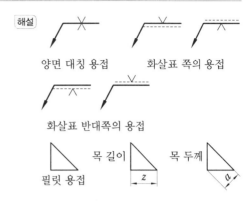

양면 대칭 용접   화살표 쪽의 용접

화살표 반대쪽의 용접

필릿 용접   목 길이   목 두께

36. 그림과 같이 바깥지름이 50mm인 파이프를 용접 기호와 같이 용접했을 때 총 용접선의 길이는?

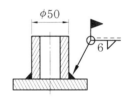

① 약 50mm   ② 약 157mm
③ 약 100mm   ④ 약 142mm

[해설] 용접선의 길이$=\pi d=\pi \times 50 ≒ 157$ mm

37. 그림은 필릿 용접 부위를 나타낸 것이다. 필릿 용접의 목 두께를 나타내는 치수는?

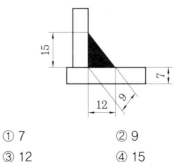

① 7   ② 9
③ 12   ④ 15

[해설] 목 길이 : 15mm, 목 두께 : 9mm

38. 다음과 같은 용접 기호의 설명으로 옳은

것은?

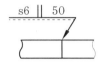

① 화살표 쪽에서 50mm 용접 길이의 맞대
 기 용접
② 화살표 반대쪽에서 50mm 용접 길이의
 맞대기 용접
③ 화살표 쪽에서 두께가 6mm인 필릿 용접
④ 화살표 반대쪽에서 두께가 6mm인 필릿
 용접

39. 다음 중 스프링 도시 방법에 대한 설명으
로 틀린 것은?

① 코일 스프링, 벌류트 스프링은 일반적으
 로 무하중 상태에서 그린다.
② 겹판 스프링은 일반적으로 스프링 판이
 수평인 상태에서 그린다.
③ 요목표에 단서가 없는 코일 스프링 및 벌
 류트 스프링은 모두 왼쪽으로 감긴 것을
 나타낸다.
④ 스프링 종류 및 모양만을 간략도로 나타
 내는 경우에는 스프링 재료의 중심선만을
 굵은 실선으로 그린다.

해설 도면에 특별한 설명이 없는 코일 스프링
및 벌류트 스프링은 오른쪽으로 감긴 것을 나타
낸다.

40. 코일 스프링의 제도에 대한 설명 중 틀린
것은?

① 원칙적으로 하중이 걸리지 않은 상태로
 그린다.
② 특별한 단서가 없는 한 모두 오른쪽 감
 기로 도시하고, 왼쪽 감기로 도시할 때는
 "감긴 방향 왼쪽"이라고 표시한다.

③ 그림 안에 기입하기 힘든 사항은 일괄하
 여 요목표에 표시한다.
④ 부품도 등에서 동일 모양 부분을 생략하
 는 경우에는 생략된 부분을 가는 파선 또
 는 굵은 파선으로 표시한다.

해설 스프링의 간략 도시 방법
• 스프링의 종류 및 모양만 간략도로 나타낼 때
 는 스프링 재료의 중심선만 굵은 실선으로 그
 린다.
• 코일 스프링에서 양 끝을 제외한 동일 모양의
 일부를 생략할 때는 생략하는 부분을 가는 1
 점 쇄선으로 그린다.

3   도면 해독

1. 다음 도면에서 A의 길이는?

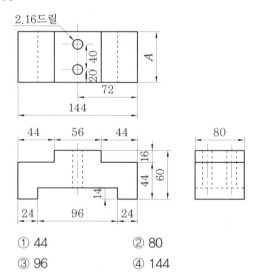

① 44   ② 80
③ 96   ④ 144

해설 A의 길이＝우측면도의 폭＝80mm

2. 다음 KS 재료 기호 중 니켈 크로뮴 몰리브
데넘강에 속하는 것은?

① SMn 420   ② SCr 415

③ SNCM 420　　④ SFCM 590S

해설 니켈 : Ni, 크로뮴 : Cr, 몰리브데넘 :
Mo, 강 : S

3. 다음 그림에서 "A"의 치수는 얼마인가?

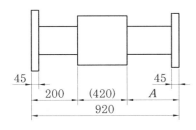

① 200　　　　　② 225
③ 250　　　　　④ 300

해설 $A = 920 - 200 - 420 = 300$

4. 다음 그림은 리벳 이음 보일러의 간략도와 부분 상세도이다. ㉠판의 두께는?

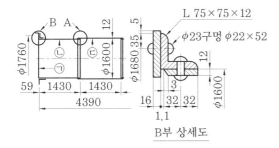

B부 상세도

① 11mm　　　　② 12mm
③ 16mm　　　　④ 32mm

해설 • B부 상세도에서
㉠의 두께는 16mm, ㉡의 두께는 12mm
• L 75×75×12에서
가로 75mm, 세로 75mm, 두께 12mm

5. 기계 구조용 탄소 강재의 KS 재료 기호로 옳은 것은?

① SM40C　　　　② SS330

③ AlDC1　　　　④ GC100

해설 • SS : 일반 구조용 압연 강재
• AlDC : 다이캐스팅용 알루미늄 합금
• GC : 회주철

6. KS 기계 재료 기호 중 스프링 강재인 것은?

① SPS　　　　　② SBC
③ SM　　　　　④ STS

해설 • SBC : 보일러 압력용 탄소강재
• SM : 기계 구조용 탄소 강재
• STS : 합금 공구 강재

7. 다음 재료 기호 중 회주철품의 KS 기호는?

① FC　　　　　② DC
③ GC　　　　　④ SC

8. 다음 중 탄소 공구 강재에 해당하는 KS 재료 기호는?

① STS　　　　　② STF
③ STD　　　　　④ STC

9. 재료 기호 SS 400에 대한 설명 중 맞는 항을 모두 고른 것은? (단, KS D 3503을 적용한다.)

> ㄱ. SS의 첫 번째 S는 재질을 나타내는 기호로 강을 의미한다.
> ㄴ. SS의 두 번째 S는 재료의 이름, 모양, 용도를 나타내며 일반 구조용 압연재를 의미한다.
> ㄷ. 끝부분의 400은 재료의 최저 인장 강도이다.

① ㄱ　　　　　② ㄱ, ㄴ
③ ㄱ, ㄷ　　　　④ ㄱ, ㄴ, ㄷ

정답 **3.** ④　**4.** ③　**5.** ①　**6.** ①　**7.** ③　**8.** ④　**9.** ④

해설 첫 번째 S는 강, 두 번째 S는 일반 구조용 압연재, 끝부분 400은 최저 인장 강도이며 400N/mm²이다.

10. 지름이 10cm이고 길이가 20cm인 알루미늄 봉이 있다. 비중량이 2.7일 때 중량 (kg)은?

① 0.4242kg   ② 4.242kg
③ 42.42kg   ④ 4242kg

해설 중량(W)=부피(V)×비중(ρ)

$$V=\frac{\pi d^2}{4}\times l=\frac{\pi\times 10^2}{4}\times 20\fallingdotseq 1571\,\text{cm}^3$$

$$\therefore\ W=V\times\rho=1571\times 2.7$$
$$\fallingdotseq 4242\,\text{g}$$
$$=4.242\,\text{kg}$$

11. 두께 5.5mm인 강판을 사용하여 그림과 같은 물탱크를 만들려고 할 때 필요한 강판의 질량은 약 몇 kg인가? (단, 강판의 비중은 7.85로 계산하고 탱크는 전체 6면의 두께가 동일하다.)

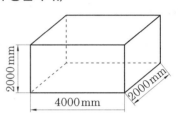

2000 mm
4000 mm   2000 mm

① 1638   ② 1727
③ 1836   ④ 1928

해설 앞뒤 부피=(400×200×0.55)×2=88000
좌우 부피=(200×200×0.55)×2=44000
위아래 부피=(400×200×0.55)×2=88000
전체 부피=88000+44000+88000
         =220000 cm³

$$\therefore\ \text{질량}(m)=\text{비중}(\rho)\times\text{부피}(V)$$
$$=7.85\times 220000$$
$$=1727000\,\text{g}=1727\,\text{kg}$$

3장 기계 설계 및 기계 재료

1 기계요소 설계의 기초

1. 동력의 단위에 해당하지 않는 것은?

① erg/s   ② N·m
③ PS   ④ J/s

해설 N·m : 일의 단위

2. 각속도가 30rad/s인 원 운동을 rpm 단위로 환산하면 얼마인가?

① 157.1rpm   ② 186.5rpm
③ 257.1rpm   ④ 286.5rpm

해설 각속도 $w = \dfrac{2\pi N}{60}$

$\therefore N = \dfrac{60 \times w}{2\pi} = \dfrac{60 \times 30}{2\pi} \fallingdotseq 286.5\,\text{rpm}$

2 재료의 강도 및 변형

1. 하중의 크기 및 방향이 주기적으로 변화하는 하중으로 양진 하중을 의미하는 것은?

① 변동 하중(variable load)
② 반복 하중(repeated load)
③ 교번 하중(alternate load)
④ 충격 하중(impact load)

해설 • 반복 하중 : 방향이 변하지 않고 계속하여 반복 작용하는 하중으로, 진폭은 일정하고 주기는 규칙적인 하중
• 교번 하중 : 하중의 크기와 방향이 주기적으

로 변화하는 하중으로, 인장과 압축을 교대로 반복하는 하중
• 충격 하중 : 비교적 단시간에 충격적으로 작용하는 하중으로, 순간적으로 작용하는 하중

2. 지름 4cm인 봉재에 인장 하중이 1000N으로 작용할 때 발생하는 인장 응력은 약 얼마인가?

① 127.3N/cm²   ② 127.3N/mm²
③ 80N/cm²   ④ 80N/mm²

해설 $\sigma = \dfrac{W}{A} = \dfrac{W}{\dfrac{\pi d^2}{4}} = \dfrac{1000}{\dfrac{\pi \times 4^2}{4}} \fallingdotseq 80\,\text{N/cm}^2$

3. 허용 전단 응력 60N/mm²의 리벳이 있다. 이 리벳에 15kN의 전단 하중을 작용시킬 때 리벳의 지름은 약 몇 mm 이상이어야 안전한가?

① 17.85   ② 20.50
③ 25.25   ④ 30.85

해설 $d = \sqrt{\dfrac{4W}{\pi\tau}} = \sqrt{\dfrac{4 \times 15000}{\pi \times 60}} \fallingdotseq 17.85\,\text{mm}$

4. 다음 중 재료를 인장시험할 때 재료에 작용하는 하중을 변형 전의 원래 단면적으로 나눈 응력은?

① 인장 응력   ② 압축 응력
③ 공칭 응력   ④ 전단 응력

해설 공칭 응력 : 재료에 작용하는 하중을 최초의 단면적으로 나눈 응력값으로, 복잡한 응력 분포나 변형은 고려하지 않고 무시한다.

정답 1. ②   2. ④   1. ③   2. ③   3. ①   4. ③

5. M22볼트(골지름 19.294mm)가 그림과 같이 2장의 강판을 고정하고 있다. 체결 볼트의 허용 전단 응력이 39.25MPa라고 하면 최대 몇 kN까지의 하중을 받을 수 있는가?

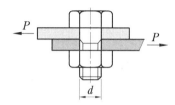

① 3.21   ② 7.54

③ 11.48   ④ 22.96

해설 $\tau = \dfrac{P}{A} = \dfrac{P}{\dfrac{\pi d^2}{4}} = \dfrac{4P}{\pi d^2}$

$\therefore P = \dfrac{\pi d^2 \tau}{4} = \dfrac{\pi \times 19.294^2 \times 39.25}{4}$

$\fallingdotseq 11480\,\mathrm{N} \fallingdotseq 11.48\,\mathrm{kN}$

6. 높이 50mm의 사각봉이 압축 하중을 받아 0.004의 변형률이 생겼다고 하면 이 봉의 높이는 얼마로 되었는가?

① 49.8mm   ② 49.9mm

③ 49.96mm   ④ 49.99mm

해설 $\varepsilon = \dfrac{\lambda}{l}$, $\lambda = l \times \varepsilon = 50 \times 0.004 = 0.2$

$\therefore 50 - 0.2 = 49.8\,\mathrm{mm}$

7. 재료의 파손이론(failure theory) 중 재료에 조합 하중이 작용할 때 최대 주응력이 단순 인장 또는 단순 압축 하중에 대한 항복 강도 또는 인장 강도나 압축 강도에 도달하였을 때 재료의 파손이 일어난다는 이론을 말하는 것으로, 주철과 같은 취성재료에 잘 일치하는 이론은?

① 변형률 에너지설(strain energy theory)

② 최대 주변형률설(maximum principal strain theory)

③ 최대 전단 응력설(maximum shear stress theory)

④ 최대 주응력설(maximum principal stress theory)

8. 단면 50mm×50mm, 길이 100mm의 탄소 강재가 있다. 여기에 10kN의 인장력을 길이 방향으로 주었을 때 0.4mm가 늘어났다면, 이때 변형률은?

① 0.0025   ② 0.004

③ 0.0125   ④ 0.025

해설 $\varepsilon = \dfrac{\delta}{l} = \dfrac{0.4}{100} = 0.004$

9. 다음 중 재료의 기준 강도(인장 강도)가 400N/mm^{2}이고 허용 응력이 100N/mm^{2}일 때 안전율은?

① 0.25   ② 1.0

③ 4.0   ④ 16.0

해설 안전율 $= \dfrac{\text{인장 강도}}{\text{허용 응력}} = \dfrac{400}{100} = 4$

3   체결용 기계요소

1. 피치가 2mm인 3줄 나사에서 90° 회전시키면 나사가 움직인 거리는 몇 mm인가?

① 0.5   ② 1

③ 1.5   ④ 2

해설 $l = np = 3 \times 2 = 6\,\mathrm{mm}$

90° 회전했다면 리드값의 1/4에 해당한다.

$\therefore 거리 = 6 \times \dfrac{1}{4} = 1.5\,\mathrm{mm}$

2. 볼나사(ball screw)의 장점에 해당되지 않는 것은?

① 미끄럼 나사보다 내충격성 및 감쇠성이 우수하다.
② 예압에 의해 치면 높이(backlash)를 작게 할 수 있다.
③ 마찰이 매우 적고 기계효율이 높다.
④ 시동 토크 또는 작동 토크의 변동이 작다.

해설 볼나사의 특징
• 마찰이 매우 적고 백래시가 작아 정밀하다.
• 미끄럼 나사보다 기계효율이 높다.
• 시동 토크 또는 작동 토크의 변동이 작다.
• 미끄럼 나사에 비해 내충격성과 감쇠성이 떨어진다.

3. 다음 나사산의 각도 중 틀린 것은?

① 미터 보통 나사 60°
② 관용 평행 나사 55°
③ 유니파이 보통 나사 60°
④ 미터 사다리꼴나사 35°

해설 미터 사다리꼴나사 나사산의 각도는 30°이다.

4. 리드각 α, 마찰계수 $\mu = \tan\rho$인 나사의 자립 조건을 만족하는 것은? (단, ρ는 마찰각을 의미한다.)

① $\alpha < 2\rho$ ② $2\alpha < \rho$
③ $\alpha < \rho$ ④ $\alpha > \rho$

5. 3000kgf의 수직 방향 하중이 작용하는 나사 잭을 설계할 때, 나사 잭 볼트의 바깥지름은? (단, 허용 응력은 6kgf/mm², 골지름은 바깥지름의 0.8배이다.)

① 12mm   ② 32mm
③ 74mm   ④ 126mm

해설 $d = \sqrt{\dfrac{2W}{\sigma_t}} = \sqrt{\dfrac{2 \times 3000}{6}} \fallingdotseq 32\,mm$

6. 30° 미터 사다리꼴나사(1줄 나사)의 유효지름이 18mm이고, 피치가 4mm이며 나사 접촉부 마찰계수가 0.15일 때, 이 나사의 효율은 약 몇 %인가?

① 24%   ② 27%
③ 31%   ④ 35%

해설 $\rho = \tan^{-1} 0.15 \fallingdotseq 8.53$

$\lambda = \tan^{-1} \dfrac{4}{\pi \times 18} \fallingdotseq 4.04$

$\therefore \eta = \dfrac{\tan\lambda}{\tan(\lambda + \rho)} = \dfrac{\tan 4.04}{\tan(4.04 + 8.53)} \fallingdotseq 0.31 = 31\%$

7. 축에는 가공을 하지 않고 보스 쪽만 홈을 가공하여 조립하는 키는?

① 안장 키(saddle key)
② 납작 키(flat key)
③ 묻힘 키(sunk key)
④ 둥근 키(round key)

해설 안장 키(새들 키) : 축에는 홈을 파지 않고 보스에만 홈을 파서 박는 것으로, 축의 강도를 감소시키지 않고 보스를 축의 임의의 위치에 설치할 수 있다.

8. 축 방향으로 보스를 미끄럼 운동시킬 필요가 있을 때 사용하는 키는?

① 페더(feather) 키   ② 반달(woodruff) 키
③ 성크(sunk) 키   ④ 안장(saddle) 키

해설 페더 키(미끄럼 키) : 축 방향으로 보스의 이동이 가능하며, 보스와 간격이 있어 회전 중 이탈을 막기 위해 고정하는 경우가 많다.

9. 묻힘 키(sunk key)에서 키의 폭 10mm, 키

의 유효 길이 54mm, 키의 높이 8mm, 축의 지름 45mm일 때 최대 전달 토크는 약 몇 N·m인가? (단, 키(Key)의 허용 전단 응력은 35N/mm²이다.)

① 425
② 643
③ 846
④ 1024

해설 $l = \dfrac{2T}{bd\tau}$, $T = \dfrac{bdl\tau}{2}$

∴ $T = \dfrac{10 \times 45 \times 54 \times 35}{2}$

$= 425250\text{N}\cdot\text{mm} \fallingdotseq 425\text{N}\cdot\text{m}$

10. 942N·m의 토크를 전달하는 지름 50mm 축에 사용할 묻힘 키(폭×높이=12×8mm)의 길이는 최소 몇 mm 이상이어야 하는가? (단, 키의 허용 전단 응력은 78.48N/mm²이다.)

① 30
② 40
③ 50
④ 60

해설 $l = \dfrac{2T}{bd\tau} = \dfrac{2 \times 942000}{12 \times 50 \times 78.48} \fallingdotseq 40\text{mm}$

11. 묻힘 키에서 키에 생기는 전단 응력을 τ, 압축 응력을 σ_c라 할 때, $\dfrac{\tau}{\sigma_c} = \dfrac{1}{4}$이면 키의 폭 b와 높이 h와의 관계식은? (단, 키 홈의 높이는 키 높이의 1/2이라고 한다.)

① $b=h$
② $b=2h$
③ $b=\dfrac{h}{4}$
④ $b=\dfrac{h}{2}$

해설 $\tau = \dfrac{2T}{bld}$, $\sigma_c = \dfrac{4T}{dhl}$

$\dfrac{\tau}{\sigma_c} = \dfrac{2T}{bld} \div \dfrac{4T}{dhl} = \dfrac{2T}{bld} \times \dfrac{dhl}{4T} = \dfrac{h}{2b}$

$\dfrac{\tau}{\sigma_c} = \dfrac{h}{2b}$이고 $\dfrac{\tau}{\sigma_c} = \dfrac{1}{4}$이므로 $\dfrac{h}{2b} = \dfrac{1}{4}$

∴ $b=2h$

12. 핀 전체가 두 갈래로 되어 있어 너트의 풀림 방지나 핀이 빠져나오지 않게 하는 데 사용되는 핀은?

① 테이퍼 핀
② 너클 핀
③ 분할 핀
④ 평행 핀

13. 너클 핀 이음에서 인장력이 50kN인 핀의 허용 전단 응력을 50MPa이라고 할 때 핀의 지름 d는 몇 mm인가?

① 22.8
② 25.2
③ 28.2
④ 35.7

해설 $d = \sqrt{\dfrac{2P}{\pi\tau}} = \sqrt{\dfrac{2 \times 50000}{\pi \times 50}} \fallingdotseq 25.2\text{mm}$

14. 코터의 두께를 b, 폭을 h라 하고, 축 방향의 힘 F를 받을 때 코터 내에 생기는 전단 응력(τ)에 대한 식으로 옳은 것은? (단, 축 방향의 힘에 의해 2개의 전단면이 발생한다.)

① $\tau = \dfrac{F}{bh}$
② $\tau = \dfrac{hb}{F}$
③ $\tau = \dfrac{F}{2bh}$
④ $\tau = \dfrac{2bh}{F}$

해설 전단면이 2곳이므로 2로 나눈다.

∴ $\tau = \dfrac{\text{힘}}{2 \times \text{단면적}} = \dfrac{F}{2bh}$

15. 리벳 이음의 장점에 해당하지 않는 것은?

① 열응력에 의한 잔류 응력이 생기지 않는다.
② 경합금과 같이 용접이 곤란한 재료의 결합에 적합하다.
③ 리벳 이음한 구조물에 대해 분해 조립이 간편하다.

④ 구조물 등에 사용할 때 현장 조립의 경우 용접 작업보다 용이하다.

[해설] 리벳 이음은 조립이 간편하지만 분해하기 어려운 단점이 있다.

16. 1줄 겹치기 리벳 이음에서 리벳 구멍의 지름은 12mm이고, 리벳의 피치는 45mm일 때 판의 효율은 약 몇 %인가?

① 80 　　　　② 73
③ 55 　　　　④ 42

[해설] $\eta = \dfrac{p-d}{p} = \dfrac{45-12}{45} \fallingdotseq 0.73 = 73\%$

17. 두께 10mm 강판을 지름 20mm 리벳으로 한줄 겹치기 리벳 이음을 할 때 리벳에 발생하는 전단력과 판에 작용하는 인장력이 같도록 할 수 있는 피치는 약 몇 mm인가? (단, 리벳에 작용하는 전단 응력과 판에 작용하는 인장 응력은 동일하다고 본다.)

① 51.4 　　　② 73.6
③ 163.6 　　　④ 205.6

[해설] $\sigma_t = \dfrac{W}{t(p-d)}$ 에서

$p-d = \dfrac{W}{t\sigma_t} = \dfrac{\dfrac{\pi d^2}{4}\tau}{t\sigma_t} = \dfrac{\pi d^2 \tau}{4t\sigma_t}$

$\tau = \sigma_t$ 이므로 $p-d = \dfrac{\pi d^2}{4t}$

$\therefore p = d + \dfrac{\pi d^2}{4t} = 20 + \dfrac{\pi \times 20^2}{4 \times 10} \fallingdotseq 51.4 \, mm$

18. 정(chilsel) 등의 공구를 사용하여 리벳머리의 주위와 강판의 가장자리를 두드리는 작업을 코킹(caulking)이라 하는데, 이러한 작업을 실시하는 목적으로 적절한 것은?

① 리베팅 작업에 있어서 강판의 강도를 크게 하기 위하여
② 리베팅 작업에 있어서 기밀을 유지하기 위하여
③ 리베팅 작업 중 파손된 부분을 수정하기 위하여
④ 리벳이 들어갈 구멍을 뚫기 위하여

[해설] 유체의 누설을 막기 위해 코킹이나 풀러링을 한다. 코킹이나 풀러링은 판재의 두께 5mm 이상에서 행하며, 판 끝은 75~85°로 깎아준다.

19. 용접 이음의 단점에 속하지 않는 것은?

① 내부 결함이 생기기 쉽고 정확한 검사가 어렵다.
② 용접공의 기능에 따라 용접부의 강도가 좌우된다.
③ 다른 이음 작업과 비교하여 작업 공정이 많은 편이다.
④ 잔류 응력이 발생하기 쉬워 이를 제거하는 작업이 필요하다.

[해설] 용접 이음의 특징
• 사용 재료의 두께에 제한이 없다.
• 기밀 유지에 용이하고 이음 효율이 좋다.
• 작업할 때 소음이 작고 자동화가 용이하다.
• 다른 이음에 비해 작업 공정이 적어 제작비를 줄일 수 있다.

20. 그림과 같이 양쪽에 옆면 필릿 용접 이음을 한 용접 구조물에서 용접부의 허용 전단 응력이 49.05MPa이라 할 때 약 몇 kN의 힘(P)에 견딜 수 있는가? (단, 판의 두께는 5mm이고 용접 길이(l)는 100mm이다.)

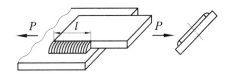

① 34.7 　　　　② 48.6

③ 60.4 　　　　④ 72.9

해설 $A = 5\sin 45° \times 100 \times 2$(양쪽)

$$= \frac{5}{\sqrt{2}} \times 100 \times 2$$

$$\fallingdotseq 707\,\mathrm{mm}^2$$

$\sigma = \dfrac{W}{A}$, $W = \sigma \times A$

$\therefore\ W = 49.05 \times 707$

$\qquad = 34678.35\,\mathrm{N} \fallingdotseq 34.7\,\mathrm{kN}$

21. 맞대기 용접 이음에서 압축 하중을 W, 용접부의 길이를 l, 판 두께를 t라 할 때, 용접부의 압축 응력을 계산하는 식으로 옳은 것은?

① $\sigma = \dfrac{Wl}{t}$ 　　　　② $\sigma = \dfrac{W}{tl}$

③ $\sigma = Wtl$ 　　　　④ $\sigma = \dfrac{tl}{W}$

4 　동력 전달용 기계요소

1. 전동축에 큰 휨(deflection)을 주어 축의 방향을 자유롭게 바꾸거나 충격을 완화시키기 위해 사용하는 축은?

① 직선축 　　　　② 크랭크축

③ 플렉시블 축 　　　　④ 중공축

해설 • 직선축 : 흔히 사용되는 곧은 축
• 크랭크축 : 직선 왕복 운동을 회전 운동으로 전환시키는 데 사용하는 축
• 중공축 : 축을 가볍게 하기 위해 단면의 중심부에 구멍이 뚫려 있는 축

2. 굽힘 모멘트만을 받는 중공축(中空軸)의 허용 굽힘 응력을 σ_b, 중공축의 바깥지름을 D,

여기에 작용하는 굽힘 모멘트가 M일 때, 중공축의 안지름 d를 구하는 식은?

① $d = \sqrt[4]{\dfrac{D(\pi\sigma_b D^3 - 16M)}{\pi\sigma_b}}$

② $d = \sqrt[4]{\dfrac{D(\pi\sigma_b D^3 - 32M)}{\pi\sigma_b}}$

③ $d = \sqrt[3]{\dfrac{D(\pi\sigma_b D^3 - 16M)}{\pi\sigma_b}}$

④ $d = \sqrt[3]{\dfrac{D(\pi\sigma_b D^3 - 32M)}{\pi\sigma_b}}$

해설 $D = \sqrt[3]{\dfrac{32M}{\pi\sigma_b(1-x^4)}}$

$x = \dfrac{d}{D}$ 에서 안지름 d로 정리하면 된다.

$\therefore\ d = \sqrt[4]{\dfrac{D(\pi\sigma_b D^3 - 32M)}{\pi\sigma_b}}$

3. 어떤 축이 굽힘 모멘트 M과 비틀림 모멘트 T를 동시에 받고 있을 때, 최대 주응력설에 의한 상당 굽힘 모멘트 M_e는?

① $M_e = \dfrac{1}{2}(M + \sqrt{M+T})$

② $M_e = \dfrac{1}{2}(M^2 + \sqrt{M+T})$

③ $M_e = \dfrac{1}{2}(M + \sqrt{M^2+T^2})$

④ $M_e = \dfrac{1}{2}(M^2 + \sqrt{M^2+T^2})$

해설 $M_e = \dfrac{M + \sqrt{M^2+T^2}}{2}\,[\mathrm{N \cdot m}]$

$T_e = \sqrt{M^2+T^2}\,[\mathrm{N \cdot m}]$

4. 지름 5 cm의 축이 300 rpm으로 회전할 때, 최대로 전달할 수 있는 동력은 약 몇 kW인가? (단, 축의 허용 비틀림 응력은 39.2 MPa이다.)

① 8.59 　　　　② 16.84

정답 　**21.** ② 　**1.** ③ 　**2.** ② 　**3.** ③ 　**4.** ③

③ 30.23   ④ 181.38

해설 $d = \sqrt[3]{\dfrac{5.1T}{\tau}}$

$T = \dfrac{d^3\tau}{5.1} = \dfrac{50^3 \times 39.2}{5.1} ≒ 960784\,\text{N} \cdot \text{mm}$

$T = 9.55 \times 10^6 \times \dfrac{H}{N}$, $H = \dfrac{TN}{9.55 \times 10^6}$

$\therefore H = \dfrac{960784 \times 300}{9550000} ≒ 30\,\text{kW}$

5. 300rpm으로 3.1kW의 동력을 전달하고, 축 재료의 허용 전단 응력이 20.6MPa인 중실축의 지름은 약 몇 mm 이상이어야 하는가?

① 20   ② 29

③ 36   ④ 45

해설 $T = 9.55 \times 10^6 \times \dfrac{H}{N} = 9.55 \times 10^6 \times \dfrac{3.1}{300}$

$≒ 98683\,\text{N} \cdot \text{mm}$

$\therefore d = \sqrt[3]{\dfrac{5.1T}{\tau_a}} = \sqrt[3]{\dfrac{5.1 \times 98683}{20.6}} ≒ 29\,\text{mm}$

6. 400rpm으로 4kW의 동력을 전달하는 중실축의 최소 지름은 약 몇 mm인가? (단, 축의 허용 전단 응력은 20.60MPa이다.)

① 22   ② 13

③ 29   ④ 36

해설 $T = 9.55 \times 10^6 \times \dfrac{H}{N} = 9.55 \times 10^6 \times \dfrac{4}{400}$

$= 95500\,\text{N} \cdot \text{mm}$

$\therefore d = \sqrt[3]{\dfrac{16T}{\pi\tau_a}} = \sqrt[3]{\dfrac{5.1T}{\tau}} = \sqrt[3]{\dfrac{5.1 \times 95500}{20.6}}$

$≒ 29\,\text{mm}$

7. 300rpm으로 2.5kW의 동력을 전달시키는 축에 발생하는 비틀림 모멘트는 약 몇 N·m인가?

① 80   ② 60   ③ 45   ④ 35

해설 $T = 9.55 \times 10^6 \times \dfrac{H}{N} = 9.55 \times 10^6 \times \dfrac{2.5}{300}$

$≒ 79583\,\text{N} \cdot \text{mm} ≒ 80\,\text{N} \cdot \text{m}$

8. 다음 중 유연성 커플링(flexible coupling)이 아닌 것은?

① 기어 커플링   ② 셀러 커플링
③ 롤러 체인 커플링   ④ 벨로스 커플링

해설 플렉시블(유연성) 커플링은 두 축 사이의 진동을 절연시키는 역할을 하며 기어형, 체인형, 벨로스형, 고무형, 다이어프램형이 있다.

9. 커플링의 설명으로 옳은 것은?

① 플랜지 커플링은 축심이 어긋나서 진동하기 쉬운 데 사용한다.
② 플렉시블 커플링은 양 축의 중심선이 일치하는 경우에만 사용한다.
③ 올덤 커플링은 두 축이 평행으로 있으면서 축심이 어긋났을 때 사용한다.
④ 원통 커플링의 지름은 축 중심선이 임의의 각도로 교차되었을 때 사용한다.

해설 올덤 커플링은 두 축의 거리가 짧고 평행이며 중심이 어긋나 있을 때 사용한다. 원심력에 의해 진동이 발생하므로 고속 회전에는 적합하지 않다.

10. 유체 클러치의 일종인 유체 커플링(fluid coupling)의 특징을 설명한 것 중 틀린 것은?

① 원동기의 시동이 쉽다.
② 과부하에 대하여 원동기를 보호할 수 있다.
③ 자동변속을 하기 어렵다.
④ 다수의 원동기에서 1개의 부하 또는 1개의 원동기에서 다수의 부하작용이 쉽다.

해설 유체 커플링 : 밀폐된 공간 안에 회전날개가 있는 두 개의 축 사이에 유체를 채워 회전력

정답 **5.** ②   **6.** ③   **7.** ①   **8.** ②   **9.** ③   **10.** ③

을 전달하는 커플링으로, 자동변속을 하기 자유롭다.

11. 자전거의 래칫 휠에 사용되는 클러치는?

① 맞물림 클러치　　② 마찰 클러치
③ 일방향 클러치　　④ 원심 클러치

해설 일방향 클러치 : 원동축이 종동축보다 속도가 늦어졌을 때 종동축이 공전할 수 있도록 일방향에만 동력을 전달하는 클러치이다.

12. 축 중심선에 직각 방향과 축 방향의 힘을 동시에 받는 데 쓰이는 베어링으로 가장 적합한 것은?

① 앵귤러 볼 베어링
② 원통 롤러 베어링
③ 스러스트 볼 베어링
④ 레이디얼 볼 베어링

13. 미끄럼 베어링의 재질로서 구비해야 할 성질이 아닌 것은?

① 눌러 붙지 않아야 한다.
② 마찰에 의한 마멸이 적어야 한다.
③ 마찰계수가 커야 한다.
④ 내식성이 커야 한다.

해설 미끄럼 베어링 재료의 구비 조건
• 축의 재료보다 연하면서 마모에 견딜 것
• 축과의 마찰계수가 작을 것
• 내식성이 클 것
• 마찰열의 발산이 잘 되도록 열전도가 좋을 것
• 가공성이 좋으며 유지 및 수리가 쉬울 것

14. 구름 베어링에서 실링(sealing)의 주목적으로 가장 적합한 것은?

① 구름 베어링에 주유를 주입하는 것을 돕

는다.
② 구름 베어링의 발열을 방지한다.
③ 윤활유의 유출 방지와 유해물의 침입을 방지한다.
④ 축에 구름 베어링을 끼울 때 삽입을 돕는다.

해설 실링은 틈새를 밀봉하는 것으로, 윤활유의 유출과 유해 물질의 침입을 방지하기 위한 작업이다.

15. 볼 베어링에서 수명에 대한 설명으로 옳은 것은?

① 베어링에 작용하는 하중의 3승에 비례한다.
② 베어링에 작용하는 하중의 3승에 반비례한다.
③ 베어링에 작용하는 하중의 10/3승에 비례한다.
④ 베어링에 작용하는 하중의 10/3승에 반비례한다.

해설 $L_h = 500\left(\dfrac{C}{P}\right)^r \dfrac{33.3}{N}$

• 볼 베어링 : $r = 3$　　• 롤러 베어링 : $r = \dfrac{10}{3}$

16. 400 rpm으로 전동축을 지지하고 있는 미끄럼 베어링에서 저널의 지름은 6 cm, 저널의 길이는 10 cm이고, 4.2 kN의 레이디얼 하중이 작용할 때 베어링 압력은 약 몇 MPa인가?

① 0.5　　　　　　② 0.6
③ 0.7　　　　　　④ 0.8

해설 $p = \dfrac{W}{dl} = \dfrac{4200}{60 \times 100} = 0.7\,\text{MPa}$

17. 반지름 방향 하중 6.5 kN, 축 방향 하중 3.5 kN을 받고, 회전수 600 rpm으로 지지하

는 볼 베어링이 있다. 이 베어링에 30000시간의 수명을 주기 위한 기본 동정격 하중으로 가장 적합한 것은? (단, 반지름 방향 동하중계수(X)는 0.35, 축 방향 동하중계수(Y)는 1.8로 한다.)

① 43.3kN   ② 54.6kN

③ 65.7kN   ④ 88.0kN

해설 $P = 6.5 \times 0.35 + 3.5 \times 1.8 = 8.575\,\mathrm{kN}$

$L_h = 500 \left(\dfrac{C}{P}\right)^r \dfrac{33.3}{N}$, $r = 3$(볼 베어링)

$30000 = 500 \times \left(\dfrac{C}{8.575}\right)^3 \times \dfrac{33.3}{600}$

$\left(\dfrac{C}{8.575}\right)^3 = \dfrac{600}{33.3} \times 60$

$C^3 = 681653$

$\therefore C = 88\,\mathrm{kN}$

18. 원통 롤러 베어링 N206(기본 동정격 하중 14.2kN)이 600rpm으로 1.96kN의 베어링 하중을 받치고 있다. 이 베어링의 수명은 약 몇 시간인가? (단, 베어링 하중계수(f_w)는 1.5를 적용한다.)

① 4200   ② 4800

③ 5300   ④ 5900

해설 $P = 1.5 \times 1.96 = 2.94\,\mathrm{kN} = 2940\,\mathrm{N}$

$L_h = 500 \left(\dfrac{C}{P}\right)^r \dfrac{33.3}{N}$, $r = \dfrac{10}{3}$(롤러 베어링)

$\therefore L_h = 500 \times \left(\dfrac{14200}{2940}\right)^{\frac{10}{3}} \times \dfrac{33.3}{600} \fallingdotseq 5300$시간

19. 두 축이 서로 교차하면서 회전력을 전달하는 기어는?

① 스퍼 기어(spur gear)
② 헬리컬 기어(helical gear)
③ 랙과 피니언(rack and pinion)
④ 스파이럴 베벨 기어(spiral bevel gear)

해설 • 두 축이 평행한 기어 : 스퍼 기어, 헬리컬 기어, 랙과 피니언
• 두 축이 서로 교차하는 기어 : 스퍼 베벨 기어, 헬리컬 베벨 기어, 스파이럴 베벨 기어, 크라운 기어, 앵귤러 베벨 기어
• 두 축이 어긋난 기어 : 나사(스크루) 기어, 하이포이드 기어, 웜 기어, 헬리컬 크라운 기어

20. 기어의 피치원 지름이 회전 운동을 직선 운동으로 무한대로 바꿀 때 사용하는 기어는?

① 베벨 기어   ② 헬리컬 기어
③ 랙과 피니언   ④ 웜 기어

21. 속도비 3:1, 모듈 3, 피니언(작은 기어)의 잇수가 30인 한 쌍의 표준 스퍼 기어의 축 간 거리는 몇 mm인가?

① 60   ② 100
③ 140   ④ 180

해설 $i = \dfrac{n_2}{n_1} = \dfrac{Z_1}{Z_2} = \dfrac{30}{Z_2} = \dfrac{1}{3}$, $Z_2 = 90$

$\therefore C = \dfrac{m(Z_1 + Z_2)}{2} = \dfrac{3(30 + 90)}{2} = 180\,\mathrm{mm}$

22. 이끝원 지름이 104mm, 잇수는 50인 표준 스퍼 기어의 모듈은?

① 5   ② 4
③ 3   ④ 2

해설 $D_t = m(Z + 2)$

$\therefore m = \dfrac{D_t}{Z + 2} = \dfrac{104}{50 + 2} = 2$

23. 맞물린 한 쌍의 인벌류트 기어에서 피치원의 공통접선과 맞물리는 부위에 힘이 작용하는 작용선이 이루는 각도를 무엇이라고 하는가?

① 중심각 　　② 접선각

③ 전위각 　　④ 압력각

해설 압력각은 기어 잇면의 한 점에서 그 반지름과 치형으로의 접선이 이루는 각을 말한다.

24. 잇수 30개, 압력각 30°의 스퍼 기어에서 언더컷이 생기지 않도록 전위 기어로 제작하려 한다. 언더컷이 발생하지 않도록 하기 위한 최소 이론 전위량은 몇 mm인가? (단, 모듈 $m=6$이다.)

① $-10\,mm$ 　　② $-12.5\,mm$

③ $-14\,mm$ 　　④ $-16.5\,mm$

해설 $x \geq 1 - \dfrac{Z}{2}\sin^2\alpha$, $x \geq 1 - \dfrac{30}{2}\sin^2 30° = -2.75$

∴ 전위량 = 전위계수$(x) \times$ 모듈$(m) \geq -2.75 \times 6$
$$= -16.5$$

25. 표준 스퍼 기어에서 모듈 4, 잇수 21개, 압력각이 20°라고 할 때, 법선 피치(P_n)는 약 몇 mm인가?

① 11.8 　　② 14.8

③ 15.6 　　④ 18.2

해설 $P_n = \pi m \cos\alpha = \pi \times 4 \times \cos 20° = 11.8\,mm$

26. 웜을 구동축으로 할 때 웜의 줄 수를 3, 웜 휠의 잇수를 60이라 하면 웜 기어 장치의 감속 비율은?

① 1/10 　　② 1/20

③ 1/30 　　④ 1/60

해설 $i = \dfrac{Z_n}{Z} = \dfrac{3}{60} = \dfrac{1}{20}$

27. 원주 속도가 4m/s로 18.4kW의 동력을 전달하는 헬리컬 기어에서 비틀림각이 30°일 때 축 방향으로 작용하는 힘(추력)은 약

몇 kN인가?

① 1.8 　　② 2.3

③ 2.7 　　④ 4.0

해설 $H = \dfrac{Fv}{102 \times 9.81}$

$F = \dfrac{102 \times 9.81 \times H}{v} = \dfrac{102 \times 9.81 \times 18.4}{4}$
$$\fallingdotseq 4603\,N$$

∴ $F_t = F\tan\beta = 4603 \times \tan 30°$
$$\fallingdotseq 2657\,N$$
$$\fallingdotseq 2.7\,kN$$

28. 잇수는 54, 바깥지름은 280mm인 표준 스퍼 기어에서 원주 피치는 약 몇 mm인가?

① 15.7 　　② 31.4

③ 62.8 　　④ 125.6

해설 $D_0 = m(Z+2)$

$280 = m(54+2)$, $m=5$

∴ $P = \pi m = \pi \times 5 \fallingdotseq 15.7\,mm$

29. 2.2kW의 동력을 1800rpm으로 전달시키는 표준 스퍼 기어가 있다. 이 기어에 작용하는 회전력은 약 몇 N인가? (단, 스퍼 기어 모듈은 4이고 잇수는 25이다.)

① 163 　　② 195

③ 233 　　④ 289

해설 $D = mZ = 4 \times 25 = 100$

$V = \dfrac{\pi DN}{60 \times 10^3} = \dfrac{\pi \times 100 \times 1800}{60 \times 1000} = 9.42\,m/s$

∴ $F = \dfrac{102 \times 9.81 \times H}{V} = \dfrac{102 \times 9.81 \times 2.2}{9.42}$
$$\fallingdotseq 233\,N$$

30. 평벨트 전동에서 유효 장력이란?

① 벨트 긴장측 장력과 이완측 장력과의 차를 말한다.

② 벨트 긴장측 장력과 이완측 장력과의 비를 말한다.

③ 벨트 긴장측 장력과 이완측 장력의 평균값을 말한다.

④ 벨트 긴장측 장력과 이완측 장력의 합을 말한다.

31. 벨트의 형상을 치형으로 하여 미끄럼이 거의 없고 정확한 회전비를 얻을 수 있는 벨트는?

① 직물 벨트   ② 강 벨트

③ 가죽 벨트   ④ 타이밍 벨트

해설 타이밍 벨트 : 미끄럼을 방지하기 위하여 안쪽 표면에 이가 있는 벨트로, 정확한 속도가 요구되는 경우의 전동 벨트로 사용된다.

32. 벨트 전동에서 긴장측의 장력 T_1과 이완측의 장력 T_2 사이의 관계식으로 옳은 것은? (단, 원심력은 무시하고 μ는 접촉부의 마찰계수, θ는 벨트와 풀리의 접촉각[rad] 이다.)

① $e^{\mu\theta} = \dfrac{T_2}{T_1}$ ② $e^{\mu\theta} = \dfrac{T_1}{T_2}$

③ $e^{\mu\theta} = \dfrac{T_2}{T_1 + T_2}$ ④ $e^{\mu\theta} = \dfrac{T_1}{T_1 + T_2}$

33. 회전 속도가 7 m/s로 전동되는 평벨트 전동장치에서 가죽 벨트의 폭(b)×두께(t)= 116 mm×8 mm인 경우, 최대 전달 동력은 약 몇 kW인가? (단, 벨트의 허용 인장 응력은 2.35 MPa, 장력비($e^{\mu\theta}$)는 2.5, 원심력은 무시하고 벨트의 이음효율은 100%이다.)

① 7.45   ② 9.16

③ 11.08   ④ 13.46

해설 $T_1 = \sigma \times A = (2.35 \times 10^6) \times (0.116 \times 0.008)$
$= 2180.8 \, \text{N}$

$\therefore H = \dfrac{T_1 v}{102 \times 9.81} \times \dfrac{e^{\mu\theta} - 1}{e^{\mu\theta}}$

$= \dfrac{2180.8 \times 7}{102 \times 9.81} \times \dfrac{2.5 - 1}{2.5} \fallingdotseq 9.16 \, \text{kW}$

34. 풀리의 지름 200 mm, 회전수 1600 rpm으로 4 kW의 동력을 전달할 때 벨트의 유효장력은 약 몇 N인가? (단, 원심력과 마찰은 무시한다.)

① 24   ② 93

③ 239   ④ 527

해설 $V = \dfrac{\pi D N}{60 \times 10^3} = \dfrac{\pi \times 200 \times 1600}{60 \times 10^3}$
$\fallingdotseq 16.75 \, \text{m/s}$

$\therefore F = \dfrac{102 \times 9.81 \times H}{V} = \dfrac{102 \times 9.81 \times 4}{16.75}$
$\fallingdotseq 239 \, \text{N}$

35. 평벨트 전동장치와 비교하여 V-벨트 전동장치에 대한 설명으로 옳지 않은 것은?

① 접촉 넓이가 넓으므로 비교적 큰 동력을 전달한다.

② 장력이 커서 베어링에 걸리는 하중이 큰 편이다.

③ 미끄럼이 작고 속도비가 크다.

④ 바로 걸기로만 사용이 가능하다.

해설 평벨트 전동장치와 비교하여 V-벨트 전동장치는 동력 전달 상태가 원활하고 정숙하며, 베어링에 걸리는 하중도 작다.

36. 일반용 V 고무 벨트(표준 V-벨트)의 각도는?

① 30°   ② 40°

③ 60°   ④ 90°

37. 로프 전동의 특징에 대한 설명으로 틀린 것은?

① 전동 경로가 직선이 아닌 경우에도 사용이 가능하다.
② 벨트 전동과 비교하여 큰 동력을 전달하는 데 불리하다.
③ 장거리의 동력 전달이 가능하다.
④ 정확한 속도비의 전동이 불확실하다.

해설 벨트보다 큰 동력 전달에 유리하며, 미끄럼이 적고 고속 운전에 적합하다.

38. 다른 전동방식과 비교하여 체인 전동방식의 일반적인 특징에 해당하지 않는 것은?

① 미끄럼이 없는 일정한 속도비를 얻을 수 있다.
② 초장력이 필요 없으므로 베어링의 마멸이 적다.
③ 고속 회전에 적당하다.
④ 전동 효율이 95% 이상으로 좋다.

해설 체인 전동장치는 진동과 소음이 생기기 쉬우며 고속 회전에는 적합하지 않다.

39. 롤러 체인 전동에서 체인의 파단 하중이 1.96 kN이고 체인의 회전 속도가 3 m/s이며, 안전율(safety factor)을 10으로 할 때 전달 동력은 약 몇 W인가?

① 467 ② 588
③ 712 ④ 843

해설 $H = \dfrac{Fv}{102 \times 9.81} = \dfrac{1960 \times 3}{102 \times 9.81} ≒ 5.876\,\mathrm{kW}$

$\therefore H_a = \dfrac{H}{S} = \dfrac{5.876}{10} ≒ 0.588\,\mathrm{kW} ≒ 588\,\mathrm{W}$

40. 정숙하고 원활한 운전을 하고, 특히 고속 회전이 필요할 때 적합한 체인은?

① 사일런트 체인(silent chain)
② 코일 체인(coil chain)
③ 롤러 체인(roller chain)
④ 블록 체인(block chain)

해설 사일런트 체인 : 운전이 원활하고 전동 효율이 98% 이상까지 도달하며 가격이 고가이다.

---

5 **완충 및 제동용 기계요소**

1. 고무 스프링의 일반적인 특징에 관한 설명으로 틀린 것은?

① 1개의 고무로 2축 또는 3축 방향의 하중에 대한 흡수가 가능하다.
② 형상을 자유롭게 할 수 있고 다양한 용도가 가능하다.
③ 방진 및 방음 효과가 우수하다.
④ 특히 인장 하중에 대한 방진 효과가 우수하다.

해설 고무 스프링은 인장 하중보다 충격 흡수 효과가 우수하다.

2. 그림과 같은 스프링 장치에서 $W=200\,\mathrm{N}$의 하중을 매달면 처짐은 몇 cm가 되는가? (단, 스프링 상수 $k_1=15\,\mathrm{N/cm}$, $k_2=35\,\mathrm{N/cm}$이다.)

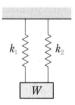

① 1.25 ② 2.50 ③ 4.00 ④ 4.50

해설 $\delta = \dfrac{W}{k} = \dfrac{200}{15+35} = \dfrac{200}{50} = 4\,\mathrm{cm}$

---

3. 스프링 코일의 평균 지름 60mm, 유효 권수 10, 소재 지름 6mm, 가로탄성계수(G)는 78.48GPa이고, 이 스프링에 하중 490N을 받을 때 코일 스프링의 처짐은 약 몇 mm가 되는가?

① 6.67   ② 83.2
③ 8.3   ④ 66.7

해설 $\delta = \dfrac{8n_a D^3 W}{Gd^4} = \dfrac{8 \times 10 \times 60^3 \times 490}{(78.48 \times 10^3) \times 6^4}$

$\quad \fallingdotseq 83.2\,\text{mm}$

4. 원형 봉에 비틀림 모멘트를 가할 때 비틀림 변형이 생기는데, 이때 나타나는 탄성을 이용한 스프링은?

① 토션 바
② 벌류트 스프링
③ 와이어 스프링
④ 비틀림 코일 스프링

해설 코일 스프링은 축 방향으로 늘어났다가 회복되는 성질을 이용하고, 토션 바는 비틀렸다가 다시 회복되는 성질을 이용한다.

5. 하중이 2.5kN 작용했을 때 처짐이 100mm 발생하는 코일 스프링의 소선 지름은 10mm이다. 이 스프링의 유효 감김수는 약 몇 권인가? (단, 스프링 지수(C)는 10, 스프링 선재의 전단탄성계수는 80GPa이다.)

① 3   ② 4   ③ 5   ④ 6

해설 $\delta = \dfrac{8n_a D^3 W}{Gd^4}$ 에서 $n_a = \dfrac{\delta G d^4}{8D^3 W}$

$C = \dfrac{D}{d}$, $D = Cd = 10 \times 10 = 100$

$\therefore n_a = \dfrac{100 \times (80 \times 10^3) \times 10^4}{8 \times 100^3 \times 2500} = 4$권

6. 스프링에 150N의 하중을 가했을 때 발생

하는 최대 전단 응력이 400MPa이었다. 스프링 지수(C)는 10이라고 할 때 스프링 소선의 지름은 약 몇 mm인가? (단, 응력 수정 계수 $K = \dfrac{4C-1}{4C-4} + \dfrac{0.615}{C}$ 를 적용한다.)

① 3.3   ② 4.8   ③ 7.5   ④ 12.6

해설 $K = \dfrac{4C-1}{4C-4} + \dfrac{0.615}{C}$

$\quad = \dfrac{4 \times 10 - 1}{4 \times 10 - 4} + \dfrac{0.615}{10} \fallingdotseq 1.14$

$\tau = K\dfrac{8WD}{\pi d^3} = K\dfrac{8WC}{\pi d^2}$

$400 = 1.14 \times \dfrac{8 \times 150 \times 10}{\pi d^2}$

$d^2 = \dfrac{1.14 \times 12000}{\pi \times 400} \fallingdotseq 10.89$

$\therefore d \fallingdotseq 3.3\,\text{mm}$

7. 다음 중 제동용 기계요소에 해당하는 것은?

① 웜   ② 코터
③ 래칫 휠   ④ 스플라인

해설 제동용 기계요소 : 래칫 휠, 브레이크, 플라이휠 등

8. 폴(pawl)과 결합하여 사용되며, 한쪽 방향으로는 간헐적인 회전 운동을 주고 반대쪽으로는 회전을 방지하는 역할을 하는 장치는 어느 것인가?

① 플라이휠(fly wheel)
② 드럼 브레이크(drum brake)
③ 블록 브레이크(block brake)
④ 래칫 휠(rachet wheel)

해설 래칫 휠 : 휠의 주위에 특별한 형태의 이를 가지며, 이것에 스토퍼를 물려 축의 역회전을 막기도 하고 간헐적으로 축을 회전시키기도 한다.

9. 자동 하중 브레이크에 속하는 것은?

① 밴드 브레이크(band brake)

② 블록 브레이크(block brake)

③ 웜 브레이크(worm brake)

④ 원추 브레이크(cone brake)

해설 자동 하중 브레이크 : 하물을 올릴 때는 제동 작용을 하지 않고 아래로 내릴 때는 하물 자중에 의한 제동 작용으로 속도를 조절하거나 정지시키는 장치이다. 웜 브레이크, 나사 브레이크, 캠 브레이크, 원심 브레이크 등이 있다.

10. 자동 하중 브레이크의 종류로 틀린 것은?

① 웜 브레이크　　② 밴드 브레이크

③ 나사 브레이크　　④ 캠 브레이크

11. 어느 브레이크에서 제동 동력이 3kW, 브레이크 용량(brake capacity)이 0.8N/mm² · m/s 라고 할 때 브레이크 마찰 넓이는 약 몇 mm²인가?

① 3200　　　　② 2250

③ 5500　　　　④ 3750

해설 $w_f = \dfrac{H}{A}$, $0.8 = \dfrac{102 \times 9.81 \times 3}{A}$

$\therefore A = \dfrac{102 \times 9.81 \times 3}{0.8}$

$\fallingdotseq 3750\,\mathrm{mm}^2$

12. 드럼의 지름 500mm인 브레이크 드럼축에 98.1N · m의 토크가 작용하고 있는 블록 브레이크에서 블록을 브레이크 바퀴에 밀어 붙이는 힘은 약 몇 kN인가? (단, 접촉부의 마찰계수는 0.2이다.)

① 0.54　　　　② 0.98

③ 1.51　　　　④ 1.96

해설 $P = \dfrac{2T}{\mu D} = \dfrac{2 \times (98.1 \times 1000)}{0.2 \times 500} = 1962\,\mathrm{N}$

$\fallingdotseq 1.96\,\mathrm{kN}$

13. 브레이크 드럼축에 554N · m의 토크가 작용하면 축을 정지하는 데 필요한 제동력은 몇 N인가? (단, 브레이크 드럼의 지름은 400mm이다.)

① 1920　　　　② 2770

③ 3310　　　　④ 3660

해설 $Q = \dfrac{2T}{D} = \dfrac{2 \times 554}{0.4}$

$= 2770\,\mathrm{N}$

14. 블록 브레이크 드럼이 20m/s의 속도로 회전하는데 블록을 500N의 힘으로 가압할 경우 제동 동력은 약 몇 kW인가? (단, 접촉부 마찰계수는 0.3이다.)

① 1.0　　　　② 1.7

③ 2.3　　　　④ 3.0

해설 $H = \mu P v = 0.3 \times 500 \times 20$

$= 3000\,\mathrm{W}$

$= 3.0\,\mathrm{kW}$

15. 단식 블록 브레이크에서 브레이크 드럼의 지름이 450mm, 블록을 브레이크 드럼에 밀어 붙이는 힘이 1.96kN인 경우 브레이크 드럼에 작용하는 제동 토크는 몇 N · m인가? (단, 마찰계수는 0.2이다.)

① 52.4　　　　② 88.2

③ 176.4　　　　④ 441.0

해설 $T = \dfrac{\mu P D}{2} = \dfrac{0.2 \times 1.96 \times 450}{2}$

$= 88.2\,\mathrm{N} \cdot \mathrm{m}$

16. 지름 300mm인 브레이크 드럼을 가진 밴드 브레이크의 접촉 길이가 706.5mm, 밴드 폭이 20mm일 때 제동 동력이 3.7kW라고 하면, 이 밴드 브레이크의 용량(brake capacity)은 약 몇 N/mm^2 · m/s인가?

① 26.50   ② 0.324

③ 0.262   ④ 32.40

해설 $w_f = \mu p v = \dfrac{H}{A}$

$$= \frac{102 \times 9.81 \times 3.7}{20 \times 706.5}$$

$$\fallingdotseq 0.262 \text{N/mm}^2 \cdot \text{m/s}$$

17. 밴드 브레이크에서 밴드에 생기는 인장 응력과 관련하여 다음 중 옳은 관계식은? (단, σ : 밴드에 생기는 인장 응력, F_1 : 밴드의 인장측 장력, t : 밴드의 두께, b : 밴드의 너비이다.)

① $\sigma = \dfrac{b}{F_1 \times t}$ ② $b = \dfrac{t \times \sigma}{F_1}$

③ $b = \dfrac{F_1}{t \times \sigma}$ ④ $\sigma = \dfrac{F_1 \times t}{b}$

해설 $\sigma = \dfrac{F_1}{b \times t}$ ∴ $b = \dfrac{F_1}{t \times \sigma}$

6   기계 재료의 성질과 분류

1. 금속의 일반적인 특성이 아닌 것은?

① 연성 및 전성이 좋다.
② 열과 전기의 부도체이다.
③ 금속적 광택을 가지고 있다.
④ 고체 상태에서 결정 구조를 갖는다.

해설 금속은 열 및 전기의 양도체이다.

2. 연성이 큰 것으로부터 순서대로 되어 있는 것은?

① Al → Cu → Ag → Zn → Ni
② Fe → Pb → Cu → Ag → Pt

③ Au → Cu → Pb → Zn → Fe
④ Al → Fe → Ni → Cu → Zn

해설 연성이 큰 금속의 순서
금 > 구리 > 납 > 아연 > 철

3. 일반적으로 탄소강에서 탄소량이 증가할수록 증가하는 성질은?

① 비중   ② 열팽창계수
③ 전기 저항   ④ 열전도율

해설 탄소 함유량을 증가시키면 비중, 선팽창률, 온도계수, 열전도율는 감소하고 비열, 전기 저항, 항자력은 증가한다.

4. 다음 중 선팽창계수가 큰 순서로 올바르게 나열된 것은?

① 알루미늄 > 구리 > 철 > 크로뮴
② 철 > 크로뮴 > 구리 > 알루미늄
③ 크로뮴 > 알루미늄 > 철 > 구리
④ 구리 > 철 > 알루미늄 > 크로뮴

해설 선팽창계수의 크기
마그네슘 > 알루미늄 > 구리 > 철 > 크로뮴

5. 다음 순금속 중 열전도율이 가장 높은 것은? (단, 20℃에서의 열전도율이다.)

① Ag   ② Au
③ Mg   ④ Zn

해설 열전도율의 순서
Ag > Cu > Au > Pt > Al > Mg > Zn > Ni > Fe

6. 자성 재료를 연질과 경질로 나눌 때 경질 자석에 해당되는 것은?

① Si 강판   ② 퍼멀로이
③ 센더스트   ④ 알니코 자석

해설 알니코 자석 : 자성 재료가 경질인 자석으로, 발전기 등에서 사용한다.
- 경질 자성 재료 : 알니코 자석, 페라이트 자석
- 연질 자성 재료 : 센더스트, 규소강, 퍼멀로이

7. 다음 원소 중 중금속이 아닌 것은?

① Fe   ② Ni   ③ Mg   ④ Cr

해설 중금속은 비중 5 이상의 금속으로 Fe, Ni, Cr, Cu 등이 있다.

8. 다음 중 경금속이 아닌 것은?

① 알루미늄   ② 마그네슘
③ 백금   ④ 티타늄

해설 경금속은 비중 5 이하의 금속으로 Al, Mg, Ti 등이 있다.

9. 상온에서 순철(α철)의 격자 구조는?

① FCC   ② CPH
③ BCC   ④ HCP

해설 순철의 경우 α철과 δ철은 BCC(체심입방격자), γ철은 FCC(면심입방격자)이다.

10. 금속간 화합물에 관하여 설명한 것 중 틀린 것은?

① 경하고 취약하다.
② Fe$_3$C는 금속간 화합물이다.
③ 일반적으로 복잡한 결정 구조를 갖는다.
④ 전기저항이 작으며 금속적 성질이 강하다.

해설 금속간 화합물은 전기저항이 크지만 열이나 전기 전도율과 같은 금속적 성질이 적고 비금속 성질에 가까운 것이 많다.

11. 한 변의 길이가 150~300mm로 분괴 압

연된 각형 대강편은?

① bloom   ② board
③ billet   ④ slab

해설
- bloom : 금속 주괴를 분괴하여 얻어지는 대형 금속편(대강편)
- billet : 변의 길이가 120mm 이하인 단면으로 되어 있는 강편(소강편)
- slab : 두꺼운 강편을 만들기 위한 반제품의 강재로, 두께의 2배 폭을 갖는 주괴와 평판의 중간 상태에 있는 강재

12. 친화력이 큰 성분 금속이 화학적으로 결합하여, 다른 성질을 가지는 독립된 화합물을 만드는 것은?

① 금속간 화합물   ② 고용체
③ 공정 합금   ④ 동소 변태

해설 금속간 화합물 : 금속이 화학적으로 결합하여 원래의 성질과 전혀 다른 성질을 가지는 독립된 화합물이다.

13. 철에 탄소가 고용되어 α철로 될 때의 고용체의 형태는?

① 침입형 고용체   ② 치환형 고용체
③ 고정형 고용체   ④ 편석 고용체

해설 고용체의 결정격자
- 침입형 고용체 : Fe-C
- 치환형 고용체 : Ag-Cu, Cu-Zn
- 규칙격자형 고용체 : Ni$_3$-Fe, Cu$_3$-Au, Fe$_3$-Al

14. Fe-C계 상태도에서 3개소의 반응이 있다. 옳게 설명한 것은?

① 공정-포정-편정
② 포석-공정-공석

③ 포정 – 공정 – 공석

④ 공석 – 공정 – 편정

15. 열간 가공과 냉간 가공을 구별하는 온도는?

① 포정 온도   ② 공석 온도

③ 공정 온도   ④ 재결정 온도

[해설] 재결정 온도 이하에서 가공하는 것을 냉간 가공, 그 이상의 온도에서 가공하는 것을 열간 가공이라 한다.

7 **철강 재료의 기본 특성과 용도**

1. 용광로의 용량으로 옳은 것은?

① 1회 선철의 총생산량

② 10시간 선철의 총생산량

③ 1일 선철의 총생산량

④ 1개월 선철의 총생산량

[해설] 용광로의 용량은 1일 산출 선철의 무게를 톤(ton)으로 표시한다.

2. 주철 용해용 고주파 유도 용해로(전기로)의 크기 표시는?

① 매 시간당 용해 톤(ton) 수

② 1일 총 용해 톤(ton) 수

③ 1회 최대 용해 톤(ton) 수

④ 8시간 조업 용해 톤(ton) 수

[해설] 전로, 평로, 전기로는 1회당 용해, 산출되는 무게를 톤(ton)으로 표시한다.

3. 다음 철광석 중에서 철의 성분이 가장 많이 포함된 것은?

① 자철광   ② 망간강

③ 갈철광   ④ 능철광

4. 철의 동소체로서 A_3 변태와 A_4 변태 사이에 있는 철의 조직은?

① α – Fe   ② β – Fe

③ γ – Fe   ④ δ – Fe

[해설] 철의 동소체로서 A_3 변태와 A_4 변태 사이에 있는 철의 조직은 γ – Fe(오스테나이트 조직)이다.

5. 6.67%의 탄소(C)를 함유한 백색 침상의 금속간 화합물로서 대단히 단단하고 (HB 820 정도) 취약하며, 상온에서는 강자성체이나 210℃가 넘으면 상자성체로 변하여 A_0변태를 하는 것은?

① 시멘타이트   ② 흑연

③ 오스테나이트   ④ 페라이트

[해설] 철에서 금속간 화합물은 Fe_3C이며 매우 단단한 시멘타이트 조직을 갖는다.

6. α – Fe가 723℃에서 탄소를 고용하는 최대 한도는 몇 %인가?

① 0.025   ② 0.1

③ 0.85   ④ 4.3

[해설] α – Fe가 723℃에서 탄소를 고용하는 최대 한도는 0.025%로, 철-탄소 평형 상태도에서 확인할 수 있다.

7. 순철에서 나타나는 변태가 아닌 것은?

① A_1 ② A_2

③ A_3 ④ A_4

[해설] • A_1 변태(723℃) : 강철의 공석 변태

• A_2 변태(768℃) : 순철의 자기 변태

• A₃ 변태(910℃) : 순철의 동소 변태
• A₄ 변태(1400℃) : 순철의 동소 변태

8. 아공석강에서 탄소강의 탄소 함유량이 증가할 때 기계적 성질을 설명한 것으로 틀린 것은?

① 인장 강도가 증가한다.
② 경도가 증가한다.
③ 항복점이 증가한다.
④ 연신율이 증가한다.

해설 탄소 함유량을 증가시키면 인장 강도와 경도는 증가하고 연신율과 충격치는 감소한다.

9. 탄소강이 공석 변태할 때 펄라이트 조직량이 최대가 되는 탄소 함량(%)은?

① 0.2   ② 0.5
③ 0.8   ④ 1.2

10. 기계 구조용 탄소강 SM45C의 탄소 함유량으로 가장 적당한 것은?

① 0.02~2.01%   ② 0.04~0.05%
③ 0.32~0.38%   ④ 0.42~0.48%

11. 다음 중 강의 5대 원소에 속하지 않는 것은?

① C   ② Mn
③ Cr   ④ Si

해설 탄소강의 5대 원소 : C, Mn, Si, P, S

12. 공석강을 오스템퍼링 했을 때 나타나는 조직은?

① 베이나이트   ② 소르바이트
③ 오스테나이트   ④ 시멘타이트

해설 항온 열처리 조직
• 오스템퍼링 → 베이나이트 조직
• 마템퍼링 → 마텐자이트＋베이나이트 조직
• 마퀜칭 → 마텐자이트 조직

13. 탄소강의 상태도에서 공정점에서 발생하는 조직은?

① Pearlite, Cementite
② Cementite, Austenite
③ Ferrite, Cementite
④ Austenite, Pearlite

해설 공정점 1132℃에서 시멘타이트, 오스테나이트가 발생하며 탄소 함유량은 4.3%이다.

14. 탄소강에서 적열 메짐을 방지하고, 주조성과 담금질 효과를 향상시키기 위하여 첨가하는 원소는?

① 황(S)   ② 인(P)
③ 규소(Si)   ④ 망간(Mn)

해설 Mn은 강 중에 0.2~0.8% 정도 함유되어 있으며, 일부는 용해되고 나머지는 S와 결합하여 황화망간(MnS), 황화철(FeS)로 존재한다. 탈산제 역할을 하며, 연신율은 감소시키지 않고 강도, 경도, 강인성을 증대시켜 기계적 성질이 좋아진다.

15. 철−탄소(Fe−C) 평형 상태도에 대한 설명으로 틀린 것은?

① 강의 A₂ 변태점은 약 768℃이다.
② 탄소량이 0.8% 이하의 경우 아공석강이라 한다.
③ 탄소량이 0.8% 이상의 경우 시멘타이트 양이 적어진다.
④ α−고용체와 시멘타이트의 혼합물을 펄라이트라고 한다.

정답 8. ④   9. ③   10. ④   11. ③   12. ①   13. ②   14. ④   15. ③

해설 탄소량이 0.8% 이상인 경우 시멘타이트 양이 많아진다.

16. 탄소강에서 공석강의 현미경 조직은?

① 초석페라이트와 레데부라이트
② 초석시멘타이트와 레데부라이트
③ 레데부라이트와 주철의 혼합 조직
④ 페라이트와 시멘타이트의 혼합 조직

해설 • 공석강＝페라이트＋시멘타이트
• 아공석강＝페라이트＋펄라이트
• 과공석강＝펄라이트＋시멘타이트

17. 주철에 대한 설명으로 바르지 못한 것은?

① 시멘타이트＋펄라이트의 회주철과 페라이트＋펄라이트의 백주철이 있다.
② 백주철을 열처리하여 연성을 부여한 주철을 가단주철이라 한다.
③ 주철 중의 Si는 공정점을 저탄소강 영역으로 이동시키는 역할을 한다.
④ 용융점이 낮고 주조성이 좋다.

해설 • 회주철＝페라이트＋펄라이트
• 백주철＝펄라이트＋시멘타이트

18. 주철에서 탄소강과 같이 강인성이 우수한 조직을 만들 수 있는 흑연 모양은?

① 편상 흑연
② 괴상 흑연
③ 구상 흑연
④ 공정상 흑연

해설 구상 흑연 주철은 용융 상태에서 Mg, Ce, Mg－Cu 등을 첨가하여 흑연을 편상 → 구상으로 석출시켜 만든 주철로 강도, 내열성, 내식성이 우수하다.

19. 백주철을 고온에서 장시간 열처리하여 시멘타이트 조직을 분해하거나 소실시켜 인성

또는 연성을 개선한 주철은?

① 가단주철
② 칠드 주철
③ 합금 주철
④ 구상흑연주철

해설 가단주철 : 인성, 내식성이 우수하며 고강도 부품이나 유니버설 조인트 등의 재료로 사용된다.

20. 주철의 결점을 없애기 위해 흑연의 형상을 미세화, 균일화하여 연성과 인성의 강도를 크게 하고, 강인한 펄라이트 주철을 제조한 고급 주철은?

① 가단주철
② 칠드 주철
③ 미하나이트 주철
④ 구상흑연주철

해설 • 가단주철 : 주철의 취약성을 개량하기 위해 백주철을 풀림 처리하여 탈탄 또는 흑연화에 의해 가단성을 주어 강인성을 부여시킨 주철이다.
• 칠드 주철 : 용융 상태에서 금형에 주입하여 주물 표면을 급랭시킴으로써 백선화하고 경도를 증가시킨 내마모성 주철이다.
• 구상흑연주철 : 용융 상태에서 Mg, Ce, Mg－Cu 등을 첨가하여 흑연을 편상 → 구상으로 석출시킨 주철이다.

21. 주강과 주철의 설명으로 바르지 못한 것은?

① 주강의 종류에는 저탄소 주강, 중탄소 주강, 고탄소 주강이 있다.
② 주강은 주철에 비해 용융점이 높다.
③ 주철 중에 함유되는 탄소의 양은 보통 2.5～4.5% 정도이다.
④ 주철은 주강에 비하여 기계적 성질이 월등하게 좋고, 용접에 의한 보수가 용이하다.

해설 주철은 담금질 열처리가 불가능하여 주강에 비해 기계적 성질이 좋다고 볼 수 없다.

22. 특수강에서 합금원소의 중요한 역할이 아

닌 것은?

① 기계적, 물리적, 화학적 성질의 개선

② 황 등의 해로운 원소 제거

③ 소성 가공성의 감소

④ 오스테나이트 입자 조정

[해설] 특수강에서 합금원소의 중요한 역할은 소성 가공 시 그 정도를 향상시킨다.

23. 합금강을 제조하는 목적으로 적당하지 않은 것은?

① 내식성을 증대시키기 위하여

② 단접 및 용접성 향상을 위하여

③ 결정입자의 크기를 성장시키기 위하여

④ 고온에서의 기계적 성질 저하를 방지하기 위하여

[해설] 결정입자의 크기가 성장하면 강도 및 경도가 낮아져 기계적 성질이 전체적으로 저하된다.

24. 공작 기계 및 자동차 등에 사용되는 소결 마찰부품의 구비 조건으로 맞지 않은 것은?

① 내마모성, 내열성이 낮을 것

② 마찰계수가 크고 안정될 것

③ 가격이 저렴할 것

④ 열전도성, 내유성이 좋을 것

[해설] 공작 기계 등에 사용되는 부품은 내마모성과 내열성이 커야 한다.

25. 합금효과가 없더라도 결정의 핵 생성을 촉진시키는 레이들 첨가법이며, 주철에서는 칠드(chill)화 방지, 흑연 형상의 개량, 기계적 성질 향상 등을 목적으로 하는 것은?

① 접종   ② 구상화

③ 상률   ④ 금속의 이온화

26. 특수강에 들어가는 합금 원소 중 탄화물 형성과 결정립을 미세화하는 것은?

① P   ② Mn

③ Si   ④ Ti

[해설] 결정립을 미세화시키는 원소에는 V, Al, Ti, Zr 등이 있다.

27. Ni-Cr강에 첨가하여 강인성을 증가시키고 담금질성을 향상시킬 뿐만 아니라 뜨임 메짐성을 완화시키기 위하여 첨가하는 원소는?

① 망간(Mn)   ② 니켈(Ni)

③ 마그네슘(Mg)   ④ 몰리브데넘(Mo)

[해설] Ni-Cr강에 1% 이하의 몰리브데넘(Mo)을 첨가하면 강인성을 증가시키고, 뜨임 취성을 감소시킨다.

28. Mn강 중에서 고온에서 취성이 생기므로 1000~1100℃에서 수중 담금질하는 수인법(water toughening)으로 인성을 부여한 오스테나이트 조직의 구조용강은?

① 붕소강

② 듀콜(ducol)강

③ 해드필드(hadfield)강

④ 크로만실(chromansil)강

[해설] 해드필드강의 조직은 오스테나이트로 C 1.2%, Mn 13%, Si 0.1% 정도이고, 경도가 높아 내마모성 재료로 사용한다. 고온에서 취성이 생기므로 1000~1100℃에서 수중 담금질하는 수인법으로 인성을 부여하며 광산 기계, 기차 레일의 교차점, 굴착기 등에 사용된다.

29. 스프링강이 갖추어야 할 특성으로 틀린 것은?

① 탄성 한도가 커야 한다.

정답 **23.** ③ **24.** ① **25.** ① **26.** ④ **27.** ④ **28.** ③ **29.** ②

② 마텐자이트 조직으로 되어야 한다.

③ 충격 및 피로에 대한 저항력이 커야 한다.

④ 사용 도중 영구 변형을 일으키지 않아야 한다.

해설 마텐자이트 조직은 경도가 매우 높지만 취성이 커서 스프링강이 갖추어야 할 특성으로 적합하지 않다.

30. 발전기, 전동기, 변압기 등의 철심 재료에 가장 적합한 특수강은?

① 규소강   ② 베어링강

③ 스프링강   ④ 고속도 공구강

해설 규소강 : 철에 1~5%의 규소를 첨가한 합금으로, 전기 저항이 높고 자기 이력 손실이 적어 발전기, 변압기, 회전기기 등의 철심 재료에 적합하다.

31. 공구 재료가 갖추어야 할 일반적 성질 중 틀린 것은?

① 인성이 클 것

② 취성이 클 것

③ 고온 경도가 클 것

④ 내마멸성이 클 것

해설 취성이 크면 충격에 의해 재료가 깨지기 쉬우므로 취성은 작아야 한다.

32. 소결합금으로 된 공구강은?

① 초경합금   ② 스프링강

③ 탄소 공구강   ④ 기계 구조용강

해설 소결은 초경질 합금 공구 등을 제조할 때 사용되는 방법으로, 경질 탄화물의 분말을 소량의 연성금속, 예를 들어 Co 또는 Ni 분말과 섞어서 이를 압축 성형한 후 높은 온도로 가열하여 굳히는 방법이다.

33. 탄화텅스텐(WC)을 소결한 합금으로 내마모성이 우수하여 대량 생산을 위한 다이 제작용으로 사용되는 재료는?

① 주철   ② 초경합금

③ 함급 공구강   ④ 다이스강

해설 초경합금 : 탄화텅스텐(WC)을 성형·소결시킨 분말 야금 합금으로, 내마모성이 우수하여 절삭 공구로 사용된다.

34. 탄소 공구강 및 일반 공구 재료의 구비 조건으로 틀린 것은?

① 내마모성이 클 것

② 강인성 및 내충격성이 우수할 것

③ 가공이 어려울 것

④ 가격이 저렴할 것

해설 탄소 공구강이나 일반 공구 재료는 가공하기 쉬워야 한다.

35. Ni-Fe계 실용 합금이 아닌 것은?

① 엘린바   ② 인바

③ 미하나이트   ④ 플래티나이트

해설 미하나이트는 주철의 한 종류이다.

36. 불변강이 아닌 것은?

① 인바   ② 엘린바

③ 인코넬   ④ 슈퍼인바

해설 불변강 : 온도 변화에 따라 길이, 탄성 등이 변화하지 않는 강으로 인바, 엘린바, 슈퍼인바, 코엘린바 등이 있다. 이외에도 전구 도입선으로 사용하는 플래티나이트 등이 있다.

37. 내식성과 내산화성이 크고 성형성이 다른 것에 비해 좋은 비자성 스테인리스강은?

① 페라이트계   ② 마텐자이트계

③ 오스테나이트계   ④ 석출 경화형

[해설] 오스테나이트계 스테인리스강은 18-8 스테인리스계로, 담금질이 안 된다. 연전성이 크고 비자성체이며 13Cr보다 내식성, 내열성, 내산화성이 크다.

38. 스테인리스강의 기호로 옳은 것은?

① STC3   ② STD11

③ SM20C   ④ STS304

[해설] • STC : 탄소 공구강
• STD : 합금 공구강
• SM : 기계 구조용 탄소 강재

39. 18-8형 스테인리스강의 설명으로 틀린 것은?

① 담금질에 의해 경화되지 않는다.

② 1000~1100℃로 가열하여 급랭하면 가공성 및 내식성이 증가된다.

③ 고온으로부터 급랭한 것을 500~850℃로 재가열하면 탄화크로뮴이 석출된다.

④ 상온에서는 자성을 갖는다.

[해설] 18-8(18% Cr, 8% Ni) 스테인리스강 : 오스테나이트계이며 담금질이 안 된다. 연성이 크고 비자성체이며 13Cr보다 내식성, 내열성이 우수하다.

8 비철금속 재료의 기본 특성과 용도

1. 가공성과 전도성이 우수하여 방전용 전극 재료로 가장 많이 사용되고 있는 재료는?

① 구리(Cu)   ② 알루미늄(Al)

③ 아연(Zn)   ④ 마그네슘(Mg)

[해설] 구리는 전기전도율과 열전도율이 금속 중에서 은(Ag) 다음으로 높으며 비자성체이다.

2. 구리의 성질을 설명한 것으로 틀린 것은?

① 전기 및 열전도도가 우수하다.

② 합금으로 제조하기 곤란하다.

③ 구리는 비자성체로 전기전도율이 크다.

④ 구리는 공기 중에서는 표면이 산화되어 암적색으로 된다.

[해설] 구리의 성질
• 비중 8.96, 용융점 1083℃, 변태점이 없다.
• 비자성체이며 전기 및 열의 양도체이다.
• 전연성이 좋아 가공이 용이하다.
• 내식성이 우수한 편이지만 황산과 염산에 쉽게 용해된다.
• Zn, Sn, Ni, Ag 등과 합금이 용이하다.

3. 구리 및 구리 합금에 관한 설명으로 틀린 것은?

① Cu의 용융점은 약 1083℃이다.

② 문츠 메탈은 60% Cu + 40% Sn 합금을 말한다.

③ 유연하고 전연성이 좋으므로 가공이 용이하다.

④ 부식성 물질이 용존하는 수용액 내에 있는 황동은 탈아연 현상이 나타난다.

[해설] 문츠 메탈은 60% Cu + 40% Zn 합금이다.

4. 전연성이 좋고 색깔이 아름다우므로 장식용 악기 등에 사용되는 5~20% Zn이 첨가된 구리 합금은?

① 톰백(tombac)

② 백동

③ 6-4 황동(muntz metal)

④ 7-3 황동(cartridge brass)

해설 톰백 : Cu에서 8~20% Zn이 함유된 합금으로, 금에 가까운 색이며 연성이 크다. 금 대용품이나 장식품에 사용한다.

5. 황동에서 잔류 응력에 의해서 발생하는 현상은?

① 탈아연 부식　　② 고온 탈아연
③ 저온 풀림 경화　　④ 자연 균열

해설 자연 균열 : 냉간 가공에 의한 내부 응력이 공기 중의 NH_3나 염류로 인해 입간 부식을 일으켜 균열이 발생하는 현상이다.

6. 황동 합금의 주성분은?

① Cu−Si　　② Cu−Al
③ Cu−Zn　　④ Cu−Sn

해설 • 황동 : Cu−Zn　　• 청동 : Cu−Sn

7. 구리 합금 중 6 : 4 황동에 약 0.8% 정도의 주석을 첨가하며 내해수성에 강하기 때문에 선박용 부품에 사용하는 특수 황동은?

① 네이벌 황동　　② 강력 황동
③ 납 황동　　④ 애드미럴티 황동

해설 • 강력 황동 : 4−6 황동에 Mn, Al, Fe, Ni, Sn 등을 첨가하여 한층 강력하게 한 황동
• 납 황동(연 황동) : 6−4 황동에 Pb 3% 이하를 첨가하여 절삭성을 향상시킨 쾌삭 황동
• 애드미럴티 황동 : 7−3 황동에 Sn 1%를 첨가한 황동

8. 애드미럴티(admiralty) 황동의 조성은?

① 7 : 3 황동 + Sn (1% 정도)
② 7 : 3 황동 + Pb (1% 정도)
③ 6 : 4 황동 + Sn (1% 정도)
④ 6 : 4 황동 + Pb (1% 정도)

해설 애드미럴티 황동은 7 : 3 황동에 1% Sn을 첨가한 것으로 콘덴서 튜브에 사용한다.

9. 동합금에서 황동에 납을 1.5~3.7%까지 첨가한 합금은?

① 강력 황동　　② 쾌삭 황동
③ 배빗 메탈　　④ 델타 메탈

해설 • 강력 황동 : 4−6 황동에 Mn, Al, Fe, Ni, Sn 등을 첨가하여 한층 강력하게 한 황동
• 배빗 메탈 : Sn−Sb−Cu계 합금으로 Sb, Cu가 증가하면 경도, 인장 강도가 증가한다.
• 델타 메탈 : 4−6 황동에 Fe을 1~2% 첨가하여 강도가 크고 내식성이 좋다.

10. 인청동에서 인(P)의 영향이 아닌 것은?

① 쇳물의 유동을 좋게 한다.
② 강도와 인성을 증가시킨다.
③ 탄성을 나쁘게 한다.
④ 내식성을 증가시킨다.

해설 인청동의 특징
• 성분 : Cu+Sn 9%+P 0.35%(탈산제)
• 성질 : 내마멸성이 크고 냉간 가공으로 인장 강도, 탄성 한계가 크게 증가
• 용도 : 스프링제, 베어링, 밸브 시트

11. 장신구, 무기, 불상, 종 등의 금속 제품으로 오래 전부터 사용되어 왔으며 내식성과 내마모성이 좋아 각종 기계 주물용이나 미술 공예품으로 사용되는 금속은?

① 철　　② 청동
③ 납　　④ 알루미늄

해설 청동은 Cu(구리)−Sn(주석) 합금을 말하며 주조성, 강도, 내마멸성이 좋다.

12. 인청동의 적당한 인 함량(%)은?

정답 **5.** ④　**6.** ③　**7.** ①　**8.** ①　**9.** ②　**10.** ③　**11.** ②　**12.** ①

① 0.05~0.5 ② 6.0~10.0
③ 15.0~20.0 ④ 20.5~25.5

해설 인청동 : 특수 청동 중 하나로, 탈산제로 사용하는 P의 함량을 합금 중에 0.05~0.5% 정도로 잔류시키면 용탕의 유동성이 좋아지고, 합금의 경도와 강도가 증가하며 내마모성과 탄성이 개선된다.

13. 구리 합금 중 최고의 강도를 가진 석출 경화성 합금으로 내열성과 내식성이 우수하여 베어링 및 고급 스프링 재료로 이용되는 청동은?

① 납청동
② 인청동
③ 베릴륨 청동
④ 알루미늄 청동

해설 베릴륨 청동 : 구리에 베릴륨 1~2.5%를 첨가한 합금으로, 담금질하여 시효 경화시키면 기계적 성질이 합금강 못지 않게 우수하며, 내식성도 풍부하여 기어, 베어링, 판 스프링 등에 사용된다.

14. 알루미늄의 성질로 틀린 것은?

① 비중이 약 7.80이다.
② 면심입방격자 구조이다.
③ 용융점은 약 660℃이다.
④ 대기 중에서 내식성이 좋다.

해설 알루미늄의 비중은 약 2.7이다.

15. 4% Cu, 2% Ni, 1.5% Mg이 함유된 Al 합금으로서 내열성이 크고 기계적 성질이 우수하여 실린더 헤드나 피스톤 등에 적합한 합금은?

① 실루민 ② Y-합금

③ 로엑스 ④ 두랄루민

해설 Y 합금 : Al(92.5%)−Cu(4%)−Ni(2%)−Mg(1.5%) 합금이며, 고온 강도가 크므로 내연 기관용 피스톤, 실린더 헤드 등에 사용한다.

16. 알루미늄 합금 중 주성분이 Al−Cu−Ni−Mg계 합금인 것은?

① Y 합금 ② 알민(almin)
③ 알드리(aldrey) ④ 알클래드(alclad)

17. 다음 중 알루미늄 합금이 아닌 것은?

① 라우탈 ② 실루민
③ 두랄루민 ④ 화이트 메탈

해설 화이트 메탈은 베어링 합금의 일종으로, Sn계 화이트 메탈과 Pb계 화이트 메탈이 있다.

18. 다음 중 두랄루민 합금과 관계없는 것은?

① Al−Cu−Mg−Mn계 합금이다.
② 시효 경화 처리하면 인장 강도가 연강과 같은 정도가 된다.
③ 가볍고 강인하여 단조용으로 사용된다.
④ Y−합금이라고도 한다.

해설 Y 합금 : Al−Cu−Ni−Mg 합금이며 Ni의 영향으로 300~450℃에서 단조된다.

19. 알루미늄 주조 합금으로서 내열용으로 사용되는 합금이 아닌 것은?

① Y 합금 ② 로엑스
③ 코비탈륨 ④ 실루민

해설 실루민 : 대표적인 Al−Si계로서 Si(규소)를 첨가한 다이캐스팅용 알루미늄 주조용 합금이다.

20. 두랄루민은 Al에 어떤 원소를 첨가한 합금인가?

① Cu+Mg+Mn ② Fe+Mo+Mn
③ Zn+Ni+Mn ④ Pb+Sn+Mn

해설 두랄루민 : 주성분은 Al−Cu−Mg−Mn으로, 고온에서 물에 급랭하여 시효 경화시켜서 강인성을 얻는다.

21. 알루미늄 합금의 열처리 방법과 관계없는 것은?

① 용체화 처리 ② 인공 시효 처리
③ 어닐링 ④ 세라다이징

해설 세라다이징은 Zn을 활용한 금속 침투법의 일종이다.

22. 알루미늄 및 그 합금의 재질별 기호 중 가공 경화한 것을 나타내는 것은?

① O ② W
③ F^a ④ H^b

해설 알루미늄 및 그 합금의 재질별 기호
• O : 풀림보다 가장 연한 상태
• W : 열처리 후 시효 경화가 진행된 상태
• F^a : 제조 상태(압연, 압출 등)

23. 마그네슘(Mg)에 대한 설명으로 틀린 것은?

① 비중은 상온에서 1.74이다.
② 열전도율과 전기전도율은 Cu, Al보다 낮다.
③ 해수에 대해 내식성이 풍부하다.
④ 절삭성이 우수하다.

해설 마그네슘은 해수에 대해 내식성이 약하다.

24. 티타늄의 일반적인 성질에 속하지 않는 것은?

① 비교적 비중이 작다.
② 용융점이 낮다.
③ 열전도율이 낮다.
④ 산화성 수용액 중에서 내식성이 크다.

해설 티타늄(Ti)은 비교적 비중이 낮고(4.5) 용융점이 높으며(1800℃) 열전도율이 낮다.

25. 양은 또는 양백으로 불리는 합금은?

① Fe−Ni−Mn계 합금
② Ni−Cu−Zn계 합금
③ Fe−Ni계 합금
④ Ni−Cr계 합금

해설 양은 : Cu−Zn(황동)에 Ni(니켈)을 첨가한 것으로 냄비, 악기 등에 많이 사용된다.

26. 아연에 대한 설명 중 틀린 것은?

① 조밀육방격자형이며 회백색의 연한 금속이다.
② 비중이 7.1, 용융점이 419℃이다.
③ 산, 알카리, 해수 등에 부식되지 않는다.
④ 철판, 철선의 도금에 사용된다.

27. 켈밋(kelmet) 합금이 주로 쓰이는 곳은?

① 피스톤 ② 베어링
③ 크랭크축 ④ 전기저항용품

해설 켈밋의 성분 및 특징
• 성분 : Cu 60~70%+Pb 30~40%
  (Pb 성분이 증가될수록 윤활 작용이 좋다.)
• 열전도, 압축 강도가 크고 마찰계수가 작아 고속, 고하중 베어링에 사용한다.

28. 구리에 아연 5%를 첨가하여 화폐, 메달 등의 재료로 사용되는 것은?

① 델타 메탈 ② 길딩 메탈

정답 20. ① 21. ④ 22. ④ 23. ③ 24. ② 25. ② 26. ③ 27. ② 28. ②

③ 문츠 메탈 ④ 네이벌 황동

해설 길딩 메탈 : 95% Cu−5% Zn 합금으로, 순동과 같이 연하고 압인 가공하기 쉬워 동전, 메달 등의 재료로 사용한다.

29. 오일리스 베어링(oilless bearing)의 특징을 설명한 것으로 틀린 것은?

① 단공질이므로 강인성이 높다.
② 무급유 베어링으로 사용한다.
③ 대부분 분말 야금법으로 제조한다.
④ 동계에는 Cu−Sn−C 합금이 있다.

해설 오일리스 베어링은 기름을 포함하기 위한 공간을 많이 가진 다공질 재료이다. 일반적으로 강도와 강인성이 낮으나 마멸이 적다.

9 비금속 기계 재료

1. 플라스틱 재료의 일반적인 성질을 설명한 것 중 틀린 것은?

① 열에 약하다.
② 성형성이 좋다.
③ 표면 경도가 높다.
④ 대부분 전기 절연성이 좋다.

해설 플라스틱은 단단하고 질기며 부드럽고 유연하게 만들 수 있기 때문에 금속 제품으로 만드는 것보다 가공비가 저렴하다. 열에 약하고 표면 경도가 낮은 단점이 있다.

2. 플라스틱 성형 재료 중 열가소성 수지는?

① 페놀 수지 ② 요소 수지
③ 아크릴 수지 ④ 멜라민 수지

해설 • 열경화성 수지 : 페놀 수지, 요소 수지, 멜라민 수지

• 열가소성 수지 : 스티렌 수지, 아크릴 수지, 폴리 염화비닐 수지

3. 일반적으로 금속재료에 비하여 세라믹 특징으로 옳은 것은?

① 인성이 풍부하다.
② 내산화성이 양호하다.
③ 성형성 및 기계 가공성이 좋다.
④ 내충격성이 높다.

해설 세라믹은 경도가 높고 내식성이 우수하지만 인성이 적고 충격에 약하다.

10 열처리와 신소재

1. 담금질 조직 중 경도가 가장 높은 것은?

① 펄라이트 ② 마텐자이트
③ 소르바이트 ④ 트루스타이트

해설 담금질 조직의 경도
시멘타이트>마텐자이트>트루스타이트>소르바이트>펄라이트>오스테나이트>페라이트

2. 담금질 조직 중에서 용적 변화(팽창)가 가장 큰 조직은?

① 펄라이트 ② 오스테나이트
③ 마텐자이트 ④ 소르바이트

해설 마텐자이트는 용적 변화가 가장 크고 경도가 매우 높다.

3. 냉각 속도가 가장 빠를 때 나타나는 담금질 조직은?

① 소르바이트 ② 마텐자이트
③ 오스테나이트 ④ 트루스타이트

해설 담금질 조직의 경도
시멘타이트＞마텐자이트＞트루스타이트＞소르
바이트＞펄라이트＞오스테나이트＞페라이트

4. 담금질 온도에서 냉각액 속에 재료를 담금
하여 일정한 시간을 유지시킨 후 인상하여
서랭시키는 담금질 조작이 아닌 것은?

① 시간 담금질　　② 인상 담금질
③ 분사 담금질　　④ 2단 담금질

해설 분사 담금질은 급랭 방식이다.

5. 담금질한 강을 재가열할 때 600℃ 부근에
서의 조직은?

① 소르바이트　　② 마텐자이트
③ 트루스타이트　　④ 오스테나이트

해설 뜨임 조직의 변태

조직명	온도 범위(℃)
오스테나이트 → 마텐자이트	150~300
마텐자이트 → 트루스타이트	350~500
트루스타이트 → 소르바이트	550~650
소르바이트 → 펄라이트	700

6. 공구강에서 경도를 증가시키고 시효에 의
한 치수 변화를 방지하기 위한 열처리 순서
로 가장 적합한 것은?

① 담금질 → 심랭 처리 → 뜨임 처리
② 담금질 → 불림 → 심랭 처리
③ 불림 → 심랭 처리 → 담금질
④ 풀림 → 심랭 처리 → 담금질

해설 • 담금질 : 경도와 강도를 증가시킬 목
적으로 강을 A_3 변태 및 A_1선 이상(A_3 또는
$A_1＋30~50$℃)으로 가열한 다음 물이나 기름
에 급랭시킨 열처리

• 심랭 처리 : 게이지 등 정밀 기계 부품의 조직
을 안정화시키고 형상 및 치수 변형(시효 변
형)을 방지하는 처리
• 뜨임 : 담금질한 강을 적당한 온도(A_1점 이
하, 723℃ 이하)로 재가열하여 담금질로 인한
내부 응력, 취성을 제거하고 경도를 낮추어
인성을 증가시키기 위한 열처리

7. 탄소강 및 합금강을 담금질(quenching)할
때 냉각 효과가 가장 빠른 냉각액은?

① 물　　　　　② 공기
③ 기름　　　　④ 염수

해설 냉각 효과의 순서
소금물(염수)＞물＞기름＞공기

8. 뜨임의 목적이 아닌 것은?

① 탄화물의 고용 강화
② 인성 부여
③ 담금질할 때 생긴 내부 응력 감소
④ 내마모성의 향상

해설 뜨임은 담금질로 인한 취성(내부 응력)을
제거하고 강도를 떨어뜨려 강인성을 증가시키
기 위한 열처리이다.

9. 저온 뜨임의 목적이 아닌 것은?

① 소르바이트 조직 생성
② 내마모성의 향상
③ 담금질 응력 제거
④ 치수의 경년변화 방지

10. 고속도강을 담금질 한 후 뜨임하게 되면
일어나는 현상은?

① 경년 현상이 일어난다.
② 자연 균열이 일어난다.

③ 2차 경화가 일어난다.

④ 응력 부식 균열이 일어난다.

해설 고속도강을 담금질 한 후 뜨임하면 더욱 경화되므로 이것을 2차 경화 또는 뜨임 경화라 한다.

11. 주조 조직을 미세화하고 냉간 가공, 단조 등에 의해 생긴 내부 응력을 제거하며, 결정 조직, 기계적 성질, 물리적 성질 등을 표준 화시키는 데 목적이 있는 열처리법은?

① 담금질   ② 침탄법

③ 뜨임   ④ 불림

해설 • 담금질 : 강의 경도와 강도 증가
• 침탄법 : 표면 경화
• 뜨임 : 강의 취성 제거
• 불림 : 조직을 미세화, 내부 응력 제거

12. 강을 표준 상태로 하고, 가공 조직의 균일 화, 결정립의 미세화 등을 목적으로 하는 열 처리는?

① 풀림   ② 불림

③ 뜨임   ④ 담금질

해설 불림의 목적은 단조된 재료, 주조된 재료 내부에 생긴 내부 응력을 제거하고 결정 조직을 균일화(표준화)하는 것이다.

13. 열처리 목적을 설명한 것으로 옳은 것은?

① 담금질 : 강을 A_1 변태점까지 가열하여 연성을 증가시킨다.

② 뜨임 : 소성 가공에 의한 내부 응력을 증 가시켜 절삭성을 향상시킨다.

③ 풀림 : 강의 강도, 경도를 증가시키고 조 직을 마텐자이트 조직으로 변태시킨다.

④ 불림 : 재료의 결정조직을 미세화하고 기 계적 성질을 개량하여 조직을 표준화한다.

해설 열처리의 방법과 목적
• 담금질 : 재질을 경화한다.
• 뜨임 : 담금질한 재질에 인성을 부여한다.
• 풀림 : 재질을 연하고 균일하게 한다.
• 불림 : 조직을 미세화하고 균일하게 한다.

14. 강을 오스테나이트화 한 후 공랭하여 표 준화된 조직을 얻는 열처리는?

① 퀜칭(quenching)

② 어닐링(annealing)

③ 템퍼링(tempering)

④ 노멀라이징(normalizing)

해설 불림(노멀라이징) : 결정 조직의 기계적 · 물리적 성질을 표준화하고 가공 재료의 잔류 응 력을 제거하는 것이다.

15. 풀림의 목적을 설명한 것 중 틀린 것은?

① 강의 경도가 낮아져서 연화된다.

② 담금질된 강의 취성을 부여한다.

③ 조직이 균일화, 미세화, 표준화된다.

④ 가스 및 불순물의 방출과 확산을 일으키 고 내부 응력을 저하시킨다.

해설 풀림은 담금질된 강의 연성을 부여하는 것 으로 취성과는 거리가 멀다.

16. 풀림에 대한 설명으로 틀린 것은?

① 기계적 성질을 개선하기 위한 것이 구상 화 풀림이다.

② 응력 제거 풀림은 재료 내부의 잔류 응력 을 제거하기 위한 것이다.

③ 강을 연하게 하여 기계 가공성을 향상시 키기 위한 것은 완전 풀림이다.

④ 풀림 온도는 과공석강인 경우에는 A_3 변 태점보다 30~50℃로 높게 가열하여 방 랭한다.

해설 풀림 온도는 아공석강은 A_3 온도 이상, 과 공석강은 A_1 온도 이상에서 가열하고, 노랭 또는 서랭한다.

17. 담금질한 강재의 잔류 오스테나이트를 제거하며, 치수 변화 등을 방지하는 목적으로 0℃ 이하에서 열처리하는 방법은?

① 저온 뜨임　　② 심랭 처리
③ 마템퍼링　　④ 용체화 처리

해설 심랭 처리 : 게이지 등 정밀 기계 부품의 조직을 안정화시키고 형상 및 치수의 변형(시효 변형)을 방지하는 방법이다.

18. 아래 그림에서 Austenite강을 재결정 온도 이하, Ms점 이상의 온도범위에서 소성 가공을 한 후 소입(quenching)하는 열처리는?

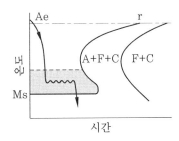

① austempering　　② ausforming
③ marquenching　　④ time quenching

해설 • 오스템퍼링 : Ms점 이하에서 열처리
• 오스포밍 : 소성 가공 후 열처리
• 마퀜칭 : 열처리 후 뜨임
• 타임 퀜칭 : 냉각제 속에 적당 시간을 유지한 후 담금질 중인 재료를 끌어올리는 계단식 담금질

19. 항온 열처리의 종류가 아닌 것은?

① 마퀜칭　　　② 마템퍼링
③ 오스템퍼링　④ 오스드로잉

해설 항온 열처리의 종류
마퀜칭, MS 퀜칭, 마템퍼링, 오스템퍼링 등

20. 강의 표면에 붕소(B)를 침투시키는 처리 방법은?

① 세라다이징　　② 칼로라이징
③ 크로마이징　　④ 보로나이징

해설 금속 침투법
• 세라다이징 : Zn 침투
• 칼로라이징 : Al 침투
• 크로마이징 : Cr 침투
• 실리코나이징 : Si 침투
• 보로나이징 : B 침투

21. 강의 표면이 고온산화에 견디기 위한 시멘테이션법은?

① 보로나이징　　② 칼로라이징
③ 실리코나이징　④ 나이트라이징

해설 고온산화에 견디게 하기 위한 금속 침투법은 Si를 침투하는 실리코나이징이다.

22. 표면 경화법에서 금속 침투법이 아닌 것은?

① 세라다이징　　② 크로마이징
③ 칼로라이징　　④ 방전 경화법

23. 금속 침투법에서 Zn을 침투시키는 것은?

① 크로마이징　　② 세라다이징
③ 칼로라이징　　④ 실리코나이징

24. Al-Cr-Mo강을 가스 질화할 때 처리 온도로 적당한 것은?

① 370~450℃　　② 500~550℃
③ 650~700℃　　④ 850~900℃

정답 **17.** ②　**18.** ②　**19.** ④　**20.** ④　**21.** ③　**22.** ④　**23.** ②　**24.** ②

해설 가스 질화법 : 암모니아(NH_3)를 고온에서 가열하여 질화물을 만드는 강의 표면 경화법이다.

25. 철강 표면에 알루미늄(Al)을 확산 침투시키는 방법에 해당하는 것은?

① 세라다이징　　② 크로마이징
③ 칼로라이징　　④ 실리코나이징

26. 가스 질화법의 특징을 설명한 것 중 틀린 것은?

① 질화 경화층은 침탄층보다 경하다.
② 가스 질화는 NH_3의 분해를 이용한다.
③ 질화를 신속하게 하기 위하여 글로 방전을 이용하기도 한다.
④ 질화용강은 질화 전에 담금질, 뜨임 등 조질 열처리가 필요 없다.

해설 가스 질화법 : NH_3 가스 중에서 질화용강을 $500 \sim 550℃$ 온도에서 2시간 정도 가열하면 NH_3 가스가 분해되어 생긴 발생기의 질소(N)가 Fe, Al, Cr 등의 원소와 화합하여 질화층을 형성하는 방법이다. 질화용강은 질화 전에 담금질, 뜨임 등 조질 열처리가 필요하다.

27. 고주파 경화법 시 나타나는 결함이 아닌 것은?

① 균열
② 변형
③ 경화층 이탈
④ 결정 입자의 조대화

해설 고주파 경화법의 장점
• 표면 경화 열처리가 편리하다.
• 복잡한 형상에 사용하며 값이 저렴하여 경제적이다.
• 표면의 탈탄, 결정 입자의 조대화가 생기지 않는다.

28. 다음 구조용 복합재료 중에서 섬유강화 금속은?

① SPF　　　　② FRM
③ FRP　　　　④ GFRP

해설 • SPF : 구조목(Spruce, Pine, Fir)
• FRP : 섬유강화 플라스틱
• GFRP : 유리 섬유강화 플라스틱

29. 섬유강화 복합 재료의 일반적인 성질이 아닌 것은?

① 높은 강도와 강성
② 높은 감쇄 특성
③ 높은 열팽창계수
④ 이방성

30. 일정한 온도 영역과 변형 속도 영역에서 유리질처럼 늘어나며, 이때 강도가 낮고 연성이 크므로 작은 힘으로도 복잡한 형상의 성형이 가능한 기능성 재료는?

① 형상기억 합금　　② 초소성 합금
③ 초탄성 합금　　　④ 초인성 합금

해설 초소성 합금은 일정한 온도나 변형 속도를 부여했을 때 작은 강도로 수백 % 이상의 연신률을 얻을 수 있는 재료이다.

31. 형상기억 합금인 니티놀(nitinol)의 성분은?

① Cu-Zn　　　② Ti-Ni
③ Ni-Cr　　　④ Al-Cu

해설 형상기억 합금의 종류 및 용도

형상기억 합금	용도
Ti-Ni (니티놀)	기록계용 팬 구동 장치, 치열 교정용, 온도 경보기
Cu-Zn-Si	직접회로 접착 장치
Cu-Zn-Al	온도 제어 장치

정답 **25.** ③　**26.** ④　**27.** ④　**28.** ②　**29.** ③　**30.** ②　**31.** ②

32. 복합재료에 널리 사용되는 강화재가 아닌 것은?

① 유리 섬유　　　② 붕소 섬유
③ 구리 섬유　　　④ 탄소 섬유

해설 복합재료의 섬유강화재에는 유리 섬유, 붕소 섬유, 탄소 섬유, 알루미늄 섬유, 티타늄 섬유 등이 있다.

33. 어떤 종류의 금속이나 합금을 절대 영도 가까이 냉각했을 때 전기 저항이 완전히 소멸되어 전류가 감소하지 않는 상태는?

① 초소성　　　② 초전도
③ 감수성　　　④ 고상 접합

해설 초전도 : 어떤 재료를 냉각했을 때 임계온도에 이르러 전기 저항이 0이 되는 것으로, 초전도 상태에서는 재료에 전류가 흐르더라도 에너지 손실이 없고, 전력 소비 없이 대전류를 보낼 수 있다.

34. 초소성을 얻기 위한 조직의 조건으로 틀린 것은?

① 결정립은 미세화되어야 한다.
② 결정립의 모양은 등축이어야 한다.
③ 모상의 입계는 고경각인 것이 좋다.
④ 모상 입계가 인장 분리되기 쉬워야 한다.

해설 초소성(SPF) 재료
• 초소성 온도 영역에서 결정 입자의 크기를 미세하게 유지해야 한다.
• 결정립의 모양은 등축이어야 한다.
• 니켈계 초합금의 항공기 부품 제조 시 우수한 제품을 만들 수 있다.
• 모상 입계는 고경각인 것이 좋다.
• 모상 입계가 인장 분리되기 쉬워서는 안 된다.

35. 탄성 한도를 넘어서 소성 변형시킨 경우에도 하중을 제거하면 원래 상태로 돌아가는 성질을 무엇이라 하는가?

① 신소재 효과　　　② 초탄성 효과
③ 초소성 효과　　　④ 시효 경화 효과

해설 초탄성 효과 : 외력을 가하여 탄성 한도를 넘어서 소성 변형된 재료라 하더라도 외력을 제거하면 원래 상태로 돌아가는 성질이다.

4장 컴퓨터 응용 설계

1 CAD용 H/W

1. 컴퓨터에서 최소의 입출력 단위로, 물리적으로 읽기를 할 수 있는 레코드에 해당하는 것은?

① block
② field
③ word
④ bit

2. CAD 시스템의 입력장치가 아닌 것은?

① light pen
② joystick
③ track ball
④ electrostatic plotter

해설 정전기식 플로터(electrostatic plotter)는 출력장치이다.

3. 래스터 스캔 디스플레이에 직접적으로 관련된 용어가 아닌 것은?

① flicker
② refresh
③ frame buffer
④ RISC

해설 • flicker : 화면이 깜박거리는 현상이다.
• refresh : 화면을 다시 재생하는 작업이다.
• frame buffer : 데이터를 다른 곳으로 전송하는 동안 일시적으로 그 데이터를 보관하는 메모리 영역이다.
• RISC : Reduced Instruction Set Computer의 약어로 CPU에 관련된 용어이다.

4. 컬러 래스터 스캔 디스플레이에서 기본이 되는 3색이 아닌 것은?

① 적색(R)
② 황색(Y)

③ 청색(B)
④ 녹색(G)

5. 플로터 형식에 있어서 펜(pen)식과 래스터(raster)식으로 구분할 때 다음 중 펜식 플로터에 속하는 것은?

① 정전식
② 잉크젯식
③ 리니어 모터식
④ 열전사식

해설 • 펜식 플로터 : 플랫 베드형, 드럼형, 리니어 모터식, 벨트형
• 래스터식 플로터 : 정전식, 잉크젯식, 열전사식
• 포토식 플로터 : 포토 플로터

6. 플로터(plotter)의 일반적인 분류 방식에 속하지 않는 것은?

① 펜(pen)식
② 충격(impact)식
③ 래스터(raster)식
④ 포토(photo)식

해설 플로터의 일반적인 분류 방식
• 펜식 플로터
• 래스터식 플로터
• 포토식 플로터

7. 잉크젯 프린터 등의 해상도를 나타내는 단위는?

① LPM
② PPM
③ DPI
④ CPM

해설 • LPM : 분당 인쇄 라인 수
• PPM : 1분 동안 출력 가능한 컬러 (흑백 인쇄의 최대 매수)

정답 1. ① 2. ④ 3. ④ 4. ② 5. ③ 6. ② 7. ③

- DPI : 출력 밀도(해상도)
- CPM : 출력 속도(분당 카드)

8. 다음과 같은 특징을 가진 디스플레이는?

> - 빛을 편광시키는 특성을 가진 유기화합물을 사용한다.
> - 전자총이 없어서 두께가 얇은 모니터를 만들 수 있다.
> - 백라이트가 필요하고 시야각이 좁은 단점이 있다.

① PDP   ② TFT-LCD
③ CRT   ④ OLED

9. 리프레시(refresh) CRT에서 화면이 흐려지고 밝아지는 현상이 반복되는 과정에서 화면이 흔들리는 현상을 나타내는 용어는?

① 플리커   ② 굴절
③ 증폭   ④ 레지스터

해설 플리커 : 리프레시 현상과 관련 깊은 것으로 CRT의 화면이 미세하게 깜박거리는 현상이다.

10. 빛을 편광시키는 특성을 가진 유기화합물을 이용하여 투과된 빛의 특성을 수정하여 디스플레이하는 방식으로, CRT 모니터에 비해 두께가 얇은 모니터를 만들 수 있으나 시야각이 다소 좁고 백라이트가 필요하여 어느 정도의 두께 이상은 줄일 수 없는 단점을 가진 디스플레이 장치는?

① 플라스마 판(plasma panel)
② 전자 발광 디스플레이(electro luminescent display)
③ 액정 디스플레이(liquid crystal display)
④ 래스터 스캔 디스플레이(raster scan display)

해설 액정 디스플레이(LCD)는 얇은 유리판 사이에 고체와 액체의 중간 물질인 액정을 주입하여 광스위치 현상을 이용한 소자로, 구동 방법에 따라 TN, STN, TFT 등으로 구분한다.

11. CRT 그래픽 디스플레이 종류가 아닌 것은?

① 액정형   ② 스토리지형
③ 랜덤 스캔형   ④ 래스터 스캔형

해설 CRT 그래픽 디스플레이
- 스토리지형
- 리프레시형(랜덤 스캔형, 래스터 스캔형)

12. 그래픽 디스플레이 장치 중에서 랜덤 주사형(random scan type)을 설명한 것 중 틀린 것은?

① 가격이 고가이다.
② 고밀도를 표시할 수 있어 화질이 좋다.
③ 도형의 동적 표현이 가능하여 애니메이션에 사용할 수 있다.
④ 컬러화에 제한 없이 자유로운 색상의 애니메이션이 가능하다.

해설 랜덤 주사형은 컬러 표시에 제한이 있고 도형의 표시량에 한계가 있다.

13. CAD용 그래픽 터미널 스크린의 해상도를 결정하는 요소는?

① 컬러(color)의 표시 가능 수
② 픽셀(pixel)의 수
③ 스크린의 종류
④ 사용 전압

해설 픽셀은 디지털 이미지의 구성 단위로, 눈으로 볼 수 있는 모든 디지털 이미지는 화소로 구성되어 있다. 좌표는 화상에서 픽셀 위치를 정의하는 데 사용되며, 모니터의 가로×세로 안에 들어가는 수치로 해상도를 나타낸다.

정답 8. ②   9. ①   10. ③   11. ①   12. ④   13. ③

14. CAD 시스템을 활용하는 방식에 따라 3가지로 구분한다고 할 때, 이에 해당하지 않는 것은?

① 중앙 통제형 시스템(host based system)
② 분산 처리형 시스템(distributed based system)
③ 연결형 시스템(connected system)
④ 독립형 시스템(stand alone system)

해설 CAD 시스템 활용 방식에 따라 중앙 통제형, 분산 처리형, 독립형 시스템으로 구분한다.

15. CAD 소프트웨어의 도입 효과로 가장 거리가 먼 것은?

① 제품 개발 기간 단축
② 설계 생산성 향상
③ 업무 표준화 촉진
④ 부서 간 의사소통 최소화

해설 CAD 시스템 도입 효과
품질 향상, 원가 절감, 납기일 단축, 신뢰성 향상, 표준화, 경쟁력 강화

16. 중앙처리장치(CPU) 구성 요소에서 컴퓨터 내부장치 간의 상호 신호 교환과 입출력장치 간의 신호를 전달하고 명령어를 수행하는 장치는?

① 기억장치　　　② 입력장치
③ 제어장치　　　④ 출력장치

해설 제어장치 : 기억된 명령을 순서대로 처리하기 위해 주기억장치로부터의 명령을 해독·분석하여 필요에 따른 회로를 설정함으로써 각 장치에 제어 신호를 보내는 장치이다.

17. CAD를 이용한 설계 과정이 종래의 제도판에서 제도기를 이용하여 2차원적으로 작업하는 설계 과정과의 차이점에 해당하지

않는 것은?

① 개념 설계 단계를 거치는 점
② 전산화된 데이터베이스를 활용한다는 점
③ 컴퓨터에 의한 해석을 용이하게 할 수 있다는 점
④ 형상을 수치로 데이터화하여 데이터베이스에 저장한다는 점

해설 개념 설계는 종래의 설계 과정에서도 거쳐야 하는 단계이다.

18. 중앙처리장치(CPU)와 메인 메모리(RAM) 사이에서 처리될 자료를 효율적으로 이송할 수 있도록 하는 기능을 수행하는 것은?

① BIOS　　　　② 캐시 메모리
③ CISC　　　　④ 코프로세서

해설 캐시 메모리 : 중앙처리장치와 메인 메모리 사이에서 자주 사용되는 명령이나 데이터를 일시적으로 저장하는 보조기억장치를 말한다.

19. 데이터 표시 방법 중 3개의 zone bit와 4개의 digit bit를 기본으로 하며, parity bit 적용 여부에 따라 총 7bit 또는 8bit로 한 문자를 표현하는 코드 체계는?

① FPDF　　　　② EBCDIC
③ ASCII　　　　④ BCD

해설 ASCII : 미국 정보 교환 표준 부호로, 소형 컴퓨터에서 문자 데이터(문자, 숫자, 문장 부호)와 비입력 장치 명령(제어 문자)을 나타내는 데 사용되는 표준 데이터 전송 부호이다.

20. 래스터(raster) 그래픽 장치의 frame buffer에서 1화소당 24bit를 사용한다면 몇 가지 색을 동시에 나타낼 수 있는가?

① 256　　　　　② 65536

③ 1048576　　　④ 16777216

해설 24bit이므로 $2^{24}=16777216$이다.

21. 21인치 1600×1200 픽셀 해상도 래스터 모니터를 지원하는 그래픽 보드가 트루 컬러(24bit)를 지원하기 위해 다음과 같은 메모리를 검토하고자 한다. 이때 적용할 수 있는 가장 작은 메모리는?

① 1MB　　　　　② 4MB
③ 8MB　　　　　④ 32MB

해설 8bit＝1byte이므로 트루 컬러(24bit)를 지원하기 위해서는 3byte가 필요하기 때문에 사용 메모리 용량은 $(1600 \times 1200) \times 3 ≒ 5.76$MB이다. 따라서 사용 메모리보다 큰 표준 메모리 8MB가 요구된다.

22. CAD 시스템을 구성하여 운영할 때 각각의 단위별로 구성된 자료를 근거리에서 저렴하고 효율적으로 관리하기 위한 시스템 구성 방식으로 가장 적합한 것은?

① 각각의 단위를 Modem을 이용하여 구성한다.
② 각각의 단위를 Fax를 이용하여 구성한다.
③ 각각의 단위를 Teletype를 이용하여 구성한다.
④ 각각의 단위를 LAN을 이용하여 구성한다.

해설 LAN(Local Area Network) : 근거리 통신망의 형태로, 망 구축이 용이하고 자료의 전송 속도가 우수하지만 장거리 구역 간 통신이 불가능하다.

23. 다음 중 데이터의 전송 속도를 나타내는 단위는?

① BPS　　　　　② MIPS
③ DPI　　　　　④ RPM

해설 BPS(Bits Per Second) : 통신 속도의 단위로, 1초간 송수신할 수 있는 비트 수를 나타낸다.

---

2 **CAD용 S/W**

1. CAD 소프트웨어와 가장 관계가 먼 것은?

① AutoCAD　　　② EXCEL
③ SolidWorks　　④ CATIA

해설 EXCEL은 사무용 소프트웨어이다.

2. CAD 소프트웨어가 반드시 갖추고 있어야 할 기능으로 거리가 먼 것은?

① 화면 제어 기능　　② 치수 기입 기능
③ 도형 편집 기능　　④ 인터넷 기능

3. CAD(Computer-Aided Design) 소프트웨어의 가장 기본적인 역할은?

① 기하 형상의 정의
② 해석 결과의 가시화
③ 유한 요소 모델링
④ 설계물의 최적화

해설 CAD 소프트웨어의 가장 기본적인 역할은 기하 형상의 정의로, 기본 요소를 이용하여 원하는 형상을 도면이나 작업 공간에 나타내는 것이다.

4. PC가 빠르게 발전하고 성능이 강력해짐에 따라 1990년대 중반부터 윈도 기반의 CAD 시스템의 사용이 시작되었다. 윈도 기반 CAD 시스템의 일반적인 특징에 관한 설명으로 틀린 것은?

① Windows XP, Windows 2000 등 윈도

기능들을 최대한 이용하며 사용자 인터페이스(user interface)가 마이크로소프트사의 다른 프로그램들과 유사하다.

② 구성 요소 기술(component technology)이라는 접근 방식을 사용하여 요소의 형상을 직접 변형시키지 않고, 구속 조건(constraints)을 사용하여 형상을 정의 또는 수정한다.

③ 객체 지향 기술(object-oriented technology)을 사용하여 다양한 기능에 따라 프로그램을 모듈화시켜 각 모듈을 독립된 단위로 재사용한다.

④ 엔지니어링 협업을 위한 인터넷 지원 기능 등을 가지고, 서로 떨어져 있는 설계자들끼리 의견을 교환할 수 있는 기능도 적용이 가능하다.

해설 파라메트릭 모델링에서 구성 요소 기술 접근 방식은 형상 요소를 만들 때 수식을 입력하며 직접 변형시키지 않고 조건식을 이용하여 수정한다.

5. 설계 해석 프로그램의 결과에 따라 응력, 온도 등의 분포도나 변형도를 작성하거나, CAD 시스템으로 만들어진 형상 모델을 바탕으로 NC 공작 기계의 가공 data를 생성하는 소프트웨어 프로그램이나 절차를 뜻하는 것은?

① pre-processor
② post-processor
③ multi-processor
④ co-processor

6. 3D CAD 데이터를 사용하여 레이아웃이나 조립성 등을 평가하기 위하여 컴퓨터상에서 부품을 설계하고 조립체를 생성하는 것은?

① rapid prototyping
② part programming
③ reverse engineering
④ digital mock-up

해설 디지털 목업의 특징
• 실물 mock-up의 사용 빈도를 줄일 수 있는 대안이다.
• 간섭 검사, 기구학적 검사, 조립체 속을 걸어 다니는 듯한 효과 등을 낼 수 있다.
• 서피스 모델이나 솔리드 모델로 제품이 모델링되어야 한다.

7. 원호를 정의하는 방법으로 틀린 것은?

① 시작점, 중심점, 각도를 지정
② 시작점, 중심점, 끝점을 지정
③ 시작점, 중심점, 현의 길이를 지정
④ 시작점, 끝점, 현의 길이를 지정

8. 일반적인 CAD 시스템의 2차원 평면에서 정해진 하나의 원을 그리는 방법이 아닌 것은?

① 원주상의 세 점을 알 경우
② 원의 반지름과 중심점을 알 경우
③ 원주상의 한 점과 원의 반지름을 알 경우
④ 원의 반지름과 2개의 접선을 알 경우

9. 2차원 평면에서 두 개의 점이 정의되었을 때, 이 두 점을 포함하는 원은 몇 개로 정의할 수 있는가?

① 1개　　　　　② 2개
③ 3개　　　　　④ 무수히 많다.

해설 두 개의 점으로 무수히 많은 원을 정의할 수 있다.

10. 모든 유형의 곡선(직선, 스플라인, 원호 등) 사이를 경사지게 자른 코너를 말하는 것

정답 **5.** ②　**6.** ④　**7.** ④　**8.** ③　**9.** ④　**10.** ④

으로 각진 모서리나 꼭짓점을 경사 있게 깎아 내리는 작업은?

① hatch   ② fillet
③ rounding   ④ chamfer

해설 • fillet : 모서리나 꼭짓점을 둥글게 깎는 작업
• chamfer : 모서리나 꼭짓점을 경사지게 평면으로 깎아 내리는 작업

11. $y=3x^2$에서 접선의 기울기는?

① 1   ② 3   ③ 6   ④ 9

해설 $y=3x^2$, $y'=6x$
$\therefore$ $x=1$이면 $y'=6\times1=6$

12. 3차원 직교 좌표계 상의 세 점 A(1, 1, 1), B(2, 2, 3), C(5, 1, 4)가 이루는 삼각형에서 변 AB, AC가 이루는 각은 얼마인가?

① $\cos^{-1}\left(\dfrac{2}{\sqrt{5}}\right)$ ② $\cos^{-1}\left(\dfrac{3}{\sqrt{5}}\right)$

③ $\cos^{-1}\left(\dfrac{2}{\sqrt{6}}\right)$ ④ $\cos^{-1}\left(\dfrac{3}{\sqrt{6}}\right)$

해설 $\overline{AB}=\sqrt{(x_2-x_1)^2+(y_2-y_1)^2+(z_2-z_1)^2}$
$\quad=\sqrt{(2-1)^2+(2-1)^2+(3-1)^2}$
$\quad=\sqrt{1+1+4}=\sqrt{6}$
$\overline{BC}=\sqrt{11}$, $\overline{AC}=\sqrt{25}=5$
한편, $\overline{AB}$와 $\overline{BC}$ 사이의 각을 θ라 하면
$\overline{AB}^2+\overline{AC}^2-2\overline{AB}\times\overline{AC}\cos\theta=\overline{BC}^2$
$\cos\theta=\dfrac{\overline{AB}^2+\overline{AC}^2-\overline{BC}^2}{2\overline{AB}\times\overline{AC}}$
$\quad=\dfrac{6+25-11}{2\times\sqrt{6}\times5}=\dfrac{2}{\sqrt{6}}$
$\therefore$ $\theta=\cos^{-1}\left(\dfrac{2}{\sqrt{6}}\right)$

13. 평면에서 x축과 이루는 각도가 150°이며

원점으로부터 거리가 1인 직선의 방정식은?

① $\sqrt{3}x+y=2$ ② $\sqrt{3}x+y=1$
③ $x+\sqrt{3}y=2$ ④ $x+\sqrt{3}y=1$

해설 기울기$=\tan150°=-\dfrac{1}{\sqrt{3}}$

$y=-\dfrac{1}{\sqrt{3}}x+b$, $x+\sqrt{3}y=\sqrt{3}b$
직선의 방정식을 $x+\sqrt{3}y=c$라 하면
(0, 0)으로부터 거리가 1이므로
$\dfrac{|0+0+c|}{\sqrt{1^2+(\sqrt{3})^2}}=1$, $c=2$
$\therefore$ $x+\sqrt{3}y=2$

14. (x, y) 평면에서 두 점 $(-5, 0)$, $(4, -3)$을 지나는 직선의 방정식은?

① $y=-\dfrac{2}{3}x-\dfrac{5}{3}$ ② $y=-\dfrac{1}{2}x-\dfrac{5}{2}$

③ $y=-\dfrac{1}{3}x-\dfrac{5}{3}$ ④ $y=-\dfrac{3}{2}x-\dfrac{4}{3}$

해설 기울기$=\dfrac{-3-0}{4+5}=\dfrac{-3}{9}=-\dfrac{1}{3}$

기울기가 $-\dfrac{1}{3}$이고 $(-5, 0)$을 지나므로

$y-0=-\dfrac{1}{3}(x+5)$

$\therefore$ $y=-\dfrac{1}{3}x-\dfrac{5}{3}$

15. $x^2+y^2-25=0$인 원이 있다. 원 위의 점 (3, 4)에서 접선의 방정식으로 옳은 것은?

① $3x+4y-25=0$ ② $3x+4y-50=0$
③ $4x+3y-25=0$ ④ $4x+3y-50=0$

해설 원 $x^2+y^2=r^2$ 위의 점 (x_1, y_1)을 지나는 접선의 방정식은 $x_1x+y_1y=r^2$이다.
원 $x^2+y^2=25$ 위의 점 (3, 4)를 지나는 접선의 방정식은 $3x+4y=25$이다.
$\therefore$ $3x+4y-25=0$

16. 원점에 중심이 있는 타원이 있는데, 이 타원 위에 2개의 점 P(x, y)가 각각 P₁(2, 0), P₂(0, 1) 있다. 이 점들을 지나는 타원의 식으로 옳은 것은?

① $(x-2)^2+y^2=1$　　② $x^2+(y-1)^2=1$

③ $x^2+\dfrac{y^2}{4}=1$　　④ $\dfrac{x^2}{4}+y^2=1$

해설 타원의 방정식 : $\dfrac{x^2}{a^2}+\dfrac{y^2}{b^2}=1$

P₁(2, 0), P₂(0, 1)을 대입하면 $a^2=4$, $b^2=1$

∴ $\dfrac{x^2}{4}+y^2=1$

17. $(x+7)^2+(y-4)^2=64$인 원의 중심좌표와 반지름을 구하면?

① 중심좌표 $(-7, 4)$, 반지름 8
② 중심좌표 $(7, -4)$, 반지름 8
③ 중심좌표 $(-7, 4)$, 반지름 64
④ 중심좌표 $(7, -4)$, 반지름 64

해설 • 원의 방정식의 기본형
$(x-a)^2+(y-b)^2=r^2$
• 원의 방정식의 일반형
$x^2+y^2+Ax+By+C=0$

18. 다음과 같은 원뿔 곡선(conic curve) 방정식을 정의하기 위해 필요한 구속조건의 수는?

$$f(x, y)=ax^2+bxy+cy^2+dx+ey+g=0$$

① 3개　　　　② 4개
③ 5개　　　　④ 6개

19. CAD 시스템에서 많이 사용한 Hermite 곡선의 방정식에서 일반적으로 몇 차식을 많이 사용하는가?

① 1차식　　　　② 2차식
③ 3차식　　　　④ 4차식

해설 Hermite 곡선 : 양 끝점의 위치와 양 끝점에서의 접선 벡터를 이용한 3차원 곡선이다.

20. 지정된 모든 점을 통과하면서 부드럽게 연결이 필요한 자동차나 항공기와 같은 자유 곡선 또는 곡면을 설계할 때 부드럽게 곡선을 그리기 위하여 사용되는 것은?

① 베지어 곡선
② 스플라인 곡선
③ B-스플라인 곡선
④ NURBS 곡선

21. 형상을 구성하기 위해서 추출한 형상 제어점들을 전부 통과하는 도형 요소로 옳은 것은?

① 쿤스(Coons) 곡면
② 베지어(Bezier) 곡면
③ 스플라인(spline) 곡선
④ B-스플라인(B-spline) 곡선

해설 스플라인 곡선은 지정된 모든 점을 통과하면서 부드럽게 연결되는 곡선이다.

22. 지정된 점(정점 또는 조정점)을 모두 통과하도록 고안된 곡선은?

① Bezier curve　　② B-spline curve
③ Spline curve　　④ NURBS curve

23. Bezier 곡선에 관한 특징으로 잘못된 것은?

① 곡선을 국부적으로 수정하기 용이하다.
② 생성되는 곡선은 다각형의 시작점과 끝점을 통과한다.

정답 16. ④　17. ①　18. ③　19. ③　20. ②　21. ③　22. ③　23. ①

③ 곡선은 주어진 조정점들에 의해 만들어지는 볼록 껍질(convex hull) 내부에 존재한다.

④ 다각형 꼭짓점의 순서를 거꾸로 하여 곡선을 생성해도 동일한 곡선이 생성된다.

해설 Bezier 곡선은 한 개의 조정점을 움직이면 곡선 전체의 모양에 영향을 주므로 국부적으로 수정하기 곤란하다.

24. Bezier 곡선의 설명으로 틀린 것은?

① 곡선은 조정 다각형(control polygon)의 시작점과 끝점을 반드시 통과한다.

② n차 Bezier 곡선의 조정점(control vertex)들의 개수는 $(n-1)$개이다.

③ 조정 다각형의 첫 번째 선분은 시작점에서의 접선 벡터와 같은 방향이다.

④ 조정 다각형의 꼭짓점의 순서가 거꾸로 되어도 같은 Bezier 곡선이 만들어진다.

해설 베지어 곡선에서 n개의 정점에 의해 생성된 곡선은 $(n-1)$차 곡선이다.

25. 베지어(Bezier) 곡선의 특징에 대한 설명으로 옳지 않은 것은?

① 곡선은 첫 조정점과 마지막 조정점을 지난다.

② 곡선은 조정점들을 연결하는 다각형의 내측에 존재한다.

③ 1개의 조정점의 변화는 곡선 전체에 영향을 미친다.

④ n개의 조정점에 의해서 정의되는 곡선은 $(n+1)$차 곡선이다.

해설 베지어 곡선에서 n개의 정점에 의해 생성된 곡선은 $(n-1)$차 곡선이다.

26. 생성하고자 하는 곡선을 근사하게 포함하는 다각형의 꼭짓점들을 이용하여 정의되는 베지어(Bezier) 곡선에 대한 설명으로 틀린 것은?

① 생성되는 곡선은 다각형의 양 끝점을 반드시 통과한다.

② 다각형의 첫째 선분은 시작점에서의 접선 벡터와 반드시 같은 방향이다.

③ 다각형의 마지막 선분은 끝점에서의 접선 벡터와 반드시 같은 방향이다.

④ n개의 꼭짓점에 의해 생성된 곡선은 n차 곡선이 된다.

해설 베지어 곡선에서 n개의 정점에 의해 생성된 곡선은 $(n-1)$차 곡선이다.

27. B-spline 곡선이 Bezier 곡선에 비해서 갖는 특징을 설명한 것으로 옳은 것은?

① 곡선을 국소적으로 변형할 수 있다.

② 한 조정점을 이동하면 모든 곡선의 형상에 영향을 준다.

③ 자유 곡선을 표현할 수 있다.

④ 곡선은 반드시 첫 번째 조정점과 마지막 조정점을 통과한다.

해설 B-spline 곡선은 곡선식의 차수가 조정점의 개수와 관계없이 연속성에 따라 결정되며, 국부적으로 변형 가능하다.

28. B-spline 곡선의 설명으로 옳은 것은?

① 각 조정점(control vertex)들이 전체 곡선의 형상에 영향을 준다.

② 곡선의 형상을 국부적으로 수정하기 어렵다.

③ 곡선의 차수는 조정점의 개수와 무관하다.

④ Hermite 곡선식을 사용한다.

해설 B-spline 곡선
• 베지어 곡선과 같이 곡선을 근사화하는 조정

점들을 이용한다.
- 한 개의 조정점이 움직여도 몇 개의 곡선 세그먼트만 영향을 받는다.
- 곡선식의 차수에 따라 곡선의 형태가 변한다.
- 곡선의 차수와 조정점의 개수는 무관하며 곡선의 차수에 따라 곡선의 형태가 변한다.

29. 다음과 같은 특징을 가진 곡선은?

> - 조정점의 양 끝점을 통과한다.
> - 국부적인 곡선 조정이 가능하다.
> - 원이나 타원 등의 원뿔 곡선은 근사적으로만 나타낼 수 있다.

① Bezier 곡선   ② Ferguson 곡선
③ NURBS 곡선   ④ B-spline 곡선

해설 B-spline 곡선의 특징
- 조정점의 양 끝점을 반드시 통과한다.
- 원이나 타원 등의 원뿔 곡선은 근사적으로만 나타낼 수 있다.
- 꼭짓점 수정 시 정해진 구간의 형상만 변경되므로 국부적 조정이 가능하다.
- 꼭짓점을 움직이더라도 조정점의 개수와 관계없이 연속성이 보장된다.
- 다각형이 정해지면 형상 예측이 가능하다.

30. NURBS 곡선에 대한 설명으로 틀린 것은?

① 일반적인 B-spline 곡선에서는 원, 타원, 포물선, 쌍곡선 등의 원뿔 곡선을 근사적으로 밖에 표현하지 못하지만, NURBS 곡선은 이들 곡선을 정확하게 표현할 수 있다.
② 일반 베지어 곡선과 B-spline 곡선을 모두 표현할 수 있다.
③ NURBS 곡선에서 각 조정점은 x, y, z좌표 방향으로 하여 3개의 자유도를 가진다.
④ NURBS 곡선은 자유 곡선은 물론 원뿔 곡선까지 통일된 방정식의 형태로 나타낼

수 있으므로 프로그램 개발 시 그 작업량을 줄여준다.

해설 NURBS 곡선은 4개 좌표의 조정점을 사용하여 4개의 자유도를 가짐으로써 곡선의 변형이 자유롭다.

31. NURBS(Non-Uniform Rational B-Spline)에 관한 설명으로 가장 옳지 않은 것은?

① NURBS 곡선식은 B-spline 곡선식을 포함하는 일반적인 형태라고 할 수 있다.
② B-spline에 비하여 NURBS 곡선이 보다 자유로운 변형이 가능하다.
③ NURBS 곡선은 자유 곡선뿐만 아니라 원추 곡선까지 하나의 방정식 형태로 표현이 가능하다.
④ 곡선의 변형을 위하여 NURBS 곡선에서는 각각의 조정점에서 x, y, z방향에 대한 3개의 자유도가 허용된다.

해설 NURBS 곡선은 4개의 자유도를 가진다.

32. 다음 설명의 특징을 가진 곡면에 해당하는 것은?

> - 평면상의 곡선뿐만 아니라 3차원 공간에 있는 형상도 간단히 표현할 수 있다.
> - 곡면의 일부를 표현하고자 할 때는 매개변수의 범위를 두므로 간단히 표현할 수 있다.
> - 곡면의 좌표변환이 필요하면 단순히 주어진 벡터만을 좌표변환하여 원하는 결과를 얻을 수 있다.

① 원뿔(cone) 곡면
② 퍼거슨(ferguson) 곡면
③ 베지어(bezier) 곡면
④ 스플라인(spline) 곡면

33. 퍼거슨(Ferguson) 곡면의 방정식에는 경계 조건으로 16개의 벡터가 필요하다. 그중에서 곡면 내부의 볼록한 정도에 영향을 주는 것은?

① 꼭짓점 벡터　　② U방향 접선 벡터
③ V방향 접선 벡터　④ 꼬임 벡터

34. 그림과 같은 꽃병 도형을 그리기에 가장 적합한 방법은?

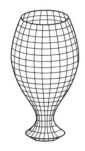

① 오프셋 곡면　　② 원뿔 곡면
③ 회전 곡면　　　④ 필렛 곡면

해설 꽃병과 같은 형상의 도형은 축을 기준으로 회전하는 모델링이다.

35. CAD-CAM 시스템에서 컵이나 병 등의 형상을 만들 때 회전 곡면(revolution surface)을 이용한다. 회전 곡면을 만들 때 반드시 필요한 자료로 거리가 먼 것은?

① 회전 각도　　　② 중심축
③ 단면 곡선　　　④ 옵셋(offset)량

해설 모델링한 물체를 회전할 경우 선을 일정한 양만큼 떨어뜨리는 옵셋(offset) 명령은 사용하지 않는다.

36. 곡면을 모델링하는 방식 중 4개의 경계 곡선을 선형 보간하여 형성되는 곡면은?

① 로프트(loft) 곡면

② 쿤스(coons) 곡면
③ 스윕(sweep) 곡면
④ 회전(revolve) 곡면

해설 쿤스 곡면 : 4개의 모서리 점과 4개의 경계 곡선을 부드럽게 연결한 곡면으로 곡면의 표현이 간결하다.

37. Coon's patch에 대한 설명으로 가장 옳은 것은?

① 주어진 4개의 점이 곡면의 4개의 꼭짓점이 되도록 선형 보간하여 얻어지는 곡면을 말한다.
② 조정 다면체(control polyhedron)에 의해 정의되는 곡면을 말한다.
③ 네 개의 경계 곡선을 선형 보간하여 생성되는 곡면을 말한다.
④ B-spline 곡선을 확장하여 유도되는 곡면을 말한다.

해설 Coon's 곡면 : 4개의 모서리 점과 4개의 경계 곡선을 부드럽게 연결한 곡면으로, 4개의 모서리 점과 그 점에서 양방향 접선 벡터를 주고 3차식을 사용하면 퍼거슨 곡면과 동일하다.

38. 4개의 꼭짓점을 선형 보간하여 생성하는 곡면은?

① 선형 곡면(bilinear surface)
② 쿤스 패치(coon's patch)
③ 허밋 패치(hermite patch)
④ F-패치(ferguson's patch)

해설 4개의 꼭짓점을 선형 보간하여 생성하는 곡면은 선형 곡면이며, 쿤스 패치는 4개의 모서리와 4개의 경계 곡선을 연결하여 표현하는 곡면이다.

39. 네 개의 경계 곡선을 선형 보간하여 얻어

지는 곡면은?

① 선형 곡면
② 쿤스 곡면
③ Bezier 곡면
④ 그리드 곡면

40. 베지어 곡면의 특징이 아닌 것은?

① 곡면을 부분적으로 수정할 수 있다.
② 곡면의 코너와 코너 조정점이 일치한다.
③ 곡면이 조정점들의 볼록 껍질(convex hull) 내부에 포함된다.
④ 곡면이 일반적인 조정점의 형상에 따른다.

[해설] 베지어 곡면은 베지어 곡선에서 발전한 것으로 1개의 정점의 변화가 곡면 전체에 영향을 미친다.

41. 3차 베지어 곡면을 정의하기 위해 최소 몇 개의 점이 필요한가?

① 4
② 8
③ 12
④ 16

[해설] 베지어 곡면은 4개의 조정점에 곡면 내부의 볼록한 정도를 나타내며, 3차 곡면의 패치 4개의 꼬임 막대와 같은 역할을 하므로 16개의 점이 필요하다.

42. 제시된 단면 곡선을 안내 곡선에 따라 이동하면서 생기는 궤적을 나타낸 곡면은?

① 룰드 곡면
② 스윕 곡면
③ 보간 곡면
④ 블렌드 곡면

[해설] 스윕 곡면 : 1개 이상의 단면 곡선이 안내 곡선을 따라 이동 규칙에 의해 이동하면서 생성되는 곡면이다.

43. 폐쇄된 평면 영역이 단면이 되어 직진 이동 또는 회전 이동시켜 솔리드 모델을 만드는 모델링 기법은?

① 스키닝(skinning)
② 리프팅(lifting)
③ 스위핑(sweeping)
④ 트위킹(tweaking)

[해설] 스위핑 : 하나의 2차원 단면 곡선(이동 곡선)이 미리 정해진 안내 곡선을 따라 이동하면서 입체를 생성하는 방법이다.

44. 모델링과 관계된 용어의 설명으로 잘못된 것은?

① 스위핑(sweeping) : 하나의 2차원 단면 형상을 입력하고, 이를 안내 곡선에 따라 이동시켜 입체를 생성하는 것
② 스키닝(skinning) : 원하는 경로에 여러 개의 단면 형상을 위치시키고, 이를 덮는 입체를 생성하는 것
③ 리프팅(lifting) : 주어진 물체의 특정면의 전부 또는 일부를 원하는 방향으로 움직여서 물체가 그 방향으로 늘어난 효과를 갖도록 하는 것
④ 블렌딩(blending) : 주어진 형상을 국부적으로 변화시키는 방법으로, 접하는 곡면을 예리한 모서리로 처리하는 것

[해설] 블렌딩 : 주어진 형상을 국부적으로 변화시키는 방법으로, 서로 만나는 모서리를 부드러운 곡면 모서리로 연결되게 하는 곡면 처리를 말한다.

[참고] ④는 모따기에 관한 설명이다.

45. 서로 만나는 2개의 평면 또는 곡면에서 서로 만나는 모서리를 곡면으로 바꾸는 작업을 무엇이라 하는가?

① blending
② sweeping
③ remeshing
④ trimming

[해설] 블렌딩은 이미 정의된 2개 이상의 평면 또는 곡면을 부드럽게 연결되도록 하는 곡면 처리를 말한다.

46. CAD의 형상 모델링에서 곡면을 나타낼 수 있는 방법이 아닌 것은?

① Coons - 곡면
② Bezier - 곡면
③ B-spline - 곡면
④ Repular - 곡면

해설 곡면은 하나 이상의 패치가 모여서 일정한 형상을 이루는 것을 말하며, CAD 형상 모델링에서 곡면을 나타낼 수 있는 방법에는 회전 곡면, 쿤스 곡면, 베지어 곡면, B-스플라인 곡면, NURBS 곡면이 있다.

47. 순서가 정해진 여러 개의 점들을 입력하면 이 모두를 지나는 곡선을 생성하는 것을 무엇이라 하는가?

① 보간(interpolation)
② 근사(approximation)
③ 스무딩(smoothing)
④ 리메싱(remeshing)

48. CAD 시스템의 3차원 공간에서 평면을 정의할 때 입력 조건으로 충분하지 않은 것은?

① 한 개의 직선과 이 직선의 연장선 위에 있지 않은 한 개의 점
② 일직선상에 있지 않은 세 점
③ 평면의 수직벡터와 그 평면 위의 한 개의 점
④ 두 개의 직선

49. CAD 시스템에서 이용되는 2차 곡선 방정식에 대한 설명으로 거리가 먼 것은?

① 매개변수식으로 표현하는 것이 가능하기도 하다.
② 곡선식에 대한 계산 시간이 3차, 4차식보다 적게 걸린다.

③ 연결된 여러 개의 곡선 사이에서 곡률의 연속이 보장된다.
④ 여러 개 곡선을 하나의 곡선으로 연결하는 것이 가능하다.

해설 2차 곡선 방정식은 연결된 여러 개의 곡선 사이에서 곡률의 연속이 보장되지 않는다.

50. CAD 시스템에서 두 개의 곡선을 연결하여 복잡한 형태의 곡선을 만들 때, 양쪽 곡선의 연결점에서 2차 미분까지 연속하게 구속조건을 줄 수 있는 최소 차수의 곡선은?

① 2차 곡선   ② 3차 곡선
③ 4차 곡선   ④ 5차 곡선

51. 다음 모델링 기법 중에서 숨은선 제거가 불가능한 모델링 기법은?

① CSG 모델링   ② B-rep 모델링
③ surface 모델링   ④ wire frame 모델링

해설 솔리드 모델링과 서피스 모델링은 은선 제거가 가능하지만 와이어 프레임 모델링은 은선 제거가 불가능하다.

52. 면과 면이 만나서 이루어지는 모서리(edge)만으로 모델을 표현하는 방법으로 점, 직선, 그리고 곡선으로 구성되는 모델링은?

① 와이어 프레임 모델링
② 솔리드 모델링
③ 윈도 모델링
④ 서피스 모델링

해설 와이어 프레임 모델링은 3차원 형상을 면과 면이 만나는 모서리로 나타내는 것이다. 즉 공간상의 선으로 표현되며, 점과 선으로 구성되는 모델링이다.

53. 일반적인 3차원 표현 방법 중 와이어 프레

정답 **46.** ④ **47.** ① **48.** ④ **49.** ③ **50.** ② **51.** ④ **52.** ① **53.** ②

임 모델의 특징을 설명한 것으로 틀린 것은?

① 은선 제거가 불가능하다.
② 유한 요소법에 의한 해석이 가능하다.
③ 저장되는 정보의 양이 적다.
④ 3면 투시도의 작성이 용이하다.

해설 유한 요소법에 의한 해석은 솔리드 모델링에서 가능하다.

54. CAD에서 사용되는 모델링 방식에 대한 설명 중 잘못된 것은?

① wire frame model : 음영 처리하기가 용이하다.
② surface model : NC 데이터를 생성할 수 있다.
③ solid model : 정의된 형상의 질량을 구할 수 있다.
④ surface model : tool path를 구할 수 있다.

해설 와이어 프레임 모델은 면의 형상이 없어 음영 처리와 단면도의 작성이 불가능하다.

55. 형상 모델링에서 서피스 모델링(surface modeling)의 특징을 잘못 설명한 것은?

① 복잡한 형상을 표현할 수 있다.
② 단면도 작성이 가능하다.
③ NC 데이터를 생성할 수 없다.
④ 2개 면의 교선을 구할 수 있다.

해설 서피스 모델링은 NC 데이터를 생성할 수 있다.

56. 서피스 모델에 관한 설명 중 틀린 것은?

① 단면도를 작성할 수 있다.
② 2면의 교선을 구할 수 있다.
③ 질량과 같은 물리적 성질을 구하기 쉽다.
④ NC 데이터를 생성할 수 있다.

해설 서피스 모델의 특징
• 은선 제거가 가능하다.
• 단면도를 작성할 수 있다.
• 복잡한 형상 표현이 가능하다.
• 2개 면의 교선을 구할 수 있다.
• NC 가공 정보를 얻을 수 있다.
• 물리적 성질을 계산하기 곤란하다.
• 유한 요소법(FEM)의 적용을 위한 요소 분할이 어렵다.

57. 숨은선 또는 숨은면을 제거하기 위한 방법에 속하지 않는 것은?

① X-버퍼에 의한 방법
② Z-버퍼에 의한 방법
③ 후방향 제거 알고리즘
④ 깊이 분류 알고리즘

58. 3차원 형상을 표현하는 데 있어서 사용하는 Z-buffer 방법은 무엇을 의미하는가?

① 음영을 나타내기 위한 방법
② 은선 또는 은면을 제거하기 위한 방법
③ view-port에 모델을 나타내기 위한 방법
④ 두 곡면을 부드럽게 연결하기 위한 방법

59. 솔리드 모델링 기법의 일종인 특징 형상 모델링 기법에 대한 설명으로 옳지 않은 것은?

① 모델링 입력을 설계자 또는 제작자에게 익숙한 형상 단위로 하자는 것이다.
② 각각의 형상 단위는 주요 치수를 파라미터로 입력하도록 되어 있다.
③ 전형적인 특징 현상은 모따기(chamfer), 구멍(hole), 필릿(fillet), 슬롯(slot) 등이 있다.
④ 사용 분야와 사용자에 관계없이 특징형상의 종류가 항상 일정하다는 것이 장점이다.

해설 특징 형상 모델링 : 설계자들이 빈번하게 사용하는 임의의 형상을 정의해 놓고, 변숫값만 입력하여 원하는 형상을 쉽게 얻는 기법이다.

60. 공학적 해석(부피, 무게중심, 관성 모멘트 등의 계산)을 적용할 때 쓰는 가장 적합한 모델은?

① 솔리드 모델
② 서피스 모델
③ 와이어 프레임 모델
④ 데이터 모델

해설 솔리드 모델링은 물리적 성질(부피, 무게중심, 관성 모멘트 등)의 계산이 가능하다.

61. 솔리드 모델링 방식 중 B−rep과 비교한 CSG의 특징이 아닌 것은?

① 불 연산자 사용으로 명확한 모델 생성이 쉽다.
② 데이터가 간결하여 필요 메모리가 적다.
③ 형상 수정이 용이하고 부피, 중량을 계산할 수 있다.
④ 투상도, 투시도, 전개도, 표면적 계산이 용이하다.

해설 • B−rep 방식 : 경계 표현, 즉 형상을 구성하고 있는 면과 면 사이의 위상 기하학적인 결합 관계를 정의함으로써 3차원 물체를 표현하는 방법이다.
• CSG 방식 : 불 연산의 합, 차, 적을 사용한 명확한 모델 생성이 가능하다.

62. 다음 중 3차원 형상의 솔리드 모델링 방법에서 CSG 방식과 B−rep 방식을 비교한 설명 중 틀린 것은?

① B−rep 방식은 CSG 방식에 비해 보다 복잡한 형상의 물체(비행기 동체 등)를 모

델링하는 데 유리하다.
② B−rep 방식은 CSG 방식에 비해 3면도, 투시도 작성이 용이하다.
③ B−rep 방식은 CSG 방식에 비해 필요한 메모리의 양이 적다.
④ B−rep 방식은 CSG 방식에 비해 표면적 계산이 용이하다.

해설 B−rep 방식은 CSG 방식으로 만들기 어려운 물체의 모델화에 적합하지만 많은 양의 메모리를 필요로 하는 단점이 있다.

63. 솔리드 모델링에 있어서 사각 블록, 정육면체, 구, 원통, 피라미드 등과 같은 기본 입체를 사용하여 이들 형상을 불 연산에 따라 일정한 순서로 조합하는 방식은?

① CSG 방식   ② B−rep 방식
③ NURBS 방식   ④ assembly 방식

해설 • CSG 방식 : 복잡한 형상을 단순한 형상(구, 실린더, 직육면체, 원뿔 등)의 조합으로 표현하며, 불 연산을 사용하는 방식
• B−rep 방식 : 기하 요소와 위상 요소의 관계에 따라 표현하는 방식
• NURBS 방식 : 3차원 곡면으로 이루어져 비정형화된 3차원 입체를 모델링하는 방식
• B−spline 방식 : 베지어 곡선과 같이 곡선을 근사화하는 조정점을 통과하는 혼합된 다항 곡선 방식

64. CSG 트리 자료 구조에 대한 설명으로 틀린 것은?

① 자료 구조가 간단하여 데이터 관리가 용이하다.
② 특히 리프팅이나 라운딩과 같이 편리한 국부 변형 기능들을 사용하기에 좋다.
③ CSG 표현은 항상 대응되는 B−rep 모델로 치환이 가능하다.

④ 파라메트릭 모델링을 쉽게 구현할 수 있다.

해설 CSG 방식은 리프팅이나 라운딩과 같이 국부 변형의 기능들을 사용하기 어렵다.

65. CSG 방식 모델링에서 기초 형상(primitive)에 대한 가장 기본적인 조합 방식에 속하지 않는 것은?

① 합집합　　　　② 차집합
③ 교집합　　　　④ 여집합

66. 3차원 형상의 모델링 방식에서 CSG (Constructive Solid Geometry) 방식을 설명한 것은?

① 투시도 작성이 용이하다.
② 전개도의 작성이 용이하다.
③ 기본 입체 형상을 만들기 어려울 때 사용되는 모델링 방법이다.
④ 기본 입체 형상의 불 연산(boolean operation)에 의해 모델링한다.

해설 ①, ②, ③은 B-rep 방식에 대한 설명이다. CSG 방식은 복잡한 형상을 단순한 형상(기본 입체)의 조합으로 표현한다.

67. CSG 모델링 방식에서 불 연산(boolean operation)이 아닌 것은?

① Union(합)　　　② Subtract(차)
③ Intersect(적)　　④ Project(투영)

해설 CSG 방법에 의한 불 연산 작업에는 합(더하기), 차(빼기), 적(교차)이 있다.

68. B-rep 모델링 방식의 특성이 아닌 것은?

① 화면 재생시간이 적게 소요된다.
② 3면도, 투시도, 전개도 작성이 용이하다.

③ 데이터의 상호 교환이 쉽다.
④ 입체의 표면적 계산이 어렵다.

해설 B-rep 모델링 방식은 입체의 표면적 계산이 쉽다.

69. 꼭짓점 개수 v, 모서리 개수 e, 면 또는 외부 루프의 개수 f, 면상에 있는 구멍 루프의 개수 h, 독립된 셀의 개수 s, 입체를 관통하는 구멍(passage)의 개수가 p인 B-rep 모델에서 이들 요소 간의 관계를 나타내는 오일러-포앙카레 공식으로 옳은 것은?

① $v-e+f-h=(s-p)$
② $v-e+f-h=2(s-p)$
③ $v-e+f-2h=(s-p)$
④ $v-e+f-2h=2(s-p)$

70. 3차원 형상을 표현하는 것으로 틀린 것은?

① 곡선 모델링
② 서피스 모델링
③ 솔리드 모델링
④ 와이어 프레임 모델링

해설 3차원 형상 모델링에는 서피스 모델링, 솔리드 모델링, 와이어 프레임 모델링이 있다.

71. 그림과 같이 중간에 원형 구멍이 관통되어 있는 모델에 대하여 토폴로지 요소를 분석하고자 한다. 여기서 면(face)은 몇 개로 구성되어 있는가?

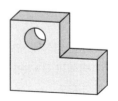

① 7　　　　　　② 8
③ 9　　　　　　④ 10

해설 구멍 면을 1개의 면으로 간주하여 총 면의 수를 세면 모두 9개이다.

72. 형상 구속 조건과 치수 조건을 입력하여 모델링하는 기법으로 옳은 것은?

① 파라메트릭 모델링
② wire frame 모델링
③ B−rep(Boundary representation)
④ CSG(Constructive Solid Geometry)

해설 파라메트릭 모델링 : 사용자가 형상 구속 조건과 치수 조건을 입력하여 형상을 모델링하는 방식이다.

73. CAD 용어 중 회전 특징 형상 모양으로 잘려나간 부분에 해당하는 특징 형상을 무엇이라 하는가?

① 홀(hole)
② 그루브(groove)
③ 챔퍼(chamfer)
④ 라운드(round)

해설 • 홀 : 물체에 진원으로 파인 구멍 형상
• 챔퍼 : 모서리를 45° 모따기하는 형상
• 라운드 : 모서리를 둥글게 블렌드하는 형상

74. 그림과 같이 곡면 모델링 시스템에 의해 만들어진 곡면을 불러들여 기존 모델의 평면을 바꿀 수 있는 모델링 기능은?

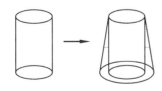

① 네스팅(nesting)
② 트위킹(tweaking)
③ 돌출하기(extruding)
④ 스위핑(sweeping)

해설 트위킹은 솔리드 모델링 기능 중에서 하위

구성 요소들을 수정하여 직접 조작하고 주어진 입체의 형상을 변화시켜 가면서 원하는 형상을 모델링하는 기능이다.

75. 다음 중 특징 형상 모델링(feature−based modeling)의 특징으로 거리가 먼 것은?

① 기본적인 형상 구성 요소와 형상 단위에 관한 정보를 함께 포함하고 있다.
② 전형적인 특징 형상으로 모따기(chamfer), 구멍(hole), 슬롯(slot) 등이 있다.
③ 특징 형상 모델링 기법을 응용하여 모델로부터 공정 계획을 자동으로 생성시킬 수 있다.
④ 주로 트위킹(tweaking) 기능을 이용하여 모델링을 수행한다.

해설 • 특징 형상 모델링 : 구멍, 슬롯, 포켓 등의 형상 단위를 라이브러리에 미리 갖추어 놓고 필요시 이들 치수를 변화시켜 설계에 사용하는 모델링 방식이다.
• 트위킹 : 모델링된 입체의 형상을 수정하여 원하는 형상으로 모델링하는 방식이다.

76. 그림과 같이 여러 개의 단면 형상을 생성하고 이들을 덮어 싸는 곡면을 생성하였다. 이는 어떤 모델링 방법인가?

단면들   생성된 입체

① 스위핑
② 리프팅
③ 블렌딩
④ 스키닝

해설 스키닝 : 여러 개의 단면 형상을 입력하고 이를 덮어 싸서 입체를 만드는 방법이다.

77. 솔리드 모델링(solid modeling)에서 면의 일부 혹은 전부를 원하는 방향으로 당겨서 물체를 늘어나도록 하는 모델링 기능은?

① 트위킹(tweaking)

② 리프팅(lifting)

③ 스위핑(sweeping)

④ 스키닝(skinning)

---

3 그래픽과 관련된 수학 및 용어

1. 3차원 좌표계를 표현할 때 $P(r, \theta, z_1)$로 표현되는 좌표계는? (단, r은 (x, y) 평면에서의 직선의 거리, θ는 (x, y) 평면에서의 각도, z_1은 z축 방향에서의 거리이다.)

① 직교 좌표계

② 극좌표제

③ 원통 좌표계

④ 구면 좌표계

해설 원통 좌표계 : 평면상에 있는 하나의 점 P를 나타내기 위해 사용하는 극좌표계에 공간 개념을 적용한 것으로, 평면에서 사용한 극좌표에 z축 좌푯값을 적용시킨 경우이다. 원통 좌표계의 공간 개념으로 점 $P(r, \theta, z_1)$을 직교 좌표계로 표기한다.

2. CAD 프로그램 내에서 3차원 공간상의 하나의 점을 화면상에 표시하기 위해 사용되는 3개의 기본 좌표계에 속하지 않는 것은?

① 세계 좌표계(world coordinate system)

② 벡터 좌표계(vector coordinate system)

③ 시각 좌표계(viewing coordinate system)

④ 모델 좌표계(model coordinate system)

3. CAD에서 기하학적 데이터(점, 선 등)의 변환 행렬과 관계가 먼 것은?

① 이동

② 회전

③ 복사

④ 반사

해설 동차 좌표에 의한 좌표 변환 행렬에는 이동, 확대, 대칭, 회전, 반사가 있다.

4. 2차원 공간을 동차 좌표계의 변환행렬식으로 변환하고자 할 때 그 행렬의 크기는?

① 2×2

② 2×3

③ 3×2

④ 3×3

해설 2차원 공간에서의 일반적인 변환 행렬은 3×3행렬이고 3차원 공간에서는 4×4행렬이다.

5. 2차원 데이터에 대한 변환 매트릭스 중 X축에 대한 대칭의 결과를 얻기 위한 변환 매트릭스는?

① $\begin{bmatrix} 1 & 0 & 0 \\ 0 & 1 & 0 \\ 0 & -1 & 1 \end{bmatrix}$

② $\begin{bmatrix} 1 & 0 & 0 \\ 0 & -1 & 0 \\ 0 & 0 & 1 \end{bmatrix}$

③ $\begin{bmatrix} -1 & 0 & 0 \\ 0 & -1 & 0 \\ 0 & 0 & 1 \end{bmatrix}$

④ $\begin{bmatrix} -1 & -1 & 0 \\ 0 & 1 & 0 \\ 0 & 0 & 1 \end{bmatrix}$

해설 • x축 대칭 : $\begin{bmatrix} 1 & 0 & 0 \\ 0 & -1 & 0 \\ 0 & 0 & 1 \end{bmatrix}$

• y축 대칭 : $\begin{bmatrix} -1 & 0 & 0 \\ 0 & 1 & 0 \\ 0 & 0 & 1 \end{bmatrix}$

6. 다음 2차원 데이터 변환행렬은 어떠한 변환을 나타내는가? (단, S_x는 1보다 크다.)

$$\begin{bmatrix} x' & y' & 1 \end{bmatrix} = \begin{bmatrix} x & y & 1 \end{bmatrix} \begin{bmatrix} S_x & 0 & 0 \\ 0 & S_x & 0 \\ 0 & 0 & 1 \end{bmatrix}$$

① 이동(translation) 변환

정답 77. ② 1. ③ 2. ② 3. ③ 4. ④ 5. ② 6. ②

② 스케일링(scaling) 변환

③ 반사(reflection) 변환

④ 회전(rotation) 변환

7. 2차원상의 한 점 $P=[x\ y\ 1]$을 x축 방향으로 전단(shear) 변환하여 $P'=[x'\ y'\ 1]$이 되기 위한 3×3 동차변환 행렬(T)로 옳은 것은? (단, $P'=PT$이고 a는 상수이다.)

① $T=\begin{bmatrix}1&0&0\\a&1&0\\0&0&1\end{bmatrix}$ ② $T=\begin{bmatrix}1&a&0\\0&1&0\\0&0&1\end{bmatrix}$

③ $T=\begin{bmatrix}1&0&0\\0&1&0\\a&0&1\end{bmatrix}$ ④ $T=\begin{bmatrix}1&0&0\\0&1&0\\0&a&1\end{bmatrix}$

해설 $\begin{bmatrix}x'&y'&1\end{bmatrix}=\begin{bmatrix}x&y&1\end{bmatrix}\begin{bmatrix}1&0&0\\a&1&0\\0&0&1\end{bmatrix}$

$=\begin{bmatrix}x+ay&y&1\end{bmatrix}$

8. 동차좌표(Homogeneous coordinate)에 의한 표현을 바르게 설명한 것은?

① N차원의 벡터를 N−1차원의 벡터로 표현한 것이다.

② N차원의 벡터를 N+1차원의 벡터로 표현한 것이다.

③ N차원의 벡터를 $N^{(N-1)}$차원의 벡터로 표현한 것이다.

④ N차원의 벡터를 $N^{(N+1)}$차원의 벡터로 표현한 것이다.

9. 다음 중 기본적인 2차원 동차 좌표 변환으로 볼 수 없는 것은?

① extrusion   ② translation

③ rotation   ④ reflection

해설 동차 좌표에 의한 좌표 변환 행렬에는 평행 이동(translation), 스케일링(scaling), 전단(shearing), 반전(reflection), 회전(rotation)이 있다.

10. 반지름 3, 중심 (6, 7)인 원을 반지름 6, 중심 (8, 4)인 원으로 변환하는 변환 행렬로 알맞은 것은? (단, 변환 전, 후 원상의 점의 좌표는 동차 좌표를 사용하여 각각 $\vec{r}=\begin{bmatrix}x\\y\\1\end{bmatrix}$, $\vec{r'}=\begin{bmatrix}x'\\y'\\1\end{bmatrix}$로 표시된다.)

① $\begin{bmatrix}x'\\y'\\1\end{bmatrix}=\begin{bmatrix}1&0&8\\0&1&4\\0&0&1\end{bmatrix}\begin{bmatrix}2&0&0\\0&2&0\\0&0&1\end{bmatrix}\begin{bmatrix}1&0&-6\\0&1&-7\\0&0&1\end{bmatrix}\begin{bmatrix}x\\y\\1\end{bmatrix}$

② $\begin{bmatrix}x'\\y'\\1\end{bmatrix}=\begin{bmatrix}1&0&-8\\0&1&-4\\0&0&1\end{bmatrix}\begin{bmatrix}2&0&0\\0&2&0\\0&0&1\end{bmatrix}\begin{bmatrix}1&0&6\\0&1&7\\0&0&1\end{bmatrix}\begin{bmatrix}x\\y\\1\end{bmatrix}$

③ $\begin{bmatrix}x'\\y'\\1\end{bmatrix}=\begin{bmatrix}1&0&6\\0&1&7\\0&0&1\end{bmatrix}\begin{bmatrix}2&0&0\\0&2&0\\0&0&1\end{bmatrix}\begin{bmatrix}1&0&-8\\0&1&-4\\0&0&1\end{bmatrix}\begin{bmatrix}x\\y\\1\end{bmatrix}$

④ $\begin{bmatrix}x'\\y'\\1\end{bmatrix}=\begin{bmatrix}1&0&-6\\0&1&-7\\0&0&1\end{bmatrix}\begin{bmatrix}2&0&0\\0&2&0\\0&0&1\end{bmatrix}\begin{bmatrix}1&0&8\\0&1&4\\0&0&1\end{bmatrix}\begin{bmatrix}x\\y\\1\end{bmatrix}$

해설 $\begin{bmatrix}x'\\y'\\1\end{bmatrix}=\begin{bmatrix}1&0&x\\0&1&y\\0&1&1\end{bmatrix}\begin{bmatrix}S_x&0&0\\0&S_y&0\\0&0&1\end{bmatrix}\begin{bmatrix}1&0&-x\\0&1&-y\\0&1&1\end{bmatrix}\begin{bmatrix}x\\y\\1\end{bmatrix}$

$=\begin{bmatrix}1&0&8\\0&1&4\\0&0&1\end{bmatrix}\begin{bmatrix}2&0&0\\0&2&0\\0&0&1\end{bmatrix}\begin{bmatrix}1&0&-6\\0&1&-7\\0&0&1\end{bmatrix}\begin{bmatrix}x\\y\\1\end{bmatrix}$

$\begin{bmatrix}1&0&8\\0&1&4\\0&0&1\end{bmatrix}$: 변환 후의 중심점

$\begin{bmatrix}2&0&0\\0&2&0\\0&0&1\end{bmatrix}$: 스케일링

$$\begin{bmatrix} 1 & 0 & -6 \\ 0 & 1 & -7 \\ 0 & 0 & 1 \end{bmatrix} : \text{변환 전 중심점}$$

11. 3차원 좌표를 변환할 때 4×4 동차 변환 행렬을 사용한다. 그런데 다음과 같이 3×3 변환 행렬을 사용할 경우 표현할 수 없는 것은?

$$\begin{bmatrix} x' & y' & z' \end{bmatrix} = \begin{bmatrix} x & y & z \end{bmatrix} \begin{bmatrix} a & b & c \\ d & e & f \\ g & h & i \end{bmatrix}$$

① 이동 변환   ② 회전 변환
③ 스케일링 변환   ④ 반사 변환

12. 3차원 변환에서 Z축을 기준으로 다음 변환식에 따라 P점을 P'으로 임의의 각도(θ)만큼 변환할 때 변환 행렬식(T)으로 옳은 것은? (단, 반시계 방향으로 회전한 각을 양(+)의 각으로 한다.)

$$P' = PT$$

① $\begin{bmatrix} \cos\theta & 0 & -\sin\theta & 0 \\ 0 & 1 & 0 & 0 \\ \sin\theta & 0 & \cos\theta & 0 \\ 0 & 0 & 0 & 1 \end{bmatrix}$

② $\begin{bmatrix} \cos\theta & \sin\theta & 0 & 0 \\ -\sin\theta & \cos\theta & 0 & 0 \\ 0 & 0 & 1 & 0 \\ 0 & 0 & 0 & 1 \end{bmatrix}$

③ $\begin{bmatrix} 1 & 0 & 0 & 0 \\ 0 & \cos\theta & \sin\theta & 0 \\ 0 & -\sin\theta & \cos\theta & 0 \\ 0 & 0 & 0 & 1 \end{bmatrix}$

④ $\begin{bmatrix} \cos\theta & 0 & -\sin\theta & 0 \\ \sin\theta & 0 & \cos\theta & 0 \\ 0 & 0 & 1 & 0 \\ 0 & 0 & 0 & 1 \end{bmatrix}$

해설 동차 좌표에 의한 3차원 행렬(회전 변환)

$$T_x = \begin{bmatrix} 1 & 0 & 0 & 0 \\ 0 & \cos\theta & \sin\theta & 0 \\ 0 & -\sin\theta & \cos\theta & 0 \\ 0 & 0 & 0 & 1 \end{bmatrix}$$

$$T_y = \begin{bmatrix} \cos\theta & 0 & -\sin\theta & 0 \\ 0 & 1 & 0 & 0 \\ \sin\theta & 0 & \cos\theta & 0 \\ 0 & 0 & 0 & 1 \end{bmatrix}$$

13. 3차원 변환에서 Y축을 중심으로 α의 각도 만큼 회전한 경우의 변환 행렬(T)은? (단, 변환식은 $P' = P$이고 P'은 회전 후의 좌표, P는 회전하기 전의 좌표이다.)

① $\begin{bmatrix} 1 & 0 & 0 & 0 \\ 0 & \cos\alpha & -\sin\alpha & 0 \\ 0 & \sin\alpha & -\cos\alpha & 0 \\ 0 & 0 & 0 & 1 \end{bmatrix}$

② $\begin{bmatrix} \cos\alpha & 0 & -\sin\alpha & 0 \\ 0 & 1 & 0 & 0 \\ \sin\alpha & 0 & \cos\alpha & 0 \\ 0 & 0 & 0 & 1 \end{bmatrix}$

③ $\begin{bmatrix} \cos\alpha & -\sin\alpha & 0 & 0 \\ \sin\alpha & \cos\alpha & 0 & 0 \\ 0 & 0 & 1 & 0 \\ 0 & 0 & 0 & 1 \end{bmatrix}$

④ $\begin{bmatrix} 0 & \cos\alpha & \sin\alpha & 0 \\ 0 & 0 & 0 & 0 \\ \cos\alpha & \sin\alpha & 1 & 0 \\ 0 & 0 & 0 & 1 \end{bmatrix}$

해설 동차 좌표에 의한 3차원 행렬(회전 변환)

$$T_x = \begin{bmatrix} 1 & 0 & 0 & 0 \\ 0 & \cos\alpha & \sin\alpha & 0 \\ 0 & -\sin\alpha & \cos\alpha & 0 \\ 0 & 0 & 0 & 1 \end{bmatrix}$$

$$T_z = \begin{bmatrix} \cos\alpha & \sin\alpha & 0 & 0 \\ -\sin\alpha & \cos\alpha & 0 & 0 \\ 0 & 0 & 1 & 0 \\ 0 & 0 & 0 & 1 \end{bmatrix}$$

14. 다음 그림에서 점 P의 극좌표값이 $r=10$, $\theta=30°$일 때 이것을 직교 좌표계로 변환한 $P(x, y)$를 구하면?

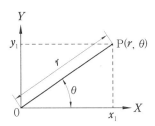

① $P(8.66, 4.21)$　　② $P(8.66, 5)$
③ $P(5, 8.66)$　　④ $P(4.21, 8.66)$

해설 $x=10\cos30°≒8.66$, $y=10\sin30°=5$

15. 다음 행렬의 곱(AB)을 옳게 구한 것은?

$$A=\begin{bmatrix} 2 & 4 \\ 1 & 3 \end{bmatrix} \quad B=\begin{bmatrix} 6 & -1 \\ 3 & 5 \end{bmatrix}$$

① $\begin{bmatrix} 24 & 18 \\ 14 & 15 \end{bmatrix}$　　② $\begin{bmatrix} 18 & 24 \\ 15 & 14 \end{bmatrix}$

③ $\begin{bmatrix} 24 & 18 \\ 15 & 14 \end{bmatrix}$　　④ $\begin{bmatrix} 18 & 24 \\ 14 & 15 \end{bmatrix}$

해설 $AB=\begin{bmatrix} 2 & 4 \\ 1 & 3 \end{bmatrix}\begin{bmatrix} 6 & -1 \\ 3 & 5 \end{bmatrix}$

$=\begin{bmatrix} 12+12 & -2+20 \\ 6+9 & -1+15 \end{bmatrix}=\begin{bmatrix} 24 & 18 \\ 15 & 14 \end{bmatrix}$

16. 반지름이 R이고 피치(pitch)가 p인 나사의 나선(helix)을 나선의 회전각(x축과 이루는 각) θ에 대한 매개변수식으로 나타낸 것으로 옳은 것은? (단, $\widehat{i}$, $\widehat{j}$, $\widehat{k}$는 각각 x, y, z 축 방향의 단위벡터이다.)

① $\vec{r}(\theta)=R\sin\theta\,\widehat{i}+R\tan\theta\,\widehat{j}+\dfrac{p\theta}{\pi}\widehat{k}$

② $\vec{r}(\theta)=R\sin\theta\,\widehat{i}+R\tan\theta\,\widehat{j}+\dfrac{p\theta}{2\pi}\widehat{k}$

③ $\vec{r}(\theta)=R\cos\theta\,\widehat{i}+R\sin\theta\,\widehat{j}+\dfrac{p\theta}{\pi}\widehat{k}$

④ $\vec{r}(\theta)=R\cos\theta\,\widehat{i}+R\sin\theta\,\widehat{j}+\dfrac{p\theta}{2\pi}\widehat{k}$

해설 나선 벡터 $\vec{r}$ = 수평 벡터(코사인 성분)
　　　　　 + 수직 벡터(사인 성분)
　　　　　 + 높이 벡터

$=R\cos\theta\,\widehat{i}+R\sin\theta\,\widehat{j}+\dfrac{p\theta}{2\pi}\widehat{k}$

17. 2차원 평면에서 $(1, 1)$과 $(5, 9)$를 지나는 직선을 매개변수 t의 곡선식 $\vec{r}(t)$로 표현한 것으로 알맞은 것은? (단, $\widehat{i}$, $\widehat{j}$는 각각 x, y 축 방향의 단위 벡터이다.)

① $\vec{r}(t)=t\,\widehat{i}+(2t+1)\,\widehat{j}$

② $\vec{r}(t)=2t\,\widehat{i}+(4t+1)\,\widehat{j}$

③ $\vec{r}(t)=\left(\dfrac{1}{\sqrt{2}}t+1\right)\widehat{i}+\left(\dfrac{2}{\sqrt{2}}t-1\right)\widehat{j}$

④ $\vec{r}(t)=\left(\dfrac{1}{\sqrt{5}}t+1\right)\widehat{i}+\left(\dfrac{2}{\sqrt{5}}t+1\right)\widehat{j}$

해설 $\vec{r}(t)=x\,\widehat{i}+y\,\widehat{j}$에서
$x=x_1+at$, $y=y_1+bt(a=\cos\theta, b=\sin\theta)$이다.

$a=\cos\theta=\dfrac{4}{4\sqrt{5}}=\dfrac{1}{\sqrt{5}}$, $b=\sin\theta=\dfrac{8}{4\sqrt{5}}=\dfrac{2}{\sqrt{5}}$

$\therefore x=x_1+\dfrac{1}{\sqrt{5}}t$, $y=y_1+\dfrac{2}{\sqrt{5}}t$

이때 $(x_1, y_1)=(1, 1)$이면

$x=1+\dfrac{1}{\sqrt{5}}t$, $y=1+\dfrac{2}{\sqrt{5}}t$

$\therefore \vec{r}(t)=\left(\dfrac{1}{\sqrt{5}}t+1\right)\widehat{i}+\left(\dfrac{2}{\sqrt{5}}t+1\right)\widehat{j}$

18. 그림과 같이 평면상의 두 벡터 ($\vec{a}$, $\vec{b}$)로 이루어진 평행사변형의 넓이를 구한 식으로 맞는 것은?

정답 **14.** ②　**15.** ③　**16.** ④　**17.** ④　**18.** ②

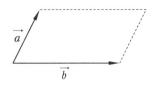

① $\vec{a} + \vec{b}$ ② $|\vec{a} \times \vec{b}|$
③ $\vec{a} \cdot \vec{b}$ ④ $|\vec{a} \cdot \vec{b}|$

해설 평행사변형의 넓이 $= |\vec{a} \times \vec{b}|$
$= |\vec{a}||\vec{b}|\sin\theta$

19. CAD 시스템에서 서로 다른 CAD 시스템 간의 데이터 교환을 위한 대표적인 표준 파일 형식이 아닌 것은?

① IGES   ② ASCII
③ DXF   ④ STEP

해설 ASCII 코드는 128문자 표준 지정코드이다.

20. CAD 시스템 간에 상호 데이터를 교환할 수 있는 표준이 아닌 것은?

① DWG   ② IGES
③ DXF   ④ STEP

해설 DWG는 AutoCAD 작업 파일의 형태이다.

21. IGES 파일 포맷에서 엔티티들에 관한 실제 데이터, 즉 직선 요소의 경우 두 끝점에 대한 6개 좌푯값이 기록되어 있는 부분은?

① 스타트 섹션(start section)
② 글로벌 섹션(global section)
③ 디렉토리 엔트리 섹션(directory entry section)
④ 파라미터 데이터 섹션(parameter data section)

해설 IGES 파일은 start, global, directory, parameter, terminate의 5개 섹션으로 구성되어 있다.

22. CAD 데이터 교환 규격인 IGES에 대한 설명으로 틀린 것은?

① CAD/CAM/CAE 시스템 사이의 데이터 교환을 위한 최초의 표준이다.
② 1개의 IGES 파일은 6개의 섹션(section)으로 구성되어 있다.
③ directory entry 섹션은 파일에서 정의한 모든 요소(entity)의 목록을 저장한다.
④ 제품 데이터 교환을 위한 표준으로서 CALS에서 채택되어 주목받고 있다.

해설 IGES는 서로 다른 CAD/CAM 시스템에서 설계와 가공 정보를 교환하기 위한 표준으로, 현재 ISO의 표준 규격으로 제정되어 사용된다.

23. CAD 데이터의 교환 표준 중 하나로 국제표준화기구(ISO)가 국제 표준으로 지정하고 있으며, CAD의 형상 데이터뿐만 아니라 NC 데이터나 부품표, 재료 등도 표준 대상이 되는 규격은?

① IGES   ② DXF
③ STEP   ④ GKS

24. DXF(data exchange file) 파일의 섹션 구성에 해당되지 않는 것은?

① header section
② library section
③ tables section
④ entities section

해설 DXF 파일 : 헤더 섹션, 테이블 섹션, 블록 섹션, 엔티티 섹션, 엔드 오브 파일 섹션으로 구성되어 있다.

25. CAD 용어에 관한 설명으로 틀린 것은?

① 표시하고자 하는 화면상의 영역을 벗

어나는 선들을 잘라버리는 것을 트리밍(trimming)이라 한다.

② 물체를 완전히 관통하지 않는 홈을 형성하는 특징 형상을 포켓(pocket)이라 한다.

③ 명령의 실행 또는 마우스 클릭 시마다 On 또는 Off가 번갈아 나타나는 세팅을 토글(toggle)이라 한다.

④ 모델을 명암이 포함된 색상으로 처리한 솔리드로 표시하는 작업을 셰이딩(shading)이라 한다.

해설 트리밍은 지정된 경계를 기준으로 도면 요소의 일부를 잘라내는 작업으로, 선들을 잘라버리는 것은 아니다.

26. CAD 정보를 이용한 공학적 해석 분야와 가장 거리가 먼 것은?

① 질량 특성 분석   ② 정밀한 도면 제도
③ 공차 분석   ④ 유한 요소 해석

해설 정밀한 도면 제도는 어떠한 특성에 대한 분석이나 해석을 하는 것이 아니므로 CAD 정보를 이용한 공학적 해석 분야와 거리가 멀다.

27. 기존의 제품에 대한 치수를 측정하여 도면을 만드는 작업을 부르는 말로 적절한 것은?

① RE(Reverse Engineering)
② FMS(Flexible Manufacturing System)
③ EDP(Electronic Data Processing)
④ ERP(Enterprise Resource Planning)

해설 역설계(Reverse Engineering) : 실제 부품의 표면을 3차원으로 측정한 정보로 부품 형상 데이터를 얻어 모델을 만드는 방법이다.

28. 각 도형 요소를 하나씩 지정하거나 하나의 폐다각형을 지정하여 안쪽이나 바깥쪽에 있는 모든 도형요소를 하나의 단위로 묶어서 한 번에 조작할 수 있는 기능은?

① 그룹(group)화 기능
② 데이터베이스 기능
③ 다층 구조(layer) 기능
④ 라이브러리(library) 기능

29. 다음과 같은 곡면 편집 기법 중에서 인접한 두 면을 둥근 모양으로 부드럽게 연결하도록 처리하는 것은?

① fillet   ② smooth
③ mesh   ④ trim

해설 • smooth : 화면에 굴곡이 심하게 표현된 면을 평활한 곡면으로 재계산하여 처리한다.
• mesh : 유한 요소 해석의 전처리 단계에서 사용하며, 곡선과 면을 그물망처럼 나누어 다각형으로 처리한다.
• trim : 기준선이나 곡선을 기준으로 필요 없는 부분을 잘라서 처리한다.

30. 양궁 과녁과 같이 일정 간격을 가진 여러 개의 동심원으로 구성되는 형상을 만들려고 한다. 가장 적절하게 사용될 수 있는 기능은?

① zoom   ② move
③ offset   ④ trim

해설 offset : 도면 요소를 일정한 간격으로 평행하게 이동시켜 같은 도면 요소를 복사하는 작업이다.

정답   26. ②   27. ①   28. ①   29. ①   30. ③

제 **2** 편

과년도 출제 문제

2009년 시행 문제

기계설계산업기사

제1과목 : 기계 가공법 및 안전관리

1. 슬로터를 이용한 가공이 아닌 것은?

① 안지름 키 홈(key way)

② 안지름 스플라인(spline)

③ 세레이션(serration)

④ 나사(thread)

> [해설] 슬로터는 직선 왕복 운동으로 절삭을 하는 공작 기계이다. 나사를 절삭하려면 회전 운동이 필요하므로 슬로터로는 가공할 수 없다.

2. 연삭숫돌의 3요소가 아닌 것은?

① 입자　　　　② 결합제

③ 입도　　　　④ 기공

> [해설] 연삭숫돌의 3요소
> 입자, 결합제, 기공

3. 수평 밀링 머신에 대한 설명이 아닌 것은?

① 주축은 기둥 상부에 수평으로 설치한다.

② 스핀들 헤드는 고정형 및 상하 이동형, 필요한 각도로 경사시킬 수 있는 경사형 등이 있다.

③ 주축에 아버를 고정하고 회전시켜 가공물을 절삭한다.

④ 공작물은 전후, 좌우, 상하 3방향으로 이동한다.

> [해설] ②는 수직 밀링 머신에 대한 설명이다.

4. 테이퍼 플러그 게이지(taper plug gage)의 측정에서 그림과 같이 정반 위에 놓고 핀을 이용하여 측정하려고 한다. M을 구하는 식은?

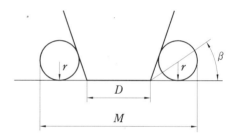

① $M = D + 2r + 2r \times \cot\beta$

② $M = D + r + r \times \cot\beta$

③ $M = D + 2r + 2r \times \tan\beta$

④ $M = D + r + r \times \tan\beta$

> [해설] $M = D + 2r + 2r \times \tan(90° - \beta)$
> $\qquad = D + 2r + 2r \times \cot\beta$

5. 선반에서 지름 102 mm인 환봉을 300 rpm으로 가공할 때 절삭 저항력이 100 kgf이었다. 이때 선반의 절삭 효율을 75%라 하면 절삭 동력은 약 몇 kW인가?

① 1.4　　　　② 2.1

③ 3.6　　　　④ 5.4

> [해설] $V = \dfrac{\pi DN}{1000} = \dfrac{\pi \times 102 \times 300}{1000}$
> $\qquad \fallingdotseq 96.08\,\text{m/min} \fallingdotseq 1.6\,\text{m/s}$

$$\therefore H = \frac{Fv}{1000\eta} = \frac{981 \times 1.6}{1000 \times 0.75} = 2.1\,\text{kW}$$

6. 미소분말을 초고온(2000℃), 초고압(5만 기압 이상)에서 소결하여 만든 인공 합성 절삭 공구 재료로 뛰어난 내열성과 내마모성으로 인해 난삭재료, 담금질강, 고속도강, 내열강 등의 절삭에 많이 사용되고 있는 것은?

① CBN 공구   ② 다이아몬드 공구
③ 서멧 공구   ④ 세라믹 공구

해설 • 다이아몬드 공구 : 내마모성이 뛰어나 거의 모든 재료의 절삭에 사용된다.
• 서멧 공구 : 산화알루미늄(Al_2O_3) 분말에 TIC 또는 TIN 분말을 혼합 소결한 것이다.
• 세라믹 공구 : 산화알루미늄 분말에 규소(Si) 및 마그네슘(Mg) 등의 무기질 비금속 재료를 고온에서 소결한 것으로 고속 경절삭에 좋다.

7. 공작 기계로 가공된 평탄한 면을 더욱 정밀하게 다듬질하는 공구로 공작 기계의 베드, 미끄럼면, 측정용 정밀 정반 등 최종 마무리 가공에 사용되는 수공구는?

① 리머   ② 정
③ 다이스   ④ 스크레이퍼

해설 스크레이퍼 작업은 기계 가공된 면을 더욱 정밀하게 다듬질하는 것을 말하며, 이때 사용하는 공구를 스크레이퍼라고 한다.

8. CNC 선반(수치 제어 선반)에 대한 설명이 잘못된 것은?

① 좌표치의 지령 방식에는 절대 지령과 증분 지령이 있으며, 한 블록에 2가지를 혼합하여 지령할 수 없다.
② 축은 공구대가 전후 좌우의 2방향으로 이동하므로 2축을 사용한다.
③ taper나 원호 절삭 시 임의의 인선 반지름을 가지는 공구의 인선 반지름에 의한 가공 경로의 오차를 CNC 장치에서 자동으로 보정하는 인선 반지름 보정 기능이 있다.
④ 휴지(dwell) 기능은 지정한 시간 동안 이송이 정지되는 기능을 의미한다.

해설 좌표치 지령 방식은 절대 지령 방식, 증분 지령 방식, 혼합 지령 방식이 있다.

9. 선반의 주축을 중공축으로 한 이유에 속하지 않는 것은?

① 무게를 감소하여 베어링에 작용하는 하중을 줄이기 위하여
② 긴 가공물 고정이 편리하게 하기 위하여
③ 지름이 큰 재료의 테이퍼를 깎기 위하여
④ 굽힘과 비틀림 응력의 강화를 위하여

해설 주축을 중공축으로 하는 이유
• 베어링에 작용하는 하중을 줄여준다.
• 굽힘과 비틀림 응력에 강하다.
• 긴 공작물 고정에 편리하다.
• 센터를 쉽게 분리할 수 있다.

10. 비트리 파이드계 연삭숫돌로 안지름 연삭을 할 때 일반적으로 공작물의 원주 속도는 몇 m/min인가? (단, 이 값은 공작물의 재질 등에 따라 일정하지 않다.)

① 100~300   ② 300~600
③ 600~1800   ④ 1600~2000

11. 다이얼 게이지는 어떤 측정기에 속하는가?

① 전장 측정기   ② 단면 측정기
③ 비교 측정기   ④ 각도 측정기

12. 공작물을 화학 반응을 통하여 가공하는 화학적 가공의 특징으로 틀린 것은?

① 강도나 경도에 관계없이 사용할 수 있다.

② 가공 경화 또는 표면 변질층이 생긴다.

③ 복잡한 형상과 관계없이 표면 전체를 한 번에 가공할 수 있다.

④ 한번에 여러 개를 가공할 수 있다.

해설 화학적 가공에는 부식 가공, 화학 연마 등이 있으며 가공 경화나 표면 변질층이 생기지 않는 것이 특징이다.

13. 드릴 머신으로 얇은 철판에 구멍을 뚫을 때, 공작물 보조 받침대로 가장 좋은 것은?

① 구리판　　　② 강철판

③ 나무판　　　④ 니켈판

14. 절삭 공구를 육각형 모양의 드럼(drum)에 가공 공정 순서대로 장착하고 동일 치수의 제품을 대량 생산하고자 한다. 이때 사용하는 공작 기계로 가장 적합한 것은?

① 탁상 선반　　　② 정면 선반

③ 수직 선반　　　④ 터릿 선반

해설 터릿 선반 : 보통 선반의 심압대 대신 여러 개의 공구를 방사상으로 설치하여 공정 순서대로 공구를 사용할 수 있도록 되어 있다.

15. 길이가 2m인 어떤 물체의 온도가 2℃ 상승하였을 때 온도 변화에 따른 길이 변화량은 몇 μm인가? (단, 물체의 열팽창계수는 11.3×10^{-6}/℃이다.)

① 2.8　　　② 11.3

③ 28　　　④ 45.2

해설 $\lambda = l \cdot \alpha \cdot \Delta t = 2 \times (11.3 \times 10^{-6}) \times 2$
$= 0.0000452 \text{m} = 45.2 \mu\text{m}$

16. 작업장에서 무거운 짐을 들고 운반 작업을 할 때의 설명으로 틀린 것은?

① 짐은 가급적 몸 가까이 가져온다.

② 가능한 상체를 곧게 세우고 등을 반듯이 하여 들어 올린다.

③ 짐을 들어 올릴 때 충격이 없어야 한다.

④ 짐은 무릎을 굽힌 자세에서 들고 편 자세에서 내려놓는다.

해설 짐은 무릎을 편 자세에서 들고 굽힌 자세에서 내려놓는다.

17. 절삭유제에 대한 설명 중 옳은 것은?

① 마찰계수가 높고 표면 장력이 커야 한다.

② 공구의 인선을 냉각시켜 공구의 경도 저하를 방지한다.

③ 식물유는 냉각 효과가 우수하므로 고속 다듬질 절삭에 좋다.

④ 광(물)유는 윤활 작용이 좋고 냉각성이 크다.

18. 응급 처치 시 유의사항에 위배되는 것은?

① 긴급을 요하는 환자가 2인 이상 발생하였을 경우 대출혈, 중독 등의 환자보다 심한 소리와 행동을 나타내는 환자를 우선 처치해야 한다.

② 충격 방지를 위하여 환자의 체온 유지에 노력해야 한다.

③ 응급 의료진과 가족에게 연락하고 주위 사람에게 도움을 요청해야 한다.

④ 의식 불명 환자에게 물이나 기타 음료수를 먹이지 말아야 한다.

정답 **12.** ②　**13.** ③　**14.** ④　**15.** ④　**16.** ④　**17.** ②　**18.** ①

19. 브로칭 머신에 사용하는 절삭 공구 브로치의 피치 간격을 일정하게 하지 않는 이유는?

① 난삭재 가공
② 떨림 발생 방지
③ 가공 시간 단축
④ 칩 처리 용이

20. 선반에서 양 센터 작업 시 주축의 회전을 공작물에 전달하기 위하여 사용되는 것은?

① 센터 드릴(center drill)
② 돌리개(lathe dog)
③ 면 판(face plate)
④ 방진구(work rest)

제2과목 : 기계 제도

21. 그림에 나타난 볼트는 고정하는 방법에 따라 분류할 때 어느 볼트에 해당하는가?

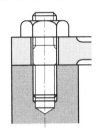

① 관통 볼트   ② 탭 볼트
③ 스터드 볼트   ④ 기초 볼트

해설 스터드 볼트는 볼트 머리가 없고 양쪽이 수나사로 되어 있다.

22. 다음과 같이 경사지게 잘린 사각뿔의 전개도로 가장 적합한 형상은?

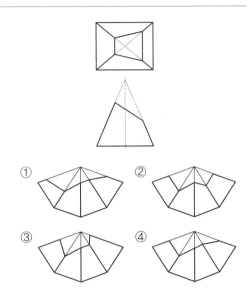

23. 모양 및 위치의 정밀도 허용값을 도시한 것 중 올바르게 나타낸 것은?

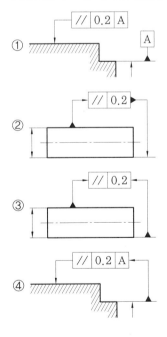

24. 나사의 종류를 표시하는 기호 중 미터 사다리꼴나사의 기호는?

① M　　　　　② SM

③ TM　　　　④ Tr

해설 • M : 미터 보통 나사, 미터 가는 나사
• TM : 30° 사다리꼴나사

25. 그림과 같은 부등변 형강의 치수 표시 기호로 옳은 것은?

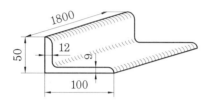

① $L100 \times 9 \times 50 \times 12 - 1800$

② $L1800 - 100 \times 50 \times \dfrac{9}{12}$

③ $L50 \times 100 - 1800 \times \dfrac{12}{9}$

④ $L50 \times 100 \times 12 \times 9 - 1800$

26. φ45 축에 대한 공차 치수 중 축의 최대 허용 치수가 가장 큰 것은?

① $\phi45g7$　　　② $\phi45h7$

③ $\phi45n7$　　　④ $\phi45m7$

해설 축의 최대 허용 치수는 a에 가까울수록 작아지고 z에 가까울수록 커진다.

27. 재료 기호가 "STD 10"으로 표기되어 있을 경우, 이 재료는 KS에서 무슨 재료인가?

① 기계 구조용 합금강 강재

② 탄소 공구강 강재

③ 기계 구조용 탄소 강재

④ 합금 공구강 강재

해설 • 탄소 공구강 강재 : STC
• 기계 구조용 탄소 강재 : SM
• 합금 공구강 강재 : STS, STD

28. 스케치도에 관한 설명으로 틀린 것은?

① 측정한 치수를 기입한다.

② 프리 핸드로 그린다.

③ 재질 및 가공법은 기입할 필요가 없다.

④ 제작도로 대신 사용하기도 한다.

해설 스케치도는 각 부품에 투상, 치수, 표면 거칠기, 재질, 가공법, 부품 수 등을 기입한다.

29. 최소 죔새를 나타낸 것은? (단, 조립 전 치수를 기준으로 한다.)

① 구멍의 최대 허용 치수 - 축의 최소 허용 치수

② 축의 최소 허용 치수 - 구멍의 최대 허용 치수

③ 축의 최대 허용 치수 - 구멍의 최소 허용 치수

④ 구멍의 최소 허용 치수 - 축의 최대 허용 치수

해설 최소 죔새는 억지 끼워맞춤일 때 축의 최소 허용 치수에서 구멍의 최대 허용 치수를 뺀 값이다.

30. 용접 기호 중에서 필릿 용접 기호는?

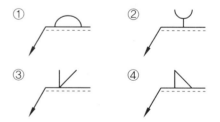

31. 호칭 번호가 6900인 베어링을 올바르게 설명한 것은?

① 안지름이 12mm인 원통 롤러 베어링

② 안지름이 12mm인 자동조심 볼 베어링

③ 안지름이 10mm인 단열 깊은 홈 볼 베

어링

④ 안지름이 10mm인 니들 롤러 베어링

해설 00 : 10mm, 01 : 12mm, 02 : 15mm, 03 : 17mm, 04부터는 5배

32. 다음 입체도를 3각법으로 투상한 도면으로 올바른 것은?

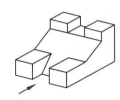

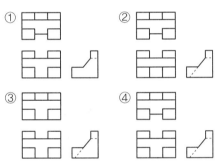

33. 나사의 표시법 중 관용 평행 나사 A급을 표시하는 방법으로 옳은 것은?

① PT$\frac{1}{2}$－A

② PF$\frac{1}{2}$－A

③ A급 PT$\frac{1}{2}$

④ A급 PF$\frac{1}{2}$

해설 • PT : 관용 테이퍼 나사
• PF : 관용 평행 나사
• A : 나사의 등급

34. 그림에 표시된 공차를 옳게 설명한 것은?

◎ $\phi 0.04$ A Ⓜ

① 데이텀 형체에 최대 실체 공차를 적용

② 치수에 최소 실체 공차를 적용

③ 동축도 공차로 최대 실체 공차를 적용

④ 진원도 공차로 최소 실체 공차를 적용

해설 Ⓜ은 최대 실체 공차 방식의 적용을 지시하는 기호이다. 그림은 공차붙이 형체와 데이텀 형체에 모두 적용하는 경우를 나타낸다.

35. 바깥지름이 50 mm인 파이프를 그림의 용접 기호와 같이 용접했을 때 총 용접선의 길이는?

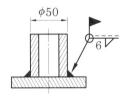

① 약 50mm

② 약 157mm

③ 약 100mm

④ 약 142mm

해설 $L = \pi D ≒ 157 \, mm$

36. 표면의 결 도시 방법에서 가공에 의한 커터 줄무늬 방향이 기입한 면의 중심에 대하여 대략 동심원 모양일 때 기호는?

① ×

② M

③ C

④ R

해설 줄무늬 방향 지시 기호

기 호	커터의 줄무늬 방향
=	투상면에 평행
⊥	투상면에 수직
×	2개의 경사면에 수직
M	여러 방향으로 교차
C	중심에 대해 대략 동심원 모양
R	중심에 대해 대략 방사 모양

37. 다음 도면에서 A~D 선의 용도에 대한

명칭으로 잘못된 것은?

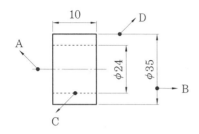

① A : 중심선
② B : 치수선
③ C : 숨은선(은선)
④ D : 지시선

해설 D : 치수 보조선

38. 파이프 상단 중앙에 드릴 구멍을 뚫은 아래와 같은 정면도를 보고 우측면도를 작성했을 때 가장 적합한 것은?

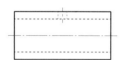

①   ②

③   ④

39. 나사의 제도 방법을 설명한 것으로 틀린 것은?

① 수나사에서 골지름은 가는 실선으로 도시한다.
② 불완전 나사부를 나타내는 골지름 선은 축선에 대해 평행하게 표시한다.
③ 암나사의 측면도에서 호칭 경에 해당하는 선은 가는 실선이다.

④ 완전 나사부란 산봉우리와 골 밑 모양의 양쪽 모두 완전한 산형으로 이루어지는 나사부이다.

해설 불완전 나사부를 나타내는 골지름 선은 축선에 대해 30°의 가는 실선으로 그린다.

40. 입체도에서 화살표 방향을 정면도로 할 경우 평면도로 올바른 것은?

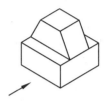

①   ②

③   ④

제3과목 : 기계 설계 및 기계 재료

---

41. 조직이 펄라이트와 시멘타이트로 이루어진 강은?

① 연강   ② 과공석강
③ 아공석강   ④ 공석강

42. 합금강에서 합금 원소의 함유량이 많아 내식성, 내열성 및 자경성을 크게 증가시키며 탄화물을 만들기 쉽고, 내마멸성이 커지게 하는 원소는?

① W   ② V
③ Ni   ④ Cr

해설 • W : Cr과 비슷, 고온 강도, 경도 증가
• V : Mo과 비슷, 경화성은 더욱 커지나 단독
으로 사용 안 됨
• Ni : 강인성, 내식성, 내마멸성 증가

43. 탄소강은 일반적으로 충격치가 천이온도
에 도달하면 급격히 감소되어 취성이 생기
는데, 이 취성을 무엇이라 하는가?

① 저온 취성   ② 청열 취성
③ 뜨임 취성   ④ 적열 취성

해설 저온 취성 : 상온 이하로 내려갈수록 경도,
인장 강도는 증가하나 연신율은 감소하여 차차
여리고 약해진다. −70℃에서는 연강에서도 취
성이 나타나는데, 이런 현상을 저온 메짐 또는
저온 취성이라 한다.

44. 배빗 메탈(babbit metal)의 주요 성분으
로 옳은 것은?

① Sn−Sb−Cu   ② Sn−Sb−Zn
③ Sn−Pb−Si   ④ Sn−Pb−Cu

해설 배빗 메탈 : Sn−Sb−Cu계 합금으로 Sb,
Cu가 증가하면 경도, 인장 강도, 항압력이 증가
한다.

45. 합금 공구강의 KS 분류기호로 옳은 것은?

① STC   ② SC
③ STS   ④ GCD

해설 • 합금 공구강 : STS, STD, STF
• 탄소 공구강 : STC
• 주강 : SC
• 구상흑연주철 : GCD

46. 금반지를 18(K) 금으로 만들었다. 순금
(Au)은 몇 %가 함유된 것인가?

① 18   ② 34   ③ 75   ④ 92

해설 $\dfrac{18K}{24K} \times 100 = 75\%$

47. 금속의 공통적인 특성을 설명한 것으로
틀린 것은?

① 연성 및 전성이 좋다.
② 금속 고유의 광택을 갖는다.
③ 열과 전기의 부도체이다.
④ 고체 상태에서 결정 구조를 갖는다.

해설 열 및 전기의 양도체이다.

48. Cu−Sn의 평형 상태도에서 r상이 520℃
에서 일으키는 변태는?

① 포정 변태   ② 포석 변태
③ 공정 변태   ④ 공석 변태

49. 기계 구조용 탄소강 SM45C의 탄소 함유
량으로 가장 적당한 것은?

① 0.02∼2.01%   ② 0.04∼0.05%
③ 0.32∼0.38%   ④ 0.42∼0.48%

해설 • SM : 기계 구조용 탄소강
• 45C : 탄소 함유량

50. 다음 금속 중 자기 변태점이 없는 것은?

① Fe   ② Ni
③ Co   ④ Zn

해설 철(Fe), 코발트(Co), 니켈(Ni) 등과 같은
강자성체인 금속을 가열하면 일정한 온도 이상
에서 금속의 결정 구조는 변하지 않으나 자성을
잃고 상자성체로 자성이 변하는데, 이와 같은
변태를 자기 변태라 한다.

51. 원통형 커플링(cylindrical coupling)의
종류에 해당하지 않는 것은?

① 플랜지 커플링　② 머프 커플링
③ 마찰 원통 커플링　④ 셀러 커플링

해설 원통 커플링 : 구조가 가장 간단하며 외형이 원통형으로 된 커플링으로 머프 커플링, 마찰 원통 커플링, 셀러 커플링, 반중첩 커플링, 분할 원통 커플링의 다섯 종류가 있다.

52. 그림에서 기어 A의 잇수 Z_A=30, 기어 B의 잇수 Z_B=20이라 할 때 A를 고정하고 암 H를 시계 방향(+)으로 2회전시킬 경우 B는 약 몇 회전하는가? (단, 시계 방향을 +, 반시계 방향을 −로 한다.)

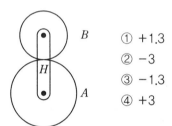

① +1.3
② −3
③ −1.3
④ +3

53. 피치원 지름이 무한대인 기어는?

① 랙(rack) 기어
② 헬리컬(helical) 기어
③ 스퍼(spur) 기어
④ 나사(screw) 기어

해설 피치원 지름이 무한대이면 직선이 되며, 직선인 기어는 랙 기어이다.

54. 96000 N · cm 토크를 전달하는 지름 50mm인 축에 적합한 묻힘 키(폭×높이= 12mm×8mm)의 길이는 약 몇 mm 이상인가? (단, 키의 전단 강도만으로 계산하고, 키의 허용 전단 응력 τ=8000N/cm²이다.)

① 40mm
② 50mm
③ 5mm
④ 4mm

해설 $l = \dfrac{2T}{b\tau d} = \dfrac{2 \times 96000}{1.2 \times 8000 \times 5}$
$= 4\,\mathrm{cm} = 40\,\mathrm{mm}$

55. 안전율에 대한 설명으로 틀린 것은?

① 안전율은 항상 1보다 큰 값을 갖는다.
② 재료의 허용 응력에 대한 기준 강도의 비이다.
③ 재료의 허용 응력이 기준 강도보다 반드시 커야 한다.
④ 충격 하중은 정하중보다 안전율을 크게 한다.

해설 안전율 : 재료의 기준 강도와 허용 응력과의 비(안전율＞1)

56. 임의의 점에서 직선 거리 L만큼 떨어진 곳에서 힘 F가 수직으로 작용할 때 발생하는 모멘트 M을 바르게 나타낸 것은?

① $M = F \times L$
② $M = F/L$
③ $M = L/F$
④ $M = F + L$

57. 길이가 100mm인 봉이 인장 응력을 받았을 때 변형률이 1이라면 변형 후 전체 길이는 얼마인가?

① 50mm
② 100mm
③ 150mm
④ 200mm

해설 $\varepsilon = \dfrac{l' - l}{l}$ 에서

$1 = \dfrac{l' - 100}{100}$, $l' - 100 = 100$

$\therefore l' = 100 + 100 = 200\,\mathrm{mm}$

58. 국제단위계(SI)에서 기본 단위에 해당하지 않는 것은?

① 질량(kg)
② 평면각(rad)

③ 전류(A)　　　　④ 광도(cd)

해설 SI 기본 단위

양	기호
길이	m
물질의 양	mol
전류	A
온도	K
시간	s
질량	kg
광도	cd

59. 베어링 번호가 No.6206인 롤링 베어링의 안지름은?

① 6mm　　　　② 20mm
③ 30mm　　　　④ 40mm

해설 $6 \times 5 = 30$ mm

60. 두 물체 사이의 거리를 일정하게 유지시키면서 결합하는 데 사용하는 볼트는?

① 아이볼트　　　　② 스테이 볼트
③ T 볼트　　　　④ 리머 볼트

해설 • 아이볼트 : 부품을 들어올리는 데 사용하며 링 모양으로 구멍이 뚫려 있다.
• T 볼트 : 공작 기계 테이블의 T홈에 끼워 공작물을 고정시키는 데 사용한다.
• 리머 볼트 : 정밀한 위치 조립을 하기 위해 볼트와 끼워맞춤한다.

제4과목 : 컴퓨터 응용 설계

---

61. 공간상에서 선을 이용하여 3차원 물체를 표시하는 와이어 프레임 모델의 특징을 설명한 것 중 틀린 것은?

① 3면 투시도 작성이 용이하다.
② 단면도 작성이 불가능하다.
③ 물리적 성질의 계산이 가능하다.
④ 은선 제거가 불가능하다.

해설 와이어 프레임 모델링은 단면도 작성 및 물리적 성질의 계산이 불가능하다.

62. 타원체면(ellipsoid)에 대한 방정식이 맞게 표현된 것은? (단, a, b, c, r은 상수이다.)

① $\dfrac{x^2}{a^2} + \dfrac{y^2}{b^2} + \dfrac{z^2}{c^2} = 1$
② $x^2 + y^2 + z^2 = a^2 + b^2 + c^2$
③ $x^2 + y^2 + z^2 = r^2$
④ $\dfrac{x}{a} + \dfrac{y}{b} + \dfrac{z}{c} = r$

해설 도형의 방정식
• 직선 : $\dfrac{x}{a} + \dfrac{y}{b} = 1$　• 원 : $x^2 + y^2 = r^2$
• 포물선 : $y^2 - 4ax = 0$　• 구 : $x^2 + y^2 + z^2 = r^2$
• 쌍곡선 : $\dfrac{x^2}{a^2} - \dfrac{y^2}{b^2} = 1$

63. 중앙처리장치(CPU)의 구성 요소가 아닌 것은?

① 제어장치　　　　② 연산장치
③ 입출력장치　　　　④ 주기억장치

해설 컴퓨터의 장치 중 사람의 두뇌에 해당하는 제어장치, 주기억장치, 연산장치를 보통 한 묶음으로 하여 중앙처리장치 또는 CPU라 부른다.

64. $x^2 + y^2 + z^2 - 4x + 6y - 10z + 2 = 0$인 방정식으로 표현되는 구의 중심점과 반지름은 각각 얼마인가?

① 중심 : $(-2, 3, -5)$, 반지름 : 6

② 중심 : (2, −3, 5), 반지름 : 6
③ 중심 : (−4, 6, 10), 반지름 : 2
④ 중심 : (4, −6, 10), 반지름 : 2

해설 $x^2+y^2+z^2-4x+6y-10z+2=0$
$(x^2-4x)+(y^2+6y)+(z^2-10z)+2=0$
$(x-2)^2+(y+3)^2+(z-5)^2-(2^2+3^2+5^2)+2=0$
$(x-2)^2+(y+3)^2+(z-5)^2=(2^2+3^2+5^2)-2$
$(x-2)^2+(y+3)^3+(z-5)^2=36$
∴ 구의 중심 : (2, −3, 5), 반지름 : 6

65. 메뉴의 선택이나 위치 또는 좌표값의 입력 등 그래픽 작업을 신속하고 손쉽게 할 수 있도록 하는 입력장치가 아닌 것은?

① 라이트 펜(light pen)
② 조이스틱(joystick)
③ 하드카피(hard copy)
④ 마우스(mouse)

해설 • 출력장치 : 음극관(CRT), 평판 디스플레이, 플로터, 프린터 등
• 입력장치 : 키보드, 태블릿, 마우스, 조이스틱, 컨트롤 다이얼, 트랙볼, 라이트 펜 등

66. 비트(bit)에 대한 설명으로 틀린 것은?

① 컴퓨터에서 데이터를 나타내는 최소 단위이다.
② 0과 1을 동시에 나타내는 정보 단위이다.
③ binary digit의 약자이다.
④ 2진수로 표시된 정보를 나타내기에 알맞다.

해설 비트는 자료 표현의 최소 단위로 0 또는 1을 나타내는 2진수의 정보 단위이다.

67. 화면에 CAD 모델들을 현실감 있게 나타내기 위하여 채색이나 음영 등을 주는 작업은?

① animation　　② simulation
③ modeling　　④ rendering

해설 rendering : 평면에 현실감을 나타내기 위해 여러 가지 방법을 이용하여 모델을 입체적으로 보이게 하는 작업을 말한다.

68. CAD/CAM 시스템을 이용하여 2차원 작업을 하기 위한 기본 도형이 아닌 것은?

① 직선(line)
② 원(circle)
③ 곡선(curve)
④ 구(sphere)

69. 평면상에서 직교 좌표계의 기준 직교축의 원점에서부터 점 P까지의 직선거리(r)와 기준 직교축과 그 직선이 이루는 각도(θ)로 표시되는 좌표계는?

① 절대 좌표계
② 극좌표계
③ 원통 좌표계
④ 구면 좌표계

70. 2차원 변환 행렬이 다음과 같을 때 좌표 변환 H는 무엇을 의미하는가?

$$H=\begin{bmatrix} 3 & 0 & 0 \\ 0 & 3 & 0 \\ 0 & 0 & 1 \end{bmatrix}$$

① 확대　　② 회전
③ 이동　　④ 반사

71. 제품의 모델(model)과 그에 관련된 데이터 교환에 관한 표준 데이터 형식이 아닌 것은?

① STEP　　② IGES
③ DXF　　④ DWG

해설 DWG는 AutoCAD 작업 파일의 형태이다.

72. 구멍(hole), 슬롯(slot), 포켓(pocket) 등의 형상 단위를 라이브러리(library)에 미리 갖추어 놓고 필요시 이들의 치수를 변화시켜 설계에 사용하는 모델링 방식은?

① parametric modeling
② feature−based modeling
③ solid modeling
④ boolean operation modeling

해설 특징 형상 모델링(feature−based modeling) 설계자들이 빈번하게 사용하는 임의의 형상을 미리 정의해 놓고, 변숫값만 입력하여 원하는 형상을 얻도록 하는 기법이다.

73. Bezier 곡선 방정식의 특징으로 적당하지 않은 것은?

① 생성되는 곡선은 다각형의 시작점과 끝점을 반드시 통과해야 한다.
② 다각형의 첫째 선분은 시작점의 접선 벡터와 같은 방향이고, 마지막 선분은 끝점의 접선 벡터와 같은 방향이다.
③ 다각형의 꼭짓점 순서를 거꾸로 하여 곡선을 생성하여도 같은 곡선을 생성하여야 한다.
④ 꼭짓점의 한 곳이 수정될 경우 그 점을 중심으로 일부만 수정이 가능하므로 곡선의 국부적인 조정이 가능하다.

해설 Bezier 곡선에서는 한 개의 조정점의 움직임이 곡선의 전 구간에 영향을 미친다.

74. 모델링 방법 가운데 블록, 육면체, 구, 원통과 같은 기초 형상을 조합하여 boolean 연산에 의해 모델링하는 방법은?

① CSG(Constructive Solid Geometry)
② B−rep(Boundary representation)
③ wire frame

④ patch modeling

75. 미국 표준협회에서 제정한 코드로 '미국 정보교환표준부호'라는 의미를 지니고 있으며 7비트 혹은 8비트로 한 문자를 표시하는 코드는?

① GRAY code   ② BCD code
③ ASCII code   ④ EBCDIC code

76. 다음 설명에 해당하는 것은?

> 이미 제작된 제품에서 3차원 데이터를 측정하여 CAD 모델로 만드는 작업

① reverse engineering
② feature−based modeling
③ digital mock−up
④ virtual manufacturing

해설 역설계(reverse engineering) : 기존 부품을 3차원 스캐닝하여 모델링 변환을 하는 작업이다.

77. 컬러 모니터에 사용하는 3가지 기본 색상에 포함되지 않는 것은?

① 빨강   ② 노랑
③ 파랑   ④ 초록

해설 컬러 모니터에 사용하는 3가지 기본 색상은 적색(red), 녹색(green), 청색(blue)이다.

78. 4개의 경계 곡선이 주어진 경우 경계 곡선(boundary curve) 내부를 부드러운 곡선으로 채워 정의되는 곡면은?

① Coons 곡면
② Bezier 곡면
③ Ferguson 곡면

④ sweep 곡면

해설 쿤스(Coons) 곡면은 4개의 경계 곡선을 선형 보간하여 형성하는 곡면으로, 곡면을 변형시키지 않고 펼쳐서 평면으로 전개하는 표현에는 적합하지 않다.

79. 그래픽 디스플레이에서 스토리지형 디스플레이의 특징이 아닌 것은?

① 해상도가 우수하다.
② 밝기와 선명도가 낮다.
③ 플리커 현상이 발생하지 않는다.
④ 애니메이션에 적합하다.

해설 스토리지형 디스플레이 특징
• 해상도가 우수하다.
• 애니메이션에 적합하지 않다.
• 라이트 펜을 사용할 수 없다.
• 단색으로 밝기와 선명도가 낮다.
• 표현할 수 있는 도형의 양에 제한이 없다.

80. 서피스 모델에서 사용되는 기본 곡면의 종류에 속하지 않는 것은?

① revolved surface
② topology surface
③ sweep surface
④ bezier surface

해설 서피스 모델에서 사용되는 기본 곡면은 룰드 곡면, 스윕 곡면, 베지어 곡면, 회전 곡면, 테이퍼 곡면 등이 있다.

기계설계산업기사

제1과목 : 기계 가공법 및 안전관리

1. 센터리스 연삭기에서 조정 숫돌의 주된 역할은?

① 공작물의 연삭
② 공작물의 지지
③ 공작물의 이송
④ 연삭숫돌 회전

해설 조정 숫돌은 연삭숫돌 축에 대하여 일반적으로 $2 \sim 8°$로 경사시키며, 가공물의 회전과 이송을 한다.

2. 회전하는 상자 속에 공작물과 숫돌 입자, 공작액, 콤파운드(compound) 등을 함께 넣고 공작물을 입자와 충돌시켜 매끈한 가공면을 얻는 가공 방법은?

① 숏 피닝(shot peening)
② 배럴 다듬질(barrel finishing)
③ 버니싱(burnishing)
④ 롤러(roller) 가공

해설 • 숏 피닝 : 숏 볼을 가공면에 고속으로 강하게 두드려서 금속 표면층의 경도와 강도를 증가시켜 피로 한계를 높이고 기계적 성질을 향상시키는 가공법
• 버니싱 : 일종의 소성 가공으로 원통의 내면 및 외면이 매끈하게 다듬질된 강구 또는 롤러로 공작물에 압입하여 표면을 매끈하게 다듬는 가공법

3. 연강을 쇠톱으로 절단하는 방법으로 틀린 것은?

① 쇠톱으로 절단을 할 때 톱날의 왕복 횟수는 1분에 약 50~60회가 적당하다.
② 쇠톱을 앞으로 밀 때 균등한 절삭 압력을

준다.
③ 쇠톱 작업을 할 때 톱날의 전체 길이를 사용하도록 한다.
④ 쇠톱을 당길 때 재료가 잘리므로 톱날의 방향은 잘리는 방향으로 고정한다.

해설 쇠톱을 밀 때 재료가 잘리므로 톱날을 고정할 때는 톱날이 앞쪽을 향하도록 고정한다.

4. 기어 절삭법이 아닌 것은?

① 창성법
② 인베스트먼트법
③ 형판에 의한 방법
④ 총형 공구에 의한 방법

해설 인베스트먼트법 : 왁스나 파라핀을 이용하여 모형을 만들고 내화성 주형재료를 부착시킨 후 열을 가하여 내부 모형을 제거하는 방법으로, 주형을 만드는 특수 주조법이다.

5. 공구 마멸 중에서 공구날의 윗면이 칩의 마찰로 오목하게 패이는 현상을 무엇이라 하는가?

① 구성 인선
② 크레이터 마모
③ 프랭크 마모
④ 칩 브레이커

6. 보통 선반 사용 시 주의해야 할 안전사항 중 옳은 것은?

① 바이트를 교환할 때는 기계를 정지시키지 않아도 된다.
② 나사 가공이 끝나면 반드시 하프 너트를 풀어 놓는다.
③ 바이트는 가급적 길게 설치한다.
④ 저속 운전 중에는 주축 속도의 변환을 해도 된다.

정답 1. ③ 2. ② 3. ④ 4. ② 5. ② 6. ②

해설 보통 선반 사용 시 주의사항
• 기계를 정지하고 바이트를 교환한다.
• 바이트는 가급적 짧게 설치한다.
• 운전 중에는 주축 속도를 변환하지 않는다.

7. 여러 대의 NC 공작 기계를 1대의 컴퓨터에 연결시켜 작업을 수행하는 생산 시스템은?

① FMS ② ANC
③ DNC ④ CNC

8. 밀링에서 작업할 수 없는 것은?

① 나선 홈 가공 ② 기어 가공
③ 널링 가공 ④ 키 홈 가공

해설 널링 가공은 선반에서 작업한다.

9. 그림에서 X는 18mm, 핀의 지름은 6mm이면 A의 값은 약 몇 mm인가?

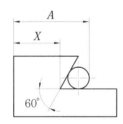

① 23.196 ② 26.196
③ 31.392 ④ 34.392

해설
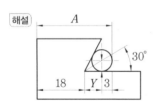

$$\frac{3}{Y} = \tan 30° ≒ 0.577, \ Y ≒ 5.199$$

$$\therefore A = 18 + Y + 3 ≒ 26.2 \text{mm}$$

10. 절삭 속도 90m/min, 커터의 날수 10개,

밀링 커터의 지름을 100mm, 1개의 날당 이송을 0.05mm라 할 때 테이블의 이송 속도는 약 몇 mm/min인가?

① 133.3 ② 143.3
③ 153.7 ④ 163.7

해설 $N = \dfrac{1000V}{\pi D} = \dfrac{1000 \times 90}{\pi \times 100}$
$≒ 286.62 \text{rpm}$

$\therefore f = f_z \times Z \times N = 0.05 \times 10 \times 286.62$
$≒ 143.3 \text{mm/min}$

11. 밀링 수직축 장치에 관한 설명으로 틀린 것은?

① 밀링 머신 부속장치의 일종이다.
② 수평 및 만능 밀링 머신에서 직립 밀링 가공을 할 수 있도록 베드면에 장치한다.
③ 일감에 따라 요구되는 각도로 선회시켜 사용할 수 있다.
④ 수평 방향의 스핀들 회전을 기어를 거쳐 수직 방향으로 전환시키는 장치이다.

12. 선반에서 길이 방향 이송, 전후 방향 이송, 나사깎기 이송 등의 이송장치를 가지고 있는 부분은?

① 왕복대
② 주축대
③ 이송 변환 기어박스
④ 리드 스크루

해설 왕복대는 베드 위에 있으며 새들, 에이프런, 하프 너트, 복식 공구대로 구성되어 있다.

13. 공작 기계의 기본 운동이 아닌 것은?

① 위치 조정 운동 ② 급속 귀환 운동
③ 이송 운동 ④ 절삭 운동

2009년

해설 • 위치 조정 운동 : 공구와 공작물 간의 절삭 조건에 따라 절삭 깊이를 조정하고, 일감 및 공구를 설치 · 제거하는 운동
• 이송 운동 : 공작물과 절삭 공구가 절삭 방향으로 이송하는 운동
• 절삭 운동 : 절삭 시 칩의 길이 방향으로 절삭 공구가 움직이는 운동

14. 보통 선반에서 보링(boring) 작업을 할 때 가장 많이 사용되는 공구는?

① 바이트(bite)   ② 엔드밀(end mill)
③ 탭(tap)   ④ 필터(filter)

15. 절삭 저항의 3분력에 속하지 않는 것은?

① 주분력   ② 이송 분력
③ 배분력   ④ 상대 분력

해설 절삭 저항의 3분력
주분력 > 배분력 > 이송 분력

16. 피복 초경합금의 피복재로 사용되지 않는 것은?

① TiC   ② TiN
③ Al_2O_3 ④ SiC

해설 피복재로 사용되는 것에는 TiC, TiN, TiCN, Al_2O_3 등이 있다.

17. 독일형 버니어 캘리퍼스라고도 부르며 슬라이더가 홈형으로, 내측면의 측정이 가능하고 최소 1/50mm로 측정할 수 있는 버니어 캘리퍼스는?

① M1형   ② M2형
③ CB형   ④ CM형

해설 CB형은 슬라이더가 상자형이며 CM형은 슬라이더가 홈형이다.

18. 화재를 A급, B급, C급, D급으로 구분했을 때 전기화재는 어느 급에 해당하는가?

① A급   ② B급
③ C급   ④ D급

해설 화재의 종류

구 분	A급화재	B급화재	C급화재	D급화재
명 칭	보통화재	기름화재	전기화재	금속화재

19. 사고 발생이 많이 일어나는 것에서 점차로 적게 일어나는 것의 순서로 옳은 것은?

① 불안전한 조건 → 불가항력 → 불안전한 행위
② 불안전한 행위 → 불가항력 → 불안전한 조건
③ 불안전한 행위 → 불안전한 조건 → 불가항력
④ 불안전한 조건 → 불안전한 행위 → 불가항력

20. 연삭숫돌 바퀴의 표시 "WA 46 J 4 V"에서 '4'가 나타내는 것은?

① 입도   ② 결합도
③ 조직   ④ 결합제

해설 숫돌의 단위 부피당 입자의 수를 조직이라고 하며, 기호 또는 번호로 나타낸다. 0~3은 밀(密), 4~6은 중(中), 7~12는 조(組)라고 하며, 입자의 부피비가 가장 높은 것은 밀이다.

제2과목 : 기계 제도

21. 표준 평기어의 피치원 지름을 D, 모듈을 m, 잇수를 z라 할 때 피치원 지름을 나타내

는 공식은?

① $D=zm$　　　② $D=\dfrac{zm}{2}$

③ $D=\dfrac{m}{z}$　　　④ $D=\dfrac{z}{m}$

해설 $m=\dfrac{D}{z}$, $D=mz$

22. 다음 입체도의 화살표 방향 투상도로 가
장 적합한 것은?

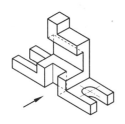

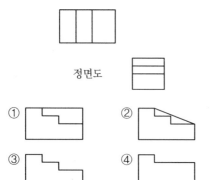

23. 다음과 같이 제3각법으로 정투상한 평면
도 우측면도에 가장 적합한 정면도는?

정면도

①②③④

24. "KS B 1101 둥근 머리 리벳 15×40 SV

400"으로 표시된 리벳의 호칭 도면의 해독
으로 가장 적합한 것은?

① 리벳 구멍 15개, 리벳 지름 40mm
② 리벳 호칭 지름 15mm, 리벳 길이 40mm
③ 리벳 호칭 지름 40mm, 리벳 길이 15mm
④ 리벳 피치 15mm, 리벳 구멍 지름 40mm

25. 다음과 같은 그림 기호에 대한 설명으로
틀린 것은?

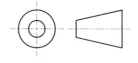

① 제3각법을 나타낸 것이다.
② 투상이 되는 원리는 눈 → 물체 → 투상
면의 순서대로 위치시켜, 보는 눈을 기준
으로 물체의 뒷면이 투상면에 비춰지는
모습을 정면도로 하여 나타낸다.
③ KS에서는 이 각법에 따라 도면을 작성하
는 것을 원칙으로 한다.
④ 정면도를 기준으로 평면도는 위에, 우측
면도는 오른쪽에, 좌측면도는 왼쪽에 위
치한다.

해설
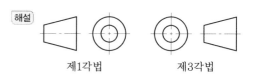

제1각법　　　　　제3각법

26. 그림과 같은 용접 기호를 가장 잘 설명한
것은?

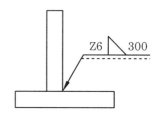

Z6　300

① 목 길이 6mm, 용접 길이 300mm인 화

살표 쪽의 필릿 용접

② 목 두께 6mm, 용접 길이 300mm인 화
살표 쪽의 필릿 용접

③ 목 길이 6mm, 용접 길이 300mm인 화
살표 반대쪽의 필릿 용접

④ 목 두께 6mm, 용접 길이 300mm인 화
살표 반대쪽의 필릿 용접

해설 용접 기본 기호의 왼쪽에는 용접부의 단면
치수 또는 강도를 기입하고, 오른쪽에는 용접
길이를 기입한다. 필릿 용접의 경우 단면 치수
는 목 길이로 나타낸다.

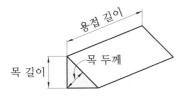

27. 도면에 나사의 표시가 M10−2/1로 되어
있을 때 다음 설명 중 올바른 것은?

① M : 관용 나사   ② 1 : 수나사의 피치

③ 2 : 수나사 등급   ④ 10 : 호칭 지름

해설 • M : 미터나사
• 1 : 수나사 등급
• 2 : 암나사 등급

28. KS 재료 기호에서 "SM40C"의 재료명은?

① 고속도 공구강 강재

② 기계 구조용 탄소 강재

③ 가단주철

④ 용접 구조용 압연 강재

해설 • 고속도 공구강 강재 : SKH
• 기계 구조용 탄소 강재 : SM
• 흑심 가단주철 : BMC
• 백심 가단주철 : WMC

29. 그림과 같은 정면도에 의하여 나타날 수

있는 평면도로 가장 적합한 것은?

정면도

①

②

③

④

30. 다음 입체도의 화살표 방향이 정면일 경
우 평면도로 가장 적합한 투상도는?

①

②

③

④

31. 핸들이나 바퀴 암 및 리브, 훅, 축 등의
단면을 나타내는 도시법으로 가장 적합한
것은?

① 회전 도시 단면도

② 계단 단면도

③ 부분 단면도

④ 한쪽 단면도

해설 • 계단 단면도 : 절단면이 투상면에 평행 또

는 수직이 되도록 계단 형태로 절단된 단면도

• 부분 단면도 : 물체의 필요한 부분을 절단하여 부분적인 내부 구조를 투상하는 기법으로, 단면 투상기법 중 가장 자유롭게 사용된다.

• 한쪽(반) 단면도 : 좌우상하 각각 대칭인 물체의 중심선을 기준으로 내부 모양과 외부 모양을 동시에 표시하는 방법으로, 물체의 형상이 반드시 대칭이어야 한다.

32. 형상 정도 표기 내용 중 기호 표시가 잘못된 것은?

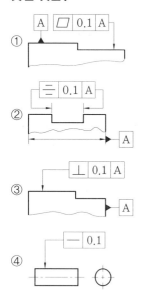

해설 ①의 공차의 종류는 평면도(▱)이다. 이것은 단독 형체의 모양으로 평면을 규제하므로 데이텀(A)을 기입한 것은 잘못된 것이다.

33. 억지 끼워맞춤에 대한 설명으로 가장 적합한 것은?

① 구멍의 최대 허용 치수보다 축의 최대 허용 치수가 작은 경우

② 구멍의 최대 허용 치수보다 축의 최소 허용 치수가 큰 경우

③ 구멍의 최소 허용 치수보다 축의 최대 허

용 치수가 큰 경우

④ 구멍의 최대 허용 치수보다 축의 최소 허용 치수가 작은 경우

해설 억지 끼워맞춤 : 구멍의 최대 치수보다 축의 최소 치수가 큰 경우이며, 항상 죔새가 생기는 끼워맞춤이다.

34. 다음 입체도에서 화살표 방향이 정면일 때 정투상법으로 나타낸 투상도 중 잘못된 도면은?

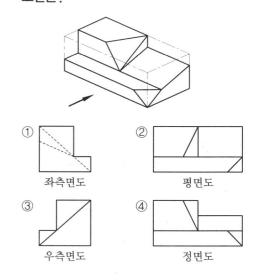

35. 아래와 같은 공차 기호에서 최대 실체 공차 방식을 표시하는 기호는?

◎ | ∅0.04 | Ⓜ Ⓜ

① ◎　　② A　　③ Ⓜ　　④ ∅

해설 최대 실체 공차 방식(MMS) : 형체의 부피가 최소가 될 때를 고려하여 형상 공차 또는 위치 공차를 적용하는 방법이다. 최대 실체 공차 방식을 적용하는 형체의 공차나 데이텀의 문자 뒤에 Ⓜ을 붙인다.

36. 표면 상태를 나타낸 도면에서 "2.5"가 나

타내는 것은?

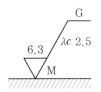

① 표면 거칠기의 상한치
② 표면 거칠기의 하한치
③ 컷오프값
④ 표면 정도 기호

해설 λc 뒤에 있는 값이 컷오프값이다.

37. 구름 베어링 제도에서 상세한 간략 도시 방법 중 아래와 같은 베어링은?

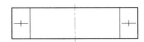

① 단열 롤러 베어링
② 단열 깊은 홈 볼 베어링
③ 스러스트 볼 베어링
④ 단열 원통 롤러 베어링

38. 다음과 같은 도형의 철골 구조물 도면에서 치수 기입이 잘못된 것은?

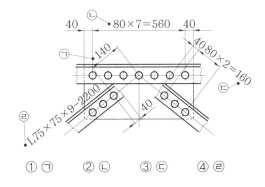

① ㉠   ② ㉡   ③ ㉢   ④ ㉣

해설 ㉡ : $80 \times 6 = 480$

39. 스케치 방법에서 부품의 표면에 광명단을

바르거나 기름 걸레로 문지른 후 종이를 대고 눌러서 실제 모양을 뜨는 방법을 무엇이라 하는가?

① 광명단법   ② 모양 뜨기법
③ 압착법   ④ 프린트법

40. 도면에서 2종류 이상의 선이 같은 곳에 겹치는 경우 다음 선 중에서 우선 순위가 가장 높은 선은?

① 중심선   ② 무게중심선
③ 숨은선   ④ 치수 보조선

해설 겹치는 선의 우선순위
외형선 > 숨은선 > 절단선 > 중심선 > 무게중심선 > 치수 보조선

┌─────────────────────────────┐
│ **제3과목 : 기계 설계 및 기계 재료** │
└─────────────────────────────┘

41. 고온에서 다른 재료에 비해 비강도가 우수하기 때문에 항공기 외판 등에 사용하는 재료는?

① Ni   ② Cr
③ W   ④ Ti

해설 비강도는 강도를 비중으로 나눈 값으로, 가볍고 강한 재료는 고비강도 재료이며 항공기에 사용된다.

42. 탄소강에서 탄소량의 증가에 따른 성질 변화에 대한 설명으로 올바른 것은?

① 비중, 열팽창계수가 증가한다.
② 비열, 전기저항이 감소한다.
③ 경도가 증가한다.
④ 연신율이 증가한다.

해설 탄소 함유량의 증가에 따라
• 물리적 성질 : 비중, 선팽창률, 온도 계수, 열전도도는 감소하나 비열, 전기저항, 항자력은 증가한다.
• 기계적 성질 : 인장 강도와 경도는 증가하나 연신율과 충격값은 감소한다.

43. 탄소강에 특수 원소를 첨가할 경우 담금질성이 향상되는데 효과가 큰 것부터 나열된 것은?

① P>Mn>Cu>Si   ② Cu>Si>P>Mn
③ Mn>P>Si>Cu   ④ Si>Mn>P>Cu

44. 구리의 전도성을 가장 많이 감소시키는 원소는?

① P   ② Ag
③ Zn   ④ Cd

45. 선철을 제조하는 과정에서 연료 겸 환원제로 사용하는 것은?

① 석회석   ② 망간
③ 내화물   ④ 코크스

46. 실제로 액체 금속이 응고할 때 반드시 융점의 온도에서 응고가 시작되는 일은 적고, 용융점보다 낮은 온도에서 응고가 시작된다. 이 현상을 무엇이라 하는가?

① 서랭
② 급랭
③ 과랭
④ 급랭과 과랭의 겹침

47. 강의 조직 중에서 오스테나이트 조직의 고용체는?

① α 고용체   ② Fe₃C
③ δ 고용체   ④ γ 고용체

해설 • α 고용체 : 페라이트 조직
• γ 고용체 : 오스테나이트 조직
• δ 고용체 : 페라이트 조직
• Fe_3C : 시멘타이트 조직

48. 주철에 함유된 원소 중 Mn이 소량일 때 Fe와 화합하여 백주철화를 촉진하는 원소는?

① Si   ② Cu
③ S   ④ C

49. 기계 구조용 재료로 가장 많이 사용되는 2원 합금 재료는?

① 알루미늄 합금   ② 고속도강
③ 스테인리스강   ④ 탄소강

해설 탄소(C)를 0.02~2.11% 함유한 $Fe-C$계 합금을 탄소강이라 하며, 탄소는 시멘타이트(Fe_3C)의 상태로 존재한다. 탄소강은 Fe_3C와 Fe의 2원 합금이다.

50. 니켈 60~70% 정도로 함유한 Ni-Cu계의 합금으로, 내식성이 좋으므로 화학공업용 재료로 많이 쓰이는 재료는?

① 톰백   ② 알코아
③ Y 합금   ④ 모넬 메탈

51. 다음 중 재료의 기준 강도(인장 강도)가 400 N/mm²이고 허용 응력이 100 N/mm²일 때의 안전율은?

① 0.25   ② 0.5
③ 2   ④ 4

해설 안전율$(S) = \dfrac{\text{기준 강도}}{\text{허용 응력}} = \dfrac{400}{100} = 4$

52. 평벨트 풀리의 지름이 600mm, 축의 지름이 50mm라 하고, 풀리를 폭(b)×높이(h)=8mm×7mm의 묻힘 키로 축에 고정하여 벨트 장력에 의해 풀리의 외주에 2kN의 힘이 작용한다면, 키의 길이는 몇 mm 이상이어야 하나? (단, 키의 허용 전단 응력은 50MPa로 하고 허용 전단 응력만 고려하여 계산한다.)

① 50 ② 60
③ 70 ④ 80

해설 $P = 2000 \times \dfrac{600}{50} = 24000\,\text{N}$

$\therefore l = \dfrac{P}{b\tau} = \dfrac{24000}{8 \times 50} = 60\,\text{mm}$

53. 기어를 사용한 동력 전달의 일반적인 특징으로 거리가 먼 것은?

① 큰 동력을 일정한 속도비로 전달할 수 있다.
② 전동 효율이 좋다.
③ 외부 충격에 강하다.
④ 소음과 진동이 발생한다.

해설 기어는 외부 충격에 약하며 소음과 진동이 발생한다.

54. 질량 1kg의 물체가 1m/s²의 가속도로 움직일 수 있도록 가하는 힘은?

① 1N ② 1dyne
③ 1kgf ④ 1kg

해설
• $1\,\text{N} = 1\,\text{kg} \times 1\,\text{m/s}^2$
• $1\,\text{dyne} = 1\,\text{g} \times 1\,\text{cm/s}^2$
• $1\,\text{kgf} = 1\,\text{kg} \times 9.81\,\text{m/s}^2 = 9.81\,\text{N}$

55. 관이음에서 방향을 바꾸는 경우 사용하는 관 이음쇠는?

① 소켓 ② 니플
③ 엘보 ④ 유니언

해설 관이음쇠는 파이프 접속구의 종류로 엘보, 티(T), Y관, 크로스(+자)관, 신축관, 유니언 등이 있다.

56. 미끄럼 베어링 재료의 구비 조건으로 틀린 것은?

① 마찰 저항이 클 것
② 내식성이 높을 것
③ 피로 한도가 높을 것
④ 열전도율이 높을 것

해설 미끄럼 베어링 재료는 마찰 저항이 작아야 한다.

57. 정사각형의 봉에 10kN의 인장 하중이 작용할 때, 이 사각봉 단면의 한 변의 길이는? (단, 하중은 축 방향으로 작용하며 이때 발생한 인장 응력은 100N/cm²이다.)

① 10cm ② 20cm
③ 30cm ④ 40cm

해설 $\sigma = \dfrac{W}{A}$, $A = \dfrac{W}{\sigma} = \dfrac{10000}{100} = 100$

$\therefore \sqrt{A} = 10\,\text{cm}$

58. 볼 베어링의 수명에 대한 설명으로 맞는 것은?

① 반지름 방향 동등가하중의 3배에 비례한다.
② 반지름 방향 동등가하중의 3승에 비례한다.
③ 반지름 방향 동등가하중의 3배에 반비례한다.
④ 반지름 방향 동등가하중의 3승에 반비례한다.

정답 52. ② 53. ③ 54. ① 55. ③ 56. ① 57. ① 58. ④

해설 $L_h = 500 \left(\dfrac{C}{P} \right)^r \dfrac{33.3}{N}$

• 볼 베어링 : $r=3$ • 롤러 베어링 : $r=\dfrac{10}{3}$

59. 다음 그림과 같은 아이볼트에 27kN의 하중(W)이 걸릴 때 사용 가능한 나사의 최소 크기는? (단, 나사부 허용 인장 응력을 60MPa로 한다.)

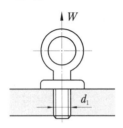

① M24   ② M30
③ M36   ④ M45

해설 $d = \sqrt{\dfrac{2W}{\sigma_a}} = \sqrt{\dfrac{2 \times 27 \times 10^3}{60 \times 10^6}}$
$= 0.03\,\mathrm{m} = 30\,\mathrm{mm}$

60. 100N·m의 굽힘 모멘트를 받는 중실축의 지름은 약 몇 mm 이상이어야 하는가? (단, 중실축의 허용 굽힘 응력은 98MPa이다.)

① 12mm   ② 18mm
③ 22mm   ④ 32mm

해설 $d = \sqrt[3]{\dfrac{32M}{\pi \sigma_b}} = \sqrt[3]{\dfrac{32 \times 100}{\pi \times 98 \times 10^6}}$
$\fallingdotseq 0.022\,\mathrm{m} = 22\,\mathrm{mm}$

제4과목 : 컴퓨터 응용 설계

61. 서피스 모델링에서 할 수 없는 작업은?

① 면을 모델링한 후 공구 이송 경로를 정의

② 두 면의 교차선이나 단면도를 구함
③ 모델링한 후 은선의 제거
④ 무게, 부피, 모멘트의 계산

해설 무게, 부피, 모멘트의 계산은 솔리드 모델링에서 가능하다.

62. B-spline 곡선을 정의하기 위해 필요하지 않은 입력 요소는?

① 차수(order)
② 끝점에서의 접선(tangent) 벡터
③ 조정점
④ 절점(knot) 벡터

63. 다음 원뿔 곡선 중 $ax^2 \pm by^2 = r^2$의 함수식의 형태로 표현되지 않는 것은?

① 원   ② 타원
③ 쌍곡선   ④ 포물선

해설 포물선의 방정식은 $y^2 - 4ax = 0$의 형태로 표현된다.

64. 곡면을 모델링하는 여러 방법들 중에서 평면도, 정면도, 측면도상에 나타난 곡면의 경계 곡선들로부터 비례적인 관계를 이용하여 곡면을 모델링(modeling)하는 방법은?

① 점 데이터에 의한 방식
② 쿤스(Coons) 방식
③ 비례 전개법에 의한 방식
④ 스윕(sweep)에 의한 방식

65. 솔리드 모델링 방법 중 B-rep(Boundary representation)과 비교해서 CSG(Constructive Solid Geometry)의 특징이 아닌 것은?

① 데이터를 아주 간결한 파일로 저장할 수 있어 메모리가 작다.

정답 **59.** ②   **60.** ③   **61.** ④   **62.** ②   **63.** ④   **64.** ③   **65.** ④

② 불 연산을 이용하여 모델을 생성한다.

③ 형상 수정이 용이하다.

④ 전개도 작성 및 표면적 계산이 용이하다.

해설 전개도 작성 및 표면적 계산이 용이한 것은 B-rep 방식이다.

66. 변환 행렬(matrix)을 사용할 필요가 없는 작업은?

① scaling   ② erasing

③ rotation   ④ reflection

67. 2차원 좌표상에서의 기하학적 변환을 Homogeneous Coordinate(HC)로 표현하면 다음과 같다. 여기서 a, b, c, d와 관계가 없는 것은?

$$T_H = \begin{bmatrix} a & b & p \\ c & d & q \\ \hline m & n & s \end{bmatrix}$$

① shearing   ② rotation

③ scaling   ④ projection

해설 투영(projection)과 관계가 있는 것은 p, q이다.

68. 4개의 모서리 점과 4개의 경계 곡선으로 곡면을 표현하는 것은?

① Coons 곡면

② Ruled 곡면

③ B-spline 곡면

④ Ferguson 곡면

해설 Coon's 곡면 : 4개의 모서리 점과 4개의 경계 곡선을 부드럽게 연결한 곡면으로, 4개의 모서리 점과 그 점에서 양방향 접선 벡터를 주고 3차식을 사용하면 퍼거슨 곡면과 동일하다.

69. 3D 모델링에 대한 일반적인 설명으로 틀린 것은?

① 3D 모델링은 와이어 프레임 모델링, 서피스 모델링, 솔리드 모델링으로 구분된다.

② 대부분의 3D 모델링 소프트웨어에서는 3D 모델이 완성되면 2D 도면으로 변환이 가능하다.

③ 3D 솔리드 모델은 컴퓨터 화면상에서 제품 형상 확인이 가능하여 설계 효율이 높아진다.

④ 3D 솔리드 모델링은 수식이 복잡하고 계산량이 많아 PC에서는 사용할 수 없다.

70. CAD/CAM 시스템의 자료를 교환하는 표준 규격에 해당되지 않는 것은?

① STEP   ② DXF

③ XLS   ④ IGES

해설 대표적인 데이터 교환 표준
DXF, IGES, STEP, PHIGS, STL, GKS

71. 미국의 표준 코드로 컴퓨터와 주변장치 간의 데이터 입출력에 주로 사용하는 데이터 표현 규칙은?

① DECIMAL   ② BCD

③ EBCDIC   ④ ASCII

해설 ASCII : 미국 정보 교환 표준 부호로, 소형 컴퓨터에서 문자 데이터(문자, 숫자, 문장 부호)와 입출력장치 명령(제어문자)을 나타내는 데 사용되는 표준 데이터 전송 부호이다.

72. 래스터 스캔 디스플레이에서 컬러를 표현하기 위해 사용되는 3가지 기본 색상에 해당되지 않는 것은?

① 흰색(white)   ② 녹색(green)

③ 적색(red) ④ 청색(blue)

73. 덕트(duct)형 곡면을 생성할 때 주로 사용하는 방법으로 단면 곡선과 스플라인(spline)으로 정의되는 곡면을 모델링하는 데 가장 적합한 방식은?

① sweep 방법
② 비례 전개법
③ point−data fitting법
④ curve−net interpolation법

74. 컴퓨터 하드웨어의 기본적인 구성 요소라고 할 수 없는 것은?

① 중앙처리장치(CPU)
② 기억장치(memory unit)
③ 운영체제(operating system)
④ 입출력장치(input−output device)

해설 운영체제는 소프트웨어이다.

75. CAD/CAM 시스템의 주변기기 중 입력장치에 해당하는 것이 아닌 것은?

① 플로터(plotter)
② 밸류에이터(valuator)
③ 섬휠(thumb wheel)
④ 디지타이저(digitizer)

해설 • 출력장치 : 음극관(CRT), 평판 디스플레이, 플로터, 프린터 등
• 입력장치 : 키보드, 태블릿, 마우스, 조이스틱, 컨트롤 다이얼, 기능키, 트랙볼, 라이트펜, 밸류에이터, 섬휠, 디지타이저 등

76. CPU에 대한 설명으로 옳지 않은 것은?

① 컴퓨터를 사용하기 위해서는 CPU가 없어도 된다.
② 컴퓨터의 작동 과정이 CPU의 제어를 받는다.
③ CPU는 입력된 자료를 연산하는 기능을 갖고 있다.
④ CPU는 연산된 자료를 특정 장소에 보내는 기능을 갖고 있다.

해설 컴퓨터의 장치 중 사람의 두뇌에 해당하는 제어장치, 주기억장치, 연산장치를 보통 한 묶음으로 하여 중앙처리장치 또는 CPU라 부른다.

77. 원점을 중심으로 하고 반지름이 r인 원의 방정식은? (단, x, y는 원을 이루는 점들의 좌표이며 A, B, x_1, y_1, r은 상수이다.)

① $x^2 + y^2 = r^2$
② $x^2 + y^2 + Ax + By + r = 0$
③ $(x - A) - (y - B) = r$
④ $x_1 x + y_1 y + r = x_1^2 + y_1^2$

해설 원의 방정식의 기본형
$(x - a)^2 + (y - b)^2 = r^2$
중심 : (a, b)
반지름 : r

78. 다음은 곡면 모델링에 관한 설명이다. 빈칸에 알맞은 말로 짝지어진 것은?

주어진 점들이 곡면상에 놓이도록 피팅(fitting)하는 것을 (㉠)(이)라고 하며, 점들이 곡면으로부터 조금 떨어져 있는 것을 허용하는 경우를 (㉡)(이)라고 부른다.

① ㉠ 보간(interpolation)
  ㉡ 근사(approximation)
② ㉠ 근사(approximation)
  ㉡ 보간(interpolation)
③ ㉠ 블렌딩(blending)
  ㉡ 스무딩(smoothing)

④ ㉠ 스무딩(smoothing)
  ㉡ 블렌딩(blending)

79. 중앙처리장치가 빨리 데이터를 처리할 수 있도록 자주 사용되는 명령이나 데이터를 일시적으로 저장하여, 주기억장치의 액세스 타임과 CPU의 처리 속도 사이에 발생하는 속도차를 줄이기 위해 사용하는 메모리는?

① 캐시 메모리(cache memory)
② 메인 메모리(main memory)
③ 보조 메모리(auxiliary memory)
④ 가상 메모리(virtual memory)

해설 캐시 메모리 : 중앙처리장치와 메인 메모리 사이에서 자주 사용되는 명령이나 데이터를 일시적으로 저장하는 보조기억장치이다.

80. CAD 소프트웨어가 반드시 갖추고 있어야 할 기능으로 거리가 먼 것은?

① 화면 제어 기능
② 치수 기입 기능
③ 인터넷 기능
④ 도형 편집 기능

해설 CAD 소프트웨어의 기능
• 디스플레이(화면) 제어
• 그래픽 형상요소 작성, 편집, 변환
• 도면화, 치수 기입, 주서
• 데이터 관리
• 물리적 특성 해석 기능
• 입출력 기능

기계설계산업기사

제1과목 : 기계 가공법 및 안전관리

1. 모듈 5, 잇수 36인 표준 스퍼 기어를 절삭하려면 바깥지름을 몇 mm로 가공하여야 하는가?

① 180   ② 190

③ 200   ④ 550

해설 $D=mZ=5\times36=180\,\text{mm}$

$\therefore D_0=D+2m=180+2\times5=190\,\text{mm}$

2. 삼선법에 의해 미터나사의 유효 지름 측정 시 피치가 1 mm인 나사에 사용할 삼선의 지름은 약 몇 mm인가?

① 0.5773   ② 0.8660

③ 1.0000   ④ 1.7320

해설 삼선의 지름은 측정하는 유효 지름의 오차에 가장 영향이 적도록 하기 위해 $d=\dfrac{p}{2\cos\dfrac{\alpha}{2}}$

로 해야 하며, 미터나사일 경우 $\alpha=60°$이다.

$\therefore d=\dfrac{1}{2\cos\dfrac{60°}{2}}≒0.5773\,\text{mm}$

3. 연삭액의 작용에 대한 설명으로 틀린 것은?

① 연삭열을 흡수하고 제거시켜 공작물의 온도를 저하시킨다.

② 눈메움 방지와 공작물에 부착한 절삭칩을 씻어낸다.

③ 윤활막을 형성하여 절삭 능률을 저하시킨다.

④ 방청제가 포함되어 연삭 가공면을 보호하고 연삭기의 부식을 방지한다.

해설 연삭액을 사용하면 칩의 흐름이 좋아지기 때문에 절삭 작용이 좋아지고 절삭 저항이 감소한다.

4. 공구는 상하 직선 운동을 하고 테이블은 직선 운동과 회전 운동을 하여 키 홈, 스플라인, 세레이션 등의 내면 가공을 주로 하는 공작 기계는?

① 세이퍼   ② 슬로터

③ 플레이너   ④ 브로칭

5. 미식 선반에서 피치가 P이고 일감의 나사 피치가 p이며, 주축의 변환 기어 잇수가 Z_S이고, 리드 스크루의 변환 기어 잇수가 Z_L이라면, 선반의 변환 기어 공식에서 (p/P)의 값을 구하는 식으로 옳은 것은?

① $2Z_S/Z_L$ ② $2Z_L/Z_S$

③ Z_S/Z_L ④ Z_L/Z_S

6. 연삭 조건에 따른 입도의 선정에서 거친 입도의 연삭숫돌 선택 기준으로 올바른 것은?

① 공구 연삭

② 다듬질 연삭

③ 경도가 크고 메진 가공물의 연삭

④ 숫돌과 가공물의 접촉 면적이 클 때의 연삭

해설 거친 입도의 연삭숫돌 선택 기준

• 거친 연삭, 절삭 깊이와 이송량이 클 때

• 숫돌과 가공물의 접촉 면적이 클 때

• 연하고 연성이 있는 재료의 연삭

7. 각각의 스핀들에 여러 종류의 공구를 고정

하여 드릴 가공, 리머 가공, 탭 가공 등을 순서에 따라 연속적으로 작업할 수 있는 드릴링 머신은?

① 탁상 드릴링 머신
② 다두 드릴링 머신
③ 다축 드릴링 머신
④ 레이디얼 드릴링 머신

해설 • 탁상 드릴링 머신 : 지름이 작은 구멍의 작업
• 다축 드릴링 머신 : 많은 구멍을 동시에 뚫는 구멍의 작업
• 레이디얼 드릴링 머신 : 큰 공작물의 구멍을 뚫는 작업

8. 구동 전동기로 펄스 전동기를 사용하며, 제어장치로 입력된 펄스 수만큼 움직이고 검출기나 피드백 회로가 없으므로 구조가 간단하여 펄스 전동기의 회전 정밀도와 볼나사의 정밀도에 직접적인 영향을 받는 방식은?

① 개방회로 방식
② 반폐쇄회로 방식
③ 폐쇄회로 방식
④ 하이브리드 서보 방식

해설 개방회로 방식

9. 테이퍼의 양 끝 지름 중 큰 지름은 23.826mm, 작은 지름은 19.760mm, 테이퍼 부분의 길이는 81mm, 공작물 전체의 길이는 150mm이다. 심압대의 편위량은 약 몇 mm인가?

① 1.098   ② 2.196
③ 3.765   ④ 7.530

해설 테이퍼의 큰 지름을 D, 테이퍼의 작은 지

름을 d, 테이퍼 부분의 길이를 l, 공작물 전체의 길이를 L이라고 하면

$$X = \frac{L(D-d)}{2l} = \frac{150 \times (23.826 - 19.760)}{2 \times 81}$$
$$\fallingdotseq 3.765\,\text{mm}$$

10. 탭으로 암나사 가공 작업 시 탭의 파손 원인이 아닌 것은?

① 탭 재질의 경도가 높은 경우
② 탭이 경사지게 들어간 경우
③ 탭 가공 속도가 빠른 경우
④ 탭이 구멍 바닥에 부딪혔을 경우

해설 탭 작업 시 탭이 부러지는 이유
• 구멍이 작을 때
• 칩의 배출이 원활하지 못할 때
• 구멍이 바르지 못할 때
• 핸들에 무리한 힘을 주었을 때
• 탭이 구멍 바닥에 부딪혔을 때

11. 고 정밀도의 볼나사(ball screw)를 가장 많이 사용하고 있는 공작 기계는?

① CNC 공작 기계   ② 범용 선반
③ 밀링 머신   ④ 슬로터

12. 밀링 작업에 대한 안전사항으로 틀린 것은?

① 가동 전에 각종 레버, 자동 이송, 급속 이송 장치 등을 반드시 점검한다.
② 정면 커터로 절삭 작업을 할 때 절삭 상태의 관찰은 커터날 끝과 같은 높이에서 한다.
③ 주축 속도를 변속시킬 때는 반드시 주축이 정지한 후 변환한다.
④ 밀링으로 절삭한 칩은 날카로우므로 주의하여 청소한다.

13. 드릴의 각부 명칭 중에서 드릴의 홈을 따

라 만들어진 좁은 날로, 드릴을 안내하는 역할을 하는 것은?

① 마진　　　　　② 랜드
③ 시닝　　　　　④ 탱

해설 마진 : 드릴 끝단에서 바라볼 때 그림과 같은 날 부분으로 드릴이 수직 가공되도록 안내한다.

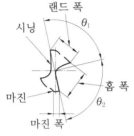

14. 슈퍼 피니싱(super finishing)의 특징과 거리가 먼 것은?

① 진폭이 수 mm이고 진동수가 매분 수백에서 수천의 값을 가진다.
② 가공열의 발생이 적고 가공 변질층도 작으므로 가공면 특성이 양호하다.
③ 다듬질 표면은 마찰계수가 작고 내마멸성, 내식성이 우수하다.
④ 다듬질면에 구성 인선이 발생한다.

해설 구성 인선은 선반에서 연한 재료를 절삭할 때 절삭되는 재료의 일부가 미세하게 공구의 날 끝에 압착 또는 용착되는 현상이다.

15. 연마제를 가공액과 혼합하여 가공물 표면에 압축 공기를 이용하여 고압과 고속으로 분사시킴으로써 가공물 표면과 충돌시켜 가공하는 입자 가공법은?

① 액체 호닝　　　② 숏 피닝
③ 래핑　　　　　④ 배럴 가공

해설 • 숏 피닝 : 강구를 공작물 표면에 분사시켜 조직을 치밀하게 하고 내마모성과 반복 하중에

의한 피로 특성을 향상시키는 가공법이다.
• 래핑 : 매끈한 면을 얻는 가공법의 하나로, 습식법과 건식법이 있다.
• 배럴 가공 : 상자 속에 가공품과 숫돌 입자, 공작액, 메디아, 콤파운드 등을 함께 넣고 회전 운동과 진동을 주어 서로 부딪히게 하거나 마찰로 가공물 표면의 요철을 제거하고 다듬질하는 가공법이다.

16. 대형 공작물, 중량물의 대형 평면이나 홈 등의 절삭에 가장 적합한 밀링 머신은?

① 수직 밀링 머신
② 모방 밀링 머신
③ 만능 밀링 머신
④ 플레이너형 밀링 머신

해설 플레이너형 밀링 머신 : 플래노 밀러라고도 하며, 플레이너의 공구대 대신 밀링 헤드가 장치된 형식으로, 중량물 및 대형 공작물의 중절삭과 강력 절삭에 적합하다.

17. 각도를 측정할 수 있는 사인 바(sine bar)의 설명으로 틀린 것은?

① 정밀한 각도 측정을 하기 위해서는 평면도가 높은 평면에서 사용해야 한다.
② 롤러의 중심 거리는 보통 100 mm, 200 mm로 만든다.
③ 45° 이상의 큰 각도를 측정하는 데 유리하다.
④ 사인 바는 길이를 측정하여 직각 삼각형의 삼각함수를 이용한 계산에 의해 임의각의 측정 또는 임의각을 만드는 기구이다.

해설 사인 바를 사용할 때 각도가 45° 이상이면 오차가 커진다.

18. 절삭 가공 시 표면에 나타나는 가공 변질층의 깊이에 영향을 주는 요소가 아닌 것은?

정답 14. ④　15. ①　16. ④　17. ③　18. ②

① 절삭 조건 　　② 구동 장치
③ 가공물의 조직 　④ 경화능

19. 연삭숫돌은 교환 후 안전도 검사를 위해 몇 분 이상 공회전을 실시하는가?

① 1/2 　　　　　② 1
③ 3 　　　　　　④ 5

해설 연삭숫돌은 교환 후 안전도 검사를 위해 3분 이상 공회전을 실시한다.

20. 단식 분할법에서 웜과 직결된 크랭크축이 40회전할 때 공작물과 함께 회전하는 분할대의 주축은 몇 회전시킬 수 있는가?

① $\frac{1}{2}$ 회전 　　　② 1회전

③ $1\frac{1}{2}$ 회전 　　　④ 2회전

해설 단식 분할법은 원주면을 등분할 때 사용하는 분할법의 한 종류이며, 분할 크랭크를 40회전시키면 분할대의 주축이 1회전한다.

제2과목 : 기계 제도

21. 그림과 같은 분할 핀의 도시 중 분할 핀의 호칭 길이는?

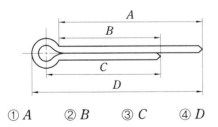

① A 　　② B 　　③ C 　　④ D

22. KS 재료 기호 중 기계 구조용 탄소 강재는?

① SM20C 　　　② SC37
③ SHP1 　　　　④ SF34

해설 • 기계 구조용 탄소 강재 : SM
• 탄소강 주강품 : SC
• 탄소강 단강품 : SF

23. 3각법에 의한 투상도에서 누락된 정면도로 가장 적합한 것은?

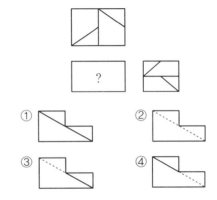

24. 각각 다른 물체를 제3각법으로 투상하여 그린 투상도 중 틀린 부분이 없는 올바른 정투상도는?

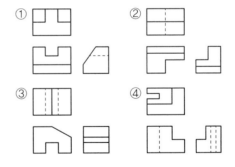

25. 3각법에 대한 설명 중 올바른 것은?

① 배면도는 저면도 아래에 그린다.
② 정면도는 평면도 위에 그린다.
③ 눈 → 투상면 → 물체의 순서가 된다.
④ 좌측면도는 정면도의 우측에 위치한다.

정답 **19.** ③ 　**20.** ② 　**21.** ② 　**22.** ① 　**23.** ④ 　**24.** ② 　**25.** ③

해설 제3각법의 투상도 배치
제3각법은 물체를 제3상한 공간에 놓고 정투상
하는 방법으로, 눈과 물체 사이에 투상면이 있다.

26. 용접 보조 기호 중 전체 둘레 현장 용접 기호인 것은?

해설 ▶ 는 현장 용접을 의미하며 ◯는 전체 둘레 용접을 의미한다.

27. 해당 모양에서 기하학적으로 정확한 직선을 기준으로 설정하고, 이 직선으로부터 0.1mm의 허용값이 주어지는 것을 나타내는 것은?

① // 0.1 A   ② ⊥ 0.1 A

③ ⌒ 0.1   ④ ─ 0.1

해설 ① 자세 공차인 평행도
② 자세 공차인 직각도
③ 모양 공차인 선 윤곽도
④ 모양 공차인 진직도

28. 리벳의 호칭 방법으로 적합한 것은?
① 규격 번호, 종류, 호칭 지름(d)×길이(l), 재료
② 종류, 호칭 지름(d)×길이(l), 재료, 규격 번호
③ 재료, 종류, 호칭 지름(d)×길이(l), 규격 번호
④ 호칭 지름(d)×길이(l), 종류, 재료, 규격 번호

29. 다음 입체도의 정면도(화살표 방향)로 적합한 것은?

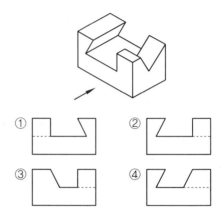

30. 다음은 어떤 물체를 제3각법으로 투상한 투상도이다. 입체도로 가장 적합한 것은?

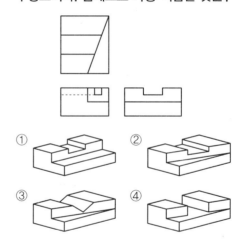

31. 그림과 같이 지름이 40mm이고 길이가 60mm인 원통 외부의 표면적은 약 몇 mm^2인가? (단, 상하 뚜껑은 없다.)

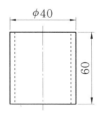

① 2400　　　　　② 5637
③ 7540　　　　　④ 10048

해설 $A = \pi \times D \times H = \pi \times 40 \times 60 = 7540\,\text{mm}^2$

32. 그림과 같은 부등변 ㄱ 형강의 치수 표시 방법은? (단, 형강의 길이는 l이고, 두께는 t로 동일하다.)

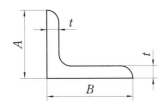

① $LA \times B \times t - l$　　② $Lt \times A \times B \times l$

③ $LB \times A + 2t - l$　　④ $LA + B \times \dfrac{t}{2} - l$

해설 ㄱ 형강의 표시 방법
L(높이)×(폭)×(두께)−(길이)

33. 기하 공차의 종류별 기호에서 선의 윤곽도 공차를 나타내는 기호는?

①　⌒　　　　　②　⌒
③　//　　　　　④　⊥

해설 • ⌒ : 면의 윤곽도
• // : 평행도　　• ⊥ : 직각도

34. 기계 제도에서 사용하는 기호 중 치수 숫자와 병기하여 사용되지 않는 것은?

① SR　　② □　　③ C　　④ ■

해설 • SR : 구의 반지름
• □ : 정사각형의 한 변의 길이
• C : 45° 모따기의 한 변의 길이

35. 구멍의 치수는 $\phi 50^{+0.03}_{-0.01}$, 축의 치수는

$\phi 50^{+0.01}_{0}$이라면 최대 틈새는?

① 0.04　　　　　② 0.03
③ 0.02　　　　　④ 0.01

해설 • 구멍의 최대 허용 치수=50+0.03
　　　　　　　　　　=50.03
• 축의 최소 허용 치수=50−0=50
∴ 최대 틈새=50.03−50=0.03

36. KS 기계 제도에서 특수한 용도의 선으로 가는 실선을 사용하는 용도가 아닌 것은?

① 위치를 명시하는 데 사용한다.
② 얇은 부분의 단면 도시를 명시하는 데 사용한다.
③ 평면이라는 것을 나타내는 데 사용한다.
④ 외형선 및 숨은선의 연장을 표시하는 데 사용한다.

해설 얇은 부분의 단선 도시를 명시하는 데 사용하는 것은 아주 굵은 실선이다.

37. KS 나사의 표시 기호에 대한 설명으로 잘못된 것은?

① 호칭 기호 M은 미터나사이다.
② 호칭 기호 UNF는 유니파이 가는 나사이다.
③ 호칭 기호 PT는 관용 평행 나사이다.
④ 호칭 기호 TW는 29° 사다리꼴나사이다.

해설 PT : 관용 테이퍼 나사

38. 단면도의 표시 방법에서 그림과 같은 단면도의 종류 명칭은?

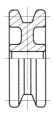

① 온 단면도   ② 한쪽 단면도
③ 부분 단면도   ④ 회전 도시 단면도

39. 가공 방법의 약호 중 호닝(honing) 가공 약호는?

① GSP   ② HG
③ GB   ④ GH

해설 • GSP : 슈퍼 피니싱
• HG : 시효(에이징)

40. 3각법에 의해 나타낸 그림과 같은 투상도에서 좌측면도로 가장 적합한 것은?

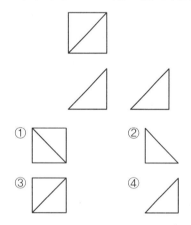

42. 주조된 상태에서 구상흑연주철의 조직이 아닌 것은?

① 페라이트형   ② 마텐자이트형
③ 시멘타이트형   ④ 펄라이트형

43. 신소재의 기능성 재료에 해당하지 않는 것은?

① 형상기억 합금   ② 초소성 합금
③ 제진 합금   ④ 포정 합금

해설 신소재에는 형상기억 합금, 제진 합금, 복합 재료, 초전도 재료, 자성 재료, 초소성 합금, 수소 저장 합금, 비정질 합금 등이 있다.

44. 가장 낮은 온도에서 실시되는 표면 경화법은?

① 질화 경화법   ② 침탄 경화법
③ 크로뮴 침투법   ④ 알루미늄 침투법

45. 철−탄소 평형 상태도에서 일어나는 불변 반응이 아닌 것은?

① 포정   ② 포석
③ 공정   ④ 공석

제3과목 : 기계 설계 및 기계 재료

41. 복합 재료 중 FRP는 무엇을 말하는가?

① 섬유강화 목재
② 섬유강화 플라스틱
③ 섬유강화 금속
④ 섬유강화 세라믹

해설 FRP(Fiber Reinforced Plastics) 섬유강화 플라스틱

46. 전연성이 좋고 색깔도 아름답기 때문에 장식용 금속잡화, 악기 등에 사용되고, 박(foil)으로 압연하여 금박의 대용으로도 사용되는 것은?

① 90% Cu~10% Zn 합금
② 80% Cu~20% Zn 합금
③ 60% Cu~40% Zn 합금
④ 50% Cu~50% Zn 합금

해설 톰백(tombac)은 80% Cu~20% Zn의 합금으로 황동의 일종이다.

정답 **39.** ④   **40.** ②   **41.** ②   **42.** ②   **43.** ④   **44.** ①   **45.** ②   **46.** ②

47. 결정격자가 면심입방격자(FCC)인 금속은?

① Al   ② Cr   ③ Mo   ④ Zn

해설 면심입방격자인 결정 구조를 갖는 금속은 Cu, Ag, Au, Al이다.

48. 친화력이 큰 성분 금속이 화학적으로 결합하여, 다른 성질을 가지는 독립된 화합물을 만드는 것은?

① 금속간 화합물   ② 고용체
③ 공정 합금   ④ 동소 변태

해설 금속간 화합물 : 금속이 화학적으로 결합하여 원래의 성질과 전혀 다른 성질을 가지는 독립된 화합물이다.

49. 다음 중 절삭 공구용 특수강은?

① Ni-Cr강   ② 불변강
③ 내열강   ④ 고속도강

50. 알루미늄의 특징을 설명한 것으로 틀린 것은?

① 광석 보크사이트로부터 제련하여 만든다.
② 염화물 용액에서 내식성이 특히 좋고 염산, 황산 및 인산 중에서도 침식이 되지 않는다.
③ 융점이 약 660℃이며 비중이 2.7인 경금속이다.
④ 대기 중에서 내식성이 좋고 전기 및 열의 양도체이다.

해설 알루미늄은 중성 수용액에서는 내식성이 좋으나 염화물 용액에서는 나빠진다. 산성 용액에서는 부식이 증가하며 황산, 인산에서는 침식되고, 특히 염산에서는 빠르게 침식된다.

51. 두 개의 축이 평행하고, 그 축의 중심선의

위치가 약간 어긋났을 경우, 각속도는 변화 없이 회전 동력을 전달시키려고 할 때 사용되는 가장 적합한 커플링은?

① 플랜지 커플링(flange coupling)
② 올덤 커플링(oldham coupling)
③ 머프 커플링(muff coupling)
④ 유니버설 커플링(universal coupling)

해설 • 머프 커플링 : 주철제의 원통 속에서 두 축을 맞대어 맞추고 키로 고정한 것으로, 축지름과 전달 토크가 매우 작을 경우에 사용하는 가장 간단한 커플링이다.
• 유니버설 커플링 : 두 축이 같은 평면 내에서 일정한 각도로 교차하는 경우 운동을 전달할 때 사용되며, 축 각도는 30° 이내이다.

52. 직사각형 단면의 판을 그림과 같이 축 방향 원뿔형으로 감아올린 압축용 스파이럴 스프링으로, 주로 오토바이의 차체 완충용에 사용되는 스프링은?

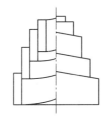

① 벌류트 스프링
② 원뿔형 코일 스프링
③ 판 스프링
④ 링 스프링

해설 인벌류트 스프링 : 태엽 스프링을 축 방향으로 감아올려 사용하는 것으로, 용적에 비해 매우 큰 에너지를 흡수할 수 있다.

53. 지름 50mm의 축에 바깥지름 400mm의 풀리가 묻힘 키로 고정되어 있고, 풀리의 바깥지름에 1.5kN의 접선력이 작용한다면 키

에 작용하는 전단력은 약 몇 kN인가?

① 1.8 ② 1.5

③ 7.5 ④ 12.0

[해설] $Q = \dfrac{2T}{D}$

$T = \dfrac{QD}{2} = \dfrac{1.5 \times 400}{2} = 300 \,\text{kN} \cdot \text{mm}$

$\therefore F_s = \dfrac{T}{d} = \dfrac{300}{25} = 12 \,\text{kN}$

54. 미끄럼을 방지하기 위하여 접촉면에 치형을 붙여 맞물림에 의해 전동하도록 조합한 벨트는?

① 평벨트
② V 벨트
③ 가는 너비 V 벨트
④ 타이밍 벨트

[해설] 타이밍 벨트는 V 벨트와 기어의 장점을 복합한 벨트로 미끄럼이 없다.

55. 축의 지름 5cm, 길이 10cm인 저널 베어링에 4kN의 하중이 걸리는 경우 저널 베어링 압력은 몇 N/cm²인가?

① 240 ② 40

③ 160 ④ 80

[해설] $P = \dfrac{W}{A} = \dfrac{W}{d \times l} = \dfrac{4000}{5 \times 10} = 80 \,\text{N/cm}^2$

56. 전위 기어의 사용 목적으로 가장 거리가 먼 것은?

① 속도비를 크게 하기 위해서
② 언더컷을 방지하기 위해서
③ 물림률을 증가시키기 위해서
④ 이의 강도를 증대시키기 위해서

57. ( ) 안에 들어갈 말로 적절한 것은?

나사에서 나사가 저절로 풀리지 않고 체결되어 있는 상태를 자립 상태(self-sustenance)라고 한다. 이 자립 상태를 유지하기 위한 나사 효율은 ( )이어야 한다.

① 30% 이상 ② 40% 이상

③ 50% 미만 ④ 60% 미만

[해설] 나사가 자립 상태를 유지하려면 $\rho \geq \lambda$이어야 하며, 자립 상태를 유지하기 위한 나사 효율은 50% 미만이다.

58. 안전율을 구하는 식으로 옳은 것은? (단, 안전율 S, 항복 응력 σ_u, 허용 응력 σ_a)

① $S = \sigma_u \times \sigma_a$ ② $S = \dfrac{\sigma_u}{\sigma_a}$

③ $S = \dfrac{\sigma_a}{\sigma_u}$ ④ $S = \sigma_u - \sigma_a$

[해설] 안전율$(S) = \dfrac{\text{극한 강도(항복 응력)}}{\text{허용 응력}}$

$= \dfrac{\sigma_u}{\sigma_a} > 1$

59. 동력의 단위에서 1 PS는 약 몇 kW인가?

① 0.735 ② 0.875

③ 1.25 ④ 1.36

[해설] $1\,\text{PS} = 75\,\text{kgf} \cdot \text{m/s} = 75 \times 9.8\,\text{N} \cdot \text{m/s}$

$= 735\,\text{W}$

$= 0.735\,\text{kW}$

60. 반복 하중을 받는 스프링에서는 그 반복 속도가 스프링의 고유 진동수에 가까워지면 심한 진동을 일으켜 스프링의 파손 원인이 된다. 이 현상을 무엇이라 하는가?

① 캐비테이션 ② 박리 현상
③ 환상 균열 ④ 서징

제4과목 : 컴퓨터 응용 설계

61. 3차원 형상 모델링에서 서피스 모델 (surface model)의 특징이 아닌 것은?

① 단면도(section drawing)를 작성할 수 있다.

② 물리적 성질(weight, center of gravity, moment)을 구하기 쉽다.

③ NC 가공 데이터를 얻을 수 있다.

④ 은선(hidden line) 제거가 가능하다.

해설 서피스 모델링에서는 물리적 성질을 계산 하기가 곤란하다.

62. 두 점 (3, 2), (5, 3)을 지나는 직선의 방정 식의 기울기는?

① 1   ② 1/2

③ 1/3   ④ 1/4

해설 기울기 $= \dfrac{\Delta y}{\Delta x} = \dfrac{3-2}{5-3} = \dfrac{1}{2}$

63. 컴퓨터의 입력장치에 해당하지 않는 것은?

① 태블릿(tablet)

② 유기 발광 다이오드(OLED)

③ 3버튼 마우스

④ 광학 마크 판독기(OMR)

해설 출력장치 : 음극관(CRT), 평판 디스플레 이, 플로터, 프린터, 유기 발광 다이오드 등

64. LCD 모니터에 대한 설명 중 틀린 것은?

① 일반 CRT 모니터에 비해 전력 소모가 적다.

② 전자총으로 색상을 표현한다.

③ 액정의 전기적 성질을 광학적으로 응용

한 것이다.

④ 노트북 컴퓨터에는 TFT-LCD를 많이 사용한다.

해설 브라운관 모니터는 전자총으로 색상을 표현한다.

65. 컴퓨터 그래픽스에서 viewport를 벗어나 는 직선은 화면에 나타나지 않도록 잘라서 버려야 하는데, 이 기능을 나타내는 용어는?

① pattern   ② clipping

③ grouping   ④ trimming

66. CAD 시스템에서 점을 정의하기 위해 사용되는 좌표계가 아닌 것은?

① 직교 좌표계   ② 원통 좌표계

③ 구면 좌표계   ④ 벡터 좌표계

해설 CAD/CAM 좌표계의 종류는 직교 좌표계, 극좌표계, 원통 좌표계, 구면 좌표계가 있다.

67. 솔리드 모델링 표현 중 CSG와 비교한 B-rep 방식의 특성에 대한 설명으로 틀린 것은?

① 전개도 작성이 용이

② 데이터 상호교환이 용이

③ 표면적 계산이 용이

④ 중량 계산이 용이

68. 정보 단위의 개념이 작은 단위에서 큰 단위로 바르게 나열된 것은?

① field < record < file < data base

② file < data base < field < record

③ file < data base < record < field

④ field < file < record < data base

69. 2진수 110101을 10진수로 변환한 값은?

① 52 　　　　　② 53
③ 54 　　　　　④ 55

해설 $110101_{(2)} = (1 \times 2^5) + (1 \times 2^4) + (0 \times 2^3)$
$\qquad\qquad + (1 \times 2^2) + (0 \times 2^1) + (1 \times 2^0)$
$\qquad\quad = 32 + 16 + 0 + 4 + 0 + 1 = 53$

70. 다음 식에 의해 표현할 수 없는 도형은?

$$f(x, y) = ax^2 + bxy + cy^2 + dx + ey + g = 0$$

① 원(circle) 　　② 평면(plane)
③ 타원(ellipse) 　④ 쌍곡선(hyperbola)

71. 4개의 경계 곡선을 선형 보간하여 만들어 지는 곡면은?

① 선형 곡면 　　② 쿤스 곡면
③ 퍼거슨 곡면 　④ 베지어 곡면

해설 쿤스 곡면은 곡면의 표현이 간결한 장점이 있으나 곡면 내부의 볼록한 정도를 직접 조절하기가 어려워 정밀한 곡면의 표현에는 적합하지 않다.

72. 보조기억장치에 대한 설명으로 틀린 것은?

① 보조기억장치의 순차 처리법은 수록되어 있는 자료를 차례로 읽고 쓸 때 사용된다.
② 보조기억장치는 처리하고자 하는 데이터 양이 주기억장치의 용량을 초과하거나 주기억장치에서 필요로 할 때 데이터를 호출하여 처리할 수 있도록 도와주는 장치이다.
③ 보조기억장치의 직접 처리법은 순차처리 방식보다 자료를 처리하는 시간이 훨씬 빠르나 가격이 고가이다.
④ 보조기억장치에는 CD-ROM, 하드 디스크, 디지타이저가 해당된다.

73. 미국 표준협회에서 제정한 코드로서 기계와 기계 또는 시스템과 시스템 사이의 상호 정보 교환을 목적으로 개발된 것으로, 7비트 혹은 8비트로 한 문자를 표현하며, 총 128가지의 문자를 표현할 수 있는 코드는?

① BCD 　　　　② EBCDIC
③ ASCII 　　　　④ EIA

해설 ASCII : 미국 정보 교환 표준 부호로, 소형 컴퓨터에서 문자 데이터(문자, 숫자, 문장 부호)와 입출력장치 명령(제어문자)을 나타내는 데 사용되는 표준 데이터 전송 부호이다.

74. CAD 프로그램에서 도형 작성에 대한 설명 중 틀린 것은?

① 점은 절대 좌표의 값을 입력하여 구성할 수 있다.
② 직선은 커서를 이용하여 임의의 두 점을 지정하여 구성할 수 있다.
③ 곡선(curve)은 원호와 직선의 조합으로 이루어진 도형 요소이다.
④ 베지어 곡선은 곡선을 구성하기 위해 제공된 n개의 제어점들 중에서 시작점과 끝점이 반드시 통과한다.

75. 모델링과 관계된 용어의 설명으로 잘못된 것은?

① 스위핑(sweeping) : 하나의 2차원 단면 형상을 입력하고 이를 안내 곡선에 따라 이동시켜 입체를 생성
② 스키닝(skinning) : 원하는 경로상에 여러 개의 단면 형상을 위치시키고 이를 덮어 싸는 입체를 생성
③ 리프팅(lifting) : 주어진 물체의 특정면의 전부 또는 일부를 원하는 방향으로 움직여서 물체가 그 방향으로 늘어난 효과를

갖도록 하는 것

④ 블렌딩(blending) : 주어진 형상을 국부적으로 변화시키는 방법으로, 접하는 곡면을 예리한 모서리로 처리하는 방법

해설 리프팅 : 모델링한 입체의 특정면의 전부 또는 일부를 원하는 방향으로 움직여서 형상면이 그 방향으로 늘어도록 하는 기능을 말한다.

76. 3차원 변환에서 Y축을 중심으로 α의 각도 만큼 회전한 경우의 변환식은? (단, 반시계 방향으로 측정한 각을 +로 한다.)

① $\begin{bmatrix} 1 & 0 & 0 & 0 \\ 0 & \cos\alpha & -\sin\alpha & 0 \\ 0 & \sin\alpha & \cos\alpha & 0 \\ 0 & 0 & 0 & 1 \end{bmatrix}$

② $\begin{bmatrix} \cos\alpha & 0 & -\sin\alpha & 0 \\ 0 & 1 & 0 & 0 \\ \sin\alpha & 0 & \cos\alpha & 0 \\ 0 & 0 & 0 & 1 \end{bmatrix}$

③ $\begin{bmatrix} \cos\alpha & -\sin\alpha & 0 & 0 \\ \sin\alpha & \cos\alpha & 0 & 0 \\ 0 & 0 & 1 & 0 \\ 0 & 0 & 0 & 1 \end{bmatrix}$

④ $\begin{bmatrix} 0 & \cos\alpha & \sin\alpha & 0 \\ 0 & 0 & 0 & 0 \\ \cos\alpha & \sin\alpha & 1 & 0 \\ 0 & 0 & 0 & 1 \end{bmatrix}$

해설 동차 좌표에 의한 3차원 행렬(회전 변환)

$T_x = \begin{bmatrix} 1 & 0 & 0 & 0 \\ 0 & \cos\alpha & \sin\alpha & 0 \\ 0 & -\sin\alpha & \cos\alpha & 0 \\ 0 & 0 & 0 & 1 \end{bmatrix}$

$T_z = \begin{bmatrix} \cos\alpha & \sin\alpha & 0 & 0 \\ -\sin\alpha & \cos\alpha & 0 & 0 \\ 0 & 0 & 1 & 0 \\ 0 & 0 & 0 & 1 \end{bmatrix}$

77. CAD 시스템에서 사용하는 3차원 모델의 구성 방식이 아닌 것은?

① 와이어 프레임 모델(wire frame model)
② 시스템 모델(system model)
③ 솔리드 모델(solid model)
④ 서피스 모델(surface model)

78. 화면상의 이미지를 실제 사이즈에는 영향을 끼치지 않고 시각적으로 확대 또는 축소하는 것은?

① panning
② clipping
③ zooming
④ grouping

79. 베지어(Bezier) 곡선에 관한 설명 중 잘못된 것은?

① 곡선은 양단의 끝점을 통과한다.
② 1개의 정점 변화는 곡선 전체에 영향을 미친다.
③ n개의 정점에 의해 정의된 곡선은 $(n+1)$차 곡선이다.
④ 곡선은 정점을 연결하는 다각형의 내측에 존재한다.

해설 베지어 곡선의 곡선식은 조정점의 개수보다 1 적은 차수의 다항식으로 되어 있다.

80. 벡터 $\vec{a} = (a_1, a_2, a_3)$가 존재한다. a_1, a_2, a_3는 X, Y, Z축 방향의 변위일 때 벡터의 크기(길이)는?

① $|a| = \sqrt{a_1^2 + a_2^2 + a_3^2}$
② $|a| = a_1^2 + a_2^2 + a_3^2$
③ $|a| = \sqrt{a_1 + a_2 + a_3}$
④ $|a| = \sqrt[3]{a_1^2 + a_2^2 + a_3^2}$

정답 76. ② 77. ② 78. ③ 79. ③ 80. ①

2010년 시행 문제

제1과목 : 기계 가공법 및 안전관리

1. 밀링에서 상향 절삭과 비교한 하향 절삭 작업의 장점에 대한 설명이다. 틀린 것은?

① 표면 거칠기가 좋다.
② 공구의 수명이 길다.
③ 가공물 고정이 유리하다.
④ 백래시를 제거하지 않아도 된다.

[해설] 하향 절삭은 밀링 커터의 날과 공작물의 진행이 같은 방향이므로 백래시가 증가하고, 공작물이 날에 끌려오는 경향이 있으므로 백래시 제거 장치가 필요하다.

2. 수기 가공에서 수나사를 가공하는 공구는?

① 탭
② 리머
③ 다이스
④ 스크레이퍼

[해설] 탭은 암나사를, 다이스는 수나사 가공을 하는 데 사용한다.

3. 보조 프로그램 호출 시 사용되는 보조 기능은?

① M00
② M01
③ M98
④ M99

[해설] • M00 : 프로그램 정지
• M01 : 선택적 프로그램 정지
• M99 : 보조 프로그램 종료

4. 주철과 같이 메짐이 있는 재료를 저속으로 절삭할 때 발생되는 일반적인 칩의 형태는?

① 전단형
② 경작형
③ 균열형
④ 유동형

[해설] 절삭 속도와 칩의 형태

칩의 형태	균열형 − 경작형 − 전단형 − 유동형	
절삭 속도	← 작을 때	클 때 →

5. 급속 귀환 장치가 있는 기계는?

① 셰이퍼
② 지그 보링 머신
③ 밀링
④ 호빙 머신

[해설] 셰이퍼는 급속 귀환 운동을 하면서 공작물을 가공한다.

6. 센터리스 연삭기에 대한 설명이다. 잘못 설명한 것은?

① 가공물을 연속적으로 가공하기 곤란하다.
② 연삭 깊이는 거친 연삭의 경우 0.2 mm 정도이다.
③ 일반적으로 조정 숫돌은 연삭 축에 대하여 경사시켜 가공한다.
④ 가늘고 긴 공작물을 센터나 척으로 지지하지 않고 가공한다.

[해설] 센터리스 연삭기는 연속적인 작업이 가능하므로 대량 생산에 적합하다.

7. 윤활제의 구비 조건이 될 수 없는 것은?

① 사용 상태에서 충분한 점도를 유지할 것

② 한계 윤활 상태에서 견딜 수 없는 유성이 있을 것

③ 산화나 열에 대하여 안정성이 높을 것

④ 화학적으로 불활성이며 깨끗하고 균질할 것

해설 윤활제의 구비 조건으로 한계 윤활상태에서 견딜 수 있는 유성이 있어야 한다.

8. 각도 측정기인 오토콜리메이터(autocollimator)의 주요 부속품에 해당하지 않는 것은?

① 폴리건 프리즘　　② 변압기

③ 펜터 프리즘　　　④ 접촉식 프로브

해설 오토콜리메이터는 광학식 측정기이므로 접촉식 프로브는 사용하지 않는다.

9. 보링 머신에서 가공이 가능한 방법이 아닌 것은?

① 드릴링　　　　　② 리밍

③ 태핑　　　　　　④ 그라인딩

해설 그라인딩은 연삭이므로 보링 머신에서 할 수 없다.

10. 밀링 절삭 작업에서 떨림(chattering)이 생기는 이유가 아닌 것은?

① 공작물의 길이가 짧을 때

② 바이트의 날끝이 불량할 때

③ 절삭 속도가 부적당할 때

④ 공작물의 고정이 불량할 때

해설 공작물의 길이가 길 때 떨림이 발생한다.

11. 브로칭 머신의 절삭 공구인 브로치의 구조에 해당되지 않는 것은?

① 자루부　　　　　② 절삭부

③ 안내부　　　　　④ 경사부

12. 회전하는 상자에 공작물과 숫돌 입자, 공작액, 콤파운드 등을 함께 넣어 공작물이 입자와 충돌하는 동안 그 표면의 요철(凹凸)을 제거하여 매끈한 가공면을 얻는 것은?

① 숏 피닝　　　　　② 슈퍼 피니싱

③ 버니싱　　　　　④ 배럴 가공

해설 배럴 가공 : 회전하는 상자 속에 공작물과 미디어, 콤파운드, 공작액 등을 넣고 회전과 진동을 주어 표면을 다듬질하는 방법으로, 회전형과 진동형이 있다.

13. 드라이버 사용 시 유의사항으로 맞지 않는 것은?

① 드라이버 날끝이 홈의 폭과 길이가 같은 것을 사용한다.

② 드라이버 날끝이 수평이어야 하며 둥글거나 빠진 것은 사용하지 않는다.

③ 작은 공작물은 한 손으로 잡고 사용한다.

④ 전기 작업 시 금속 부분이 자루 밖으로 나와 있지 않은 절연된 자루를 사용한다.

14. 공기 마이크로미터의 장점에 대한 설명으로 잘못된 것은?

① 배율이 높다.

② 타원, 테이퍼, 편심 등의 측정을 간단히 할 수 있다.

③ 안지름 측정에 있어 정도가 높은 측정을 할 수 있다.

④ 비교 측정기가 아니기 때문에 마스터는 필요 없다.

해설 공기 마이크로미터는 비교 측정기의 하나

로 많은 치수의 동시 측정, 자동 선별, 제어가 가능하다.

15. 직업병의 발생 원인과 가장 관계가 먼 것은?

① 분진   ② 유해 가스
③ 공장 규모   ④ 소음

16. 일감과 공구가 모두 회전하면서 절삭하는 공작 기계는?

① 선반(lathe)
② 밀링 머신(milling machine)
③ 드릴링 머신(drilling machine)
④ 원통 연삭기(cylindrical grinding machine)

17. 절삭 저항의 3분력에 해당되지 않는 것은?

① 표면 분력   ② 주분력
③ 이송 분력   ④ 배분력

해설 절삭 저항의 3분력
주분력 > 배분력 > 이송 분력

18. 알루미나(Al_2O_3)계보다 단단하나 취성이 커서 인장 강도가 낮은 재료의 연삭에 가장 적당한 탄화규소(SiC)계 숫돌 입자의 기호는?

① A   ② C
③ WA   ④ GC

해설 숫돌 입자의 종류별 용도

알루미나계	A(갈색)	일반 강재
	WA(백색)	합금 강재
탄화규소계	C(흑색)	주물, 비금속
	GC(녹색)	초경합금

19. 버핑의 사용 목적이 아닌 것은?

① 공작물의 표면을 광택내기 위하여
② 공작물의 표면을 매끈하게 하기 위하여
③ 정밀도를 요하는 가공보다 외관을 좋게 하기 위하여
④ 폴리싱을 하기 전에 공작물 표면을 다듬질하기 위하여

해설 버핑을 하기 전 표면을 다듬는 것은 폴리싱이다.

20. 연삭 가공의 특징으로 옳지 않은 것은?

① 경화된 강과 같은 단단한 재료를 가공할 수 있다.
② 가공물과 접촉하는 연삭점의 온도가 비교적 낮다.
③ 정밀도가 높고 표면 거칠기가 우수한 다듬질 면을 얻을 수 있다.
④ 숫돌 입자는 마모되면 탈락하고 새로운 입자가 생기는 자생 작용이 있다.

해설 연삭 가공의 특징
• 칩이 작으므로 가공 표면이 매우 매끈하다.
• 단시간에 정확한 치수를 가공할 수 있다.
• 경화된 강과 같은 굳은 재료를 절삭할 수 있다.
• 절삭 날은 자생 작용을 반복한다.
• 가공물과 접촉하는 연삭점의 온도가 높다.

제2과목 : 기계 제도

---

21. 기계 재료 중 기계 구조용 탄소 강재에 해당하는 것은?

① SS 400   ② SCr 410
③ SM 40C   ④ SCS 55

해설 • SS : 일반 구조용 압연 강재

2010년

• SCr : 기계 구조용 크로뮴 강재
• SCS : 스테인리스 주강품

22. 그림과 같은 도면의 해독으로 틀린 것은?

8드릴, 15자리 파기

t25

□30

① 드릴 구멍의 지름이 25mm이다.
② 정사각형의 한 변의 길이가 30mm이다.
③ 판의 두께가 25mm이다.
④ 구멍이 깊이가 15mm이다.

해설 드릴 구멍의 지름은 8mm이며 자리 파기 15mm이다(8드릴, 길이15로 간단히 표기).

참고 t25는 t=25로 KS 규격이 개정되었다.

23. 그림과 같은 원형축 형상에서 기호 표시란(Y)에 들어갈 수 있는 기하 공차로 가장 적합한 것은?

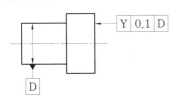

Y 0.1 D

D

① ○   ② ∠

③ ↗   ④ ⚌

해설 그림과 같은 공작물에 대해서는 D로 지시한 축을 중심으로 회전시키며 측면의 흔들림을 검사하여 정밀도를 측정해야 한다.

24. 기준 치수 42mm, 위 치수 허용차 값이

−0.009mm, 치수 공차값이 0.016mm일 때 최소 허용 치수는?

① 41.991mm   ② 41.975mm
③ 41.984mm   ④ 41.993mm

해설 최대 허용 치수=기준 치수+위 치수 허용차
$$=42-0.009$$
$$=41.991mm$$
∴ 최소 허용 치수=최대 허용 치수−치수 공차
$$=41.991-0.016$$
$$=41.975mm$$

25. 제3각법으로 투상한 정면도와 우측면도가 그림과 같을 때 평면도로 가장 적합한 것은?

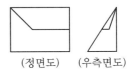

(정면도)   (우측면도)

①   ②

③   ④

26. 화살표 방향을 정면으로 하는 그림과 같은 입체도를 제3각법으로 정투상한 도면으로 올바르게 나타낸 것은?

①   ②

③   ④

정답 22. ①   23. ③   24. ②   25. ①   26. ①

27. 스퍼 기어에서 피치원의 지름이 150mm 이고 잇수가 50일 때 모듈(module)은?

① 5   ② 4

③ 3   ④ 2

해설 $m = \dfrac{D}{z} = \dfrac{150}{50} = 3\,mm$

28. 기계 제도의 재료 기호 STC는 어느 것을 나타내는가?

① 일반 구조용 압연 강재

② 기계 구조용 탄소 강재

③ 탄소 공구강 강재

④ 합금 공구강 강재

해설 • 일반 구조용 압연 강재 : SS
• 기계 구조용 탄소 강재 : SM
• 합금 공구강 강재 : STS

29. SPP로 나타내는 재질의 명칭은 어떤 것 인가?

① 일반 구조용 탄소 강관

② 냉간 압연 강재

③ 일반 배관용 탄소 강관

④ 보일러용 압연 강재

해설 • 일반 구조용 탄소 강관 : STK
• 냉간 압연 강판 및 강재 : SPC
• 보일러용 압연 강재 : SB

30. 그림과 같이 형상 공차로 표시된 것의 뜻은?

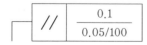

① 구분 구간 100mm에 대하여는 0.05mm, 전체 길이에 대하여는 0.1mm의 평행도

② 전체 길이 100mm에 대하여는 0.05mm,

100mm 이하의 경우에는 0.1mm의 평행도

③ 전체 길이 100mm에 대하여는 0.05mm, 구분 구간은 0.1mm의 평행도

④ 구분 구간에서 0.05/100mm, 전체 길이 에 대하여 0.1mm의 평행도

31. 그림과 같은 제3각 정투상도(정면도, 평 면도, 좌측면도)에서 미완성된 좌측면도로 가장 적합한 것은?

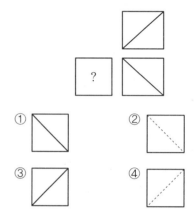

32. 그림과 같은 T 형강의 표시 방법이 바르 게 된 것은?

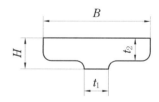

① $TB \times H \times t_1 \times t_2 - L$

② $TB \times H \times t_1 - t_2 - L$

③ $TB \times H - t_2 - t_1 - L$

④ $TH - B - t_2 - t_1 - L$

33. 가공에 의한 컷의 줄무늬가 기호를 기입 한 면의 중심에 대하여 거의 방사 모양이라 는 의미를 지닌 기호는?

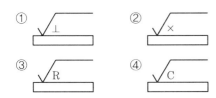

해설 • ⊥ : 투상면에 수직
• × : 2개의 경사면에 수직
• C : 중심에 대하여 동심원 모양

34. V-블록을 제3각법으로 정투상한 그림과 같은 도면에서 A 부분의 치수는?

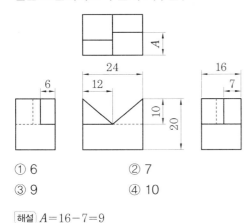

① 6   ② 7
③ 9   ④ 10

해설 $A = 16 - 7 = 9$

35. 제3각 정투상도로 투상된 그림과 같은 정면도와 우측면도가 있을 때 평면도로 적합한 것은?

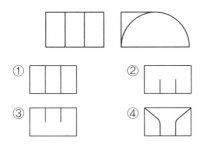

36. 헐거운 끼워맞춤의 설명으로 틀린 것은?

① 항상 틈새가 생긴다.

② 구멍의 최대 치수에서 축의 최소 치수를 뺀 값이 최대 틈새이다.

③ 축의 최대 치수에서 구멍의 최대 치수를 뺀 값이 최대 죔새이다.

④ 구멍의 최소 치수에서 축의 최대 치수를 뺀 값이 최소 틈새이다.

해설 • 헐거운 끼워맞춤 : 항상 틈새가 있는 끼워맞춤
• 억지 끼워맞춤 : 항상 죔새가 있는 끼워맞춤

37. KS 용접 기호 중 현장 용접을 뜻하는 것은?

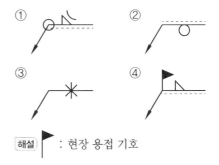

해설 ▶ : 현장 용접 기호

38. 그림과 같은 원뿔의 전개도에서 중심각 θ은 몇 도인가?

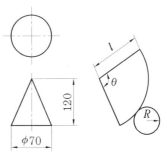

① $\theta = 100.8°$ ② $\theta = 105.0°$
③ $\theta = 90.7°$ ④ $\theta = 210.0°$

해설 $l = \sqrt{35^2 + 120^2} = 125$
밑면 원의 둘레=부채꼴 호의 길이
$2\pi \times 35 = 2\pi \times l \times \dfrac{\theta}{360°}$

$$35 = l \times \frac{\theta}{360°}$$

$$\therefore \theta = \frac{35 \times 360°}{l} = \frac{35 \times 360°}{125} ≒ 100.8°$$

39. 줄 다듬질 가공을 나타내는 약호는?

① FL   ② FF

③ FS   ④ FR

해설 • FL : 래핑

• FS : 스크레이핑

• FR : 리밍

40. 기어의 제도에 대하여 설명한 것으로 잘못된 것은?

① 잇봉우리원은 굵은 실선으로 표시한다.

② 피치원은 가는 1점 쇄선으로 표시한다.

③ 이골원은 가는 실선으로 표시한다.

④ 잇줄 방향은 통상 3개의 가는 1점 쇄선으로 표시한다.

해설 잇줄 방향은 통상 3개의 가는 실선으로 표시한다.

제3과목 : 기계 설계 및 기계 재료

41. 합금이 아닌 것은?

① 니켈   ② 황동

③ 두랄루민   ④ 켈밋

해설 황동은 Cu−Zn의 합금, 두랄루민은 Al−Cu−Mg−Mn을 주성분으로 하는 합금, 켈밋은 Cu+Pb의 합금이다.

42. 담금질 조직 중 가장 경도가 높은 것은?

① 펄라이트   ② 마텐자이트

③ 소르바이트   ④ 트루스타이트

해설 담금질 조직의 경도

시멘타이트>마텐자이트>트루스타이트>소르바이트>펄라이트>오스테나이트>페라이트

43. 순철에 대한 설명으로 잘못된 것은?

① 투자율이 높아 변압기, 발전기용으로 사용된다.

② 단접이 용이하고 용접성도 좋다.

③ 바닷물, 화학약품 등에 대한 내식성이 좋다.

④ 고온에서 산화작용이 심하다.

44. 풀림 처리의 목적으로 가장 적합한 것은?

① 연화 및 내부 응력 제거

② 경도의 증가

③ 조직의 오스테나이트화

④ 표면의 경화

해설 • 풀림의 목적 : 연화 및 내부 응력 제거

• 담금질의 목적 : 경도 증가

• 뜨임의 목적 : 인성 부여

• 불림의 목적 : 조직을 표준화 상태로 변화

45. 회주철(grey cast iron)의 조직에 가장 큰 영향을 주는 것은?

① C와 Si   ② Si와 Mn

③ Si와 S   ④ Ti와 P

46. 6:4 황동에 1~2% Fe을 첨가한 것으로, 강도가 크고 내식성이 좋아 광산 기계, 선박용 기계, 화학 기계 등에 사용하는 황동은?

① 에드미럴티 황동   ② 네이벌 황동

③ 델타 메탈   ④ 톰백

47. 연강의 사용 용도로 적합하지 않은 것은?

정답 39. ②   40. ④   41. ①   42. ②   43. ③   44. ①   45. ①   46. ③   47. ④

① 볼트　　　　② 리벳
③ 파이프　　　④ 게이지

해설 게이지용 강은 내마모성이 크고 내식성이 우수해야 하므로 적합하지 않다.

48. 탄소강에서 공석강의 현미경 조직은?

① 초석 페라이트와 펄라이트
② 초석 시멘타이트와 펄라이트
③ 층상 펄라이트와 시멘타이트의 혼합 조직
④ 공석 페라이트와 공석 시멘타이트의 혼합조직

49. 다음 구조용 복합 재료 중 섬유강화 금속은?

① FRTP　　　② SPF
③ FRM　　　 ④ FRP

해설 • FRTP : 섬유강화 내열 플라스틱
• SPF : 구조목(Spruce, Pine, Fir)
• FRP : 섬유강화 플라스틱

50. 담금질 효과와 가장 관련이 적은 것은?

① 가열 온도　　② 냉각 속도
③ 자성　　　　 ④ 결정 입도

51. 기본 부하용량이 33000N이고 베어링 하중이 4000N인 볼 베어링이 900rpm으로 회전할 때, 베어링의 수명 시간은 약 몇 시간인가?

① 9050　　　② 9500
③ 10400　　 ④ 11500

해설 $L_h = 500 \left(\dfrac{C}{P}\right)^r \dfrac{33.3}{N}$

$= 500 \left(\dfrac{33000}{4000}\right)^3 \times \dfrac{33.3}{900} ≒ 10400$시간

52. 10kN의 하중을 올리는 나사 잭의 나사 막대의 지름을 몇 mm로 하면 가장 적당한가? (단, 허용 응력은 60MPa로 하고 비틀림 응력은 수직 응력의 1/3 정도로 본다.)

① 12mm　　　② 18mm
③ 22mm　　　④ 25mm

53. 나사를 용도에 따라 체결용과 운동용으로 분류할 때 운동용 나사에 속하지 않는 것은?

① 사각나사　　② 사다리꼴나사
③ 톱니나사　　④ 삼각나사

54. 지름 60mm의 강축에 350rpm으로 50kW를 전달하려고 할 때 허용 전단 응력을 고려하여 적용 가능한 묻힘 키(sunk key)의 최소 길이(l)는 약 몇 mm인가? (단, 키의 허용 전단 응력 $\tau = 40$N/mm^2, 키의 규격(폭×높이) $b \times h = 12$mm×10mm이다.)

① 80　　　② 85
③ 90　　　④ 95

해설 $T = 9.55 \times 10^6 \times \dfrac{H}{N} = 9.55 \times 10^6 \times \dfrac{50}{350}$

$≒ 1364286$N · mm

$\therefore l = \dfrac{2T}{b\tau d} = \dfrac{2 \times 1364286}{12 \times 40 \times 60} ≒ 95$mm

55. 다음 마찰차 중 무단(無段) 변속장치로 이용할 수 없는 것은?

① 홈 마찰차　　② 에반스 마찰차
③ 원판 마찰차　④ 구면 마찰차

해설 홈 마찰차는 밀어붙이는 힘을 증가시키지 않고 전달 동력을 크게 할 수 있도록 개량한 것이며, 마찰차 둘레에 쐐기 모양의 V형 홈이 파여 있어 서로 물리도록 되어 있다.

정답 **48.** ④　**49.** ③　**50.** ③　**51.** ③　**52.** ③　**53.** ④　**54.** ④　**55.** ①

56. SI 단위와 기호로 잘못 짝지어진 것은?

① 주파수 – 헤르츠(Hz)

② 에너지 – 줄(J)

③ 전기량, 전하 – 와트(W)

④ 전기 저항 – 옴(Ω)

해설 전기량, 전하 – C(쿨롱)

57. 지름 5cm의 축이 300rpm으로 회전할 때 최대로 전달할 수 있는 동력은 약 몇 kW 이겠는가? (단, 축의 허용 비틀림 응력은 39.2MPa이다.)

① 8.59

② 16.84

③ 30.23

④ 181.38

해설 $T = \tau \dfrac{\pi d^3}{16} = 39.2 \times \dfrac{\pi \times 50^3}{16}$

$\fallingdotseq 961625 \text{N} \cdot \text{mm}$

$T = 9.55 \times 10^6 \times \dfrac{H}{N}$

$\therefore H = \dfrac{TN}{9.55 \times 10^6} = \dfrac{961625 \times 300}{9.55 \times 10^6} \fallingdotseq 30.2 \text{kW}$

58. 역류를 방지하며 유체를 한쪽 방향으로만 흘러가게 하는 밸브(valve)로 적합한 것은?

① 체크 밸브

② 감압 밸브

③ 시퀀스 밸브

④ 언로드 밸브

해설 감압 밸브, 시퀀스 밸브, 언로드 밸브는 압력 조절 밸브이다.

59. 스플라인에 대한 설명으로 틀린 것은?

① 축에 여러 개의 같은 키 홈을 파서 여기에 맞는 한짝의 보스 부분을 만들어 축 방향으로 서로 미끄러져 운동할 수 있게 한 것이다.

② 종류에는 각형 스플라인, 헬리컬 스플라인, 세레이션 등이 있다.

③ 용도는 주로 변속장치, 자동차 변속기 등의 속도 변환용 축에 사용된다.

④ 키보다 큰 토크를 전달할 수 있다.

60. 400rpm으로 전동축을 지지하고 있는 미끄럼 베어링에서 저널의 지름 $d=6$cm, 저널의 길이 $l=10$cm, 4.2kN의 레이디얼 하중이 작용할 때 베어링 압력은 몇 MPa인가?

① 0.5

② 0.6

③ 0.7

④ 0.8

해설 $d=60$mm, $l=100$mm

$\therefore P = \dfrac{W}{dl} = \dfrac{4200}{60 \times 100} = 0.7 \text{MPa}$

제4과목 : 컴퓨터 응용 설계

61. 솔리드 모델의 CSG 표현 방식에 대한 설명으로 거리가 먼 것은?

① 기본 입체의 조합으로 물체를 표현한다.

② 불 연산(boolean operation)을 이용한다.

③ B–rep 표현 방식에 대비하여 전개도 작성이 쉽다.

④ 중량 계산을 할 수 있다.

해설 CSG 방식은 복잡한 형상을 단순한 형상의 조합으로 표현하므로 데이터가 간결하지만 3면도, 투시도, 전개도, 표면적 계산을 위해서는 경계 부분의 재계산이 필요하므로 B–rep 방식보다 시간이 많이 걸린다.

62. 솔리드 모델링에서 기본 형상의 불 연산 방법이 아닌 것은?

① 합집합

② 차집합

③ 곱집합

④ 교집합

63. 원의 중심점을 (x_0, y_0)라 할 때 원의 방정식의 표현으로 올바른 것은? (단, r은 원의 반지름이다.)

① $(x+x_0)^2+(y+y_0)^2=r^2$
② $(x-x_0)^2+(y-y_0)^2=r$
③ $(x+x_0)^2+(y+y_0)^2=r$
④ $(x-x_0)^2+(y-y_0)^2=r^2$

해설 중심이 (a, b), 반지름이 r인 원의 방정식
$(x-a)^2+(y-b)^2=r^2$

64. $f(x, y)=ax^2+bxy+cy^2+dx+ey+g=0$의 식에 표시된 계수에 의해 정의되는 도형으로 옳은 것은?

① 원 : $b=0$, $a=c$
② 타원 : $b^2-4ac>0$
③ 포물선 : $b^2-4ac \neq 0$
④ 쌍곡선 : $b^2-4ac<0$

해설 $f(x, y)=ax^2+bxy+cy^2+dx+ey+g=0$
∴ $b=0$, $a=c$이면 원의 방정식이다.

65. 기하학적 형상 modeling에서 B−spline 곡선의 성질 중 곡선상에 있는 몇 개의 점을 알고 있을 때, 그에 따른 B−spline 곡선의 조정점을 구할 수 있다. 이를 무엇이라 하는가?

① 연속성
② 역변환(inverse transform)
③ convex hull property
④ 곡선 조정

66. 솔리드 모델(solid model)의 특징 설명으로 틀린 것은?

① 두 모델 간의 간섭 체크가 용이하다.
② 물리적 성질 등의 계산이 가능하다.
③ 이동·회전 등을 통한 정확한 형상 파악

이 곤란하다.
④ 컴퓨터의 메모리 용량이 많아진다.

해설 솔리드 모델은 이동, 회전 등을 통한 정확한 형상 파악이 가능하다.

67. 다음 식은 3차원 공간상에서 좌표 변환 시 x축을 중심으로 h만큼 회전하는 행렬식(matrix)을 나타낸다. (X)에 알맞은 값은?

$$\begin{bmatrix} x' & y' & z' & 1 \end{bmatrix} = \begin{bmatrix} x & y & z & 1 \end{bmatrix} \begin{bmatrix} 1 & 0 & 0 & 0 \\ 0 & (A) & (B) & 0 \\ 0 & (X) & (Y) & 0 \\ 0 & 0 & 0 & 1 \end{bmatrix}$$

① $\sin\theta$
② $-\sin\theta$
③ $\cos\theta$
④ $-\cos\theta$

해설 x축을 중심으로 θ만큼 회전하는 행렬

$$T_x = \begin{bmatrix} 1 & 0 & 0 & 0 \\ 0 & \cos\theta & \sin\theta & 0 \\ 0 & -\sin\theta & \cos\theta & 0 \\ 0 & 0 & 0 & 1 \end{bmatrix}$$

68. 다음 설명의 특징을 가진 곡면에 해당하는 것은?

- 평면상의 곡선뿐만 아니라 3차원 공간에 있는 형상도 간단히 표현할 수 있다.
- 곡면의 일부를 표현하고자 할 때는 매개변수의 범위를 두므로 간단히 표현할 수 있다.
- 곡면의 좌표 변환이 필요하면 단순히 주어진 벡터만을 좌표 변환하여 원하는 결과를 얻을 수 있다.

① 원뿔(Cone) 곡면
② 퍼거슨(Ferguson) 곡면
③ 베지어(Bezier) 곡면
④ 스플라인(Spline) 곡면

정답 63. ④ 64. ① 65. ② 66. ③ 67. ② 68. ②

69. CAD에서 사용되는 입력장치에 해당하지 않는 것은?

① 마우스(mouse)

② 트랙볼(track ball)

③ 플라스마 디스플레이 패널(plasma display panel)

④ 라이트 펜(light pen)

[해설] • 출력장치 : 음극관(CRT), 평판 디스플레이, 플로터, 프린터 등
• 입력장치 : 키보드, 태블릿, 마우스, 조이스틱, 컨트롤 다이얼, 트랙볼, 라이트 펜 등

70. 곡면(surface)으로 기하학적 형상을 정의하는 과정에서 곡면 구성 종류가 아닌 것은?

① 쿤스 곡면(Coons surface)

② 회전 곡면(Revolved surface)

③ 베지어 곡면(Bezier surface)

④ 트위스트 곡면(Twist surface)

71. 행과 열이 각각 m행과 n열을 가지면 $m \times n$ 행렬이라고 한다. 3×2 행렬과 2×3 행렬을 서로 곱했을 때, 그 결과의 행렬(matrix)에서 행(row)의 개수는?

① 2

② 3

③ 4

④ 6

[해설] 3×2 행렬과 2×3 행렬의 곱의 예

$$\begin{bmatrix} 1 & 1 \\ 1 & 1 \\ 1 & 1 \end{bmatrix} \begin{bmatrix} 1 & 0 & 0 \\ 0 & 0 & 1 \end{bmatrix} = \begin{bmatrix} 1 & 0 & 1 \\ 1 & 0 & 1 \\ 1 & 0 & 1 \end{bmatrix}$$

∴ 행의 개수는 3이다.

72. CAD 소프트웨어에서 명령어를 아이콘으로 만들어 아이템별로 묶어 명령을 편리하게 이용할 수 있도록 한 것은?

① 툴바

② 스크롤바

③ 스크린 메뉴

④ 풀다운 메뉴바

[해설] • 스크롤바 : 영역 밖의 화면으로 이동하기 위한 메뉴
• 스크린 메뉴 : 화면상에서 텍스트 형태의 메뉴
• 풀다운 메뉴바 : 클릭 시 하단으로 메뉴 그룹이 펼쳐지게 한 메뉴

73. CAD 시스템의 구성 요소인 모니터와 관련하여 refresh라는 용어에 의해 일어나는 현상과 가장 관계가 가까운 것은?

① flicker 현상

② zoom 현상

③ cathode 현상

④ compound 현상

[해설] • refresh : 화면을 다시 재생 작업하는 것
• flicker : 화면이 깜박거리는 현상

74. 컴퓨터에서 최소의 입출력 단위로 물리적으로 읽기를 할 수 있는 레코드에 해당하는 것은?

① block

② field

③ word

④ bit

75. 주어진 양 끝점만 통과하고 중간의 점은 조정점의 영향에 따라 근사하고 부드럽게 연결되는 선은?

① Bezier 곡선

② spline 곡선

③ polygonal line

④ 퍼거슨 곡선

[해설] • Bezier 곡선 : 스플라인 곡선의 표현법으로, 주어진 점들에 의해 형상을 제어할 수 있는 방법이다.
• spline 곡선 : 지정된 모든 점을 통과하면서도 부드럽게 연결된 곡선이다.

76. 이진법 1011을 십진법으로 계산하면 얼

마가 되는가?

① 2　　　　　　② 4
③ 8　　　　　　④ 11

해설 $1011_{(2)}$
$= (1 \times 2^3) + (0 \times 2^2) + (1 \times 2^1) + (1 \times 2^0)$
$= 8 + 0 + 2 + 1 = 11$

77. 컴퓨터 그래픽의 기본 요소(primitive) 중 3차원 프리미티브에 해당되지 않는 것은?

① 구(sphere)　　② 관(tube)
③ 원통(cylinder)　④ 직선(line)

해설 직선은 2차원 기본 요소이다.

78. DXF(data exchange file) 파일의 섹션 구성에 해당되지 않는 것은?

① header section
② library section
③ tables section
④ entities section

해설 DXF 파일의 구성 요소 : 헤더 섹션, 테이블 섹션, 블록 섹션, 엔티티 섹션, 엔드 오브 파일 섹션으로 구성되어 있다.

79. CAD 용어에 대한 설명 중 틀린 것은?

① pan : 도면의 다른 영역을 보기 위해 디스플레이 윈도를 이동시키는 행위
② zoom : 화면상의 이미지를 실제 사이즈를 포함하여 확대 또는 축소
③ clipping : 필요 없는 요소를 제거하는 방법으로, 그래픽에서 클리핑 윈도로 정의된 영역 밖에 존재하는 요소들을 제거하는 것을 의미
④ toggle : 명령의 실행 또는 마우스 클릭 시마다 on 또는 off가 번갈아 나타나는 세팅

해설 zoom : 화면의 크기를 사용자가 원하는 대로 확대 또는 축소하여 도면의 일부를 자세히 보거나 도면 전체를 보고자 할 때 사용한다.

80. 와이어 프레임 모델의 장점에 해당하지 않는 것은?

① 데이터의 구조가 간단하다.
② 모델 작성이 용이하다.
③ 투시도 작성이 용이하다.
④ 물리적 성질(질량)의 계산이 가능하다.

해설 와이어 프레임 모델에서는 부피, 관성 모멘트 등 물리적 성질의 계산이 불가능하다.

기계설계산업기사

제1과목 : 기계 가공법 및 안전관리

1. 수기 가공 용구의 센터 펀치에 대해 기술한 것으로 틀린 것은?

① 펀치의 선단은 열처리를 한다.
② 드릴로 구멍을 뚫을 자리 표시에 사용한다.
③ 선단은 약 40°로 한다.
④ 펀치의 선단을 목표물에 수직으로 고정하고 펀칭한다.

해설 센터 펀치의 선단 각도는 60°이다.

2. 도금을 응용한 방법으로 모델을 음극에 전착시킨 금속을 양극에 설치하고 전해액 속에서 전기를 통전하여 적당한 두께로 금속을 입히는 가공 방법은?

① 전주 가공　　② 초음파 가공
③ 전해 연삭　　④ 레이저 가공

해설 전주 가공 : 전기 도금의 원리를 응용한 방법으로 전기 주조법이라고도 한다. 섬세하고 얇은 물체를 도금하는 데 유용하다.

3. 밀링 작업을 하고 있는 중에 지켜야 할 안전사항에 해당되지 않는 것은?

① 절삭 공구나 가공물을 설치할 때는 반드시 전원을 켜고 한다.
② 주축 속도를 변속시킬 때는 반드시 주축이 정지한 후 변환한다.
③ 가공물을 바른 자세에서 단단하게 고정한다.
④ 기계 가동 중에는 자리를 이탈하지 않는다.

해설 절삭 공구나 가공물을 설치할 때는 반드시 전원을 끈 상태에서 한다.

4. CNC 공작 기계의 서보 기구의 종류에 속하지 않는 것은?

① 개방회로 방식
② 하이브리드 서보 방식
③ 폐쇄회로 방식
④ 단일회로 방식

해설 CNC 공작 기계의 서보 기구에는 개방회로 방식, 하이브리드 방식, 반폐쇄회로 방식, 폐쇄회로 방식이 있다.

5. 밀링 작업에서 하향 절삭에 비교한 상향 절삭의 특성에 대한 설명으로 틀린 것은?

① 날끝이 일감을 치켜 올리므로 일감을 단단히 고정해야 한다.
② 백래시 제거 장치가 없으면 가공이 곤란하다.
③ 하향 절삭에 비해 가공 면이 깨끗하지 못하다.
④ 공구의 수명이 짧다.

해설 상향 절삭은 밀링 커터의 날과 공작물의 진행이 반대 방향이므로 가공 중 백래시의 영향을 받지 않는다.

6. 정반 위에 높이의 차가 100mm인 2개의 게이지 블록 위에 길이 200mm인 사인 바를 놓았을 때 정반 면과 사인 바가 이루는 각은?

① 20°　　　　② 30°
③ 45°　　　　④ 60°

해설 $\theta = \sin^{-1}\left(\frac{100}{200}\right) = \sin^{-1}\left(\frac{1}{2}\right) = 30°$

정답 **1.** ③　**2.** ①　**3.** ①　**4.** ④　**5.** ②　**6.** ②

7. 기차 바퀴와 같이 길이가 짧고 지름이 큰 공작물을 선삭하기에 가장 적합한 선반은?

① 터릿 선반　　　② 정면 선반
③ 수직 선반　　　④ 모방 선반

해설 • 터릿 선반 : 터릿에 여러 공구를 부착하여 다양하고 종합적인 가공을 하는 데 적합하다.
• 수직 선반 : 무겁고 지름이 큰 공작물을 절삭하는 데 적합하다.
• 모방 선반 : 실물이나 모형을 따라 공구대가 자동으로 모형과 같은 윤곽을 깎아내는 데 적합하다.

8. 밀링 머신에서 가장 큰 규격의 호칭 번호는? (단, 호칭 번호는 새들의 이동 범위로 정한다.)

① 0호　　　② 1호
③ 3호　　　④ 5호

해설 밀링 머신의 호칭 번호

호칭 번호	0호	1호	2호	3호	4호	5호
전후 이동	150	200	250	300	350	400
좌우 이동	450	550	700	850	1050	1250
상하 이동	300	400	400	450	450	500

9. 나사의 유효 지름을 측정할 수 없는 것은?

① 나사 마이크로미터
② 투영기
③ 공구 현미경
④ 이 두께 버니어 캘리퍼스

해설 이 두께 버니어 캘리퍼스는 기어의 이 두께를 측정하는 도구이다.

10. 연삭 가공에서 내면 연삭의 특성에 대한 설명으로 틀린 것은?

① 연삭숫돌의 지름은 가공물의 지름보다 커야 한다.
② 바깥지름 연삭에 비하여 숫돌의 마모가 많다.
③ 숫돌 축의 회전수가 빨라야 한다.
④ 숫돌 축은 지름이 작기 때문에 가공물의 정밀도가 다소 떨어진다.

11. 드릴링 머신의 안전사항으로 틀린 것은?

① 장갑을 끼고 작업을 하지 않는다.
② 가공물을 손으로 잡고 드릴링하지 않는다.
③ 얇은 판의 구멍 뚫기에는 나무 보조판을 사용한다.
④ 구멍 뚫기가 끝날 무렵은 이송을 빠르게 한다.

해설 구멍 뚫기가 끝날 무렵은 이송을 천천히 한다.

12. 리머 작업을 할 때는 드릴 작업에 비하여 어떻게 하는 것이 원칙인가?

① 고속에서 절삭하고 이송을 크게
② 고속에서 절삭하고 이송을 작게
③ 저속에서 절삭하고 이송을 크게
④ 저속에서 절삭하고 이송을 작게

13. 절삭 공구의 구비 조건에 해당되지 않는 것은?

① 강인성이 클 것
② 마찰계수가 클 것
③ 내마모성이 높을 것
④ 고온에서 경도가 저하되지 않을 것

해설 마찰을 줄이기 위해 절삭 공구는 마찰계수가 작은 것을 선택해야 한다.

14. 선반이나 연삭기 작업에서 봉재의 중심을

정답 **7.** ②　**8.** ④　**9.** ④　**10.** ①　**11.** ④　**12.** ③　**13.** ②　**14.** ④

구하기 위해 금긋기 작업으로 사용하는 공구와 관계가 먼 것은?

① V 블록
② 서피스 게이지
③ 캘리퍼스
④ 마이크로미터

해설 마이크로미터는 길이 측정기이므로 금긋기 작업과 관련이 없다.

15. 램이 상하로 직선 운동을 하며 급속 귀환 장치가 있는 공작 기계는?

① 셰이퍼
② 슬로터
③ 브로치
④ 플레이너

해설 급속 귀환 장치가 있는 공작 기계에는 셰이퍼, 슬로터, 플레이너가 있으며, 이 중에서 램이 상하 직선 운동을 하는 것은 슬로터이다.

16. 센터리스 연삭의 특성에 대한 설명으로 틀린 것은?

① 중공(中空)의 가공물 연삭이 곤란하다.
② 연삭 작업에 숙련을 요구하지 않는다.
③ 연삭 여유가 작아도 된다.
④ 연삭숫돌의 폭이 크므로 연삭숫돌 지름의 마멸이 적다.

해설 센터리스 연삭기는 공작물을 지지하는 데 센터나 척을 사용하지 않으므로 중공의 가공물도 연삭하기 용이하다.

17. 선반의 부속품 중에서 돌리개(dog)의 종류가 아닌 것은?

① 평행(클램프) 돌리개
② 곧은 돌리개
③ 브로치 돌리개
④ 굽은(곡형) 돌리개

해설 돌리개는 양 센터 작업을 할 때 주축의 회전력을 돌림판으로부터 공급받아서 공작물에

전달하는 역할을 한다.

18. 기어 가공을 위해 사용되는 공구가 아닌 것은?

① T홈 커터
② 피니언 커터
③ 호브
④ 랙 커터

해설 기어를 절삭하는 방법 중 창성법에는 랙 커터에 의한 방법, 피니언 커터에 의한 방법, 호브에 의한 절삭이 있다.

19. 공작물을 절삭할 때 절삭 온도에 의한 측정 방법으로 틀린 것은?

① 공구 현미경에 의한 측정
② 칩의 색깔에 의한 측정
③ 열량계에 의한 측정
④ 열전대에 의한 측정

해설 절삭 온도 측정 방법
• 칩의 색깔에 의한 방법
• 열량계에 의한 방법
• 공구에 열전대를 삽입하는 방법
• 복사 고온계에 의한 방법
• 시온 도료를 사용하는 방법
• 공구와 일감을 열전대로 사용하는 방법

20. 그림의 연삭 가공은 어떤 작업을 나타낸 것인가?

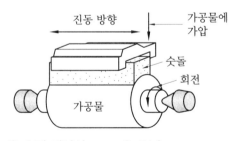

① 슈퍼 피니싱
② 호닝
③ 래핑
④ 버핑

해설 슈퍼 피니싱 : 가공물의 표면에 가압하면

정답 **15.** ② **16.** ① **17.** ③ **18.** ① **19.** ① **20.** ①

서 가공물에 진동과 이송을 주고 가공물을 회전 시켜 균일한 표면을 가공하는 방법이다.

제2과목 : 기계 제도

21. 구멍의 최대 치수가 축의 최소 치수보다 작은 경우에 해당하는 끼워맞춤의 종류는?

① 억지 끼워맞춤　　② 헐거운 끼워맞춤
③ 틈새 끼워맞춤　　④ 중간 끼워맞춤

[해설] 구멍의 최대 치수가 축의 최소 치수보다 작다는 것은 구멍이 아무리 커도 축보다 작다는 의미이므로 억지 끼워맞춤이다.

22. 리벳의 호칭 길이를 나타낼 때 머리 부분까지 포함하여 호칭 길이를 나타내는 것은?

① 둥근머리 리벳
② 접시머리 리벳
③ 얇은 납작머리 리벳
④ 냄비머리 리벳

[해설] 리벳의 호칭 길이에서 접시머리 리벳만 머리 부분까지 포함하여 호칭 길이를 나타낸다.

23. 그림은 어느 기어의 맞물리는 기어의 간략도를 제도한 것인가?

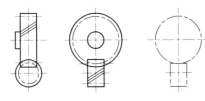

① 스퍼 기어
② 헬리컬 기어
③ 나사 기어
④ 스파이럴 베벨 기어

24. 자동 조심 볼 베어링의 베어링 계열 기호인 것은?

① 60, 62, 63　　② 70, 72, 73
③ 12, 22, 23　　④ 511, 522

[해설] 자동 조심 볼 베어링은 12, 13, 22, 23계열을 사용한다.

25. 지름이 같은 원기둥이 그림과 같이 직교할 때 상관선의 표현으로 가장 적합한 것은?

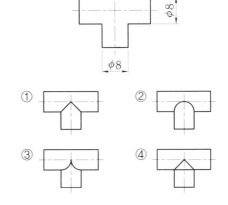

26. 그림과 같은 형강의 전체 길이 l은?

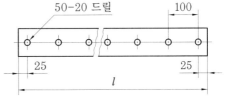

① 1950　　② 2050
③ 4950　　④ 5050

[해설] 지름 : 20mm, 드릴 구멍 : 50개,
피치 : 100mm
∴ $l = (100 \times 49) + 25 + 25 = 4900 + 25 + 25$
$= 4950$mm

27. 핸들이나 바퀴 등의 암 및 리브, 훅, 축,

정답 **21.** ①　**22.** ②　**23.** ③　**24.** ③　**25.** ①　**26.** ③　**27.** ③

구조물의 부재 등의 절단한 곳의 전, 후를 끊어서 그 사이에 회전 도시 단면도를 그릴 때 단면의 외형을 나타내는 선은 어떤 선으로 나타내야 하는가?

① 가는 실선　　　② 굵은 1점 쇄선
③ 굵은 실선　　　④ 가는 2점 쇄선

해설 절단한 곳의 전후를 끊어 그 사이에 그릴 때는 굵은 실선으로 그린다.

28. 구멍 기준식(H7) 끼워맞춤에서 조립되는 축의 끼워맞춤 공차가 다음과 같을 때 억지 끼워맞춤에 해당되는 것은?

① p6　　　　　② h6
③ g6　　　　　④ f6

해설 구멍 기준식 끼워맞춤

기준 구멍	헐거운 끼워맞춤		중간 끼워맞춤			억지 끼워맞춤		
H7	f6	g6	h6	js6	k6	m6	n6	p6	r6

29. 그림과 같은 제3각 정투상도의 입체도로 가장 적합한 것은?

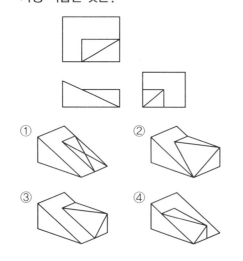

30. 그림과 같은 I 형강의 기호와 치수 표시

법으로 올바른 것은? (단, 형강의 길이는 L 이다.)

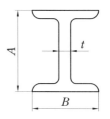

① $It×B×A-L$　　② $IA×B×t-L$
③ $IB×A×t-L$　　④ $IB×A×t×L$

31. 그림과 같이 3각법으로 정투상한 도면에서 A의 치수는?

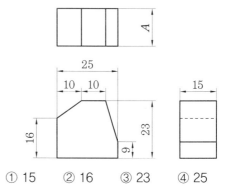

① 15　② 16　③ 23　④ 25

해설 A는 측면도 치수 15와 같다.

32. 도면에서 두 종류 이상의 선이 같은 장소에서 겹치게 될 경우 표시되는 선의 우선순위가 높은 것부터 낮은 순서대로 나열되어 있는 것은?

① 외형선, 숨은선, 절단선, 중심선
② 외형선, 절단선, 숨은선, 중심선
③ 외형선, 중심선, 숨은선, 절단선
④ 절단선, 중심선, 숨은선, 외형선

해설 겹치는 선의 우선 순위
외형선>숨은선>절단선>중심선>무게중심선>치수 보조선

정답 **28.** ①　**29.** ④　**30.** ②　**31.** ①　**32.** ①

33. 일반 구조용 압연 강재의 KS 재료 기호는?

① SPS ② SBC
③ SS ④ SM

해설 • SPS : 스프링 강재
• SBC : 냉간 압연 강판
• SM : 기계 구조용 탄소 강재

34. 그림과 같은 정투상도(정면도와 평면도)를 보고 우측면도로 가장 적합한 것은?

(평면도)

(정면도)

① ②

③ ④

35. KS에서 정의하는 기하 공차에서 단독 형체에 관한 기하 공차 기호들만으로 짝지어진 것은?

36. 다음 중 가공에 의한 커터의 줄무늬 모양이 여러 방면으로 교차 또는 무방향에 해당하는 기호는?

① ⊥ ② ×
③ M ④ R

해설 • ⊥ : 투상면에 직각
• × : 투상면에 경사지고 두 방향으로 교차
• R : 중심에 대하여 방사 모양

37. 다음 그림과 같은 단면 표시도를 무엇이라 하는가?

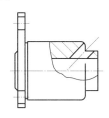

① 한쪽 단면도
② 온 단면도
③ 회전 도시 단면도
④ 부분 단면도

해설 그림의 단면도는 부분 단면도로, 외형도에서 필요로 하는 요소의 일부만 파단하여 보여주기 위한 것이다.

38. 그림과 같이 3각법으로 투상된 정면도와 좌측면도에 가장 적합한 평면도는?

① ②

③ ④

39. 도면에서 나사 조립부에 M10-5H/5g이라고 기입되어 있을 때 해독으로 올바른 것은?

① 미터 보통 나사, 수나사 5H급, 암나사 5g급

② 미터 보통 나사, 1인치당 나사산 수 5

③ 미터 보통 나사, 수나사 5g급, 암나사 5H급

④ 미터 가는 나사, 피치 5, 나사산 수 5

해설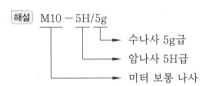

40. 가공 방법의 기호 중 주조(casting)의 기호는?

① D
② B
③ GB
④ C

해설 · D : 드릴 가공　· B : 보링 머신 가공
· GB : 벨트 샌딩 가공

제3과목 : 기계 설계 및 기계 재료

---

41. Fe-C계 상태도에서 3개소의 반응이 있다. 옳게 설명한 것은?

① 공정-포정-편정
② 포석-공정-공석
③ 포정-공정-공석
④ 공석-공정-편정

42. 다음 철강 재료 중 담금질 열처리에 의해 경화되지 않는 것은?

① 순철
② 탄소강
③ 탄소 공구강
④ 고속도 공구강

해설 순철은 탄소 함유량이 0.025% 이하로, 담금질에 의해 경화되지 않는다.

43. Fe-Mn, Fe-Si로 탈산시킨 것으로 상부

에 작은 수축관과 소수의 기포만 존재하며 탄소 함유량이 0.15~0.3% 정도인 강은?

① 킬드강
② 세미킬드강
③ 캡드강
④ 림드강

해설 세미킬드강은 상부에 수축관과 기포 발생이 적어 일반 구조용 강으로 많이 사용된다.

44. 초소성 재료에 대한 설명으로 틀린 것은?

① 미세 결정 입자 초소성과 변태 초소성으로 나누어진다.
② 고온에서의 높은 강도가 특징이다.
③ 초소성 재료로서 Al-Zn 합금은 플라스틱 성형용 금형을 제작하는 데 실용화되고 있다.
④ 결정 입자가 보통 아주 미세하다.

해설 초소성은 금속 재료가 유리질처럼 늘어나는 특수한 현상으로, 초소성 재료는 고온에서 강도가 낮아지고 연성이 커져 쉽게 성형이 되며 저온에서는 강도가 높아진다.

45. Ni에 Cr 13-21%와 Fe 6.5%를 함유한 우수한 내열, 내식성을 가진 합금은?

① 게이지용강
② 스테인리스강
③ 인코넬
④ 엘린바

해설 인코넬 : 대표적인 내식성 니켈 합금으로, Ni에 Cr 13~21%와 Fe 6.5%를 함유한 우수한 내열, 내식성을 가진 합금이다.

46. 알루미늄-규소계 합금으로 알팩스라고도 하며, 주조성은 좋으나 절삭성이 좋지 않은 것은?

① 라우탈
② 콘스탄탄
③ 실루민
④ 하이드로날륨

해설 · 라우탈 : Al+Cu+Si

- 콘스탄탄 : Cu+Ni
- 실루민 : Al+Si
- 하이드로 날륨 : Al+Mg

47. 형상기억 합금의 내용과 관계가 먼 것은?

① 형상기억 효과를 나타내는 합금은 오스테나이트 변태를 한다.
② 어떠한 모양을 기억할 수 있는 합금이다.
③ 소성 변형된 것이 특정 온도 이상으로 가열되면 변형되기 이전의 원래 상태로 돌아가는 합금이다.
④ 형상기억 합금의 대표적인 합금은 Ni−Ti 합금이다.

해설 형상기억 효과를 나타내는 합금은 마텐자이트 변태를 한다.

48. 용융금속이 응고될 때 불순물이 가장 많이 모이는 곳으로 최후에 응고하게 되는 곳은?

① 결정입계
② 결정입내의 중심부
③ 결정입내와 입계
④ 결정입내

49. 주철의 마우러의 조직도를 바르게 설명한 것은?

① Si와 Mn 양에 따른 주철의 조직 관계를 표시한 것이다.
② C와 Si 양에 따른 주철의 조직 관계를 표시한 것이다.
③ 탄소와 흑연 양에 따른 주철의 조직 관계를 표시한 것이다.
④ 탄소와 Fe_3C 양에 따른 주철의 조직 관계를 표시한 것이다.

해설 마우러 조직도 : C와 Si 양에 의해 주철의 조직 관계를 나타낸 것으로, 냉각 속도에 따른 조직의 변화를 표시한다.
- 흑연화 촉진 원소 : Ni, SI, Al
- 흑연화 방지 원소 : Cr, Mo, V

50. 선팽창계수가 큰 순서로 올바르게 나열된 것은?

① 알루미늄 > 구리 > 철 > 크로뮴
② 철 > 크로뮴 > 구리 > 알루미늄
③ 크로뮴 > 알루미늄 > 철 > 구리
④ 구리 > 철 > 알루미늄 > 크로뮴

해설 선팽창계수의 크기
마그네슘 > 알루미늄 > 구리 > 철 > 크로뮴

51. 기계 구조물 등을 콘크리트 바닥에 설치하는 데 사용되는 볼트에 해당하는 것은?

① 스테이 볼트
② 아이볼트
③ 나비 볼트
④ 기초 볼트

해설 • 스테이 볼트 : 부품의 간격을 유지하기 위하여 격리 파이프를 넣어 사용한다.
• 아이볼트 : 부품을 들어올리는 데 사용한다.
• 나비 볼트 : 손으로 돌릴 수 있는 손잡이가 있다.

52. 성크 키의 길이가 150mm, 키에 발생하는 전단 하중은 60kN, 키의 너비와 높이와의 관계는 $b=1.5h$라 할 때 허용 전단 응력을 20MPa이라 하면 키의 높이는 약 몇 mm 이상이어야 하는가? (단, b는 키의 너비, h는 키의 높이이다.)

① 8.2
② 10.5
③ 13.3
④ 17.9

해설 $\tau = \dfrac{P}{bl}$, $20 = \dfrac{60 \times 10^3}{b \times 150}$, $b = 20$

$b=1.5h, \ 20=1.5h$

$\therefore h=\dfrac{20}{1.5}\fallingdotseq 13.3\mathrm{mm}$

53. 스프링의 변형에 대한 강성을 나타내는 것에 스프링 상수가 있다. 하중이 $W[\mathrm{N}]$일 때 변위량을 $\delta[\mathrm{mm}]$라 하면 스프링 상수 $k[\mathrm{N/mm}]$는?

① $k=\dfrac{\delta}{W}$ ② $k=\delta W$

③ $k=\dfrac{W}{\delta}$ ④ $k=W-\delta$

해설 스프링 상수$(k)=\dfrac{\text{하중}(W)}{\text{스프링의 변위량}(\delta)}$

54. 축 지름 5cm, 저널 길이 10cm인 상태에서 300rpm으로 전동축을 지지하고 있는 미끄럼 베어링에서 $P=4000\mathrm{N}$의 레디얼 하중이 작용할 때 베어링 압력은 약 몇 MPa인가?

① 0.6 ② 0.7
③ 0.8 ④ 0.9

해설 $\sigma=\dfrac{P}{d\times l}=\dfrac{4000}{50\times 100}=0.8\mathrm{MPa}$

55. 유연성 커플링(flexible coupling)의 종류가 아닌 것은?

① 기어 커플링
② 롤러 체인 커플링
③ 다이어프램 커플링
④ 머프 커플링

해설 머프 커플링은 주철제 원통 속에 두 축을 맞대어 넣고 키로 고정한 축 이음으로, 고정 커플링이다.

56. 7kN · m의 비틀림 모멘트와 14kN · m

의 굽힘 모멘트를 동시에 받는 축의 상당 굽힘 모멘트는 몇 kN · m인가?

① 105.83 ② 211.65
③ 14.83 ④ 31.46

해설 $M_e=\dfrac{1}{2}(M+\sqrt{M^2+T^2})$

$=\dfrac{1}{2}(14+\sqrt{14^2+7^2})\fallingdotseq 14.83\mathrm{kN}\cdot\mathrm{m}$

57. 저널 베어링에서 사용되는 페트로프의 식에서 마찰 저항과의 관계를 설명한 것으로 틀린 것은?

① 베어링 압력이 클수록 마찰 저항은 커진다.
② 축의 반지름이 클수록 마찰 저항은 커진다.
③ 유체의 절대 점성계수가 클수록 마찰 저항은 커진다.
④ 회전수가 클수록 마찰 저항은 커진다.

해설 페트로프(Petroff)의 식

마찰계수 $\mu=\dfrac{\pi^2}{30}\cdot\dfrac{\eta N}{P}\cdot\dfrac{r}{\delta}$

여기서, η : 점도, N : 회전수, P : 압력,

r : 반지름, δ : 유막 두께

$\therefore$ 압력 P가 클수록 마찰 저항은 작아진다.

58. 평벨트에 비해 V 벨트 전동의 특징이 아닌 것은?

① 미끄럼이 적고 속도비가 크다.
② 바로걸기로만 가능하다.
③ 축간 거리를 마음대로 할 수 있다.
④ 운전이 정숙하고 충격을 완화한다.

해설 V 벨트 전동은 2~5m의 짧은 거리의 운전이 가능하다.

59. 볼나사(ball screw)의 장점에 해당되지

정답 **53.** ③ **54.** ③ **55.** ④ **56.** ③ **57.** ① **58.** ③ **59.** ③

않는 것은?

① 마찰이 매우 적고 기계 효율이 높다.

② 예압에 의하여 치면 놀이(backlash)를 작게 할 수 있다.

③ 미끄럼 나사보다 내충격성 및 감쇠성이 우수하다.

④ 시동 토크 또는 작동 토크의 변동이 적다.

60. 지름 14mm의 연강봉에 8000N의 인장 하중이 작용할 때 발생하는 응력은 약 몇 N/mm²인가?

① 15　　　　　　② 23

③ 46　　　　　　④ 52

해설 $\sigma = \dfrac{W}{A} = \dfrac{W}{\dfrac{\pi d^2}{4}} = \dfrac{8000}{\dfrac{\pi \times 14^2}{4}} \fallingdotseq 52\,\text{N/mm}^2$

제4과목 : 컴퓨터 응용 설계

61. CAD 시스템의 기능 중에서 모델의 속성 (attribute)을 관리하는 기능에 해당하는 것은?

① 자료를 확대, 축소하는 기능

② 선의 종류, 굵기 등을 정의하는 기능

③ 만들어진 모델을 합치기 하는 기능

④ 트리 구조로 표현되는 도면 디자인 이력을 보여주는 기능

62. CAD의 디스플레이 기능 중 줌(zoom) 기능 사용 시 화면에서 나타나는 현상 중 맞는 것은?

① 도형 요소의 치수가 변화한다.

② 도형의 형상이 반대로 나타난다.

③ 도형 요소가 시각적으로 확대, 축소된다.

④ 도형 요소가 회전한다.

해설 줌 기능은 화면의 크기를 사용자가 원하는 대로 확대 축소하여 도면의 일부를 자세히 보거나 도면의 전체를 보고자 할 때 사용한다.

63. CAD 시스템의 출력장치에 해당하지 않는 것은?

① COM 장치

② plotter 장치

③ scanner 장치

④ OLED display 장치

해설 • 출력장치 : COM 장치, OLED display 장치, 플로터, 프린터 등

• 입력장치 : 키보드, 태블릿, 마우스, 조이스틱, 트랙볼, 라이트 펜, 스캐너 등

64. 10진수 17을 2진수로 표현한 값은?

① $(10010)_2$　　　　② $(10001)_2$

③ $(11001)_2$　　　　④ $(10011)_2$

해설

$$\begin{array}{r} 2\,)\,\underline{17} \\ 2\,)\,\underline{8} \cdots 1 \\ 2\,)\,\underline{4} \cdots 0 \\ 2\,)\,\underline{2} \cdots 0 \\ 1 \cdots 0 \end{array}$$

$17 = 10001_{(2)}$

65. 다음 중 평면 좌표계에서 두 점 $P_1(x_1, y_1)$, $P_2(x_2, y_2)$를 알고 있을 때 두 점을 지나는 직선의 방정식을 바르게 표현한 것은?

① $(x_2-x_1)(y-y_1) = (y_2-y_1)(x-x_1)$

② $(y_2-x_1)(y-y_2) = (x_2-y_1)(x-x_1)$

③ $(x-y_2)(y_1-x_2) = (x_2-y_1)(y-x_1)$

④ $(x_2-x_1)(x-x_1) = (y_2-y_1)(y-y_1)$

해설 기울기 $= \dfrac{y_2-y_1}{x_2-x_1}$

두 점을 지나는 직선의 방정식은

$$y-y_1=\frac{y_2-y_1}{x_2-x_1}=x-x_1$$
$$\therefore (x_2-x_1)(y-y_1)=(y_2-y_1)(x-x_1)$$

66. 서피스 모델의 특징을 잘못 설명한 것은?

① 단면을 구할 수 있다.
② 유한 요소법(FEM)의 적용을 위한 요소 분할이 쉽다.
③ NC 가공 정보를 얻을 수 있다.
④ 은선 제거가 가능하다.

해설 유한 요소법(FEM)의 적용은 솔리드 모델의 특징이다.

67. 다음 그림에서 점 P의 극좌표값이 $r=10$, $\theta=30°$일 때, 이것을 직교 좌표계로 변환한 P(x, y)를 구하면?

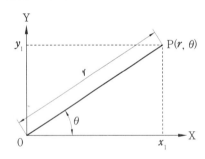

① P(8.66, 4.21)   ② P(8.66, 5)
③ P(5, 8.66)   ④ P(4.21, 8.66)

해설 $x=r\cos\theta=10\cos30°=10\times\dfrac{\sqrt{3}}{2}=8.66$

$y=r\sin\theta=10\sin30°=10\times\dfrac{1}{2}=5$

$\therefore$ P(8.66, 5)

68. 곡면 편집 기법 중 인접한 두 면을 둥근 모양으로 부드럽게 연결하도록 처리하는 것은?

① fillet   ② smooth
③ mesh   ④ trim

해설 • smooth : 표현된 상한 굴곡 면을 평활한 곡면으로 재계산하는 기능
• trim : 도면 요소의 일부분을 지정된 경계를 기준으로 자르는 기능

69. 접속성과 제어성이 뛰어나 1개의 정점의 위치 변화가 그 점의 근방에만 영향을 주는 곡선으로 국부적인 곡선 조정이 가능한 곡선은?

① Bezier   ② spline
③ sweep   ④ B-spline

해설 B-spline 곡선은 꼭짓점의 위치를 이동하여 곡선의 형태를 수정하여도 연결성이 보장된다는 장점이 있다.

70. 공학적 해석(부피, 무게중심, 관성 모멘트 등의 계산)을 적용할 때 쓰는 가장 적합한 모델은?

① 솔리드 모델
② 서피스 모델
③ 와이어 프레임 모델
④ 데이터 모델

71. CAD의 그래픽 소프트웨어가 갖추어야 할 기능에 속하지 않는 것은?

① 그래픽 형상을 만드는 기능
② 데이터 변환 기능
③ 디스플레이 제어 기능과 윈도 기능
④ 하드웨어 에러 수정 기능

해설 CAD 그래픽 소프트웨어의 기능
• 데이터 변환 기능(이동, 회전, 스케일링)
• 세그먼트 기능(부분 수정 기능)
• 사용자 입력 기능
• 그래픽 요소의 형상 생성 기능
• 디스플레이 제어와 윈도 기능

정답 66. ②   67. ②   68. ①   69. ④   70. ①   71. ④

72. 미국 표준협회에서 제정한 코드로 7비트 또는 8비트로 한 문자를 표시하는데, 3비트의 존 비트와 4비트의 숫자 비트로 구성되며, 8비트의 경우 1비트의 패리티 비트가 추가되어 128개의 문자 표현을 할 수 있는 데이터 코드는?

① BCD 코드　　　② EBCDIC 코드
③ ASCII 코드　　　④ HAMMING 코드

해설 ASCII : 미국 정보 교환 표준 부호로, 소형 컴퓨터에서 문자 데이터(문자, 숫자, 문장 부호)와 입출력장치 명령(제어문자)을 나타내는 데 사용되는 표준 데이터 전송 부호이다.

73. 다음 모델링에 관한 설명 중 잘못된 것은?

① 와이어 프레임 모델링은 데이터 구성이 간단하여 처리 속도가 빠르다.
② 서피스 모델링은 복잡한 곡면의 형상 표현이 가능하다.
③ CSG 방식은 솔리드 모델링이며, 형상 수정이 용이하고 중량을 계산할 수 있다.
④ B-rep 방식은 서피스 모델링이며, 형상 처리가 어려워 유한 요소 해석이 곤란하다.

해설 B-rep 방식은 솔리드 모델링 방식이며 유한 요소 해석이 가능하다.

74. 2차원상에서 구성되는 원뿔 곡선을 다음과 같은 식으로 표현할 때 $b=0$, $a=c$인 경우는 원뿔 곡선 중 어느 것을 나타내는가?

$$f(x, y) = ax^2 + bxy + cy^2 + dx + ey + g = 0$$

① 원　　　② 타원
③ 포물선　　　④ 쌍곡선

75. CSG 모델링 방식에서 불 연산(boolean operation)이 아닌 것은?

① union(합)　　　② subtract(차)
③ intersect(적)　　　④ project(투영)

해설 CSG 모델링 방식은 복잡한 형상을 단순한 형상(구, 실린더, 직육면체, 원뿔 등)의 조합으로 표현하며, 불 연산으로 합, 차, 적(교차)을 사용한다.

76. 그림과 같이 2개의 경계 곡선(위 그림)에 의해서 하나의 곡면(아래 그림)을 구성하는 기능을 무엇이라 하는가?

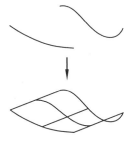

① revolution　　　② twist
③ loft　　　④ sweep

해설 • loft : 두 개 이상의 단면 곡선이 연결 규칙에 따라 연결된 곡면
• revolution : 하나의 곡선이 임의의 축이나 요소를 중심으로 회전한 곡면
• sweep : 안내 곡선을 따라 이동 곡선이 이동하면서 생성된 곡면

77. 솔리드 모델링 시스템에서 사용하는 일반적인 기본 형상(primitive)이 아닌 것은?

① 구　　　② 실린더
③ 곡면　　　④ 원뿔

해설 곡면은 서피스 모델링의 기본 형상이다.

78. 컬러 래스터 스캔 디스플레이에서 기본이 되는 3색이 아닌 것은?

정답 72. ③ 　73. ④ 　74. ① 　75. ④ 　76. ③ 　77. ③ 　78. ②

① 적색(R)　　② 황색(Y)

③ 청색(B)　　④ 녹색(G)

해설 컬러 래스터 스캔 디스플레이에서는 RGB (Red, Green, Blue) 색상의 3요소를 기본으로 사용한다.

79. 3차원 좌표계에서 물체의 크기를 각각 x 축 방향으로 2배, y축 방향으로 3배, z축 방향으로 4배의 크기 변환을 하고자 한다. 사용되는 좌표 변환 행렬식은?

①
$$\begin{bmatrix} 1 & 0 & 0 & 0 \\ 0 & 1 & 0 & 0 \\ 0 & 0 & 1 & 0 \\ 2 & 3 & 4 & 1 \end{bmatrix}$$
②
$$\begin{bmatrix} 1 & 1 & 2 & 1 \\ 1 & 3 & 1 & 1 \\ 4 & 1 & 1 & 1 \\ 1 & 1 & 1 & 1 \end{bmatrix}$$

③
$$\begin{bmatrix} 1 & 0 & 0 & 2 \\ 0 & 1 & 0 & 3 \\ 0 & 0 & 1 & 4 \\ 0 & 0 & 0 & 1 \end{bmatrix}$$
④
$$\begin{bmatrix} 2 & 0 & 0 & 0 \\ 0 & 3 & 0 & 0 \\ 0 & 0 & 4 & 0 \\ 0 & 0 & 0 & 1 \end{bmatrix}$$

80. 그림과 같이 $x^2+y^2-8=0$인 원이 있다. 점 P(2, 2)에서의 접선 및 법선의 방정식은?

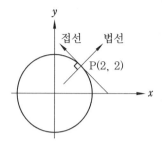

① 접선의 방정식 : $4(x-2)+4(y-2)=0$
　 법선의 방정식 : $4(x-2)-4(y-2)=0$
② 접선의 방정식 : $4(x-2)-4(y-2)=0$
　 법선의 방정식 : $4(x-2)+4(y-2)=0$
③ 접선의 방정식 : $2(x-1)+2(y-1)=0$
　 법선의 방정식 : $2(x-1)-2(y-1)=0$
④ 접선의 방정식 : $2(x-1)-2(y-1)=0$
　 법선의 방정식 : $2(x-1)+2(y-1)=0$

기계설계산업기사

제1과목 : 기계 가공법 및 안전관리

1. 밀링 작업에서 단식 분할로 원주를 13등분 하고자 할 때 사용되는 분할판의 구멍 수는?

① 37 　　　　　② 38

③ 39 　　　　　④ 41

[해설] $n = \dfrac{40}{N} = \dfrac{40}{13} = 3\dfrac{1}{13} = 3\dfrac{3}{39}$

∴ 39구멍의 분할판을 사용하여 3회전에 3구멍 씩 이동한다.

2. 바깥지름 연삭기에서 바깥지름 연삭의 이송 방법이 아닌 것은?

① 테이블 왕복 방식

② 연삭 숫돌대 방식

③ 플랜지 컷 방식

④ 내면 연수 방식

[해설] 바깥지름 연삭의 이송 방법은 테이블 왕복형, 숫돌대 왕복형, 플런지 컷형이 있다.

3. 안전표지에서 인화성 물질, 산화성 물질, 방사성 물질 등 경고 표지의 바탕색은?

① 빨강 　　　　　② 녹색

③ 노랑 　　　　　④ 자주

[해설] 노랑 : 경고 및 주의 표시

4. 공구의 수명을 판정하는 기준이 아닌 것은?

① 공구 인선의 마모가 일정량에 달했을 때

② 가공물의 완성 치수 변화가 일정량에 달했을 때

③ 절삭 저항이 급격히 증가했을 때

④ 표면에 광택이나 반점 있는 무늬가 없을 때

[해설] 공구 수명의 판정 기준

• 표면에 광택 또는 반점이 있는 무늬가 생길 때

• 공구 인선의 마모가 일정량에 달했을 때

• 가공물의 완성 치수 변화가 일정량에 달했을 때

• 어떤 현상의 변화로 불꽃이 발생할 때

• 주분력에 비해 배분력 또는 이송 분력이 급격히 증가할 때

5. 트위스트 드릴 홈 사이의 좁은 단면 부분은?

① 날 여유 　　　　　② 몸통 여유

③ 지름 여유 　　　　④ 웨브

[해설] 웨브(web) : 홈과 홈 사이의 두께를 말하며, 두께는 지름의 12~15%로 날끝이 받는 저항력을 지지한다.

6. 운반 작업을 할 때 작업 방법이 틀린 것은?

① 물건을 들 때는 충격이 없어야 한다.

② 상체를 곧게 세우고 등을 반듯이 한다.

③ 운반 작업을 용이하게 하기 위해 간단한 보조구를 사용한다.

④ 물건은 무릎을 편 자세에서 들어올리거나 내려놓아야 한다.

[해설] 운반 작업을 할 때 물건은 무릎을 구부린 자세에서 들어올리거나 내려놓아야 한다.

7. 핸드 탭은 일반적으로 몇 개가 1조로 되어 있는가?

① 2개 　　　　　② 3개

③ 4개 　　　　　④ 5개

[해설] 핸드 탭은 1번 탭, 2번 탭, 3번 탭이 1조

로 되어 있으며, 가공률은 1번 탭이 55%, 2번 탭이 25%, 3번 탭이 20%이다.

8. 드릴 작업의 안전사항으로 틀린 것은?

① 드릴 소켓을 뽑을 때는 드릴 뽑기를 사용한다.
② 얇은 판의 구멍 뚫기에는 보조 나무판을 사용한다.
③ 구멍 뚫기가 끝날 무렵은 이송을 빠르게 한다.
④ 장갑은 착용하지 않는다.

해설 드릴 작업에서 구멍 뚫기가 끝날 무렵에는 이송을 느리게 한다.

9. 밀링 부속 장치 중 키 홈, 스플라인, 세레이션 등을 가공할 때 사용하는 것은?

① 랙 절삭 장치 ② 만능 바이스
③ 캠 연삭기 ④ 슬로팅 장치

해설 슬로팅 장치 : 수평 밀링 머신이나 만능 밀링 머신의 주축 회전 운동을 직선 운동으로 변환하여 슬로터 작업을 할 수 있는 장치이다.

10. 선반 작업 시 가공물이 무겁고 대형일 경우 센터(center) 선단의 각도는 몇 도의 것을 사용하는 것이 바람직한가?

① 45° ② 60°
③ 90° ④ 120°

해설 선반 작업에 사용하는 센터는 보통 60°의 각도로 되어 있으나 다소 무거운 것을 지지할 때는 75° 또는 90°의 것을 사용한다.

11. 슈퍼 피니싱(super finishing) 연삭액 중 일반적으로 사용되지 않는 것은?

① 경유 ② 유화유
③ 스핀들유 ④ 기계유

해설 슈퍼 피니싱 연삭액으로 석유, 기계유, 경유, 스핀들유 등이 주로 사용된다.

12. 선반 가공에서 칩을 처리하기 위한 연삭형 칩 브레이커의 종류가 아닌 것은?

① 고정형 ② 평행형
③ 각도형 ④ 홈 달린형

해설 칩 브레이커의 종류에는 평행형, 각도형, 홈 달린형, 역각도형 등이 있다.

13. 가늘고 긴 공작물의 연삭에 적합한 특징을 가진 연삭기는?

① 바깥지름 연삭기 ② 안지름 연삭기
③ 센터리스 연삭기 ④ 나사 연삭기

해설 센터리스 연삭기의 특징
- 연속 작업이 가능하다.
- 공작물의 해체나 고정이 필요 없어 고정에 따른 변형이 적다.
- 가늘고 긴 핀, 원통 등을 연삭하기 쉽다.
- 기계의 조정이 끝나면 초보자도 작업을 할 수 있다.

14. 제품의 형상과 모양, 크기, 재질에 따라 제작된 공구로서 압입 또는 인발에 의한 가공 방법으로 대량 생산에 적합한 장비는?

① 셰이퍼 ② 머시닝 센터
③ 브로칭 머신 ④ CNC 선반

해설 브로칭 머신은 가늘고 긴 일정한 단면 모양을 가진 공구로, 많은 날을 가진 브로치를 사용하여 가공물의 내면이나 바깥지름에 필요한 형상의 부품을 가공한다.

15. 그림과 같은 사인 바의 높이(H)를 구하는

정답 8. ③ 9. ④ 10. ③ 11. ② 12. ① 13. ③ 14. ③ 15. ③

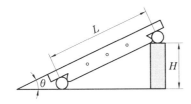

공식은?

① $H=\dfrac{L}{\sin\theta}$　　② $H=\dfrac{L\cdot\sin\theta}{2}$

③ $H=L\cdot\sin\theta$　　④ $H=2(L\cdot\sin\theta)$

16. 액체 상태의 기름에 9.81 N/cm² 정도의 압축 공기를 이용하여 급유하는 방법으로 고속 연삭기, 고속 드릴 및 고속 베어링의 윤활에 가장 적합한 것은?

① 핸드 급유법　　② 적하 급유법
③ 분무 급유법　　④ 강제 급유법

17. 방전 가공에서 전극 재료의 구비 조건이 아닌 것은?

① 기계 가공이 쉬워야 한다.
② 방전이 안전하고 가공 속도가 커야 한다.
③ 가공 정밀도가 높아야 한다.
④ 가공 전극의 소모가 빨라야 한다.

해설 전극 재료는 소모 속도가 느려야 한다.

18. 선반 바이트에서 바이트 절인의 선단에서 바이트 밑면에 평행한 수평면과 경사면이 형성하는 각도는?

① 여유각　　　　② 측면 절인각
③ 측면 여유각　　④ 경사각

해설 • 전방 여유각 : 바이트의 선단에서 그은 수직선과 여유면이 이루는 각
• 측면 여유각 : 측면 여유면과 밑면에 수직인 직선이 이루는 각

• 측면 절인각 : 주 절인과 바이트 중심선이 이루는 각

19. 안지름의 측정에 가장 적합한 측정기는?

① 텔레스코핑 게이지
② 깊이 게이지
③ 레버식 다이얼 게이지
④ 센터 게이지

해설 텔레스코핑 게이지는 스프링 로드 플런저가 팽창함으로써 안지름을 측정한다.

20. 구성 인선이 생기는 이유와 가장 거리가 먼 것은?

① 높은 압력　　　② 큰 마찰 저항
③ 절삭 칩의 형태　④ 절삭열

제2과목 : 기계 제도

21. 물체의 가공면이 평면임을 표시하는 선으로 도면의 해당 부분에 대각선으로 그리는 선은?

① 가는 실선　　　② 가는 파선
③ 굵은 실선　　　④ 가는 2점 쇄선

해설 원통면을 깎아 평면이 된 부분은 가는 실선을 사용하여 대각선으로 그린다.

22. KS 재료 기호 중 드로잉용 냉간 압연 강판 및 강대에 해당하는 것은?

① SCCD　　　　② SPCC
③ SPHD　　　　④ SPCD

해설 • SPCC : 일반용 냉간 압연 강판 및 강대
• SPHD : 드로잉용 열간 압연 강판 및 강대

2010년

23. 그림과 같이 3각법으로 투상한 도면에 가장 적합한 입체도 형상은?

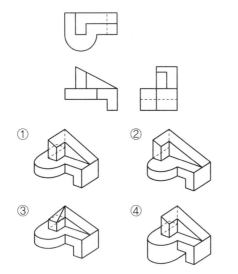

24. 기준 B(직선 또는 평면)에 대한 지정 길이 100mm에 대하여 평행도 0.05mm의 허용값을 가지는 것을 바르게 나타낸 것은?

① ◻ 0.05/100 B

② // 0.05/100 B

③ B ◻ 0.05/100

④ 0.05/100 // B

25. 기준 치수가 ϕ50인 구멍 기준식 끼워맞춤에서 구멍과 축의 공차값이 다음과 같을 때 틀린 것은?

> 구멍 : 위 치수 허용차 +0.025
> 　　　 아래 치수 허용차 0.000
> 축 : 위 치수 허용차 −0.025
> 　　 아래 치수 허용차 −0.050

① 축의 최대 허용 치수 : 49.975

② 구멍의 최소 허용 치수 : 50.000

③ 최대 틈새 : 0.075

④ 최소 죔새 : 0.025

> **해설** • 최대 틈새＝구멍의 최대 허용 치수
> 　　　　　 −축의 최소 허용 치수
> 　　　　　＝50.025−49.950
> 　　　　　＝0.075
> • 최소 틈새＝구멍의 최소 허용 치수
> 　　　　　 −축의 최대 허용 치수
> 　　　　　＝50.000−49.975
> 　　　　　＝0.025

26. 다음과 같은 평면도 A, B, C, D와 정면도 1, 2, 3, 4가 올바르게 짝지어진 것은?

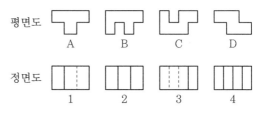

① A−2, B−3, C−4, D−1

② A−1, B−4, C−2, D−3

③ A−2, B−4, C−3, D−1

④ A−2, B−4, C−1, D−3

27. 물체의 일부분의 생략 또는 부분 단면의 경계를 나타내는 선으로 직선을 사용하지 않고 자유로이 긋는 선은?

① 파단선　　　　② 특수 지정선

③ 지시선　　　　④ 무게중심선

28. 다음 중 치수 공차가 0.1이 아닌 것은?

① 50±0.1　　　　② $50^{+0.07}_{-0.03}$

③ 50±0.05　　　　④ $50^{+0.1}_{0}$

> **해설** ① 위 치수 허용차가 +0.1, 아래 치수 허용차가 −0.1이므로 치수 공차는 0.2이다.

29. KS 재료 기호 중 용접 구조용 압연 강재 기호는?

① SM400A   ② SPHD

③ SS400   ④ SPP

> 해설 • SPHD : 드로잉용 열간 압연 강관
>
> • SS : 일반 구조용 압연 강재
>
> • SPP : 배관용 탄소 강관

30. 끼워맞춤에서 H6/p6은 어떤 끼워맞춤인가?

① 구멍 기준식 중간 끼워맞춤

② 구멍 기준식 억지 끼워맞춤

③ 구멍 기준식 헐거운 끼워맞춤

④ 구멍 기준식 고정 끼워맞춤

> 해설 구멍 기준식 끼워맞춤
>
> | 기준
구멍 | 헐거운
끼워맞춤 | | | 중간
끼워맞춤 | | | 억지
끼워맞춤 | |
> |---|---|---|---|---|---|---|---|---|
> | H6 | | g5 | h5 | js5 | k5 | m5 | | |
> | | f6 | g6 | h6 | js6 | k6 | m6 | n6 | p6 |

31. 코일 스프링의 제도에 관한 설명이다. 다음 설명 중 올바른 설명만을 모두 묶은 것은?

> ㉠ 코일 스프링은 일반적으로 무하중인 상태로 그린다.
>
> ㉡ 그림에 기입하기 힘든 사항은 요목표에 일괄하여 표시한다.
>
> ㉢ 코일 스프링에서 양 끝을 제외한 동일 모양 부분의 일부를 생략하는 경우에는 생략하는 부분의 중심선을 가는 1점 쇄선으로 나타낸다.
>
> ㉣ 스프링의 종류 및 모양만을 간략도로 나타내는 경우에는 스프링 재료의 중심선만을 굵은 실선으로 나타낸다.

① ㉠, ㉡   ② ㉠, ㉡, ㉣

③ ㉠, ㉡, ㉢   ④ ㉠, ㉡, ㉢, ㉣

32. 축을 가공하기 위한 센터 구멍의 도시 방법 중 그림과 같은 도시 기호의 의미는?

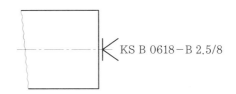

① 반드시 센터 구멍을 남겨둔다.

② 센터 구멍이 남아 있어도 좋다.

③ 센터 구멍이 남아 있어서는 안 된다.

④ 센터의 규격에 따라 다르다.

> 해설
>
>
>
> 센터 구멍이 남아 있지 않도록 가공한다.

33. 동일 지름의 원통이 직각으로 교차할 때의 상관선으로 올바른 것은?

①   ②

③   ④

34. 경사부가 있는 대상물에서 경사면의 실형을 표시할 필요가 있는 경우 사용하는 투상도는?

① 관용 투상도   ② 보조 투상도

③ 회전 투상도   ④ 부분 투상도

> 해설 보조 투상도는 정면도, 평면도, 측면도와 평행 또는 직각이 아닌 임의의 경사면과 평행인

면에 투상한 것이며, 경사면의 실제 형상을 표시할 때 사용한다.

35. 다음 도면에서 X 부분의 치수는 얼마인가?

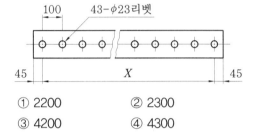

① 2200 ② 2300
③ 4200 ④ 4300

해설 $100 \times (43-1) = 4200$

36. KS 재료 기호 중에서 기계 구조용 탄소 강재를 표시하는 것은?

① STC ② SBC
③ SM ④ SS

해설 • STC : 탄소 공구강
• SBC : 냉간 압연 강판
• SS : 일반 구조용 압연 강재

37. 두께 4.5mm인 강판을 사용하여 다음과 같은 물탱크를 만들려고 할 때 필요한 강판의 질량은 약 몇 kg인가? (단, 강의 비중은 7.85로 계산하고 탱크는 전체 6면의 두께가 동일하다.)

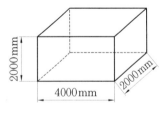

① 1238 ② 1413
③ 1536 ④ 1628

해설 $V = \{(2 \times 4) \times 4 + (2 \times 2) \times 2\} \times (두께)$

$= 40 \times 0.0045 = 0.18\,\mathrm{m}^3$

$\therefore\ m = \rho \times V = 7.85\,\mathrm{g/cm^3} \times 0.18\,\mathrm{m^3}$

$= 0.00785\,\mathrm{kg/cm^3} \times 180000\,\mathrm{cm^3}$

$\fallingdotseq 1413\,\mathrm{kg}$

38. 아래 입체도에서 화살표 방향 투상도로 가장 적합한 것은?

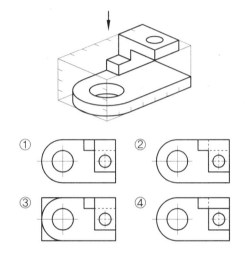

39. 그림의 입체도에서 화살표 방향이 정면일 때 평면도로 적합한 것은?

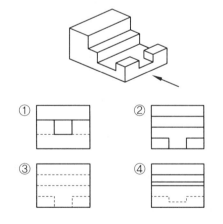

40. 맞물려 있는 각종 기어의 생략도를 나타낸 것 중 나사 기어의 간략 도시법인 것은?

① ②

 ③ ④

제3과목 : 기계 설계 및 기계 재료

41. 탄소가 0.25%인 탄소강의 기계적 성질을 0~500℃에서 조사하면 200~300℃에서 인장 강도가 최대치를, 연신율이 최저치를 나타내며 가장 취약하게 되는 현상은?

① 고온 취성   ② 상온 충격치
③ 청열 취성   ④ 탄소강 충격값

42. 표면 경화법에서 금속 침투법이 아닌 것은?

① 세라다이징   ② 크로마이징
③ 칼로라이징   ④ 방전 경화법

[해설] 금속 침투법
• 세라다이징 : Zn 침투
• 크로마이징 : Cr 침투
• 칼로라이징 : Al 침투
• 실리코나이징 : Si 침투

43. 항온 열처리의 종류에 해당되지 않는 것은?

① 마템퍼링   ② 오스템퍼링
③ 마퀜칭   ④ 오스드로잉

[해설] 항온 열처리의 종류로는 마템퍼링, 오스템퍼링, 마퀜칭, MS 퀜칭 등이 있다.

44. 소결 경질 합금이 아닌 것은?

① 위디아(widia)
② 탕가로이(tangaloy)
③ 카볼로이(carboloy)
④ 플래티나이트(platinite)

[해설] 플래티나이트는 Ni 40~50%와 Fe의 합금으로 열팽창계수가 $5\sim9\times10^{-6}$인 불변강이다.

45. 강자성체가 아닌 것은?

① Ni   ② Cr
③ Co   ④ Fe

[해설] 강자성체 : 자화 강도가 큰 물질로 철, 코발트, 니켈 등이 있다.

46. 알루미늄 합금인 두랄루민의 표준 성분에 포함된 금속이 아닌 것은?

① Mg   ② Cu
③ Ti   ④ Mn

[해설] 두랄루민의 성분은 Al, Cu, Mn, Mg이다.

47. 황동에서 잔류 응력에 의해 발생하는 현상은?

① 탈아연 부식   ② 고온 탈아연
③ 저온 풀림 경화   ④ 자연 균열

[해설] 자연 균열 : 시간이 지남에 따라 균열이 발생하는 현상으로 잔류 응력이 주요인이다.

48. Fe-C 상태도 상에 나타나는 조직 중에서 금속간 화합물에 속하는 것은?

① ferrite   ② cementite
③ austenite   ④ pearlite

[해설] 금속간 화합물은 금속이 화학적으로 결합하여 원래의 성질과 전혀 다른 성질을 가지는

독립된 화합물로, 시멘타이트가 있으면 취성이 매우 큰 조직이다.

49. 피절삭성이 양호하여 고속 절삭에 적합한 강으로 일반 탄소강보다 인(P), 황(S)의 함유량을 많게 하거나 납(Pb), 셀레늄(Se), 지르코늄(Zr) 등을 첨가하여 제조한 강은?

① 쾌삭강 　　　　 ② 레일강
③ 스프링강 　　　 ④ 탄소 공구강

해설 쾌삭강 : 강에 S, Zr, Pb, Ce을 첨가하여 절삭성을 향상시킨 강이다.

50. 가열 시간이 짧고 피가열물의 스트레인을 최소한으로 억제하며, 전자 에너지 형식으로 가열하여 표면을 경화시키는 방법은?

① 침탄법 　　　　 ② 질화법
③ 시안화법 　　　 ④ 고주파 담금질

해설 고주파 담금질(고주파 경화법)은 가열시간이 짧고 과열현상이 일어나지 않으며, 표면 경화법 중 가장 편리한 방법으로 알려져 있다.

51. 역류(逆流)를 방지하여 유체를 한쪽 방향으로만 흘러가게 하는 밸브는?

① 게이트 밸브 　　 ② 안전밸브
③ 체크 밸브 　　　 ④ 버터플라이 밸브

52. 하중 3kN이 걸리는 압축 코일 스프링의 변형량이 10mm라고 할 때 스프링 상수는 몇 N/mm인가?

① 300 　　　　　 ② 1/300
③ 100 　　　　　 ④ 1/100

해설 $k = \dfrac{W}{\delta} = \dfrac{3000}{10} = 300\,\text{N/mm}$

53. 축선에서의 약간의 어긋남을 허용하면서 충격과 진동을 감소시키는 축 이음은?

① 유니버설 조인트 　 ② 플렉시블 커플링
③ 클램프 커플링 　　 ④ 올덤 커플링

54. 지름 50mm의 축이 78.4N · m의 비틀림 모멘트와 49.0N · m의 굽힘 모멘트를 동시에 받을 때, 축에 생기는 최대 전단 응력은 몇 MPa인가?

① 2.88 　　　　　 ② 3.77
③ 4.56 　　　　　 ④ 5.79

해설 $T_e = \sqrt{M^2 + T^2} = \sqrt{49000^2 + 78400^2}$
$\qquad\quad \fallingdotseq 92453\,\text{N} \cdot \text{mm}$

$\therefore\ \tau = \dfrac{5.1 T_e}{d^3} = \dfrac{5.1 \times 92453}{50^3}$
$\qquad \fallingdotseq 3.77\,\text{MPa}$

55. 베어링 하중 4.9kN, 회전수 4000rpm일 때 기본 부하 용량이 61.74kN인 볼 베어링의 수명은 약 몇 시간인가?

① 8335시간 　　　 ② 19229시간
③ 9615시간 　　　 ④ 16666시간

해설 $L_h = 500 \left(\dfrac{C}{P} \right)^r \times \dfrac{33.3}{N}$

$\qquad = 500 \times \left(\dfrac{61740}{4900} \right)^3 \times \dfrac{33.3}{4000}$

$\qquad \fallingdotseq 8327$시간

56. 다음 중 세로탄성계수 E(N/mm²)와 응력 σ(N/mm²), 세로변형률(ε)과의 관계식으로 맞는 것은?

① $E = \dfrac{\sigma}{\varepsilon}$ 　　　　 ② $E = \dfrac{\varepsilon}{\sigma}$

③ $E = \dfrac{2\varepsilon}{\sigma}$ 　　　　 ④ $E = \dfrac{2\sigma}{\varepsilon}$

57. 다음 중에서 가장 큰 동력을 전달할 수 있는 것은?

① 안장 키   ② 묻힘 키
③ 납작 키   ④ 스플라인

해설 회전력의 크기
세레이션>스플라인>접선 키>묻힘 키>평행 키>안장 키

58. 지름 20mm, 길이 500mm인 탄소 강재에 인장 하중이 작용하여 길이가 502mm가 되었다면 변형률은?

① 0.01   ② 1.004
③ 0.02   ④ 0.004

해설 $\varepsilon = \dfrac{\Delta l}{l} = \dfrac{502-500}{500} = 0.004$

59. 임의의 점에서 직선거리 L만큼 떨어진 곳에서 힘 F가 직선 방향에 수직으로 작용할 때 발생하는 모멘트 M을 바르게 나타낸 것은?

① $M = F \times L$ ② $M = \dfrac{L}{F}$

③ $M = \dfrac{F}{L}$ ④ $M = F + L$

60. 암나사와 수나사가 결합되어 있을 때 암나사를 3회전 했더니 축 방향으로 15mm, 산수는 6산 나간다. 이와 같은 나사 조건은?

① 피치 : 2.5mm, 리드 : 5mm
② 피치 : 2.5mm, 리드 : 2.5mm
③ 피치 : 5mm, 리드 : 10mm
④ 피치 : 5mm, 리드 : 5mm

해설 3회전에 15mm이므로 1회전에 5mm
리드 $l = 5$mm
3회전에 6산이므로 1회전에 2산

2줄 나사이므로 $n = 2$

∴ $p = \dfrac{l}{n} = \dfrac{5}{2} = 2.5$mm

제4과목 : 컴퓨터 응용 설계

61. 생성하고자 하는 곡선을 근사하게 포함하는 다각형의 꼭짓점들을 이용하여 정의되는 Bezier 곡선에 관한 기술로 올바르지 않은 것은?

① 생성되는 곡선은 다각형의 양 끝점을 반드시 통과한다.
② 다각형의 첫째 선분은 시작점에서의 접선 벡터와 반드시 같은 방향이다.
③ 다각형의 마지막 선분은 끝점에서의 접선 벡터와 반드시 같은 방향이다.
④ n개의 꼭짓점에 의해 생성된 곡선은 n차 곡선이 된다.

해설 n개의 꼭짓점에 의해 생성된 곡선은 $(n-1)$차 곡선이 된다.

62. 모든 유형의 곡선(직선, 스플라인, 원호 등) 사이를 경사지게 자른 코너를 말하는 것으로 각진 모서리나 꼭짓점을 경사 있게 깎아내리는 작업은?

① hatch   ② fillet
③ rounding   ④ chamfer

해설 챔퍼(chamfer) : 모서리 부분을 45° 모따기 하는 작업이다.

63. 설계 해석 프로그램의 결과에 따라 응력, 온도 등의 분포도나 변형도를 작성하거나, CAD 시스템으로 만들어진 형상 모델을 바

정답 **57.** ④ **58.** ④ **59.** ① **60.** ① **61.** ④ **62.** ④ **63.** ②

탕으로 NC 공작 기계의 가공 data를 생성하는 소프트웨어 프로그램이나 절차를 뜻하는 것은?

① pre-processor
② post-processor
③ multi-processor
④ co-processor

해설 포스트 프로세서 : NC 데이터를 읽고 특정 CNC 공작 기계의 컨트롤러에 맞게 NC 데이터를 생성한다.

64. 10진수로 표시된 11을 2진수로 나타낸 것은?

① 1100
② 1110
③ 1101
④ 1011

해설
```
2 ) 11
2 )  5 … 1
2 )  2 … 1
       1 … 0
```
11=1011₍₂₎

65. CAD 용어에 대한 설명 중 틀린 것은?

① resolution : 이미지를 화면에 얼마나 정밀하게 디스플레이할 것인가를 나타내는 가로, 세로 픽셀의 수
② segment : 하나의 다항식으로 표현된 커브의 일부분
③ snap : 화면 표시 장치에서 도면의 위치를 시각적으로 잘 알아볼 수 있도록 하기 위해 임의의 간격으로 그려 주는 보조점
④ drag : 컴퓨터 마우스를 이용한 끌기 작업

66. 와이어 프레임(wire frame) 모델의 특징이 아닌 것은?

① 물리적 성질의 계산이 가능하다.
② 처리 속도가 빠르다.
③ 숨은선 제거가 불가능하다.
④ 해석용 모델에 사용이 불가능하다.

67. 다음과 같은 2차원 좌표 변환 행렬에서 데이터의 이동에 관련되는 요소는?

$$\begin{bmatrix} A & B & 0 \\ C & D & 0 \\ L & M & 1 \end{bmatrix}$$

① A, B
② C, D
③ L, M
④ A, D

해설 • A, B, C, D : 스케일링, 회전, 전단, 대칭
• L, M : 이동

68. 그림이나 사진과 같은 종이 위의 이미지(image)에 대해 광학적으로 주사하여 반사광이나 투과광을 계산해 디지털 데이터로 읽고 컴퓨터에 입력하는 것이 가능한 장치는?

① 스캐너
② 터치 패널
③ 플로터
④ 마우스

69. 1964년에 발표된 것으로 4개의 모서리점과 4개의 경계 곡선으로 곡면을 표현하는 것은?

① Bezier 곡면
② Ferguson 곡면
③ B-spline 곡면
④ Coons 곡면

해설 쿤스 곡면은 곡면의 표현이 간결한 장점이 있으나 곡면 내부의 볼록한 정도를 직접 조절하기가 어려워 정밀한 곡면의 표현에는 적합하지 않다.

70. 베지어(Bezier) 곡선의 특징을 설명한 것 중 잘못된 것은?

① 곡선은 조정점(control point)을 통과시킬

수 있는 다각형의 바깥쪽에 위치한다.

② 곡선은 양 끝점의 조정점을 통과한다.

③ 1개의 조정점 변화는 곡선 전체에 영향을 미친다.

④ n개의 조정점에 의하여 정의되는 곡선은 $(n-1)$차 곡선이다.

해설 베지어 곡선은 조정점을 통과시킬 수 있는 다각형의 내부에 위치한다.

71. 그림과 같이 평면상의 두 벡터 $\vec{a}$, $\vec{b}$ 로 이루어진 평행사변형의 넓이를 구한 식으로 맞는 것은?

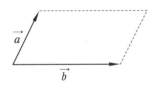

① $\vec{a} \cdot \vec{b}$ ② $|\vec{a} \cdot \vec{b}|$
③ $\vec{a} + \vec{b}$ ④ $|\vec{a} \times \vec{b}|$

해설 평행사변형의 넓이 $= |\vec{a} \times \vec{b}|$
$= |\vec{a}||\vec{b}|\sin\theta$

72. 양궁 과녁과 같이 일정 간격을 가진 여러 개의 동심원으로 구성되는 형상을 만들려고 한다. 가장 적절하게 사용될 수 있는 기능은?

① zoom   ② move
③ offset   ④ trim

해설 offset : 도면의 요소를 일정 간격으로 평행 이동시켜서 같은 도면의 요소를 복사하는 작업이다.

73. 서로 다른 CAD 시스템의 설계 정보를 교환하기 위한 데이터 교환 표준에 해당하지 않는 것은?

① IGES   ② DXF
③ GUI   ④ STEP

해설 대표적인 데이터 교환 표준
DXF, IGES, STEP, PHIGS, STL, GKS

74. (x, y) 평면에서 두 점 $(-5, 0)$, $(4, -3)$을 지나는 직선의 방정식은?

① $y = -\dfrac{2}{3}x - \dfrac{5}{3}$ ② $y = -\dfrac{1}{2}x - \dfrac{5}{2}$
③ $y = -\dfrac{1}{3}x - \dfrac{5}{3}$ ④ $y = -\dfrac{3}{2}x - \dfrac{4}{3}$

해설 $y = ax + b$에 두 점을 각각 대입하면
$-5a + b = 0$, $4a + b = -3$

연립하여 풀면 $a = -\dfrac{1}{3}$, $b = -\dfrac{5}{3}$

$\therefore y = -\dfrac{1}{3}x - \dfrac{5}{3}$

75. 컴퓨터 시스템 장치 중 산술 및 논리 연산을 수행할 수 있는 장치는?

① 입력장치
② 중앙처리장치
③ 보조기억장치
④ 출력장치

해설 중앙처리장치(CPU)에는 제어장치, 주기억장치, 연산장치가 있다.

76. 3차원 도형을 정의하여 부품을 모델링하는데 공학적인 해석이나 물리적 성질까지 포함되는 모델링 방법은?

① 와이어 프레임 모델(wire frame model)
② 서피스 모델(surface model)
③ 솔리드 모델(solid model)
④ 경계 표현 모델(boundary model)

해설 솔리드 모델링은 물리적 성질(부피, 무게 중심, 관성 모멘트 등)의 계산이 가능하다.

77. 유기 전계 발광 소자를 사용한 표시 장치로 전자 빔이 형광막과 충돌로 발광하는 브라운관(CRT)과 유사한 동작이 유리 기판 위에 형성되어 화면을 나타내는 장치는?

① organic electro-luminescent display
② liquid crystal display
③ plasma panel
④ image scanner

해설 OELD : 유기 전계 발광 표시 장치

78. 솔리드 모델링에서 CSG 방식과 비교한 B-rep 방식의 특성이 아닌 것은?

① 필요 메모리가 적음
② 전개도 작성이 용이
③ 표면적 계산이 쉬움
④ 화면의 재생 시간이 적게 걸림

해설 B-rep 방식은 CSG 방식으로, 만들기 어려운 물체의 모델화에는 적합하지만 많은 메모리를 필요로 한다는 단점이 있다.

79. (x, y) 좌표상에 중심이 (m, n)이고 반지름이 r인 원의 형상을 표현하는 식은?

① $(x+m)+(y+n)=r^2$
② $(x-m)^2+(y-n)^2=r^2$
③ $x^2+y^2=r^2-m-n$
④ $x^2+m-y^2-n=r^2$

80. 3차원 솔리드 모델을 구성하는 요소 중 기본 형상(primitive)이라고 할 수 없는 것은?

① 구(sphere) ② 원통(cylinder)
③ 직선(line) ④ 원뿔(cone)

해설 직선은 2차원 요소이므로 3차원 기본 형상에 해당하지 않는다.

2011년 시행 문제

기계설계산업기사

2011. 03. 20 시행

2011년

제1과목 : 기계 가공법 및 안전관리

1. 기계 부품 또는 공구의 검사용, 게이지 정밀도 검사 등에 사용하는 게이지 블록은?

① 공작용　　　　② 검사용
③ 표준용　　　　④ 참조용

해설 블록 게이지의 등급 및 용도

구분	사용 용도	등급
공작용 (2급)	공구, 절삭 공구 설치	C
	게이지 제작, 측정기류 조정	B 또는 C
검사용 (1급)	기계 부품, 공구 검사	B 또는 C
	게이지 정도 점검	A 또는 B
표준용 (0급)	측정기류 정도 검사	A 또는 B
	공작용 블록 게이지 정도 점검	
	검사용 블록 게이지 정도 점검	
참조용 (00급)	표준용 블록 게이지 정도 점검	AA 또는 A
	연구용	

2. 수평식 보링 머신 중 새들이 없고, 길이 방향의 이송은 베드를 따라 컬럼이 이송되며, 중량이 큰 가공물을 가공하기에 가장 적합한 구조를 가지고 있는 형은?

① 테이블형　　　　② 플레이너형
③ 플로형　　　　④ 코어형

해설 수평식 보링 머신
• 테이블형 : 주축이 상하 이동하고 테이블이

전후 및 좌우 이동하는 이동식과 테이블이 상하 및 전후 이동하는 고정식이 있다.
• 플레이너형 : 긴 베드와 테이블이 있어 테이블이 좌우로 이동한다.
• 플로형 : 가공물을 베드에 직접 고정하고 주축대가 베드 위를 이동한다.

3. 절삭 공구 재료에서 W, Cr, V, Co 등의 원소를 함유하는 합금강은?

① 고탄소강　　　　② 합금공구강
③ 고속도강　　　　④ 초경합금

해설 고속도강 : 대표적인 것으로 W 18－Cr 4－V1이 있으며, 표준 고속도강(하이스)이라고도 한다.

4. 연삭 작업 시 주의할 점에 대한 설명으로 틀린 것은?

① 숫돌 커버를 반드시 설치하여 사용한다.
② 양 숫돌차의 입도는 항상 같게 해야 한다.
③ 연삭 작업 시에는 보안경을 꼭 착용하여야 한다.
④ 숫돌을 나무 해머로 가볍게 두드려 음향 검사를 한다.

해설 숫돌을 2개로 사용하는 경우는 입도를 서로 다르게 하여 사용한다.

5. 전해 연마의 특징에 대한 설명으로 틀린 것은?

① 가공 변질층이 없다.
② 내마모성, 내부식성이 좋아진다.
③ 알루미늄, 구리 등도 용이하게 연마할 수 있다.
④ 가공면에는 방향성이 있다.

[해설] 가공면의 방향성이란 절삭 가공에 의한 줄무늬를 의미하는 것이다. 전해 연마는 가공물을 양극으로 하는 양극 용해작용에 의한 것이며 절삭 가공이 아니므로 가공면에 방향성이 없다.

6. 드릴 가공의 종류가 아닌 것은?

① 리밍　　　　② 카운터 보링
③ 버핑　　　　④ 스폿 페이싱

[해설] 드릴링 머신에 가능한 작업은 드릴링, 리밍, 보링, 카운터 보링, 카운터 싱킹, 스폿 페이싱, 태핑이다.

7. 양두(兩頭) 그라인더의 숫돌차로 일감을 연삭할 때 받침대와 숫돌의 간격은 몇 mm 이내로 조정하는가?

① 3mm　　　　② 5mm
③ 7mm　　　　④ 9mm

8. 윤활유의 사용 목적과 거리가 먼 것은?

① 윤활작용　　　② 냉각작용
③ 비산작용　　　④ 밀폐작용

[해설] 비산작용은 윤활유의 사용 목적이 아니라 급유방식이다.

9. 강판으로 된 재료에 암나사 가공을 하는 데 사용되는 것은?

① 스패너　　　② 스크레이퍼
③ 다이스　　　④ 탭

[해설] 다이스는 수나사를 가공하는 데 사용되며 탭은 암나사를 가공하는 데 사용된다.

10. 선반의 베드(bed)에 관한 설명으로 틀린 것은?

① 미끄럼면의 단면 모양은 원형과 구형이 있다.
② 주로 합금주철이나 구상흑연주철 등의 고급주철로 제작한다.
③ 미끄럼면은 기계 가공 또는 스크레이핑 (scraping)을 한다.
④ 내마모성을 높이기 위하여 표면 경화처리를 하고 연삭 가공을 한다.

[해설] 선반 베드의 종류에는 미끄럼면의 단면 모양에 따라 경사가 있는 산 모양의 미국식 베드와 평평한 모양의 영국식 베드가 있다.

11. 그림은 밀링에서 더브테일 가공도면이다. X의 치수로 맞는 것은?

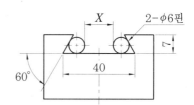

① 25.608　　　② 23.608
③ 22.712　　　④ 18.712

[해설] $X = 40 - 6\left(1 + \cot\dfrac{60°}{2}\right)$

$= 40 - 6\left(1 + \dfrac{1}{\tan 30°}\right)$

$≒ 40 - 6\left(1 + \dfrac{1}{0.577}\right) ≒ 23.6$

12. 비교 측정의 장점이 아닌 것은?

① 측정 범위가 넓고 표준 게이지가 필요 없다.

---

② 제품의 치수가 고르지 못한 것을 계산하지 않고 알 수 있다.

③ 길이, 면의 각종 형상 측정, 공작 기계의 정밀도 검사 등 사용 범위가 넓다.

④ 높은 정밀도의 측정이 비교적 용이하다.

해설 비교 측정이란 피측정물과 표준 게이지를 나란히 설치하고, 다이얼 게이지와 같은 비교 측정기로 그 차를 읽어서 측정하는 방법이므로 반드시 표준 게이지가 필요하다.

13. 연삭숫돌을 교환한 후 시운전 시간은 어느 정도로 하는가?

① 30초
② 1분
③ 2분
④ 3분 이상

해설 연삭숫돌을 교환한 후 3분 이상 공회전하는 것이 바람직하다.

14. 밀링 머신에서 하향 절삭과 비교한 상향 절삭의 장점은?

① 절삭 시 백래시 영향이 적다.
② 일감의 고정이 유리하다.
③ 표면 거칠기가 좋다.
④ 공구 날의 마모가 느리다.

해설 상향 절삭은 커터의 절삭 방향과 공작물의 이송 방향을 반대로 하는 절삭 방법이므로 절삭 시 백래시의 영향이 적다.

15. 밀링에서 지름 150mm 커터를 사용하여 160rpm으로 절삭한다면 이때 절삭 속도는 약 몇 m/min인가?

① 75
② 85
③ 102
④ 194

해설 $V = \dfrac{\pi DN}{1000} = \dfrac{\pi \times 150 \times 160}{1000} = 75\,\text{m/min}$

16. 브로치 가공에 대한 설명 중 옳지 않은 것은?

① 가공 홈의 모양이 복잡할수록 느린 속도로 가공한다.

② 절삭 깊이가 너무 작으면 인선의 마모가 증가한다.

③ 브로치는 떨림을 방지하기 위하여 피치의 간격을 같게 한다.

④ 절삭량이 많고 길이가 길 때는 절삭날 수를 많게 한다.

해설 브로치의 피치는 일반적으로 0.1~0.5mm 정도씩 증가시킨다.

17. 선반 바이트의 설치 요령이다. 적합하지 않은 것은?

① 바이트 자루는 수평으로 고정한다.

② 바이트의 돌출 거리는 작업에 지장이 없는 한 길게 고정한다.

③ 받침(shim)은 바이트 자루의 전체 면이 닿도록 한다.

④ 높이를 정확히 맞추기 위해서는 받침(shim) 1개 또는 두께가 다른 여러 개를 준비한다.

해설 바이트의 돌출 거리는 가능한 짧게 고정해야 한다.

18. 연삭숫돌에 사용되는 숫돌 입자 중 천연산인 것은?

① 커런덤
② 알록사이트
③ 카보런덤
④ 탄화붕소

해설 커런덤 : 산화알루미늄(Al_2O_3)이 주성분인 천연 입자이며 다이아몬드 다음으로 단단하다.

19. 래핑 작업의 장점이 아닌 것은?

정답 13. ④ 14. ① 15. ① 16. ③ 17. ② 18. ① 19. ④

① 정밀도가 높은 제품을 가공한다.
② 가공면이 매끈하다.
③ 가공면의 내마모성이 좋다.
④ 랩제의 잔류가 쉽다.

해설 랩제가 남아 있으면 지속적인 마모가 발생하는데 이것이 래핑 작업의 단점이다.

20. 기어(gear)의 잇수를 등분하고자 할 때 사용하는 밀링 부속품은?

① 분할대   ② 바이스
③ 정면 커터   ④ 측면 커터

해설 분할대는 스플라인 홈, 기어 등의 분할 작업 및 캠 절삭, 비틀림 홈 절삭, 웜 기어 절삭 등 공작물에 연속 회전 이송을 주는 가공 작업 등을 위해 사용하는 밀링 부속품이다.

제2과목 : 기계 제도

21. M20 3줄 나사에서 피치가 1.5이면 리드(lead)는 몇 mm인가?

① 1.5   ② 2.5
③ 3.5   ④ 4.5

해설 $l = np = 3 \times 1.5 = 4.5\,mm$

22. 수면, 유면 등의 위치를 표시하는 수준면선에 사용하는 선의 종류는?

① 가는 파선   ② 가는 1점 쇄선
③ 굵은 파선   ④ 가는 실선

해설 치수선, 치수 보조선, 지시선, 중심선, 수준면선은 가는 실선으로 나타낸다.

23. 다음 V 벨트의 종류 중 단면의 크기가 가장 작은 것은?

① M형   ② A형
③ B형   ④ E형

24. KS 기계 재료 기호 중 스프링 강재인 것은?

① SPS   ② SBC
③ SM   ④ STS

해설 • SBC : 보일러 압력용기 탄소강
• SM : 기계 구조용 탄소 강재
• STS : 합금 공구 강재

25. 어떤 도면에 표시된 치수 $20^{+0.015}_{+0.005}$의 치수 공차는 몇 mm인가?

① 0.002   ② 0.001
③ 0.01   ④ 0.02

해설 치수 공차 = 20.015 − 20.005 = 0.01

26. 그림과 같은 제3각 정투상 도면의 입체도로 가장 적합한 것은?

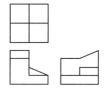

①   ②

③   ④

27. 나사 표시 "M15×1.5−6H/6g"에서 6H/6g은 무엇을 나타내는가?

① 나사의 호칭치수 ② 나사부의 길이
③ 나사의 등급 ④ 나사의 피치

해설 • M15 : 나사의 호칭 • 1.5 : 피치
• 6H/6g : 나사의 등급

28. 다음 도면과 같이 강판에 구멍을 가공할 경우 가공할 구멍의 크기와 개수는?

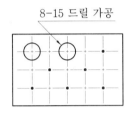

① 지름 8mm, 구멍 2개
② 지름 18mm, 구멍 15개
③ 지름 15mm, 구멍 8개
④ 지름 15mm, 구멍 2개

해설 8-15드릴 가공 : 지름 15mm인 드릴 구멍을 8개 가공하라는 의미이다.

29. 다음과 같은 I 형강 재료의 표시법으로 올바른 것은?

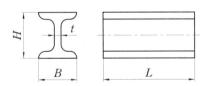

① $IH×B×t-L$ ② $t×IH×B-L$
③ $L-I×H×B×t$ ④ $IB×H×t-L$

30. 기호의 종류 중 위치 공차를 나타내는 기호가 아닌 것은?

① ◎ ② ⊕ ③ ⌀̸ ④ ⩵

해설 ① 동심(축)도 ② 위치도 ④ 대칭
③ 원통도 : 형상 공차

31. KS 용접 기호 표시와 용접부 명칭이 틀린 것은?

① ◯ : 점 용접 ② ▢ : 플러그 용접
③ ◺ : 필릿 용접 ④ || : 가장자리 용접

해설 || : 평행 맞대기 이음 용접

32. 그림과 같은 도면에서 플랜지 A 부분의 드릴 구멍의 깊이는?

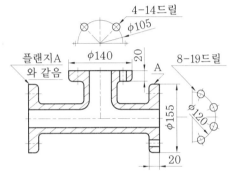

① 14 ② 19 ③ 20 ④ 8

해설 도면에서 A 부분의 아래를 보면 구멍이 관통되었음을 알 수 있다. 따라서 구멍의 깊이는 플랜지 두께와 같은 20mm이다.

33. 기계 재료 중 탄소강 주강품에 해당하는 재료 기호는?

① SC 410 ② SM 500
③ STD 4 ④ SHP 1

해설 • SM : 기계 구조용 탄소 강재
• STD : 합금 공구강 강재
• SHP : 열간 압연 강판

34. 금속 재료의 표시 기호 중 탄소 공구강 강재를 나타낸 것은?

① SPP ② STC
③ SBHG ④ SWS

정답 28. ③ 29. ① 30. ③ 31. ④ 32. ③ 33. ① 34. ②

해설 •SPP : 배관용 탄소 강판
•SBHG : 아연도강판
•SWS : 용접 구조용 강재

35. 다음 입체도에서 화살표 방향의 투상도로 가장 적합한 것은?

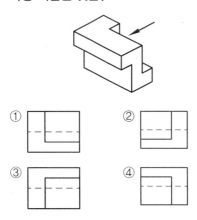

36. 다음 그림의 입체도에서 화살표 방향이 정면일 경우 정면도로 가장 적합한 것은?

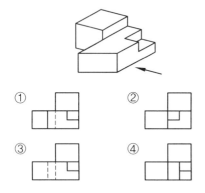

37. 다음 입체도에서 화살표 방향이 정면일 때 평면도로 가장 적합한 것은?

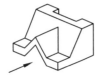

38. 다음 그림 중 접촉 부분의 상관선에 대한 도시가 가장 올바르게 작도된 것은?

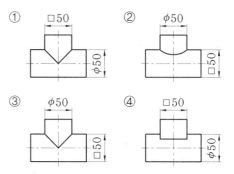

해설 □ 기호는 정사각형 모양, φ 기호는 원형 모양을 의미한다. 상관선이란 두 개의 곡면 또는 곡면과 평면이 교차할 때 나타나는 선이다.

39. 다음 그림과 같은 표면의 결 기호 중 2.5 가 표시하는 것은?

① 표면 거칠기　　② 컷오프값
③ 중심선의 깊이　④ 형상 계수

해설 •25 : 산술평균 거칠기 상한
•6.3 : 산술평균 거칠기 하한
•2.5 : 컷오프값
•M : 밀링 가공
•R : 줄무늬 방향(방사 모양)

40. 다음 그림과 같은 도면에서 우측면도로

가장 적합한 것은?

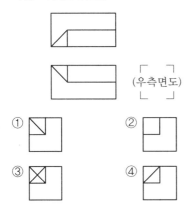

(우측면도)

① ② ③ ④

제3과목 : 기계 설계 및 기계 재료

41. 두랄루민은 기계적 성질이 탄소강과 비슷하며 비중은 1/3 정도로 가벼워서 항공기용 재료로 많이 사용되고 있다. 두랄루민의 성분을 올바르게 나타낸 것은?

① Al-Mg-Pb-Ni
② Al-Fe-Mg-Cu
③ Al-Cu-Mg-Mn
④ Al-Mn-Co-Mg

42. 일반적으로 탄소강에서 탄소량이 증가할수록 증가하는 물리적 성질은?

① 비중 ② 열팽창계수
③ 전기 저항 ④ 열전도도

해설 탄소 함유량을 증가시키면 비중, 선팽창률, 온도계수, 열전도도는 감소하고 비열, 전기 저항, 항자력은 증가한다.

43. 전연성이 좋고 색깔도 아름답기 때문에 장식용 금속잡화, 악기 등에 사용되며, 박

(foil)으로 압연하여 금박 대용으로도 사용되는 것은?

① 90% Cu ~ 10% Zn 합금
② 80% Cu ~ 20% Zn 합금
③ 60% Cu ~ 40% Zn 합금
④ 50% Cu ~ 50% Zn 합금

해설 톰백 : 8~20% Zn을 함유한 것으로 금에 가까운 색이며 연성이 크다. 금 대용품이나 장식품에 사용한다.

44. 공정이 있는 합금계에서 공정 성분에 가까울수록 변화하는 성질을 설명한 것으로 틀린 것은?

① 전기 및 열전도율이 적어진다.
② 인장 강도, 경도가 커진다.
③ 용융점이 점차 상승한다.
④ 연신율, 단면수축률이 감소한다.

해설 공정 성분에 가까울수록 용융점이 낮아진다.

45. 담금질 조직 중에서 용적 변화(팽창)가 가장 큰 조직은?

① 펄라이트 ② 오스테나이트
③ 마텐자이트 ④ 소르바이트

해설 담금질 조직의 경도
시멘타이트 > 마텐자이트 > 트루스타이트 > 소르바이트 > 펄라이트 > 오스테나이트 > 페라이트

46. 다음 금속 중 전기 전도율이 가장 큰 것은?

① 알루미늄 ② 마그네슘
③ 구리 ④ 니켈

해설 전기 전도율의 크기
은 > 구리 > 금 > 알루미늄 > 마그네슘 > 아연 > 니켈 > 철 > 납

2011년

47. 뜨임 처리 목적으로 틀린 것은?

① 담금질 응력 제거
② 치수의 경년 변화 방지
③ 연마 균열의 방지
④ 내마멸성 저하

해설 뜨임 : 담금질된 강을 A_1 변태점 이하로 가열한 후 냉각시켜 담금질로 인한 취성을 제거하고 강도를 떨어뜨려 강인성을 증가시키기 위한 열처리이다.

48. 복합 재료에서 섬유강화 금속은?

① GFRP ② CFRP
③ FRS ④ FRM

해설 • GFRP : 탄소 섬유강화 플라스틱
• CFRP : 카본 섬유강화 플라스틱
• FRS : 섬유강화 숏크리트

49. 금속 침투법 중에서 Al를 침투시키는 것은?

① 세라다이징 ② 알리마이징
③ 실리코나이징 ④ 칼로라이징

해설 금속 침투법
• 세라다이징 : Zn 침투
• 크로마이징 : Cr 침투
• 칼로라이징 : Al 침투
• 실리코나이징 : Si 침투
• 보로나이징 : B의 침투

50. 18-8형 스테인리스강에 대한 특징을 설명한 것으로 틀린 것은?

① Cr(18%)-Ni(8%)이다.
② 내식성이 우수하며 비자성체이다.
③ 오스테나이트계이다.
④ 염산, 염소가스, 황산에 매우 강하다.

해설 18-8형 스테인리스강은 내식성은 우수하

지만 염산, 염소가스, 황산 등에 약하고 결정 입계 부식이 발생하기 쉬운 단점이 있다.

51. 그림과 같은 블록 브레이크에서 드럼 축에 156.96N·m의 제동 토크를 발생시키기 위해, 레버 끝에 981N의 힘이 필요한 경우 레버의 길이 a는 약 몇 mm인가? (단, 블록과 드럼 사이의 마찰계수 μ=0.2이다.)

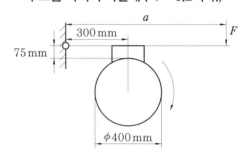

① 930 ② 1050
③ 1140 ④ 1260

해설 $Q=\dfrac{2T}{D}=\dfrac{2\times156960}{400}=784.8\,\text{N}\cdot\text{mm}$

$F=\dfrac{Q(b+\mu c)}{\mu a}$, $a=\dfrac{Q(b+\mu c)}{\mu F}$

$\therefore a=\dfrac{784.8(300+0.2\times75)}{0.2\times981}=1260\,\text{mm}$

52. 미터나사의 피치가 3mm이고 유효 지름 d_e는 22.051mm일 때 나사 효율 η는 약 얼마인가? (단, 마찰계수 μ=0.105이다.)

① η=26.2% ② η=32.2%
③ η=39.2% ④ η=48.8%

해설 $\tan\rho=\mu=0.105, \rho=\tan^{-1}0.105\fallingdotseq5.99°$

$\lambda=\tan^{-1}\left(\dfrac{P}{\pi d_e}\right)=\tan^{-1}\left(\dfrac{3}{\pi\times22.051}\right)$

$\fallingdotseq\tan^{-1}0.043=2.46°$

$\therefore \eta=\dfrac{\tan\lambda}{\tan(\lambda+\rho)}=\dfrac{\tan2.46°}{\tan(2.46°+5.99°)}$

$=\dfrac{\tan2.46°}{\tan8.45°}\fallingdotseq\dfrac{0.04}{0.15}\fallingdotseq0.26\fallingdotseq26\%$

53. 400rpm으로 4kW의 동력을 전달하는 중심 스핀들 축의 최소 지름은 약 몇 mm인가? (단, 축의 허용 전단 응력은 20.60MPa이다.)

① 29 ② 13
③ 48 ④ 36

해설 $T = 9.55 \times 10^6 \times \dfrac{H}{N} = 9.55 \times 10^6 \times \dfrac{4}{400}$

$\quad = 95500 \text{N} \cdot \text{mm}$

$\therefore d = \sqrt[3]{\dfrac{5.1T}{\tau_a}} = \sqrt[3]{\dfrac{5.1 \times 95500}{20.60}} \fallingdotseq 29 \text{mm}$

54. 로프 전동의 특징에 대한 설명으로 틀린 것은?

① 전동 경로가 직선이 아닌 경우에도 사용이 가능하다.
② 벨트 전동과 비교하여 큰 동력을 전달하는 데 불리하다.
③ 장거리의 동력 전달이 가능하다.
④ 정확한 속도비의 전동이 불확실하다.

해설 벨트보다 큰 동력 전달에 유리하며, 미끄럼이 적고 고속 운전에 적합하다.

55. 동력 전달장치로서 운전이 조용하고 무단 변속을 할 수 있으나 일정한 속도비를 얻기 힘든 것은?

① 마찰차 ② 기어
③ 체인 ④ 플라이휠

56. 그림과 같은 맞대기 용접 이음에서 인장 하중을 W[N], 강판의 두께를 h[mm]라 할 때 용접 길이 l[mm]을 구하는 식으로 가장 옳은 것은? (단, 상하의 용접부 목 두께가 각각 t_1[mm], t_2[mm]이고, 용접부에서 발생하는 인장 응력은 σ_t[N/mm²]이다.)

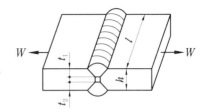

① $l = \dfrac{W}{h\sigma_t}$ ② $l = \dfrac{W}{(t_1 + t_2)\sigma_t}$

③ $l = \dfrac{0.707W}{h\sigma_t}$ ④ $l = \dfrac{0.707W}{(t_1 + t_2)\sigma_t}$

해설 $\sigma_t = \dfrac{\text{하중}}{\text{용접 넓이}} = \dfrac{W}{l \cdot (t_1 + t_2)}$

$\therefore l = \dfrac{W}{\sigma_t(t_1 + t_2)}$

57. 단면 50mm×50mm, 길이 100mm의 탄소 강재가 있다. 여기에 10kN의 인장력을 길이 방향으로 주었을 때 0.4mm가 늘어났다면, 이때 변형률은?

① 0.0025 ② 0.004
③ 0.0125 ④ 0.025

해설 $\varepsilon = \dfrac{\delta}{l} = \dfrac{0.4}{100} = 0.004$

58. 1200rpm으로 2kW의 동력을 전달시키려고 할 때 기어 잇수 20, 모듈값 4인 스퍼 기어의 이에 걸리는 힘(피치원 접선 방향의 힘)은 약 몇 N인가?

① 284 ② 312
③ 356 ④ 398

해설 $T = 9.55 \times 10^6 \times \dfrac{H}{N} = 9.55 \times 10^6 \times \dfrac{2}{1200}$

$\quad \fallingdotseq 15917 \text{N} \cdot \text{mm}$

$D = mZ = 4 \times 20 = 80$

$\therefore Q = \dfrac{2T}{D} = \dfrac{2 \times 15917}{80}$

$\quad \fallingdotseq 398 \text{N}$

59. 동일 조건하에서 코일 스프링 처짐량을 2배로 하려면, 유효 감김 수는 몇 배가 되어야 하는가? (단, 스프링 소선 지름, 코일 평균 지름, 작용 하중 및 스프링의 전단탄성계수 등은 일정하다.)

① 2배　　　　② 4배
③ 8배　　　　④ 16배

해설 $\delta = \dfrac{8n_a D^3 W}{Gd^4}$

δ : 코일 스프링 처짐량, n_a : 유효 감김수

60. 미끄럼 베어링 재료의 구비 조건으로 틀린 것은?

① 마찰계수가 클 것
② 내식성이 높을 것
③ 피로 한도가 높을 것
④ 열전도율이 높을 것

해설 미끄럼 베어링 재료는 축과의 마찰계수가 작아야 한다.

제4과목 : 컴퓨터 응용 설계

61. CAD 시스템에서 디스플레이 장치가 아닌 것은?

① DED　　　　② PDP
③ TET-LCD　④ CRT

62. CAD에서 그래픽 소프트웨어가 반드시 가져야 할 기능이 아닌 것은?

① 데이터 변환 기능
② 그래픽 형상을 만드는 기능
③ 사용자 입력 기능
④ 인터넷 네트워크 기능

63. 서피스 모델링의 특징에 대한 설명으로 틀린 것은?

① 은선 제거가 가능하다.
② 단면 작업을 할 수 있다.
③ 유한 요소법(FEM)의 적용을 위한 요소 분할이 쉽다.
④ NC 데이터를 생성할 수 있다.

해설 유한 요소법(FEM)의 적용을 위한 3차원 요소 분할을 위해 가장 적당한 모델링 방법은 솔리드 모델링(solid modeling)이다.

64. R(Red), G(Green), B(Blue) 전자총과 CRT 표면 사이에 위치하는 CRT 소재 구조물로 삼각형 형태의 구멍이 있는 금속 그리드 판으로 되어 있으며, 각 전자총에서 나오는 전자빔에 할당된 인에 정확하게 충돌하도록 하는 기능을 수행하는 부분을 무엇이라 하는가?

① scan board　　② frame plate
③ shadow mask　④ frame buffer

65. 중앙처리장치(CPU)의 구성요소가 아닌 것은?

① 주기억장치
② 제어장치
③ 논리연산장치
④ 레이저 빔 기억장치

해설 컴퓨터의 장치 중 사람의 두뇌에 해당하는 제어장치, 주기억장치, 연산장치를 보통 한 묶음으로 하여 중앙처리장치 또는 CPU라 부른다.

66. B-rep 모델링 방식의 특성이 아닌 것은?

① 화면 재생시간이 적게 소요된다.
② 3면도, 투시도, 전개도 작성이 용이하다.

③ 데이터의 상호 교환이 쉽다.

④ 입체의 표면적 계산이 어렵다.

해설 입체의 표면적 계산이 쉽다.

67. 이미 정의된 두 곡면을 매끄럽게 연결하는 것을 무엇이라 하는가?

① 스위핑(sweeping)

② 스키닝(skinning)

③ 블렌딩(blending)

④ 리프팅(lifting)

해설 블렌딩 : 주어진 형상을 국부적으로 변화시키는 방법으로 접하는 곡면을 부드러운 모서리로 처리하는 것이다.

68. 두 벡터 $\vec{a}$ =(2, 3, 7), $\vec{b}$ =(2, 1, 4)일 때 벡터의 내적을 구하면?

① 32　　　　　② 33

③ 34　　　　　④ 35

해설 $\vec{a} \cdot \vec{b} = 2 \times 2 + 3 \times 1 + 7 \times 4 = 35$

69. 도형을 원점에 대한 점대칭에 의하여 그리려고 한다. 변환 Matrix가 옳게 표시된 것은?

① $\begin{bmatrix} 1 & 0 \\ 0 & 1 \end{bmatrix}$　　② $\begin{bmatrix} -1 & 0 \\ 0 & -1 \end{bmatrix}$

③ $\begin{bmatrix} -1 & 0 \\ 0 & 0 \end{bmatrix}$　　④ $\begin{bmatrix} 1 & 0 \\ 0 & -1 \end{bmatrix}$

해설 원점에 대한 대칭은 x축, y축 모두에 대한 대칭이므로 $\begin{bmatrix} -1 & 0 \\ 0 & -1 \end{bmatrix}$의 변환 행렬을 사용한다.

70. 구멍(hole), 슬롯(slot), 포켓(pocket) 등의 형상단위를 라이브러리(library)에 미리 갖추어놓고 필요시 이들의 치수를 변화시켜

설계에 사용하는 모델링 방식은?

① parametric modeling

② feature-based modeling

③ boundary modeling

④ boolean operation modeling

71. 상이한 CAD 시스템 간의 데이터의 교환을 목적으로 개발된 표준 데이터 교환 형식이 아닌 것은?

① GKS　　　　② HWP

③ STEP　　　　④ IGES

72. 벡터 $\vec{a}$, $\vec{b}$ 및 $\vec{c}$가 공간상에서 같은 시작점을 가지고 서로 다른 방향으로 향할 때 세 벡터가 이루는 부피를 표현하는 식은?

① $\vec{a} \cdot (\vec{b} \times \vec{c})$　　② $\vec{a} \cdot (\vec{b} \cdot \vec{c})$

③ $\vec{a} \times (\vec{b} \times \vec{c})$　　④ $\vec{a} \times (\vec{b} \cdot \vec{c})$

해설 두 벡터의 외적을 구하여 넓이를 표현한 후, 이 넓이의 방향(법선 방향)에 있는 나머지 한 벡터와의 내적을 구하면 부피를 표현할 수 있다.

73. 원호를 정의하는 방법 중 틀린 것은?

① 시작점, 중심점, 각도를 지정

② 시작점, 중심점, 끝점을 지정

③ 시작점, 중심점, 현의 길이를 지정

④ 시작점, 끝점, 현의 길이를 지정

74. 3차원으로 형상을 표현할 때 형상의 모서리(edge) 선(직선 및 곡선 등)만 이용하여 표현하는 모델링 방법은?

① solid 모델링

② surface 모델링

정답 **67.** ③　**68.** ④　**69.** ②　**70.** ②　**71.** ②　**72.** ①　**73.** ④　**74.** ③

③ wire frame 모델링

④ system 모델링

75. 다음 설명에 해당하는 것은?

> 이미 제작된 제품에서 3차원 데이터를 측정하여 CAD 모델로 만드는 작업

① reverse engineering

② feature-based modeling

③ disital mock-up

④ virtual manufacturing

[해설] reverse engineering(역설계) : 실제 부품의 표면을 3차원으로 측정한 정보로 부품 형상 데이터를 얻어 모델을 만드는 방법이다.

76. CAD/CAM 시스템에 의해 기존에 구성한 도형을 이용하여 새로운 도형자료를 구성하는 기능인 자료변환(transformation) 기능에 속하지 않는 것은?

① zooming

② translation

③ scaling

④ rotation

[해설] 자료변환 기능
translation(이동), scaling(스케일링), rotation(회전), projection(투영), shearing(전단), reflection(반전)

77. Bezier 곡선의 성질에 해당되지 않는 것은?

① 곡선의 차수는 "조정점의 개수-1"이다.

② 곡선은 볼록 껍질(convex hull) 안에 위치한다.

③ 한 개의 조정점을 움직이면 곡선의 일부 모양만 변한다.

④ 곡선의 끝점과 조정점에 의한 다각형의 끝점이 일치한다.

[해설] 베지어 곡선은 1개의 정점의 변화가 곡선 전체에 영향을 미친다.

78. "$x^2+y^2+z^2-4x+6y-10z+2=0$"인 방정식으로 표현되는 구의 중심점과 반지름은 각각 얼마인가?

① 중심 : $(-2, 3, -5)$, 반지름 : 6

② 중심 : $(2, -3, 5)$, 반지름 : 6

③ 중심 : $(-4, 6, -10)$, 반지름 : 2

④ 중심 : $(4, -6, 10)$, 반지름 : 2

[해설] $x^2+y^2+z^2-4x+6y-10z+2=0$
$(x^2-4x)+(y^2+6y)+(z^2-10z)=-2$
$(x^2-4x+4)+(y^2+6y+9)+(z^2-10z+25)$
$=-2+4+9+25$
$(x-2)^2+(y+3)^2+(z-5)^2=36$
∴ 중심 : $(2, -3, 5)$, 반지름 : 6

79. LAN을 구성할 때 전송매체에 따라 구분할 수도 있다. 이때 디지털 신호형식으로 전송하는 베이스밴드(base band)와 400 MHz 정도의 주파수를 갖는 브로드밴드(broad band) 방식으로 전송하는 전송매체는?

① 광(optical) 케이블

② 트위스트 페어(twisted pair) 케이블

③ 동축(coaxial) 케이블

④ 와이어(wire) 케이블

80. 4개의 모서리 점과 4개의 경계 곡선으로 곡면을 표현하는 것은?

① Coons 곡면

② Ruled 곡면

③ B-spline 곡면

④ Ferguson 곡면

[해설] 쿤스 곡면은 곡면의 표현이 간결한 장점이 있으나 곡면 내부의 볼록한 정도를 직접 조절하기가 어려워 정밀한 곡면의 표현에는 적합하지 않다.

[정답] **75.** ① **76.** ① **77.** ③ **78.** ② **79.** ③ **80.** ①

기계설계산업기사

제1과목 : 기계 가공법 및 안전관리

1. 연삭숫돌의 연삭조건과 입도(grain size)의 관계를 옳게 표시한 것은?

① 연하고 연성이 있는 재료의 연삭 : 고운 입도

② 다듬질 연삭 또는 공구의 연삭 : 고운 입도

③ 경도가 높고 메진 일감의 연삭 : 거친 입도

④ 숫돌과 일감의 접촉면이 작은 때 : 거친 입도

[해설] 입도는 연삭 입자의 크기로, 연삭면의 거칠기에 영향을 준다. 연하고 연성이 있는 재료는 눈메움이 쉽게 발생하므로 거친 입도를 사용해야 한다.

2. 테이블이 수평면 내에서 회전하는 것으로, 공구의 길이 방향 이송이 수직으로 되어 있고 대형 중량물을 깎는 데 쓰이는 선반은?

① 수직 선반   ② 크랭크축 선반

③ 공구 선반   ④ 모방 선반

[해설] 수직 선반 : 공작물은 수평면에서 회전하는 테이블 위에 설치하고 공구대는 크로스 레일 또는 칼럼 위를 이송 운동하여 가공하는 선반으로, 대형 중량물에 사용된다.

3. 주요 공작 기계의 일반적인 일감 운동에 대한 설명으로 틀린 것은?

① 밀링 머신 : 일감을 고정하고 이송한다.

② 선반 : 일감을 고정하고 회전시킨다.

③ 보링 머신 : 일감을 고정하고 이송한다.

④ 드릴링 머신 : 일감을 고정하고 회전시킨다.

[해설] 드릴링 머신은 일감을 고정하고 공구를 회전시킨다.

4. 밀링 머신에서 커터 지름이 120mm, 한 날당 이송이 0.1mm, 커터날 수가 4날, 회전수가 900rpm일 때 절삭 속도는 약 몇 m/min인가?

① 33.9m/min   ② 113m/min

③ 214m/min   ④ 339m/min

[해설] $V = \dfrac{\pi D N}{1000} = \dfrac{\pi \times 120 \times 900}{1000} ≒ 339\,\text{m/min}$

5. 밀링 머신에서 주축의 회전 운동을 직선 왕복 운동으로 변화시키고 바이트를 사용하는 부속장치는?

① 수직 밀링 장치   ② 슬로팅 장치

③ 랙 절삭 장치   ④ 회전 테이블 장치

[해설] 슬로팅 장치 : 수평 밀링 머신이나 만능 밀링 머신의 주축 회전 운동을 직선 운동으로 변환하여 슬로터 작업을 할 수 있는 장치이다.

6. 재질이 W, Cr, V, Co 등을 주성분으로 하는 바이트는?

① 합금 공구강 바이트

② 고속도강 바이트

③ 초경합금 바이트

④ 세라믹 바이트

[해설] 고속도강

절삭 공구용으로 사용되는 고속도강은 W 18－Cr 4－V1로 조성되며 표준 고속도강(하이스)이라고도 한다. 밀링 커터나 드릴, 강력 절삭 바이트 등으로 사용된다.

7. 창성법에 의한 기어 절삭에 사용하는 공구가 아닌 것은?

① 랙 커터
② 호브
③ 피니언 커터
④ 브로치

해설 창성법은 기어 소재와 절삭 공구가 서로 맞물려 돌아가며 기어 형상을 만드는 방법이다. 브로치를 사용하여 내면 기어를 가공할 수 있지만 창성법은 아니다.

8. 수공구에 의한 재해의 원인 중 옳지 않은 것은?

① 사용법이 올바르지 못했다.
② 사용하는 공구를 잘못 선정했다.
③ 사용 전의 점검, 손질이 충분했다.
④ 공구의 성능을 충분히 알고 있지 못했다.

해설 수공구는 사용 전후의 점검, 손질을 충분히 해야 안전하다.

9. 고속회전 및 정밀한 이송기구를 갖추고 있으며, 정밀도가 높고 표면 거칠기가 우수한 실린더, 커넥팅 로드, 베어링면 등의 가공에 가장 적합한 보링 머신은?

① 수직 보링 머신
② 정밀 보링 머신
③ 보통 보링 머신
④ 코어 보링 머신

10. 각도 가공, 드릴의 홈 가공, 기어의 치형 가공, 나선 가공을 할 수 있는 공작 기계는?

① 선반(lathe)
② 보링 머신(boring machine)
③ 브로칭 머신(broaching machine)
④ 밀링 머신(milling machine)

해설 밀링 머신은 회전 테이블 등의 부속장치를 사용하여 기어의 치형과 같은 특수한 형상도 가공이 가능하다.

11. 어떤 도면에서 편심량이 4mm로 주어졌을 때, 실제 다이얼 게이지 눈금의 변위량은 얼마로 나타내야 하는가?

① 2mm
② 4mm
③ 8mm
④ 0.5mm

해설 도면에 있는 치수는 편심축의 축간 거리를 기입한 것이므로 다이얼 게이지로 편심량을 측정하면 도면 치수의 2배의 변위량을 나타낸다.

12. 선반에 의한 절삭 가공에서 이송(feed)과 가장 관계가 없는 것은?

① 단위는 회전당 이송(mm/rev)으로 나타낸다.
② 일감의 매 회전마다 바이트가 이동되는 거리를 의미한다.
③ 이론적으로는 이송이 작을수록 표면 거칠기가 좋아진다.
④ 바이트로 일감 표면으로부터 절삭해 들어가는 깊이를 말한다.

해설 일감 표면으로부터 바이트로 절삭해 들어가는 깊이를 의미하는 것은 절삭 깊이이다.

13. 기계의 안전장치에 속하지 않는 것은?

① 리밋 스위치
② 방책(防柵)
③ 초음파 센서
④ 헬멧

해설 헬멧은 사람이 작업 중 반드시 착용해야 하는 안전장비이다.

14. 외부 컴퓨터에서 작성한 NC 프로그램을 CNC 공작 기계에 송수신하면서 가공하는

방식은?

① NC   ② CNC
③ DNC   ④ FMS

해설 DNC : 중앙의 컴퓨터 1대로 여러 대의 CNC 공작 기계를 동시에 제어하는 시스템을 의미한다.

15. 공작 기계에서 절삭을 위한 세 가지 기본 운동에 속하지 않는 것은?

① 절삭 운동   ② 이송 운동
③ 회전 운동   ④ 위치 조정 운동

16. 평면 연삭기에서 연삭숫돌의 원주 속도 $v=2500 \text{m/min}$이고 연삭 저항 $F=150\text{N}$이며 연삭기에 공급된 연삭 동력이 10kW일 때, 이 연삭기의 효율은 약 얼마인가?

① 53%   ② 63%
③ 73%   ④ 83%

해설 효율 $= \dfrac{\text{출력 동력}}{\text{입력 동력}} = \dfrac{Fv}{H}$

$= \dfrac{150 \times 2500/60}{10000} ≒ 0.63 = 63\%$

17. KS B 0161에 규정된 표면 거칠기 표시 방법이 아닌 것은?

① 최대 높이(Ry)
② 10점 평균 거칠기(Rz)
③ 산술 평균 거칠기(Ra)
④ 제곱 평균 거칠기($Rrms$)

해설 표면 거칠기 표시 방법은 KS B 0161이 폐지되고 KS B ISO 4287이 사용되고 있다.

18. 지름(바깥지름)을 측정하기에 부적합한 공구는?

① 철자
② 그루브 마이크로미터
③ 버니어 캘리퍼스
④ 지시 마이크로미터

해설 그루브 마이크로미터는 홈의 너비를 측정하는 데 사용된다.

19. 녹색 탄화규소 연삭숫돌을 표시하는 것은?

① A 숫돌   ② GC 숫돌
③ WA 숫돌   ④ F 숫돌

해설 숫돌 입자의 용도(인조숫돌)

기 호	명 칭	용 도
A 숫돌	갈색 알루미나	일반 강재, 탄소강
WA 숫돌	백색 알루미나	담금질강, 특수강, 고속도강
C 숫돌	흑색 탄화규소	주철, 비철
GC 숫돌	녹색 탄화규소	유리, 특수 주철, 초경합금

20. 호닝 가공의 특징이 아닌 것은?

① 발열이 크고 경제적인 정밀 가공이 가능하다.
② 전 가공에서 발생한 진직도, 진원도, 테이퍼 등을 수정할 수 있다.
③ 표면 거칠기를 좋게 할 수 있다.
④ 정밀한 치수로 가공할 수 있다.

해설 호닝 가공은 발열이 작고 경제적인 정밀 가공이 용이하다.

제2과목 : 기계 제도

---

21. 가공으로 생긴 커터의 줄무늬 방향이 기호를 기입한 그림의 투영면에 비스듬하게

2011년

2방향으로 교차하는 것을 의미하는 기호는?

① ⊥　　　　　② ×
③ C　　　　　④ =

해설 · ⊥ : 투상면에 수직
· C : 중심에 대해 대략 동심원 모양
· = : 투상면에 평행

22. 기어 제도에서 선의 사용법으로 틀린 것은?

① 피치원은 가는 1점 쇄선으로 표시한다.
② 축에 직각인 방향에서 본 그림을 단면도로 도시할 때 이골(이뿌리)의 선은 굵은 실선으로 표시한다.
③ 잇봉우리원(이끝원)은 가는 실선으로 표시한다.
④ 내접 헬리컬 기어의 잇줄 방향은 3개의 가는 실선으로 표시한다. 이끝원은 굵은 실선으로 표시한다.

해설 잇봉우리원(이끝원)은 굵은 실선(외형선)으로 표시한다.

23. 그림과 같이 경사지게 잘린 사각뿔의 전개도로 가장 적합한 형상은?

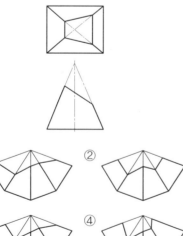

24. 도면에 나사의 표시가 M10-2/1로 되어 있을 때 다음 설명 중 올바른 것은?

① M : 관용 나사　② 1 : 수나사의 피치
③ 2 : 수나사 등급　④ 10 : 호칭 지름

해설 M10-2/1
· M : 미터 보통 나사　· 10 : 호칭 지름
· 1 : 암나사 등급　· 2 : 수나사 등급

25. 기하 공차 중 단독 형체에 관한 것들로만 짝지어진 것은?

① 진직도, 평면도, 경사도
② 진직도, 동축도, 대칭도
③ 진직도, 평면도, 원통도
④ 진직도, 동축도, 경사도

26. 그림과 같은 면의 지시기호에서 λc 0.8은 무엇을 나타내는가?

① 컷오프값　　　② 최대 높이
③ 평균 거칠기　　④ 기준 길이

27. 그림과 같은 철골 구조물 도면에서 치수 기입이 잘못된 것은?

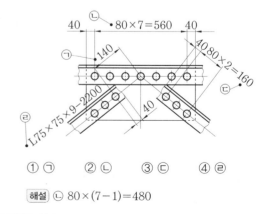

① ㉠　　② ㉡　　③ ㉢　　④ ㉣

해설 ㉡ 80×(7-1)=480

정답 22. ③　23. ③　24. ④　25. ③　26. ①　27. ②

28. 그림과 같은 입체도에서 화살표 방향이 정면일 때 평면도로 가장 적합한 것은?

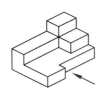

① 　②

③ 　④

29. 투상도를 그릴 때 선이 서로 겹칠 경우 우선 순위로 옳은 것은?

① ㉠ 중심선, ㉡ 숨은선, ㉢ 외형선
② ㉠ 외형선, ㉡ 숨은선, ㉢ 중심선
③ ㉠ 중심선, ㉡ 외형선, ㉢ 숨은선
④ ㉠ 외형선, ㉡ 중심선, ㉢ 숨은선

해설 겹치는 선의 우선순위
외형선 > 숨은선 > 절단선 > 중심선 > 무게중심선 > 치수 보조선

30. 원뿔 도면의 전개도에서 길이 L의 값과 각도 α의 값은 대략 얼마인가?

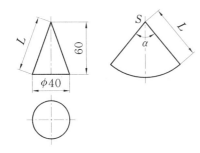

① $L=63\,mm$, $\alpha=114°$
② $L=71\,mm$, $\alpha=114°$
③ $L=71\,mm$, $\alpha=118°$
④ $L=63\,mm$, $\alpha=118°$

해설 $L=\sqrt{h^2+r^2}=\sqrt{60^2+20^2}≒63$
밑면 원의 둘레＝부채꼴 호의 길이

$$2\pi \times 20 = 2\pi \times L \times \frac{\alpha}{360°}$$

$$20 = 63 \times \frac{\alpha}{360°}$$

$$\therefore \alpha = \frac{20 \times 360°}{63} ≒ 114°$$

31. 기하 공차 기호 중에서 원통도를 표시 한 것은?

① ○　② //　③ ⌀̸　④ ⊕

해설 진원도 : ○, 평행도 : //, 위치도 : ⊕

32. 그림과 같은 도면에서 치수 기입이 잘못된 곳이 1개소일 경우 해당 치수는?

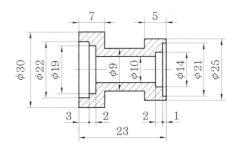

① 7　② $\phi 9$
③ $\phi 21$　④ $\phi 30$

해설 $\phi 9$는 바깥지름이므로 최소한 안지름 $\phi 10$보다는 바깥지름이 커야 한다.

33. 베어링 기호 "608 C2P6"에서 각 기호의 뜻을 설명한 것으로 틀린 것은?

① 60 – 베어링 계열 기호
② 8 – 안지름 번호
③ C2 – 궤도륜 모양 기호
④ P6 – 정밀도 등급 기호

해설 C2－틈새 기호

34. 그림과 같은 KS 용접 기호의 의미는?

① 전체 둘레 용접 표시이다.
② 현장 용접 표시이다.
③ 전체 둘레 현장 용접 표시이다.
④ 용접 시작점 표시이다.

35. 일반 구조용 압연 강재의 KS 기호인 것은?

① SS490   ② SW490
③ SM490   ④ SP490

36. 축의 치수가 $\phi 50^{+0.001}_{-0.002}$, 구멍의 치수가 $\phi 50^{+0.005}_{+0.002}$일 때 최대 틈새는 얼마인가?

① 0.003   ② 0.005
③ 0.007   ④ 0.009

해설 최대 틈새＝구멍의 최대 허용 치수
　　　　　－축의 최소 허용 치수
　　　　＝50.005－49.998＝0.007

37. 다음 입체도와 화살표 방향의 투상도인 정면도로 가장 적합한 투상도는?

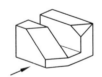

38. 축과 구멍의 끼워맞춤에서 H7/g6는 다음에서 무엇을 뜻하는가?

① 축 기준식 억지 끼워맞춤
② 축 기준식 헐거운 끼워맞춤
③ 구멍 기준식 억지 끼워맞춤
④ 구멍 기준식 헐거운 끼워맞춤

해설 구멍 기준식 끼워맞춤

기준 구멍	헐거운 끼워맞춤		중간 끼워맞춤			억지 끼워맞춤		
H7	f6	g6	h6	js6	k6	m6	n6	p6	r6

39. 다음 그림과 같은 3각법으로 정투상한 정면도와 평면도에 대한 우측면도로 가장 적합한 것은?

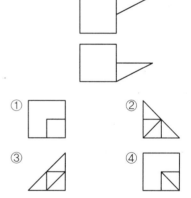

40. KS 나사에서 ISO 표준에 있는 관용 테이퍼 암나사에 해당하는 것은?

① R 3/4
② Rc 3/4
③ PT 3/4
④ Rp 3/4

해설 ・R : 관용 테이퍼 수나사
・Rc : 관용 테이퍼 암나사
・Rp : 관용 테이퍼 평행나사

제3과목 : 기계 설계 및 기계 재료

41. 장신구, 무기, 불상, 종 등의 금속 제품으로 오래 전부터 사용되어 왔으며 내식성과 내마모성이 좋아 각종 기계 주물용이나 미술 공예품으로 사용되는 금속은?

① 철　　　　　② 청동
③ 납　　　　　④ 알루미늄

해설 청동은 Cu(구리) - Sn(주석) 합금을 말하며 주조성, 강도, 내마멸성이 좋다.

42. 담금질된 강의 경도를 증가시키고 시효 변형을 방지하기 위한 목적으로 0℃ 이하의 온도에서 처리하는 방법은?

① 저온 담금 용해 처리
② 시효 담금 처리
③ 냉각 뜨임 처리
④ 심랭 처리

해설 심랭(서브 제로) 처리 : 담금질 직후 잔류 오스테나이트를 없애기 위해 0℃ 이하로 냉각하여 마텐자이트로 만드는 처리 방법이다.

43. 다음 금속 중 자기 변태점이 없는 것은?

① Fe　　　　　② Ni
③ Co　　　　　④ Zn

해설 자기 변태 : 온도가 변화할 때 특정 온도에서 원자 배열의 변화 없이 자성만 변하는 것이다. Fe, Ni, Co, Sn은 자기 변태점이 있다.

44. 친화력이 큰 성분 금속이 화학적으로 결합하여 다른 성질을 가지는 독립된 화합물을 만드는 것은?

① 금속간 화합물　　② 고용체

③ 공정 합금　　　　④ 동소 변태

해설 금속간 화합물 : 금속이 화학적으로 결합하여 원래의 성질과 전혀 다른 성질을 가지는 독립된 화합물이다.

45. 다음 원소 중 중금속이 아닌 것은?

① Fe　　　　　② Ni
③ Mg　　　　　④ Cr

해설 중금속은 비중 5 이상의 금속으로 Fe, Ni, Cr, Cu, Pb 등이 있다.

46. 기계 구조용 탄소강 SM45C의 탄소 함유량으로 가장 적당한 것은?

① 0.02～2.01%　　② 0.04～0.05%
③ 0.32～0.38%　　④ 0.42～0.48%

47. 알루미늄 합금으로 피스톤 재료에 사용하는 Y-합금의 성분을 바르게 표현한 것은?

① Al-Cu-Ni-Mg
② Al-Mg-Fe
③ Al-Cu-Mo-Mn
④ Al-Si-Mn-Mg

48. 열처리 방법 중 풀림의 목적이 아닌 것은?

① 기계 가공성 개선
② 냉간 가공성 향상
③ 잔류 응력 제거
④ 재질의 경화

해설 풀림은 재질을 연하게 하며, 재질을 경화시키기 위해서는 담금질을 한다.

49. 표준 상태인 탄소강의 기계적 성질은 일반적으로 탄소 함유량에 따라 변화한다. 가

정답 41. ②　42. ④　43. ④　44. ①　45. ③　46. ④　47. ①　48. ④　49. ①

장 적합한 것은? (단, 표준 상태인 탄소강은 0.86% C 이하의 아공석강이다.)

① 탄소량이 증가함에 따라 인장 강도가 증가한다.

② 탄소량이 증가함에 따라 항복점이 저하된다.

③ 탄소량이 증가함에 따라 연신율이 증가한다.

④ 탄소량이 증가함에 따라 경도가 감소한다.

50. 탄소강에 함유되어 있는 규소(Si)의 영향을 잘못 설명한 것은?

① 인장 강도, 탄성 한계, 경도를 상승시킨다.

② 연신율과 충격값을 증가시킨다.

③ 결정립을 조대화시키고 가공성을 해친다.

④ 용접성을 저하시킨다.

해설 Si : 강도 · 경도 · 주조성 증가, 연성 · 충격값 감소, 단접성 · 냉간 가공성을 저하시킨다.

51. 피치가 1 mm인 2줄 나사에서 90° 회전시키면 나사가 움직인 거리는 몇 mm인가?

① 4

② 2

③ 1

④ 0.5

해설 $l = np = 2 \times 1 = 2\,\mathrm{mm}$

90° 회전시키면 리드의 1/4만큼 움직이므로 나사가 움직인 거리는 0.5 mm이다.

52. 940 N · m의 토크를 전달하는 지름 50 mm인 축에 안전하게 사용할 키의 최소 길이는 약 몇 mm인가? (단, 묻힘 키의 폭과 높이 $b \times h = 12\,\mathrm{mm} \times 8\,\mathrm{mm}$이고, 키의 허용 전단 응력은 78.4 N/mm²이다.)

① 40

② 50

③ 60

④ 70

해설 $\tau = \dfrac{2T}{bld},\ l = \dfrac{2T}{b\tau d}$

$\therefore l = \dfrac{2 \times 940}{12 \times 78.4 \times 50} ≒ 0.040\,\mathrm{m} = 40\,\mathrm{mm}$

53. 기계요소를 사용목적에 따라 분류할 때 완충 또는 제동용 기계요소가 아닌 것은?

① 브레이크

② 스프링

③ 베어링

④ 플라이휠

54. 외접 원통 마찰차에서 원동차의 지름 200 mm, 회전수 1000 rpm으로 회전할 때 2.21 kW의 동력을 전달시키려면 약 몇 N의 힘으로 밀어 붙여야 하는가? (단, 마찰계수는 0.2로 한다.)

① 1055.20

② 708.86

③ 2110.50

④ 1417.72

해설 $V = \dfrac{\pi DN}{60 \times 10^3} = \dfrac{\pi \times 200 \times 1000}{60 \times 10^3}$

$≒ 10.47\,\mathrm{m/s}$

$H = \dfrac{\mu PV}{102 \times 9.81},\ P = \dfrac{H \times 102 \times 9.81}{\mu V}$

$\therefore P = \dfrac{2.21 \times 102 \times 9.81}{0.2 \times 10.47} ≒ 1056\,\mathrm{N}$

55. 안지름이 500 mm, 최고 사용압력이 120 N/cm²인 보일러 강판의 두께는 약 몇 mm 정도가 적당한가? (단, 강판의 인장 강도 350 MPa, 안전율 4.75, 리벳 이음의 효율 0.58, 부식 여유는 1 mm로 한다.)

① 4.12

② 6.05

③ 12.76

④ 8.02

해설 $p = 120\,\mathrm{N/cm^2} = 1.2\,\mathrm{N/mm^2}$

$\sigma = 350\,\mathrm{MPa} = 350 \times 10^6\,\mathrm{N/m^2} = 350\,\mathrm{N/mm^2}$

$\therefore t = \dfrac{pDS}{2\sigma\eta} + C = \dfrac{1.2 \times 500 \times 4.75}{2 \times 350 \times 0.58} + 1$

$= 8.02\,\mathrm{mm}$

56. 두 축의 상대위치가 평행할 때 사용되는 기어는?

① 베벨 기어　　　② 나사 기어
③ 웜과 웜기어　　④ 헬리컬 기어

57. 정숙하고 원활한 운전과 고속회전이 필요할 때 적당한 체인은?

① 사일런트 체인　　② 코일 체인
③ 롤러 체인　　　　④ 블록 체인

58. 볼 베어링의 수명에 대한 설명으로 맞는 것은?

① 반지름 방향 동등가 하중의 3배에 비례한다.
② 반지름 방향 동등가 하중의 3승에 비례한다.
③ 반지름 방향 동등가 하중의 3배에 반비례한다.
④ 반지름 방향 동등가 하중의 3승에 반비례한다.

59. 브레이크 드럼축에 554.27N·m의 토크가 작용하고 있을 때, 이 축을 정지시키는데 필요한 제동력은 약 몇 N인가? (단, 브레이크 드럼의 지름은 500mm이다.)

① 1108.54　　　② 2217.08
③ 252.26　　　　④ 504.52

해설 $P = \dfrac{2T}{D} = \dfrac{2 \times 554.27}{500} = 2.21708\,\text{kN}$
$= 2217.08\,\text{N}$

60. 핀 전체가 두 갈래로 되어 있어 너트의 풀림 방지나 핀이 빠져나오지 않게 하는 데 사용되는 핀은?

① 테이퍼 핀　　　② 너클 핀
③ 분할 핀　　　　④ 평행 핀

제4과목 : 컴퓨터 응용 설계

61. 2차원 평면공간에서 두 점 (3, 2), (5, 3)을 지나는 직선의 방정식의 기울기는?

① 1　　　　　　② 1/2
③ 1/3　　　　　④ 1/4

해설 직선의 기울기 $= \dfrac{\Delta y}{\Delta x} = \dfrac{(3-2)}{(5-3)} = \dfrac{1}{2}$

62. 솔리드 모델링에서 기본 형상의 불 연산 방법이 아닌 것은?

① 합집합　　　　② 차집합
③ 곱집합　　　　④ 교집합

63. 서로 다른 두 개의 곡면을 연결할 때 매끄럽게 연결하는 것은?

① 블렌딩　　　　② 네스팅
③ 리메싱　　　　④ 셰이딩

해설 블렌딩 : 주어진 형상을 국부적으로 변화시키는 방법으로, 접하는 곡면을 부드러운 모서리로 처리한다.

64. CAD 시스템에서 입력장치라고 할 수 없는 것은?

① 마우스　　　　② 트랙볼
③ 스캐너　　　　④ 플로터

해설 출력장치 : 음극관(CRT), 평판 디스플레이, 플로터, 프린터 등

65. 와이어 프레임 모델의 특징을 잘못 설명

한 것은?

① 데이터의 구성이 간단하다.
② 처리 속도가 빠르다.
③ 물리적 성질의 계산이 불가능하다.
④ 은선 제거가 가능하다.

[해설] 와이어 프레임 모델은 표면을 표현할 수 없으므로 은선 제거가 불가능하다.

66. 폐쇄된 평면 영역이 단면이 되어 직진 이동 혹은 회전 이동시켜 솔리드 모델을 만드는 모델링 기법은?

① 스키닝　　　　② 리프팅
③ 스위핑　　　　④ 트위킹

[해설] 스위핑 : 하나의 2차원 단면 곡선(이동 곡선)이 미리 정해진 안내 곡선을 따라 이동하면서 입체를 생성하는 방법이다.

67. 솔리드 모델링에서 CSG와 비교한 B-rep의 특징으로 맞는 것은?

① data base의 memory를 적게 차지한다.
② 표면적 계산이 곤란하다.
③ 복잡한 topology 구조를 가지고 있다.
④ primitive를 이용하여 직접 형상을 구성한다.

[해설] B-rep : 형상을 구성하고 있는 면과 면 사이의 위상 기하학적인 결합 관계를 정의함으로써 3차원 물체를 표현하는 방법으로, 복잡한 topology 구조를 가지고 있다.

68. 서피스 모델링 시스템으로 가장 하기 어려운 작업은?

① NC 공구 경로 계산
② 형상 내부의 중량 계산
③ 임의의 단면 생성

④ 옵셋면 생성

[해설] 무게, 부피, 모멘트의 계산은 솔리드 모델링에서 가능하다.

69. 3차원 공간에서 Y축을 중심으로 θ만큼 회전했을 때 변환행렬로 옳은 것은? (단, 변환 공식은 $[X\,Y\,Z\,1]=[x\,y\,z\,1]$ [변환행렬(4×4)]이다.])

① $\begin{bmatrix} \cos\theta & -\sin\theta & 0 & 0 \\ \sin\theta & \cos\theta & 0 & 0 \\ 0 & 0 & 1 & 0 \\ 0 & 0 & 0 & 1 \end{bmatrix}$

② $\begin{bmatrix} \cos\theta & 0 & -\sin\theta & 0 \\ 0 & 1 & 0 & 0 \\ \sin\theta & 0 & \cos\theta & 0 \\ 0 & 0 & 0 & 1 \end{bmatrix}$

③ $\begin{bmatrix} 1 & 0 & 0 & 0 \\ 0 & \cos\theta & \sin\theta & 0 \\ 0 & -\sin\theta & \cos\theta & 0 \\ 0 & 0 & 0 & 1 \end{bmatrix}$

④ $\begin{bmatrix} \cos\theta & 0 & \sin\theta & 0 \\ 0 & 1 & 0 & 0 \\ -\sin\theta & 0 & \cos\theta & 0 \\ 0 & 0 & 1 & 0 \end{bmatrix}$

70. 자유 곡면을 형성할 때 곡면 패치(patch)의 4개점의 위치 벡터와 4개의 경계 곡선을 주어, 그 경계 조건을 만족하는 곡면을 생성시키는 곡면은?

① NURBS 곡면　　② Coons 곡면
③ Spline 곡면　　④ Ferguson 곡면

[해설] 쿤스 곡면은 곡면의 표현이 간결한 장점이 있으나 곡면 내부의 볼록한 정도를 직접 조절하기가 어려워 정밀한 곡면의 표현에는 적합하지 않다.

정답 66. ③　67. ③　68. ②　69. ②　70. ②

71. 3차원 기본 형상(primitives)을 이용하여 Boolean operation으로 3차원 모델링을 하는 기법을 무엇이라 하는가?

① CSG(Constructive Solid Geometry)법
② B-rep(Boundary representation)법
③ W-rep(Wire representation)법
④ DBM(Data Base Management)법

해설 CSG 방식 : 데이터를 압축한 형상, 즉 기본 입체인 실린더, 직육면체 등의 집합 연산 관계만 데이터로 기억하고, 실제 처리 결과인 꼭 짓점, 변, 면에 대한 데이터는 필요에 따라 처리하는 방식이다.

72. LAN 시스템의 주요 특징으로 가장 거리가 먼 것은?

① 자료의 전송 속도가 빠르다.
② 통신망의 결합이 용이하다.
③ 신규 장비를 전송매체로 첨가하기가 용이하다.
④ 장거리 구역에서의 정보통신에 용이하다.

해설 LAN : 근거리 통신망

73. 그래픽 디스플레이에서 리프레시(refresh)의 빈도를 증가시켜도 약간의 화면이 흐려지고 밝아지는 현상이 일어날 때 화면이 흔들리는 현상은?

① flicker
② matrix
③ cathode
④ focusing

해설 플리커 : 리프레시에 의해 화면이 흐려지고 밝아지는 현상을 말하며, 이 현상을 방지하기 위해 매초 30~60회의 리프레시가 필요하다.

74. CAD 그래픽 소프트웨어의 기본 기능이 아닌 것은?

① 그래픽 형상 작성 기능
② 데이터 변환 기능
③ 디스플레이 제어 기능
④ 수치 제어 가공 기능

해설 수치 제어 가공은 CAM(Computer Aided Manufacturing)의 기능이다.

75. 제품의 모델(model)과 그에 관련된 데이터 교환에 관한 표준 데이터 형식이 아닌 것은?

① STEP
② IGES
③ DXF
④ DWG

해설 대표적인 데이터 교환 표준
STEP, IGES, DXF, STL, GKS, PHIGS

76. 다음은 어느 디스플레이 장치에 대한 설명인가?

> • 빛을 편광시키는 특성을 가진 유기 화합물을 이용하여 투과된 빛의 특성을 수정하는 방식을 사용한다.
> • 수직 그리드층, 수평 그리드층, 편광 패널층, 반사판 등 6개의 계층 구조로 되어 있다.

① CRT 디스플레이
② 액정 디스플레이
③ 플라스마 디스플레이
④ 래스터 스캔 디스플레이

77. CAD-CAM 시스템에서 컵이나 병 등의 형상을 만들 때 회전 곡면(revolution surface)을 이용한다. 회전 곡면을 만들 때 반드시 필요한 자료로 거리가 먼 것은?

① 회전 각도
② 중심축
③ 단면 곡선
④ 옵셋(offset)량

정답 71. ① 72. ④ 73. ① 74. ④ 75. ④ 76. ② 77. ④

해설 모델링한 물체를 회전할 경우 선을 일정한 양만큼 떨어뜨리는 옵셋(offset) 명령은 사용하지 않는다.

78. $(x+7)^2+(y-4)^2=64$인 원의 중심과 반지름을 구하면?

① 중심 $(-7, 4)$, 반지름 8
② 중심 $(7, 4)$, 반지름 8
③ 중심 $(-7, 4)$, 반지름 64
④ 중심 $(-7, -4)$, 반지름 64

해설 원의 방정식의 기본형
$(x-a)^2+(y-b)^2=r^2$
중심 : (a, b), 반지름 : r

79. CAD 시스템에서 두 개의 곡선을 연결하여 복잡한 형태의 곡선을 만들 때, 양쪽 곡선의 연결점에서 2차 미분까지 연속하게 구속 조건을 줄 수 있는 최소 차수의 곡선은?

① 2차 곡선
② 3차 곡선
③ 4차 곡선
④ 5차 곡선

80. 세 조정점 $\vec{V_0}$, $\vec{V_1}$, $\vec{V_2}$로 정의되는 2차 Bezier 곡선의 매개변수식 $\vec{r}(t)$로 알맞은 것은?

① $\vec{r}(t)=(1-t)^2\vec{V_0}+2t(1-t)\vec{V_1}+t^2\vec{V_2}$
② $\vec{r}(t)=(1-t)^2\vec{V_0}+t(1-t)\vec{V_1}+t^2\vec{V_2}$
③ $\vec{r}(t)=2(1-t)^2\vec{V_0}+t(1-t)\vec{V_1}+2t^2\vec{V_2}$
④ $\vec{r}(t)=2(1-t)^2\vec{V_0}+2t(1-t)\vec{V_1}+2t^2\vec{V_2}$

기계설계산업기사

제1과목 : 기계 가공법 및 안전관리

1. 1차로 가공된 가공물의 안지름보다 다소 큰 강구(steel ball)를 압입 통과시켜서 가공물의 표면을 소성 변형으로 가공하는 방법은?

① 버니싱(burnishing)
② 래핑(lapping)
③ 호닝(honing)
④ 그라인딩(grinding)

[해설] 버니싱 : 원통의 내면 및 외면을 다소 큰 강구로 거칠게 나온 부분을 눌러 매끈한 면으로 다듬질하는 일종의 소성 가공이다.

2. 선반 작업을 할 때 절삭 속도를 V(m/min), 원주율을 π, 회전수를 n(rpm)이라고 한다면 일감의 지름 d(mm)를 구하는 식은?

① $d = \dfrac{\pi \cdot n \cdot v}{1000}$
② $d = \dfrac{\pi \cdot n}{1000v}$

③ $d = \dfrac{1000}{\pi \cdot n \cdot v}$
④ $d = \dfrac{1000v}{\pi \cdot n}$

3. 가공물이 회전 운동하고 공구가 직선 이송 운동을 하는 공작 기계는?

① 선반
② 보링 머신
③ 플레이너
④ 핵소잉 머신

[해설] • 보링 머신 : 공구의 회전 운동
• 플레이너 : 가공물의 직선 왕복 운동
• 핵소잉 머신 : 톱날의 직선운동

4. 결합제의 주성분은 열경화성 합성수지 베이크라이트로, 결합력이 강하고 탄성이 커

서 고속도강이나 광학유리 등을 절단하기에 적합한 숫돌은?

① vitrified 숫돌
② resinoid 숫돌
③ silicate 숫돌
④ rubber 숫돌

5. 트위스트 드릴의 각부에서 드릴 홈의 골 부위(웨브 두께)를 측정하기에 가장 적합한 것은?

① 나사 마이크로미터
② 포인트 마이크로미터
③ 그루브 마이크로미터
④ 다이얼 게이지 마이크로미터

6. 드릴링 머신의 안전사항으로 어긋난 것은?

① 장갑을 끼고 작업을 하지 않는다.
② 가공물을 손으로 잡고 드릴링한다.
③ 구멍 뚫기가 끝날 무렵은 이송을 천천히 한다.
④ 얇은 판의 구멍 뚫기에는 보조판 나무를 사용하는 것이 좋다.

[해설] 가공물을 손으로 잡고 드릴링하면 위험하므로 공작물을 고정시킨 후 드릴링한다.

7. 선반 가공에서 절삭 속도를 빠르게 하는 고속 절삭의 가공 특성에 대한 내용으로 틀린 것은?

① 절삭 능률 증대
② 구성 인선 증대
③ 표면 거칠기 향상
④ 가공 변질층 감소

[해설] 절삭 속도를 빠르게 하면 구성 인선이 감소한다.

정답 1. ① 2. ④ 3. ① 4. ② 5. ② 6. ② 7. ②

8. 내면 연삭에 대한 특징이 아닌 것은?

① 바깥지름 연삭에 비하여 숫돌의 마멸이 심하다.
② 가공 도중 안지름을 측정하기 곤란하므로 자동 치수 측정장치가 필요하다.
③ 숫돌의 바깥지름이 작으므로 소정의 연삭 속도를 얻으려면 숫돌축의 회전수를 높여야 한다.
④ 일반적으로 구멍 내면 연삭의 정도를 높게 하는 것이 외면 연삭보다 쉬운 편이다.

해설 일반적으로 구멍의 내면 연삭보다는 외면 연삭이 정밀도를 높게 연삭한다.

9. 한계 게이지의 특징이라고 볼 수 없는 것은?

① 제품의 실제 치수를 알 수 없다.
② 조작이 어렵고 숙련이 필요하다.
③ 대량 측정에 적합하고 합격, 불합격의 판정이 용이하다.
④ 측정 치수가 결정됨에 따라 각각 통과측, 정지측의 게이지가 필요하다.

해설 한계 게이지는 조작이 쉽고 초보자도 쉽게 측정할 수 있다.

10. 보통 선반의 이송 스크루의 리드가 4mm이고 200등분된 눈금의 칼라가 달려있을 때, 20눈금을 돌리면 테이블은 얼마 이동하는가?

① 0.2mm
② 0.4mm
③ 20mm
④ 40mm

해설 1눈금 $= \dfrac{4}{200} = 0.02\,\text{mm}$

∴ 20눈금 $= 0.02 \times 20 = 0.4\,\text{mm}$

11. 선반의 운전 중에도 작업이 가능한 척(chuck)으로 지름 10mm 정도의 균일한 가

공물을 다량 생산하기에 가장 적합한 것은?

① 벨(bell)척
② 콜릿(collet)척
③ 드릴(drill)척
④ 공기(air)척

12. CNC 선반에서 홈 가공 시 1.5초 동안 공구의 이송을 잠시 정지시키는 지령 방식은?

① G04 P1500
② G04 Q1500
③ G04 X1500
④ G04 U1500

해설 CNC 선반에서 1.5초 휴지 프로그래밍
• G04 P1500 ;
• G04 X1.5 ;
• G04 U1.5 ;

13. 인벌류트 치형을 정확히 가공할 수 있는 기어 절삭법은?

① 총형 커터에 의한 절삭법
② 창성에 의한 절삭법
③ 형판에 의한 절삭법
④ 압출에 의한 절삭법

해설 창성법 : 인벌류트 곡선을 그리는 성질을 응용하여 기어를 깎는 방법으로 호브, 랙 커터, 피니언 커터 등으로 절삭한다.

14. 나사 측정의 대상이 되지 않는 것은?

① 피치
② 리드각
③ 유효 지름
④ 바깥지름

해설 리드각(λ)은 리드값(l)과 유효 지름(d)을 이용한 계산식으로 구한다.

15. 수평 밀링 머신에서 사용하는 커터 중 절단과 홈파기 가공을 할 수 있는 것은?

① 평면 밀링 커터(plane milling cutter)
② 측면 밀링 커터(side milling cutter)
③ 메탈 슬리팅 소(metal slitting saw)

정답 **8.** ④ **9.** ② **10.** ② **11.** ④ **12.** ① **13.** ② **14.** ② **15.** ③

④ 엔드밀(end mill)

16. 일반적으로 안전을 위하여 보호 장갑을 끼고 작업을 해야 하는 것은?

① 밀링 작업　　　② 선반 작업
③ 용접 작업　　　④ 드릴링 작업

17. 밀링 커터의 날수가 4개, 한날 당 이송량이 0.15 mm, 밀링 커터의 지름이 25 mm, 절삭 속도가 40 m/min일 때, 테이블 이송 속도는 약 몇 mm/min인가?

① 156　　　② 246
③ 306　　　④ 406

해설　$N = \dfrac{1000V}{\pi D} = \dfrac{1000 \times 40}{\pi \times 25}$
　　　　　$\fallingdotseq 509.55 \, \text{rpm}$
　　$\therefore f = f_z \times Z \times N = 0.15 \times 4 \times 509.55$
　　　　　　　$\fallingdotseq 306 \, \text{mm/min}$

18. 선반 작업에서 가늘고 긴 가공물을 절삭하기 위하여 꼭 필요한 부속품은?

① 면판　　　② 돌리개
③ 맨드릴　　　④ 방진구

해설　방진구 : 지름이 작고 긴 공작물을 절삭할 때 생기는 떨림을 방지하기 위한 장치로, 지름보다 20배 이상 길 때 사용된다.

19. 다음 드릴링 머신 중에서 대형 중량물의 구멍 가공을 하기 위하여 암과 드릴 헤드를 임의의 위치로 이동 가능한 것은?

① 직립 드릴링 머신
② 탁상 드릴링 머신
③ 다두 드릴링 머신
④ 레이디얼 드릴링 머신

해설　레이디얼 드릴링 머신 : 큰 공작물을 테이블에 고정시킨 후 주축을 이동시켜 구멍의 중심을 맞추고 구멍을 뚫는다.

20. 형상 공차의 측정에서 진원도의 측정 방법이 아닌 것은?

① 강선에 의한 방법
② 직경법에 의한 방법
③ 반경법에 의한 방법
④ 3점법에 의한 방법

제2과목 : 기계 제도

21. 가는 실선으로 사용하지 않는 선은?

① 지시선　　　② 치수선
③ 해칭선　　　④ 피치선

해설　피치선은 가는 1점 쇄선을 사용한다.

22. 도면에 표시하는 스크레이퍼(scraper) 가공의 약호에 해당하는 것은?

① SH　　　② BR
③ FS　　　④ FB

해설　• SH : 형삭 가공
　　　• BR : 브로치 가공
　　　• FB : 버핑

23. 기하 공차의 종류에서 위치 공차에 해당되지 않는 것은?

① 동축도 공차　　　② 위치도 공차
③ 평면도 공차　　　④ 대칭도 공차

해설　모양 공차에는 진직도, 평면도, 진원도, 원통도, 선의 윤곽도, 면의 윤곽도가 있다.

2011년

24. 3각법에 의한 투상도에서 누락된 정면도로 가장 적합한 것은?

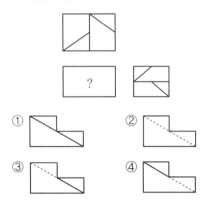

25. 그림과 같은 입체도의 화살표 방향 투상도로 가장 적합한 것은?

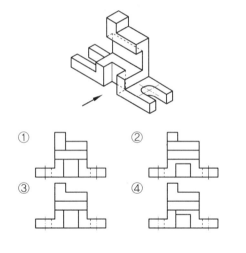

26. 다음 도면과 같은 데이텀 표적 도시기호의 의미 설명으로 올바른 것은?

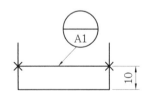

① 두 개의 ×점이 각각 점의 데이텀 표적
② 10mm 높이의 직사각형의 면이 데이텀

표적
③ 두 개의 ×표를 연결한 선이 데이텀 표적
④ 두 개의 ×표를 연결한 선을 반지름으로 하는 원이 데이텀 표적

27. 압력 배관용 탄소 강관을 나타내는 KS 재료 기호는?

① SPP   ② SPLT
③ SPPS   ④ SPHT

28. 그림과 같은 제3각법 정투상도의 우측면도로 가장 적합한 것은?

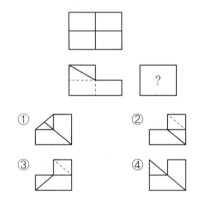

29. "KS B 1101 둥근 머리 리벳 15×40 SV 400"으로 표시된 리벳의 호칭 도면의 해독으로 가장 적합한 것은?

① 리벳 구멍 15개, 리벳 지름 40mm
② 리벳 호칭 지름 15mm, 리벳 길이 40mm
③ 리벳 호칭 지름 40mm, 리벳 길이 15mm
④ 리벳 피치 15mm, 리벳 구멍 지름 40mm

해설 • 15 : 리벳 호칭 지름
• 40 : 리벳 길이
• 400 : 최저 인장 강도 400N/mm^2

30. 나사를 도시하는 방법으로 가장 적합한

정답 24. ④   25. ③   26. ③   27. ③   28. ④   29. ②   30. ④

것은?

① 수나사의 바깥지름은 가는 실선으로 그린다.
② 수나사의 골지름은 굵은 실선으로 그린다.
③ 암나사의 골지름은 굵은 실선으로 그린다.
④ 완전 나사부와 불완전 나사부의 경계선은 굵은 실선으로 그린다.

해설 수나사의 바깥지름은 굵은 실선, 수나사의 골지름은 가는 실선, 암나사의 골지름은 가는 실선으로 그린다.

31. 용접부를 나타내는 기호 중에서 용접부 표면의 모양이나 용접부 형상을 나타내는 기호로 보완할 수 있는데, 이런 기호를 보조기호라 한다. 용접부에 사용하는 보조기호가 아닌 것은?

① ——
② ⌣
③ ⌐⌐
④ ⌐

해설 ⌐⌐는 플러그(슬롯) 용접 기호로, 기본 기호이다.

32. "임의의 축 직각 단면에 있어서 바깥둘레는 동일 평면 위에서 0.02 mm만큼 떨어진 2개의 동심원 사이에 있어야 한다."의 뜻을 가진 것은?

① ◯ 0.02
② ◎ 0.02
③ ◯ 0.04
④ ◎ 0.04

33. 구멍의 치수 $\phi 30^{+0.021}_{0}$, 축 $\phi 30^{+0.021}_{+0.008}$인 끼워맞춤이 있다. 이 끼워맞춤의 최대 죔쇄는?

① 0.042
② 0.021
③ 0.029
④ 0.008

해설 최대 죔쇄＝축의 최대 허용 치수
　　　　　－구멍의 최소 허용 치수
　　　＝30.021－30.0
　　　＝0.021

34. 그림과 같은 도면에서 점선으로 표시된 윤곽 안에 있는 투상도의 명칭으로 맞는 것은?

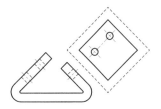

① 국부 투상도
② 회전 도시 투상도
③ 보조 투상도
④ 가상 투상도

35. 그림과 같은 입체도에서 화살표 방향을 정면도로 할 경우 우측면도로 가장 적절한 것은?

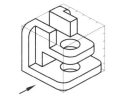

①
②

③
④

36. 다음은 베어링의 호칭 번호를 나타낸 것이다. 베어링 안지름이 60 mm인 것은?

① 608 C2 P6
② 6312 ZNR
③ 7206 CDBP5
④ NA 4916 V

해설 $12 \times 5 = 60$ mm

37. 나사의 표기가 TM18이라 되어 있을 때, 이는 무슨 나사인가?

① 관용 평행나사
② 29° 사다리꼴나사
③ 관용 테이퍼 나사
④ 30° 사다리꼴나사

해설 나사의 기호
• G : 관용 평행나사
• TW : 29° 사다리꼴나사
• R : 관용 테이퍼 수나사
• Rc : 관용 테이퍼 암나사
• TM : 30° 사다리꼴나사

38. 2개의 입체가 서로 만날 경우 두 입체 표면에 만나는 선이 생기는데, 이 선을 무엇이라고 하나?

① 분할선
② 입체선
③ 직립선
④ 상관선

해설 상관선 : 두 개의 곡면 또는 곡면과 평면이 교차할 때 나타나는 선이다.

39. 일반 구조용 압연 강재의 재료 기호인 것은?

① SCM 430
② SM 400A
③ SPS 9A
④ SS 330

해설 • SCM : 크로뮴 몰리브데넘 강재
• SM : 기계 구조용 탄소 강재
• SPS : 스프링 강재

40. KS 규격에 따른 회주철품의 재료 기호는?

① WC
② PBC
③ BCD
④ GC

해설 • WC : 텅스텐 탄화물
• PBC : 인청동 주물

제3과목 : 기계 설계 및 기계 재료

41. 다음 주철 중 인장 강도가 가장 낮은 것은?

① 백심가단주철
② 구상흑연주철
③ 보통주철
④ 흑심가단주철

해설 주철의 인장 강도
구상흑연주철 > 펄라이트 가단주철 > 백심가단주철 > 흑심가단주철 > 미하나이트주철 > 칠드주철

42. 담금질 조직 중 경도가 가장 큰 것은?

① 페라이트
② 펄라이트
③ 마텐자이트
④ 트루스타이트

해설 담금질 조직의 경도
시멘타이트 > 마텐자이트 > 트루스타이트 > 소르바이트 > 펄라이트 > 오스테나이트 > 페라이트

43. 담금질한 강에 인성을 증가시키고 경도를 감소시키기 위하여 강을 A_1점 이하의 온도로 다시 가열하여 인성을 증가시키는 열처리를 무엇이라 하는가?

① 하드페이싱
② 숏피닝
③ 질화법
④ 뜨임

44. 일반적인 청동 합금의 주요 성분은?

① Cu-Sn
② Cu-Zn
③ Cu-Pb
④ Cu-Ni

해설 • 청동 성분 : Cu-Sn
• 황동 성분 : Cu-Zn

45. 탄소강에서 탄소 함유량이 증가할 경우 탄소강의 기계적 성질은 어떻게 변화하는가?

① 경도 및 연성 감소

정답 37. ④   38. ④   39. ④   40. ④   41. ③   42. ③   43. ④   44. ①   45. ④

② 경도 및 연성 증가

③ 강도 및 경도 감소

④ 강도 및 경도 증가

해설 기계적 성질 : 탄소 함유량을 증가시키면 인장 강도와 경도는 증가하고 연신율과 충격값은 감소한다.

46. 다음 기계 재료 중 용광로(고로)에서 대량으로 제조되는 것은?

① 구리   ② 선철

③ 주철   ④ 탄소강

해설 선철 : 철광석을 용광로에서 철분만 분리시켜 대량으로 제조되는 철이다.

47. 냉간 가공과 열간 가공을 구분할 수 있는 온도를 무슨 온도라고 하는가?

① 포정 온도   ② 공석 온도

③ 공정 온도   ④ 재결정 온도

해설 냉간 가공으로 소성 변형된 금속을 적당한 온도로 가열하면 가공으로 인하여 일그러진 결정 속에 새로운 결정이 생겨나고, 이것이 확대되어 가공물 전체가 변형이 없는 본래의 결정으로 치환되는데, 이 과정을 재결정이라 한다. 재결정을 시작하는 온도가 재결정 온도이다.

48. 티타늄의 일반적인 성질에 속하지 않는 것은?

① 비교적 비중이 작다.

② 용융점이 낮다.

③ 열전도율이 낮다.

④ 산화성 수용액 중에서 내식성이 크다.

해설 티타늄(Ti)은 비교적 비중이 낮고(4.5) 용융점이 높으며(1800℃) 열전도율이 낮다.

49. 100∼200℃에서 공랭 방법으로 마텐자

이트 조직을 얻는 저온 뜨임의 목적에 해당되지 않는 것은?

① 담금질 응력 제거

② 치수의 경년화 방지

③ 연마균열 방지

④ 마모성의 향상

해설 뜨임 : 담금질된 강을 A_1 변태점 이하로 가열한 후 냉각시켜 담금질로 인한 취성을 제거하고 강도를 떨어뜨려 강인성을 증가시키기 위한 열처리이다.

50. 구리(Cu)의 성질을 설명한 것으로 틀린 것은?

① 황산, 염산에 대한 내식성이 크다.

② 전기전도율과 열전도율은 금속 중에서 은(Ag) 다음으로 높다.

③ 연성과 전성이 풍부하다.

④ Ni, Sn, Zn 등과 합금이 잘 된다.

해설 구리의 성질

• 비중 8.96, 용융점 1083℃, 변태점이 없다.

• 비자성체이며 전기 및 열의 양도체이다.

• 전연성이 좋아 가공이 용이하다.

• 내식성이 우수한 편이지만 황산과 염산에 쉽게 용해된다.

• Zn, Sn, Ni, Ag 등과 합금이 용이하다.

51. 기어 설계 시 전위 기어를 사용하는 이유로 거리가 먼 것은?

① 중심 거리를 자유로이 변화시키려고 할 경우 사용

② 언더컷을 피하고 싶은 경우 사용

③ 베어링에 작용하는 압력을 줄이고자 할 경우 사용

④ 기어의 강도를 개선하려고 할 경우 사용

해설 전위 기어 : 언더컷을 방지하기 위해 랙 공

구의 기준 피치선을 기어의 피치원으로부터 적당량만큼 이동하여 절삭한 기어이다.

52. 90rpm으로 회전하고 980N의 하중을 받는 레이디얼 볼 베어링의 기본 동정격 하중은 약 몇 kN인가? (단, 하중계수는 1로 하고 수명은 5000시간으로 한다.)

① 2.94   ② 4.91
③ 8.83   ④ 15.70

해설 $L_h = 500\left(\dfrac{C}{P}\right)^r \dfrac{33.3}{N}$

$5000 = 500\left(\dfrac{C}{980}\right)^3 \times \dfrac{33.3}{90}$

$\left(\dfrac{C}{980}\right)^3 = \dfrac{10 \times 90}{33.3} \fallingdotseq 27.03$

$\dfrac{C}{980} \fallingdotseq \sqrt[3]{27.03} \fallingdotseq 3$

$\therefore C \fallingdotseq 2940\,\text{N} = 2.94\,\text{kN}$

53. 구조는 간단하면서 복잡한 운동을 구현할 수 있는 기계요소로서 내연기관의 밸브 개폐기구 등에 사용되는 것은?

① 마찰차   ② 클러치
③ 기어   ④ 캠

해설 캠은 미끄럼면의 접촉으로 운동을 전달하며, 내연기관의 밸브 개폐기구, 공작 기계, 방직 기계 등에 사용되고 있다.

54. 축의 자중을 무시하고 회전축의 중심에서 1개의 회전체의 하중에 의해 축의 처짐이 0.01mm 발생하면, 축의 위험 속도는 약 몇 rpm인가?

① 4598rpm   ② 6420rpm
③ 9458rpm   ④ 14568rpm

해설 $N = \dfrac{30}{\pi}\sqrt{\dfrac{g}{\delta}} = \dfrac{30}{\pi}\sqrt{\dfrac{9800}{0.01}}$

$\fallingdotseq 9458\,\text{rpm}$

55. 수압이 2.75MPa이고, 허용 인장 강도가 49.05MPa이며, 이음 효율이 70%인 강관의 바깥지름은 몇 mm 이상이어야 하는가? (단, 부식 여유는 1mm이고 강관의 안지름은 580mm이다.)

① 582   ② 629
③ 604   ④ 675

해설 $t = \dfrac{PDS}{2\delta_t \eta} + C$

$= \dfrac{2.75 \times 580 \times 1}{2 \times 49.05 \times 0.7} + 1 \fallingdotseq 24.23\,\text{mm}$

$D_0 = D + 2t = 580 + (2 \times 24.23) \fallingdotseq 629\,\text{mm}$

56. 4m/s의 속도로 전동하는 벨트의 긴장측 장력이 1.23kN, 이완측 장력이 0.49kN라면, 전달하고 있는 동력은 몇 kW인가?

① 1.55   ② 1.86
③ 2.21   ④ 2.96

해설 $H = \dfrac{T_e V}{102 \times 9.81} = \dfrac{(T_1 - T_2)V}{102 \times 9.81}$

$= \dfrac{(1230 - 490) \times 4}{102 \times 9.81} \fallingdotseq 2.96\,\text{kW}$

57. 밴드 브레이크의 긴장측 장력 7.99kN, 두께 2mm, 허용 인장 응력 78.48MPa일 때 밴드의 폭은 약 몇 mm 이상이어야 하는가? (단, 이음 효율은 100%이다.)

① 43   ② 51   ③ 60   ④ 71

해설 $\sigma = \dfrac{T_1}{bt}$

$\therefore b = \dfrac{T_1}{\sigma t} = \dfrac{7990}{2 \times 78.48} \fallingdotseq 51\,\text{mm}$

58. 운동용 나사에 해당하지 않는 것은?

① 사각나사   ② 사다리꼴나사
③ 톱니나사   ④ 미터나사

해설 미터나사는 관용 나사나 유니파이 나사와 함께 체결용 나사에 해당한다.

59. 두 축의 중심거리 300mm, 속도비 2:1 로 감속되는 외접 원통마찰의 원동차(D_1)와 종동차(D_2)의 지름은 각각 몇 mm인가?

① $D_1=600mm$, $D_2=1200mm$

② $D_1=200mm$, $D_2=400mm$

③ $D_1=100mm$, $D_2=200mm$

④ $D_1=300mm$, $D_2=600mm$

해설 $C=\dfrac{D_1+D_2}{2}$ 에서

$D_1+D_2=2C=2\times300=600$

$\dfrac{D_1}{D_2}=\dfrac{1}{2}=0.5$, $D_1=0.5D_2$

$C=\dfrac{0.5D_2+D_2}{2}$, $1.5D_2=2C=600$

$\therefore D_2=400mm$

$\therefore D_1=0.5D_2=0.5\times400=200mm$

60. 마찰에 의하여 회전력을 전달하며 축의 임의의 위치에 보스를 고정할 수 있는 키는?

① 미끄럼키 ② 스플라인

③ 접선키 ④ 원뿔키

해설 원뿔키는 축과 보스에 홈을 파지 않고, 한 군데가 갈라진 원뿔통을 끼워 넣어 마찰력으로 고정시키므로 축의 어느 곳에도 장치 가능하며 바퀴가 편심되지 않는다.

제4과목 : 컴퓨터 응용 설계

61. CAD 시스템의 3차원 공간에서 평면을 정의할 때 입력 조건으로 충분치 않은 것은?

① 한 개의 직선과 이 직선의 연장선 위에 있지 않는 한 개의 점

② 일직선상에 있지 않은 세 점

③ 한 개의 점과 평면의 수직 벡터

④ 두 개의 직선

62. 래스터 스캔 디스플레이에서 컬러를 표시하기 위해 사용되는 3가지 기본 색상에 해당하지 않는 것은?

① 흰색(white) ② 녹색(green)

③ 적색(red) ④ 청색(blue)

해설 컬러 래스터 스캔 디스플레이의 3가지 기본 색상은 적색, 청색, 녹색이다.

63. 3차원 좌표계를 표현할 때 $P(r, \theta, z_1)$로 표현되는 좌표계는? (단, r : (x, y) 평면에서의 직선 거리, θ : 각도, z_1 : z축 거리이다.)

① 직교 좌표계 ② 극좌표계

③ 원통 좌표계 ④ 구면 좌표계

해설 CAD 시스템에서 점을 정의하기 위한 좌표계는 직교 좌표계, 극좌표계, 원통 좌표계, 구면 좌표계가 사용된다.

64. 다음과 같은 원뿔 곡선(conic curve) 방정식을 정의하기 위해 필요한 구속 조건의 수는?

$$f(x,\ y)=ax^2+bxy+cy^2+dx+ey+g=0$$

① 3개 ② 4개

③ 5개 ④ 6개

65. 솔리드 모델링의 데이터 구조 중 CSG (Constructive Solid Geometry) 트리 구조의 특징에 대한 설명으로 틀린 것은?

① 데이터 구조가 간단하고 데이터의 양이 적어 데이터 구조의 관리가 용이하다.

---

② CSG 트리로 저장된 솔리드는 항상 구현이 가능한 입체를 나타낸다.

③ 화면에 입체의 형상을 나타내는 시간이 짧아 대화식 작업에 적합하다.

④ 기본형상(primitive)의 파라미터만 간단히 변경하여 입체 형상을 쉽게 바꿀 수 있다.

66. 2차원 평면에서 원(circle)을 정의하고자 할 때 필요한 조건으로 틀린 것은?

① 중심점과 원주상의 한 점으로 정의
② 원주상의 3개의 점으로 정의
③ 두 개의 접선으로 정의
④ 중심점과 하나의 접선으로 정의

67. 베지어(Bezier) 곡선의 특징에 관한 설명으로 틀린 것은?

① 베지어 곡선은 특성 다각형의 시작점과 끝점을 반드시 통과한다.
② 베지어 곡선은 특성 다각형의 내측에 존재한다.
③ 특성 다각형의 꼭짓점 순서를 거꾸로 하여 베지어 곡선을 생성할 경우 다른 곡선이 된다.
④ 특성 다각형의 꼭짓점 1개의 변화가 베지어 곡선 전체에 영향을 미친다.

68. 순서가 정해진 여러 개의 점들을 입력하면 이를 모두를 지나는 곡선을 생성하는 것을 무엇이라고 하나?

① 보간(interpolation)
② 근사(approximation)
③ 스무딩(smoothing)
④ 리메싱(remeshing)

69. CAD 시스템에서 많이 사용한 Hermite 곡선의 방정식에서 일반적으로 몇 차식을 많이 사용하는가?

① 1차식   ② 2차식
③ 3차식   ④ 4차식

해설 Hermite 곡선 : 양 끝점의 위치와 양 끝점에서의 접선 벡터를 이용한 3차원 곡선이다.

70. CAD/CAM 시스템을 활용하는 방식에 따라 컴퓨터 시스템을 3가지로 구분한다고 할 때 이에 해당하지 않는 것은?

① 중앙 통제형 시스템(host based system)
② 분산 처리형 시스템(distributed system)
③ 연결형 시스템(connected system)
④ 독립형 시스템(stand alone system)

71. CAD 정보의 출력장치가 될 수 없는 것은?

① 서멀 왁스 플로터(thermal wax plotter)
② 벡터 디스플레이(vector display)
③ 라이트 펜(light pen)
④ 레이저 프린터(laser printer)

해설 입력장치 : 키보드, 태블릿, 마우스, 조이스틱, 기능키, 트랙볼, 라이트 펜 등

72. 다음 모델 중 공학적인 해석(유한 요소 해석 등)에 적합한 것은?

① 와이어 프레임 모델(wire frame model)
② 서피스 모델(surface model)
③ 솔리드 모델(solid model)
④ 시스템 모델(system model)

73. IGES 파일의 구조에 해당하지 않는 것은?

① Start section
② Local section

정답 66. ③   67. ③   68. ①   69. ③   70. ③   71. ③   72. ③   73. ②

③ Directory Entry section

④ Parameter data section

해설 IGES 파일은 start, global, directory, parameter, terminate의 5개 섹션으로 구성되어 있다.

74. 복셀(voxel) 모델을 사용할 때의 특징에 관한 설명으로 틀린 것은?

① 어떠한 형상의 물체이건 간에 정확한 형상의 표현이 가능하다.

② 질량, 관성 모멘트 등의 성질을 개선하기 용이하다.

③ 공간 내의 물체를 표현하기 용이하다.

④ 필요로 하는 메모리 공간이 복셀의 크기를 줄일수록 급격히 증가한다.

해설 복셀 모델은 여러 각도에서 본 모습을 2D 화면으로 만들기는 좋지만 정확한 형상의 표현은 어렵다.

75. 원(circle)이 중심과 반지름을 갖는 2차원 좌표 평면상에서의 수학적 표현방법 중 맞는 것은? (단, 중심은 (a, b), 반지름은 c이다.)

① $(x+a)^2+(y+b)^2=c^2$

② $(x-a)+(y-b)=c$

③ $(x-a)^2+(y+b)^2=c$

④ $(x-a)^2+(y-b)^2=c^2$

76. 컴퓨터간의 정보 교환을 보다 향상시키기 위해 사용하는 네트워크 기술에서의 통신규약을 무엇이라 하는가?

① protocol

② parity

③ program

④ process

77. 제시된 단면 곡선을 안내 곡선에 따라 이

동하면서 생기는 궤적을 나타낸 곡면은?

① 룰드 곡면

② 스윕 곡면

③ 보간 곡면

④ 블랜드 곡면

78. 유기 전계 발광 소자를 사용한 표시장치로 전자빔이 형광막과 충돌로 발광하는 브라운관(CRT)과 유사한 동작이 유리기판 위에 형성되어 화면을 나타내는 장치는?

① organic electro-luminescent display

② liquid crystal display

③ plasma panel

④ lmage scanner

79. $y=3x+4$인 직선에 직교하면서 점 $(3, 1)$인 지점을 지나는 직선의 방정식은?

① $y=-\dfrac{1}{3}x+2$

② $y=-3x+10$

③ $y=3x-8$

④ $y=-\dfrac{1}{3}x+1$

해설 $y=3x+4$에 수직 → 기울기 : $-\dfrac{1}{3}$

$y=-\dfrac{1}{3}x+b$에 $(3, 1)$을 대입하면

$1=-1+b$

$b=2$

$\therefore y=-\dfrac{1}{3}x+2$

80. 기하학적 형상(Geometric Model)을 나타내는 방법 중 점, 직선, 곡선에 의해서만 3차원 형상을 표시하는 것은?

① line modeling

② shaded modeling

③ surface modeling

④ wire frame modeling

정답 74. ① 75. ④ 76. ① 77. ② 78. ① 79. ① 80. ④

2012년 시행 문제

기계설계산업기사

2012. 03. 04 시행

제1과목 : 기계 가공법 및 안전관리

1. 드릴의 날끝 각이 118°로 되어 있으면서도 날끝의 좌우 길이가 다르다면 날끝의 좌우 길이가 같을 때보다 가공 후의 구멍 치수의 변화는?

① 더 커진다.　　② 변함 없다.
③ 타원형이 된다.　④ 더 작아진다.

해설 날끝의 좌우 길이가 다르면 회전하면서 관성으로 인해 편심이 더 심화되므로 원하는 치수보다 구멍 치수가 더 커진다.

2. 연삭숫돌에서 눈메움 현상의 발생 원인이 아닌 것은?

① 숫돌의 원주 속도가 느린 경우
② 숫돌의 입자가 너무 큰 경우
③ 연삭 깊이가 큰 경우
④ 조직이 너무 치밀한 경우

해설 입자가 너무 작을 경우 눈메움 현상이 발생할 수 있다.

3. 보통 선반 작업 시 안전사항으로 올바른 것은?

① 칩에 의한 상처를 방지하기 위해 소매가 긴 작업복과 장갑을 끼도록 한다.
② 칩이 공작물에 걸려 회전할 때는 즉시 기

계를 정지시키고 칩을 제거한다.
③ 거친 절삭일 경우는 회전 중에 측정한다.
④ 측정 공구는 주축대 위나 베드 위에 놓고 사용한다.

4. 전기 스위치를 취급할 때 틀린 것은?

① 정전 시에는 반드시 끈다.
② 스위치가 습한 곳에 설비되지 않도록 한다.
③ 기계 운전 시 작업자에게 연락 후 시동한다.
④ 스위치를 뺄 때는 부하를 크게 한다.

해설 스위치를 뺄 때는 부하가 걸리지 않도록 한다.

5. 정밀 입자 가공을 나타낸 것이다. 이에 속하지 않는 것은?

① 슈퍼 피니싱　② 배럴 가공
③ 호닝　　　　④ 래핑

해설 배럴 가공은 가공물 표면의 요철을 제거하기 위한 가공으로, 정밀도를 요하는 가공은 아니다.

6. 시준기와 망원경을 조합한 것으로 미소 각도를 측정할 수 있는 광학적 각도 측정기는?

① 베벨 각도기　　② 오토 콜리메이터
③ 광학식 각도기　④ 광학식 클리노미터

해설 오토 콜리메이터는 평면경, 프리즘 등을

사용하여 미소한 평면의 기울기 등을 측정하고 진직도, 직각도, 평행도 등을 측정한다.

7. 기어 가공에서 창성에 의한 절삭법이 아닌 것은?

① 형판에 의한 방법
② 랙 커터에 의한 방법
③ 호브에 의한 방법
④ 피니언 커터에 의한 방법

해설 창성법 : 인벌류트 곡선을 그리는 성질을 응용하여 기어를 깎는 방법으로 호브, 랙 커터, 피니언 커터 등으로 절삭한다.

8. 텔레스코핑 게이지로 측정할 수 있는 것은?

① 진원도 측정   ② 안지름 측정
③ 높이 측정   ④ 깊이 측정

9. 밀링 머신에 사용되는 부속장치가 아닌 것은?

① 아버   ② 어댑터
③ 바이스   ④ 방진구

해설 방진구는 선반에서 긴 공작물의 진동을 방지할 목적으로 사용되는 부속장치이다.

10. 나사산의 각도 측정 방법으로 틀린 것은?

① 공구 현미경에 의한 방법
② 나사 마이크로미터에 의한 방법
③ 투영기에 의한 방법
④ 만능 측정 현미경에 의한 방법

11. 초경합금의 사용 선택 기준을 표시하는 내용 중 ISO 규격에 해당되지 않는 공구는?

① M 계열   ② N 계열
③ K 계열   ④ P 계열

해설 초경합금은 피삭재의 종류와 작업조건 등에 따라 선택되어 사용될 수 있도록 P 계열, M 계열, K 계열로 분류되어 있다.

12. 다음 연삭숫돌의 입자 중 주철이나 칠드 주물과 같이 경하고 취성이 많은 재료의 연삭에 적합한 것은?

① A 입자   ② B 입자
③ WA 입자   ④ C 입자

해설 C 입자 : 다이아몬드에 가까운 매우 높은 경도를 가지고 있어 주철, 칠드주철, 석재, 유리의 연삭에 사용된다.

13. 선반의 나사 절삭 작업 시 나사의 각도를 정확히 맞추기 위하여 사용되는 것은?

① 플러그 게이지   ② 나사 피치 게이지
③ 한계 게이지   ④ 센터 게이지

14. 1인치에 4산의 리드 스크루를 가진 선반으로 피치 4mm의 나사를 깎고자 할 때, 변환 기어 잇수를 구하면? (단, A는 주축 기어의 잇수, B는 리드 스크루의 잇수이다.)

① A : 80, B : 137
② A : 120, B : 127
③ A : 40, B : 127
④ A : 80, B : 127

해설 $\dfrac{A}{B} = \dfrac{p}{P} = \dfrac{4}{25.4/4}$

$$= \dfrac{16}{25.4} = \dfrac{80}{127}$$

p : 나사 피치, P : 리드 스크루 피치

15. 테이블 이동 거리가 전후 300mm, 좌우 850mm, 상하 450mm인 니형 밀링 머신의 호칭번호로 옳은 것은?

정답 **7.** ① **8.** ② **9.** ④ **10.** ② **11.** ② **12.** ④ **13.** ④ **14.** ④ **15.** ③

① 1호   ② 2호
③ 3호   ④ 4호

해설 밀링 머신의 호칭 번호

호칭 번호	0호	1호	2호	3호	4호	5호
전후 이동	150	200	250	300	350	400
좌우 이동	450	550	700	850	1050	1250
상하 이동	300	400	400	450	450	500

16. 스패너 작업 시 안전사항으로 옳은 것은?

① 너트의 머리치수보다 약간 큰 스패너를 사용한다.
② 꼭 조일 때는 스패너 자루에 파이프를 끼워 사용한다.
③ 고정 조(jaw)에 힘이 많이 걸리는 방향에서 사용한다.
④ 너트를 조일 때는 스패너를 깊게 물려서 약간씩 미는 식으로 조인다.

17. 밀링 분할대로 3°의 각도를 분할하는데, 분할 핸들을 어떻게 조작하면 되는가? (단, 브라운 샤프형 No.1의 18열을 사용한다.)

① 5구멍씩 이동   ② 6구멍씩 이동
③ 7구멍씩 이동   ④ 8구멍씩 이동

해설 $n = \dfrac{\theta}{9°} = \dfrac{3}{9} = \dfrac{3 \times 2}{9 \times 2} = \dfrac{6}{18}$

∴ 18구멍열을 사용하여 6구멍씩 이동한다.

18. 절삭유제에 관한 설명으로 틀린 것은?

① 극압유는 절삭 공구가 고온, 고압상태에서 마찰을 받을 때 사용한다.
② 수용성 절삭유제는 점성이 낮으며, 윤활작용은 좋으나 냉각작용이 좋지 못하다.
③ 절삭유제는 수용성과 불수용성, 그리고 고체윤활제로 분류한다.

④ 불수용성 절삭유제는 광물성인 등유, 경유, 스핀들유, 기계유 등이 있으며 그대로 또는 혼합하여 사용한다.

해설 수용성 절삭유제는 비수용성보다는 윤활작용이 좋지 않지만 냉각작용이 좋다.

19. 보통 선반에서 테이퍼 나사를 가공하고자 할 때 절삭 방법으로 틀린 것은?

① 바이트의 높이는 공작물의 중심선보다 높게 설치하는 것이 편리하다.
② 심압대를 편위시켜 절삭하면 편리하다.
③ 테이퍼 절삭장치를 사용하면 편리하다.
④ 바이트는 테이퍼부에 직각이 되도록 고정한다.

20. CNC 공작 기계 서보기구의 제어방식에서 틀린 것은?

① 단일회로   ② 개방회로
③ 폐쇄회로   ④ 반폐쇄회로

제2과목 : 기계 제도

21. 다음 그림의 평면도 우측면도에 가장 적합한 정면도는?

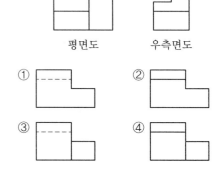

22. 물품의 일부를 파단한 곳을 표시하는 선 또는 끊어낸 부분을 표시하는 선으로 불규칙한 파형의 가는 실선은?

① 절단선　　　　② 파단선
③ 해칭선　　　　④ 파선

23. 그림과 같이 우측의 입체도를 3각법으로 정투상한 도면(정면도, 평면도, 우측면도)에 대한 설명으로 옳은 것은?

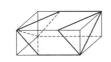

① 정면도만 틀림　　② 평면도만 틀림
③ 우측면도만 틀림　④ 모두 맞음

24. 그림에서 지시선에 기입된 12－7드릴과 2－3드릴은 무엇을 뜻하는가?

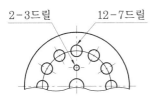

① 지름 7mm의 구멍 12개와 지름 3mm의 구멍 2개를 각각 드릴로 뚫는다.
② 지름 12mm의 구멍 7개와 지름 2mm의 구멍 3개를 각각 드릴로 뚫는다.
③ 지름 12mm, 깊이 7mm의 구멍과 지름 2mm, 깊이 3mm의 구멍을 1개씩 각각 뚫는다.
④ 지름 12mm의 구멍을 7mm 간격으로, 지름 2mm의 구멍을 수평 중심선을 대칭으로 하여 3mm 간격으로 뚫는다.

[해설] • 12－7드릴 : 지름 7mm, 구멍 12개
• 2－3드릴 : 지름 3mm, 구멍 2개

25. 가상선을 사용하는 경우에 해당하지 않는 것은?

① 도시된 단면의 앞쪽에 있는 부분을 나타내는 경우
② 되풀이하는 것을 나타내는 경우
③ 가공 전 또는 가공 후의 모양을 나타내는 경우
④ 위치 결정의 근거가 된다는 것을 명시하는 기준선을 나타내는 경우

[해설] • 가상선은 가는 2점 쇄선을 사용하며 기준선은 가는 1점 쇄선을 사용한다.
• 위치 결정의 근거를 나타내는 기준선은 가상선에 해당하지 않으며, 이 경우 가는 1점 쇄선을 사용한다.

26. 그림과 같은 KS 용접 도시 기호에 가장 적합한 용접부의 실제 모양은?

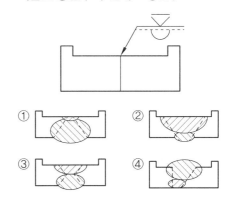

[해설] 실선에 기입한 기호는 화살표가 붙은 쪽, 점선에 기입한 기호는 화살표가 붙은 쪽의 반대쪽 면에 대한 지시 기호이다.

27. 최대 허용 치수 50.007mm, 최소 허용 치수 49.982mm, 기준 치수 50.000mm일 때 위 치수 허용차, 아래 치수 허용차는?

(위 치수 허용차)　(아래 치수 허용차)
① ＋0.007mm　　　－0.018mm

② −0.007 mm   +0.018 mm

③ −0.025 mm   +0.007 mm

④ +0.025 mm   −0.018 mm

해설 • 위 치수 허용차 = 50.007 − 50
　　　　　　　　　　 = 0.007 mm

　　• 아래 치수 허용차 = 49.982 − 50
　　　　　　　　　　 = −0.018 mm

28. 표면의 결을 도시할 때 제거 가공을 허용 하지 않는다는 것을 지시하는 기호는?

①   ②

③   ④

해설 표면의 결 도시

기본 기호   제거 가공 필요   제거 가공 불필요

29. 그림과 같이 두 원기둥이 만나는 상관체 의 정투상도에서 상관선은?

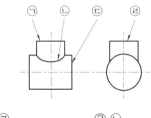

① ㉠   ② ㉡

③ ㉢   ④ ㉣

30. 나사가 "M50×2−6H"로 표시되었을 때, 이 나사에 대한 설명 중 틀린 것은?

① 미터 가는 나사이다.

② 왼나사이다.

③ 피치 2mm이다.

④ 암나사 등급 6이다.

해설 미터나사는 나사의 방향에 대한 특별한 지 시가 없으면 오른나사이다. 왼나사임을 나타낼 때는 호칭 앞에 "왼" 또는 "L"로 표시한다.

31. 그림과 같이 핸들이나 바퀴 등의 암 및 림, 리브, 훅, 축, 구조물의 부재 등을 나타 낼 때 사용할 수 있는 단면도는?

① 온 단면도   ② 한쪽 단면도

③ 계단 단면도   ④ 회전 도시 단면도

32. 기준 치수가 50인 구멍 기준식 끼워맞춤 에서 구멍과 축의 공차값이 다음과 같을 때 틀린 것은?

> 구멍 : 위 치수 허용차 +0.025
> 　　　　아래 치수 허용차 0.000
> 축 : 위 치수 허용차 +0.050
> 　　　아래 치수 허용차 +0.034

① 최소 틈새는 0.009이다.

② 최대 죔새는 0.050이다.

③ 축의 최소 허용 치수는 50.034이다.

④ 구멍과 축의 조립 상태는 억지 끼워맞춤 이다.

33. KS 재료 기호 "SM 10C"에서 10C는 무 엇을 의미하는가?

① 최저 인장 강도   ② 탄소 함유량

③ 제작 방법   ④ 종별 번호

해설 10C : 탄소 함유량이 0.1%

34. 나사의 종류를 표시하는 기호 중 미터 사

다리꼴나사의 기호는?

① M   ② SM
③ TM   ④ Tr

해설 • M : 미터 보통 나사, 미터 가는 나사
• SM : 미싱 나사(특수 나사)
• TM : 30° 사다리꼴나사

35. 그림과 같은 정면도가 투상될 수 없는 평면도는?

정면도

36. 그림과 같은 도면의 기하 공차 설명으로 가장 적합한 것은?

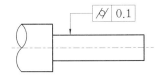

① 대상으로 하고 있는 원통의 축선은 0.1mm의 원통 안에 있어야 한다.
② 대상으로 하고 있는 면은 0.1mm 만큼 떨어진 두 개의 동축 원통면 사이에 있어야 한다.
③ 대상으로 하고 있는 원통의 축선은 0.1mm 만큼 떨어진 두 개의 평행한 평면 사이에 있어야 한다.
④ 대상으로 하고 있는 면은 0.1mm 만큼 떨어진 두 개의 평행한 평면 사이에 있어

야 한다.

37. 나사의 도시법을 설명한 것으로 틀린 것은?

① 수나사의 바깥지름과 암나사의 골지름은 굵은 실선으로 표시한다.
② 완전 나사부 및 불완전 나사부의 경계선은 굵은 실선으로 표시한다.
③ 보이지 않는 나사 부분은 가는 파선으로 표시한다.
④ 수나사 및 암나사의 조립 부분은 수나사 기준으로 표시한다.

해설 수나사의 바깥지름은 굵은 실선으로, 암나사의 골지름은 가는 실선으로 표시한다.

38. 그림과 같은 물체를 제3각법으로 투상하여 정면도, 평면도, 우측면도로 나타냈을 때 가장 적합한 것은?

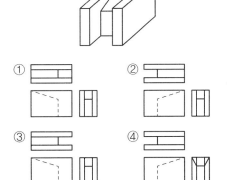

39. 기어의 부품도는 그림과 병용하여 항목표를 작성하는데 표준 스퍼 기어와 헬리컬 기어 항목표에 모두 기입하는 것은?

① 리드   ② 비틀림 방향
③ 비틀림각   ④ 기준 랙 압력각

해설 리드, 비틀림 방향, 비틀림각은 헬리컬 기

정답 35. ④   36. ②   37. ①   38. ③   39. ④

2012년

어 요목표에 기입한다.

40. 그림과 같은 부등변 형강의 치수 표시 기호로 옳은 것은?

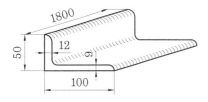

① $L1800-50×100×9×12$
② $L1800-50×100×12×9$
③ $L50×100×9×12-1800$
④ $L50×100×12×9-1800$

제3과목 : 기계 설계 및 기계 재료

41. 뜨임의 목적이 아닌 것은?

① 탄화물의 고용 강화
② 인성 부여
③ 담금질 후 응력 제거
④ 내마모성의 향상

42. 마그네슘(Mg)에 대한 설명으로 틀린 것은?

① 비중은 상온에서 1.74이다.
② 열전도율과 전기전도율은 Cu, Al보다 낮다.
③ 해수에 대해 내식성이 풍부하다.
④ 절삭성이 우수하다.

해설 마그네슘은 해수에 대해 내식성이 약하다.

43. 단일금속의 결정에 비해 고용체 상태에 있는 금속의 기계적 성질의 변화를 나타낸 것 중 틀린 것은?

① 변형 증가 　　② 연성 증가
③ 강도 증가 　　④ 탄성계수 증가

해설 고용체 상태에 있는 금속은 단일금속에 비해 강도는 크지만 연성은 작다.

44. Fe-C 평형 상태도에서 공석강의 탄소 함유량은 얼마 정도인가?

① 6.67% 　　② 4.3%
③ 2.11% 　　④ 0.77%

45. 오일리스 베어링(oilless bearing)의 특징을 설명한 것으로 틀린 것은?

① 다공질이므로 강인성이 높다.
② 기름 보급이 곤란한 곳에 적당하다.
③ 너무 큰 하중이나 고속 회전부에는 부적당하다.
④ 대부분 분말 야금법으로 제조한다.

해설 오일리스 베어링은 다공질이므로 강도와 강인성이 비교적 낮다.

46. 공구 재료로 구비해야 할 조건들 중 틀린 것은?

① 내마멸성과 강인성이 클 것
② 가열에 의한 경도 변화가 클 것
③ 상온 및 고온에서 경도가 높을 것
④ 열처리와 공작이 용이할 것

해설 공구 재료는 고온, 고압에 견뎌야 하므로 가열에 의해 경도나 기계적 성질이 변하지 않는 것이 좋다.

47. 섬유강화 복합 재료의 일반적인 성질이 아닌 것은?

① 높은 강도와 강성
② 높은 감쇄 특성

---

③ 높은 열팽창계수

④ 이방성

48. 금속재료가 일정한 온도 영역과 변형 속도의 영역에서 유리질처럼 늘어나는 특수한 현상은?

① 형상기억   ② 초소성

③ 초탄성   ④ 초전도

해설 초소성 재료 : 일정한 온도 및 변형 속도를 부여했을 때 작은 강도로도 수백 % 이상의 연신율을 얻을 수 있는 재료이다.

49. 순철의 성질을 설명한 것으로 틀린 것은?

① 융점은 1539℃ 정도이다.

② 비중은 7.86 정도이다.

③ 인장 강도가 20~28kgf/mm²이다.

④ 연신율은 12~14%이다.

해설 순철의 연신율은 80~85%로 매우 크다.

50. 탄소강에서 적열 메짐을 방지하고, 주조성과 담금질 효과를 향상시키기 위하여 첨가하는 원소는?

① 황(S)   ② 인(P)

③ 규소(Si)   ④ 망간(Mn)

51. 중공축의 안지름과 바깥지름의 비를 $x(<1)$라 할 때, 동일한 비틀림 모멘트에 대해 동일한 비틀림 응력이 발생하기 위한 중실축 지름(d)과 중공축 바깥지름(d_2)의 비 d_2/d는? (단, 중실축과 중공축 재질은 같다.)

① $\sqrt[3]{1-x^4}$ ② $\sqrt[4]{1-x^4}$

③ $\dfrac{1}{\sqrt[3]{1-x^4}}$ ④ $\dfrac{1}{\sqrt[4]{1-x^4}}$

52. M22볼트(골지름 19.294mm)가 그림과 같이 2장의 강판을 고정하고 있다. 체결 볼트의 허용 전단 응력이 39.25MPa라고 하면 최대 몇 kN까지의 하중을 받을 수 있는가?

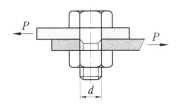

① 3.21   ② 7.54

③ 11.48   ④ 22.96

해설 $\tau = \dfrac{P}{A} = \dfrac{P}{\dfrac{\pi d^2}{4}} = \dfrac{4P}{\pi d^2}$

$\therefore P = \dfrac{\pi d^2 \tau}{4} = \dfrac{\pi \times 19.294^2 \times 39.25}{4}$

$\fallingdotseq 11480\,\mathrm{N}$

$\fallingdotseq 11.48\,\mathrm{kN}$

53. 그림과 같은 스프링 장치에서 150N의 하중을 매달면 처짐은 몇 cm가 되는가? (단, 스프링 상수 $k_1=20$N/cm이고 $k_2=40$N/cm이다.)

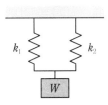

① 1.25   ② 2.50

③ 5.68   ④ 11.25

해설 $\delta = \dfrac{W}{k} = \dfrac{150}{20+40} = \dfrac{150}{60} = 2.5\,\mathrm{cm}$

54. 800rpm으로 회전하고 1kN의 하중을 받고 있는 단열 레이디얼 볼 베어링의 수명이 20000시간이라 하면, 다음 중 어느 베어링

을 사용하는 것이 가장 적당한가? (단, C는 기본 동정격 하중이다.)

① 6202 (C=6kN)

② 6203 (C=8kN)

③ 6205 (C=10kN)

④ 6206 (C=15kN)

해설 $L_h = 500 \left(\dfrac{C}{P} \right)^r \dfrac{33.3}{N}$

$20000 = 500 \left(\dfrac{C}{1} \right)^3 \dfrac{33.3}{800}$

$C^3 = \dfrac{20000 \times 800}{500 \times 33.3} = 960.96$

$\therefore C \fallingdotseq 10\,\mathrm{kN}$

55. 단식 블록 브레이크에서 브레이크 드럼의 지름이 450 mm, 블록을 브레이크 드럼에 밀어 붙이는 힘이 1.96 kN인 경우 브레이크 드럼에 작용하는 제동 토크는 몇 N·m인가? (단, 마찰계수는 0.2이다.)

① 52.4   ② 88.2

③ 176.4   ④ 441.0

해설 $T = \dfrac{\mu P D}{2} = \dfrac{0.2 \times 1.96 \times 450}{2} = 88.2\,\mathrm{N \cdot m}$

56. 압력각이 20°인 표준 스퍼 기어에서 언더 컷을 방지하기 위한 이론적인 최소 잇수는 몇 개인가?

① 17   ② 25

③ 30   ④ 32

해설 $Z \geq \dfrac{2}{\sin^2 \alpha} = \dfrac{2}{\sin^2 20°} \fallingdotseq 17$

$\therefore$ 최소 잇수 $Z = 17$

57. 인장 하중과 압축 하중이 교대로 반복하여 작용하는 하중으로 크기와 방향이 동시에 변화하는 하중은?

① 반복 하중   ② 교번 하중

③ 충격 하중   ④ 전단 하중

58. 다른 전동방식과 비교하여 체인 전동방식의 일반적인 특징에 해당하지 않는 것은?

① 미끄럼이 없는 일정한 속도비를 얻을 수 있다.

② 초장력이 필요 없으므로 베어링의 마멸이 적다.

③ 고속 회전에 적당하다.

④ 전동 효율이 95% 이상으로 좋다.

해설 체인 전동장치는 진동과 소음이 생기기 쉬우며 고속 회전에는 적합하지 않다.

59. 지름 500 mm인 마찰차가 350 rpm의 회전수로 동력을 전달한다. 이때 바퀴를 밀어 붙이는 힘이 1.96 kN일 때 몇 kW의 동력을 전달할 수 있는가? (단, 접촉부 마찰계수는 0.35로 하고 미끄럼은 없다고 가정한다.)

① 4.5   ② 5.1

③ 5.7   ④ 6.3

해설 $V = \dfrac{\pi D N}{60 \times 10^3} = \dfrac{\pi \times 500 \times 350}{60 \times 10^3} \fallingdotseq 9.16\,\mathrm{m/s}$

$\therefore H = \dfrac{\mu P V}{102 \times 9.81} = \dfrac{0.35 \times 1960 \times 9.16}{102 \times 9.81}$

$\fallingdotseq 6.3\,\mathrm{kW}$

60. 판의 두께 12 mm, 리벳의 지름 19 mm, 피치 50 mm인 1줄 겹치기 리벳 이음을 하고자 한다. 한 피치당 12.26 kN의 하중이 작용할 때 생기는 인장 응력과 리벳 이음의 판의 효율은 각각 얼마인가?

① 32.96 MPa, 76%

② 32.96 MPa, 62%

③ 16.98 MPa, 76%

④ 16.98MPa, 62%

해설 $\eta = \dfrac{p-d}{p} = \dfrac{50-19}{50} = 0.62 = 62\%$

$\sigma = \dfrac{W}{A} = \dfrac{12260}{(50-19)\times 12} \fallingdotseq 32.96\,\text{MPa}$

제4과목 : 컴퓨터 응용 설계

61. 이미 정의된 두 개 이상의 곡면을 부드럽게 연결되도록 하는 곡면 처리를 무엇이라 하는가?

① 블렌딩(blending)
② 셰이딩(shading)
③ 스키닝(skinning)
④ 리드로잉(redrawing)

62. 그림과 같이 2개의 경계 곡선(위 그림)에 의해 하나의 곡면(아래 그림)을 구성하는 기능을 무엇이라 하는가?

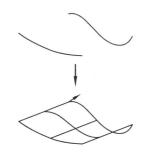

① revolution ② twist
③ loft ④ extrude

해설 로프트 : 2개 이상의 선이나 점을 이어 하나의 곡면을 구성하는 기능이다.

63. 솔리드 모델링에서 토폴로지 요소 간에는 오일러－포앙카레 공식을 만족해야 하는데,

이 식으로 옳은 것은? (단, v는 꼭짓점의 개수, e는 모서리의 개수, f는 면 또는 외부 루프의 개수, h는 면상에 구멍 루프의 개수, s는 독립된 셀의 개수, p는 입체를 관통하는 구멍의 개수이다.)

① $v+e-f-h=3(s-p)$
② $v+e-f-h=2(s-p)$
③ $v-e+f-h=3(s-p)$
④ $v-e+f-h=2(s-p)$

64. 동차좌표를 이용하여 2차원 좌표를 $P = [x\ y\ 1]$로 표현하고, 동차변환 매트릭스 연산을 $P' = pT$로 표현할 때 다음 변환 매트릭스 설명으로 옳은 것은?

$$T = \begin{bmatrix} 1 & 0 & 0 \\ 0 & 1 & 0 \\ 1 & 1 & 1 \end{bmatrix}$$

① x축으로 1만큼 이동
② y축으로 1만큼 이동
③ x축으로 1만큼, y축으로 1만큼 이동
④ x축으로 2만큼, y축으로 2만큼 이동

65. CAD 관련 용어 중 요구된 색상의 사용이 불가능할 때 다른 색상들을 섞어서 비슷한 색상을 내기 위해 컴퓨터 프로그램에 의해 시도되는 것을 의미하는 것은?

① 플리커(flicker)
② 디더링(dithering)
③ 섀도 마스크(shadow mask)
④ 라운딩(rounding)

해설 디더링 : 제한된 색상을 조합하거나 비율을 변화하여 새로운 색을 만드는 작업이다.

66. 그림과 같이 곡면 모델링 시스템에 의해

만들어진 곡면을 불러들여 기존 모델의 평면을 바꿀 수 있는데, 이를 무엇이라고 하는가?

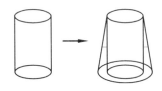

① 네스팅(nesting)
② 트위킹(tweaking)
③ 돌출하기(extruding)
④ 스위핑(sweeping)

[해설] 트위킹 : 모델링된 입체의 형상을 수정하여 원하는 형상으로 모델링하는 방법이다.

67. 2차원상의 한 점 $P=[x\ y\ 1]$을 x축 방향으로 전단(shear) 변환하여 $P'=[x'\ y\ 1]$이 되기 위한 3×3 동차변환 행렬(T)로 옳은 것은? (단, $P'=PT$이고 a는 상수이다.)

① $T=\begin{bmatrix} 1 & 0 & 0 \\ a & 1 & 0 \\ 0 & 0 & 1 \end{bmatrix}$ ② $T=\begin{bmatrix} 1 & a & 0 \\ 0 & 1 & 0 \\ 0 & 0 & 1 \end{bmatrix}$

③ $T=\begin{bmatrix} 1 & 0 & 0 \\ 0 & 1 & 0 \\ a & 0 & 1 \end{bmatrix}$ ④ $T=\begin{bmatrix} 1 & 0 & 0 \\ 0 & 1 & 0 \\ 0 & a & 1 \end{bmatrix}$

[해설] $\begin{bmatrix} x' & y' & 1 \end{bmatrix} = \begin{bmatrix} x & y & 1 \end{bmatrix} \begin{bmatrix} 1 & 0 & 0 \\ a & 1 & 0 \\ 0 & 0 & 1 \end{bmatrix}$
$= \begin{bmatrix} x+ay & y & 1 \end{bmatrix}$

68. CAD의 디스플레이 기능 중에서 줌 (zoom) 기능 사용 시 화면에 나타나는 현상으로 맞는 것은?

① 도형 요소의 치수가 변화한다.
② 도형 형상이 반대로 나타난다.
③ 도형 요소가 시각적으로 확대, 축소되어

진다.
④ 도형 요소가 회전한다.

69. 그래픽 장치 중 하나인 래스터(raster) 그래픽 장치에 관한 설명으로 틀린 것은?

① 래스터 그래픽 장치는 TV 기술의 발달과 함께 1970년대 중반에 출연하였다.
② 디스플레이 프로세서가 응용 프로그램으로부터 그래픽 명령을 받아 그것을 래스터 이미지로 변환한 다음 프레임 버퍼 메모리에 저장한다.
③ 그림의 복잡성에 따라 리프레시에 소요되는 시간이 가변적이다.
④ 화소(pixels)의 크기가 해상도를 결정한다.

[해설] 래스터 그래픽 장치는 깜빡거림이 없어 리프레시의 영향을 받지 않는다.

70. 솔리드 모델링에서 모델을 구현하는 자료 구조가 몇 가지 있는데, 복셀 표현(voxel representation)은 어느 자료 구조에 속하는가?

① CSG 트리 구조
② B-rep 자료 구조
③ 날개 모서리(wiggled-edge) 자료 구조
④ 분해 모델을 저장하는 자료 구조

71. 기본 입체에 적용한 Boolean 연산 과정을 트리 구조로 저장하는 CSG(Constructive Solid Geometry) 구조에 대한 설명으로 틀린 것은?

① 자료 구조가 간단하고 데이터의 양이 적어 데이터의 관리가 용이하다.
② 내부와 외부가 분명하게 구분되지 않는 입체라도 구현이 가능하다.

③ 항상 대응되는 B-rep 모델로 치환 가능
하다.

④ 파라메트릭(parametric) 모델링의 구현이
쉽다.

72. 모델링 기법 중에서 숨은선 제거가 불가
능한 모델링 기법은?

① CSG 모델링
② B-rep 모델링
③ wire frame 모델링
④ surface 모델링

해설 와이어 프레임 모델링으로 그려진 모델은
선을 이용하여 형체가 그려지므로 숨은선을 제
거할 수 없다.

73. 숨은선 또는 숨은면을 제거하기 위한 방
법에 속하지 않는 것은?

① x-버퍼에 의한 방법
② z-버퍼에 의한 방법
③ 후방향 제거 알고리즘
④ 깊이 분류 알고리즘

74. 네 개의 경계 곡선을 선형 보간하여 얻어
지는 곡면은?

① 선형 곡면 　　② 쿤스 곡면
③ Bezier 곡면 　　④ 그리드 곡면

해설 쿤스 곡면 : 4개의 모서리 점과 4개의 경
계 곡선을 부드럽게 연결한 곡면으로 곡면의 표
현이 간결하다.

75. CAD 모델링 방법 중 형상 구속 조건과
치수 조건을 이용하여 형태를 모델링하는
방식은?

① feature-based modeling

② parametric modeling
③ hybrid modeling
④ assembly modeling

76. 다음 그림에서 점 P의 극좌표값이 $r=10$,
$\theta=30°$일 때 이것을 직교 좌표계로 변환한
$P(x, y)$를 구하면?

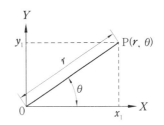

① $P(8.66, 4.21)$ 　　② $P(8.66, 5)$
③ $P(5, 8.66)$ 　　④ $P(4.21, 8.66)$

해설 $x=10\cos30°≒8.66$
$y=10\sin30°=5$

77. 공학에서 컴퓨터를 이용한 해석방법 중
가장 널리 사용되는 방법으로 응력, 변형,
열전달, 유체유동 및 기타 연속체의 해석에
이용되는 방법은?

① FEM(Finite Element Method)
② MAM(Modal Analysis Method)
③ FBA(Feature Based Analysis)
④ GMA(Geometry Modeling Analysis)

78. 일반적인 B-spline 곡선의 특징을 설명
한 것으로 틀린 것은?

① 곡선의 차수는 조정점의 개수와 무관하다.
② 곡선의 형상을 국부적으로 수정할 수 있다.
③ 원, 타원, 포물선과 같은 원뿔 곡선을 정
확하게 표현할 수 있다.

정답 **72.** ③ 　**73.** ① 　**74.** ② 　**75.** ② 　**76.** ② 　**77.** ① 　**78.** ③

④ 첫 번째 조정점과 마지막 조정점은 반드시 통과한다.

해설 B−spline 곡선으로 매끄러운 곡선을 만들 수 있지만 원, 타원, 포물선과 같은 원뿔 곡선은 정확하게 표현하기 어렵다.

79. CAD 데이터의 교환 표준 중 하나로 국제표준화기구(ISO)가 국제 표준으로 지정하고 있으며, CAD의 형상 데이터뿐만 아니라 NC 데이터나 부품표, 재료 등도 표준 대상이 되는 규격은?

① IGES ② DXF
③ STEP ④ GKS

해설 STEP : 제품 데이터의 표현 및 교환을 위한 국제 표준 규격으로, 이때 제품 데이터는 개념설계에서 상세설계, 시제품, 생산지원 등 제품 관련 모든 부분에 적용되는 데이터를 의미한다.

80. DXF(data exchange file) 파일의 섹션 구성에 해당되지 않는 것은?

① header section
② library section
③ tables section
④ entities section

해설 DXF 파일 : 헤더 섹션, 테이블 섹션, 블록 섹션, 엔티티 섹션, 엔드 오브 파일 섹션으로 구성되어 있다.

기계설계산업기사 2012. 05. 21 시행

제1과목 : 기계 가공법 및 안전관리

1. 밀링 머신의 주축 베어링 윤활 방법으로 가장 적합하지 않은 것은?

① 그리스 윤활　　② 오일 미스트 윤활
③ 강제식 윤활　　④ 패드 윤활

2. 주철을 드릴로 가공할 때 드릴 날끝의 여유각은 몇 도(°)가 적합한가?

① 10° 이하　　② 12~15°
③ 20~32°　　④ 32° 이상

3. 브로칭(broaching)에 관한 설명 중 틀린 것은?

① 제작과 설계에 시간이 소요되며 공구의 값이 고가이다.
② 각 제품에 따라 브로치의 제작이 불편하다.
③ 키 홈, 스플라인 홈 등을 가공하는 데 사용한다.
④ 브로치 압입 방법에는 나사식, 기어식, 공압식이 있다.

해설 브로치 압입 방법에는 나사식, 기어식, 유압식이 있으며, 큰 힘의 전달이 어려운 공압식은 사용하지 않는다.

4. 절삭 공구 인선의 파손원인 중 절삭 공구의 측면과 피삭재의 가공면과 마찰에 의하여 발생하는 것은?

① 크레이터 마모　　② 플랭크 마모
③ 치핑　　④ 백래시

5. 마이크로미터의 스핀들 나사의 피치가 0.5mm이고 딤블의 원주 눈금이 50등분 되어 있다면 최소 측정값은?

① 2μm　　② 5μm
③ 10μm　　④ 15μm

해설 최소 측정값 $= \dfrac{\text{피치}}{\text{원주 눈금 수}} = \dfrac{0.5}{50}$
$= 0.01\,\text{mm} = 10\,\mu\text{m}$

6. 연삭숫돌의 표시에서 WA 60 K m V 1호 205×19×15.88로 명기되어 있다. K는 무엇을 나타내는 부호인가?

① 입자　　② 결합제
③ 결합도　　④ 입도

해설 WA 60 K m V 1호 205×19×15.88
・WA : 입자　　・60 : 입도
・K : 결합도　　・m : 조직
・V : 결합제
・205×19×15.88 : 바깥지름×두께×안지름

7. 선반에서 지름 50mm의 재료를 절삭 속도 60m/min, 이송 0.2mm/rev, 깊이 30mm로 1회 가공할 때 필요한 시간은?

① 약 10초　　② 약 18초
③ 약 23초　　④ 약 39초

해설 $N = \dfrac{1000V}{\pi D} = \dfrac{1000 \times 60}{\pi \times 50} \fallingdotseq 382\,\text{rpm}$

$T = \dfrac{L}{Nf} \times i = \dfrac{30}{382 \times 0.2} \times 1 \fallingdotseq 0.39분 \fallingdotseq 23초$

8. 분할대 이용하여 원주를 18등분하고자 한다. 신시내티형(cincinnati type) 54구멍 분할판을 사용하여 단식분할하려면 어떻게 해

정답 1. ④　2. ②　3. ④　4. ②　5. ③　6. ③　7. ③　8. ④

야 하는가?

① 2회전하고 2구멍씩 회전시킨다.

② 2회전하고 4구멍씩 회전시킨다.

③ 2회전하고 8구멍씩 회전시킨다.

④ 2회전하고 12구멍씩 회전시킨다.

해설 $n = \dfrac{40}{N} = \dfrac{40}{18} = 2\dfrac{4}{18} = 2\dfrac{12}{54}$

9. 가공물을 절삭할 때 발생되는 칩의 형태에 미치는 영향이 가장 적은 것은?

① 절삭 깊이

② 공작물의 재질

③ 절삭 공구의 형상

④ 윤활유

10. 각도 측정기가 아닌 것은?

① 사인 바   ② 옵티컬 플랫

③ 오토 콜리메이터   ④ 탄젠트 바

해설 옵티컬 플랫 : 표면의 평면도를 측정하는 기구로, 유리판의 한 면을 정확하게 연마하여 평면의 기준으로 삼고 각종 게이지의 측정면 검사에 사용한다.

11. 래핑 작업에 관한 사항 중 틀린 것은?

① 경질 합금을 래핑할 때는 다이아몬드로 해서는 안 된다.

② 래핑유(lap-oil)로는 석유를 사용해서는 안 된다.

③ 강철을 래핑할 때는 주철이 널리 사용된다.

④ 랩 재료는 반드시 공작물보다 연질의 것을 사용한다.

12. 퓨즈가 끊어져서 다시 끼웠을 때 또다시 끊어졌을 경우의 조치사항으로 가장 적합한

것은?

① 다시 한 번 끼워본다.

② 조금 더 용량이 큰 퓨즈를 끼운다.

③ 합선 여부를 검사한다.

④ 굵은 동선으로 바꾸어 끼운다.

13. 다음 연삭 가공 중 강성이 크고 강력한 연삭기가 개발됨으로 한 번에 연삭 깊이를 크게 하여 가공 능률을 향상시킨 것은?

① 자기 연삭

② 성형 연삭

③ 크리프 피드 연삭

④ 경면 연삭

해설 크리프 피드 연삭 : 강성이 큰 강력 연삭기로 개발된 것으로, 연삭 깊이를 한 번에 약 1~6mm까지 크게 하여 가공 능률을 높인 것이다.

14. NC 기계의 움직임을 전기적인 신호로 표시하는 회전 피드백 장치는?

① 리졸버(resolver)

② 서보 모터(servo motor)

③ 컨트롤러(controller)

④ 지령 테이프(NC tape)

해설 리졸버는 회전각과 위치의 검출기로, 모터의 피드백 센서로 주로 사용된다.

15. 마이크로미터 사용 시 일반적인 주의사항이 아닌 것은?

① 측정 시 래칫 스톱은 1회전 반 또는 2회전을 돌려 측정력을 가한다.

② 눈금을 읽을 때는 기선의 수직위치에서 읽는다.

③ 사용 후에는 각 부분을 깨끗이 닦아 진동

이 없고 직사광선을 잘 받는 곳에 보관하여야 한다.

④ 대형 외측 마이크로미터는 실제로 측정하는 자세로 영점 조정을 한다.

해설 마이크로미터 사용 및 보관 시 직사광선이나 복사열이 있는 곳은 피한다.

16. 공작 기계 작업에서 절삭제의 역할에 대한 설명으로 옳지 않은 것은?

① 절삭 공구와 칩 사이의 마찰을 감소시킨다.
② 절삭 시 열을 감소시켜 공구 수명을 연장시킨다.
③ 구성 인선의 발생을 촉진시킨다.
④ 가공면의 표면 거칠기를 향상시킨다.

해설 구성 인선은 절삭유에 의해 발생이 상당 부분 억제된다.

17. 드릴링 머신으로 구멍 뚫기 작업을 할 때 주의해야 할 사항이다. 틀린 것은?

① 드릴은 흔들리지 않도록 정확하게 고정해야 한다.
② 장갑을 끼고 작업을 하지 않는다.
③ 구멍 뚫기가 끝날 무렵은 이송을 천천히 한다.
④ 드릴이나 드릴 소켓 등을 뽑을 때는 해머 등으로 두들겨 뽑는다.

해설 드릴이나 드릴 소켓 등을 뽑을 때 해머 등으로 두들기면 공작물이 손상될 우려가 있다.

18. KS에 규정된 표면 거칠기 표시 방법이 아닌 것은?

① 산술평균 거칠기(Ra)
② 최대 높이(Ry)
③ 10점 평균 거칠기(Rz)
④ 제곱 평균 거칠기(Ra)

해설 표면 거칠기 표시 방법은 KS B 0161이 폐지되고 KS B ISO 4287이 사용되고 있다.

19. 수평 밀링 머신이 긴 아버(long arber)를 사용하는 절삭 공구가 아닌 것은?

① 플레인 커터
② T 커터
③ 앵귤러 커터
④ 사이드 밀링 커터

20. 표준 맨드릴(mandrel) 테이퍼값으로 적합한 것은?

① $\dfrac{1}{50} \sim \dfrac{1}{100}$ 정도

② $\dfrac{1}{100} \sim \dfrac{1}{1000}$ 정도

③ $\dfrac{1}{200} \sim \dfrac{1}{400}$ 정도

④ $\dfrac{1}{10} \sim \dfrac{1}{20}$ 정도

제2과목 : 기계 제도

21. 구름 베어링의 안지름 번호와 안지름 치수가 잘못 연결된 것은?

① 안지름 번호 : 00 → 안지름 : 10mm
② 안지름 번호 : 03 → 안지름 : 17mm
③ 안지름 번호 : 07 → 안지름 : 35mm
④ 안지름 번호 : /22 → 안지름 : 110mm

해설 '/'로 구분되어 있을 때는 그대로 읽으면 된다. /22 → 안지름 : 22mm

22. 가공 모양의 기호에 대한 설명으로 잘못된 것은?

① ＝ : 가공에 의한 컷의 줄무늬 방향이 기

호를 기입한 그림의 투영한 면에 평행

② × : 가공에 의한 컷의 줄무늬 방향이 기호를 기입한 그림의 투영한 면에 비스듬하게 2방향으로 교차

③ M : 가공에 의한 컷의 줄무늬가 여러 방향으로 교차 또는 무방향

④ R : 가공에 의한 컷의 줄무늬가 기호를 기입한 면의 중심에 대하여 거의 동심원 모양

해설 R : 가공에 의한 커터의 줄무늬가 기호를 기입한 면의 중심에 대하여 거의 방사 모양

23. 다음 입체도를 제3각법 정투상도로 옳게 나타낸 것은?

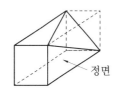
정면

①

②

③

④

24. 가공 방법의 약호 중에서 다듬질 가공인 스크레이핑 가공의 약호인 것은?

① FS   ② FSU
③ CS   ④ FSD

해설 CS : 사형 주조

25. 다음과 같은 끼워맞춤의 경우 최대 틈새는 얼마인가?

구멍 : $\phi 50H7(^{+0.025}_{0})$ 축 : $\phi 50f7(^{-0.025}_{-0.050})$

① 0.025   ② 0.050
③ 0.075   ④ 0.100

해설 최대 틈새 $= 50.025 - 49.950$
$= 0.075 \, mm$

26. 구멍에 끼워맞추기 위한 구멍, 볼트, 리벳이 기호 표시에서 구멍 가까운 면에 카운터 싱크가 있고, 현장에서 드릴 가공 및 끼워맞춤에 해당하는 것은?

①   ②

③   ④

해설 카운터 싱크 방향으로 ∨ 표시를 하고, 드릴 가공 및 끼워맞춤이 두 번이므로 현장 용접 기호인 깃발 2개를 표시한다.

27. 핸들이나 바퀴 등의 암 및 리브, 훅, 축 구조물의 부재 등의 절단한 곳의 전, 후를 끊어서 그 사이에 회전 도시 단면도를 그릴 때 단면 외형을 나타내는 선은 어떤 선으로 나타내야 하는가?

① 가는 실선   ② 굵은 1점 쇄선
③ 굵은 실선   ④ 가는 2점 쇄선

28. 그림과 같이 기입된 KS 용접 기호의 해석으로 옳은 것은?

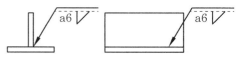

① 화살표 쪽 필릿 용접, 목 두께 6mm
② 화살표 반대쪽 필릿 용접, 목 두께 6mm

③ 화살표 쪽 필릿 용접, 목 길이 6mm

④ 화살표 반대쪽 필릿 용접, 목 길이 6mm

29. 그림과 같은 용접 기호의 명칭으로 맞는 것은?

① 개선 각이 급격한 V형 맞대기 용접

② 개선 각이 급격한 양면 개선형 맞대기 용접

③ 가장자리(edge) 용접

④ 표면 육성

30. 그림과 같은 입체도를 제3각 정투상도법으로 정면도, 평면도, 좌측면도를 나타낼 때 가장 적절한 것은?

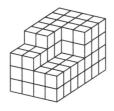

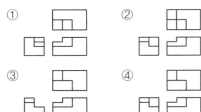

31. KS 재료 기호 중 용접 구조용 압연 강재 기호는?

① SM400A ② SPHD

③ SS400 ④ SPP

해설 • SPHD : 딥드로잉용 열간 압연 연강판 및 강대

• SS : 일반 구조용 압연 강재

• SPP : 배관용 탄소 강관

32. 축을 가공하기 위한 센터 구멍의 도시 방법 중 그림과 같은 도시 기호의 의미는?

① 센터의 규격에 따라 다르다.

② 다듬질 부분에서 센터 구멍이 남아 있어도 좋다.

③ 다듬질 부분에서 센터 구멍이 남아 있어서는 안 된다.

④ 다듬질 부분에서 반드시 센터 구멍을 남겨둔다.

해설

센터 구멍이 남아 있지 않도록 가공한다.

33. 그림의 입체도를 화살표 방향에서 보았을 때 적합한 투상도는?

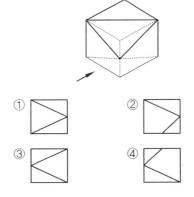

① ② ③ ④

34. φ30H7/g6는 어떤 끼워맞춤인가?

① 중간 끼워맞춤

② 헐거운 끼워맞춤

③ 억지 끼워맞춤

정답 29. ③ 30. ④ 31. ① 32. ③ 33. ① 34. ②

④ 중간 억지 끼워맞춤

해설 구멍 기준식 끼워맞춤

기준 구멍	헐거운 끼워맞춤			중간 끼워맞춤			억지 끼워맞춤		
H7	f6	g6	h6	js6	k6	m6	n6	p6	r6

35. 그림과 같이 상호 관련된 4개의 구멍의 치수 및 위치 허용 공차에 대한 설명으로 틀린 것은?

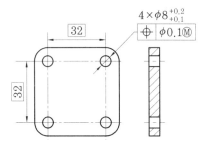

① 각 형태의 실제 부분 크기는 크기에 대한 허용 공차 0.1의 범위에 속해야 하며, 각 형태는 $\phi 8.1$에서 $\phi 8.2$ 사이에서 변할 수 있다.

② 모든 허용 공차가 적용된 형태는 실질 조건 경계, 즉 $\phi 8 (= \phi 8.1 - 0.1)$의 완전한 형태의 내접 원주를 지켜야 한다.

③ $\phi 8.1$인 최대 재료 크기의 경우 각 형태의 축은 $\phi 0.1$의 위치 허용 공차 범위에 속해야 한다.

④ $\phi 8.2$인 최소 재료 크기일 경우 각 형태의 축은 $\phi 0.1$인 허용 공차 영역 내에서 변할 수 있다.

해설 Ⓜ은 최대 실체 공차로 구멍 지름 $\phi 8.2$일 때 $\phi 0.1$ 범위에서 위치 공차를 허용한다.

36. 스케치도를 그려야 하는 경우와 가장 관계가 없는 것은?

① 도면이 없는 부품과 같은 것을 만들려고

할 경우

② 도면이 없는 부품을 참고로 하려고 할 경우

③ 도면이 없는 부품의 마멸 또는 파손된 부분을 수리하여 제작할 경우

④ 도면을 좀 더 깨끗하게 보완할 필요가 있는 경우

해설 스케치도 : 파손된 부품의 수리를 위한 제작이 필요할 때 도면이 없어 현장에서 신속하게 작성되어야 할 때 사용된다.

37. 그림과 같이 제3각법으로 도시되는 물체의 형태는?

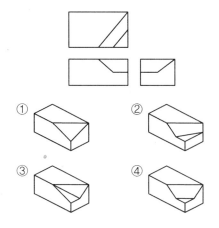

① ② ③ ④

38. 재료기호 KS D 3503 SS 400에 대한 설명 중 맞는 항을 모두 고른 것은?

> ㉠ KS D는 KS 분류 기호 중 금속 부문이다.
> ㉡ SS의 첫 글자 S는 재질을 나타내는 기호로 강을 의미한다.
> ㉢ 두 번째 S는 재료의 이름, 모양, 용도를 나타내며 일반 구조용 압연재를 뜻한다.
> ㉣ 끝부분 400은 재료의 탄소 함유량이 0.4% 임을 의미한다.

① ㉠, ㉡   ② ㉠, ㉣

③ ㉠, ㉡, ㉢   ④ ㉡, ㉢, ㉣

39. 그림과 같은 *I* 형강의 표시 방법으로 올바르게 된 것은? (단, *L*은 형강의 길이이다.)

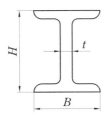

① $IH \times B \times t \times L$ ② $IB \times H \times t - L$
③ $IB \times H \times t \times L$ ④ $IH \times B \times t - L$

해설 형강의 치수 표기 방법
(형강 기호)(높이)×(폭)×(두께)−(길이)

40. 그림과 같은 기하 공차의 해석으로 가장 적합한 것은?

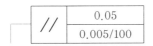

① 지정 길이 100mm에 대하여 0.005mm, 전체 길이에 대해 0.05mm의 평행도
② 지정 길이 100mm에 대하여 0.05mm, 전체 길이에 대해 0.005mm의 평행도
③ 지정 길이 100mm에 대하여 0.005mm, 전체 길이에 대해 0.05mm의 대칭도
④ 지정 길이 100mm에 대하여 0.05mm, 전체 길이에 대해 0.005mm의 대칭도

제3과목 : 기계 설계 및 기계 재료

---

41. 복합재료 중 FRP는 무엇을 말하는가?
① 섬유강화 목재
② 섬유강화 플라스틱
③ 섬유강화 금속
④ 섬유강화 세라믹

해설 • 섬유강화 플라스틱 : FRP
• 섬유강화 금속 : FRM

42. 가공성과 전도성이 우수하여 방전용 전극 재료로 가장 많이 사용되고 있는 재료는?
① 구리(Cu)   ② 알루미늄(Al)
③ 아연(Zn)   ④ 마그네슘(Mg)

해설 구리는 전기전도율과 열전도율이 금속 중에서 은(Ag) 다음으로 높으며 비자성체이다.

43. 아연에 대한 설명 중 틀린 것은?
① 조밀육방격자형이며 회백색의 연한 금속이다.
② 비중이 7.1, 용융점이 419℃이다.
③ 산, 알카리, 해수 등에 부식되지 않는다.
④ 철판, 철선의 도금에 사용된다.

44. 저온 뜨임의 목적이 아닌 것은?
① 소르바이트 조직 생성
② 내마모성의 향상
③ 담금질 응력 제거
④ 치수의 경년변화 방지

45. 다음 알루미늄 합금 중 내열성이 있는 주물로 공랭 실린더 헤드 및 피스톤 등에 널리 사용되는 것은?
① Y 합금   ② 라우탈
③ 하이드로날륨   ④ 고력 Al 합금

해설 Y 합금 : Al−Cu−Ni−Mg 합금으로, 고온에서 기계적 성질이 우수하여 내연기관용 피스톤, 실린더 헤드 등으로 널리 사용된다.

2012년

46. 강의 적열 취성의 주 원인이 되는 원소는?

① Mn   ② Si

③ S   ④ P

해설 적열 취성 : 황(S)의 영향으로 900℃ 이상의 고온에서 나타나는 취성이다.

47. 선팽창계수가 큰 순서로 올바르게 나열된 것은?

① 알루미늄>구리>철>크로뮴

② 철>크로뮴>구리>알루미늄

③ 크로뮴>알루미늄>철>구리

④ 구리>철>알루미늄>크로뮴

해설 선팽창계수의 크기
마그네슘>알루미늄>구리>철>크로뮴

48. 다음 설명 중 옳지 않은 것은?

① A₁ 변태는 강에서 일어나는 변태이다.

② 펄라이트는 순철의 일종이다.

③ 오스테나이트의 최대 탄소 고용량은 1130℃에서 약 2.0%이다.

④ 시멘타이트는 철과 탄소의 화합물이다.

해설 순철에 가까운 것은 페라이트이다.

49. 소결 합금으로 된 공구강은?

① 초경합금   ② 스프링강

③ 기계 구조용강   ④ 탄소 공구강

50. 다음 철광석 중에서 철의 성분이 가장 많이 포함된 것은?

① 자철광   ② 망간강

③ 갈철광   ④ 능철광

51. 관이음에서 방향을 바꾸는 경우 사용하는 관 이음쇠는?

① 소켓   ② 니플

③ 엘보   ④ 유니언

52. 잇수 30개, 압력각 30°의 스퍼 기어에서 언더컷이 생기지 않도록 전위 기어로 제작하려 한다. 언더컷이 발생하지 않도록 하기 위한 최소 이론 전위량은 몇 mm인가? (단, 모듈 $m=6$이다.)

① -10mm   ② -12.5mm

③ -14mm   ④ -16.5mm

해설 $x \geq 1 - \dfrac{Z}{2}\sin^2\alpha$, $x \geq 1 - \dfrac{30}{2}\sin^2 30°$

$$\geq -2.75$$

∴ 전위량 = 전위계수(x) × 모듈(m) $\geq -2.75 \times 6$

$$= -16.5\,\text{mm}$$

53. 축의 재료와 키(key)의 재료가 같은 경우 축의 지름 50mm에 폭 10mm의 묻힘 키를 설치했을 때, 전단 응력으로 키가 파손되지 않으려면 키의 길이는 약 몇 mm 이상이어야 하는가? (단, 키에서 발생하는 최대 전단 응력과 축에 발생하는 최대 전단 응력은 같다고 한다.)

① 55   ② 73

③ 99   ④ 126

54. 일반적으로 두 축이 같은 평면 내에서 일정한 각도로 교차하는 경우 운동을 전달하는 축 이음은?

① 맞물림 클러치   ② 플렉시블 커플링

③ 플랜지 커플링   ④ 유니버설 조인트

해설 유니버설 조인트는 양 축의 각도가 변화해도 사용 가능하다.

55. 리드각 α, 마찰계수 $\mu=\tan\rho$인 나사의 자립조건을 만족하는 것은? (단, ρ는 마찰각을 의미한다.)

① $\alpha<2\rho$ ② $2\alpha<\rho$

③ $\alpha<\rho$ ④ $\alpha>\rho$

56. 브레이크 슈의 길이와 폭이 각각 75mm, 28mm, 브레이크 슈를 미는 힘이 343N일 때 브레이크 압력은 약 몇 MPa인가?

① 0.076   ② 0.124

③ 0.163   ④ 0.215

해설 $p=\dfrac{P}{A}=\dfrac{343}{75\times28}$
$\fallingdotseq0.163\mathrm{Mpa}$

57. 마찰차를 적용하기 힘든 경우는?

① 정확한 속도비가 필요할 경우
② 두 회전축이 교차하면서 회전력을 전달할 경우
③ 전달력이 그렇게 크지 않을 경우
④ 무단 변속을 시키는 경우

58. 볼 베어링의 기본 부하용량 C, 베어링 이론 하중 P_{th}, 회전수가 N일 때 베어링의 수명시간 L_h는? (단, 하중계수는 f_w, 속도계수는 f_n, 수명계수는 f_h이다.)

① $L_h=500f_n^3\left(\dfrac{C}{P_{th}\times f_w}\right)^3$

② $L_h=\dfrac{10^6}{60}f_n^3\left(\dfrac{C}{P_{th}}\right)^3$

③ $L_h=500f_n^3\left(\dfrac{C}{P_{th}}\right)^3$

④ $L_h=500f_n^{\frac{10}{3}}\left(\dfrac{C}{P_{th}\times f_w}\right)^3$

59. 12m/s의 속도로 35.3kW의 동력을 전달하는 평벨트의 이완측 장력은 약 몇 N인가? (단, 긴장측 장력은 이완측 장력의 3배이고 원심력은 무시한다.)

① 980N   ② 1471N

③ 1961N   ④ 2942N

해설 $H=\dfrac{T_e v}{102\times9.81}=\dfrac{(T_1-T_2)\times v}{102\times9.81}$
$=\dfrac{2T_2\times12}{102\times9.81}=35.3$
$\therefore T_2=\dfrac{102\times9.81\times35.3}{2\times12}\fallingdotseq1471\mathrm{N}$

60. 높이 50mm의 사각봉이 압축 하중을 받아 0.004의 변형률이 생겼다고 하면 이 봉의 높이는 얼마가 되었는가?

① 49.8mm   ② 49.9mm

③ 49.96mm   ④ 49.99mm

해설 $\varepsilon=\dfrac{\lambda}{l}$, $\lambda=l\times\varepsilon=50\times0.004=0.2$
$\therefore 50-0.2=49.8\mathrm{mm}$

제4과목 : 컴퓨터 응용 설계

61. 서피스 모델(surface model)의 일반적인 특징으로 보기 어려운 것은?

① NC 가공 정보를 얻기가 용이하다.
② 복잡한 형상 표현이 가능하다.
③ 유한 요소법의 적용을 위한 요소 분할이 쉽다.
④ 은선 제거가 가능하다.

해설 유한 요소법은 솔리드 모델링에서 적용한다.

62. 일반적인 CAD 시스템에서 2차원 평면에

서 정해진 하나의 원을 그리는 방법이 아닌 것은?

① 원주상의 세 점을 알 경우
② 원의 반지름과 중심점을 알 경우
③ 원주상의 한 점과 원의 반지름을 알 경우
④ 원의 반지름과 2개의 접선을 알 경우

63. B-spline 곡선의 특징을 설명한 것으로 틀린 것은?

① 하나의 꼭짓점을 움직여도 이웃하는 단위 곡선과의 연속성이 보장된다.
② 1개의 정점 변화는 곡선 전체에 영향을 준다.
③ 다각형에 따른 형상 예측이 가능하다.
④ 곡선상의 점 몇 개를 알고 있으면 B-spline 곡선을 쉽게 알 수 있다.

64. 래스터 방식의 그래픽 모니터에서 수직, 수평선을 제외한 선분들이 계단 모양으로 표시되는 현상은?

① 플리커   ② 언더컷
③ 에일리어싱   ④ 클리핑

해설 에일리어싱 : 그래픽 제작 시 주파수를 추출할 때 올바른 주파수와 그릇된 주파수가 함께 생성되는 것을 말한다.

65. 빛을 편광시키는 특성을 가진 유기 화합물을 이용하는 디스플레이 장치로, 이 물질은 액체도 아니고 고체도 아닌 중간 상태로 존재하며, 온도에 매우 안정한 유기 화합물인 액정을 이용한 디스플레이는?

① LCD   ② OLED   ③ CRT   ④ PDP

66. 2차원으로 구성되는 원뿔 곡선의 일반식

이 A와 같다. 각 계수간의 관계가 식 B로 나타날 경우 이 원뿔 곡선은 무엇이 되는가?

A : $F(x, y) = ax^2 + bxy + cy^2 + dx + ey + g = 0$
B : $b^2 - 4ac < 0$

① 원   ② 타원
③ 포물선   ④ 쌍곡선

67. 용어의 설명 중 틀린 것은?

① 비트(bit) : 정보를 기억하는 최소 단위
② 바이트(byte) : 8비트 길이를 가지는 정보의 단위
③ 파일(file) : 셀(cell)의 집합
④ 블록(block) : 레코드(record)들의 집합

해설 블록은 성격이 같은 레코드들의 집합이고 파일은 성격이 다른 레코드들의 집합이다.

68. 8비트 ASCII 코드는 몇 개의 패리티 비트를 사용하는가?

① 1개   ② 2개
③ 3개   ④ 4개

해설 8비트 ASCII 코드는 1개의 패리티 비트, 3개의 존 비트, 4개의 숫자 비트를 사용한다.

69. 중앙처리장치와 상대적으로 느린 주기억장치 사이에서 발생하는 데이터 접근 속도를 완충하기 위해 사용하는 고속 기억장치는?

① main memory
② cache memory
③ read only memory
④ flash memory

해설 cache memory : CPU 내에 있는 고속 액세스가 가능한 기억 장치로 버퍼 메모리, 로컬 메모리라고도 한다.

70. CAD에서 레이어(layer)에 대한 설명으로 맞는 것은?

① 도면에서만 사용할 수 있는 사용자 정의 주석

② 어느 일부분을 확대하여 작업할 때 사용하는 명령어로 사각형은 대각되는 두 점을 입력하여야 함

③ 사용자의 입력을 돕기 위한 팝업 형태의 모든 창

④ 도면을 몇 개의 층으로 나누어 관리하는 방식으로 각 층별로 요소의 작성 및 편집들이 가능한 것

71. 솔리드 모델링 기법 중 CSG(Constructive Solid Geometry) 방법에 의한 형상 작업을 할 경우 기본적인 불 연산(Boolean operation) 작업에 해당하지 않는 것은?

① 더하기(union)

② 빼기(difference)

③ 곱하기(multiplication)

④ 교차(intersection)

72. CAD 소프트웨어와 가장 관계가 먼 것은?

① AutoCAD ② EXCEL

③ SolidWorks ④ CATIA

73. 서로 다른 CAD/CAM 시스템 사이에서 데이터를 상호교환하기 위한 데이터 교환 표준에 해당하지 않는 것은?

① IGES ② STEP

③ DXF ④ DWG

해설 대표적인 데이터 교환 표준
IGES, STEP, DXF, STL, GKS, PHIGS

74. 2차원 평면에서 다음과 같은 관계식으로 이루어진 직선과 평행한 직선이 아닌 것은?

$$2x - 3y + 7 = 0$$

① $3x - 5y + 9 = 0$ ② $y = \dfrac{2}{3}x + 1$

③ $4x - 6y + 5 = 0$ ④ $9y - 6x + 11 = 0$

해설 기울기가 같으면 직선은 서로 평행하다.

$2x - 3y + 7 = 0 \rightarrow y = \dfrac{2}{3}x + \dfrac{7}{3} \rightarrow$ 기울기 : $\dfrac{2}{3}$

$3x - 5y + 9 = 0 \rightarrow y = \dfrac{3}{5}x + \dfrac{9}{5} \rightarrow$ 기울기 : $\dfrac{3}{5}$

∴ $3x - 5y + 9 = 0$은 나머지 직선과 기울기가 다르므로 주어진 직선과 평행하지 않다.

75. 그림과 같은 꽃병 도형을 그리기에 가장 적합한 방법은?

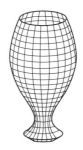

① 오프셋 곡면 ② 원뿔 곡면

③ 회전 곡면 ④ 필렛 곡면

해설 꽃병과 같은 형상의 도형은 축을 기준으로 회전하는 모델링이다.

76. CAD 용어 중 점, 선, 아크, 곡면 등 3차원 CAD 시스템에서 입력의 최소 단위를 나타내는 용어는?

① 엔티티(entity)

② 파일(file)

③ 객체(object)

④ 경계(boundary)

정답 **70.** ④ **71.** ③ **72.** ② **73.** ④ **74.** ① **75.** ③ **76.** ①

77. 다음과 같은 2차원 동차좌표 변환행렬이 수행하는 변환은?

$$T = \begin{bmatrix} 2 & 0 & 0 \\ 0 & 2 & 0 \\ 0 & 0 & 1 \end{bmatrix}$$

① 이동   ② 회전
③ 확대   ④ 대칭

78. 행렬 $A = \begin{bmatrix} 1 & 2 \\ 0 & 1 \\ 1 & 1 \end{bmatrix}$ 와 $B = \begin{bmatrix} 0 & 1 & 2 \\ 1 & 0 & 3 \end{bmatrix}$ 의 곱 AB는?

① $\begin{bmatrix} 1 & 1 \\ 0 & 0 \\ 1 & 2 \end{bmatrix}$ ② $\begin{bmatrix} 1 & 2 & 0 \\ 3 & 1 & 1 \end{bmatrix}$

③ $\begin{bmatrix} 2 & 3 \\ 3 & 5 \end{bmatrix}$ ④ $\begin{bmatrix} 2 & 1 & 8 \\ 1 & 0 & 3 \\ 1 & 1 & 5 \end{bmatrix}$

해설 3×2행렬과 2×3행렬을 곱하면 계산 결과는 3×3행렬이 되므로 해당하는 것은 ④이다.

79. 지정된 모든 점을 통과하면서 부드럽게 연결이 필요한 자동차나 항공기와 같은 자유 곡선 또는 곡면을 설계할 때 부드럽게 곡선을 그리기 위하여 사용되는 것은?

① 베지어 곡선
② 스플라인 곡선
③ B-스플라인 곡선
④ NURBS 곡선

80. 3차원 형상의 솔리드 모델링 방법에서 CSG 방식과 B-rep 방식을 비교한 설명 중 틀린 것은?

① B-rep 방식은 CSG 방식에 비해 보다 복잡한 형상의 물체(비행기 동체 등)를 모델링 하는 데 유리하다.
② B-rep 방식은 CSG 방식에 비해 3면도, 투시도 작성이 용이하다.
③ B-rep 방식은 CSG 방식에 비해 필요한 메모리의 양이 적다.
④ B-rep 방식은 CSG 방식에 비해 표면적 계산이 용이하다.

해설 B-rep 방식은 중량 계산이 곤란하며 CSG 방식에 비해 필요한 메모리의 양이 많다.

기계설계산업기사

2012년

제1과목 : 기계 가공법 및 안전관리

1. 물체의 길이, 각도, 형상 측정이 가능한 측정기는?

① 표면 거칠기 측정기
② 3차원 측정기
③ 사인 센터
④ 다이얼 게이지

2. 다음 그림과 같은 공작물의 테이퍼를 선반의 공구대를 회전시켜 가공하려고 한다. 이 때 복식 공구대의 회전각은?

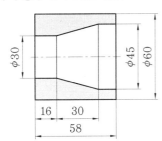

① 약 10도
② 약 12도
③ 약 14도
④ 약 18도

해설 $\theta = \tan^{-1}\dfrac{D-d}{2l} = \tan^{-1}\dfrac{45-30}{2\times30} = 14°$

3. 연한 갈색으로 일반 강의 연삭에 사용하는 연삭숫돌의 재질은?

① A 숫돌
② WA 숫돌
③ C 숫돌
④ GC 숫돌

4. 일반적으로 밀링 머신의 크기는 호칭번호로 표시한다. 그 기준은?

① 기계의 중량
② 기계의 설치 넓이
③ 테이블의 이동거리
④ 주축 모터의 크기

해설 No. 0부터 숫자가 클수록 규격이 크다.

5. CNC 프로그래밍에서 좌표계 주소(address)와 관련이 없는 것은?

① X, Y, Z
② A, B, C
③ I, J, K
④ P, U, X

해설 P, U, X : 일시 정지 지령을 위한 주소

6. 피측정물과 표준자와는 측정 방향에 있어서 일직선 위에 배치하여야 한다는 것은?

① 헤르츠의 법칙
② 훅의 법칙
③ 에어리점
④ 아베의 원리

7. 벨트를 풀리에 걸 때는 어떤 상태에서 해야 안전한가?

① 저속 회전 상태
② 중속 회전 상태
③ 회전 중지 상태
④ 고속 회전 상태

8. 밀링에서 상향 절삭과 하향 절삭의 비교 설명으로 맞는 것은?

① 상향 절삭은 절삭력이 상향으로 작용하여 가공물 고정이 유리하다.
② 상향 절삭은 기계의 강성이 낮아도 무방하다.
③ 하향 절삭은 상향 절삭에 비하여 공구 마모가 빠르다.
④ 하향 절삭은 백래시(back lash)를 제거할 필요가 없다.

정답 1. ② 2. ③ 3. ① 4. ③ 5. ④ 6. ④ 7. ③ 8. ②

해설 상향 절삭과 하향 절삭의 비교

상향 절삭	하향 절삭
• 백래시 제거 불필요 • 공작물 고정이 불리 • 공구 수명이 짧다. • 소비 동력이 크다. • 가공면이 거칠다. • 기계 강성이 낮아도 된다.	• 백래시 제거 필요 • 공작물 고정이 유리 • 공구 수명이 길다. • 소비 동력이 작다. • 가공면이 깨끗하다. • 기계 강성이 높아야 한다.

9. 연삭숫돌의 입자 중 천연 입자가 아닌 것은?

① 석영   ② 커런덤

③ 다이아몬드   ④ 알루미나

해설 • 천연 입자 : 다이아몬드(MD), 카보런덤, 금강석(석영 : emery), 커런덤
• 인조 입자 : 알루미나, 탄화규소

10. 판재 또는 포신 등의 큰 구멍 가공에 적합한 보링 머신은?

① 코어 보링 머신   ② 수직 보링 머신

③ 보통 보링 머신   ④ 지그 보링 머신

해설 코어 보링 머신은 구멍의 내부를 모두 제거하는 것이 아니라 가운데는 남기고 원둘레만 제거하여 큰 구멍을 내는 방식이다.

11. 방전 가공에서 전극 재료의 조건으로 맞지 않는 것은?

① 방전이 안전하고 가공 속도가 클 것

② 가공에 따른 가공 전극의 소모가 적을 것

③ 공작물보다 경도가 높을 것

④ 기계 가공이 쉽고 가공 정밀도가 높을 것

해설 방전 가공은 방전을 이용하는 방식이므로 경도는 고려할 조건이 아니다.

12. 어미자의 1눈금이 0.5mm이며 아들자의

눈금이 12mm를 25등분한 버니어 캘리퍼스의 최소 측정값은?

① 0.01mm   ② 0.05mm

③ 0.02mm   ④ 0.1mm

해설 최소 측정값 $= \dfrac{\text{어미자의 최소 눈금}}{\text{등분 수}}$

$= \dfrac{0.5}{25} = 0.02\,\text{mm}$

13. 다이얼 게이지(dial gauge)의 특징이 아닌 것은?

① 다원 측정의 검출기로 이용할 수 있다.

② 눈금과 지침에 의해 읽기 때문에 오차가 적다.

③ 연속된 변위량의 측정이 가능하다.

④ 측정 범위가 넓고 직접 제품의 수치를 읽을 수 있다.

해설 다이얼 게이지는 제품의 치수를 직접 읽을 수 없는 비교 측정기로, 측정 부위를 변경하며 변위를 측정하거나 게이지 블록의 높이와 비교하여 치수를 읽을 수 있다.

14. 연삭숫돌을 고무 해머로 때려 검사한 결과 울림이 없거나 둔탁한 소리가 나는 것은?

① 완전한 숫돌

② 균열이 생긴 숫돌

③ 두께가 두꺼운 숫돌

④ 두께가 얇은 숫돌

15. 브로칭 머신에서 브로치를 인발 또는 압입하는 방법에 속하지 않는 것은?

① 나사식   ② 기어식

③ 유압식   ④ 압출식

16. 연성 재료를 고속 절삭할 때 생기는 칩의

형태는?

① 유동형(flow type)

② 균열형(crack type)

③ 열단형(tear type)

④ 전단형(shear type)

해설 유동형 칩 발생 원인

• 연성 재료를 고속 절삭할 때

• 윤활유의 공급이 원활할 때

• 절삭 깊이가 작은 안정적인 가공을 할 때

17. 밀링 작업에서 일감의 가공 면에 떨림 (chattering)이 나타날 경우 그 방지책으로 적합하지 않는 것은?

① 밀링 커터의 정밀도를 좋게 한다.

② 일감의 고정을 확실히 한다.

③ 절삭 조건을 개선한다.

④ 회전 속도를 빠르게 한다.

해설 회전 속도를 무조건 빠르게 하는 것은 좋지 않으므로 적절히 조절해야 한다.

18. 바이트의 여유각을 주는 가장 큰 이유는?

① 바이트의 날끝과 공작물 사이의 마찰을 줄이기 위하여

② 공작물의 깎이는 깊이를 적게 하고 바이트의 날끝이 부러지지 않도록 보호하기 위하여

③ 바이트가 공작물을 깎는 쇳가루의 흐름을 잘되게 하기 위하여

④ 바이트의 재질이 강한 것이기 때문에

19. 면판붙이 주축대 2대를 마주 세운 구조형으로 된 선반은?

① 차축 선반　　② 차륜 선반

③ 공구 선반　　④ 직립 선반

해설 면판이 붙어 있는 주축대 2대가 마주 보고 있는 선반은 차륜 선반이다.

20. 절삭 속도가 140m/min이고 이송이 0.25 mm/rev인 절삭 조건을 사용하여 80mm인 환봉을 75mm로 1회 절삭하려고 할 때 소요되는 가공시간은 약 몇 분인가? (단, 절삭 길이는 300mm이다.)

① 2분　　　　② 4분

③ 6분　　　　④ 8분

해설 $N = \dfrac{1000V}{\pi D} = \dfrac{1000 \times 140}{\pi \times 75} ≒ 594\,\text{rpm}$

$\therefore T = \dfrac{L}{Nf} \times i = \dfrac{300}{594 \times 0.25} \times 1 ≒ 2분$

제2과목 : 기계 제도

---

21. 다음 도면에서 A~D 선의 용도에 의한 명칭이 잘못된 것은?

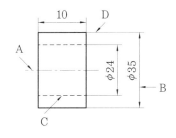

① A : 중심선

② B : 치수선

③ C : 숨은선(은선)

④ D : 지시선

해설 D : 치수 보조선

22. 다음 재료 기호 중 회주철품의 KS 기호는?

① FC　　② DC　　③ GC　　④ SC

23. 3줄 M20×2와 같은 나사 표시 기호에서 리드는 얼마인가?

① 5mm   ② 2mm

③ 3mm   ④ 6mm

해설 $l=np=3\times2=6$mm

24. 다음 그림에서 $\phi20$ 부분의 최대 실체 공차 방식에 의한 실효 치수는 몇 mm인가?

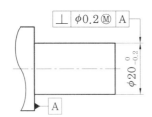

① $\phi19.6$ ② $\phi19.8$

③ $\phi20.2$ ④ $\phi20.4$

해설 실효 치수$=20.0+0.2=20.2$mm

25. KS 기계 제도에 의한 다음 그림과 같은 부등변 ㄱ 형강의 표시 방법으로 가장 적합한 것은?

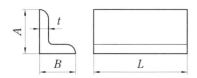

① $Lt\times A\times L-B$ ② $LA\times B\times t-L$

③ $Lt\times B\times L-A$ ④ $LA\times L\times B-t$

26. 강구조물(steel structure) 등의 치수 표시에 관한 KS 기계 제도 규격에 관한 설명으로 틀린 것은?

① 구조선도에서 절점 사이의 치수를 표시할 수 있다.

② 치수는 부재를 나타내는 선에 연하여 직

접 기입할 수 있다.

③ 절점이란 구조선도에 있어서 부재의 단순 중심점이다.

④ 형강, 각강 등의 치수는 각각의 표시 방법에 의해서 도형에 연하여 기입할 수 있다.

해설 강구조물 등을 축척하여 가는 실선으로 표시하는 구조선도에 있어서 절점이란 부재의 무게중심선의 교점이다.

27. 그림과 같은 정면도와 평면도에 가장 적합한 우측면도는?

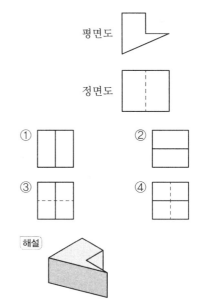

해설

28. 용접 기호 중에서 필릿 용접 기호는?

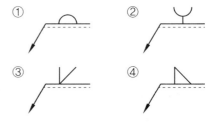

29. 가공 방법의 약호 중 래핑 가공을 나타낸

정답 23. ④   24. ③   25. ②   26. ③   27. ①   28. ④   29. ①

것은?

① FL ② FR
③ FS ④ FF

해설 • FR : 리밍
• FS : 스크레이핑
• FF : 줄 다듬질

30. 리벳의 호칭법으로 가장 적합한 것은?

① (종류)×(길이) (지름) (재료)
② (종류) (지름)×(길이) (재료)
③ (종류) (재료) (지름)×(길이)
④ (종류) (재료)×(지름) (길이)

31. 치수 공차와 끼워맞춤 공차에 사용하는 용어의 설명이다. 용어의 설명이 잘못된 것은?

① 틈새 : 구멍의 치수가 축의 치수보다 클 때 구멍과 축의 치수 차
② 위 치수 허용차 : 최대 허용 치수에서 기준 치수를 뺀 값
③ 헐거운 끼워맞춤 : 항상 틈새가 있는 끼워맞춤
④ 치수 공차 : 기준 치수에서 아래 치수 허용차를 뺀 값

해설 치수 공차는 위 치수 허용차에서 아래 치수 허용차를 뺀 값이다.

32. 일반적으로 해칭선을 그릴 때 사용하는 선의 명칭은?

① 굵은 2점 쇄선 ② 굵은 1점 쇄선
③ 가는 실선 ④ 가는 1점 쇄선

해설 해칭선은 가는 실선을 사용하며, 주된 중심선에 대하여 45°로 하는 것이 좋다.

33. 다음 그림과 같은 입체도에서 화살표 방향이 정면일 경우 평면도로 적합한 것은?

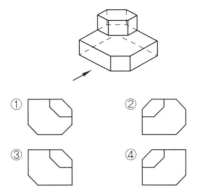

① ②

③ ④

34. 그림과 같이 절단된 편심 원뿔의 전개법으로 가장 적합한 것은?

① 삼각형법 ② 평행선법
③ 사각형법 ④ 동심원법

해설 그림과 같이 밑면과 윗면의 중심이 같지 않은 원뿔의 전개법은 삼각형법을 이용한다.

35. 그림과 같이 스퍼 기어의 주투상도를 부분 단면도로 나타낼 때 "A"가 지시하는 곳의 선의 모양은?

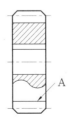

① 굵은 실선
② 굵은 파선
③ 가는 실선
④ 가는 파선

해설 단면된 부분의 이뿌리선은 굵은 실선으로 그리며, 단면되지 않은 부분의 이뿌리선은 가는 실선으로 그린다.

정답 30. ② 31. ④ 32. ③ 33. ④ 34. ① 35. ③

36. ⌀40H7의 구멍에 헐거운 끼워맞춤이 되는 축의 치수는?

① ⌀40n6 ② ⌀40p6

③ ⌀40t6 ④ ⌀40g6

해설 구멍 기준식 끼워맞춤

기준 구멍	헐거운 끼워맞춤		중간 끼워맞춤			억지 끼워맞춤		
H7	f6	g6	h6	js6	k6	m6	n6	p6	r6

37. "A"와 같은 형상을 "B"에 조립시킬 때 "?"에 필요한 기하 공차 기호는? (단, A의 형상은 이상적으로 정확한 형상이라 가정한다.)

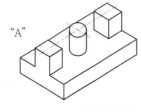

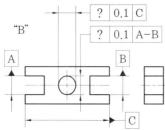

① ∥ ② ◎

③ ═ ④ ⌀

해설 A-B와 C의 관계를 생각해 보면 대칭도(═)를 사용하는 것이 바람직하다.

38. 구름 베어링의 호칭 번호가 6000일 때 안지름은 몇 mm인가?

① 5 ② 8 ③ 10 ④ 50

해설 00 : 10mm

39. 도면이 전체적으로 치수에 비례하지 않게 그려졌을 경우 알맞은 표시 방법은?

① 치수를 적색으로 표시한다.

② 치수에 괄호를 한다.

③ 척도에 NS로 표시한다.

④ 치수에 ※표를 한다.

해설 정해진 척도로 그려지지 않은 도면에는 NS(Not to Scale(비례척이 아님))라고 표시한다.

40. 복렬 자동 조심 볼 베어링의 약식 도시 기호가 바르게 표기된 것은?

①   ②

③   ④

제3과목 : 기계 설계 및 기계 재료

41. 백주철을 고온에서 장시간 열처리하여 시멘타이트 조직을 분해하거나 소실시켜 인성 또는 연성을 개선한 주철은?

① 가단주철 ② 칠드 주철

③ 구상흑연주철 ④ 합금 주철

42. 줄(file)의 재질로는 보통 어떤 강을 사용하는가?

① 고속도강 ② 탄소 공구강

③ 초경합금강 ④ 톰백

43. 구리 합금 중 6:4 황동에 약 0.8% 정도

의 주석을 첨가하여 내해수성이 강하기 때문에 선박용 부품에 사용하는 특수 황동은?

① 네이벌 황동 ② 강력 황동
③ 납 황동 ④ 애드미럴티 황동

44. 일반적으로 금속재료에 비하여 세라믹의 특징으로 옳은 것은?

① 인성이 풍부하다.
② 내산화성이 양호하다.
③ 성형성 및 기계 가공성이 좋다.
④ 내충격성이 높다.

해설 세라믹은 경도가 높고 내식성이 우수하지만 인성이 적고 충격에 약하다.

45. 아공석강에서 탄소강의 탄소 함유량이 증가할 때 기계적 성질을 설명한 것으로 틀린 것은?

① 인장 강도가 증가한다.
② 경도가 증가한다.
③ 항복점이 증가한다.
④ 연신율이 증가한다.

해설 탄소 함유량을 증가시키면 인장 강도와 경도는 증가하고 연신율과 충격치는 감소한다.

46. 풀림 처리의 목적으로 가장 적합한 것은?

① 연화 및 내부 응력 제거
② 경도의 증가
③ 조직의 오스테나이트화
④ 표면의 경화

해설 풀림 처리의 목적
• 기계 가공성 향상
• 연화 및 내부 응력 제거
• 기계적 성질 개선

47. 일반적인 합금의 성질을 설명한 것으로 틀린 것은?

① 전기전도율이나 열전도율이 낮아진다.
② 강도와 경도가 커지고 전성과 연성이 작아진다.
③ 용해점이 높아진다.
④ 담금질 효과가 크다.

해설 일반적으로 합금을 하면 담금질 효과는 커지지만 용해점은 낮아진다.

48. Al−Cr−Mo강을 가스 질화할 때 처리 온도로 적당한 것은?

① 370~450℃ ② 500~550℃
③ 650~700℃ ④ 850~900℃

해설 가스 질화법 : 암모니아(NH_3)를 고온에서 가열하여 질화물을 만드는 강의 표면 경화법이다.

49. 탄소강을 담금질할 때 이용하는 냉각제 중에서 냉각 성능이 큰 것부터 나열된 것은?

① 10% 식염수>기름>물
② 물>기름>10% 식염수
③ 10% 식염수>물>기름
④ 기름>물>10% 식염수

50. 금반지를 18(K) 금으로 만들었다. 순금(Au)은 몇 %가 함유된 것인가?

① 18 ② 34
③ 75 ④ 100

해설 $\dfrac{18K}{24K} \times 100 = 75\%$

51. 전달할 수 있는 회전력의 크기가 가장 큰 키(key)는?

정답 **44.** ②　**45.** ④　**46.** ①　**47.** ③　**48.** ②　**49.** ③　**50.** ③　**51.** ①

① 접선 키　　② 안장 키
③ 평행 키　　④ 둥근 키

해설 회전력의 크기
세레이션 > 스플라인 > 접선 키 > 묻힘 키 > 평
키 > 반달 키 > 안장 키

52. 축의 지름에 비해 길이가 짧은 축을 말하며, 비틀림과 굽힘을 동시에 받는 축으로 공작 기계의 주축 및 터빈 축에 사용하는 것은?

① 차축(axle shaft)
② 전동축(transmission shaft)
③ 스핀들(spindle)
④ 유연성 축(flexible shaft)

53. 표준 스퍼 기어에서 모듈 5, 잇수 17개, 압력각이 20°라고 할 때, 법선 피치(P_n)는 약 몇 mm인가?

① 18.2　　② 14.8
③ 15.6　　④ 12.4

해설 $P_n = \pi m \cos\alpha = \pi \times 5 \times \cos 20° \fallingdotseq 14.8\,\text{mm}$

54. 구름 베어링 중에서 가장 널리 사용되는 것으로, 구조가 간단하고 정밀도가 높아서 고속 회전용으로 적합한 베어링은?

① 깊은 홈 볼 베어링
② 마그네토 볼 베어링
③ 앵귤러 볼 베어링
④ 자동 조심 볼 베어링

55. 리벳 이음에서 리벳 지름을 d, 피치를 p라 할 때 강판의 효율 η로 옳은 것은? (단, 1줄 리벳 겹치기 이음이다.)

① $\eta = 1 - \dfrac{d}{p}$　　② $\eta = \dfrac{d}{p} - 1$

③ $\eta = 1 - \dfrac{p}{d}$　　④ $\eta = 1 + \dfrac{d}{p}$

해설 $\eta = \dfrac{p-d}{p} = 1 - \dfrac{d}{p}$

56. 풀리의 지름 200mm, 회전수 1600rpm으로 4kW의 동력을 전달할 때 벨트의 유효 장력은 약 몇 N인가? (단, 원심력과 마찰은 무시한다.)

① 24　　② 93
③ 239　　④ 527

해설 $V = \dfrac{\pi DN}{60 \times 10^3} = \dfrac{\pi \times 200 \times 1600}{60 \times 10^3}$
$\fallingdotseq 16.75\,\text{m/s}$

$\therefore F = \dfrac{102 \times 9.81 \times H}{V} = \dfrac{102 \times 9.81 \times 4}{16.75}$
$\fallingdotseq 239\,\text{N}$

57. 이론적으로 사각나사의 효율을 최대로 하는 리드각(λ)은 얼마인가? (단, ρ는 마찰각이다.)

① $\lambda = 45° + \dfrac{\rho}{2}$　　② $\lambda = 45° - \dfrac{\rho}{2}$

③ $\lambda = 45° + \rho$　　④ $\lambda = 45° - \rho$

58. 자동 하중 브레이크에 속하는 것은?

① 밴드 브레이크(band brake)
② 블록 브레이크(block brake)
③ 웜 브레이크(worm brake)
④ 원추 브레이크(cone brake)

해설 자동 하중 브레이크 : 하물을 올릴 때는 제동 작용을 하지 않고 아래로 내릴 때는 하물 자중에 의한 제동 작용으로 속도를 조절하거나 정지시키는 장치이다. 웜 브레이크, 나사 브레이크, 원심 브레이크 등이 있다.

정답 **52.** ③　**53.** ②　**54.** ①　**55.** ①　**56.** ③　**57.** ②　**58.** ③

59. 지름 2cm의 봉재에 인장 하중이 400N 이 작용할 때 발생하는 인장 응력은 약 얼마 인가?

① 127.3N/cm²   ② 127.3N/mm²

③ 172.8N/cm²   ④ 172.8N/mm²

해설 $\sigma = \dfrac{W}{A} = \dfrac{W}{\dfrac{\pi d^2}{4}} = \dfrac{400}{\dfrac{\pi \times 2^2}{4}} ≒ 127.3\,\text{N/cm}^2$

60. 스프링 코일의 평균 지름 60mm, 유효 권수 10, 소재 지름 6mm, 가로탄성계수(G) 는 78.48GPa이고, 이 스프링에 하중 490N 을 받을 때 코일 스프링의 처짐은 약 몇 mm 가 되는가?

① 6.67   ② 83.2

③ 8.3   ④ 66.7

해설 $\delta = \dfrac{8 n_a D^3 W}{G d^4} = \dfrac{8 \times 10 \times 60^3 \times 490}{(78.48 \times 10^3) \times 6^4}$

$≒ 83.2\,\text{mm}$

제4과목 : 컴퓨터 응용 설계

---

61. 기존의 제품에 대한 치수를 측정하여 도면 을 만드는 작업을 부르는 말로 적절한 것은?

① RE(Reverse Engineering)

② FMS(Flexible Manufacturing System)

③ EDP(Electronic Data Processing)

④ ERP(Enterprise Resource Planning)

해설 RE : 이미 제작되어 있는 제품을 스캔하여 CAD 모델로 만드는 작업이다.

62. 자체 발광 기능을 가진 형광체 유기 화합 물을 사용하는 발광형 디스플레이로서 색감

을 떨어뜨리는 백라이트, 즉 후광장치가 필 요 없는 디스플레이 장치는?

① CRT(Cathode Ray Tub) 디스플레이

② TFT−LCD(Thin Film Transistor−Liquid Crystal Display)

③ OLED(Organic Light Emitting Diode) 디 스플레이

④ PDP(Plasma Display Panel)

63. 특징 형상 모델링(feature−based modeling) 의 특징으로 거리가 먼 것은?

① 기본적인 형상 구성 요소와 형상 단위에 관한 정보를 함께 포함하고 있다.

② 전형적인 특징 형상으로 모따기(chamfer), 구멍(hole), 슬롯(slot) 등이 있다.

③ 특징 형상 모델링 기법을 응용하여 모델 로부터 공정계획을 자동으로 생성시킬 수 있다.

④ 주로 트위킹(tweaking) 기능을 이용하여 모델링을 수행한다.

64. 이미 정의된 두 곡면을 부드럽게 연결하 는 것을 뜻하는 용어는?

① blending   ② remeshing

③ sweep   ④ smoothing

65. 2차원 좌표상에서의 동차 변환행렬이 다 음과 같을 때 a, b, c, d와 관계가 없는 것은? (단, 동차 변환식은 $P' = T_H$이다.)

$$T_H = \begin{bmatrix} a & b & p \\ c & d & q \\ m & n & s \end{bmatrix}$$

① 전단(shearing) 변환

② 회전(rotation) 변환

③ 스케일링(scaling) 변환

④ 이동(translation) 변환

해설 이동 변환은 m, n과 관계가 있다.

66. 점 P(3, 5)를 원점을 중심으로 반시계 방향으로 90°회전시킬 때 회전한 점의 좌표는? (단, 반시계 방향을 양(+)의 각으로 한다.)

① (3, −5) ② (−5, 3)

③ (−3, 5) ④ (5, −3)

해설 $\begin{bmatrix} x' & y' \end{bmatrix} = \begin{bmatrix} x & y \end{bmatrix} \begin{bmatrix} \cos 90° & \sin 90° \\ -\sin 90° & \cos 90° \end{bmatrix}$

$= \begin{bmatrix} 3 & 5 \end{bmatrix} \begin{bmatrix} 0 & 1 \\ -1 & 0 \end{bmatrix}$

$= \begin{bmatrix} -5 & 3 \end{bmatrix}$

67. 원뿔을 임의의 평면으로 교차시킨 경우에 나타나는 원뿔 단면 곡선에 해당하지 않는 것은?

① 사각형(rectangle)

② 원(circle)

③ 타원(ellipse)

④ 쌍곡선(hyperbola)

68. 모델링에서 은선과 은면을 제거하는 방법 중 하나로 z−버퍼 방법이 있는데, 이와 관련된 설명으로 틀린 것은?

① z−버퍼 방법은 수많은 화소들만큼 많은 실수 변수들을 저장하기 위한 매우 많은 메모리 공간을 요구한다.

② 임의의 스크린의 영역이 관찰자에게 가장 가까운 요소들에 의해 차지된다는 깊이 분류 알고리즘과 동일한 원리에 기초를 둔다.

③ 깊이 분류 알고리즘과 다른 점은 면이 무작위 순서로 투영된다.

④ z−버퍼를 이용한 은면 제거에서 법선 벡터가 관찰자로부터 먼 쪽을 향하고 있는 면은 가시적(visible)이다.

69. CAD 용어에 관한 설명으로 틀린 것은?

① 표시하고자 하는 화면상의 영역을 벗어나는 선들을 잘라버리는 것을 트리밍(trimming)이라 한다.

② 물체를 완전히 관통하지 않는 홈을 형성하는 특징 형상을 포켓(pocket)이라 한다.

③ 명령의 실행 또는 마우스 클릭 시마다 On 또는 Off가 번갈아 나타나는 세팅을 토글(toggle)이라 한다.

④ 모델을 명암이 포함된 색상으로 처리한 솔리드로 표시하는 작업을 셰이딩(shading)이라 한다.

해설 트리밍은 지정된 경계를 기준으로 도면 요소의 일부를 잘라내는 작업으로, 선들을 잘라버리는 것은 아니다.

70. 컴퓨터에서 최소의 입출력 단위로, 물리적으로 읽기를 할 수 있는 레코드에 해당하는 것은?

① block ② field

③ word ④ bit

해설 block은 최소의 입출력 단위로, 물리적으로 읽기를 할 수 있는 서로 다른 성격을 가진 record들의 집합이다.

71. 지정된 모든 점을 통과하면서 부드럽게 연결한 곡선은?

① spline 곡선

② Bezier 곡선

③ B-spline 곡선

④ NURBS 곡선

72. 솔리드 모델링에서 CSG 데이터 구조에 대한 일반적인 설명으로 틀린 것은?

① 데이터 구조가 간단하고 데이터의 양이 적다.

② CSG 구조로 저장된 데이터는 B-rep 데이터로 치환할 수 없다.

③ CSG 데이터 구조를 사용할 경우 모델링 입력방법으로 Boolean 작업만 사용해야 한다.

④ 저장된 입체로부터 경계면이나 경계선의 정보를 유도해내는 데 많은 계산이 요구된다.

73. 컴퓨터 하드웨어 중 수학적 계산과 논리적인 처리가 수행되는 것은?

① disc drive   ② CPU

③ monitor   ④ printer

74. 좌표계의 원점이 중심이고 경도 u, 위도 v로 표시되는 구(sphere)의 매개변수식으로 옳은 것은? (단, 구의 반지름은 R로 가정하고 $\hat{i}$, $\hat{j}$, $\hat{k}$는 각각 x, y, z축 방향의 단위벡터이며, $0 \leq u \leq 2\pi$, $-\pi/2 \leq v \leq \pi/2$이다.)

① $\vec{r}(u, v) = R\cos(u)\cos(v)\hat{i}$
$+ R\cos(u)\sin(v)\hat{j} + R\sin(v)\hat{k}$

② $\vec{r}(u, v) = R\cos(v)\cos(u)\hat{i}$
$+ R\cos(v)\sin(u)\hat{j} + R\sin(v)\hat{k}$

③ $\vec{r}(u, v) = R\cos(u)\cos(v)\hat{i}$
$+ R\cos(u)\sin(v)\hat{j} + R\cos(v)\hat{k}$

④ $\vec{r}(u, v) = R\cos(v)\cos(u)\hat{i}$
$+ R\cos(v)\sin(u)\hat{j} + R\cos(v)\hat{k}$

75. 서로 다른 기종의 CAD 데이터를 호환하기 위한 데이터 포맷으로 적절하지 않은 것은?

① DXF   ② IGES

③ STEP   ④ OpenGL

해설 대표적인 데이터 교환 표준
DXF, IGES, STEP, STL, GKS, PHGIS

76. 일반적으로 3차원 좌표계에서 사용되는 동차변환 행렬(homogeneous transformation matrix)의 크기는?

① (2×2) ② (3×3)

③ (4×4) ④ (5×5)

해설 2차원 좌표계에서 일반적인 변환 행렬은 3×3행렬이고 3차원 좌표계에서 일반적인 변환 행렬은 4×4행렬이다.

77. 직육면체, 원통, 구 등의 기본 도형에 대한 집합 연산을 통하여 형상 모델을 구축해 나가는 방식은?

① 스윕 방식

② CSG 방식

③ B-rep 방식

④ 서비스 모델 방식

78. 디지털 목업(digital mock-up)에 관한 설명으로 거리가 먼 것은?

① 실물 mock-up의 사용 빈도를 줄일 수 있는 대안이다.

② 간섭 검사, 기구학적 검사, 그리고 조립체 속을 걸어다니는 듯한 효과 등을 낼 수 있다.

③ 적어도 surface나 solid model로 제품이 모델링되어야 한다.

④ 조립체 모델링에는 아직 적용되지 않는다.

정답 **72.** ②   **73.** ②   **74.** ②   **75.** ④   **76.** ③   **77.** ②   **78.** ④

해설 디지털 목업은 조립 및 분해 배치 등의 검증도 가능하므로 다방면으로 사용된다.

79. 곡선의 양 끝점을 P_0과 P_1, 양 끝점에서의 접선 벡터를 P_0'과 P_1'이라 할 때 다음과 같은 식으로 표현되는 곡선은?

$$P(u) = \begin{bmatrix} 1-3u^2+2u^3 & 3u^2-2u^3 \\ u-2u^2+u^3 & -u^2+u^3 \end{bmatrix} \begin{bmatrix} P_0 \\ P_1 \\ P_0' \\ P_1' \end{bmatrix}$$

① Bezier 곡선
② B-spline 곡선
③ Hermite 곡선
④ NURBS 곡선

80. 공간상에서 선을 이용하여 3차원 물체를 표시하는 와이어 프레임 모델의 특징을 설명한 것 중 틀린 것은?

① 3면 투시도 작성이 용이하다.
② 단면도 작성이 불가능하다.
③ 물리적 성질의 계산이 가능하다.
④ 은선 제거가 불가능하다.

해설 물리적 성질의 계산이 가능한 것은 솔리드 모델링이다.

2013년 시행 문제

기계설계산업기사

제1과목 : 기계 가공법 및 안전관리

1. 연삭숫돌의 자생 작용이 잘되지 않아 입자가 납작해져서 날이 분화되는 무딤 현상은?

① 글레이징(glazing) ② 로딩(loading)
③ 드레싱(dressing) ④ 트루잉(truing)

해설 글레이징은 숫돌 입자가 일정 시간 이상이 되어도 탈락되지 않고 붙어 있으면서 마멸이 심하게 일어나는 현상이다.

2. 3침법이란 수나사의 무엇을 측정하는 방법인가?

① 골지름 ② 피치
③ 유효 지름 ④ 바깥지름

해설 수나사의 유효 지름을 측정하는 방법에는 삼침법, 나사 마이크로미터에 의한 방법, 광학적인 방법 등이 있다.

3. 광물성유를 화학적으로 처리하여 원액에 80% 정도의 물을 혼합하여 사용하며, 점성이 낮고 비열과 냉각효과가 큰 절삭유는?

① 지방질유 ② 광유
③ 유화유 ④ 수용성 절삭유

4. 초경합금 공구에 내마모성과 내열성을 향상시키기 위해 피복하는 재질이 아닌 것은?

① TiC ② TiAl
③ TiN ④ TiCN

해설 피복 초경합금 : 모재 위에 내마모성이 우수한 물질(TiC, TiN, TiCN, Al_2O_3)을 $5\sim10\mu m$ 얇게 피복한 것이다.

5. 선반의 규격을 가장 잘 나타낸 것은?

① 선반의 총 중량과 원동기의 마력
② 깎을 수 있는 일감의 최대 지름
③ 선반의 높이와 베드의 길이
④ 주축대의 구조와 베드의 길이

해설 선반의 규격
• 베드 위에서의 스윙
• 왕복대 위에서의 스윙
• 양 센터 사이의 최대 거리
  (가공할 수 있는 공작물의 최대 지름)

6. 밀링 작업에서 스핀들의 앞면에 있는 24구멍의 직접 분할판을 사용하여 분할하며, 이때 웜을 아래로 내려 스핀들의 웜 휠과 물림을 끊는 분할법은?

① 간접 분할법 ② 직접 분할법
③ 차동 분할법 ④ 단식 분할법

해설 직접 분할법 : 주축의 앞부분에 있는 구멍 24개를 이용하여 2, 3, 4, 6, 8, 12, 24로 등분할 수 있는 방법이다.

7. +4μm의 오차가 있는 호칭 치수 30mm의

정답 1. ① 2. ③ 3. ④ 4. ② 5. ② 6. ② 7. ①

게이지 블록과 다이얼 게이지를 사용하여 비교 측정한 결과 30.274mm를 얻었다면 실제 치수는?

① 30.278mm   ② 30.270mm
③ 30.266mm   ④ 30.282mm

[해설] 실제 치수=측정값+오차
$$=30.274+0.004=30.278mm$$

8. 작업장에서 무거운 짐을 들고 운반 작업을 할 때의 설명으로 부적합한 것은?

① 짐은 가급적 몸 가까이 가져온다.
② 가능한 상체를 곧게 세우고 등을 반듯이 하여 들어 올린다.
③ 짐을 들어 올릴 때 충격이 없어야 한다.
④ 짐은 무릎을 굽힌 자세에서 들고 편 자세에서 내려놓는다.

[해설] 짐은 무릎을 편 상태에서 들고 굽힌 자세에서 내려놓는다.

9. 구성 인선(built up edge)의 방지대책으로 잘못된 것은?

① 이송량을 감소시키고 절삭 깊이를 깊게 한다.
② 공구 경사각을 크게 주고 고속 절삭을 실시한다.
③ 세라믹 공구(ceramic tool)를 사용하는 것이 좋다.
④ 공구면의 마찰계수를 감소시켜 칩의 흐름을 원활하게 한다.

[해설] 구성 인선의 방지책
• 바이트의 윗면 경사각을 크게 한다.
• 절삭 깊이, 이송 속도를 작게 한다.
• 절삭 속도를 높이고 절삭유를 사용한다.

10. 수기 가공 시 작업 안전 수칙에 알맞은

것은?

① 드라이버의 날끝은 뾰족한 것이어야 하며, 이가 빠지거나 동그랗게 된 것은 사용하지 않는다.
② 정을 잡은 손에 힘을 주고, 처음에는 가볍게 때리다가 점차 힘을 가한다.
③ 스패너는 가급적 손잡이가 짧은 것을 사용하는 것이 좋으며, 스패너의 자루에 파이프 등을 연결하여 사용하는 것이 좋다.
④ 톱날은 틀에 끼워 두세 번 사용한 후 다시 조정하고 절단한다.

[해설] 수기 가공 시 작업 안전 수칙
• 드라이버는 홈에 맞는 것을 사용하고 이가 상한 것은 사용하지 않는다.
• 정을 잡은 손의 힘을 빼고 처음에는 가볍게 두드리다가 점차 세게 두드리며, 작업이 끝날 때는 약하게 두드린다.
• 스패너는 너트에 꼭 맞게 사용하고, 파이프를 끼우거나 해머로 두드려서 돌리지 않는다.

11. 전기도금과 반대 현상을 이용한 가공으로 알루미늄 소재 등 거울과 같이 광택 있는 가공면을 비교적 쉽게 가공할 수 있는 것은?

① 방전 가공   ② 전해 연마
③ 액체 호닝   ④ 레이저 가공

[해설] 전해 연마 : 전해액에 공작물을 양극으로 하여 넣었을 때 전기가 통하면서 표면이 용해 석출되어 공작물의 표면이 매끈하게 다듬질되는 것이다.

12. 니 칼럼형 밀링 머신에서 테이블의 상하 이동 거리가 400mm이고, 새들의 전후 이동 거리가 200mm라면 호칭 번호는 몇 번에 해당하는가? (단, 테이블의 좌우 이동 거리는 550mm이다.)

① 1번   ② 2번   ③ 3번   ④ 4번

해설 밀링 머신의 호칭 번호

호칭 번호	0호	1호	2호	3호	4호	5호
전후 이동	150	200	250	300	350	400
좌우 이동	450	550	700	850	1050	1250
상하 이동	300	400	400	450	450	500

13. 다음 중 기어를 절삭하는 공작 기계는?

① 호빙 머신
② CNC 선반
③ 지그 그라인딩 머신
④ 래핑 머신

해설 기어를 절삭하는 공작 기계는 호빙 머신이며, 밀링 머신에서 분할대를 사용하기도 한다.

14. 슈퍼 피니싱(super finishing)의 특징과 거리가 먼 것은?

① 진폭이 수 mm이고 진동수가 매분 수백에서 수천의 값을 가진다.
② 가공열의 발생이 적고 가공 변질층이 작으므로 가공면의 특성이 양호하다.
③ 다듬질 표면은 마찰계수가 작고 내마멸성과 내식성이 우수하다.
④ 입도가 비교적 크고 경한 숫돌에 고압으로 가압하여 연마하는 방법이다.

해설 슈퍼 피니싱은 입자가 작은 숫돌로 일감을 가볍게 누르면서 축 방향으로 진동을 주어 표면을 깨끗하게 하는 다듬질하는 방법이다.

15. 주축이 수평이고 칼럼, 니, 테이블 및 오버 암 등으로 되어 있으며, 새들 위에 선회대가 있어 테이블을 수평면 내에서 임의의 각도로 회전할 수 있는 밀링 머신은?

① 모방 밀링 머신
② 만능 밀링 머신

③ 나사 밀링 머신
④ 수직 밀링 머신

해설 만능 밀링 머신 : 새들 위에 선회대가 있고, 그 위에서 테이블이 수평 선회하는 점이 수평 밀링 머신과 다르다. 분할대를 사용하여 나선 홈을 가공할 수 있으며 헬리컬 기어, 트위스트 드릴 홈 등을 절삭할 수 있다.

16. 선반 작업 중 공구 절인의 선단에서 바이트 밑면에 평행한 수평면과 경사면이 형성하는 각도는?

① 여유각
② 측면 절인각
③ 측면 여유각
④ 경사각

해설 • 전방 여유각 : 바이트의 선단에서 그은 수직선과 여유면이 이루는 각
• 측면 절인각 : 주 절인과 바이트 중심선이 이루는 각
• 측면 여유각 : 측면 여유면과 밑면에 수직인 직선이 이루는 각

17. 투영기에 의해 측정을 할 수 있는 것은?

① 진원도 측정
② 진직도 측정
③ 각도 측정
④ 원주 흔들림 측정

해설 투영기는 물체의 형상이나 치수를 측정 및 검사하는 광학기기로 각도, 나사 유효 지름, 나사산의 반각 등을 측정한다.

18. 드릴 작업에서 너트나 볼트 머리에 접하는 면을 편평하게 하여, 그 자리를 만드는 작업은?

① 카운터 싱킹
② 스폿 페이싱
③ 태핑
④ 리밍

해설 • 카운터 싱킹 : 접시머리 나사의 머리 부분을 묻히게 하기 위해 자리를 파는 작업
• 태핑 : 드릴을 사용하여 뚫은 구멍의 내면에 탭을 사용하여 암나사를 가공하는 작업

2013년

• 리밍 : 드릴을 사용하여 뚫은 구멍의 내면을 리머로 다듬는 작업

19. 나사의 피치나 나사산의 반각과 유효 지름 등을 광학적으로 쉽게 측정할 수 있는 것은?

① 공구 현미경   ② 오토 콜리메이터
③ 촉침식 측정기   ④ 옵티컬 플랫

해설 공구 현미경은 길이, 각도, 윤곽 등을 측정할 수 있는 장치이며 정밀 부품, 공구, 각도 게이지, 나사 측정에 사용된다.

20. 센터리스 연삭기의 장단점에 대한 설명 중 틀린 것은?

① 센터가 필요하지 않아 센터 구멍을 가공할 필요가 없고, 속이 빈 가공물을 연삭할 때 편리하다.
② 긴 홈이 있는 가공물이나 대형 또는 중량물의 연삭이 가능하다.
③ 연삭숫돌의 폭보다 넓은 가공물을 플랜지 컷 방식으로 연삭할 수 없다.
④ 연삭숫돌의 폭이 크므로 연삭숫돌 지름의 마멸이 적고 수명이 길다.

해설 센터리스 연삭기는 가늘고 긴 가공물의 연삭에 용이하지만 긴 홈이 있거나 대형 또는 중량물의 연삭은 불가능하다.

제2과목 : 기계 제도

21. 베어링 호칭 번호가 6301인 구름베어링의 안지름은 몇 mm인가?

① 5   ② 10
③ 12   ④ 15

해설 00 : 10mm, 01 : 12mm, 02 : 15mm, 03 : 17mm, 04부터는 ×5를 한다.

22. 축의 치수가 $\phi 30^{+0.03}_{+0.02}$이고, 구멍의 치수가 $\phi 30^{+0.01}_{0}$일 때 어떤 끼워맞춤인가?

① 중간 끼워맞춤   ② 헐거운 끼워맞춤
③ 보통 끼워맞춤   ④ 억지 끼워맞춤

해설 축의 최소 허용 치수가 구멍의 최대 허용 치수보다 크므로 억지 끼워맞춤이다.
• 축의 최소 허용 치수=30.02
• 구멍의 최대 허용 치수=30.01

23. 냉간 성형 리벳의 호칭 표시가 다음과 같이 호칭된 경우 "40"의 뜻은?

"둥근 머리 리벳 16×40 SWAM10 앞붙이"

① 리벳의 종류   ② 리벳의 재질
③ 리벳의 지름   ④ 리벳의 길이

해설 • 16 : 호칭 지름   • 40 : 리벳의 길이

24. 그림과 같은 등각 투상도를 제3각법으로 투상하였을 때 가장 적합한 것은?

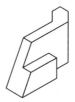

25. "용접할 부분이 화살표의 반대쪽인 필릿

용접"이라는 의미로 도시된 것은?

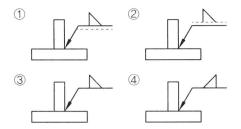

① ② ③ ④

해설 용접 기호를 점선상에 도시하면 용접할 부분이 화살표의 반대쪽이라는 의미이다.

26. 광명단을 발라 실형을 뜨는 스케치법은?

① 프린트법   ② 본뜨기법

③ 사진 촬영법   ④ 프리핸드법

27. 죔새가 가장 큰 억지 끼워맞춤은?

① $100\dfrac{H7}{h6}$ ② $100\dfrac{H7}{g6}$

③ $100\dfrac{H7}{x6}$ ④ $100\dfrac{H7}{m6}$

해설 구멍의 공차의 종류가 H를 중심으로 ZC에 가까우면 억지 끼워맞춤이며, 축의 공차의 종류가 h를 중심으로 zc에 가까우면 억지 끼워맞춤이다.

28. 다음 그림에서 "A"에 가장 적합한 기하 공차 기호는?

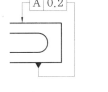

① ▱   ② ∥   ③ ⊥   ④ ＝

29. 끼워맞춤에서 구멍이 $\phi 50^{+0.025}_{0}$, 축은

$\phi 50^{+0.050}_{+0.034}$일 때 최소 죔새는?

① 0.009   ② 0.034

③ 0.059   ④ 0.075

해설 최소 죔새=축의 최소 허용 치수
－구멍의 최대 허용 치수
$=50.034-50.025=0.009\,mm$

30. 치수 수치를 기입할 공간이 부족하여 인출선을 이용하는 방법으로 가장 올바른 것은?

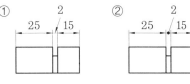

① ②

③ ④

해설 인출선을 이용할 때는 다른 기호는 사용하지 않고 치수만 기입하여 나타낸다.

31. 제3각법에 대한 설명으로 틀린 것은?

① 눈 → 투상면 → 물체의 순으로 나타난다.

② 좌측면도는 정면도의 좌측에 그린다.

③ 저면도는 우측면도의 아래에 그린다.

④ 배면도는 우측면도의 우측에 그린다.

해설 저면도는 정면도의 아래에 그린다.

32. 판금이나 제관 전개 작업에서 주로 나타나는 상관선에 대한 설명으로 가장 적합한 것은?

① 두 개의 직선이 교차하는 선

② 두 점 사이를 연결하는 선

③ 곡면과 곡면 또는 곡면과 평면이 만나는 선

④ 두 곡선 사이의 중심을 이루는 선

정답 26. ①   27. ③   28. ②   29. ①   30. ④   31. ③   32. ③

2013년

33. KS 재료기호에서 "SM 40C"의 재료명은?

① 고속도 공구강 강재
② 기계 구조용 탄소 강재
③ 가단주철
④ 용접 구조용 압연 강재

해설 • 고속도 공구강 강재 : SKH
• 가단주철 : GC
• 용접 구조용 압연 강재 : SMS

34. 그림과 같은 표면 거칠기 지시기호에서 λc 2.5의 값은 어떤 값을 의미하는가?

① 컷오프값
② 거칠기 지시값 상한값
③ 최대 높이 거칠기값
④ 거칠기 지시값 하한값

해설 ② 25 ④ 6.3

35. 그림과 같은 I형 형강의 표시 방법으로 옳은 것은?

① $IB \times H - t - L$　　② $IB \times H \times t - L$
③ $IH \times B - t - L$　　④ $IH \times B \times t - L$

해설 I 형강의 치수 표시 방법
형강 기호(I) 높이(H)×폭(B)×두께(t) − 길이(L)

36. 그림과 같이 제3각법으로 나타낸 정면도와 평면도에 가장 적합한 우측면도는?

(정면도)　　(우측면도)

　① 　　②

③ 　　④

해설
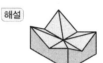

37. 제3각법으로 나타낸 그림과 같은 정투상도에 해당하는 입체도는?

① 　　②

③ 　　④

38. 표준 스퍼 기어의 항목표에는 기입되지 않지만 헬리컬 기어 항목표에는 기입되는 것은?

① 모듈　　　　　② 비틀림각
③ 잇수　　　　　④ 기준 피치원 지름

39. 다음 도면에서 센터의 길이 l로 표시된 부

정답 33. ② 　34. ① 　35. ④ 　36. ② 　37. ④ 　38. ② 　39. ④

분의 길이는? (단, 테이퍼는 1/20이고 단위는 mm이다.)

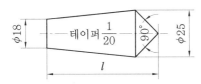

① 50
② 82.5
③ 140
④ 152.5

해설 $\dfrac{D-d}{l_1}=\dfrac{1}{20}$

테이퍼부 길이 : l_1, 나머지 : l_2

$l_1=20(D-d)=20(25-18)=140$

$l_2=\dfrac{25}{2}\times\tan45°=12.5$

$\therefore l=l_1+l_2=140+12.5=152.5\,mm$

40. 그림과 같은 입체도의 제3각 투상도로 가장 적합한 것은? (단, 화살표 방향을 정면으로 한다.)

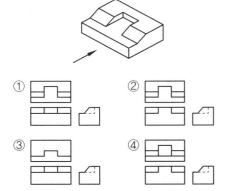

①
②
③
④

제3과목 : 기계 설계 및 기계 재료

---

41. 담금질 조직 중 냉각 속도가 가장 빠를 때 나타나는 조직은?

① 소르바이트
② 마텐자이트
③ 오스테나이트
④ 트루스타이트

해설 담금질 조직의 경도
시멘타이트>마텐자이트>트루스타이트>소르바이트>펄라이트>오스테나이트>페라이트

42. 연성이 큰 것으로부터 순서대로 되어 있는 것은?

① Al → Cu → Ag → Zn → Ni
② Fe → Pb → Cu → Ag → Pt
③ Au → Cu → Pb → Zn → Fe
④ Al → Fe → Ni → Cu → Zn

해설 연성이 큰 금속의 순서
금>구리>납>아연>철

43. 다음 중 두랄루민 합금과 관계없는 것은?

① Al−Cu−Mg−Mn계 합금이다.
② 시효 경화 처리하면 인장 강도가 연강과 같은 정도가 된다.
③ 가볍고 강인하여 단조용으로 사용된다.
④ Y−합금이라고도 한다.

해설 Y 합금 : Al−Cu−Ni−Mg 합금이며 Ni의 영향으로 300~450℃에서 단조된다.

44. 다음 중 절삭 공구용 특수강은?

① Ni−Cr강
② 불변강
③ 내열강
④ 고속도강

해설 절삭 공구는 고속 가공 시 고온 경도를 유지해야 하므로 고속도강을 사용한다.

45. 주철의 마우러 조직도를 바르게 설명한 것은?

① Si와 Mn의 양에 따른 주철의 조직 관계

를 표시한 것이다.
② C와 Si의 양에 따른 주철의 조직 관계를 표시한 것이다.
③ 탄소와 흑연의 양에 따른 주철의 조직 관계를 표시한 것이다.
④ 탄소와 Fe_3C의 양에 따른 주철의 조직 관계를 표시한 것이다.

[해설] 마우러 조직도는 주철 중의 C, Si의 양, 냉각 속도에 따른 조직의 변화를 나타낸 것이다.

46. 냉간 가공한 재료를 풀림 처리할 때 나타나는 현상으로 틀린 것은?

① 회복   ② 재결정
③ 결정립 성장   ④ 응고

[해설] 냉간 가공한 재료를 풀림 처리할 때 나타나는 현상은 회복, 재결정, 결정립 성장, 시효 경화, 바우싱 효과 등이다.

47. 알루미늄(Al) 합금의 특징을 잘못 설명한 것은?

① 가볍고 전연성이 좋아 성형 가공이 용이하다.
② 우수한 전기 및 열의 양도체이다.
③ 용융점이 1083℃로 고온 가공성이 높다.
④ 대기 중에는 일반적으로 내식성이 양호하다.

[해설] 알루미늄(Al) 합금의 물리적 성질
• 비중 2.7, 용융점 660℃, 변태점이 없다.
• 열 및 전기의 양도체이며 내식성이 좋다.

48. 공작 기계 및 자동차 등에 사용되는 소결 마찰부품의 구비 조건으로 맞지 않는 것은?

① 내마모성, 내열성이 낮을 것
② 마찰계수가 크고 안정될 것

③ 가격이 저렴할 것
④ 열전도성, 내유성이 좋을 것

[해설] 공작 기계 등에 사용되는 부품은 내마모성과 내열성이 커야 한다.

49. 형상기억 합금의 내용과 관계가 먼 것은?

① 형상기억 효과를 나타내는 합금은 오스테나이트 변태를 한다.
② 어떠한 모양을 기억할 수 있는 합금이다.
③ 소성 변형된 것을 특정 온도 이상으로 가열하면 변형되기 이전의 원래 상태로 돌아가는 합금이다.
④ 형상기억 합금의 대표적인 것은 Ni-Ti 합금이다.

[해설] 형상기억 합금은 마텐자이트 변태에 의해 만들어지고, 이 변태에 의해 형상기억 효과가 만들어진다.

50. 탄소 공구강 및 일반 공구 재료의 구비 조건으로 틀린 것은?

① 내마모성이 클 것
② 강인성 및 내충격성이 우수할 것
③ 가공이 어려울 것
④ 가격이 저렴할 것

[해설] 탄소 공구강이나 일반 공구 재료는 가공하기 쉬워야 한다.

51. 지름이 50mm이고 길이가 100mm인 저널 베어링에서 5.9kN의 하중을 지탱하고 있을 때 저널면에 작용하는 압력은 약 몇 MPa인가?

① 0.21   ② 0.59   ③ 1.18   ④ 1.65

[해설] $P = \dfrac{W}{dl} = \dfrac{5900}{50 \times 100} = 1.18 \text{Mpa}$

52. 드럼의 지름 500mm인 브레이크 드럼축에 98.1N·m의 토크가 작용하고 있는 블록 브레이크에서 블록을 브레이크 바퀴에 밀어 붙이는 힘은 약 몇 kN인가? (단, 접촉부의 마찰계수는 0.2이다.)

① 0.54 ② 0.98
③ 1.51 ④ 1.96

해설 $P = \dfrac{2T}{\mu D} = \dfrac{2 \times (98.1 \times 1000)}{0.2 \times 500} = 1962 \, N$
$\fallingdotseq 1.96 \, kN$

53. 나사의 효율에 관한 식으로 맞는 것은?

① 나사의 효율 = $\dfrac{\text{마찰이 없는 경우 회전력}}{\text{마찰이 있는 경우 회전력}}$

② 나사의 효율 = $\dfrac{\text{마찰이 있는 경우 회전력}}{\text{마찰이 없는 경우 회전력}}$

③ 나사의 효율 = $\dfrac{\text{나사의 1피치}}{\text{나사의 1리드}}$

④ 나사의 효율 = $\dfrac{\text{나사의 1리드}}{\text{나사의 1피치}}$

54. 용접 이음의 장점에 해당하지 않는 것은?

① 열에 의한 잔류 응력이 거의 발생하지 않는다.
② 공정 수를 줄일 수 있고 제작비가 싼 편이다.
③ 기밀 및 수밀성이 양호하다.
④ 작업의 자동화가 용이하다.

해설 용접 이음은 열에 의한 수축, 변형 및 잔류 응력으로 인한 변형의 위험이 있다.

55. 두 축의 상대위치가 평행할 때 사용되는 기어는?

① 베벨 기어 ② 나사 기어
③ 웜과 웜 기어 ④ 랙과 피니언

해설 • 두 축이 서로 평행한 경우 : 스퍼 기어, 헬리컬 기어, 더블 헬리컬 기어, 내접 기어, 랙과 피니언
• 두 축이 교차하는 경우 : 베벨 기어, 마이터 기어, 스파이럴 베벨 기어
• 두 축이 만나지 않고 평행하지도 않은 경우 : 하이포이드 기어, 스크루 기어, 웜 기어

56. 하중이 4kN 작용했을 때 처짐이 100mm 발생하는 코일 스프링의 소선 지름은 20mm이다. 이 스프링의 유효 감김 수는 약 몇 권인가? (단, 스프링 지수(C)는 10이고 스프링 선재의 전단 탄성계수는 80GPa이다.)

① 8 ② 4 ③ 5 ④ 6

해설 $D = $ 스프링 지수 × 소선 지름
$= 10 \times 20 = 200$
$\therefore n_a = \dfrac{\delta G d^4}{8 D^3 P} = \dfrac{100 \times 80 \times 20^4}{8 \times 200^3 \times 4} = 5$ 권

57. 평벨트 풀리의 지름이 600mm, 축의 지름이 50mm, 풀리를 폭(b) × 높이(h) = 8mm × 7mm의 묻힘 키로 축에 고정하고, 벨트 장력에 의해 풀리의 외부에 2kN의 힘이 작용한다면, 키의 길이는 몇 mm 이상이어야 하는가? (단, 키의 허용 전단 응력은 50MPa로 하고 전단 응력만 고려하여 계산한다.)

① 50 ② 60 ③ 70 ④ 80

해설 $P = 2000 \times \dfrac{600}{50} = 24000 \, N$
$\therefore l = \dfrac{P}{b\tau} = \dfrac{24000}{8 \times 50} = 60 \, mm$

58. 동력의 단위에 해당하지 않는 것은?

① erg/s ② N·m
③ PS ④ J/s

해설 N · m : 일의 단위

59. 전동축에 큰 휨(deflection)을 주어 축의 방향을 자유롭게 바꾸거나 충격을 완화시키기 위해 사용하는 축은?

① 직선축　　　　② 크랭크축
③ 플렉시블 축　　④ 중공축

해설 • 직선축 : 흔히 사용되는 곧은 축
• 크랭크축 : 직선 왕복 운동을 회전 운동으로 전환시키는 데 사용하는 축
• 중공축 : 축을 가볍게 하기 위해 단면의 중심부에 구멍이 뚫려 있는 축

60. 벨트 전동에서 긴장측의 장력 T_1과 이완측의 장력 T_2 사이의 관계식으로 옳은 것은? (단, 원심력은 무시하고 μ는 접촉부의 마찰계수, θ는 벨트와 풀리의 접촉각[rad]이다.)

① $e^{\mu\theta} = \dfrac{T_2}{T_1}$　　② $e^{\mu\theta} = \dfrac{T_1}{T_2}$

③ $e^{\mu\theta} = \dfrac{T_2}{T_1 + T_2}$　　④ $e^{\mu\theta} = \dfrac{T_1}{T_1 + T_2}$

제4과목 : 컴퓨터 응용 설계

61. 다음 행렬의 계산은 어떤 변환을 의미하는가?

$$[x'\ y'\ z'\ 1] = [x\ y\ z\ 1] \begin{bmatrix} S_x & 0 & 0 & 0 \\ 0 & S_y & 0 & 0 \\ 0 & 0 & S_z & 0 \\ 0 & 0 & 0 & 1 \end{bmatrix}$$

① 이동 변환　　　② 크기 변환
③ 회전 변환　　　④ 전단 변환

해설 $x' = S_x x$, $y' = S_y y$, $z' = S_z z$
x, y, z에 각각 상수를 곱하는 크기 변환 행렬이다.

62. 솔리드 모델의 CSG 표현 방식에 대한 설명으로 거리가 먼 것은?

① 기본 입체의 조합으로 물체를 표현한다.
② 불 연산(boolean operation)을 이용한다.
③ B-rep 표현 방식에 대비하여 전개도 작성이 쉽다.
④ 중량 계산을 할 수 있다.

63. 2차원 평면에서 두 개의 점이 정의되었을 때, 이 두 점을 포함하는 원은 몇 개 정의할 수 있는가?

① 1개　　　　② 2개
③ 3개　　　　④ 무수히 많다.

해설 임의의 두 점을 포함하는 원은 무수히 많다.

64. 원뿔 단면 곡선에 해당하지 않는 것은?

① 포물선　　　　② 스플라인 곡선
③ 타원　　　　　④ 원

해설 원뿔 단면 곡선은 원뿔을 임의의 방향에서 절단했을 때 생성되는 곡선으로 원, 타원, 포물선, 쌍곡선 등이 있다.

65. 양궁 과녁과 같이 일정 간격을 가진 여러 개의 동심원으로 구성되는 형상을 만들려고 한다. 가장 적절하게 사용될 수 있는 기능은?

① zoom　　　　② move
③ offset　　　　④ trim

해설 offset : 도면 요소를 일정한 간격으로 평행하게 이동시켜 같은 도면 요소를 복사하는 기능이다.

---

66. 베지어 곡면의 특징이 아닌 것은?

① 곡면을 부분적으로 수정할 수 있다.

② 곡면의 코너와 코너 조정점이 일치한다.

③ 곡면이 조정점들의 볼록 껍질(convex hull) 내부에 포함된다.

④ 곡면이 일반적인 조정점의 형상에 따른다.

[해설] 베지어 곡면은 베지어 곡선에서 발전한 것으로 1개의 정점의 변화가 곡면 전체에 영향을 미친다.

67. 설계 해석 프로그램의 결과에 따라 응력, 온도 등의 분포도나 변형도를 작성하거나, CAD 시스템으로 만들어진 형상 모델을 바탕으로 NC 공작 기계의 가공 data를 생성하는 소프트웨어 프로그램이나 절차를 뜻하는 것은?

① pre-processor

② post-processor

③ multi-processor

④ co-processor

[해설] 포스트 프로세서 : NC 데이터를 읽고 특정 CNC 공작 기계의 컨트롤러에 맞게 NC 데이터를 생성하는 과정이다.

68. $x^2+y^2-25=0$인 원이 있다. 원 위의 점 (3, 4)에서의 접선의 방정식으로 옳은 것은?

① $3x+4y-25=0$ ② $3x+4y-50=0$

③ $4x+3y-25=0$ ④ $4x+3y-50=0$

[해설] 원 $x^2+y^2=r^2$ 위의 점 (x_1, y_1)에서 접선의 방정식은 $x_1x+y_1y=x_1^2+y_1^2$이다.

$3x+4y=3^2+4^2$, $3x+4y=9+16$

$\therefore 3x+4y-25=0$

69. 그림과 같이 실린더 형상에 빼기 구배 (draft angle)를 주기 위해 실린더 곡면을 변

형시키는 모델링 기법으로 옳은 것은?

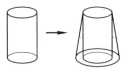

① 스키닝(skinning)

② 리프팅(lifting)

③ 스위핑(sweeping)

④ 트위킹(tweaking)

70. CAD에서 곡선을 표현하기 위한 방법 중 고전적인 보간법과 관계가 먼 것은?

① 선형 보간

② 3차 스플라인 보간

③ Lagrange 다항식에 의한 보간

④ Bernstein 다항식에 의한 보간

71. 전자 발광형 디스플레이 장치(또는 EL 패널)에 대한 설명으로 틀린 것은?

① 스스로 빛을 내는 성질을 가지고 있다.

② 백라이트를 사용하여 보다 선명한 화질을 구현한다.

③ TFT-LCD보다 시야각에 제한이 없다.

④ 응답 시간이 빨라 고화질 영상을 자연스럽게 처리할 수 있다.

[해설] 전자 발광형 디스플레이는 AC나 DC전류를 통하면 발광재료에서 빛이 발광하는 원리를 이용한 것으로, 백라이트는 필요하지 않다.

72. 기하학적인 도형의 표현 방법 중 가장 기본적인 형태로 점과 선만을 이용하여 화면에 표현하는 방식은?

① wire frame modeling 방식

② solid modeling 방식

③ boundary modeling 방식

④ finite modeling 방식

해설 점과 선으로만 표현하는 와이어 프레임 방식은 은선의 제거나 단면도 작성은 불가능하지만 처리 속도가 빠르고 투시도 작성 및 모델 작성이 용이하다.

73. 그림과 같이 여러 개의 단면 형상을 생성하고 이들을 덮어 싸는 곡면을 생성하였다. 이는 어떤 모델링 방법인가?

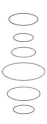 

단면들   생성된 입체

① 스위핑   ② 리프팅

③ 블렌딩   ④ 스키닝

해설 스키닝 : 여러 개의 단면 형상을 입력하고 이를 덮어 싸서 입체를 만드는 방법이다.

74. 평면에서 x축과 이루는 각도가 150°이며 원점으로부터 거리가 1인 직선의 방정식은?

① $\sqrt{3}x+y=2$

② $\sqrt{3}x+y=1$

③ $x+\sqrt{3}y=2$

④ $x+\sqrt{3}y=1$

해설 기울기 $=\tan150°=-\dfrac{1}{\sqrt{3}}$

$y=-\dfrac{1}{\sqrt{3}}x+b$, $x+\sqrt{3}y=\sqrt{3}b$

직선의 방정식을 $x+\sqrt{3}y=c$라 하면

$(0, 0)$으로부터 거리가 1이므로

$\dfrac{|0+0+c|}{\sqrt{1^2+(\sqrt{3})^2}}=1$, $c=2$

∴ $x+\sqrt{3}y=2$

75. 플로터 형식에 있어서 펜(pen)식과 래스터(raster)식으로 구분할 때 펜식 플로터에 속하는 것은?

① 정전식

② 잉크제트식

③ 리니어 모터식

④ 열전사식

76. 곡면을 모델링하는 방식 중 4개의 경계 곡선을 선형 보간하여 형성되는 곡면은?

① 로프트(loft) 곡면

② 쿤스(coons) 곡면

③ 스윕(sweep) 곡면

④ 회전(revolve) 곡면

해설 쿤스 곡면 : 4개의 모서리 점과 4개의 경계 곡선을 부드럽게 연결한 곡면으로 곡면의 표현이 간결하다.

77. CAD/CAM 시스템의 자료를 교환하는 표준 규격에 해당되지 않는 것은?

① STEP   ② DXF

③ XLS   ④ IGES

해설 대표적인 데이터 교환 표준
STEP, DXF, IGES, STL, GKS, PHIGS

78. 3차원 솔리드 모델링을 구성하는 요소 중에서 프리미티브(primitive)라고 볼 수 없는 것은?

① 에지(edge)

② 원기둥(cylinder)

③ 콘(cone)

④ 구(sphere)

해설 3차원 솔리드 모델링을 구성하는 프리미

티브 형상은 구, 원뿔, 원기둥, 블록, 회전체 등이다.

79. 2차원 공간을 동차 좌표계의 변환행렬식으로 변환하고자 할 때 그 행렬의 크기는?

① 2×2   ② 2×3

③ 3×2   ④ 3×3

해설 2차원 공간에서의 일반적인 변환 행렬은 3×3행렬이고 3차원 공간에서의 일반적인 변환 행렬은 4×4행렬이다.

80. CAD 소프트웨어의 도입 효과로 가장 거리가 먼 것은?

① 제품의 개발기간 단축

② 설계 생산성 향상

③ 업무 표준화 촉진

④ 부서 간 의사소통 최소화

기계설계산업기사　　　　　　　　　　　　　　　　　　　`2013. 06. 12 시행`

제1과목 : 기계 가공법 및 안전관리

1. 내연기관의 실린더 내면에 진원도, 진직도, 표면 거칠기 등을 더욱 향상시키기 위한 가공 방법은?

① 래핑　　　　　　② 호닝
③ 슈퍼 피니싱　　　④ 버핑

해설 호닝은 정밀 보링, 연삭 등에 의해 미리 가공된 원통 내면을 대상으로 진원도, 진직도, 표면 거칠기를 향상시킬 수 있는 가공법이다.

2. 연삭숫돌의 결합제와 기호를 짝지은 것이 잘못된 것은?

① 레지노이드-G　　② 비트리파이드-V
③ 셸락-E　　　　　④ 고무-R

해설 레지노이드 : B

3. 선반에서 지름 125 mm, 길이 350 mm인 연강봉을 초경합금 바이트로 절삭하려고 한다. 분당 회전수(r/min=rpm)는 약 얼마인가? (단, 절삭 속도는 150 m/min이다.)

① 720　　　　　　② 382
③ 540　　　　　　④ 1200

해설 $N = \dfrac{1000V}{\pi D} = \dfrac{1000 \times 150}{\pi \times 125} ≒ 382\,\text{rpm}$

4. 밀링 머신에서 할 수 없는 가공은?

① 총형 가공　　　　② 기어 가공
③ 널링 가공　　　　④ 나선 홈 가공

해설 널링 가공은 선반에서 가능한 작업이다.

5. 스핀들이 수직이고 스핀들은 안내면을 따라 이송되며, 공구 위치는 크로스 레일 공구대에 의해 조절되는 보링 머신은?

① 수직 보링 머신　　② 정밀 보링 머신
③ 지그 보링 머신　　④ 코어 보링 머신

해설 수직 보링 머신은 스핀들이 수직으로 설치되어 안내면을 따라 이송되며, 주축대의 위치를 정밀하게 하기 위해 나사식 측정장치, 다이얼 게이지 등을 갖추고 있다.

6. 허용 한계 치수의 해석에서 "통과측에는 모든 치수 또는 결정량이 동시에 검사되고 정지측에는 각각의 치수가 개개로 검사되어야 한다."는 무슨 원리인가?

① 아베(Abbe)의 원리
② 테일러(Taylor)의 원리
③ 헤르츠(Hertz)의 원리
④ 훅(Hook)의 원리

해설 테일러의 원리는 통과측 게이지가 피측정물의 길이와 같아야 하며 접지측 게이지는 길이가 짧을수록 좋다는 것을 의미한다.

7. 회전 중에 연삭숫돌이 파괴될 것을 대비하여 설치하는 안전요소는?

① 덮개　　　　　　② 드레서
③ 소화 장치　　　　④ 절삭유 공급 장치

해설 숫돌의 덮개를 벗겨 놓은 상태로 사용해서는 안 된다.

8. 직접 측정의 장점에 해당되지 않는 것은?

① 측정기의 측정 범위가 다른 측정법에 비해 넓다.

정답 **1.** ②　**2.** ①　**3.** ②　**4.** ③　**5.** ①　**6.** ②　**7.** ①　**8.** ④

② 측정물의 실제 치수를 직접 읽을 수 있다.
③ 수량이 적고 많은 종류의 제품 측정에 적합하다.
④ 측정자의 숙련과 경험이 필요 없다.

해설 측정기가 정밀할 때는 측정자의 숙련과 경험이 중요하다.

9. 일반적으로 요구되는 절삭 공구의 조건으로 적합하지 않은 것은?

① 고마찰성   ② 고온 경도
③ 내마모성   ④ 강인성

해설 절삭 공구 재료의 구비 조건
• 피절삭재보다 굳고 인성이 있을 것
• 온도 상승에 따른 경도 저하가 적을 것
• 내마멸성이 높고 마찰계수가 작을 것
• 쉽게 원하는 모양으로 만들 수 있을 것

10. 일반적으로 표면 정밀도가 낮은 것부터 높은 순서로 옳은 것은?

① 래핑 → 연삭 → 호닝
② 연삭 → 호닝 → 래핑
③ 호닝 → 연삭 → 래핑
④ 래핑 → 호닝 → 연삭

해설 래핑 > 슈퍼 피니싱 > 호닝 > 연삭

11. 가공물이 대형이거나 무거운 중량의 제품을 드릴 가공할 때 가공물을 고정시키고 드릴 스핀들을 암 위에서 수평으로 이동시키면서 가공할 수 있는 것은?

① 직립 드릴링 머신
② 레이디얼 드릴링 머신
③ 터릿 드릴링 머신
④ 만능 포터블 드릴링 머신

해설 레이디얼 드릴링 머신 : 큰 공작물을 테이블에 고정하고 주축을 이동시켜 구멍의 중심을 맞춘 후 구멍을 뚫는다.

12. 선반 작업에서 발생하는 재해가 아닌 것은?

① 칩에 의한 것
② 정밀 측정기에 의한 것
③ 가공물의 회전부에 휘감겨 들어가는 것
④ 가공물과 절삭 공구와의 사이에 휘감기는 것

해설 선반 작업에서 정밀 측정기는 재해를 발생시키지 않는다.

13. 윤활방법 중 무명이나 털 등을 섞어 만든 패드의 일부를 기름통에 담가 저널의 아랫면에 모세관 현상을 이용하여 급유하는 것은?

① 적하 급유(drop feed oiling)
② 비말 급유(splash oiling)
③ 패드 급유(pad oiling)
④ 강제 급유(oil bath oiling)

해설 패드 급유는 정하중용 베어링에 많이 사용되며, 장시간 사용하면 불완전 윤활이 되는 단점이 있다.

14. 다이얼 게이지의 사용상 주의사항이 아닌 것은?

① 스핀들이 원활하게 움직이는지 확인한다.
② 스탠드를 앞뒤로 움직여 지시값의 차를 확인한다.
③ 스핀들을 갑자기 작동시켜 반복 정밀도를 본다.
④ 다이얼 게이지의 편차가 클 때는 교환 또는 수리가 불가능하므로 무조건 폐기시킨다.

해설 다이얼 게이지의 편차가 클 때는 교환하거나 수리하여 사용한다.

2013년

15. 사인 바로 각도를 측정할 때 몇 도를 넘으면 오차가 가장 심하게 되는가?

① 10° ② 20°
③ 30° ④ 45°

해설 사인 바로 각도를 측정할 때 45° 이상이면 오차가 급격하게 커진다.

16. 밀링 작업에서 상향 절삭과 하향 절삭의 특징을 비교했을 때 상향 절삭에 해당하는 것은?

① 동력의 소비가 적다.
② 마찰열의 작용으로 가공면이 거칠다.
③ 가공할 때 충격이 있어 높은 강성이 필요하다.
④ 뒤틈(backlash) 제거장치가 없으면 가공이 곤란하다.

해설 상향 절삭과 하향 절삭의 비교

상향 절삭	하향 절삭
• 백래시 제거 불필요	• 백래시 제거 필요
• 공작물 고정이 불리	• 공작물 고정이 유리
• 공구 수명이 짧다.	• 공구 수명이 길다.
• 소비 동력이 크다.	• 소비 동력이 작다.
• 가공면이 거칠다.	• 가공면이 깨끗하다.
• 기계 강성이 낮아도 된다.	• 기계 강성이 높아야 한다.

17. 드릴링 머신의 안전사항에서 틀린 것은?

① 장갑을 끼고 작업을 하지 않는다.
② 가공물을 손으로 잡은 상태에서 드릴링하지 않는다.
③ 얇은 판의 구멍 뚫기에는 나무 보조판을 사용한다.
④ 구멍 뚫기가 끝날 무렵은 이송을 빠르게 한다.

해설 드릴 작업에서 구멍 뚫기가 끝날 무렵은

이송을 느리게 한다.

18. 선반에서 원형 단면을 가진 일감의 지름이 100mm인 탄소강을 매분 회전수 314r/min (=rpm)으로 가공을 할 때 절삭 저항력이 736N이었다. 이때 선반의 절삭 효율을 80%라 하면 필요한 절삭 동력은 약 몇 PS인가?

① 1.1 ② 2.1 ③ 4.4 ④ 6.2

해설 $V = \dfrac{\pi DN}{1000} = \dfrac{\pi \times 100 \times 314}{1000} = 98.6\,\text{m/mm}$

$\therefore H = \dfrac{PV}{75 \times 60 \times 9.81 \times \eta}$

$= \dfrac{736 \times 98.6}{75 \times 60 \times 9.81 \times 0.8} = 2.1\,\text{PS}$

19. 전해 연삭 가공의 특징이 아닌 것은?

① 경도가 낮은 재료일수록 연삭 능률이 기계 연삭보다 높다.
② 박판이나 형상이 복잡한 공작물을 변형 없이 연삭할 수 있다.
③ 연삭 저항이 적으므로 연삭열 발생이 적고 숫돌 수명이 길다.
④ 정밀도는 기계 연삭보다 낮다.

해설 전해 연삭 가공의 특징
• 가공 표면에 변질층이 생기지 않는다.
• 복잡한 모양의 연마에 사용한다.
• 광택이 매우 좋으며 내식성, 내마멸성이 좋다.
• 면이 깨끗하고 도금이 잘 된다.
• 설비가 간단하고 숙련이 필요 없다.
• 경도가 높은 재료일수록 연삭 능률이 기계 연삭보다 높다.

20. 선반에서 이동용 방진구를 설치하는 곳은?

① 새들 ② 주축대
③ 심압대 ④ 베드

해설 선반에서 이동용 방진구는 새들에 설치하

여 공구와 같이 이송하며, 고정용 방진구는 베드에 설치한다.

제2과목 : 기계 제도

21. 다음과 같은 치수 120 숫자 위의 기호가 뜻하는 것은?

① 원호의 길이　　② 참고 치수
③ 현의 길이　　④ 각도 치수

해설 원호의 길이를 나타내는 기호가 숫자 앞에 오도록 KS 규격이 개정되었다(⌒120).

22. 다음 중 $\phi50H7$의 기준 구멍에 가장 헐거운 끼워맞춤이 되는 축의 공차 기호는?

① $\phi50f6$　　② $\phi50n6$
③ $\phi50m6$　　④ $\phi50p6$

해설 • 구멍 기준식 : H　• 축 기준식 : h
A(a)에 가까울수록 헐거운 끼워맞춤, Z(z)에 가까울수록 억지 끼워맞춤이다.

23. 그림과 같이 바깥지름이 50mm인 파이프를 용접 기호와 같이 용접했을 때 총 용접선의 길이는?

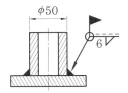

① 약 50mm　　② 약 157mm
③ 약 100mm　　④ 약 142mm

해설 용접선의 길이＝πd＝$\pi \times 50$≒157mm

24. 그림과 같이 여러 개의 구멍이 일정한 간격으로 배치된 경우 전체 길이의 값 "A"는?

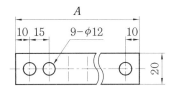

① 120　　② 135
③ 140　　④ 155

해설 $A=10+15 \times (9-1)+10=140$mm

25. 나사의 호칭지름이 $\frac{3}{8}$in이고 1in 사이에 24산의 유니파이 가는 나사의 도시법으로 올바른 것은?

① $\frac{3}{8}$UNC-24　　② $\frac{3}{8}$UNF-24
③ $\frac{3}{8}-24$UNC　　④ $\frac{3}{8}-24$UNF

해설 유니파이 나사는 나사 호칭에 관한 숫자, 1인치당 나사산의 수, 나사의 종류 순으로 표기한다.
• UNC : 유니파이 보통 나사
• UNF : 유니파이 가는 나사

26. 제3각법에 대한 설명 중 올바른 것은?

① 배면도는 저면도 아래에 그린다.
② 정면도는 평면도 위에 그린다.
③ 눈 → 투상면 → 물체의 순서가 된다.
④ 좌측면도는 정면도의 우측에 위치한다.

해설 ① 배면도는 측면도 옆에 그린다.
②와 ④는 제1각법에 대한 설명이다.

27. 다음 도면에서 L에 들어갈 치수값으로 옳은 것은?

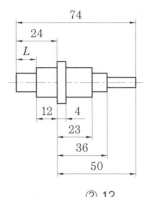

① 7   ② 12

③ 17   ④ 13

해설 $24-12=12\,mm$

28. 선의 용도가 기술, 기호 등을 표시하기 위하여 끌어내는 데 쓰이는 선의 명칭은?

① 기준선   ② 가상선

③ 지시선   ④ 절단선

해설 지시선 : 기술, 기호 등을 나타내기 위하여 끌어내는 데 사용되며, 가는 실선으로 나타낸다.

29. 표준 평기어의 피치원 지름을 D, 모듈을 m, 잇수를 z라 할 때 피치원 지름을 나타내는 공식은?

① $D=zm$ ② $D=\dfrac{zm}{2}$

③ $D=\dfrac{m}{z}$ ④ $D=\dfrac{z}{m}$

30. 기계 가공 면에 다음과 같은 기호가 표시되어 있을 때, 이 기호의 의미는?

① 물체의 표면에 제거 가공을 허락하지 않

는 것을 지시하는 기호

② 물체의 표면에 제거 가공을 필요로 한다는 것을 지시하는 기호

③ 물체 표면의 결을 도시할 때 대상 면을 지시하는 기호

④ 제거 가공의 필요 여부를 문제 삼지 않는 기호

해설 표면의 결 도시

기본 기호   제거 가공 필요   제거 가공 불필요

31. 그림과 같은 제3각 정투상도에서 나타난 정면도와 평면도에 가장 적합한 우측면도는?

①   ②

③   ④

해설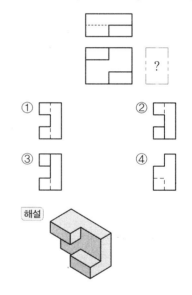

32. 금속 재료 기호가 SS 400일 때 그 설명으로 옳은 것은?

① 탄소 함유량이 0.40%인 기계 구조용 탄소 강재

② 탄소 함유량이 0.40%인 일반 구조용 압연 강재

③ 최저 인장 강도가 $400\,kg/cm^2$인 기계 구

조용 탄소 강재

④ 최저 인장 강도가 400N/mm²인 일반 구조용 압연 강재

33. 다음 그림은 정면도와 측면도 모두 좌우 대칭인 열교환기 지지철물의 도면이다. 소요되는 모든 ㄱ 형강의 중량은 약 몇 kgf인가? (단, ㄱ 형강 $L-65×65×6$의 단위 길이당 중량은 5.91 kgf/m이고, 조립을 위한 볼트, 너트는 무시한다.)

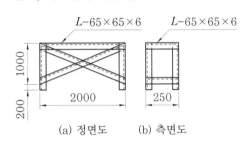

    (a) 정면도   (b) 측면도

① 99　　　　　② 111
③ 133　　　　　④ 155

[해설] • 대각선의 길이 $=\sqrt{1000^2+2000^2}$
　　　　　　　　　　$≒2236\,mm$

• ㄱ 형강의 총 길이
　$=(1200×4)+(2000×2)+(2236×4)$
　$+(250×4)$
　$=18744\,mm=18.744\,m$
　$1:5.91=18.744:$ (총 중량)
　∴ 총 중량$=5.91×18.744≒111\,kgf$

34. 억지 끼워맞춤에서 조립 전 구멍의 최대 허용 치수와 축의 최소 허용 치수와의 차를 무엇이라 하나?

① 최대 틈새　　　② 최소 틈새
③ 최대 죔새　　　④ 최소 죔새

[해설] 억지 끼워맞춤에서
• 최대 죔새=축의 최대 허용 치수
　　　　　　　－구멍의 최소 허용 치수

• 최소 죔새=축의 최소 허용 치수
　　　　　　　－구멍의 최대 허용 치수

35. 그림과 같이 용접 기호가 도시되었을 경우 그 의미로 옳은 것은?

① 양면 V형 맞대기 용접으로 표면 모두 평면 마감 처리
② 이면 용접이 있으며 표면 모두 평면 마감 처리한 V형 맞대기 용접
③ 토를 매끄럽게 처리한 V형 용접으로 제거 가능한 이면 판재 사용
④ 넓은 루트 면이 있고 이면 용접된 필릿 용접이며 윗면을 평면 처리

36. 그림의 입체도에서 화살표 방향이 정면일 때 평면도로 적합한 것은?

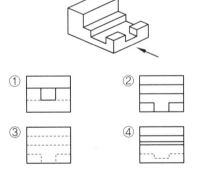

37. 베어링 호칭번호가 다음과 같이 나타났을 경우, 이 베어링에서 알 수 없는 항목은?

"F684C2P6"

① 궤도륜 모양　　　② 베어링 계열
③ 실드 기호　　　　④ 정밀도 등급

[정답] **33.** ②　　**34.** ④　　**35.** ②　　**36.** ②　　**37.** ③

2013년

해설 • F : 궤도륜 모양
• 68 : 베어링 계열   • 4 : 안지름 기호
• C2 : 틈새기호   • P6 : 정밀도 등급

38. 단면의 표시와 단면도의 해칭에 관한 설명으로 올바른 것은?

① 단면 넓이가 넓은 경우에는 그 외형선을 따라 적절한 범위에 해칭 또는 스머징을 한다.
② 해칭선의 각도는 주된 중심선에 대하여 60°로 하여 굵은 실선을 사용하여 등간격으로 그린다.
③ 인접한 부품의 단면은 해칭선의 방향이나 간격을 변경하지 않고 동일하게 사용한다.
④ 해칭 부분에 문자, 기호 등을 기입할 때는 해칭을 중단할 수 없다.

해설 해칭선은 45°로 가는 실선을 사용하며 문자 부분은 끊어 그린다. 인접한 부품의 단면은 해칭선의 방향이나 간격이 다른 해칭선을 사용한다.

39. 다음 끼워맞춤 중에서 헐거운 끼워맞춤인 것은?

① 50G7/h6   ② 25N6/h5
③ 20P6/h5   ④ 6JS7/h6

해설 헐거운 끼워맞춤 : 구멍(대문자)은 A에 가까울수록 커지고, 축(소문자)은 a에 가까울수록 작아지므로 헐거운 끼워맞춤이 되는 것은 G7이다.

40. 기계 제도에서 사용하는 척도에 대한 설명 중 틀린 것은?

① 공통적으로 사용한 주요 척도는 표제란에 기입한다.
② 축척으로 제도한 경우 치수 기입은 실제 치수가 아닌 실물의 실제 치수에 축척 비율이 적용된 값으로 기입한다.
③ 그림의 일부를 확대하여 그려야 할 경우 배척값을 선택하여 그릴 수 있다.
④ 같은 도면에서 서로 다른 척도를 사용한 경우 해당 부품 번호의 참조 문자 부근에 척도를 기입한다.

해설 축척 비율과 상관없이 실제 치수를 기입한다.

제3과목 : 기계 설계 및 기계 재료

41. 내식성과 내산화성이 크고 성형성이 다른 것에 비해 좋은 비자성 스테인리스강은?

① 페라이트계   ② 마텐자이트계
③ 오스테나이트계   ④ 석출 경화형

해설 오스테나이트계 스테인리스강은 18-8 스테인리스계로, 담금질이 안 된다. 연전성이 크고 비자성체이며 13Cr보다 내식성, 내열성, 내산화성이 크다.

42. 복합 재료에서 섬유강화 금속은?

① GFRP   ② CFRP
③ FRS   ④ FRM

해설 • GFRP : 유리 섬유강화 플라스틱
• CFRP : 카본 섬유강화 플라스틱
• FRS : 섬유강화 숏크리트

43. 다음 중 경금속이 아닌 것은?

① 알루미늄   ② 마그네슘
③ 백금   ④ 티타늄

해설 경금속은 비중 5 이하의 금속으로 Al, Mg, Ti 등이 있다.

44. 두랄루민은 Al에 어떤 원소를 첨가한 합

금인가?

① Cu+Mg+Mn ② Fe+Mo+Mn

③ Zn+Ni+Mn ④ Pb+Sn+Mn

[해설] 두랄루민 : 주성분은 $Al-Cu-Mg-Mn$ 으로, 고온에서 물에 급랭하여 시효 경화시켜서 강인성을 얻는다.

45. 표면 경화법에서 금속 침투법이 아닌 것은?

① 세라다이징 ② 크로마이징

③ 칼로라이징 ④ 방전 경화법

[해설] 금속 침투법
• 세라다이징 : Zn의 침투
• 크로마이징 : Cr의 침투
• 칼로라이징 : Al의 침투
• 실리코나이징 : Si의 침투
• 보로나이징 : B의 침투

46. 황동에서 잔류 응력에 의해서 발생하는 현상은?

① 탈아연 부식 ② 고온 탈아연

③ 저온 풀림 경화 ④ 자연 균열

[해설] 자연 균열 : 냉간 가공에 의한 내부 응력이 공기 중의 NH_3나 염류로 인해 입간 부식을 일으켜 균열이 발생하는 현상이다.

47. 주철에 대한 설명으로 바르지 못한 것은?

① 시멘타이트+펄라이트의 회주철과 페라이트+펄라이트의 백주철이 있다.

② 백주철을 열처리하여 연성을 부여한 주철을 가단주철이라 한다.

③ 주철 중의 Si는 공정점을 저탄소강 영역으로 이동시키는 역할을 한다.

④ 용융점이 낮고 주조성이 좋다.

[해설] • 회주철＝페라이트＋펄라이트

• 백주철＝펄라이트＋시멘타이트

48. Fe-C계 상태도에서 3개소의 반응이 있다. 옳게 설명한 것은?

① 공정-포정-편정

② 포석-공정-공석

③ 포정-공정-공석

④ 공석-공정-편정

49. 뜨임 처리의 목적으로 틀린 것은?

① 담금질 응력 제거

② 치수의 경년 변화 방지

③ 연마 균열의 방지

④ 내마멸성 저하

[해설] 뜨임 처리의 목적
• 담금질 내부 응력 제거
• 치수의 경년 변화 방지
• 연마 균열의 방지
• 담금질로 인한 취성 제거
• 강도를 떨어뜨려 강인성을 증가

50. 다음 중 강의 5대 원소에 속하지 않는 것은?

① C ② Mn

③ Cr ④ Si

[해설] 탄소강의 5대 원소 : C, Mn, Si, P, S

51. 3.68kW의 동력으로 회전하는 드럼을 블록 브레이크를 이용하여 제동하고자 할 때 브레이크의 용량(brake capacity)은 약 몇 MPa·m/s인가? (단, 브레이크 블록의 길이는 100mm, 너비는 30mm, 접촉부 마찰 계수는 0.2이다.)

① 0.12 ② 0.25

③ 0.64 ④ 1.23

[정답] 45. ④ 46. ④ 47. ① 48. ③ 49. ④ 50. ③ 51. ④

해설 $w_f = \mu p v = \dfrac{H}{A} = \dfrac{102 \times 9.81 \times 3.68}{100 \times 30}$

$\qquad\qquad \fallingdotseq 1.23 \, \text{MPa} \cdot \text{m/s}$

52. 2줄 나사의 리드(lead)가 3mm인 경우 피치는 몇 mm인가?

① 1.5 　　　　② 3
③ 6 　　　　④ 12

해설 $l = np$ ∴ $p = \dfrac{l}{n} = \dfrac{3}{2} = 1.5 \, \text{mm}$

53. 리벳 이음의 장점에 해당하지 않는 것은?

① 열응력에 의한 잔류 응력이 생기지 않는다.
② 경합금과 같이 용접이 곤란한 재료의 결합에 적합하다.
③ 리벳 이음한 구조물에 대해 분해 조립이 간편하다.
④ 구조물 등에 사용할 때 현장 조립의 경우 용접 작업보다 용이하다.

해설 리벳 이음은 조립이 간편하지만 분해하기 어려운 단점이 있다.

54. 롤러 체인 전동에서 체인의 파단 하중이 1.96 kN이고 체인의 회전 속도가 3 m/s이며, 안전율(safety factor)을 10으로 할 때 전달 동력은 약 몇 W인가?

① 467 　　　　② 588
③ 712 　　　　④ 843

해설 $H = \dfrac{Fv}{102 \times 9.81} = \dfrac{1960 \times 3}{102 \times 9.81} \fallingdotseq 5.88 \, \text{kW}$

∴ $H_a = \dfrac{H}{S} = \dfrac{5.88}{10} \fallingdotseq 0.588 \, \text{kW} \fallingdotseq 588 \, \text{W}$

55. 스프링의 용도로 거리가 먼 것은?

① 진동 또는 충격에너지를 흡수
② 에너지를 저축하여 동력원으로 작용
③ 힘의 측정에 사용
④ 동력원의 제동

해설 스프링의 용도
• 진동 흡수, 충격 완화
• 에너지 저축(시계 태엽)
• 압력의 제한 및 힘의 측정
• 기계 부품의 운동 제한 및 운동 전달

56. 베어링 설계 시 주의사항으로 옳지 않은 것은?

① 마모가 적을 것
② 구조가 간단하여 유지보수가 쉬울 것
③ 마찰저항이 크고 손실 동력이 감소할 것
④ 강도를 충분히 유지할 것

해설 베어링 설계 시 주의사항
• 내식성이 크고 마모가 적을 것
• 마찰계수가 작을 것
• 마찰저항과 손실 동력이 작을 것
• 가공성이 좋으며 유지보수가 쉬울 것

57. 축의 원주에 여러 개의 키를 가공한 것으로, 큰 토크를 전달할 수 있고 내구력이 크며 축과 보스와의 중심축을 정확하게 맞출 수 있는 것은?

① 스플라인 　　　　② 미끄럼 키
③ 묻힘 키 　　　　④ 반달키

해설 회전력의 크기
세레이션 > 스플라인 > 미끄럼 키 > 묻힘 키 > 평키(플랫 키) > 반달키 > 안장 키(새들 키)

58. 원주 속도가 4 m/s로 18.4 kW의 동력을 전달하는 헬리컬 기어에서 비틀림각이 30°일 때 축 방향으로 작용하는 힘(추력)은 약

몇 kN인가?

① 1.8　　② 2.3　　③ 2.7　　④ 4.0

해설 $H = \dfrac{Fv}{102 \times 9.81}$

$F = \dfrac{102 \times 9.81 \times H}{v} = \dfrac{102 \times 9.81 \times 18.4}{4}$

$\quad \fallingdotseq 4603 \mathrm{N}$

$\therefore F_t = F\tan\beta = 4603 \times \tan 30°$

$\qquad\qquad \fallingdotseq 2700 \mathrm{N} = 2.7 \mathrm{kN}$

59. 일정한 주기 및 진폭으로 반복하여 계속 작용하는 하중으로 편진 하중을 의미하는 것은?

① 변동 하중(variable load)

② 반복 하중(repeated load)

③ 교번 하중(alternate load)

④ 충격 하중(impact load)

해설 • 변동 하중 : 불규칙적으로 하중의 크기와 방향이 변하는 하중

• 교번 하중 : 하중의 크기와 방향이 주기적으로 변하는 하중

• 충격 하중 : 비교적 단시간에 충격적으로 작용하는 하중

60. 지름이 20 mm인 축이 114 rpm으로 회전할 때 최대 약 몇 kW의 동력을 전달할 수 있는가? (단, 축 재료의 허용 전단 응력은 39.2 MPa이다.)

① 0.74　　　　② 1.43

③ 1.98　　　　④ 2.35

해설 $T = \dfrac{\pi}{16} d^3 \tau = \dfrac{\pi \times 20^3 \times 39.2}{16}$

$\quad \fallingdotseq 61544 \mathrm{N} \cdot \mathrm{mm}$

$T = 9.55 \times 10^6 \times \dfrac{H}{N}$

$\therefore H = \dfrac{TN}{9.55 \times 10^6} = \dfrac{61544 \times 114}{9.55 \times 10^6} \fallingdotseq 0.74 \mathrm{kW}$

제4과목 : 컴퓨터 응용 설계

61. 곡면을 모델링하는 여러 방법들 중에서 평면도, 정면도, 측면도상에 나타난 곡면의 경계 곡선들로부터 비례적인 관계를 이용하여 곡면을 모델링(modeling) 하는 방법은?

① 점 데이터에 의한 방식

② 쿤스(coons) 방식

③ 비례 전개법에 의한 방식

④ 스윕(sweep)에 의한 방식

62. 2차원 직교 좌표계상의 점 (3, 4)는 원래 좌표계를 원점을 기준으로 하여 반시계 방향으로 30도 회전시킨 새로운 좌표계에서 어떤 좌푯값을 가지는가?

① $\left(2 + \dfrac{3\sqrt{3}}{2}, \; 2\sqrt{3} - \dfrac{3}{2}\right)$

② $\left(2 + \dfrac{3\sqrt{3}}{2}, \; 2\sqrt{3} + \dfrac{3}{2}\right)$

③ $\left(2 - \dfrac{3\sqrt{3}}{2}, \; 2\sqrt{3} - \dfrac{3}{2}\right)$

④ $\left(2 - \dfrac{3\sqrt{3}}{2}, \; 2\sqrt{3} + \dfrac{3}{2}\right)$

해설 $\begin{bmatrix} x' & y' \end{bmatrix} = \begin{bmatrix} 3 & 4 \end{bmatrix} \begin{bmatrix} \cos 30° & -\sin 30° \\ \sin 30° & \cos 30° \end{bmatrix}$

$= \begin{bmatrix} 3\cos 30° + 4\sin 30° & -3\sin 30° + 4\cos 30° \end{bmatrix}$

$= \begin{bmatrix} \dfrac{3\sqrt{3}}{2} + 2 & -\dfrac{3}{2} + 2\sqrt{3} \end{bmatrix}$

63. IGES(Initial Graphics Exchange Specification)에 대한 설명으로 옳은 것은?

① 널리 쓰이는 자동 프로그래밍 system의 일종이다.

② wire frame 모델에 면의 개념을 추가한 data format이다.

③ 서로 다른 CAD 시스템 간의 데이터 호환성을 갖기 위한 표준 데이터 교환 형식이다.

④ CAD와 CAM을 종합한 운영 프로그램의 일종이다.

해설 대표적인 데이터 교환 표준
IGES, DXF, STL, STEP, GKS, PHIGS

64. 화면에 CAD 모델들을 현실감 있게 나타내기 위해 채색이나 음영 등을 주는 작업은?

① animation　　② simulation
③ modeling　　④ rendering

해설 렌더링 : 평면에 현실감을 나타내기 위해 여러 가지 방법을 이용하여 모델을 입체적으로 보이게 하는 작업이다.

65. 솔리드 모델링(solid modeling)에서 면의 일부 또는 전부를 원하는 방향으로 당겨서 물체가 늘어나도록 하는 모델링 기능은?

① 트위킹(tweaking)
② 리프팅(lifting)
③ 스위핑(sweeping)
④ 스키닝(skinning)

해설 리프팅 : 전체 모형은 그대로 두고 특정 부분의 면을 이루는 조정점을 조정하여 일부 형상을 바꾸는 작업이다.

66. 다음 설명에 해당하는 것은?

이미 제작된 제품에서 3차원 데이터를 측정하여 CAD 모델로 만드는 작업

① reverse engineering
② feature-based modeling
③ digital mock-up
④ virtual manufacturing

해설 역설계 : 실제 부품의 표면을 3차원 측정 정보로 부품 형상 데이터를 얻어 모델을 만드는 방법이다.

67. 이미 정의된 두 곡면을 매끄럽게 연결하는 것을 무엇이라 하는가?

① 스위핑(sweeping)
② 스키닝(skinning)
③ 블렌딩(blending)
④ 리프팅(lifting)

해설 블렌딩 : 주어진 형상을 국부적으로 변화시키는 방법으로, 접하는 곡면을 부드러운 모서리로 처리하는 것이다.

68. 형상 모델링 방법 중 솔리드 모델링(solid modeling)의 특징이 잘못 설명된 것은?

① 은선 제거가 가능하다.
② 단면도 작성이 어렵다.
③ 불(boolean) 연산에 의해 복잡한 형상도 표현할 수 있다.
④ 명암, 컬러 및 회전, 이동 등의 기능을 이용하여 사용자가 명확히 물체를 파악할 수 있다.

해설 솔리드 모델링은 단면도 작성이 가능하며 복잡하고 정확한 형상 표현이 가능하다.

69. 다음 중 무게중심을 구할 수 있는 모델은 어느 것인가?

① 와이어 프레임 모델
② 서피스 모델

③ 솔리드 모델
④ 쿤스 모델

해설 솔리드 모델링에서는 부피, 무게, 무게중심 등 물리적 성질의 계산이 가능하다.

70. 다음 설명의 특징을 가진 곡면에 해당하는 것은?

> • 평면상의 곡선뿐만 아니라 3차원 공간에 있는 형상도 간단히 표현할 수 있다.
> • 곡면의 일부를 표현하고자 할 때는 매개변수의 범위를 두므로 간단히 표현할 수 있다.
> • 곡면의 좌표변환이 필요하면 단순히 주어진 벡터만을 좌표변환하여 원하는 결과를 얻을 수 있다.

① 원뿔(cone) 곡면
② 퍼거슨(ferguson) 곡면
③ 베지어(bezier) 곡면
④ 스플라인(spline) 곡면

71. bezier 곡선이 갖는 특징으로 옳지 않은 것은?

① 조정점(control point)의 개수와 곡선식의 차수가 직결되어 실제로 모든 조정점이 곡선의 형상에 영향을 준다.
② 복잡한 형상의 곡선 생성을 위해 조정점의 수가 증가하고 곡선 형상의 진동 등의 문제를 일으킬 수 있다.
③ 두 개의 인접한 bezier 곡선의 연결점에서 접선의 연속성과 곡률의 연속성을 동시에 만족시키는 것은 불가능하다.
④ 모든 조정점이 곡선의 형상에 영향을 주므로 부분적 형상 변경을 위해 조정점을 옮기면 곡선 전체의 형상이 변경되는 문제가 발생한다.

해설 베지어 곡선은 하나의 다각형에 의해 곡선을 표현하는 방법으로, 두 개의 인접한 베지어 곡선의 연결점에서 접선의 연속성과 곡률의 연속성을 갖는다.

72. 그림과 같은 선분 A의 양 끝점에 대한 행렬값 $\begin{bmatrix} 1 & 1 \\ 2 & 4 \end{bmatrix}$를 원점을 기준으로 하여 x 방향과 y 방향으로 각각 3배만큼 스케일링(scaling) 할 때 그 행렬값으로 옳은 것은?

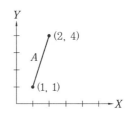

① $\begin{bmatrix} 3 & 3 \\ 3 & 6 \end{bmatrix}$ ② $\begin{bmatrix} 3 & 3 \\ 6 & 12 \end{bmatrix}$

③ $\begin{bmatrix} 4 & 1 \\ 2 & 7 \end{bmatrix}$ ④ $\begin{bmatrix} 3 & 12 \\ 6 & 3 \end{bmatrix}$

해설 $\begin{bmatrix} x' & y' \end{bmatrix} = \begin{bmatrix} 1 & 1 \\ 2 & 4 \end{bmatrix} \begin{bmatrix} 3 & 0 \\ 0 & 3 \end{bmatrix}$

$= \begin{bmatrix} 3 & 3 \\ 6 & 12 \end{bmatrix}$

73. 솔리드 모델링에서 CSG 방식과 비교한 B-rep 방식의 특성이 아닌 것은?

① 저장 메모리가 적음
② 전개도 작성이 용이
③ 표면적 계산이 쉬움
④ 화면의 재생시간이 적게 걸림

해설 B-rep 방식은 CSG 방식으로 만들기 어려운 물체의 모델화에 적합하지만 저장 메모리를 많이 필요로 하는 단점이 있다.

74. 2차원 데이터에 대한 변환 매트릭스 중 X축에 대한 대칭의 결과를 얻기 위한 변환 매트릭스는?

① $\begin{bmatrix} 1 & 0 & 0 \\ 0 & 1 & 0 \\ 0 & -1 & 1 \end{bmatrix}$　② $\begin{bmatrix} 1 & 0 & 0 \\ 0 & -1 & 0 \\ 0 & 0 & 1 \end{bmatrix}$

③ $\begin{bmatrix} -1 & 0 & 0 \\ 0 & -1 & 0 \\ 0 & 0 & 1 \end{bmatrix}$　④ $\begin{bmatrix} -1 & -1 & 0 \\ 0 & 1 & 0 \\ 0 & 0 & 1 \end{bmatrix}$

해설 • x축 대칭 : $\begin{bmatrix} 1 & 0 & 0 \\ 0 & -1 & 0 \\ 0 & 0 & 1 \end{bmatrix}$

• y축 대칭 : $\begin{bmatrix} -1 & 0 & 0 \\ 0 & 1 & 0 \\ 0 & 0 & 1 \end{bmatrix}$

• 원점 대칭 : $\begin{bmatrix} -1 & 0 & 0 \\ 0 & -1 & 0 \\ 0 & 0 & 1 \end{bmatrix}$

75. CAD 소프트웨어에서 명령어를 아이콘으로 만들고 아이템별로 묶어 명령을 편리하게 이용할 수 있도록 한 것은?

① 툴 바
② 스크롤바
③ 스크린 메뉴
④ 풀다운 메뉴 바

해설 • 스크롤바 : 영역 밖의 화면으로 이동하기 위한 조정 메뉴
• 스크린 메뉴 : 화면상에서 텍스트 형태의 메뉴
• 풀다운 메뉴 바 : 클릭 시 하단으로 메뉴 그룹이 펼쳐지도록 하는 메뉴

76. 다음은 어떤 디스플레이 장치에 대한 설명인가?

> • 작고 가벼우며 완전 평면이다.
> • 전자파 발생과 전력 소비가 적다.
> • 일반적으로는 별도의 광원(백라이트)이 필요하다.
> • 구동 방법에 따라 TN, STN, TFT 등으로 나누어진다.

① OLED 디스플레이
② 액정 디스플레이
③ 플라스마 디스플레이
④ 래스터 디스플레이

해설 액정 디스플레이 : 2개의 얇은 유리판 사이에 고체와 액체의 중간 물질인 액정을 주입하여 광 스위치 현상을 이용한 소자이다.

77. CAD 소프트웨어에서 형상 모델러가 하는 역할은?

① 컴퓨터 내에 저장되어 있는 형상 정보를 인쇄하는 기능
② 물체의 기하학적인 형상을 컴퓨터 내에서 표현하는 기능
③ 물체의 3차원 위상 정보를 컴퓨터에 입력하는 기능
④ 컴퓨터 내에 저장되어 있는 형상을 다른 소프트웨어로 보내는 기능

78. 구멍(hole), 슬롯(slot), 포켓(pocket) 등의 형상 단위를 라이브러리(library)에 미리 갖추어 놓고 필요시 이들의 치수를 변화시켜 설계에 사용하는 모델링 방식은?

① parametric modeling
② feature-based modeling
③ boundary modeling
④ boolean operation modeling

[해설] 특징 형상 모델링(feature-based modeling) 설계자들이 빈번하게 사용하는 임의의 형상을 미리 정의해 놓고, 변숫값만 입력하여 원하는 형상을 얻도록 하는 기법이다.

79. 래스터 스캔 디스플레이에 직접적으로 관련된 용어가 아닌 것은?

① flicker   ② refresh
③ frame buffer   ④ RISC

[해설] • flicker : 화면이 깜박거리는 현상이다.
• refresh : 화면을 다시 재생하는 작업이다.
• frame buffer : 데이터를 한 곳에서 다른 한 곳으로 전송하는 동안 일시적으로 그 데이터를 보관하는 메모리 영역이다.
• RISC : Reduced Instruction Set Computer 의 약어로 CPU에 관련된 용어이다.

80. 데이터 표시 방법 중 3개의 zone bit와 4개의 digit bit를 기본으로 하며, parity bit 적용 여부에 따라 총 7bit 또는 8bit로 한 문자를 표현하는 코드 체계는?

① FPDF   ② EBCDIC
③ ASCII   ④ BCD

[해설] ASCII : 미국 정보 교환 표준 부호로, 소형 컴퓨터에서 문자 데이터(문자, 숫자, 문장 부호) 와 비입력 장치 명령(제어 문자)을 나타내는 데 사용되는 표준 데이터 전송 부호이다.

2013년

기계설계산업기사　　　　　　　　　2013. 08. 13 시행

제1과목 : 기계 가공법 및 안전관리

1. 선반에서 각도가 크고 길이가 짧은 테이퍼를 가공하기에 가장 적합한 방법은?

① 심압대의 편위 방법
② 백기어 사용 방법
③ 모방 절삭 방법
④ 복식 공구대 사용 방법

[해설] 테이퍼 절삭 방법
· 복식 공구대 사용 방법 : 각도가 크고 길이가 짧을 때
· 심압대의 편위 방법 : 공작물이 길고 테이퍼가 작을 때

2. 절삭 공구가 가공물을 절삭하는 칩의 두께(mm)로 이것의 증가는 온도 상승과 절삭 저항의 증가, 공구 수명의 감소를 가져오는 것은?

① 절삭 동력　　　② 절삭 속도
③ 이송 속도　　　④ 절삭 깊이

[해설] 절삭 깊이는 칩의 두께를 결정하며, 절삭 깊이가 깊을수록 가공 능률은 오르지만 공구 수명은 단축된다.

3. 기어, 회전축, 코일 스프링, 판 스프링 등의 가공에 적합한 숏 피닝(shot peening)은 무슨 하중에 가장 효과적인가?

① 압축 하중　　　② 인장 하중
③ 반복 하중　　　④ 굽힘 하중

[해설] 숏 피닝 : 강구를 공작물 표면에 분사시켜 조직을 치밀하게 하고 내마모성과 반복 하중에 의한 피로 특성을 향상시키는 가공법이다.

4. 선반 가공면의 표면 거칠기 이론값 최대 높이 공식은? (단, r : 바이트 끝의 반지름, s : 이송이다.)

① $H_{max} = \dfrac{s^2}{8r}$ mm　　② $H_{max} = \dfrac{2r}{8s}$ mm

③ $H_{max} = \dfrac{s^2}{r}$ mm　　④ $H_{max} = \dfrac{r^2}{s}$ mm

5. 삼침법은 나사의 무엇을 측정하는가?

① 골지름　　　　② 유효 지름
③ 바깥지름　　　④ 나사의 길이

[해설] 유효 지름 측정법 : 삼침법, 나사 마이크로미터, 광학 현미경, 투영기 등

6. 정밀 입자 가공에 대한 설명으로 옳지 않은 것은?

① 래핑은 매끈한 면을 얻는 가공법의 하나이며, 습식법과 건식법이 있다.
② 호닝은 몇 개의 혼(hone)이라는 숫돌을 일감의 축 방향으로 작은 진동을 주어 가공하는 방법이다.
③ 슈퍼 피니싱은 축의 베어링 접촉부를 고정밀도 표면으로 다듬는 가공에 활용한다.
④ 호닝의 혼(hone) 결합제는 일반적으로 비트리파이드를 사용한다.

[해설] 호닝은 몇 개의 혼(hone)이라는 숫돌을 일감의 축 직각 방향으로 작은 진동을 주어 가공하는 방법이다.

7. 선반 가공에서 다듬질 표면 거칠기에 직접 영향을 주는 요소가 아닌 것은?

① 릴리빙　　　　② 절삭 속도

정답 1. ④　2. ④　3. ③　4. ①　5. ②　6. ②　7. ①

③ 경사각　　　　　④ 노즈 반지름

해설 릴리빙 장치 : 선반에서 총형 바이트를 이용하여 구석진 부분을 가공하는 장치의 일종으로, 다듬질 표면 거칠기와는 관련이 없다.

8. 연삭 작업에서 연삭숫돌의 입자가 무디어지거나 눈메움이 생기면 연삭 능력이 저하되므로 숫돌의 예리한 날이 나타나도록 가공하는 작업은?

① 버니싱　　　　　② 드레싱
③ 글레이징　　　　④ 로딩

해설 드레싱 : 글레이징이나 로딩 현상이 생길 때 새로운 입자가 생성되도록 하는 작업이다.

9. 드릴링 머신으로 구멍 가공 작업을 할 때 주의해야 할 사항이 아닌 것은?

① 드릴은 흔들리지 않도록 정확하게 고정해야 한다.
② 드릴을 고정하거나 풀 때는 주축이 완전히 정지된 후 작업한다.
③ 구멍 가공 작업이 끝날 무렵은 이송을 천천히 한다.
④ 크기가 작은 공작물은 손으로 잡고 드릴링한다.

해설 크기가 작은 공작물은 반드시 클램핑 장치에 고정한 후 가공한다.

10. 선반에서 가로 이송대에 나사 피치가 8mm이고 100등분된 눈금이 달려 있을 때 30mm를 26mm로 가공하려면 핸들을 몇 눈금 돌리면 되는가?

① 20　　　　　　　② 25
③ 32　　　　　　　④ 50

해설 절삭 깊이 $= \dfrac{30-26}{2} = 2\text{mm}$

$\therefore$ 눈금 수 $= \dfrac{\text{등분 수}}{\text{피치}} \times$ 절삭 깊이

　　　　　 $= \dfrac{100}{8} \times 2 = 25$눈금

11. 밀링 머신에서 가공이 어려운 것은?

① 더브테일 홈 가공
② T홈 가공
③ 널링 가공
④ 나선 홈 가공

해설 널링 가공은 선반에서 작업해야 한다.

12. 선반의 새들 위에 고정시켜 일감의 처짐이나 휨을 방지하는 부속장치는?

① 곡형 돌리개　　　② 마그네틱 척
③ 이동 방진구　　　④ 센터 드릴

해설 방진구 : 지름이 작고 긴 공작물을 절삭할 때 생기는 떨림을 방지하기 위한 장치로, 지름보다 20배 이상 길이가 긴 공작물을 가공할 때 사용한다.

13. 밀링 머신의 주요 구조 중 상면에 T홈이 파져 있는 것은?

① 새들(saddle)
② 오버암(over arm)
③ 테이블(table)
④ 칼럼(column)

해설 테이블에는 공작물을 고정하기 위한 바이스를 설치하기 위해 T홈이 파져 있으며, 공작물의 이송을 담당한다.

14. 드릴의 각부 명칭 중에서 드릴의 홈을 따라 만들어진 좁은 날로, 드릴을 안내하는 역할을 하는 것은?

① 마진   ② 랜드
③ 시닝   ④ 탱

해설 마진 : 드릴의 홈을 따라 만들어진 좁은 날로, 드릴이 수직 가공되도록 안내한다.

15. 절삭 공구의 보관 및 사용 시 적합한 관리 방법이 아닌 것은?

① 절삭 공구 날의 마모 상태를 자주 점검한다.
② 중(重) 절삭 시 가능한 한 절삭 공구의 날 끝을 최대한 예리하고 뾰족하게 세워서 사용한다.
③ 작업 후 절삭 공구는 보관용 공구함에 보관한다.
④ 절삭 공구의 보관함은 청결을 유지하고, 종류별로 구분하여 항상 사용에 편리하게 분류한다.

해설 중절삭 시 날 끝이 뾰족하면 깨질 위험이 있으므로 경절삭할 때보다 날 끝각이 커야 한다.

16. 기계 부품의 가공 시 최소의 경비로 가장 단순하게 사용할 수 있는 지그는?

① 박스 지그   ② 분할 지그
③ 샌드위치 지그   ④ 템플릿 지그

해설 템플릿 지그 : 1회의 소모성 지그 형태로, 제작비 절감을 위한 간단한 지그의 일종이다.

17. 편심량이 2.2mm로 가공된 선반 가공물을 다이얼 게이지로 측정할 때 다이얼 게이지 눈금의 변위량은 몇 mm인가?

① 1.1   ② 2.2
③ 4.4   ④ 22

해설 선반에서 편심량은 다이얼 게이지로 세팅 시 눈금량이 2배가 되므로 $2.2 \times 2 = 4.4$mm이다.

18. 연삭 작업 시 주의할 점에 대한 설명으로 틀린 것은?

① 숫돌 커버를 반드시 설치하여 사용한다.
② 숫돌을 나무해머로 가볍게 두드려 음향 검사를 한다.
③ 연삭 작업 시에는 보안경을 꼭 착용하여야 한다.
④ 양 숫돌 차의 입도는 항상 같게 해야 한다.

해설 숫돌을 2개로 사용하는 경우에는 입도를 서로 다르게 하여 사용한다.

19. 센터리스 연삭기에서 조정 숫돌의 지름을 d[mm], 조정 숫돌의 경사각을 α[도], 조정 숫돌의 회전수를 n[rpm]이라고 할 때 일감의 이송 속도 f[mm/min]는?

① $f = \dfrac{\pi dn}{\sin \alpha}$ ② $f = \pi dn \cos \alpha$

③ $f = \dfrac{\pi dn}{\cos \alpha}$ ④ $f = \pi dn \sin \alpha$

해설 센터리스 연삭기에서 일감의 이송 속도 f는 조정 숫돌의 경사각 $\sin \alpha$에 비례한다.

20. 밀링 커터의 날수가 10, 지름이 100mm, 절삭 속도가 100 m/min, 1날당 이송을 0.1mm로 하면 테이블 1분간 이송량은 약 얼마인가?

① 420mm/min
② 318mm/min
③ 218mm/min
④ 120mm/min

해설 $N = \dfrac{1000V}{\pi D} = \dfrac{1000 \times 100}{\pi \times 100}$
$\fallingdotseq 318$ rpm
$\therefore f = f_z \times Z \times N = 0.1 \times 10 \times 318$
$= 318$ mm/min

제2과목 : 기계 제도

21. 다음 용접의 기본 기호 중 플러그 용접 기호는?

① ⌒ ② ✳ ③ ◺ ④ ⊓

해설 ① 비드 용접 ② 점 용접 ③ 필릿 용접

22. KS 재료 기호 중 기계 구조용 탄소 강재는?

① SM20C ② SC37
③ SHP1 ④ SF34

해설 • SC : 탄소강 주강품
• SHP : 열간 압연 강판
• SF : 탄소강 단강품

23. 보기 도면과 같이 강판에 구멍을 가공할 경우 가공할 구멍의 크기와 개수는?

8-15 드릴 가공

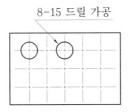

① 지름 8mm, 구멍 2개
② 지름 8mm, 구멍 15개
③ 지름 15mm, 구멍 8개
④ 지름 15mm, 구멍 2개

24. 도면에서 2종류 이상의 선이 같은 곳에 겹치는 경우 다음 선 중에서 우선순위가 가장 높은 선은?

① 중심선 ② 무게중심선
③ 숨은선 ④ 치수 보조선

해설 겹치는 선의 우선순위
외형선 > 숨은선 > 절단선 > 중심선 > 무게중심선 > 치수 보조선

25. 도면에서 표면의 줄무늬 방향 지시 그림 기호 M은 무엇을 뜻하는가?

① 가공에 의한 커터의 줄무늬가 기호를 기입한 그림의 투영면에 비스듬하게 두 방향으로 교차
② 가공에 의한 커터의 줄무늬가 기호를 기입한 면의 중심에 대하여 거의 동심원 모양
③ 가공에 의한 커터의 줄무늬가 기호를 기입한 면의 중심에 대하여 거의 방사 모양
④ 가공에 의한 커터의 줄무늬가 여러 방향으로 교차 또는 무 방향

해설 ① X ② C ③ R ④ M

26. 빗줄 널링(knurling)의 표시 방법으로 가장 올바른 것은?

① 축선에 대하여 일정한 간격으로 평행하게 도시한다.
② 축선에 대하여 일정한 간격으로 수직으로 도시한다.
③ 축선에 대하여 30°로 엇갈리게 일정한 간격으로 도시한다.
④ 축선에 대하여 80°로 하여 일정한 간격으로 평행하게 도시한다.

해설 축선에 대하여 30°로 엇갈리도록 도면에 일정한 간격으로 일부만 그린다.

27. 제3각법으로 정투상한 그림과 같은 투상

정답 21. ④ 22. ① 23. ③ 24. ③ 25. ④ 26. ③ 27. ②

도에서 누락된 정면도로 가장 적합한 것은?

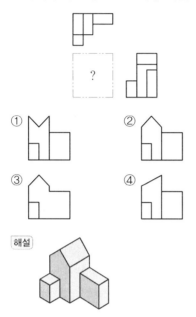

해설

28. 크기(폭×높이×길이)가 20mm×50mm ×100mm인 육면체 제품의 질량을 계산하면 약 몇 kg인가? (단, 재질은 SM45C이고 비중은 7.85이다.)

① 0.0785　　　② 0.785

③ 7.85　　　　④ 78.5

해설 $V = 2 \times 5 \times 10 = 100\,\text{cm}^3$

$\therefore m = \rho V = 7.85 \times 100 = 785\,\text{g}$

$\qquad = 0.785\,\text{kg}$

여기서, m : 질량, ρ : 비중, V : 부피

29. 기하 공차 중 단독 형체에 관한 것들로만 짝지어진 것은?

① 진직도, 평면도, 경사도

② 진직도, 동축도, 대칭도

③ 평면도, 진원도, 원통도

④ 진직도, 동축도, 경사도

해설 단독 형체 : 진직도, 평면도, 진원도, 원통

도 등으로 데이텀이 필요하지 않은 것이다.

30. 구름 베어링의 안지름이 8인 베어링 호칭 번호는?

① 608　　　　② 6008

③ 60/80　　　④ 6080

해설 베어링 안지름 번호 부분이 한 자리로 되어 있으면 그대로 읽으면 된다.

31. 다음과 같은 표면 거칠기 지시 방법에서 λc 2.5의 의미는?

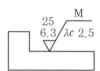

① 평가 길이 2.5mm

② 컷오프값 2.5mm

③ 평가 길이 2.5μm

④ 컷오프값 2.5μm

해설 ・M : 밀링 가공

・25 : 산술평균 거칠기 상한값

・6.3 : 산술평균 거칠기 하한값

・2.5 : 컷오프값

32. 그림과 같은 원뿔을 전개했을 때 전개도의 중심각이 120°가 되려면 L의 치수는 얼마인가? (단, 원뿔 밑면의 지름이 100mm이다.)

$\phi 100$

① 150mm　　　② 200mm

③ 120mm　　　④ 180mm

해설 밑면의 원둘레 길이＝부채꼴 호의 길이

$\pi \times 100 = 2 \times \pi \times L \times \dfrac{120°}{360°}$

$$\therefore L = \frac{100 \times 360°}{2 \times 120°} = 150\,\text{mm}$$

33. 그림과 같은 부등변 ㄱ 형강의 치수 표시 방법은? (단, 형강의 길이는 L이고 두께는 t 로 동일하다.)

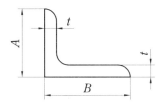

① $LA \times B \times t - L$　　② $Lt \times A \times B - L$

③ $LB \times A + 2t - L$　　④ $LA + B \times \dfrac{t}{2} - L$

해설 ㄱ 형강의 치수 표기 방법
L(높이)×(폭)×(두께)−(길이)

34. 그림과 같은 입체도의 화살표 방향 투상 도로 가장 적합한 것은?

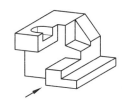

① 　　②

③ 　　④

35. 도면의 부품란에 기입할 수 있는 항목만 으로 짝지어진 것은?

① 도면 명칭, 도면 번호, 척도, 투상법
② 도면 명칭, 도면 번호, 부품 기호, 재료명

③ 부품 명칭, 부품 번호, 척도, 투상법
④ 부품 명칭, 부품 번호, 수량, 부품 기호

해설 • 부품란 : 부품 명칭, 부품 번호, 수량, 부품 기호, 무게 등 부품에 관한 정보 기입
• 표제란 : 도명, 도번, 설계자, 각법, 척도, 제 작일 등 도면의 정보 기입

36. 그림과 같은 도면에서 가는 실선이 교차 하는 대각선 부분은 무엇을 의미하는가?

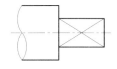

① 평면이라는 뜻
② 나사산 가공하라는 뜻
③ 가공에서 제외하라는 뜻
④ 대각선의 홈이 파여 있다는 뜻

해설 축에서 평면 가공 부위는 가는 실선을 사 용하여 대각선으로 그린다.

37. 입체도의 화살표 방향이 정면일 경우 평 면도로 가장 적합한 투상은?

(정면)

① 　　②

③ 　　④

38. 도면에 표시된 재료 기호가 "SF390A"로 되었을 때 "390"이 뜻하는 것은?

① 재질 표시
② 탄소 함유량
③ 최저 인장 강도
④ 제품명 또는 규격명 표시

해설 • S : 재질
• F : 제품명 또는 규격명
• 390 : 최저 인장 강도

39. 구멍과 축의 끼워맞춤에서 G7/h6은 무엇을 뜻하는가?

① 축 기준식 억지 끼워맞춤
② 축 기준식 헐거운 끼워맞춤
③ 구멍 기준식 억지 끼워맞춤
④ 구멍 기준식 헐거운 끼워맞춤

해설 • 구멍 기준식 : H   • 축 기준식 : h
A(a)에 가까울수록 헐거운 끼워맞춤, Z(z)에 가까울수록 억지 끼워맞춤이다.

40. 관용 테이퍼 암나사를 나타내는 나사기호는 어느 것인가?

① R   ② Rc
③ Rs   ④ Rf

해설 • R : 관용 테이퍼 수나사
• Rc : 관용 테이퍼 암나사
• Rp : 관용 평행 암나사

제3과목 : 기계 설계 및 기계 재료

---

41. 황동 합금의 주성분은?

① Cu-Si   ② Cu-Al
③ Cu-Zn   ④ Cu-Sn

해설 • 황동 : Cu-Zn   • 청동 : Cu-Sn

42. 6.67%의 탄소(C)를 함유한 백색 침상의 금속간 화합물로서 대단히 단단하고 (HB 820 정도) 취약하며, 상온에서는 강자성체이나 210℃가 넘으면 상자성체로 변하여 A_0 변태를 하는 것은?

① 시멘타이트   ② 흑연
③ 오스테나이트   ④ 페라이트

해설 철에서 금속간 화합물은 Fe_3C이며 매우 단단한 시멘타이트 조직을 갖는다.

43. Ni, C, Mn 및 F의 합금으로 바이메탈 시계진자, 줄자, 계측기의 부품 등에 사용되는 불변강의 종류는?

① 인바   ② 엘린바
③ 코엘린바   ④ 플래티나이트

해설 • 인바 : 온도에 따른 길이 변화가 거의 없는 강
• 엘린바 : 탄성이 거의 변하지 않는 강
• 코엘린바 : 엘린바에 Co가 첨가된 강
• 플래티나이트 : 전구, 진공관, 도선 등에 사용하는 강

44. 양은 또는 양백으로 불리는 합금은?

① Fe-Ni-Mn계 합금
② Ni-Cu-Zn계 합금
③ Fe-Ni계 합금
④ Ni-Cr계 합금

해설 양은 : Cu-Zn(황동)에 Ni(니켈)을 첨가한 것으로 냄비, 악기 등에 많이 사용된다.

45. 알루미늄 합금의 열처리 방법과 관계없는 것은?

① 용체화 처리   ② 인공 시효 처리
③ 어닐링   ④ 세라다이징

정답 39. ②   40. ②   41. ③   42. ①   43. ①   44. ②   45. ④

해설 세라다이징은 Zn을 활용한 금속 침투법의 일종이다.

46. 담금질 온도에서 냉각액 속에 재료를 담금하여 일정한 시간을 유지시킨 후 인상하여 서랭시키는 담금질 조작이 아닌 것은?

① 시간 담금질　　② 인상 담금질
③ 분사 담금질　　④ 2단 담금질

해설 분사 담금질은 급랭 방식이다.

47. 합금효과가 없더라도 결정의 핵 생성을 촉진시키는 레이들 첨가법이며, 주철에서는 칠드(chill)화 방지, 흑연 형상의 개량, 기계적 성질 향상 등을 목적으로 하는 것은?

① 접종　　　　　② 구상화
③ 상률　　　　　④ 금속의 이온화

48. 주조 조직을 미세화하고 냉간 가공, 단조 등에 의해 생긴 내부 응력을 제거하며, 결정 조직, 기계적 성질, 물리적 성질 등을 표준화시키는 데 목적이 있는 열처리법은?

① 담금질　　　　② 침탄법
③ 뜨임　　　　　④ 불림

해설 ・담금질 : 강의 경도와 강도 증가
・침탄법 : 표면 경화
・뜨임 : 강의 취성 제거
・불림 : 조직을 미세화, 내부 응력 제거

49. 탄소강의 항온 열처리 방법 중 최종 조직이 베이나이트 조직으로 나타나는 열처리 방법은?

① 고주파 열처리　② 마퀜칭
③ 담금질　　　　④ 오스템퍼링

해설 오스템퍼링 : 소금물에서 담금질하는 방법(염욕)으로 최종 조직이 베이나이트 조직으로 나타난다.

50. 주강과 주철의 설명으로 바르지 못한 것은?

① 주강의 종류에는 저탄소 주강, 중탄소 주강, 고탄소 주강이 있다.
② 주강은 주철에 비해 용융점이 높다.
③ 주철 중에 함유되는 탄소의 양은 보통 2.5~4.5% 정도이다.
④ 주철은 주강에 비하여 기계적 성질이 월등하게 좋고, 용접에 의한 보수가 용이하다.

해설 주철은 담금질 열처리가 불가능하여 주강에 비해 기계적 성질이 좋다고 볼 수 없다.

51. 브레이크 드럼축에 554N · m의 토크가 작용하면 축을 정지하는 데 필요한 제동력은 몇 N인가? (단, 브레이크 드럼의 지름은 400mm이다.)

① 1920　　　　　② 2770
③ 3310　　　　　④ 3660

해설 $Q = \dfrac{2T}{D} = \dfrac{2 \times 554}{0.4} = 2770\text{N}$

52. 그림과 같은 형태의 볼트로서 전단력이 많이 작용하는 곳에 주로 사용하는 볼트는?

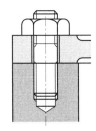

① 스터드 볼트(stud bolt)
② 탭 볼트(tap bolt)
③ 리머 볼트(reamer bolt)

④ 스테이 볼트(stay bolt)

[해설] 리머 볼트는 정밀한 위치 조립을 하기 위해 볼트와 끼워맞춤한다.

53. 재료의 파손이론(failure theory) 중 재료에 조합 하중이 작용할 때 최대 주응력이 단순 인장 또는 단순 압축 하중에 대한 항복 강도 또는 인장 강도나 압축 강도에 도달하였을 때 재료의 파손이 일어난다는 이론을 말하는 것으로, 주철과 같은 취성재료에 잘 일치하는 이론은?

① 변형률 에너지설(strain energy theory)

② 최대 주변형률설(maximum principal strain theory)

③ 최대 전단 응력설(maximum shear stress theory)

④ 최대 주응력설(maximum principal stress theory)

54. 코터의 두께를 b, 폭을 h라 하고, 축 방향의 힘 F를 받을 때 코터 내에 생기는 전단 응력(τ)에 대한 식으로 옳은 것은? (단, 축 방향의 힘에 의해 2개의 전단면이 발생한다.)

① $\tau = \dfrac{F}{bh}$ 　　② $\tau = \dfrac{hb}{F}$

③ $\tau = \dfrac{F}{2bh}$ 　　④ $\tau = \dfrac{2bh}{F}$

[해설] 전단면이 2곳이므로
$$\tau = \frac{\text{힘}}{2 \times \text{단면적}} = \frac{F}{2bh}$$

55. 다음과 같은 스프링 장치에서 각각의 스프링 상수는 $k_1 = 20\,\text{N/mm}$, $k_2 = 30\,\text{N/mm}$일 때, 이 장치의 조합 스프링 상수는 약 몇

N/mm인가?

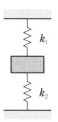

① 25 　　　　② 6

③ 50 　　　　④ 12

[해설] $k = k_1 + k_2$
　　$= 20 + 30 = 50\,\text{N/mm}$

56. 회전 속도가 7 m/s로 전동되는 평벨트 전동장치에서 가죽 벨트의 폭(b)×두께(t) =116 mm×8 mm인 경우, 최대 전달 동력은 약 몇 kW인가? (단, 벨트의 허용 인장 응력은 2.35 MPa이고 장력비($e^{\mu\theta}$)는 2.50이며, 원심력은 무시하고 벨트의 이음효율은 100%이다.)

① 7.45 　　　　② 9.16

③ 11.08 　　　　④ 13.46

[해설] $T_1 = \sigma \times A = (2.35 \times 10^6) \times (0.116 \times 0.008)$
　　　　$= 2180.8\,\text{N}$

$\therefore H = \dfrac{T_1 v}{102 \times 9.81} \times \dfrac{e^{\mu\theta} - 1}{e^{\mu\theta}}$

　　$= \dfrac{2180.8 \times 7}{102 \times 9.81} \times \dfrac{2.5 - 1}{2.5}$

　　$\fallingdotseq 9.16\,\text{kW}$

57. 한 쌍의 표준 스퍼 기어에서 지름 피치가 5이고 잇수가 각각 20, 63일 때, 기어 간 중심 거리는 약 몇 mm인가? (단, 1 in는 25.4 mm이다.)

① 210.82 　　　　② 421.64

③ 16.3 　　　　④ 163

[정답] **53.** ④ 　**54.** ③ 　**55.** ③ 　**56.** ② 　**57.** ①

해설 $P_d = \dfrac{25.4}{m}$, $5 = \dfrac{25.4}{m}$, $m = 5.08$

$$C = \dfrac{D_1 + D_2}{2} = \dfrac{m(Z_1 + Z_2)}{2} = \dfrac{5.08(20 + 63)}{2}$$
$$= 210.82\,mm$$

58. 그림과 같이 양쪽에 옆면 필릿 용접 이음을 한 용접 구조물에서 용접부의 허용 전단 응력이 49.05MPa이라 할 때 약 몇 kN의 힘(P)에 견딜 수 있는가? (단, 판의 두께는 5mm이고 용접 길이(l)는 100mm이다.)

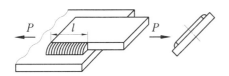

① 34.7   ② 48.6
③ 60.4   ④ 72.9

해설 $A = 5\sin 45° \times 100 \times 2$(양쪽)
$$= \dfrac{5}{\sqrt{2}} \times 100 \times 2 ≒ 707\,mm^2$$

$\sigma = \dfrac{W}{A}$, $W = \sigma \times A$

∴ $W = 49.05 \times 707$
$$= 34678.35\,N ≒ 34.7\,kN$$

59. 일반적으로 저널 베어링은 장착 형태와 하중의 방향에 따라 여러 가지 형태로 분류되는데 그림과 같은 저널은 어떤 저널에 속하는가? (단, 그림에서 P는 하중의 작용을 나타내고, d는 저널의 지름을 의미한다.)

① 칼라 저널   ② 피벗 저널
③ 중간 저널   ④ 엔드 저널

해설 피벗 저널은 수직축 축 방향 끝단을 지지하는 형태이다.

60. 유체 클러치의 일종인 유체 커플링(fluid coupling)의 특징을 설명한 것 중 틀린 것은?

① 원동기의 시동이 쉽다.
② 과부하에 대하여 원동기를 보호할 수 있다.
③ 자동변속을 하기 어렵다.
④ 다수의 원동기에서 1개의 부하 또는 1개의 원동기에서 다수의 부하작용이 쉽다.

해설 유체 커플링 : 밀폐된 공간 안에 회전날개가 있는 두 개의 축 사이에 유체를 채워 회전력을 전달하는 커플링으로, 자동변속을 하기 자유롭다.

제4과목 : 컴퓨터 응용 설계

61. CAD 시스템의 출력장치로 볼 수 없는 것은?

① 플로터(plotter)
② 프린터(printer)
③ 라이트 펜(light pen)
④ 래피드 프로토타이핑(rapid prototyping)

해설 라이트 펜은 입력장치 중 하나이다.

62. 3차원 공간상의 점 좌표를 표현하기 위해 평면 극좌표계(원점으로부터의 거리 r, 수평축과 이루는 각도 θ)에 평면으로부터의 높이 z를 더하여 좌푯값을 표현하는 좌표계는?

① 공간 극좌표계   ② 원통 좌표계
③ 구면 좌표계   ④ 직교 좌표계

해설 원통 좌표계 : xy평면에서 원점부터 한 점까지의 거리, 이 거리가 x축과 이루는 각도, 높

이에 의해 표시되는 좌표계이다.

63. CAD 용어 중 회전 특징 형상 모양으로 잘려나간 부분에 해당하는 특징 형상을 무엇이라 하는가?

① 홀(hole) ② 그루브(groove)
③ 챔퍼(chamfer) ④ 라운드(round)

해설 • 홀 : 물체에 진원으로 파인 구멍 형상
• 챔퍼 : 모서리 부분을 45°로 모따기한 형상
• 라운드 : 모서리 부분을 둥글게 처리한 형상

64. IGES 파일 구조가 가지는 section이 아닌 것은?

① directory section ② global section
③ start section ④ local section

해설 IGES 파일은 start, global, directory, parameter, terminate section의 5개 섹션으로 구성되어 있다.

65. 폐쇄된 평면 영역이 단면이 되어 직진 이동 또는 회전 이동시켜 솔리드 모델을 만드는 모델링 기법은?

① 스키닝(skinning)
② 리프팅(lifting)
③ 스위핑(sweeping)
④ 트위킹(tweaking)

해설 스위핑 : 단면 곡선이 안내 곡선을 따라 이동하면서 피쳐 또는 새 곡면이나 솔리드를 생성하는 모델링 기법이다.

66. 다음은 베지어(Bezier) 곡선의 특징을 설명한 것이다. 이 중 잘못된 것은?

① 곡선은 조정점(control point)을 통과시킬 수 있는 다각형의 바깥쪽에 위치한다.

② 곡선은 양 끝점의 조정점을 통과한다.
③ 1개의 조정점 변화는 곡선 전체에 영향을 미친다.
④ n개의 조정점에 의해 정의되는 곡선은 $(n-1)$차 곡선이다.

해설 베지어 곡선은 조정점을 통과시킬 수 있는 다각형의 내부에 위치한다.

67. 다음과 같은 2차원 좌표 변환 행렬에서 데이터의 이동에 관련되는 요소는?

$$\begin{bmatrix} A & B & 0 \\ C & D & 0 \\ L & M & 1 \end{bmatrix}$$

① A, B ② C, D
③ L, M ④ A, D

해설 $T_H = \begin{bmatrix} a & b & p \\ c & d & q \\ m & n & s \end{bmatrix}$

여기서, a, b, c, d : 스케일링, 회전, 전단, 대칭
m, n : 이동
p, q : 투영(투사)
s : 전체적인 스케일링

68. 21인치 1600×1200 픽셀 해상도 래스터 모니터를 지원하는 그래픽보드가 트루 컬러(24비트)를 지원하기 위해 다음과 같은 메모리를 검토하고자 한다. 이때 적용할 수 있는 가장 작은 메모리는?

① 1MB ② 4MB ③ 8MB ④ 32MB

해설 1byte=8bit이므로 트루 컬러(24bit)는 24/8=3byte가 필요하며, 해상도가 1600×1200이므로 (1600×1200)×3byte≒5.76MB가 필요하다. 따라서 사용 메모리보다 큰 표준 메모리 8MB가 요구된다.

69. CAD/CAM 시스템을 개발하여 공급하는

회사들은 세계적으로 여러 곳이 있다. 이러한 여러 가지 CAD/CAM 시스템을 사용하다 보면 각 시스템별 호환성에서 많은 문제점이 나타나게 된다. 이러한 문제점들을 해결하기 위하여 서로 시스템 데이터를 상호교환하기 위해 사용하는 데이터 교환 표준이 아닌 것은?

① PHIGS   ② DIN
③ DXF   ④ STEP

해설 대표적인 데이터 교환 표준
DXF, IGES, STEP, STL, PHIGS, GKS

70. 리프레시(refresh) CRT에서 화면이 흐려지고 밝아지는 현상이 반복되는 과정에서 화면이 흔들리는 현상을 나타내는 용어는?

① 플리커   ② 굴절
③ 증폭   ④ 레지스터

해설 플리커 : 리프레시 현상과 관련 깊은 것으로 CRT의 화면이 미세하게 깜박거리는 현상이다.

71. 이미 정해진 두 곡선 또는 곡면을 부드럽게 채우는 곡선 또는 곡면을 생성하는 것을 무엇이라 하는가?

① 리프팅   ② 블렌딩
③ 스키닝   ④ 리프레싱

해설 블렌딩 : 떨어져 있는 두 곡선 또는 곡면을 부드럽게 연결해 가는 모델링 기법이다.

72. 솔리드 모델링 시스템에서 사용하는 일반적인 기본 형상(primitive)이 아닌 것은?

① 곡면   ② 실린더
③ 구   ④ 원뿔

해설 솔리드 모델링 시스템에서 사용하는 일반적인 기본 형상은 구, 원뿔, 원기둥, 블록, 회전체 등이며, 곡면은 서피스 모델링 시스템에서 사용하는 요소이다.

73. CAD 시스템 기능 중에서 모델의 속성(attribute)을 관리하는 기능에 해당하는 것은?

① 자료 확대, 축소하는 기능
② 선의 종류, 굵기 등을 정의하는 기능
③ 만들어진 모델을 합치기 하는 기능
④ 트리 구조로 표현되는 도면의 디자인 이력을 보여주는 기능

74. CAD 시스템을 구성하여 운영할 때 각각의 단위별로 구성된 자료를 근거리에서 저렴하고 효율적으로 관리하기 위한 시스템 구성 방식으로 가장 적합한 것은?

① 각각의 단위를 Modem을 이용하여 구성한다.
② 각각의 단위를 Fax를 이용하여 구성한다.
③ 각각의 단위를 Teletype를 이용하여 구성한다.
④ 각각의 단위를 LAN을 이용하여 구성한다.

해설 LAN(Local Area Network) : 근거리 통신망의 형태로, 망 구축이 용이하고 자료의 전송속도가 우수하지만 장거리 구역 간 통신이 불가능하다.

75. 부피나 무게중심을 구할 수 있는 가장 좋은 형상 처리 방법은?

① wireframe modeling
② system modeling
③ surface modeling
④ solid modeling

해설 • 와이어 프레임 모델링 : 골격만 3차원 형태이다.

- 서피스 모델링 : 표면만 있고 속이 빈 형태이다(NC 가공).
- 솔리드 모델링 : 속까지 꽉 찬 상태로 부피, 무게, 무게중심의 계산이 가능하다.

76. NURBS 곡선에 대한 설명으로 틀린 것은?

① 일반적인 B-spline 곡선에서는 원, 타원, 포물선, 쌍곡선 등의 원뿔 곡선을 근사적으로 밖에 표현하지 못하지만, NURBS 곡선은 이들 곡선을 정확하게 표현할 수 있다.
② 일반 베지어 곡선과 B-spline 곡선을 모두 표현할 수 있다.
③ NURBS 곡선에서 각 조정점은 x, y, z좌표 방향으로 하여 3개의 자유도를 가진다.
④ NURBS 곡선은 자유 곡선은 물론 원뿔 곡선까지 통일된 방정식의 형태로 나타낼 수 있으므로 프로그램 개발 시 그 작업량을 줄여준다.

해설 NURBS 곡선은 4개 좌표의 조정점을 사용하여 4개의 자유도를 가짐으로써 곡선의 변형이 자유롭다.

77. B-spline 곡선의 설명으로 옳은 것은?

① 각 조정점(control vertex)들이 전체 곡선의 형상에 영향을 준다.
② 곡선의 형상을 국부적으로 수정하기 어렵다.
③ 곡선의 차수는 조정점의 개수와 무관하다.
④ Hermite 곡선식을 사용한다.

해설 B-spline 곡선 : 곡선의 형상을 변화시키기 위해 다각형의 한 점을 이동하였다 하더라도 곡선의 수학적 연속성은 계속 보장되며, 수정된 조정점에 접한 곡선의 형상에만 영향을 준다. 곡선의 차수가 조정점의 개수와는 무관하다.

78. 3차원 공간에서 X축을 중심으로 반시계 방향으로 θ만큼 회전시키는 변환행렬에서 ⓐ, ⓑ 부분에 각각 들어갈 항목으로 옳은 것은? (단, 반시계 방향을 +방향으로 한다.)

$$\begin{bmatrix} 1 & 0 & 0 & 0 \\ 0 & \cos\theta & \sin\theta & 0 \\ 0 & ⓐ & ⓑ & 0 \\ 0 & 0 & 0 & 1 \end{bmatrix}$$

① ⓐ$=\cos\theta$, ⓑ$=\sin\theta$
② ⓐ$=\sin\theta$, ⓑ$=\cos\theta$
③ ⓐ$=-\sin\theta$, ⓑ$=\cos\theta$
④ ⓐ$=-\cos\theta$, ⓑ$=\sin\theta$

79. CAD 소프트웨어가 반드시 갖추고 있어야 할 기능으로 거리가 먼 것은?

① 화면 제어 기능
② 치수 기입 기능
③ 도형 편집 기능
④ 인터넷 기능

해설 인터넷 기능은 제조회사의 옵션 사항으로 CAD 소프트웨어 기능과는 무관하다.

80. 일반적인 3차원 표현 방법 중 와이어 프레임 모델의 특징을 설명한 것으로 틀린 것은?

① 은선 제거가 불가능하다.
② 유한 요소법에 의한 해석이 가능하다.
③ 저장되는 정보의 양이 적다.
④ 3면 투시도의 작성이 용이하다.

해설 유한 요소법에 의한 해석은 솔리드 모델링에서 가능하다.

2014년 시행 문제

기계설계산업기사

2014. 03. 02 시행

제1과목 : 기계 가공법 및 안전관리

1. 기어가 회전 운동을 할 때 접촉하는 것과 같은 상대 운동으로 기어를 절삭하는 방법은?

① 창성식 기어 절삭법
② 모형식 기어 절삭법
③ 원판식 기어 절삭법
④ 성형 공구 기어 절삭법

해설 창성식 기어 절삭법 : 인벌류트 곡선의 성질을 응용하여 기어를 깎는 방법으로 호브, 랙커터, 피니언 커터 등으로 절삭하는 방법이다.

2. 공기 마이크로미터를 그 원리에 따라 분류할 때 이에 속하지 않는 것은?

① 유량식　　　② 배압식
③ 광학식　　　④ 유속식

해설 공기 마이크로미터를 그 원리에 따라 분류하면 유량식, 배압식, 유속식, 진공식이 있다.

3. 고속 가공의 특성에 대한 설명이 옳지 않은 것은?

① 황삭부터 정삭까지 한 번의 셋업으로 가공이 가능하다.
② 열처리된 소재는 가공할 수 없다.
③ 칩(chip)에 열이 집중되어, 가공물은 절삭열 영향이 작다.

④ 절삭 저항이 감소하고 공구 수명이 길어진다.

해설 고속 가공은 열처리된 공작물도 가공할 수 있으며, 경도 HRC 60 정도는 가공이 가능하다.

4. 연삭액의 구비 조건으로 틀린 것은?

① 거품 발생이 많을 것
② 냉각성이 우수할 것
③ 인체에 해가 없을 것
④ 화학적으로 안정될 것

해설 절삭유에 거품 발생이 없어야 한다.

5. 밀링 머신에서 단식 분할법을 사용하여 원주를 5등분하려면 분할 크랭크를 몇 회전씩 돌려가면서 가공하면 되는가?

① 4　　　② 8
③ 9　　　④ 16

해설 $n = \dfrac{40}{N} = \dfrac{40}{5} = 8$회전

6. 길이가 짧고 지름이 큰 공작물을 절삭하는 데 사용하는 선반으로 면판을 구비하고 있는 것은?

① 수직 선반　　　② 정면 선반
③ 탁상 선반　　　④ 터릿 선반

해설 • 수직 선반 : 무겁고 지름이 큰 공작물을 절삭하는 데 적합하다.

정답 **1.** ① **2.** ③ **3.** ② **4.** ① **5.** ② **6.** ②

• 탁상 선반 : 소형 부품을 절삭하는 데 적합하다.
• 터릿 선반 : 터릿에 여러 공구를 부착하여 다양하고 종합적인 가공을 하는 데 적합하다.

7. 주축대의 위치를 정밀하게 하기 위해 나사식 측정 장치, 다이얼 게이지, 광학적 측정 장치를 갖추고 있는 보링 머신은?

① 수직 보링 머신　　② 보통 보링 머신
③ 지그 보링 머신　　④ 코어 보링 머신

해설 지그 보링 머신 : 구멍을 좌표위치에 2~10μm의 정밀도로 구멍을 뚫는 보링 머신으로 나사식 보정 장치, 현미경을 이용한 광학적 장치 등이 있다.

8. 서멧(cermet) 공구를 제작하는 가장 적합한 방법은?

① WC(텅스텐 탄화물)을 Co로 소결
② Fe에 Co를 가한 소결 초경 합금
③ 주성분이 W, Cr, Co, Fe로 된 주조 합금
④ Al_2O_3 분말에 TiC 분말을 혼합 소결

해설 서멧 : 내마모성과 내열성이 높은 Al_2O_3 분말 70%에 TiC 또는 TiN 분말을 30% 정도 혼합 소결하여 만든다. 크레이터 마모, 플랭크 마모가 적어 공구 수명이 길고 구성 인선이 거의 없으나 치핑이 생기기 쉬운 단점이 있다.

9. 센터리스 연삭 작업의 특징이 아닌 것은?

① 센터 구멍이 필요 없는 원통 연삭에 편리하다.
② 연속 작업을 할 수 있어 대량 생산에 적합하다.
③ 대형 중량물도 연삭이 용이하다.
④ 가늘고 긴 공작물의 연삭에 적합하다.

해설 대형 중량물이나 지름이 크고 길이가 긴 공작물은 연삭하기 어렵다.

10. 측정기, 피측정물, 자연환경 등 측정자가 파악할 수 없는 변화에 의해 발생하는 오차는 어느 것인가?

① 시차　　　　　② 우연 오차
③ 계통 오차　　　④ 후퇴 오차

해설 우연 오차는 확인될 수 없는 원인으로 생기는 오차로, 측정치를 분산시키는 원인이 된다.

11. 절삭 공구의 구비 조건으로 틀린 것은?

① 고온 경도가 높아야 한다.
② 내마모성이 좋아야 한다.
③ 마찰계수가 작아야 한다.
④ 충격을 받으면 파괴되어야 한다.

해설 절삭 공구는 피절삭재보다 굳고 인성이 있어 외부 충격에도 잘 견뎌야 한다.

12. 기계 작업 시 안전 사항으로 가장 거리가 먼 것은?

① 기계 위에 공구나 재료를 올려놓는다.
② 선반 작업 시 보호안경을 착용한다.
③ 사용 전 기계ㆍ기구를 점검한다.
④ 절삭 공구는 기계를 정지시키고 교환한다.

해설 기계 위에 공구나 재료를 올려놓지 않는다.

13. 기어 피치원의 지름이 150mm, 모듈(module)이 5인 표준형 기어의 잇수는? (단, 비틀림각은 30°이다.)

① 15개　　　　　② 30개
③ 45개　　　　　④ 50개

해설 $D=mZ$

$\therefore Z=\dfrac{D}{m}=\dfrac{150}{5}=30$개

14. 선반에서 가공할 수 있는 작업이 아닌 것은?

---

① 기어 절삭　　② 테이퍼 절삭
③ 보링　　　　④ 총형 절삭

[해설] 기어 절삭은 밀링 머신, 호빙 머신, 기어 셰이퍼 등에서 작업할 수 있다.

15. 초음파 가공에 주로 사용하는 연삭 입자의 재질이 아닌 것은?

① 산화알루미나계　② 다이아몬드 분말
③ 탄화규소계　　　④ 고무분말계

[해설] 초음파 가공에 사용하는 연삭 입자의 재질은 산화알루미나, 탄화규소, 탄화붕소, 다이아몬드 분말이다.

16. 일반적으로 각도 측정에 사용되는 것이 아닌 것은?

① 콤비네이션 세트
② 나이프 에지
③ 광학식 클리노미터
④ 오토 콜리메이터

[해설] 나이프 에지는 평면 측정기이므로 진직도 측정과 비교 측정에 사용된다.

17. 마이크로미터 측정면의 평면도 검사에 가장 적합한 측정기기는?

① 옵티컬 플랫
② 공구 현미경
③ 광학식 클리노미터
④ 투영기

[해설] 옵티컬 플랫은 광학적인 측정기로, 매끈하게 래핑된 블록 게이지면, 각종 측정자 등의 평면 측정에 사용하며, 측정면에 접촉시켰을 때 생기는 간섭 무늬의 수로 측정한다.

18. 해머 작업의 안전 수칙에 대한 설명으로

틀린 것은?

① 해머의 타격면이 넓어진 것을 골라서 사용한다.
② 장갑이나 기름이 묻은 손으로 자루를 잡지 않는다.
③ 담금질된 재료는 함부로 두드리지 않는다.
④ 쐐기를 박아서 해머의 머리가 빠지지 않는 것을 사용한다.

[해설] 해머의 타격면이 넓어진 것은 변형된 것이므로 사용하지 않는다.

19. 선반의 심압대가 갖추어야 할 조건으로 틀린 것은?

① 베드의 안내면을 따라 이동할 수 있어야 한다.
② 센터는 편위시킬 수 있어야 한다.
③ 베드의 임의의 위치에서 고정할 수 있어야 한다.
④ 심압축은 중공으로 되어 있으며 끝부분은 내셔널 테이퍼로 되어 있어야 한다.

[해설] 끝부분은 모스 테이퍼로 되어 있어야 한다.

20. 밀링 머신에 관한 설명으로 옳지 않은 것은?

① 테이블의 이송 속도는 밀링 커터날 1개당 이송 거리×커터의 날수×커터의 회전수로 산출한다.
② 플레노형 밀링 머신은 대형 공작물 또는 중량물의 평면이나 홈 가공에 사용한다.
③ 하향 절삭은 커터의 날이 일감의 이송 방향과 같으므로 일감의 고정이 간편하고 뒤틈 제거 장치가 필요없다.
④ 수직 밀링 머신은 스핀들이 수직 방향으로 장치되며 엔드밀로 홈 깎기, 옆면 깎기 등을 가공하는 기계이다.

[정답] 15. ④　16. ②　17. ①　18. ①　19. ④　20. ③

해설 하향 절삭은 일감의 고정이 간편하나 백래
시 제거 장치가 있어야 한다.

제2과목 : 기계 제도

21. 나사의 표시가 "L 2줄 M50×3-6H"로
나타났을 때, 이 나사에 대한 설명으로 틀린
것은?

① 나사의 감김 방향이 왼쪽이다.
② 수나사 등급이 6H이다.
③ 미터나사이고 피치는 3mm이다.
④ 2줄 나사이다.

해설 수나사는 소문자, 암나사는 대문자를 사용
하므로 6H는 암나사의 등급이다.

22. 다음 기하 공차 중에서 자세 공차를 나타
내는 것은?

① — ② ▱ ③ ○ ④ ⊥

해설 자세 공차는 데이텀이 있어야 하는 관련
형체로 평행도, 직각도, 경사도가 있다.

23. 다음 입체도의 정면도(화살표 방향)로 적
합한 것은?

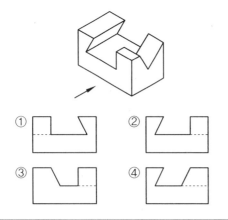

해설 외형선과 숨은선의 구간과 투상 방향에 유
의해야 한다.

24. 베어링의 호칭번호가 6026일 때, 이 베어
링의 안지름은 몇 mm인가?

① 6 ② 60
③ 26 ④ 130

해설 26×5=130 mm

25. 그림과 같은 등각투상도에서 화살표 방향
이 정면일 때 우측면도로 가장 적합한 것은?

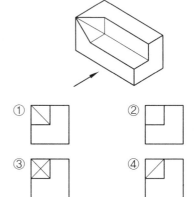

26. 구름 베어링의 안지름 번호에 대하여 베
어링의 안지름 치수를 잘못 나타낸 것은?

① 안지름번호 : 01-안지름 : 12mm
② 안지름번호 : 02-안지름 : 15mm
③ 안지름번호 : 03-안지름 : 18mm
④ 안지름번호 : 04-안지름 : 20mm

해설 00 : 10mm, 01 : 12mm, 02 : 15mm,
03 : 17mm, 04부터는 5배하면 된다.

27. 부등변 ㄱ 형강의 기호 표시가 올바르게
된 것은? (단 A와 B는 형강의 높이와 폭이
고 t는 두께, L은 형강의 길이이다.)

정답 21. ② 22. ④ 23. ② 24. ④ 25. ① 26. ③ 27. ①

① $L A×B×t-L$　　② $L A×B×t×L$

③ $L A-B-t×L$　　④ $L A-B-t-L$

해설 ㄱ 형강의 치수 표기 방법
L(높이)×(폭)×(두께)−(길이)

28. 다음 KS 재료 기호 중 니켈 크로뮴 몰리브데넘강에 속하는 것은?

① SMn 420

② SCr 415

③ SNCM 420

④ SFCM 590S

해설 니켈 : Ni, 크로뮴 : Cr, 몰리브데넘 : Mo, 강 : S

29. 그림과 같이 제3각법으로 투상한 도면에서 "?" 부분의 평면도로 가장 적합한 것은?

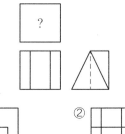

① 　　②

③ 　　④

해설

30. 그림과 같이 표시된 기호에서 Ⓜ은 무엇을 나타내는가?

⊕ | 0.01 | A Ⓜ

① A의 원통 정도를 나타낸다.

② 기계 가공을 나타낸다.

③ 최대 실체 공차 방식을 나타낸다.

④ A의 위치를 나타낸다.

해설 Ⓜ : 최대 실체 공차 방식으로, 해당 부분의 실체가 최대 질량을 가질 수 있도록 치수를 정하라는 의미이다.

31. 원의 반지름을 나타내고자 할 때 지시선을 가장 옳게 나타낸 것은?

① 　　②

③ 　　④

해설 지시선은 원주상에 화살표가 오고, 화살표가 원의 중심을 향하게 한다.

32. 나사 표기가 TM18이라 되어 있을 때, 이는 무슨 나사인가?

① 관용 평행나사

② 29° 사다리꼴나사

③ 관용 테이퍼 나사

④ 30° 사다리꼴나사

해설 •관용 평행나사 : G

•29° 사다리꼴나사 : TW

•관용 테이퍼 수나사 : R

•관용 테이퍼 암나사 : Rc

•30° 사다리꼴나사 : TM

33. 기계 제도에서 특수한 가공을 하는 부분(범위)을 나타내고자 할 때 사용하는 선은?

① 굵은 실선　　　② 가는 1점 쇄선

2014년

③ 가는 실선　　　④ 굵은 1점 쇄선

해설 열처리 구간 또는 특수 표면처리(도금) 구간 등 특수한 가공을 하는 부분은 굵은 1점 쇄선으로 표기한다.

34. 다음 ( ) 안에 공통으로 들어갈 내용은?

> ㉠ 나사의 불완전 나사부는 기능상 필요한 경우 또는 치수 지시를 하기 위하여 필요한 경우 경사된 ( )으로 도시한다.
> ㉡ 단면도가 아닌 일반 투영도에서 기어의 이골원은 ( )으로 도시한다.

① 가는 실선　　　② 가는 파선
③ 가는 1점 쇄선　④ 가는 2점 쇄선

해설 불완전 나사부, 수나사의 골, 기어의 이뿌리원(이골원), 치수선, 치수 보조선, 해칭선 등에는 가는 실선이 사용된다.

35. 그림과 같은 도면에서 참고 치수를 나타내는 것은?

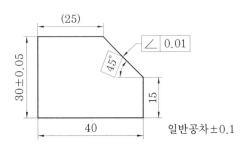

① (25)
② ∠ 0.01
③ 45°
④ 일반공차 ±0.1

해설 ( )는 참고 치수로, 다른 부분을 통해 치수를 구할 수는 있지만 참고 사항으로 보여주기 위해 표현해 놓은 치수이다.

36. 다음 용접 기호에 대한 설명으로 틀린 것은?

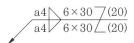

① 지그재그 필릿 용접이다.
② 목 두께는 4mm이다.
③ 한쪽 면의 용접부 개수는 30개이다.
④ 인접한 용접부 간격은 20mm이다.

해설 ・a4 : 목 두께
・6 : 용접부 개수
・30 : 용접부 길이
・(20) : 인접한 용접부 간격

37. 그림과 같은 도면에서 "가" 부분에 들어갈 가장 적절한 기하 공차 기호는?

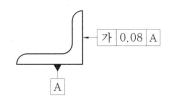

① //　② ⊥　③ □　④ ⊕

해설 도면상에서 직각을 이루고 있는 형상이므로 데이텀 A를 기준으로 직각도 공차를 지시하는 것이 적절하다.

38. 래핑 다듬질면 등에 나타나는 줄무늬로 가공에 의한 커터의 줄무늬가 여러 방향으로 교차 또는 무방향일 때 줄무늬 방향 기호는?

① R　　　　② C
③ ×　　　　④ M

해설 ・R : 중심에 대해 대략 방사 모양
・C : 중심에 대해 대략 동심원 모양
・× : 2개의 경사면에 수직
・M : 여러 방향으로 교차

39. φ100e7인 축에서 치수 공차가 0.035이

고, 위 치수 허용차가 −0.072라면 최소 허용 치수는?

① 99.893 ② 99.928
③ 99.965 ④ 100.035

해설 아래 치수 허용차＝위 치수 허용차
　　　　　　　　　 −치수 공차
　　　　　＝−0.072−0.035
　　　　　＝−0.107
∴ 최소 허용 치수＝100−0.107
　　　　　　　　 ＝99.893

40. 그림과 같은 입체도에서 화살표 방향이 정면일 때 평면도로 가장 적합한 것은?

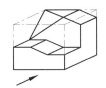

① 　　②

③ 　　④

제3과목 : 기계 설계 및 기계 재료

41. 구조용 복합재료 중 섬유강화 금속은?

① FRTP ② SPF
③ FRM ④ FRP

해설 · FRTP : 섬유강화 내열 플라스틱
· SPF : 구조목(Spruce, Pine, Fir)
· FRP : 섬유강화 플라스틱

42. 금속의 냉각 속도가 빠르면 조직은 어떻

게 되는가?

① 조직이 치밀해진다.
② 조직이 거칠어진다.
③ 불순물이 적어진다.
④ 냉각 속도와 조직은 아무 관계가 없다.

해설 금속의 냉각 속도가 빠르면 조직이 치밀해지고 느리면 조직이 조대화된다.

43. 특수강에서 합금원소의 중요한 역할이 아닌 것은?

① 기계적, 물리적, 화학적 성질의 개선
② 황 등의 해로운 원소 제거
③ 소성 가공성의 감소
④ 오스테나이트 입자 조정

해설 특수강에서 합금원소의 중요한 역할은 소성 가공 시 그 정도를 향상시킨다.

44. 형상기억 합금인 니티놀(nitinol)의 성분은?

① Cu−Zn ② Ti−Ni
③ Ni−Cr ④ Al−Cu

해설 형상기억 합금의 종류 및 용도

형상기억 합금	용도
Ti−Ni (니티놀)	기록계용 팬 구동 장치, 치열 교정용, 온도 경보기
Cu−Zn−Si	직접회로 접착 장치
Cu−Zn−Al	온도 제어 장치

45. 일정한 온도 영역과 변형 속도 영역에서 유리질처럼 늘어나며, 이때 강도가 낮고 연성이 크므로 작은 힘으로도 복잡한 형상의 성형이 가능한 기능성 재료는?

① 형상기억 합금 ② 초소성 합금
③ 초탄성 합금 ④ 초인성 합금

정답 **40.** ① **41.** ③ **42.** ① **43.** ③ **44.** ② **45.** ②

해설 초소성 합금은 일정한 온도나 변형 속도를 부여했을 때 작은 강도로 수백 % 이상의 연신률을 얻을 수 있는 재료이다.

46. 아연을 5~20% 첨가한 것으로 금색에 가까워 금박 대용으로 사용하며 특히 화폐, 메달 등에 주로 사용되는 황동은?

① 톰백
② 실루민
③ 문츠 메탈
④ 고속도강

해설 톰백 : 8~20% Zn을 함유하며, 금에 가까운 색이고 연성이 크다. 금 대용품이나 장식품에 사용한다.

47. 인청동에서 인(P)의 영향이 아닌 것은?

① 쇳물의 유동을 좋게 한다.
② 강도와 인성을 증가시킨다.
③ 탄성을 나쁘게 한다.
④ 내식성을 증가시킨다.

해설 인청동의 특징
• 성분 : Cu+Sn 9%+P 0.35%(탈산제)
• 성질 : 내마멸성이 크고 냉간 가공으로 인장 강도, 탄성 한계가 크게 증가
• 용도 : 스프링제, 베어링, 밸브 시트

48. 4% Cu, 2% Ni, 1.5% Mg이 함유된 Al 합금으로서 내열성이 크고 기계적 성질이 우수하여 실린더 헤드나 피스톤 등에 적합한 합금은?

① 실루민
② Y-합금
③ 로엑스
④ 두랄루민

해설 Y 합금 : Al(92.5%)-Cu(4%)-Ni(2%)-Mg(1.5%) 합금이며 고온 강도가 크므로 내연 기관용 피스톤, 실린더 헤드 등에 사용한다.

49. 합금강 제조 목적으로 알맞지 않은 것은?

① 내식성을 증대시키기 위하여
② 단접 및 용접성 향상을 위하여
③ 결정입자의 크기를 성장시키기 위하여
④ 고온에서의 기계적 성질 저하를 방지하기 위하여

해설 결정입자의 크기가 성장하면 강도 및 경도가 낮아져 기계적 성질이 전체적으로 저하된다.

50. 구리의 특성에 대한 설명으로 틀린 것은?

① 전기 및 열 전도성이 우수하다.
② 전연성이 좋아 가공이 용이하다.
③ 화학적 저항력이 작아 부식이 잘 된다.
④ 아름다운 광택과 귀금속적 성질이 우수하다.

해설 구리의 성질
• 구리의 비중은 8.96, 용융점은 1083℃이며 변태점이 없다.
• 비자성체이며 전기 및 열의 양도체이다.
• 전연성이 좋아 가공이 용이하다.
• 내식성이 커서 부식이 잘 되지 않는다.

51. 지름 4cm의 봉재에 인장 하중 1000N이 작용할 때 발생하는 인장 응력은?

① 127.3N/cm^2
② 127.3N/mm^2
③ 80N/cm^2
④ 80N/mm^2

해설 $\sigma = \dfrac{W}{A} = \dfrac{W}{\dfrac{\pi d^2}{4}} = \dfrac{1000}{\dfrac{\pi \times 4^2}{4}} \fallingdotseq 80\,\text{N/cm}^2$

52. 10kN의 축 하중이 작용하는 볼트에서 볼트 재료의 허용 인장 응력이 60MPa일 때 축 하중을 견디기 위한 볼트의 최소 골지름은 약 몇 mm인가?

① 14.6
② 18.4
③ 22.5
④ 25.7

해설 $d=\sqrt{\dfrac{2W}{\sigma_t}}=\sqrt{\dfrac{2\times10000}{60}}\fallingdotseq18.26\,\text{mm}$

$\therefore d_1=0.8d=0.8\times18.26\fallingdotseq14.6\,\text{mm}$

53. 속도비 3:1, 모듈 3, 피니언(작은 기어)의 잇수 30인 한 쌍의 표준 스퍼 기어의 축간 거리는 몇 mm인가?

① 60　　　　　　② 100

③ 140　　　　　　④ 180

해설 $i=\dfrac{n_2}{n_1}=\dfrac{Z_1}{Z_2}=\dfrac{30}{Z_2}=\dfrac{1}{3}$, $Z_2=90$

$\therefore C=\dfrac{m(Z_1+Z_2)}{2}=\dfrac{3(30+90)}{2}=180\,\text{mm}$

54. 400 rpm으로 전동축을 지지하고 있는 미끄럼 베어링에서 저널의 지름은 6 cm, 저널의 길이는 10 cm이고, 4.2 kN의 레이디얼 하중이 작용할 때 베어링 압력은 약 몇 MPa인가?

① 0.5　　　　　　② 0.6

③ 0.7　　　　　　④ 0.8

해설 $p=\dfrac{W}{dl}=\dfrac{4200}{60\times100}=0.7\,\text{MPa}$

55. 어느 브레이크에서 제동 동력이 3 kW이고, 브레이크 용량(brake capacity)이 0.8 N/mm² · m/s라 할 때 브레이크 마찰면적의 크기는 약 몇 mm²인가?

① 3200　　　　　　② 2250

③ 5500　　　　　　④ 3750

해설 $w_f=\dfrac{H}{A}$, $0.8=\dfrac{102\times9.81\times3}{A}$

$\therefore A=\dfrac{102\times9.81\times3}{0.8}\fallingdotseq3750\,\text{mm}^2$

56. 허용 전단 응력 60 N/mm²의 리벳이 있

다. 이 리벳에 15 kN의 전단 하중을 작용시킬 때 리벳의 지름은 약 몇 mm 이상이어야 안전한가?

① 17.85　　　　　　② 20.50

③ 25.25　　　　　　④ 30.85

해설 $d=\sqrt{\dfrac{4W}{\pi\tau}}=\sqrt{\dfrac{4\times15000}{\pi\times60}}\fallingdotseq17.85\,\text{mm}$

57. 고무 스프링의 일반적인 특징에 관한 설명으로 틀린 것은?

① 1개의 고무로 2축 또는 3축 방향의 하중에 대한 흡수가 가능하다.

② 형상을 자유롭게 할 수 있고 다양한 용도가 가능하다.

③ 방진 및 방음 효과가 우수하다.

④ 특히 인장 하중에 대한 방진 효과가 우수하다.

해설 고무 스프링은 인장 하중보다 충격 흡수 효과가 우수하다.

58. 유연성 커플링(flexible coupling)이 아닌 것은?

① 기어 커플링　　　② 셀러 커플링

③ 롤러 체인 커플링　④ 벨로스 커플링

해설 플렉시블(유연성) 커플링은 두 축 사이의 진동을 절연시키는 역할을 하며 기어형, 체인형, 벨로스형, 고무형, 다이어프램형이 있다.

59. 평벨트 전동장치와 비교하여 V−벨트 전동장치에 대한 설명으로 옳지 않은 것은?

① 접촉 넓이가 넓으므로 비교적 큰 동력을 전달한다.

② 장력이 커서 베어링에 걸리는 하중이 큰 편이다.

③ 미끄럼이 작고 속도비가 크다.

④ 바로 걸기로만 사용이 가능하다.

[해설] 평벨트 전동장치와 비교하여 V-벨트 전동장치는 동력 전달 상태가 원활하고 정숙하며, 베어링에 걸리는 하중도 작다.

60. 볼트 이음이나 리벳 이음 등과 비교하여 용접 이음의 일반적인 장점으로 틀린 것은?

① 잔류 응력이 거의 발생하지 않는다.

② 기밀 및 수밀성이 양호하다.

③ 공정수를 줄일 수 있고 제작비가 싼 편이다.

④ 전체적인 제품 중량을 적게 할 수 있다.

[해설] 용접 이음은 용접 후 잔류 응력이 발생하여 치수가 변형된다.

제4과목 : 컴퓨터 응용 설계

61. CAD 시스템에서 디스플레이 장치가 아닌 것은?

① 곡면을 생성할 때 고차식에 비해 시간이 적게 걸린다.

② 4차로는 부드러운 곡선을 표현할 수 없기 때문이다.

③ CAD 시스템은 3차를 초과하는 차수의 곡선 방정식을 지원할 수 없다.

④ 3차식이 아니면 곡선의 연속성이 보장되지 않는다.

[해설] 차수가 높아지면 계산시간이 늘어나고 출력 속도가 느려진다.

62. CAD(Computer Aided Design) 소프트웨어의 가장 기본적인 역할은?

① 기하 형상의 정의

② 해석결과의 가시화

③ 유한 요소 모델링

④ 설계물의 최적화

[해설] CAD 소프트웨어의 가장 기본적인 역할은 형상을 정의하여 정확한 도형을 그리는 것이다.

63. 3차원 형상을 표현하는 데 있어서 사용하는 Z-buffer 방법은 무엇을 의미하는가?

① 음영을 나타내기 위한 방법

② 은선 또는 은면을 제거하기 위한 방법

③ view-port에 모델을 나타내기 위한 방법

④ 두 곡면을 부드럽게 연결하기 위한 방법

64. Bezier 곡선에 관한 특징으로 잘못된 것은?

① 곡선을 국부적으로 수정하기 용이하다.

② 생성되는 곡선은 다각형의 시작점과 끝점을 통과한다.

③ 곡선은 주어진 조정점들에 의해 만들어지는 볼록 껍질(convex hull) 내부에 존재한다.

④ 다각형 꼭짓점의 순서를 거꾸로 하여 곡선을 생성해도 동일한 곡선이 생성된다.

[해설] Bezier 곡선은 한 개의 조정점을 움직이면 곡선 전체의 모양에 영향을 주므로 국부적으로 수정하기 곤란하다.

65. 분산 처리형 CAD 시스템이 갖추어야 할 기본 성능에 해당하지 않는 것은?

① 사용자별로 단일 프로세서를 사용하거나 혹은 정보통신망으로 각자의 시스템별로 상호 간에 연결되어 중앙에서 제어받는 것과 같은 방식으로도 사용할 수 있어야 한다.

---

② 어떤 시스템에서 작성된 자료나 프로그램을 다른 사용자가 사용하고자 할 때 언제라도 해당 자료를 사용하거나 보내줄 수 있어야 한다.

③ 자료의 정합성을 담보하기 위해 일부 시스템에 고장이 발생하면, 다른 시스템에서도 자료의 이동 및 교환을 막아야 한다.

④ 분산처리 시스템의 주 시스템과 부 시스템에서 각각 별도의 자료 처리 및 계산 작업이 이루어질 수 있어야 한다.

해설 분산 처리형은 일부 시스템에서 고장이 나더라도 다른 시스템에는 영향을 주지 않는다.

66. 4개의 꼭짓점을 선형 보간하여 생성하는 곡면은?

① 선형 곡면(bilinear surface)
② 쿤스 패치(coon's patch)
③ 허밋 패치(hermite patch)
④ F-패치(ferguson's patch)

해설 4개의 꼭짓점을 선형 보간하여 생성하는 곡면은 선형 곡면이며, 쿤스 패치는 4개의 모서리와 4개의 경계 곡선을 연결하여 표현하는 곡면이다.

67. 브라운관에서 전자빔이 pannel의 제 위치에 도착하도록 3색의 전자빔을 선별해 주는 역할을 하는 부품은?

① scan board ② frame plate
③ shadow mask ④ frame buffer

해설 섀도 마스크(shadow mask)는 RGB 색상을 전자총으로 분사할 때 정확한 전달을 도와주는 금속 그리드 판이다.

68. 공간의 한 물체가 세계 좌표계의 x축에 평행하면서 세계 좌표 (0, 2, 4)를 통과하는

축에 관하여 90° 회전된다. 그 물체의 한 점이 모델 좌표 (0, 1, 1)을 가지는 경우, 회전 후에 같은 점의 세계 좌표를 구하는 식으로 적절한 것은?

① $\begin{bmatrix} X_w & Y_w & Z_w & 1 \end{bmatrix}^T$

$= \begin{bmatrix} 1 & 0 & 0 & 0 \\ 0 & 1 & 0 & 2 \\ 0 & 0 & 1 & 4 \\ 0 & 0 & 0 & 1 \end{bmatrix} \begin{bmatrix} \cos90° & 0 & \sin90° & 0 \\ 0 & 1 & 0 & 0 \\ -\sin90° & 0 & \cos90° & 0 \\ 0 & 0 & 0 & 1 \end{bmatrix} \begin{bmatrix} 1 & 0 & 0 & 0 \\ 0 & 1 & 0 & -2 \\ 0 & 0 & 1 & -4 \\ 0 & 0 & 0 & 1 \end{bmatrix} \begin{bmatrix} 0 \\ 1 \\ 1 \\ 1 \end{bmatrix}$

② $\begin{bmatrix} X_w & Y_w & Z_w & 1 \end{bmatrix}^T$

$= \begin{bmatrix} 1 & 0 & 0 & 0 \\ 0 & 1 & 0 & -2 \\ 0 & 0 & 1 & -4 \\ 0 & 0 & 0 & 1 \end{bmatrix} \begin{bmatrix} \cos90° & 0 & \sin90° & 0 \\ 0 & 1 & 0 & 0 \\ -\sin90° & 0 & \cos90° & 0 \\ 0 & 0 & 0 & 1 \end{bmatrix} \begin{bmatrix} 1 & 0 & 0 & 0 \\ 0 & 1 & 0 & 2 \\ 0 & 0 & 1 & 4 \\ 0 & 0 & 0 & 1 \end{bmatrix} \begin{bmatrix} 0 \\ 1 \\ 1 \\ 1 \end{bmatrix}$

③ $\begin{bmatrix} X_w & Y_w & Z_w & 1 \end{bmatrix}^T$

$= \begin{bmatrix} 1 & 0 & 0 & 0 \\ 0 & 1 & 0 & 2 \\ 0 & 0 & 1 & 4 \\ 0 & 0 & 0 & 1 \end{bmatrix} \begin{bmatrix} 1 & 0 & 0 & 0 \\ 0 & \cos90° & -\sin90° & 0 \\ 0 & \sin90° & \cos90° & 0 \\ 0 & 0 & 0 & 1 \end{bmatrix} \begin{bmatrix} 1 & 0 & 0 & 0 \\ 0 & 1 & 0 & -2 \\ 0 & 0 & 1 & -4 \\ 0 & 0 & 0 & 1 \end{bmatrix} \begin{bmatrix} 0 \\ 1 \\ 1 \\ 1 \end{bmatrix}$

④ $\begin{bmatrix} X_w & Y_w & Z_w & 1 \end{bmatrix}^T$

$= \begin{bmatrix} 1 & 0 & 0 & 0 \\ 0 & 1 & 0 & -2 \\ 0 & 0 & 1 & -4 \\ 0 & 0 & 0 & 1 \end{bmatrix} \begin{bmatrix} 1 & 0 & 0 & 0 \\ 0 & \cos90° & -\sin90° & 0 \\ 0 & \sin90° & \cos90° & 0 \\ 0 & 0 & 0 & 1 \end{bmatrix} \begin{bmatrix} 1 & 0 & 0 & 0 \\ 0 & 1 & 0 & 2 \\ 0 & 0 & 1 & 4 \\ 0 & 0 & 0 & 1 \end{bmatrix} \begin{bmatrix} 0 \\ 1 \\ 1 \\ 1 \end{bmatrix}$

69. 유한 요소법에 의한 공학해석에 사용하기 가장 적절한 모델링은?

① 솔리드 모델링
② 와이어 프레임 모델링
③ 입체 모델링
④ 서피스 모델링

해설 유한 요소법은 연속체인 형상을 유한 개의 요소로 미세하게 나누어 그 근사치를 해석하는 방법으로, 솔리드 모델링 방식에 의해 작성된 모델에 적용할 수 있다.

70. 모든 유형의 곡선(직선, 스플라인, 원호 등) 사이를 경사지게 자른 코너를 말하는 것으로, 각진 모서리나 꼭짓점을 경사 있게

깎아 내리는 작업은?

① hatch   ② fillet
③ rounding   ④ chamfer

해설 • fillet : 모서리나 꼭짓점을 둥글게 깎는 것
• chamfer : 모서리 부분을 $45°$로 모따기한 것
• rounding : 모서리 부분을 둥글게 처리한 것

71. 다음 2차원 데이터 변환행렬은 어떠한 변환을 나타내는가? (단, S_x는 1보다 크다.)

$$\begin{bmatrix} x' & y' & 1 \end{bmatrix} = \begin{bmatrix} x & y & 1 \end{bmatrix} \begin{bmatrix} S_x & 0 & 0 \\ 0 & S_x & 0 \\ 0 & 0 & 1 \end{bmatrix}$$

① 이동(translation) 변환
② 스케일링(scaling) 변환
③ 반사(reflection) 변환
④ 회전(rotation) 변환

72. 일반적으로 컴퓨터의 주기억장치로 사용되는 것은?

① 자기테이프   ② ROM
③ USB 메모리   ④ 플로피 디스크

해설 자기테이프, 자기디스크, USB 메모리, 플로피 디스크, DVD 등은 보조기억장치이다.

73. "어떤 위치의 모서리에 대하여 A 크기의 모따기를 해라."와 같은 명령을 사용하여 모델링을 수행하는 형상 모델링 방법으로 적절한 것은?

① 와이어 프레임 모델링
② 특징 형상 모델링
③ 경계 모델링
④ 스위핑 모델링

해설 라이브러리에 갖추어져 있는 형상 단위에 치수 조건을 변화시켜 필요에 따라 사용하는 것을 특징 형상 모델링이라 한다.

74. 솔리드 모델링에서 표면을 몇 개의 분할 가능한 부분으로 나누고 각각의 표면의 결합구조에 의해 입체를 표현하는 방식은?

① CSG 방식   ② Cylinder 방식
③ FEM 방식   ④ B-rep 방식

75. 서피스 모델링에서 할 수 없는 작업은?

① 면을 모델링한 후 공구 이송 경로를 정의
② 두 면의 교차선이나 단면도를 구함
③ 모델링한 후 은선의 제거
④ 무게, 부피, 모멘트의 계산

해설 무게, 부피, 모멘트의 계산은 솔리드 모델링에서 가능하다.

76. 2차원 평면에서 원(circle)을 정의하고자 할 때 필요한 조건으로 틀린 것은?

① 중심점과 원주상의 한 점으로 정의
② 원주상의 3개의 점으로 정의
③ 두 개의 접선으로 정의
④ 중심점과 하나의 접선으로 정의

해설

두 개의 접선으로 정의하면 무수히 많은 원이 존재하므로 반지름 또는 지름의 크기가 조건으로 필요하다.

77. CAD 시스템을 활용하는 방식에 따라 3가지로 구분한다고 할 때, 이에 해당하지 않는 것은?

① 중앙 통제형 시스템(host based system)
② 분산 처리형 시스템(distributed based system)

③ 연결형 시스템(connected system)

④ 독립형 시스템(stand alone system)

해설 CAD 시스템 활용 방식에 따라 중앙 통제형, 분산 처리형, 독립형 시스템으로 구분한다.

78. 주어진 물체를 윈도에 디스플레이할 때 윈도 내에 포함되는 부분만을 추출하기 위하여 사용되는 2차원 절단 코헨－서더랜드 알고리즘은 윈도를 포함한 2차원 평면을 9개의 영역으로 구분하여 각 영역을 비트 스트링(bit string)으로 표현한다. 모든 영역을 최소의 수의 비트로 표현하기 위해 이 알고리즘에서 사용되는 코드의 길이는?

① 3－비트　　　　② 4－비트

③ 5－비트　　　　④ 6－비트

해설 코헨－서더랜드 클리핑 알고리즘

윈도에 표시될 라인 전체가 보이는지, 부분적으로 보이는지, 숨겨졌는지를 검사하고 윈도에 표시될 부분(좌표)을 결정하는 것이다. 지역 코드는 9개의 영역으로 분할되며 각 영역은 4비트 코드로 할당된다.

1001	1000	1010
0001	0000	0010
0101	0100	0110

T_4	B_4	R_4	L_4

79. 3차원 직교 좌표계상의 세 점 A(1, 1, 1), B(2, 1, 4), C(5, 1, 3)이 이루는 삼각형의 넓이는?

① 4　　　　　　② 5

③ 8　　　　　　④ 10

해설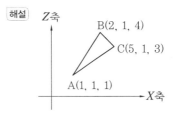

$a_1 = 2 - 1 = 1$, $a_2 = 1 - 1 = 0$, $a_3 = 4 - 1 = 3$

$b_1 = 5 - 1 = 4$, $b_2 = 1 - 1 = 0$, $b_3 = 3 - 1 = 2$

$$\therefore \text{넓이} = \frac{\sqrt{(0-0)^2 + (0-0)^2 + (12-2)^2}}{2}$$

$$= \frac{\sqrt{100}}{2} = 5$$

참고 A(x_1, y_1, z_1), B(x_2, y_2, z_2), C(x_3, y_3, z_3) 세 점이 이루는 삼각형의 넓이

$$= \frac{\sqrt{(a_1 b_2 - a_2 b_1)^2 + (a_2 b_3 - a_3 b_2)^2 + (a_3 b_1 - a_1 b_3)^2}}{2}$$

여기서, $a_1 = x_2 - x_1$, $a_2 = y_2 - y_1$, $a_3 = z_2 - z_1$

$b_1 = x_3 - x_1$, $b_2 = y_3 - y_1$, $b_3 = z_3 - z_1$

80. CAD 시스템 간에 상호 데이터를 교환할 수 있는 표준이 아닌 것은?

① DWG　　　　　② IGES

③ DXF　　　　　④ STEP

해설 DWG는 AutoCAD 작업 파일의 형태이다.

기계설계산업기사　　　　　　　　　　　2014. 05. 25 시행

제1과목 : 기계 가공법 및 안전관리

1. 대표적인 수평식 보링 머신은 구조에 따라 몇 가지 형으로 분류되는데 다음 중 맞지 않는 것은?

① 플로어형(floor type)
② 플레이너형(planer type)
③ 베드형(bed type)
④ 테이블형(table type)

해설 수평식 보링 머신은 주축이 수평이며, 수평인 보링 바에 설치한 보링 바이스를 회전하여 테이블 위의 공작물 구멍에 보링 가공을 한다.

2. 공구가 회전하고 공작물은 고정되어 절삭하는 공작 기계는?

① 선반(lathe)
② 밀링 머신(milling)
③ 브로칭 머신(broaching)
④ 형삭기(shaping)

해설 • 선반 : 공작물의 회전 운동과 바이트의 직선 이송 운동으로 원통 제품을 가공하는 기계
• 브로칭 머신 : 브로치 공구를 사용하여 표면 또는 내면을 절삭 가공하는 기계
• 형삭기 : 셰이퍼나 플레이너, 슬로터에 의한 가공법으로 바이트 또는 공작물의 직선 왕복 운동과 직선 이송 운동을 하면서 절삭하는 기계

3. 범용 밀링에서 원주를 10° 30′ 분할할 때 맞는 것은?

① 분할판 15구멍열에서 1회전과 3구멍씩 이동
② 분할판 18구멍열에서 1회전과 3구멍씩 이동
③ 분할판 21구멍열에서 1회전과 4구멍씩 이동
④ 분할판 33구멍열에서 1회전과 4구멍씩 이동

해설 $n = \dfrac{\theta}{9°} = \dfrac{10}{9} = 1\dfrac{1}{9} = 1\dfrac{2}{18}$

$n = \dfrac{\theta}{540′} = \dfrac{30}{540} = \dfrac{1}{18}$

$1\dfrac{2}{18} + \dfrac{1}{18} = 1\dfrac{3}{18}$

∴ 분할판 18구멍열에서 1회전과 3구멍씩 이동

4. 선반 작업에서 절삭 저항이 가장 적은 분력은?

① 내분력　　　　　② 이송 분력
③ 주분력　　　　　④ 배분력

해설 절삭 저항의 3분력
주분력>배분력>이송 분력

5. 선반 작업 시 절삭 속도의 결정 조건 중 거리가 가장 먼 것은?

① 가공물의 재질
② 바이트의 재질
③ 절삭유제의 사용 유무
④ 칼럼의 강도

해설 칼럼은 밀링 설비의 기둥으로, 선반의 구조에 속하지 않으므로 절삭 속도의 결정과 관련이 없다.

6. 바이트 중 날과 자루(shank)가 같은 재질로 만든 것은?

① 스로 어웨이 바이트
② 클램프 바이트

③ 팁 바이트

④ 단체 바이트

해설 바이트의 구조에 따른 종류
- 클램프 바이트 : 팁을 홀더에 조립하여 사용하는 바이트(인서트 바이트, 스로 어웨이 바이트)
- 팁 바이트 : 초경합금(팁)을 자루에 용접하여 사용하는 바이트
- 단체 바이트 : 날과 자루를 같은 재질로 만든 바이트

7. 연삭숫돌 입자 중 천연 입자가 아닌 것은?

① 석영   ② 커런덤

③ 다이아몬드   ④ 알루미나

해설 숫돌 천연 입자는 다이아몬드(MD), 가닛 프린트, 카보런덤, 금강석(석영 : emery), 커런덤 등이 있다.

8. 기계의 안전장치에 속하지 않는 것은?

① 리밋 스위치(limit switch)

② 방책(防柵)

③ 초음파 센서

④ 헬멧(helmet)

해설 헬멧은 사람이 작업 중 반드시 착용해야 하는 안전장비이다.

9. 표면 거칠기 표기 방법 중 산술평균 거칠기를 표기하는 기호는?

① Rp ② Rv

③ Rz ④ Ra

해설 • Ra : 산술평균 거칠기
- Ry : 최대 높이 거칠기
- Rz : 10점 평균 거칠기

10. 지름이 50mm, 날수가 10개인 페이스

커터로 밀링 가공할 때 주축의 회전수가 300rpm, 이송 속도가 매분당 1500mm였다. 이때 커터날 하나당 이송량(mm)은?

① 0.5   ② 1

③ 1.5   ④ 2

해설 $f = f_z \times Z \times N$

$\therefore f_z = \dfrac{f}{Z \times N} = \dfrac{1500}{10 \times 300} = 0.5\,mm$

11. 숏 피닝(shot peening)과 관계 없는 것은?

① 금속 표면 경도를 증가시킨다.

② 피로 한도를 높여 준다.

③ 표면 광택을 증가시킨다.

④ 기계적 성질을 증가시킨다.

해설 숏 피닝 : 숏 볼을 가공면에 고속으로 강하게 두드려서 금속 표면층의 경도와 강도 증가로 피로 한계를 높여 기계적 성질을 향상시키고, 피닝 효과로 공작물의 표면 강화 및 피로 한도를 증가시킨다.

12. NC 공작 기계의 특징 중 거리가 가장 먼 것은?

① 다품종 소량 생산 가공에 적합하다.

② 가공 조건을 일정하게 유지할 수 있다.

③ 공구가 표준화되어 공구 수를 증가시킬 수 있다.

④ 복잡한 형상의 부품 가공 능률화가 가능하다.

해설 NC 공작 기계는 CNC나 범용 공작 기계들과 절삭 공구의 호환이 가능하므로, 공구를 표준화할 수 있으며 공구 수도 줄일 수 있다.

13. 전해 연마 가공의 특징이 아닌 것은?

① 연마량이 적어 깊은 홈은 제거가 되지 않으며 모서리가 라운드된다.

2014년

② 가공면에 방향성이 없다.

③ 면은 깨끗하나 도금이 잘 되지 않는다.

④ 복잡한 형상의 공작물 연마가 가능하다.

해설 전해 연마 가공의 특징
- 가공 표면에 변질층이 생기지 않는다.
- 복잡한 모양의 연마에 사용한다.
- 광택이 매우 좋으며 내식성과 내마멸성이 좋다.
- 면이 깨끗하고 도금이 잘 된다.
- 경도가 높은 재료일수록 연삭 능률이 기계 연삭보다 높다.

14. 빌트업 에지(bulit-up edge)의 발생을 방지하는 대책으로 옳은 것은?

① 바이트의 윗면 경사각을 작게 한다.

② 절삭 깊이와 이송 속도를 크게 한다.

③ 피가공물과 친화력이 많은 공구 재료를 선택한다.

④ 절삭 속도를 높이고 절삭유를 사용한다.

해설 빌트업 에지의 방지 대책
- 바이트의 윗면 경사각을 크게 한다.
- 절삭 깊이와 이송 속도를 작게 한다.
- 절삭 속도를 높이고 절삭유를 사용한다.
- 피가공물과 친화력이 적은 공구 재료를 사용한다.

15. 각도 측정을 할 수 있는 사인 바(sine bar)의 설명으로 틀린 것은?

① 정밀한 각도 측정을 하기 위해서는 평면도가 높은 평면에서 사용해야 한다.

② 롤러 중심 거리는 보통 100 mm, 200 mm로 만든다.

③ 45° 이상의 큰 각도를 측정하는 데 유리하다.

④ 사인 바는 길이를 측정하여 직각 삼각형의 삼각함수를 이용한 계산에 의해 임의각의 측정 또는 임의각을 만드는 기구이다.

해설 사인 바는 45° 이상에서는 오차가 급격히 커지므로 45° 이하의 각도 측정에 사용한다.

16. 측정기에서 읽을 수 있는 측정값의 범위를 무엇이라 하는가?

① 지시 범위
② 지시 한계
③ 측정 범위
④ 측정 한계

해설 측정 범위 : 실제 측정기에서 읽을 수 있는 측정값의 범위를 말하며, 마이크로미터의 측정 범위는 보통 25 mm 단위로 되어 있다.

17. 연삭에 관한 안전사항 중 틀린 것은?

① 받침대와 숫돌은 5 mm 이하로 유지해야 한다.

② 숫돌바퀴는 제조 후 사용할 원주 속도의 1.5~2배 정도의 안전검사를 한다.

③ 연삭숫돌 측면에 연삭하지 않는다.

④ 연삭숫돌을 고정하고 3분 이상 공회전시킨 후 작업을 한다.

해설 받침대는 휠의 중심에 맞추어 단단히 고정하며, 받침대와 숫돌의 간격은 3 mm 이하를 유지한다.

18. NC 밀링 머신의 활용에서의 장점을 열거하였다. 타당성이 없는 것은?

① 작업자의 신체상 또는 기능상 의존도가 적으므로 생산량의 안정을 기할 수 있다.

② 기계 운전에 고도의 숙련자를 요하지 않으며 한 사람이 몇 대를 조작할 수 있다.

③ 실제 가동률을 상승시켜 능률을 향상시킨다.

④ 적은 공구로 광범위한 절삭을 할 수 있으며, 공구 수명이 단축되어 공구비가 증가한다.

해설 많은 공구를 장착할 수 있어 다양한 절삭을 할 수 있으며, 공구 수명이 증가되어 공구 관리비를 절감할 수 있다.

19. 연삭에서 원주 속도를 V(m/min), 숫돌바퀴의 지름을 d(mm)라 하면, 숫돌바퀴의 회전수 N(rpm)을 구하는 식은?

① $N = \dfrac{1000d}{\pi V}$　　② $N = \dfrac{1000V}{\pi d}$

③ $N = \dfrac{\pi V}{1000d}$　　④ $N = \dfrac{\pi d}{1000V}$

해설 $N = \dfrac{1000V}{\pi d}$, $V = \dfrac{\pi dN}{1000}$

20. 원형의 측정물을 ∨ 블록 위에 올려놓은 뒤 회전하였더니 다이얼 게이지의 눈금에 0.5mm의 차이가 있었다면 그 진원도는 얼마인가?

① 0.125mm　　② 0.25mm

③ 0.5mm　　④ 1.0mm

해설 진원도 = 다이얼 게이지 눈금 이동량 × $\dfrac{1}{2}$

$= 0.5 \times \dfrac{1}{2}$

$= 0.25\,\text{mm}$

제2과목 : 기계 제도

21. 입체도에서 화살표 방향이 정면일 경우 평면도로 가장 적합한 것은?

① 　②
③ 　④

22. 그림과 같이 하나의 그림으로 정육면체의 세 면 중의 한 면만을 중점적으로 엄밀, 정확하게 표현하는 것으로 캐비닛도가 이에 해당하는 투상법은?

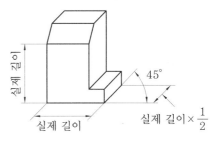

① 사투상법　　② 등각투상법
③ 정투상법　　④ 투시도법

해설 • 사투상법 : 캐비닛도, 카발리에도
• 정투상법 : 제1각법, 제3각법
• 축측투상법 : 등각투상도, 부등각투상도

23. 스퍼 기어에서 피치원의 지름이 150mm이고 잇수가 50일 때 모듈(module)은?

① 5　　② 4
③ 3　　④ 2

해설 $m = \dfrac{D}{Z} = \dfrac{150}{50} = 3$

24. 다음 KS 재료 기호 중 탄소 공구강 강재의 기호는?

① STC　　② STS
③ SF　　④ SPS

해설 • STS : 합금 공구강
• SF : 단조용강
• SPS : 스프링강

25. 다음 입체도를 제3각법으로 나타낸 3면도 중 가장 옳게 투상한 것은?

정면도 방향

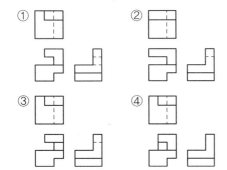

26. 줄 다듬질 가공을 나타내는 약호는?
① FL
② FF
③ FS
④ FR

해설 • FL : 래핑   • FS : 스크레이퍼
• FR : 리머

27. 용접 기호가 그림과 같이 도시되었을 경우 설명으로 틀린 것은?

$$\frac{a5 \triangleright 5 \times 200 \diagup (100)}{a5 \triangleright 5 \times 200 \diagdown (100)}$$

① 지그재그 용접이다.
② 인접한 용접부 간격은 100mm이다.
③ 목 길이가 5mm인 필릿 용접이다.
④ 용접부 길이는 200mm이다.

해설 • a5 : 목 두께
• 5 : 용접부의 개수
• 200 : 용접부의 길이
• (100) : 인접한 용접부의 간격

28. 축 중심의 센터 구멍 표현법으로 옳지 않은 것은?

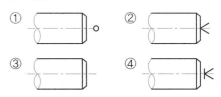

해설 ② 센터 구멍을 남겨둘 것
③ 센터 구멍의 유무에 상관없이 가공할 것
④ 센터 구멍이 남아있지 않도록 가공할 것

29. 다음 입체도를 3각법에 의해 3면도로 옳게 투상한 것은? (단, 화살표 방향을 정면으로 한다.)

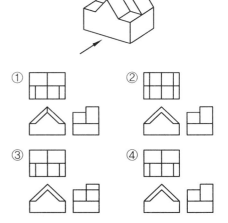

30. 기계 재료 중 기계 구조용 탄소 강재에 해당하는 것은?
① SS 400
② SCr 410
③ SM 40C
④ SCS 55

정답 **25.** ①   **26.** ②   **27.** ③   **28.** ①   **29.** ④   **30.** ③

해설 • SS : 일반 구조용 압연 강재
• SCr : 크로뮴 강재
• SCS : 스테인리스 주강품

31. "SPP"로 나타내는 재질의 명칭은?

① 일반 구조용 탄소 강관
② 냉간 압연 강재
③ 일반 배관용 탄소 강관
④ 보일러용 압연 강재

해설 • 일반 구조용 탄소 강관 : STK
• 냉간 압연 강판 및 강재 : SPC
• 보일러용 압연 강재 : SB

32. 3각법에 의하여 나타낸 그림과 같은 투상도에서 좌측면도로 가장 적합한 것은?

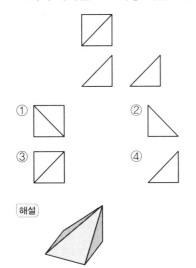

33. 다음과 같이 치수가 도시되었을 경우 그 의미로 옳은 것은?

8−ϕ15H7

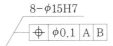

① 8개의 축이 ϕ15에 공차 등급이 H7이며,

원통도가 데이텀 A, B에 대하여 ϕ0.1을 만족해야 한다.

② 8개의 구멍이 ϕ15에 공차 등급이 H7이며, 원통도가 데이텀 A, B에 대하여 ϕ0.1을 만족해야 한다.

③ 8개의 축이 ϕ15에 공차 등급이 H7이며, 위치도가 데이텀 A, B에 대하여 ϕ0.1을 만족해야 한다.

④ 8개의 구멍이 ϕ15에 공차 등급이 H7이며, 위치도가 데이텀 A, B에 대하여 ϕ0.1을 만족해야 한다.

해설 H7(구멍 기준 끼워맞춤) 등급의 지름이 15mm의 구멍 8개를 뚫는 작업이며 데이텀 A, B에 대하여 위치도 공차 ϕ0.1을 만족해야 한다.

34. 철골 구조물 도면에 2−L75×75×6−1800으로 표시된 형강을 올바르게 설명한 것은?

① 부등변 부등두께 ㄱ 형강이며 길이는 1800mm이다.
② 형강의 개수는 6개이다.
③ 형강의 두께는 75mm이며 그 길이는 1800mm이다.
④ ㄱ 형강 양변의 길이는 75mm로 동일하며 두께는 6mm이다.

해설 ㄱ 형강의 치수 표기 방법
(수량)−L(높이)×(폭)×(두께)−(길이)

35. 그림에서 ⊠로 표시한 부분의 의미로 올바른 것은?

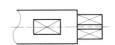

① 정밀 측정 부분
② 평면 자리 부분
③ 가공 금지 부분

2014년

④ 단조 가공 부분

해설 축 등 원통 부분 중 일부 평면 가공이 있는 경우 대각선은 가는 실선으로 나타낸다.

36. 평행도가 데이텀 B에 대하여 지정 길이 100mm마다 0.05mm 허용값을 가질 때, 그 기하 공차 기호를 옳게 나타낸 것은?

① // | 0.05/100 | B

② ▱ | 0.05/100 | B

③ ═ | 0.05/100 | B

④ ∕ | 0.05/100 | B

해설 • 평행도 : //   • 평면도 : ▱
• 대칭도 : ═   • 원주 흔들림 : ∕

37. 기계 제도에서 단면도 해칭에 관한 설명 중 틀린 것은?

① 같은 절단면상에 나타나는 같은 부품의 단면에는 같은 해칭을 한다.

② 해칭은 주된 중심선에 대하여 45°로 하는 것이 좋다.

③ 인접한 단면의 해칭은 선의 방향 또는 각도를 변경하든지 그 간격을 변경하여 구별한다.

④ 해칭을 하는 부분에 글자 또는 기호를 기입할 경우에는 해칭선을 중단하지 말고 그 위에 기입해야 한다.

해설 해칭을 하는 부분에 문자, 기호 등을 기입할 경우에는 해칭을 중단하고, 그 위에 기입한다.

38. 기준 치수가 50mm이고, 최대 허용 치수가 50.015mm이며, 최소 허용 치수가 49.990mm일 때 치수 공차는 몇 mm인가?

① 0.025   ② 0.015

③ 0.005   ④ 0.010

해설 치수 공차＝최대 허용 치수−최소 허용 치수
＝50.015−49.990＝0.025mm

39. 그림과 같이 지름이 50mm이고, 길이가 60mm인 원통 외부의 표면적은 약 몇 mm² 인가? (단, 상하 뚜껑은 없다.)

① 2400   ② 5637   ③ 7540   ④ 9425

해설 $A = \pi d h = \pi \times 50 \times 60 ≒ 9425\,mm^2$

40. 그림과 같이 3각법으로 정투상한 도면에서 A의 치수는?

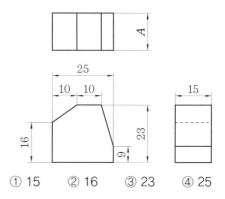

① 15   ② 16   ③ 23   ④ 25

해설 평면도의 높이는 우측면도 폭의 치수와 동일하다.

제3과목 : 기계 설계 및 기계 재료

---

41. 철에 탄소가 고용되어 α철로 될 때의 고용체의 형태는?

① 침입형 고용체   ② 치환형 고용체

③ 고정형 고용체   ④ 편석 고용체

해설 고용체의 결정격자
- 침입형 고용체 : $Fe-C$
- 치환형 고용체 : $Ag-Cu$, $Cu-Zn$
- 규칙격자형 고용체 : Ni_3-Fe, Cu_3-Au, Fe_3-Al

42. 땜납(solder)의 합금 원소로 주로 사용되는 것은?

① $Sn-Pb$ ② $Pt-Al$

③ $Fe-Pb$ ④ $Cd-Pb$

43. 다음 담금질 조직 중에서 경도가 가장 큰 것은?

① 페라이트   ② 펄라이트

③ 마텐자이트   ④ 트루스타이트

해설 담금질 조직의 경도
시멘타이트>마텐자이트>트루스타이트>소르바이트>펄라이트>오스테나이트>페라이트

44. 텅스텐(W)은 우리나라의 부존자원 중 순도나 매장량의 면에서 매우 중요한 금속이다. 텅스텐의 용도에 적합하지 않은 것은?

① 초경합금 공구   ② 필라멘트

③ 연질 자성재료   ④ 내열강 합금재료

45. 탄화텅스텐(WC)을 소결한 합금으로 내마모성이 우수하여 대량 생산을 위한 다이 제작용으로 사용되는 재료는?

① 주철   ② 초경합금

③ 합급 공구강   ④ 다이스강

해설 초경합금 : 탄화텅스텐(WC)을 성형·소결시킨 분말 야금 합금으로, 내마모성이 우수하여

절삭 공구로 사용된다.

46. 냉간 가공과 열간 가공을 구별할 수 있는 온도를 무슨 온도라고 하는가?

① 포정 온도   ② 공석 온도

③ 공정 온도   ④ 재결정 온도

해설 냉간 가공으로 소성 변형된 금속을 적당한 온도로 가열하면 가공으로 인해 일그러진 결정 속에 새로운 결정이 생겨나고, 이것이 확대되어 가공물 전체가 변형이 없는 본래의 결정으로 치환되는데, 이 과정을 재결정이라 한다. 재결정을 시작하는 온도가 재결정 온도이다.

47. 철강 표면에 알루미늄(Al)을 확산 침투시키는 방법에 해당하는 것은?

① 세라다이징   ② 크로마이징

③ 칼로라이징   ④ 실리코나이징

해설 • 세라다이징 : Zn 침투
- 크로마이징 : Cr 침투
- 칼로라이징 : Al 침투
- 실리코나이징 : Si 침투
- 보로나이징 : B의 침투

48. 철의 동소체로서 A_3 변태와 A_4 변태 사이에 있는 철의 조직은?

① $\alpha-Fe$ ② $\beta-Fe$

③ $\gamma-Fe$ ④ $\delta-Fe$

해설 철의 동소체로서 A_3 변태와 A_4 변태 사이에 있는 철의 조직은 $\gamma-Fe$(오스테나이트 조직)이다.

49. 담금질 조직 중에서 용적 변화(팽창)가 가장 큰 조직은?

① 펄라이트   ② 오스테나이트

2014년

③ 마텐자이트　　④ 소르바이트

해설 마텐자이트는 용적 변화가 가장 크고 경도가 매우 높다.

50. 탄소강이 공석 변태할 때 펄라이트 조직량이 최대가 되는 탄소 함량(%)은?

① 0.2　　　　　② 0.5
③ 0.8　　　　　④ 1.2

51. 지름 300mm인 브레이크 드럼을 가진 밴드 브레이크의 접촉 길이가 706.5mm, 밴드 폭이 20mm일 때 제동 동력이 3.7kW라고 하면, 이 밴드 브레이크의 용량(brake capacity)은 약 몇 N/mm² · m/s인가?

① 26.50　　　　② 0.324
③ 0.262　　　　④ 32.40

해설 $w_f = \mu p v = \dfrac{H}{A} = \dfrac{102 \times 9.81 \times 3.7}{20 \times 706.5}$
$\fallingdotseq 0.262 \text{N/mm}^2 \cdot \text{m/s}$

52. 미끄럼 베어링 재료에 요구되는 성질로 거리가 먼 것은?

① 하중 및 피로에 대한 충분한 강도를 가질 것
② 내부식성이 강할 것
③ 유막의 형성이 용이할 것
④ 열전도율이 작을 것

해설 미끄럼 베어링 재료의 구비 조건
• 축의 재료보다 연하면서 마모에 견딜 것
• 축과의 마찰계수가 작을 것
• 내식성이 클 것
• 마찰열의 발산이 잘 되도록 열전도율이 클 것
• 가공성이 좋으며 유지 및 보수가 쉬울 것

53. 웜을 구동축으로 할 때 웜의 줄 수를 3,

웜 휠의 잇수를 60이라 하면 웜 기어 장치의 감속 비율은?

① 1/10　　　　② 1/20
③ 1/30　　　　④ 1/60

해설 $i = \dfrac{Z_n}{Z} = \dfrac{3}{60} = \dfrac{1}{20}$

54. 그림과 같은 스프링 장치에서 $W=200$N의 하중을 매달면 처짐은 몇 cm가 되는가? (단, 스프링 상수 $k_1 = 15$N/cm, $k_2 = 35$N/cm이다.)

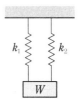

① 1.25　　　　② 2.50
③ 4.00　　　　④ 4.50

해설 $\delta = \dfrac{W}{k} = \dfrac{200}{15 + 35} = \dfrac{200}{50} = 4 \text{cm}$

55. 용접 이음의 단점에 속하지 않는 것은?

① 내부 결함이 생기기 쉽고 정확한 검사가 어렵다.
② 용접공의 기능에 따라 용접부의 강도가 좌우된다.
③ 다른 이음작업과 비교하여 작업 공정이 많은 편이다.
④ 잔류 응력이 발생하기 쉬워서 이를 제거해야 하는 작업이 필요하다.

56. 키 재료의 허용 전단 응력이 60N/mm², 키의 폭×높이가 16mm×10mm인 성크 키를 지름이 50mm인 축에 사용하여 250rpm으로 40kW를 전달시킬 때, 성크

키의 길이는 몇 mm 이상이어야 하는가?

① 51   ② 64

③ 78   ④ 93

해설 $T=9.55\times10^6\times\dfrac{H}{N}=9.55\times10^6\times\dfrac{40}{250}$

$=1528000\,\text{N}\cdot\text{mm}$

$\therefore l=\dfrac{2T}{b\tau d}=\dfrac{2\times1528000}{16\times60\times50}\fallingdotseq64\,\text{mm}$

57. 6000N · m의 비틀림 모멘트를 받는 연강제 중실축 지름은 몇 mm 이상이어야 하는가? (단, 축의 허용 전단 응력은 30N/mm² 로 한다.)

① 81   ② 91   ③ 101   ④ 111

해설 $d=\sqrt[3]{\dfrac{5.1T}{\tau}}=\sqrt[3]{\dfrac{5.1\times6000000}{30}}$

$\fallingdotseq101\,\text{mm}$

58. 사각형 단면(100mm×60mm)의 기둥에 1N/mm²의 압축 응력이 발생할 때 압축 하중은 약 얼마인가?

① 6000N   ② 600N

③ 60N   ④ 60000N

해설 $\sigma=\dfrac{W}{A}$, $W=A\sigma$

$\therefore W=(100\times60)\times1=6000\,\text{N}$

59. 미끄럼을 방지하기 위하여 접촉면에 치형을 붙여 맞물림에 의해 전동하도록 조합한 벨트는?

① 평벨트

② V 벨트

③ 가는 너비 V 벨트

④ 타이밍 벨트

60. 볼나사(ball screw)의 장점에 해당되지 않는 것은?

① 미끄럼 나사보다 내충격성 및 감쇠성이 우수하다.

② 예압에 의해 치면 높이(backlash)를 작게 할 수 있다.

③ 마찰이 매우 적고 기계효율이 높다.

④ 시동 토크 또는 작동 토크의 변동이 작다.

해설 볼나사의 특징

• 마찰이 매우 적고 백래시가 작아 정밀하다.

• 미끄럼 나사보다 기계효율이 높다.

• 시동 토크 또는 작동 토크의 변동이 작다.

• 미끄럼 나사에 비해 내충격성과 감쇠성이 떨어진다.

제4과목 : 컴퓨터 응용 설계

61. 빛을 편광시키는 특성을 가진 유기화합물을 이용하여 투과된 빛의 특성을 수정하여 디스플레이하는 방식으로, CRT 모니터에 비해 두께가 얇은 모니터를 만들 수 있으나 시야각이 다소 좁고 백라이트가 필요하여 어느 정도의 두께 이상은 줄일 수 없는 단점을 가진 디스플레이 장치는?

① 플라스마 판(plasma panel)

② 전자 발광 디스플레이(electro luminescent display)

③ 액정 디스플레이(liquid crystal display)

④ 래스터 스캔 디스플레이(raster scan display)

해설 액정 디스플레이(LCD)는 얇은 유리판 사이에 고체와 액체의 중간 물질인 액정을 주입하여 광스위치 현상을 이용한 소자로, 구동 방법에 따라 TN, STN, TFT 등으로 구분한다.

62. 점 (1, 1)과 점 (3, 2)를 잇는 선분에 대하

여 y축 대칭인 선분이 지나는 두 점은?

① (−1, −1)과 (3, 2)
② (1, 1)과 (−3, −2)
③ (−1, 1)과 (−3, 2)
④ (1, −1)과 (3, 2)

해설 y축 대칭이므로 x값의 부호가 바뀐다.
∴ (−1, 1)과 (−3, 2)

63. 솔리드 모델을 정육면체와 같은 간단한 입체의 집합으로 대략 근사적으로 표현하는 모델을 분해 모델(decomposition model)이라 하는데, 이러한 분해 모델의 표현에 해당하지 않는 것은?

① 복셀(voxel) 표현
② 콤파운드(compound) 표현
③ 옥트리(octree) 표현
④ 세포(cell) 표현

64. CAD를 이용한 설계 과정이 종래의 일반적인 설계 과정과 다른 점에 해당하지 않는 것은?

① 개념 설계 단계를 거치는 점
② 전산화된 데이터베이스를 활용한다는 점
③ 컴퓨터에 의한 해석을 용이하게 할 수 있다는 점
④ 형상을 수치 데이터화하여 데이터베이스에 저장한다는 점

해설 개념 설계 단계는 CAD를 이용한 설계 과정뿐만 아니라 종래의 설계 과정에서도 반드시 거쳐야 하는 단계이다.

65. CAD용 데이터 교환을 위한 표준에 해당하지 않는 것은?

① IGES
② DXF

③ STEP
④ CAE

해설 CAE(Computer Aided Engineering) : 컴퓨터 응용 공학을 지칭하는 용어이다.

66. 3차원 그래픽스 처리를 위한 ISO 국제 표준의 하나로서 ISO−IEC TTC 1/SC 24에서 제정한 국제 표준으로 구조체 개념을 가지고 있는 것은?

① PHIGS
② DTD
③ SGML
④ SASIG

해설 PHIGS : 3차원 그래픽을 표현하는 primitive를 단계적으로 그룹화하여 사용할 수 있도록 한 그래픽 표준으로, 계층적 구조를 가지는 그래픽 표준이다.

67. 모델링과 관계된 용어의 설명으로 잘못된 것은?

① 스위핑(sweeping) : 하나의 2차원 단면 형상을 입력하고, 이를 안내 곡선에 따라 이동시켜 입체를 생성하는 것
② 스키닝(skinning) : 원하는 경로에 여러 개의 단면 형상을 위치시키고, 이를 덮는 입체를 생성하는 것
③ 리프팅(lifting) : 주어진 물체의 특정면의 전부 또는 일부를 원하는 방향으로 움직여서 물체가 그 방향으로 늘어난 효과를 갖도록 하는 것
④ 블렌딩(blending) : 주어진 형상을 국부적으로 변화시키는 방법으로, 접하는 곡면을 예리한 모서리로 처리하는 것

해설 블렌딩 : 주어진 형상을 국부적으로 변화시키는 방법으로, 서로 만나는 모서리를 부드러운 곡면 모서리로 연결되게 하는 곡면 처리를 말한다.
참고 ④는 모따기에 관한 설명이다.

68. 모따기(chamfer), 구멍(hole), 필릿(fillet) 등의 존재 여부, 크기 및 위치에 대한 정보가 있어 솔리드 모델로부터 공정 계획을 자동으로 생성시키는 것이 용이한 모델링 방법은?

① 특징 형상 모델링 ② 파라메트릭 모델링
③ 비다양체 모델링   ④ CSG 모델링

해설 특징 형상 모델링 : 설계자들이 빈번하게 사용하는 임의의 형상을 정의해 놓고, 변숫값만 입력하여 원하는 형상을 쉽게 얻도록 하는 기법이다.

69. 형상 모델링에서 서피스 모델링(surface modeling)의 특징을 잘못 설명한 것은?

① 복잡한 형상을 표현할 수 있다.
② 단면도 작성이 가능하다.
③ NC 데이터를 생성할 수 없다.
④ 2개 면의 교선을 구할 수 있다.

해설 서피스 모델링은 NC 데이터를 생성할 수 있다.

70. 컴퓨터 그래픽스에서 3D 형상 정보를 화면상에 표현하기 위해서는 필요한 부분의 3D 좌표가 2D 좌표 정보로 변환되어야 한다. 이와 같이 3D 형상에 대한 좌표 정보를 2D 평면좌표로 변환해주는 것을 무엇이라 하는가?

① 점 변환   ② 축척 변환
③ 투영 변환   ④ 동차 변환

71. 덕트(duct)형 곡면을 생성할 때 주로 사용하는 방법으로, 단면 곡선과 스플라인(spline)으로 정의되는 곡면을 모델링하는 데 가장 적합한 방식은?

① sweep 방법
② 비례전개법
③ point-data fitting법
④ curve-net interpolation법

해설 sweep 방법 : 단면 형상을 입력하고, 이를 경로 곡선을 따라 이동시켜 모델링하는 방식이다.

72. CAD 시스템에서 사용하는 모델링 구성 방식에 해당하지 않는 것은?

① 솔리드 모델링(solid modeling)
② 서피스 모델링(surface modeling)
③ 솔리드-스테이트 모델링(solid-state modeling)
④ 와이어 프레임 모델링(wireframe modeling)

73. xy평면상의 직선의 방정식 $y=mx+d$에 대한 설명 중 틀린 것은?

① m은 이 직선의 기울기이다.
② 이 직선이 x축과 이루는 각을 α라 하면 $m=\cos\alpha$이다.
③ 이 직선과 y축과의 교점의 좌표는 $(0,\ d)$이다.
④ 이 직선과 x축과의 교점의 좌표는 $\left(-\dfrac{d}{m},\ 0\right)$이다.

해설 x축과 이루는 각을 α라 할 경우
• 기울기 $m=\tan\alpha$

74. 컴퓨터를 이용한 형상 모델링에 대한 일반적인 설명 중 틀린 것은?

① 형상 모델링(geometric modeling)은 물체의 모양을 완전히 수학적으로 표현하는 과정이라 할 수 있다.

② 컴퓨터 그래픽(computer graphics)는 시각적 디스플레이를 통하여 부품의 설계나 복잡한 형상을 표현하는 데 이용될 수 있다.

③ 3차원 모델링 및 설계는 현실감 있는 3차원 모델링과 시뮬레이션을 가능하게 하지만, 물리적 모델(목업 등)에 비해 비용이 많이 소요되는 단점이 있다.

④ 구조물의 응력 해석, 열전달, 변형 및 다른 특성들도 시각적 기법들로 잘 표현될 수 있다.

해설 3차원 모델링 및 설계는 목업 제작이 불필요하여 제작비가 절감되는 효과가 있다.

75. NURBS 곡선의 방정식으로 알맞은 것은? (단, $\vec{V}$는 조정점, h_i는 동차 좌표, $N_{i,k}$는 블렌딩 함수를 각각 의미한다.)

① $\vec{r}(u) = \sum\limits_{i=0}^{n} \vec{V_i} N_{i,k}(u)$

② $\vec{r}(u) = \dfrac{\sum\limits_{i=0}^{n} \vec{V_i} N_{i,k}(u)}{\sum\limits_{i=0}^{n} h_i N_{i,k}(u)}$

③ $\vec{r}(u) = \dfrac{\sum\limits_{i=0}^{n} \vec{V_i} h_i N_{i,k}(u)}{\sum\limits_{i=0}^{n} h_i N_{i,k}(u)}$

④ $\vec{r}(u) = \dfrac{\sum\limits_{i=0}^{n} \vec{V_i} h_i N_{i,k}(u)}{\sum\limits_{i=0}^{n} N_{i,k}(u)}$

76. 한 물체가 모델 좌표계와 함께 세계 좌표계의 x축을 기준으로 동시에 θ만큼 회전되는 경우, 새로운 위치에서 물체상의 한 점의 세계 좌표 (X_w, Y_w, Z_w)와 원래 좌표 (X_m, Y_m, Z_m)의 관계를 바르게 나타낸 것은?

① $\begin{bmatrix} X_w \\ Y_w \\ Z_w \\ 1 \end{bmatrix} = \begin{bmatrix} 1 & 0 & 0 & 0 \\ 0 & 1 & 0 & 0 \\ 0 & 0 & 1 & 0 \\ 0 & 0 & 0 & 1 \end{bmatrix} \begin{bmatrix} X_m \\ Y_m \\ Z_m \\ 1 \end{bmatrix}$

② $\begin{bmatrix} X_w \\ Y_w \\ Z_w \\ 1 \end{bmatrix} = \begin{bmatrix} 1 & 0 & 0 & 0 \\ 0 & \cos\theta & -\sin\theta & 0 \\ 0 & \sin\theta & \cos\theta & 0 \\ 0 & 0 & 0 & 1 \end{bmatrix} \begin{bmatrix} X_m \\ Y_m \\ Z_m \\ 1 \end{bmatrix}$

③ $\begin{bmatrix} X_w \\ Y_w \\ Z_w \\ 1 \end{bmatrix} = \begin{bmatrix} \cos\theta & 0 & -\sin\theta & 0 \\ 0 & 1 & 0 & 0 \\ \sin\theta & 0 & \cos\theta & 0 \\ 0 & 0 & 0 & 1 \end{bmatrix} \begin{bmatrix} X_m \\ Y_m \\ Z_m \\ 1 \end{bmatrix}$

④ $\begin{bmatrix} X_w \\ Y_w \\ Z_w \\ 1 \end{bmatrix} = \begin{bmatrix} \cos\theta & -\sin\theta & 0 & 0 \\ \sin\theta & \cos\theta & 0 & 0 \\ 0 & 0 & 1 & 0 \\ 0 & 0 & 0 & 1 \end{bmatrix} \begin{bmatrix} X_m \\ Y_m \\ Z_m \\ 1 \end{bmatrix}$

77. bezier 곡선을 이루기 위한 블렌딩 함수의 성질에 대한 설명으로 틀린 것은?

① 생성되는 곡선은 다각형의 시작점과 끝점을 반드시 통과해야 한다.

② 시작점이나 끝점에서 n번 미분한 값은 그 점을 포함하여 인접한 $n-1$개의 꼭짓점에 의해 결정된다.

③ bezier 곡선을 이루는 다각형의 첫 번째 선분은 시작점에서 접선 벡터와 같은 방향이고, 마지막 선분은 끝점에서의 접선 벡터와 같은 방향이어야 한다.

④ 다각형의 꼭짓점 순서가 거꾸로 되어도 같은 곡선이 생성되어야 한다.

해설 n개의 정점에 의해 생성된 곡선은 $(n-1)$차 곡선이며 시작점이나 끝점과 관련이 없다.

78. 컴퓨터의 중앙처리장치(CPU)의 주요 구성요소가 아닌 것은?

① 주기억장치   ② 보조기억장치

③ 연산논리장치　　④ 제어장치

79. 반지름이 R이고 피치(pitch)가 p인 나사의 나선(helix)을 나선의 회전각(x축과 이루는 각) θ에 대한 매개변수식으로 나타낸 것으로 옳은 것은? (단, $\hat{i}$, $\hat{j}$, $\hat{k}$는 각각 x, y, z 축 방향의 단위벡터이다.)

① $\vec{r}(\theta) = R\sin\theta\hat{i} + R\tan\theta\hat{j} + \dfrac{p\theta}{\pi}\hat{k}$

② $\vec{r}(\theta) = R\sin\theta\hat{i} + R\tan\theta\hat{j} + \dfrac{p\theta}{2\pi}\hat{k}$

③ $\vec{r}(\theta) = R\cos\theta\hat{i} + R\sin\theta\hat{j} + \dfrac{p\theta}{\pi}\hat{k}$

④ $\vec{r}(\theta) = R\cos\theta\hat{i} + R\sin\theta\hat{j} + \dfrac{p\theta}{2\pi}\hat{k}$

해설 나선 벡터 $\vec{r}(\theta)$ = 수평 벡터(코사인 성분)
　　　　　　　　　　+ 수직 벡터(사인 성분)
　　　　　　　　　　+ 높이 벡터

80. 속도가 빠른 중앙처리장치(CPU)와 이에 비하여 상대적으로 속도가 느린 주기억장치 사이에서 원활한 정보의 교환을 위해 주기억장치의 정보를 일시적으로 저장하는 기능을 가진 것은?

① cache memory
② coprocessor
③ BIOS(Basic Input Output System)
④ channel

해설 cache memory : CPU가 데이터를 빨리 처리할 수 있도록 자주 사용되는 명령이나 데이터를 일시적으로 저장하는 고속기억장치로, 버퍼 메모리, 로컬 메모리라고도 한다.

2014년

기계설계산업기사

제1과목 : 기계 가공법 및 안전관리

1. 선삭에서 바이트의 윗면 경사각을 크게 하고 연강 등 연한 재질의 공작물을 고속 절삭할 때 생기는 칩(chip)의 형태는?

① 유동형
② 전단형
③ 열단형
④ 균열형

[해설] 유동형 칩 발생 원인
• 연신율이 크고 소성 변형이 잘되는 재료
• 바이트 윗면 경사각이 클 때
• 절삭 속도가 클 때
• 절삭 깊이가 작을 때
• 윤활성이 좋은 절삭유를 사용할 때

2. 밀링 머신에서 분할 및 윤곽 가공을 할 때 이용되는 부속장치는?

① 밀링 바이스
② 회전 테이블
③ 모방 밀링장치
④ 슬로팅 장치

3. 표면 거칠기 측정법에 해당되지 않는 것은?

① 다이얼 게이지 이용 측정법
② 표준편과의 비교 측정법
③ 광절단식 표면 거칠기 측정법
④ 현미 간섭식 표면 거칠기 측정법

[해설] 다이얼 게이지는 진원도, 평면도 등을 측정하는 비교 측정기이다.

4. 브로치 절삭날 피치를 구하는 식은? (단, P=피치, L=절삭날의 길이, C=가공물 재질에 따른 상수이다.)

① $P=C\sqrt{L}$
② $P=C \times L$

③ $P=C \times L^2$
④ $P=C^2 \times L$

[해설] 브로치 절삭날의 길이는 피치의 제곱에 비례한다.

5. 결합제의 주성분은 열경화성 합성수지 베이크라이트로, 결합력이 강하고 탄성이 커서 고속도강이나 광학유리 등을 절단하기에 적합한 숫돌은?

① vitrified계 숫돌
② resinoid계 숫돌
③ silicate계 숫돌
④ rubber계 숫돌

[해설] • 비트리파이드계 숫돌(V) : 숫돌 전체의 80%를 차지하며, 거의 모든 재료를 연삭한다.
• 실리케이트계 숫돌(S) : 절삭 공구나 연삭 균열이 잘 일어나는 재료를 연삭한다.
• 탄성 숫돌 : 셸락(E), 고무(R), 레지노이드(B)가 있으며, 특히 레지노이드는 베이크라이드가 주성분이며 정밀 연삭 및 절단용으로 많이 사용된다.

6. 선반의 양 센터 작업에서 주축의 회전을 공작물에 전달하기 위하여 사용되는 것은?

① 센터 드릴
② 돌리개
③ 면판
④ 방진구

[해설] 돌리개는 주축의 회전력을 공작물에 전달하는 장치로 곧은 돌리개, 굽은 돌리개, 평행 돌리개 등이 있다.

7. 밀링 가공에서 커터의 날수 6개, 1날당의 이송 0.2mm, 커터의 바깥지름 40mm, 절삭 속도 30m/min일 때 테이블 이송 속도는 약 몇 mm/min인가?

① 274
② 286

③ 298　　　　　　④ 312

해설 $N = \dfrac{1000V}{\pi D} = \dfrac{1000 \times 30}{\pi \times 40} \fallingdotseq 239\,\text{rpm}$

$\therefore f = f_z \times Z \times N = 0.2 \times 6 \times 239$
$\qquad \fallingdotseq 286\,\text{mm/min}$

8. NC 선반의 절삭 사이클 중 안 · 바깥지름 복합 반복 사이클에 해당하는 것은?

① G40　　　　　② G50
③ G71　　　　　④ G96

해설 • G40 : 공구 인선 반지름 보정 취소
• G50 : 공작물 좌표계 설정
• G96 : 절삭 속도 일정 제어

9. 연삭 작업에서 글레이징(glazing)의 원인이 아닌 것은?

① 결합도가 너무 높다.
② 숫돌바퀴의 원주 속도가 너무 빠르다.
③ 숫돌 재질과 일감 재질이 적합하지 않다.
④ 연한 일감 연삭 시 발생한다.

해설 연삭 작업에서 글레이징은 경도가 큰 일감 연삭 시 발생한다.

10. 사고 발생이 많이 일어나는 것에서 점차 적게 일어나는 것에 대한 순서로 옳은 것은?

① 불안전한 조건 – 불가항력 – 불안전한 행위
② 불안전한 행위 – 불가항력 – 불안전한 조건
③ 불안전한 행위 – 불안전한 조건 – 불가항력
④ 불안전한 조건 – 불안전한 행위 – 불가항력

해설 사고 발생 건수 통계
불안전한 행위 > 불안전한 조건 > 불가항력

11. 밀링 머신의 크기를 번호로 나타낼 때 옳은 설명은?

① 번호가 클수록 기계는 크다.
② 호칭 번호 No. 0(0번)은 없다.
③ 인벌류트 커터의 번호에 준하여 나타낸다.
④ 기계의 크기와는 관계가 없고 공작물의 종류에 따라 번호를 붙인다.

해설 밀링 머신의 호칭 번호

호칭 번호	0호	1호	2호	3호	4호	5호
전후 이동	150	200	250	300	350	400
좌우 이동	450	550	700	850	1050	1250
상하 이동	300	400	400	450	450	500

12. 환봉을 황삭 가공하는데 이송 0.1mm/rev 로 하려고 한다. 바이트 노즈 반지름이 1.5mm 라고 한다면 이론상 최대 표면 거칠기는?

① $8.3 \times 10^{-4}\,\text{mm}$　② $8.3 \times 10^{-3}\,\text{mm}$
③ $8.3 \times 10^{-5}\,\text{mm}$　④ $8.3 \times 10^{-2}\,\text{mm}$

해설 $H = \dfrac{f^2}{8r} = \dfrac{0.1^2}{8 \times 1.5} \fallingdotseq 8.3 \times 10^{-4}\,\text{mm}$

13. 끼워맞춤에서 H6g6은 무엇을 뜻하는가?

① 축 기준 6급 헐거운 끼워맞춤
② 축 기준 6급 억지 끼워맞춤
③ 구멍 기준 6급 헐거운 끼워맞춤
④ 구멍 기준 6급 중간 끼워맞춤

해설 구멍 기준식 끼워맞춤

기준 구멍	헐거운 끼워맞춤			중간 끼워맞춤			억지 끼워맞춤	
H6	f6	g6	h6	js6	k6	m6	n6	p6

14. 액체 호닝의 특징으로 잘못된 것은?

① 가공 시간이 짧다.
② 가공물의 피로 강도를 저하시킨다.
③ 형상이 복잡한 가공물도 쉽게 가공한다.

정답　8. ③　9. ④　10. ③　11. ①　12. ①　13. ③　14. ②

④ 가공물 표면의 산화막이나 거스러미를 제거하기 쉽다.

해설 액체 호닝은 가공물의 피로 강도가 개선되며, 형상이 복잡한 가공물도 단시간에 쉽게 가공이 가능하다.

15. 한계 게이지에 대한 설명 중 맞는 것은?

① 스냅 게이지는 최소 치수측을 통과측, 최대 치수측을 정지측이라 한다.
② 양쪽 모두 통과하면 그 부분은 공차 내에 있다.
③ 플러그 게이지는 최대 치수측을 정지측, 최소 치수측을 통과측이라 한다.
④ 통과측이 통과되지 않을 경우는 기준 구멍보다 큰 구멍이다.

해설 스냅 게이지는 축용, 플러그 게이지는 구멍용으로 최대 치수측을 정지측, 최소 치수측을 통과측이라 한다.

16. 측정기에 대한 설명으로 옳은 것은?

① 일반적으로 버니어 캘리퍼스가 마이크로미터보다 측정 정밀도가 높다.
② 사인 바(sine bar)는 공작물의 안지름을 측정한다.
③ 다이얼 게이지는 각도 측정기이다.
④ 스트레이트 에지(straight edge)는 평면도의 측정에 사용된다.

해설 스트레이트 에지는 평면도, 진직도, 평행도 검사에 사용한다.

17. 드릴지그의 분류 중 상자형 지그에 포함되지 않는 것은?

① 개방형 지그 ② 조립형 지그
③ 평판형 지그 ④ 밀폐형 지그

해설 평판형 지그는 공작물을 평판에 직접 고정시키는 형태이다.

18. 바깥지름이 200 mm인 밀링 커터를 100rpm으로 회전시키면 절삭 속도는 약 몇 m/min 정도인가?

① 1.05 ② 2.08
③ 31.4 ④ 62.8

해설 $V = \dfrac{\pi DN}{1000} = \dfrac{\pi \times 200 \times 100}{1000} \fallingdotseq 62.8\,\mathrm{m/min}$

19. 어떤 도면에서 편심량이 4mm로 주어졌을 때, 실제 다이얼 게이지 눈금의 변위량은 얼마로 나타나야 하는가?

① 2mm ② 4mm
③ 8mm ④ 0.5mm

해설 다이얼 게이지 눈금의 변위량은 편심량의 2배이다.
∴ 변위량 $= 4 \times 2 = 8\,\mathrm{mm}$

20. 트위스트 드릴의 인선각(표준각 또는 날끝각)은 연강용에 대하여 몇 도(°)를 표준으로 하는가?

① 110° ② 114° ③ 118° ④ 122°

제2과목 : 기계 제도

21. 다음 필릿 용접부 기호의 설명으로 틀린 것은?

$$a \triangle n \times l(e)$$

① l : 용접부의 길이
② (e) : 인접한 용접부의 간격

---

③ n : 용접부의 개수

④ a : 용접부 목 길이

해설 a : 목 두께

22. 구름 베어링의 호칭 번호가 6001일 때 안지름은 몇 mm인가?

① 12   ② 11   ③ 10   ④ 13

해설 00 : 10mm, 01 : 12mm, 02 : 15mm, 03 : 17mm, 04부터는 5배 하면 된다.

23. 그림과 같은 입체도에서 제3각법에 의해 3면도로 적합하게 투상한 것은?

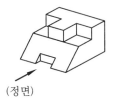

(정면)

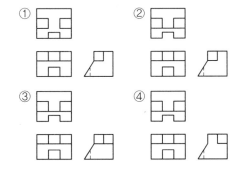

24. 핸들이나 차바퀴 등의 암, 림, 리브 및 훅 등을 나타낼 때의 단면으로 가장 적합한 것은?

① 한쪽 단면도   ② 회전 도시 단면도

③ 부분 단면도   ④ 온 단면도

해설 회전 도시 단면도 : 물체의 절단면을 그 자리에서 90° 회전시켜 투상하는 단면법으로, 바퀴, 리브, 형강, 훅 등의 절단면을 나타내는 도시법이다.

25. 축의 치수가 $\phi 20 \pm 0.1$이고 그 축의 기하 공차가 다음과 같다면 최대 실체 공차 방식에서 실효 치수는 얼마인가?

① 19.6   ② 19.7

③ 20.3   ④ 20.4

해설 실효 치수＝최대 허용 치수＋기하 공차

＝20.1＋0.2

＝20.3mm

26. 제3각법으로 투상한 정면도와 우측면도가 그림과 같을 때 평면도로 가장 적합한 것은?

(정면도)

①   ②

③   ④

해설

27. 기어의 제도에 관하여 설명한 것으로 잘못된 것은?

① 잇봉우리원은 굵은 실선으로 표시한다.

② 피치원은 가는 1점 쇄선으로 표시한다.

③ 이골원은 가는 실선으로 표시한다.

④ 잇줄 방향은 통상 3개의 가는 1점 쇄선으로 표시한다.

해설 헬리컬 기어에서 잇줄 방향은 통상 3개의 가는 실선으로 표시한다.

정답 **22.** ①   **23.** ②   **24.** ②   **25.** ③   **26.** ③   **27.** ④

28. 배관의 도시 방법에서 도급 계약의 경계를 나타낼 때 사용하는 선은?

① 가는 1점 쇄선

② 가는 2점 쇄선

③ 매우 굵은 1점 쇄선

④ 매우 굵은 2점 쇄선

29. 구름 베어링의 상세한 간략 도시방법에서 복렬 자동 조심 볼 베어링의 도시기호는?

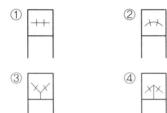

해설 ① 복렬 깊은 홈 볼 베어링
③ 복렬 앵귤러 볼 베어링

30. 그림과 같은 표면의 상태를 기호로 표시하기 위한 표면의 결 표시 기호에서 *d*는 무엇을 표시하는가?

① *a*에 대한 기준 길이 또는 컷오프값

② 기준 길이 · 평가 길이

③ 줄무늬 방향의 기호

④ 가공 방법 기호

해설 • *a* : 산술평균 거칠기값
• *b* : 가공 방법   • *c* : 기준 길이
• *d* : 줄무늬 방향   • *e* : 다듬질 여유
• *f* : Ra의 파라미터값   • *g* : 표면 파상도

31. 줄무늬 방향의 기호에 대한 설명으로 틀린 것은?

① = : 가공에 의한 컷의 줄무늬 방향이 기호를 기입한 그림의 투영면에 평행

② × : 가공에 의한 컷의 줄무늬 방향이 다 방면으로 교차 또는 무방향

③ C : 가공에 의한 컷의 줄무늬가 기호를 기입한 면의 중심에 대하여 거의 동심원 모양

④ R : 가공에 의한 컷의 줄무늬가 기호를 기입한 면의 중심에 대하여 거의 방사 모양

해설 × : 가공에 의한 컷의 줄무늬 방향이 두 방향으로 교차 또는 무방향

32. 구멍에 끼워맞추기 위한 구멍, 볼트, 리벳이 기호 표시에서 구멍 가까운 면에 카운터 싱크가 있고, 현장에서 드릴 가공 및 끼워맞춤에 해당하는 것은?

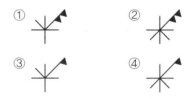

해설 카운터 싱크 방향으로 ∨ 표시를 하고, 드릴 가공 및 끼워맞춤이 두 번이므로 현장 용접 기호인 깃발 2개를 표시한다.

33. 재료 기호가 "STC 140"으로 되어 있을 때, 이 재료의 명칭으로 옳은 것은?

① 합금 공구강 강재

② 탄소 공구강 강재

③ 기계 구조용 탄소 강재

④ 탄소강 주강품

해설 • 합금 공구강 강재 : STS, STD
• 기계 구조용 탄소 강재 : SM
• 탄소강 주강 : SC

34. 기준 치수가 30이고, 최대 허용 치수가 29.98, 최소 허용 치수가 29.95일 때 아래 치수 허용차는?

① +0.05 ② +0.03
③ -0.05 ④ -0.03

해설 아래 치수 허용차
=최소 허용 치수-기준 치수
$=29.95-30=-0.05$

35. 끼워맞춤의 치수가 ϕ40H7과 ϕ40G7일 때 치수 공차값을 비교한 설명으로 옳은 것은?

① ϕ40H7이 크다.
② ϕ40G7이 크다.
③ 치수 공차는 같다.
④ 비교할 수 없다.

해설 치수 공차역은 H와 G로 다르지만 기준 치수와 IT 공차 등급이 같으므로 치수 공차는 같다.
• ϕ40H7 : 구멍 기준식, IT 공차 7등급
• ϕ40G7 : 구멍 기준식, IT 공차 7등급

36. 그림과 같은 I 형강의 표시 방법으로 올바르게 된 것은? (단, L은 형강의 길이이다.)

① $IH×B×t×L$ ② $IB×H×t-L$
③ $IB×H×t×L$ ④ $IH×B×t-L$

해설 I 형강의 치수 표기 방법
(형강 기호) (높이)×(폭)×(두께)-(길이)

37. 그림과 같은 3각법으로 정투상한 정면도와 평면도에 대한 우측면도로 가장 적합한 것은?

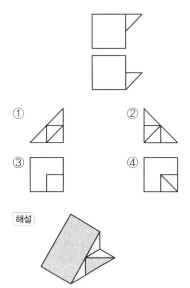

① ②
③ ④

해설

38. 그림과 같은 입체도에서 화살표 방향의 투상도가 정면도일 경우 평면도로 가장 적합한 것은?

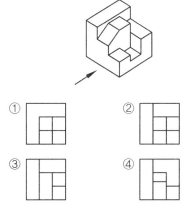

① ②
③ ④

39. 나사의 종류 중 ISO 규격에 있는 관용 테이퍼 나사에서 테이퍼 암나사를 표시하는 기호는?

① PT ② PS
③ Rp ④ Rc

해설 • PT : 관용 테이퍼 나사

정답 34. ③ 35. ③ 36. ④ 37. ① 38. ② 39. ④

- PS : 관용 테이퍼 암나사
- Rp : 관용 평행 암나사

40. KS 기계 재료 기호 중 스프링 강재인 것은?

① SPS   ② SBC   ③ SM   ④ STS

해설 • SBC : 보일러 압력용 탄소 강재
- SM : 기계 구조용 탄소 강재
- STS : 합금 공구 강재

제3과목 : 기계 설계 및 기계 재료

41. Ni−Fe계 실용합금이 아닌 것은?

① 엘린바   ② 인바
③ 미하나이트   ④ 플래티나이트

해설 미하나이트는 주철의 한 종류이다.

42. 강을 표준상태로 하기 위하여 가공조직의 균일화, 결정립의 미세화, 기계적 성질의 향상을 목적으로 오스테나이트가 되는 온도까지 가열하여 공랭시키는 열처리 방법은?

① 뜨임   ② 담금질
③ 오스템퍼   ④ 노멀라이징

해설 불림(노멀라이징) : 결정 조직의 균일화 및 잔류 응력 제거를 목적으로 하는 열처리이다.

43. 알루미늄 주조 합금으로서 내열용으로 사용되는 합금이 아닌 것은?

① Y 합금   ② 로엑스
③ 코비탈륨   ④ 실루민

해설 실루민 : 대표적인 Al−Si계로서 si(규소)를 첨가한 다이캐스팅용 알루미늄 주조용 합금이다.

44. 친화력이 큰 성분 금속이 화학적으로 결합하여, 다른 성질을 가지는 독립된 화합물을 만드는 것은?

① 금속간 화합물   ② 고용체
③ 공정 합금   ④ 동소 변태

해설 금속간 화합물 : 금속이 화학적으로 결합하여 원래의 성질과 전혀 다른 성질을 가지는 독립된 화합물이다.

45. 강의 표면이 고온산화에 견디기 위한 시멘테이션법은?

① 보로나이징   ② 칼로라이징
③ 실리코나이징   ④ 나이트라이징

해설 고온산화에 견디게 하기 위한 금속 침투법은 Si를 침투하는 실리코나이징이다.

46. 7−3 황동에 Sn을 1% 첨가한 것으로 전연성이 좋아 관 또는 판을 만들어 증발기와 열교환기 등에 사용되는 주석 황동은?

① 애드미럴티 황동   ② 네이벌 황동
③ 알루미늄 황동   ④ 망간 황동

해설 • 애드미럴티 황동 : 7−3 황동 + Sn 1%
- 네이벌 황동 : 6−4 황동 + Sn 1%

47. 18−8 스테인리스강(stainless steel)에서 용접 취약성을 일으키는 가장 큰 원인은?

① 입계탄화물의 석출
② 자경성 발생
③ 뜨임 메짐성
④ 균열의 생성

해설 18−8 스테인리스강은 용접에 의한 열을 받으면 입계탄화물이 생성되어 부식을 일으킨다.

48. α−Fe, γ−Fe과 같은 상(相)이 온도 그

정답 40. ① 41. ③ 42. ④ 43. ④ 44. ① 45. ③ 46. ① 47. ① 48. ③

밖의 외적 조건에 의해 결정격자형이 변하는 것을 무엇이라 하는가?

① 열 변태　　　　② 자기 변태
③ 동소 변태　　　④ 무확산 변태

해설 동소 변태 : 고체 내에서 원자 배열이 변하는 것을 말한다.

49. 입방체의 각 모서리에 한 개씩의 원자와 입방체의 중심에 한 개의 원자가 존재하는 매우 간단한 결정격자로서 Cr, Mo 등이 속하는 결정격자는?

① 면심입방격자　　② 체심입방격자
③ 조밀육방격자　　④ 자기입방격자

해설 • 면심입방격자(FCC) : Au, Ag, Cu, Ni
• 체심입방격자(BCC) : Cr, Mo, W, V
• 조밀육방격자(HCP) : Zn, Mg, Co, Be

50. 아래 그림에서 Austenite강을 재결정 온도 이하, Ms점 이상의 온도범위에서 소성 가공을 한 후 소입(quenching)하는 열처리는?

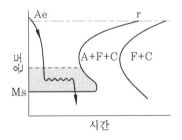

① austempering　　② ausforming
③ marquenching　　④ time quenching

해설 • 오스템퍼링 : Ms점 이하에서 열처리
• 오스포밍 : 소성 가공 후 열처리
• 마퀜칭 : 열처리 후 뜨임
• 타임 퀜칭 : 냉각제 속에 적당한 시간을 유지한 후 담금질 중인 재료를 끌어올리는 계단식 담금질

51. 볼 베어링에서 수명에 대한 설명 중 맞는 것은?

① 베어링에 작용하는 하중의 3승에 비례한다.
② 베어링에 작용하는 하중의 3승에 반비례한다.
③ 베어링에 작용하는 하중의 10/3승에 비례한다.
④ 베어링에 작용하는 하중의 10/3승에 반비례한다.

해설 $L_h = 500\left(\dfrac{C}{P}\right)^3 \dfrac{33.3}{N}$

∴ 수명(L_h)은 하중(P)의 3승에 반비례한다.

52. 그림과 같은 맞대기 용접 이음에서 인장 하중을 W[N], 강판의 두께를 h[mm]라 할 때 용접 길이 l[mm]을 구하는 식으로 가장 옳은 것은? (단, 상하의 용접부 목 두께가 각각 t_1[mm], t_2[mm]이고, 용접부에서 발생하는 인장 응력은 σ_t[N/mm^2]이다.)

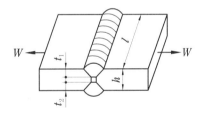

① $l = \dfrac{0.707W}{h\sigma_t}$　　② $l = \dfrac{0.707W}{(t_1+t_2)\sigma_t}$

③ $l = \dfrac{W}{h\sigma_t}$　　④ $l = \dfrac{W}{(t_1+t_2)\sigma_t}$

해설 $\sigma_t = \dfrac{하중}{단면적} = \dfrac{W}{(t_1+t_2)\cdot l}$

∴ $l = \dfrac{W}{(t_1+t_2)\sigma_t}$

53. 묻힘 키(sunk key)에서 키의 폭 10mm, 키의 유효 길이 54mm, 키의 높이 8mm,

축의 지름 45mm일 때 최대 전달 토크는 약 몇 N · m인가? (단, 키(Key)의 허용 전단 응력은 35N/mm²이다.)

① 425 ② 643
③ 846 ④ 1024

해설 $l = \dfrac{2T}{bd\tau}$, $T = \dfrac{bdl\tau}{2}$

∴ $T = \dfrac{10 \times 45 \times 54 \times 35}{2}$

$= 425250 \text{N} \cdot \text{mm}$

$≒ 425 \text{N} \cdot \text{m}$

54. 공기 스프링에 대한 설명으로 거리가 먼 것은?

① 공기량에 따라 스프링계수의 크기를 조절할 수 있다.
② 감쇠 특성이 크므로 작은 진동을 흡수할 수 있다.
③ 측면 방향으로의 강성도 좋은 편이다.
④ 구조가 복잡하고 제작비가 비싸다.

해설 공기 스프링은 측면 방향으로 하중 발생 시 실링(밀폐)이 어렵고 취약하다.

55. 평벨트 전동에서 유효 장력을 의미하는 것은 어느 것인가?

① 벨트 긴장측 장력과 이완측 장력과의 차를 말한다.
② 벨트 긴장측 장력과 이완측 장력과의 비를 말한다.
③ 벨트 긴장측 장력과 이완측 장력을 평균한 값이다.
④ 벨트 긴장측 장력과 이완측 장력의 합을 말한다.

해설 유효 장력(T_e) = 긴장측 장력(T_1)
　　　　　 - 이완측 장력(T_2)

56. 자동 하중 브레이크가 아닌 것은?

① 웜 브레이크
② 나사 브레이크
③ 원통 브레이크
④ 캠 브레이크

해설 자동 하중 브레이크에는 웜 브레이크, 나사 브레이크, 캠 브레이크, 원심 브레이크가 있다.

57. 이끝원 지름이 104mm, 잇수는 50인 표준 스퍼 기어의 모듈은?

① 5 ② 4
③ 3 ④ 2

해설 $D_t = m(Z + 2)$

∴ $m = \dfrac{D_t}{Z + 2} = \dfrac{104}{50 + 2} = 2$

58. 굽힘 모멘트만을 받는 중공축(中空軸)의 허용 굽힘 응력을 σ_b, 중공축의 바깥지름을 D, 여기에 작용하는 굽힘 모멘트가 M일 때, 중공축의 안지름 d를 구하는 식은?

① $d = \sqrt[4]{\dfrac{D(\pi\sigma_b D^3 - 16M)}{\pi\sigma_b}}$

② $d = \sqrt[4]{\dfrac{D(\pi\sigma_b D^3 - 32M)}{\pi\sigma_b}}$

③ $d = \sqrt[3]{\dfrac{D(\pi\sigma_b D^3 - 16M)}{\pi\sigma_b}}$

④ $d = \sqrt[3]{\dfrac{D(\pi\sigma_b D^3 - 32M)}{\pi\sigma_b}}$

59. 리드각이 α, 마찰계수가 $\mu(=\tan\rho)$인 나사의 자립조건으로 옳은 것은? (단, ρ는 마찰각이다.)

① $2\alpha < \rho$ ② $\alpha < \rho$
③ $\alpha < 2\rho$ ④ $\alpha > \rho$

정답 **54.** ③ **55.** ① **56.** ③ **57.** ④ **58.** ② **59.** ②

해설 나사의 자립조건
마찰각이 리드각보다 커야 한다($\alpha < \rho$).

60. 인장 응력을 구하는 식으로 옳은 것은? (단, σ는 인장 응력, A는 단면적, P는 인장 하중이다.)

① $\sigma = \dfrac{P}{A}$ ② $\sigma = P \times A$

③ $\sigma = \dfrac{A}{P}$ ④ $\sigma = \dfrac{P}{A^2}$

해설 인장 응력(σ) = $\dfrac{\text{인장 하중}(P)}{\text{단면적}(A)}$

제4과목 : 컴퓨터 응용 설계

61. 퍼거슨(Ferguson) 곡면의 방정식에는 경계 조건으로 16개의 벡터가 필요하다. 그중에서 곡면 내부의 볼록한 정도에 영향을 주는 것은?

① 꼭짓점 벡터
② U 방향 접선 벡터
③ V 방향 접선 벡터
④ 꼬임 벡터

62. CAD 정보를 이용한 공학적 해석 분야와 가장 거리가 먼 것은?

① 질량 특성 분석
② 정밀한 도면 제도
③ 공차 분석
④ 유한 요소 해석

해설 정밀한 도면 제도는 어떠한 특성에 대한 분석이나 해석을 하는 것이 아니므로 CAD 정보를 이용한 공학적 해석 분야와 거리가 멀다.

63. IGES 파일 포맷에서 엔티티들에 관한 실제 데이터가 기록되어 있는 부분은?

① 스타트 섹션(start section)
② 글로벌 섹션(global section)
③ 디렉토리 엔트리 섹션(directory entry section)
④ 파라미터 데이터 섹션(parameter data section)

64. 정보 단위의 개념이 작은 단위에서 큰 단위로 바르게 나열된 것은?

① field < record < file < data base
② file < data base < field < record
③ file < data base < record < field
④ field < file < record < data base

해설 정보 기억 단위의 크기
bit < byte < field < record < file < data base

65. NC 데이터에 의한 NC 가공 작업을 하기 쉬운 모델링은?

① 와이어 프레임(wire frame) 모델링
② 서피스(surface) 모델링
③ 솔리드(solid) 모델링
④ 윈도(window) 모델링

해설 CAM 프로그램은 서피스 모델링으로 NC 데이터를 추출한다.

66. 3차원 형상의 모델링 방식에서 CSG (Constructive Solid Geometry) 방식을 설명한 것은?

① 투시도 작성이 용이하다.
② 전개도 작성이 용이하다.
③ 기본 입체 형상을 만들기 어려울 때 사용되는 모델링 방법이다.

정답 60. ①   61. ④   62. ②   63. ④   64. ①   65. ②   66. ④

④ 기본 입체 형상의 불 연산에 의해 모델링한다.

해설 ①, ②, ③은 B-rep 방식에 대한 설명이다. CSG 방식은 복잡한 형상을 단순한 형상(기본 입체)의 조합으로 표현한다.

67. 점 (1, 1)을 x 방향으로 2 이동, y 방향으로 −1 이동한 후 원점을 중심으로 30도 회전시켰을 때의 좌표는?

① $x = \dfrac{3\sqrt{3}}{2}$, $y = \dfrac{3}{2}$ ② $x = \dfrac{3}{2}$, $y = \dfrac{3\sqrt{3}}{2}$

③ $x = 3\sqrt{3}$, $y = 3$ ④ $x = 3$, $y = 3\sqrt{3}$

해설 • 이동 변환

$$\begin{bmatrix} x' & y' \end{bmatrix} = \begin{bmatrix} 1+2 & 1-1 \end{bmatrix} = \begin{bmatrix} 3 & 0 \end{bmatrix}$$

• 회전 변환

$$\begin{bmatrix} x'' & y'' \end{bmatrix} = \begin{bmatrix} 3 & 0 \end{bmatrix} \begin{bmatrix} \cos 30° & \sin 30° \\ -\sin 30° & \cos 30° \end{bmatrix}$$

$$= \begin{bmatrix} 3 & 0 \end{bmatrix} \begin{bmatrix} \dfrac{\sqrt{3}}{2} & \dfrac{1}{2} \\ -\dfrac{1}{2} & \dfrac{\sqrt{3}}{2} \end{bmatrix}$$

$$= \begin{bmatrix} \dfrac{3\sqrt{3}}{2} & \dfrac{3}{2} \end{bmatrix}$$

68. 3차원 CAD에서 최대 변환 매트릭스는?

① 2×3   ② 3×2

③ 3×3   ④ 4×4

해설 • 2차원 CAD에서 최대 변환 행렬 : 3×3
• 3차원 CAD에서 최대 변환 행렬 : 4×4

69. 다음 식에 의해 정의되는 도형 요소는?

$$(x_2 - x_1)(y - y_1) = (y_2 - y_1)(x - x_1)$$

① 원   ② 직선

③ 곡선   ④ 점

해설 $(x_2 - x_1)(y - y_1) = (y_2 - y_1)(x - x_1)$

$y - y_1 = \dfrac{y_2 - y_1}{x_2 - x_1}(x - x_1)$

∴ (x_1, y_1)을 지나고 기울기가 $\dfrac{y_2 - y_1}{x_2 - x_1}$인 직선

70. 변환(transformation)에서 변환함수와 관계가 적은 것은?

① 이동(translation)
② 축척(scaling)
③ 생산(production)
④ 회전(rotation)

해설 변환함수는 이동, 축척, 대칭, 회전 등이 가능하다.

71. 도면상 중심이 (10, 10)인 2차원 도형을 PC의 CRT상에 나타내기 위하여 일련의 좌표 변환을 통해 CRT 중심에 실물 크기로 그리기 위한 작업이 아닌 것은?

① 도형의 중심점이 원점이 되도록 이동 변환
② CRT 좌표와 도면 좌표의 비율에 따라 축척 변환
③ 관측 변환을 통해 관측 좌표계를 물체 좌표계와 일치
④ 변환된 도형을 CRT 좌표계의 중심으로 이동

해설 관측 좌표계란 용어는 없다.

72. 제시된 단면 곡선을 안내 곡선에 따라 이동하면서 생기는 궤적을 나타낸 곡면은?

① 룰드 곡면   ② 스윕 곡면
③ 보간 곡면   ④ 블렌드 곡면

정답 **67.** ①   **68.** ④   **69.** ②   **70.** ③   **71.** ③   **72.** ②

해설 스윕 곡면 : 1개 이상의 단면 곡선이 안내 곡선을 따라 이동 규칙에 의해 이동하면서 생성되는 곡면이다.

73. 파라메트릭 모델링을 이용한 형상 모델링 과정들을 정리한 것이다. 가장 적절한 순서로 나열된 것은?

> 가. 바람직한 형상이 얻어질 때까지 형상 구속 조건과 치수 조건의 수정을 통해 물체 형상을 조정하는 과정을 반복한다.
> 나. 형상 구속 조건과 치수 조건을 대화식으로 입력하고, 이를 만족하는 2차원 형상이 생성된다.
> 다. 대강의 스케치로 2차원 형태를 입력한다.
> 라. 작성된 2차원 형상을 스위핑하거나 스윙잉하여 3차원 물체를 만든다.

① 다-가-나-라
② 나-다-가-라
③ 다-나-가-라
④ 가-다-나-라

해설 모델링 작업 순서
스케치 → 형상 구속 조건과 치수 조건 입력 → 수정 → 3차원 물체 형성

74. 컴퓨터 이용 자동 공정 계획(CAPP)에 가장 적합한 모델링 방법은?

① 특징 형상 모델링
② 투영 모델링
③ 와이어 프레임 모델링
④ 곡면 모델링

해설 CAPP : CAD 및 CAM 등 사람이 해 오던 공정계획을 컴퓨터의 발달과 더불어 이를 이용 하여 좀 더 빠르고 정확하게 공정계획을 세우고자 하는 분야이다.

75. 데이터 변환 파일 중 대표적인 표준 파일 형식이 아닌 것은?

① IGES   ② ASCII
③ DXF   ④ STEP

해설 ASCII 코드는 128문자 표준 지정 코드이다.

76. 2차 Bezier 곡선은?

① 직선   ② 원
③ 타원   ④ 포물선

해설 2차 베지어 곡선은 시작과 끝이 있는 곡선의 형태이다.

77. CAD 시스템의 출력장치(플로터)를 구분하는 요인이라고 할 수 없는 것은?

① 플로팅 헤드 제어 방식에 의한 구분
② 출력되는 그림 및 도형의 해상도로 구분
③ 출력할 수 있는 도형(그림)의 크기로 구분
④ 출력장치(플로터)의 사용 전압에 의한 구분

해설 출력장치 중 플로터는 여러 분류가 있으나 사용 전압에 의한 구분은 하지 않는다.

78. B-rep 모델링 방식의 특성이 아닌 것은?

① 화면 재생시간이 적게 소요된다.
② 3면도, 투시도, 전개도 작성이 용이하다.
③ 데이터의 상호 교환이 쉽다.
④ 입체의 표면적 계산이 어렵다.

해설 B-rep 모델링 방식은 입체의 표면적 계산이 쉽다.

2014년

79. 3차원 공간상의 세 점 $\vec{r_0}$, $\vec{r_1}$, $\vec{r_2}$에 의해 정의되는 평면에 수직인 단위 법선 벡터의 표현으로 옳은 것은? (단, •는 벡터 내적, ×는 벡터 외적을 나타낸다.)

① $\dfrac{|(\vec{r_1} - \vec{r_0}) \times (\vec{r_2} - \vec{r_0})|}{(\vec{r_1} - \vec{r_0}) \times (\vec{r_2} - \vec{r_0})}$

② $\dfrac{(\vec{r_1} - \vec{r_0}) \times (\vec{r_2} - \vec{r_0})}{|(\vec{r_1} - \vec{r_0}) \times (\vec{r_2} - \vec{r_0})|}$

③ $\dfrac{|(\vec{r_1} - \vec{r_0}) \cdot (\vec{r_2} - \vec{r_0})|}{(\vec{r_1} - \vec{r_0}) \cdot (\vec{r_2} - \vec{r_0})}$

④ $\dfrac{(\vec{r_1} - \vec{r_0}) \cdot (\vec{r_2} - \vec{r_0})}{|(\vec{r_1} - \vec{r_0}) \cdot (\vec{r_2} - \vec{r_0})|}$

80. CAD 용어에 대한 설명 중 틀린 것은?

① pan : 도면의 다른 영역을 보기 위해 디스플레이 윈도를 이동시키는 행위

② zoom : 화면상의 이미지를 실제 사이즈를 포함하여 확대 또는 축소하는 것

③ clipping : 필요 없는 요소를 제거하는 방법, 주로 그래픽에서 클리핑 윈도로 정의된 영역 밖에 존재하는 요소들을 제거하는 것

④ toggle : 명령의 실행 또는 마우스 클릭 시마다 on 또는 off가 번갈아 나타나는 세팅

해설 zoom : 화면상의 이미지를 확대 또는 축소하는 작업으로 이미지의 실제 사이즈는 바뀌지 않는다.

2015년 시행 문제

기계설계산업기사

제1과목 : 기계 가공법 및 안전관리

1. 공작 기계에서 절삭을 위한 세 가지 기본 운동에 속하지 않는 것은?

① 절삭 운동 　② 이송 운동
③ 회전 운동 　④ 위치 조정 운동

해설 공작 기계의 기본 운동
- 절삭 운동 : 절삭 시 칩의 길이 방향으로 절삭 공구가 움직이는 운동
- 이송 운동 : 공작물과 절삭 공구가 절삭 방향으로 이송하는 운동
- 위치 조정 운동 : 공구와 공작물 간의 절삭 조건에 따른 절삭 깊이 조정 및 일감, 공구의 설치 및 제거 운동

2. 중량 가공물을 가공하기 위한 대형 밀링 머신으로 플레이너와 유사한 구조인 것은?

① 수직 밀링 머신 　② 수평 밀링 머신
③ 플레노 밀러 　④ 회전 밀러

해설 플레이너형 밀링 머신은 중량 가공물을 가공하기 위한 대형 밀링 머신으로, 플래노 밀러라고도 한다.

3. 선반에서 나사 가공을 위한 분할 너트(half nut)는 어느 부분에 부착되어 사용하는가?

① 주축대 　② 심압대
③ 왕복대 　④ 베드

해설 분할 너트는 왕복대에 설치되며, 왕복대는 베드 위에 있고 새들, 에이프런, 하프 너트, 복식 공구대로 구성되어 있다.

4. 게이지 종류에 대한 설명 중 틀린 것은?

① pitch 게이지 : 나사 피치 측정
② thickness 게이지 : 미세한 간격(두께) 측정
③ radius 게이지 : 기울기 측정
④ center 게이지 : 선반의 나사 바이트 각도 측정

해설 radius 게이지 : 곡면 둥글기의 반지름을 측정한다.

5. 중량물의 내면 연삭에 주로 사용되는 연삭 방법은?

① 트래버스 연삭 　② 플랜지 연삭
③ 만능 연삭 　④ 플래니터리 연삭

해설 플래니터리 연삭 : 내면 연삭에 주로 사용되는 연삭 방식으로, 공작물은 정지하고 숫돌이 회전 연삭 운동과 동시에 공전 운동을 한다.

6. 재해 원인별 분류에서 인적 원인(불안전한 행동)에 의한 것으로 옳은 것은?

① 불충분한 지시 또는 방호
② 작업 장소의 밀집
③ 가동 중인 장치를 정비
④ 결함이 있는 공구 및 장치

해설 • 인적 원인 : 보호 안경 및 작업 신발 미착용, 선반 밀링 작업 시 장갑을 끼고 작업, 가동 중인 장치 정비
• 물적 원인 : 미비한 작업 계획, 불충분한 지지 또는 방호, 작업 장소의 밀집, 공구 및 장치의 결함

7. 특정한 제품을 대량 생산할 때 적합하지만 사용 범위가 한정되며 구조가 간단한 공작 기계는?

① 범용 공작 기계　② 전용 공작 기계
③ 단능 공작 기계　④ 만능 공작 기계

해설 • 범용 공작 기계 : 일반 기계로 다양한 작업이 가능한 기계
• 단능 공작 기계 : 한 가지 작업만 할 수 있는 기계
• 만능 공작 기계 : 다양한 작업을 할 수 있도록 제작된 기계

8. $-18\mu\text{m}$의 오차가 있는 블록 게이지에 다이얼 게이지를 영점 세팅하여 공작물을 측정하였더니 측정값이 46.78mm이었다면 참값(mm)은?

① 46.960　② 46.798
③ 46.762　④ 46.603

해설 참값=측정값+오차
＝46.78+(−0.018)=46.762mm

9. 표준 맨드릴(mandrel)의 테이퍼값으로 적합한 것은?

① $\dfrac{1}{10}\sim\dfrac{1}{20}$ 정도　② $\dfrac{1}{50}\sim\dfrac{1}{100}$ 정도
③ $\dfrac{1}{100}\sim\dfrac{1}{1000}$ 정도④ $\dfrac{1}{200}\sim\dfrac{1}{400}$ 정도

해설 표준 맨드릴은 테이퍼값이 $\dfrac{1}{100}\sim\dfrac{1}{1000}$

정도이며, 작은 쪽의 지름을 호칭 치수로 한다.

10. 수준기에서 1눈금의 길이를 2mm로 하고, 1눈금이 각도 5″(초)를 나타내는 기포관의 곡률 반지름은?

① 7.26m　② 72.6m
③ 8.23m　④ 82.5m

해설 $1\text{rad}=57.2958°=3437.75'=206265''$

$5''=\dfrac{5}{206265}\text{rad}$

$L=R\theta\ (\theta : \text{radian})$

$\therefore R=\dfrac{L}{\theta}=\dfrac{0.002}{5/206265}≒82.5\text{m}$

11. 분할대에서 분할 크랭크 핸들이 1회전하면 스핀들은 몇 도(°) 회전하는가?

① 36°　② 27°
③ 18°　④ 9°

해설 각도 분할법 : 분할대의 주축이 1회전하면 360°가 되며, 크랭크 핸들의 회전과 분할대 주축과의 비가 40:1이므로 주축의 회전 각도는 $\dfrac{360°}{40}=9°$이다.

12. 블록 게이지의 부속 부품이 아닌 것은?

① 홀더
② 스크레이퍼
③ 스크라이버 포인트
④ 베이스 블록

해설 스크레이퍼 작업이란 기계가 가공된 면을 더욱 정밀하게 다듬질하는 것을 말하며, 이때 사용하는 공구를 스크레이퍼라고 한다. 공작 기계의 베드, 미끄럼면, 측정용 정밀 정반 등의 최종 마무리 가공에 사용된다.

13. 드릴링 머신에서 회전수 160rpm, 절삭

정답　7. ②　8. ③　9. ③　10. ④　11. ④　12. ②　13. ①

속도 15m/min일 때, 드릴 지름(mm)은?

① 29.8 ② 35.1 ③ 39.5 ④ 15.4

해설 $V = \dfrac{\pi DN}{1000}$

$\therefore D = \dfrac{1000V}{\pi N} = \dfrac{1000 \times 15}{\pi \times 160} \fallingdotseq 29.8\,\text{mm}$

14. 절삭 온도와 절삭 조건에 관한 내용으로 틀린 것은?

① 절삭 속도를 증대하면 절삭 온도는 상승한다.

② 칩의 두께를 크게 하면 절삭 온도가 상승한다.

③ 절삭 온도는 열팽창 때문에 공작물 가공 치수에 영향을 준다.

④ 열전도율 및 비열값이 작은 재료가 일반적으로 절삭이 용이하다.

해설 공작물과 공구의 마찰열이 증가하면 공구의 수명이 감소되므로 공구 재료는 내열성이나 열전도율이 좋아야 한다. 또한 절삭 온도 상승에 의한 열팽창으로 가공 치수가 달라지는 나쁜 영향을 받게 된다.

15. 목재, 피혁, 직물 등 탄성이 있는 재료로 바퀴 표면에 부착시킨 미세한 연삭입자로, 버핑하기 전에 가공물의 표면을 다듬질하는 가공 방법은?

① 폴리싱 ② 롤러 가공
③ 버니싱 ④ 숏 피닝

16. 연삭숫돌 바퀴의 구성 3요소에 속하지 않는 것은?

① 숫돌 입자 ② 결합제
③ 조직 ④ 기공

해설 • 연삭숫돌의 3요소 : 숫돌 입자, 결합제, 기공

• 연삭숫돌의 5요소 : 입자, 입도, 결합도, 조직, 결합제

17. 가공물을 절삭할 때 발생하는 칩의 형태에 미치는 영향이 가장 작은 것은?

① 공작물의 재질 ② 절삭 속도
③ 윤활유 ④ 공구의 모양

해설 가공물을 절삭할 때 발생하는 칩의 형태는 공작물의 재질, 절삭 속도, 공구의 모양, 절삭 깊이 등에 따라 달라진다.

18. 선반 가공에서 양 센터작업에 사용되는 부속품이 아닌 것은?

① 돌림판 ② 돌리개
③ 맨드릴 ④ 브로치

해설 • 선반의 부속장치 : 돌림판, 돌리개, 맨드릴

• 브로치 : 브로칭 머신에 사용되는 공구로, 홈 등을 필요한 모양으로 절삭 가공하는 기계이다.

19. 지름이 100mm인 가공물에 리드 600mm인 오른나사 헬리컬 홈을 깎고자 한다. 테이블 이송 나사의 피치가 10mm인 밀링 머신에서 테이블 선회각을 tanθ로 나타낼 때 옳은 값은?

① 31.41 ② 1.90
③ 0.03 ④ 0.52

해설 $L = \dfrac{\pi D}{\tan\theta}$

$\therefore \tan\theta = \dfrac{\pi D}{L} = \dfrac{\pi \times 100}{600} \fallingdotseq 0.52$

20. 지름 50mm인 연삭숫돌을 7000rpm으로 회전시키는 연삭작업에서 지름 100mm

2015년

인 가공물을 100rpm으로 연삭숫돌과 반대 방향으로 원통 연삭할 때, 접촉점에서 연삭의 상대 속도는 약 몇 m/min인가?

① 931　　　　② 1099
③ 1131　　　　④ 1161

해설 $V = \dfrac{\pi DN}{1000}$

V = 연삭숫돌의 절삭 속도 + 가공물의 절삭 속도

$= \dfrac{\pi \times 50 \times 7000}{1000} + \dfrac{\pi \times 100 \times 100}{1000}$

$\fallingdotseq 1131\,\mathrm{m/min}$

제2과목 : 기계 제도

21. 다음 도면에서 X 부분의 치수는?

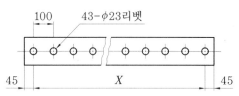

① 2200　　　　② 2300
③ 4100　　　　④ 4200

해설 $X = (43 - 1) \times 100 = 4200\,\mathrm{mm}$

22. 다음 중 치수 공차가 0.1이 아닌 것은?

① $50^{+0.1}_{0}$　　　　② 50 ± 0.05
③ $50^{+0.07}_{-0.03}$　　　　④ 50 ± 0.1

해설 치수 공차
= 위 치수 허용차 − 아래 치수 허용차
① $+0.1 - 0 = +0.1$
② $+0.05 - (-0.05) = +0.1$
③ $+0.07 - (-0.03) = +0.1$
④ $+0.1 - (-0.1) = +0.2$

23. 그림과 같이 우측의 입체도를 3각법으로

정투상한 도면(정면도, 평면도, 우측면도)에 대한 설명으로 옳은 것은?

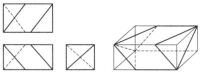

① 정면도만 틀림　　② 모두 맞음
③ 우측면도만 틀림　④ 평면도만 틀림

24. 재료 기호 SS 400에 대한 설명 중 맞는 항을 모두 고른 것은? (단, KS D 3503을 적용한다.)

ㄱ. SS의 첫 번째 S는 재질을 나타내는 기호로 강을 의미한다.

ㄴ. SS의 두 번째 S는 재료의 이름, 모양, 용도를 나타내며 일반 구조용 압연재를 의미한다.

ㄷ. 끝부분의 400은 재료의 최저 인장 강도이다.

① ㄱ　　　　② ㄱ, ㄴ
③ ㄱ, ㄷ　　　④ ㄱ, ㄴ, ㄷ

해설 첫 번째 S는 강, 두 번째 S는 일반 구조용 압연재, 끝부분 400은 최저 인장 강도이며 $400\,\mathrm{N/mm^2}$이다.

25. 그림과 같은 평면도 A, B, C, D와 정면도 1, 2, 3, 4가 올바르게 짝지어진 것은? (단, 제3각법을 적용한다.)

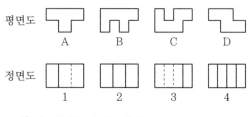

① A−2, B−4, C−3, D−1

정답 **21.** ④　**22.** ④　**23.** ②　**24.** ④　**25.** ①

② A-1, B-4, C-2, D-3

③ A-2, B-3, C-4, D-1

④ A-2, B-4, C-1, D-3

해설 평면도와 정면도를 비교하여 보이는 곳은 외형선, 보이지 않는 곳은 숨은선이다.

26. 데이텀(datum)에 관한 설명으로 틀린 것은?

① 데이텀을 표시하는 방법은 영어의 소문자를 정사각형으로 둘러싸서 나타낸다.

② 지시선을 연결하여 사용하는 데이텀 삼각기호는 빈틈없이 칠해도 좋고, 칠하지 않아도 좋다.

③ 형체에 지정되는 공차가 데이텀과 관련되는 경우, 데이텀은 원칙적으로 데이텀을 지시하는 문자 기호에 의하여 나타낸다.

④ 관련 형체에 기하학적 공차를 지시할 때, 그 공차 영역을 규제하기 위하여 설정한 이론적으로 정확한 기하학적 기준을 데이텀이라 한다.

해설 데이텀은 알파벳 대문자를 정사각형으로 둘러싸고 데이텀 삼각 기호에 지시선을 연결하여 나타낸다.

27. 끼워맞춤 중에서 구멍과 축 사이에 가장 원활한 회전 운동이 일어날 수 있는 것은?

① H7/f6   ② H7/p6

③ H7/n6   ④ H7/t6

해설 구멍 기준식 끼워맞춤

기준 구멍	헐거운 끼워맞춤		중간 끼워맞춤			억지 끼워맞춤		
H7	f6	g6	h6	js6	k6	m6	n6	p6	r6

구멍 기준식 끼워맞춤에서 가장 원활하게 회전하려면 헐거운 끼워맞춤일수록 좋으므로 알맞은 것은 f6이다.

28. KS에서 정의하는 기하 공차 기호 중에서 관련 형체의 위치 공차 기호들만으로 짝지어진 것은?

① □ ○ —   ② ∠ ⊥ ∕

③ ⌖ ◎ ⹀   ④ ∕ ⌒ ○

해설 • 위치도 : ⌖   • 동심도(동축도) : ◎

• 대칭도 : ⹀

29. 나사의 제도 방법을 설명한 것으로 틀린 것은?

① 수나사에서 골지름은 가는 실선으로 도시한다.

② 불완전 나사부를 나타내는 골지름 선은 축선에 대해 평행하게 표시한다.

③ 암나사의 측면도에서 호칭경에 해당하는 선은 가는 실선이다.

④ 완전 나사부란 산봉우리와 골밑 모양의 양쪽 모두 완전한 산형으로 이루어지는 나사부이다.

해설 불완전 나사부를 나타내는 골지름 선은 축선에 대해 30°의 가는 실선으로 그린다.

30. 다음 도면과 같은 이음의 종류로 가장 적합한 설명은?

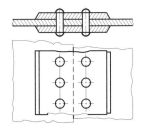

① 2열 겹치기 평행형 둥근머리 리벳 이음

② 양쪽 덮개판 1열 맞대기 둥근머리 리벳 이음

2015년

③ 양쪽 덮개판 2열 맞대기 둥근머리 리벳 이음

④ 1열 겹치기 평행형 둥근머리 리벳 이음

31. 그림과 같은 도면에서 치수 20 부분의 "굵은 1점 쇄선 표시"가 의미하는 것으로 가장 적합한 설명은?

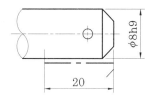

① 공차를 ϕ8h9보다 약간 적게 한다.

② 공차가 ϕ8h9 되게 축 전체 길이 부분에 필요하다.

③ 공차 ϕ8h9 부분은 축 길이 20mm 되는 곳까지만 필요하다.

④ 치수 20 부분을 제외하고 나머지 부분은 공차가 ϕ8h9 되게 가공한다.

해설 도면에서 치수 20 부분의 굵은 1점 쇄선은 특수 지시선으로, 공차 ϕ8h9 부분은 축 길이 20mm 되는 곳까지만 필요하다는 의미이다.

32. 보기와 같이 지시된 표면의 결 기호의 해독으로 올바른 것은?

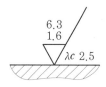

① 제거 가공 여부를 문제 삼지 않을 경우이다.

② 최대 높이 거칠기 하한값이 6.3μm이다.

③ 기준 길이는 1.6μm이다.

④ 2.5는 컷오프값이다.

해설 제거 가공을 필요로 하는 가공면으로 가공 흔적이 거의 없는 중간 또는 정밀 다듬질이다.

가공면의 하한값은 1.6μm, 상한값은 6.3μm, 컷오프값은 2.5이다.

33. 보기와 같은 입체도를 제3각법으로 투상할 때 가장 적합한 투상도는?

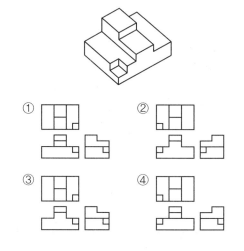

34. 베어링 호칭 번호 NA 4916 V의 설명 중 틀린 것은?

① NA 49는 니들 롤러 베어링, 치수 계열 49

② V는 리테이너 기호로서 리테이너가 없음

③ 베어링 안지름은 80mm

④ A는 실드 기호

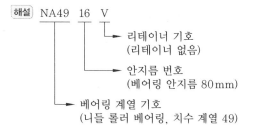

35. 도면(위치도)에 치수가 다음과 같이 표시되어 있는 경우, 치수의 외곽에 표시된 직사각형은 무엇을 뜻하는가?

30

① 다듬질 전 소재 가공 치수
② 완성 치수
③ 이론적으로 정확한 치수
④ 참고 치수

해설 • (15) : 참고 치수
• 30 : 이론적으로 정확한 치수
• 마무리 치수(완성 치수) : 가공 여유를 포함하지 않은 완성된 제품의 치수

36. 도면의 KS 용접 기호를 가장 올바르게 설명한 것은?

① 전체 둘레 현장 연속 필릿 용접
② 현장 연속 필릿 용접(화살표 있는 한 변만 용접)
③ 전체 둘레 현장 단속 필릿 용접
④ 현장 단속 필릿 용접(화살표 있는 한 변만 용접)

해설 KS 용접 기호

현장 용접	필릿 용접	전체 둘레 용접
🚩	◿	○

37. 축을 가공하기 위한 센터 구멍의 도시 방법 중 그림과 같은 도시 기호의 의미는?

① 센터의 규격에 따라 다르다.
② 다듬질 부분에서 센터 구멍이 남아 있어

도 좋다.
③ 다듬질 부분에서 센터 구멍이 남아 있어서는 안 된다.
④ 다듬질 부분에서 반드시 센터 구멍을 남겨둔다.

해설 센터 구멍의 도시 방법

필요   남아 있어도 좋음   불필요

38. 그림과 같이 화살표 방향이 정면일 경우 우측면도로 가장 적합한 투상도는?

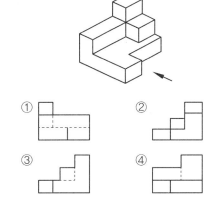

39. 코일 스프링의 제도에 대한 설명 중 틀린 것은?

① 원칙적으로 하중이 걸리지 않은 상태로 그린다.
② 특별한 단서가 없는 한 모두 오른쪽 감기로 도시하고, 왼쪽 감기로 도시할 때는 "감긴 방향 왼쪽"이라고 표시한다.
③ 그림 안에 기입하기 힘든 사항은 일괄하여 요목표에 표시한다.
④ 부품도 등에서 동일 모양 부분을 생략하는 경우에는 생략된 부분을 가는 파선 또는 굵은 파선으로 표시한다.

정답 36. ① 37. ③ 38. ③ 39. ④

해설 스프링의 간략 도시 방법
- 스프링의 종류 및 모양만 간략도로 나타낼 때는 스프링 재료의 중심선만 굵은 실선으로 그린다.
- 코일 스프링에서 양 끝을 제외한 동일 모양의 일부를 생략할 때는 생략하는 부분을 가는 1점 쇄선으로 그린다.

40. 다음 그림은 리벳 이음 보일러의 간략도와 부분 상세도이다. ㉠판의 두께는?

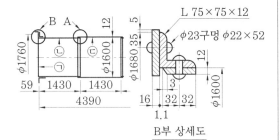

B부 상세도

① 11 mm   ② 12 mm
③ 16 mm   ④ 32 mm

해설 • B부 상세도에서
㉠의 두께는 16 mm, ㉢의 두께는 12 mm
• L 75×75×12에서
가로 75 mm, 세로 75 mm, 두께 12 mm

제3과목 : 기계 설계 및 기계 재료

41. 항온 열처리의 종류가 아닌 것은?

① 마퀜칭   ② 마템퍼링
③ 오스템퍼링   ④ 오스드로잉

해설 항온 열처리의 종류
마퀜칭, MS 퀜칭, 마템퍼링, 오스템퍼링 등

42. 복합재료에 널리 사용되는 강화재가 아닌 것은?

① 유리 섬유   ② 붕소 섬유
③ 구리 섬유   ④ 탄소 섬유

해설 복합재료의 섬유강화재에는 유리 섬유, 붕소 섬유, 탄소 섬유, 알루미늄 섬유, 티타늄 섬유 등이 있다.

43. 담금질한 강의 잔류 오스테나이트를 제거하고 마텐자이트를 얻기 위해 0℃ 이하에서 처리하는 열처리는?

① 심랭 처리   ② 염욕 처리
③ 오스템퍼링   ④ 항온변태 처리

해설 심랭 처리(서브 제로) : 담금질 직후 잔류 오스테나이트를 없애기 위해 0℃ 이하의 온도로 냉각하여 마텐자이트로 만드는 처리 방법이다. 기계적 성질 개선, 조직 안정화, 게이지강의 자연 시효 및 경도 증대를 위해 심랭한다.

44. 켈밋(kelmet) 합금이 주로 쓰이는 곳은?

① 피스톤   ② 베어링
③ 크랭크축   ④ 전기저항용품

해설 켈밋의 성분 및 특징
- 성분 : Cu 60~70%+Pb 30~40%
(Pb 성분이 증가될수록 윤활 작용이 좋다.)
- 열전도, 압축 강도가 크고 마찰계수가 작아 고속, 고하중 베어링에 사용한다.

45. α – Fe가 723℃에서 탄소를 고용하는 최대 한도는 몇 %인가?

① 0.025   ② 0.1
③ 0.85   ④ 4.3

해설 α – Fe가 723℃에서 탄소를 고용하는 최대 한도는 0.025%로, 철–탄소 평형 상태도에서 확인할 수 있다.

46. 구리의 성질을 설명한 것으로 틀린 것은?

① 전기 및 열전도도가 우수하다.

② 합금으로 제조하기 곤란하다.

③ 구리는 비자성체로 전기전도율이 크다.

④ 구리는 공기 중에서는 표면이 산화되어 암적색으로 된다.

해설 구리의 성질
- 비중 8.96, 용용점 1083℃, 변태점이 없다.
- 비자성체이며 전기 및 열의 양도체이다.
- 전연성이 좋아 가공이 용이하다.
- 내식성이 우수한 편이지만 황산과 염산에 쉽게 용해된다.
- Zn, Sn, Ni, Ag 등과 합금이 용이하다.

47. 주철의 결점을 없애기 위해 흑연의 형상을 미세화, 균일화하여 연성과 인성의 강도를 크게 하고, 강인한 펄라이트 주철을 제조한 고급 주철은?

① 가단주철　　　② 칠드 주철

③ 미하나이트 주철　④ 구상흑연주철

해설 · 가단주철 : 주철의 취약성을 개량하기 위해 백주철을 풀림 처리하여 탈탄 또는 흑연화에 의해 가단성을 주어 강인성을 부여시킨 주철이다.
· 칠드 주철 : 용융 상태에서 금형에 주입하여 주물 표면을 급랭시킴으로써 백선화하고 경도를 증가시킨 내마모성 주철이다.
· 구상흑연주철 : 용융 상태에서 Mg, Ce, Mg−Cu 등을 첨가하여 흑연을 편상 → 구상으로 석출시킨 주철이다.

48. 고주파 경화법 시 나타나는 결함이 아닌 것은?

① 균열　　　　　② 변형

③ 경화층 이탈　　④ 결정 입자의 조대화

해설 고주파 경화법의 장점
- 표면 경화 열처리가 편리하다.

- 복잡한 형상에 사용하며 값이 저렴하여 경제적이다.
- 표면의 탈탄, 결정 입자의 조대화가 생기지 않는다.

49. 공석강을 오스템퍼링 했을 때 나타나는 조직은?

① 베이나이트　　② 소르바이트

③ 오스테나이트　④ 시멘타이트

해설 항온 열처리 조직
- 오스템퍼링 → 베이나이트 조직
- 마템퍼링 → 마텐자이트+베이나이트 조직
- 마퀜칭 → 마텐자이트 조직

50. 스테인리스강의 기호로 옳은 것은?

① STC3　　　　② STD11

③ SM20C　　　④ STS304

해설 · STC : 탄소 공구강
· STD : 합금 공구강
· SM : 기계 구조용 탄소 강재

51. 코일 스프링에서 유효 감김수를 2배로 하면 같은 축 하중에 대하여 처짐량은 몇 배가 되는가?

① 0.5　　　　　② 2

③ 4　　　　　　④ 8

해설 코일 스프링에서 유효 감김수를 2배로 하면 축 하중의 처짐량도 2배가 된다.

$$\delta = \frac{8n_aD^3W}{Gd^4}$$

δ : 코일 스프링 처짐량, n_a : 유효 감김수

52. 커플링의 설명으로 옳은 것은?

① 플랜지 커플링은 축심이 어긋나서 진동하기 쉬운 데 사용한다.

② 플렉시블 커플링은 양 축의 중심선이 일치하는 경우에만 사용한다.

③ 올덤 커플링은 두 축이 평행으로 있으면서 축심이 어긋났을 때 사용한다.

④ 원통 커플링의 지름은 축 중심선이 임의의 각도로 교차되었을 때 사용한다.

[해설] 올덤 커플링은 두 축의 거리가 짧고 평행이며 중심이 어긋나 있을 때 사용한다. 원심력에 의해 진동이 발생하므로 고속 회전에는 적합하지 않다.

53. 재료를 인장시험할 때 재료에 작용하는 하중을 변형 전의 원래 단면적으로 나눈 응력은?

① 인장 응력   ② 압축 응력
③ 공칭 응력   ④ 전단 응력

[해설] 공칭 응력 : 재료에 작용하는 하중을 최초의 단면적으로 나눈 응력값으로, 복잡한 응력 분포나 변형은 고려하지 않고 무시한다.

54. 3000 kgf의 수직 방향 하중이 작용하는 나사 잭을 설계할 때, 나사 잭 볼트의 바깥지름은? (단, 허용 응력은 6 kgf/mm², 골지름은 바깥지름의 0.8배이다.)

① 12 mm   ② 32 mm
③ 74 mm   ④ 126 mm

[해설] $d = \sqrt{\dfrac{2W}{\sigma_t}} = \sqrt{\dfrac{2 \times 3000}{6}} \fallingdotseq 32\,\text{mm}$

55. 축 중심선에 직각 방향과 축 방향의 힘을 동시에 받는 데 쓰이는 베어링으로 가장 적합한 것은?

① 앵귤러 볼 베어링
② 원통 롤러 베어링
③ 스러스트 볼 베어링

④ 레이디얼 볼 베어링

56. 다음 중 브레이크 용량을 표시하는 식으로 옳은 것은? (단, μ는 마찰계수, p는 브레이크 압력, v는 브레이크륜의 주속이다.)

① $Q = \mu p v$ ② $Q = \mu p v^2$
③ $Q = \dfrac{\mu p}{v}$ ④ $Q = \dfrac{\mu}{p v}$

[해설] $Q = \dfrac{\mu P v}{A} = \dfrac{\mu p v A}{A} = \mu p v\,[\text{kgf/mm}^2 \cdot \text{m/s}]$

57. 용접 이음의 장점으로 틀린 것은?

① 사용 재료의 두께에 제한이 없다.
② 용접 이음은 기밀 유지가 불가능하다.
③ 이음 효율을 100%까지 할 수 있다.
④ 리벳, 볼트 등의 기계 결합 요소가 필요 없다.

[해설] 용접 이음의 장점
• 사용 재료의 두께에 제한이 없다.
• 기밀 유지에 용이하다.
• 이음 효율을 100%까지 할 수 있다.
• 사용 기계가 간단하고 작업할 때 소음이 작다.
• 다른 이음에 비해 무게를 줄일 수 있다.

58. 표준 스퍼 기어에서 모듈 4, 잇수 21개, 압력각이 20°라고 할 때, 법선 피치(P_n)는 약 몇 mm인가?

① 11.8   ② 14.8
③ 15.6   ④ 18.2

[해설] $P_n = \pi m \cos\alpha = \pi \times 4 \times \cos 20° = 11.8\,\text{mm}$

59. 평벨트와 비교한 V 벨트의 특징으로 틀린 것은?

① 전동 효율이 좋다.

② 고속 운전이 가능하다.

③ 정숙한 운전이 가능하다.

④ 축간 거리를 더 멀리 할 수 있다.

해설 V 벨트의 특징

• 속도비는 1 : 7이다.

• 미끄럼이 적고 전동 회전비가 크다.

• 수명이 길다.

• 운전이 조용하고 진동이나 충격의 흡수 효과가 있다.

• 축간 거리가 짧은 경우 사용한다(5 m 이하).

60. 지름 50mm 연강축을 사용하여 350rpm으로 40kW를 전달할 수 있는 묻힘 키의 길이는 몇 mm 이상인가? (단, 키의 허용 전단 응력은 49.05MPa, 키의 폭과 높이는 $b \times h = 15mm \times 10mm$이며, 전단 저항만 고려한다.)

① 38

② 46

③ 60

④ 78

해설 $T = 9.55 \times 10^6 \times \dfrac{H}{N} = 9.55 \times 10^6 \times \dfrac{40}{350}$

$\fallingdotseq 1091429 \, N \cdot mm$

$\therefore \, l = \dfrac{2T}{b\tau d} = \dfrac{2 \times 1091429}{15 \times 49.05 \times 50} \fallingdotseq 60 \, mm$

제4과목 : 컴퓨터 응용 설계

61. 중앙처리장치(CPU)와 메인 메모리(RAM) 사이에서 처리될 자료를 효율적으로 이송할 수 있도록 하는 기능을 수행하는 것은?

① BIOS

② 캐시 메모리

③ CISC

④ 코프로세서

해설 캐시 메모리 : 중앙처리장치와 메인 메모리 사이에서 자주 사용되는 명령이나 데이터를 일시적으로 저장하는 보조기억장치를 말한다.

62. 일반적인 CAD 시스템에서 원을 정의하는 방법으로 틀린 것은?

① 정점과 초점

② 중심과 반지름

③ 원주상의 3점

④ 중심과 원주상의 한 점

63. 일반적으로 CAM은 생산 계획과 통제에 컴퓨터 기술을 효과적으로 사용하는 것을 말한다. CAM의 응용 영역과 가장 거리가 먼 것은?

① 컴퓨터 이용 공정 계획

② 컴퓨터 이용 제품 공차 분석

③ 컴퓨터 이용 NC 프로그래밍

④ 컴퓨터 이용 자재 소요 계획

64. 컴퓨터 그래픽 장치 중 입력장치가 아닌 것은?

① 음극관(CRT)

② 키보드(keyboard)

③ 스캐너(scanner)

④ 디지타이저(digitizer)

해설 • 출력장치 : 음극관(CRT), 평판 디스플레이, 플로터, 프린터 등

• 입력장치 : 키보드, 태블릿, 마우스, 조이스틱, 컨트롤 다이얼, 트랙볼, 라이트 펜 등

65. 형상 구속 조건과 치수 조건을 입력하여 모델링하는 기법으로 옳은 것은?

① 파라메트릭 모델링

② wire frame 모델링

③ B-rep(Boundary representation)

④ CSG(Constructive Solid Geometry)

해설 파라메트릭 모델링 : 사용자가 형상 구속

조건과 치수 조건을 입력하여 형상을 모델링하는 방식이다.

66. 2차원 평면에서 (1, 1)과 (5, 9)를 지나는 직선을 매개변수 t의 곡선식 $\vec{r}(t)$로 표현한 것으로 알맞은 것은? (단, $\hat{i}$, $\hat{j}$는 각각 x, y축 방향의 단위 벡터이다.)

① $\vec{r}(t) = t\hat{i} + (2t+1)\hat{j}$

② $\vec{r}(t) = 2t\hat{i} + (4t+1)\hat{j}$

③ $\vec{r}(t) = \left(\dfrac{1}{\sqrt{2}}t+1\right)\hat{i} + \left(\dfrac{2}{\sqrt{2}}t-1\right)\hat{j}$

④ $\vec{r}(t) = \left(\dfrac{1}{\sqrt{5}}t+1\right)\hat{i} + \left(\dfrac{2}{\sqrt{5}}t+1\right)\hat{j}$

해설 $\vec{r}(t) = x\hat{i} + y\hat{j}$에서
$x = x_1 + at$, $y = y_1 + bt$ $(a = \cos\theta, \ b = \sin\theta)$이다.
$a = \cos\theta = \dfrac{4}{4\sqrt{5}} = \dfrac{1}{\sqrt{5}}$, $b = \sin\theta = \dfrac{8}{4\sqrt{5}} = \dfrac{2}{\sqrt{5}}$
$\therefore x = x_1 + \dfrac{1}{\sqrt{5}}t$, $y = y_1 + \dfrac{2}{\sqrt{5}}t$
이때 $(x_1, y_1) = (1, 1)$이면
$x = 1 + \dfrac{1}{\sqrt{5}}t$, $y = 1 + \dfrac{2}{\sqrt{5}}t$
$\therefore \vec{r}(t) = \left(\dfrac{1}{\sqrt{5}}t+1\right)\hat{i} + \left(\dfrac{2}{\sqrt{5}}t+1\right)\hat{j}$

67. 모델링 기법 중에서 실루엣(silhouette)을 구할 수 없는 것은?

① CSG 방식

② surface model 방식

③ B−rep 방식

④ wire frame model 방식

해설 실루엣를 구할 수 있는 모델링 방법은 솔리드 모델링과 서피스 모델링이다.

68. $y = 3x^2$에서 접선의 기울기는?

① 1　　② 3　　③ 6　　④ 9

해설 $y = 3x^2$, $y' = 6x$
$\therefore x = 1$이면 $y' = 6 \times 1 = 6$

69. 그림과 같이 평면상의 두 벡터 $(\vec{a}, \vec{b})$로 이루어진 평행사변형의 넓이를 구한 식으로 맞는 것은?

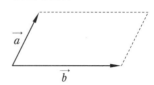

① $\vec{a} + \vec{b}$　　　② $|\vec{a} \times \vec{b}|$

③ $\vec{a} \cdot \vec{b}$　　　④ $|\vec{a} \cdot \vec{b}|$

해설 평행사변형의 넓이 $= |\vec{a} \times \vec{b}|$
$= |\vec{a}||\vec{b}|\sin\theta$

70. 일반적으로 3차원 CAD가 필요하지 않은 분야는?

① 금형 설계　　　② 건축 설계

③ 신발 설계　　　④ 전기회로 설계

해설 전기회로의 설계에서는 2차원 AutoCAD가 널리 사용된다.

71. 하나의 타원을 구성하기 위한 설명으로 틀린 것은?

① 서로 대각선을 이루는 두 점에 의한 타원

② 타원의 중심, 장축 지정점, 단축 지정점을 알고 있는 경우

③ 타원의 중심, 장축 지정점, 장축과 수직인 직선을 알고 있는 경우

④ 세 점 중 두 점은 일직선상에 존재하고 남은 한 점은 나머지 두 점에 의한 직선과 수직 관계를 성립하는 경우

72. 3차원 형상을 표현하는 것으로 틀린 것은?

정답 66. ④　67. ④　68. ③　69. ②　70. ④　71. ③　72. ①

① 곡선 모델링

② 서피스 모델링

③ 솔리드 모델링

④ 와이어 프레임 모델링

해설 3차원 형상 모델링에는 서피스 모델링, 솔리드 모델링, 와이어 프레임 모델링이 있다.

73. 솔리드 모델링에서 CSG와 비교한 B-rep의 특징으로 옳은 것은?

① 표면적 계산이 곤란하다.

② 복잡한 topology 구조를 가지고 있다.

③ data base의 memory를 적게 차지한다.

④ primitive를 이용하여 직접 형상을 구성한다.

해설 B-rep : 형상을 구성하고 있는 면과 면 사이의 위상 기하학적인 결합 관계를 정의함으로써 3차원 물체를 표현하는 방법으로, 복잡한 topology 구조를 가지고 있다.

74. 플로터(plotter)의 일반적인 분류 방식으로 가장 거리가 먼 것은?

① 펜(pen)식   ② 충격(impact)식

③ 래스터(raster)식   ④ 포토(photo)식

75. 다음 모델링 기법 중에서 숨은선 제거가 불가능한 모델링 기법은?

① CSG 모델링

② B-rep 모델링

③ surface 모델링

④ wire frame 모델링

해설 솔리드 모델링과 서피스 모델링은 은선 제거가 가능하지만 와이어 프레임 모델링은 은선 제거가 불가능하다.

76. 형상을 구성하기 위해서 추출한 형상 제어점들을 전부 통과하는 도형 요소로 옳은 것은?

① 쿤스(Coons) 곡면

② 베지어(Bezier) 곡면

③ 스플라인(Spline) 곡선

④ B-스플라인(B-spline) 곡선

해설 스플라인 곡선은 지정된 모든 점을 통과하면서 부드럽게 연결되는 곡선이다.

77. 기하학적 형상 모델링에서 Bezier 곡선의 성질에 대한 설명으로 틀린 것은?

① 곡선은 양단의 끝점을 반드시 통과한다.

② 1개의 정점 변화가 곡선 전체에 영향을 준다.

③ n개의 정점에 의해 생성된 곡선은 $(n+1)$차 곡선이다.

④ 곡선은 정점을 통과시킬 수 있는 다각형의 내측에만 존재한다.

해설 Bezier 곡선에서 n개의 정점에 의해 생성된 곡선은 $(n-1)$차 곡선이다.

78. CAD 시스템에서 이용되는 2차 곡선 방정식에 대한 설명으로 거리가 먼 것은?

① 매개변수식으로 표현하는 것이 가능하기도 하다.

② 곡선식에 대한 계산 시간이 3차, 4차식보다 적게 걸린다.

③ 연결된 여러 개의 곡선 사이에서 곡률의 연속이 보장된다.

④ 여러 개 곡선을 하나의 곡선으로 연결하는 것이 가능하다.

해설 2차 곡선 방정식은 연결된 여러 개의 곡선 사이에서 곡률의 연속이 보장되지 않는다.

79. IGES(Initial Graphics Exchange Specification)를 설명한 것으로 옳은 것은?

① 그래픽 정보 교환용 기계장치

② 초기 생성된 그래픽을 수정하기 위한 기능

③ 장비에서 그래픽 정보를 생성하기 위한 초기화 상태에 관한 규칙

④ 서로 다른 시스템 간의 그래픽 정보를 상호 교류하기 위한 파일 구조

해설 IGES는 서로 다른 CAD/CAM 프로그램 사이에서 도형 정보를 옮기거나 공동 사용할 수 있도록 하기 위한 데이터 표준 방식이다.

80. 그래픽 디스플레이 장치 중에서 랜덤 주사형(random scan type)을 설명한 것 중 틀린 것은?

① 가격이 고가이다.

② 고밀도를 표시할 수 있어 화질이 좋다.

③ 도형의 동적 표현이 가능하여 애니메이션에 사용할 수 있다.

④ 컬러화에 제한 없이 자유로운 색상의 애니메이션이 가능하다.

해설 랜덤 주사형은 컬러 표시에 제한이 있고 도형의 표시량에 한계가 있다.

기계설계산업기사

제1과목 : 기계 가공법 및 안전관리

1. 마찰면이 넓은 부분 또는 시동횟수가 많을 때 사용하며 저속 및 중속축의 급유에 사용되는 급유 방법은?

① 담금 급유법　　② 패드 급유법
③ 적하 급유법　　④ 강제 급유법

해설 • 담금 급유법 : 마찰면 전체을 윤활유 속에 잠기도록 급유하는 방법
• 패드 급유법 : 패드의 일부를 기름통에 담가 저널 아랫면에 모세관 현상으로 급유하는 방법
• 강제 급유법 : 고속 회전에 베어링 냉각 효과를 원할 때 대형 기계에 자동으로 급유하는 방법

2. 척에 고정할 수 없으며 불규칙하거나 대형 또는 복잡한 가공물을 고정할 때 사용하는 선반 부속품은?

① 면판(face plate)
② 맨드릴(mandrel)
③ 방진구(work rest)
④ 돌리개(straight tail dog)

해설 면판은 척을 떼어내고 부착하는 것으로 공작물의 모양이 불규칙하거나 척에 물릴 수 없을 때 사용한다. 이때 밸런스를 맞추는 다른 공작물을 설치해야 하며, 공작물을 고정할 때 앵글 플레이트와 볼트를 사용한다.

3. 절삭 날 부분을 특정한 형상으로 만들어 복잡한 면을 갖는 공작물의 표면을 한 번에 가공하는 데 적합한 밀링 커터는?

① 총형 커터　　　② 엔드밀

③ 앵귤러 커터　　　④ 플레인 커터

해설 • 총형 커터 : 기어 가공, 드릴의 홈 가공, 리머, 탭 등 윤곽 형상 가공에 사용한다.
• 엔드밀 : 가공물의 평면, 구멍, 홈 등을 가공한다.
• 앵귤러 커터 : 공작물의 각도, 홈, 모따기 등에 사용한다.
• 플레인 커터 : 원주면에 날이 있고 평면 절삭용이며 고속도강, 초경합금으로 만든다.

4. 다음 센터 구멍의 종류로 옳은 것은?

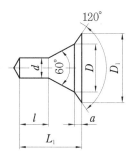

① A형　② B형　③ C형　④ D형

해설

A형　　B형

C형

5. 일반적으로 지름(바깥지름)을 측정하는 공

구로 가장 거리가 먼 것은?

① 강철자
② 그루브 마이크로미터
③ 버니어 캘리퍼스
④ 지시 마이크로미터

해설 그루브 마이크로미터 : 앤빌과 스핀들에 플랜지를 부착하여 구멍의 홈 폭과 내·외부에 있는 홈의 너비, 깊이 등을 측정할 수 있다.

6. 절삭제의 사용 목적과 거리가 먼 것은?

① 공구의 온도 상승 저하
② 가공물의 정밀도 저하 방지
③ 공구 수명 연장
④ 절삭 저항의 증가

해설 절삭제는 절삭 공구와 칩 사이의 마찰인 절삭 저항을 감소시키기 위해 사용한다.

7. 다음과 같이 표시된 연삭숫돌에 대한 설명으로 옳은 것은?

> "WA 100 K 5 V"

① 녹색 탄화규소 입자이다.
② 고운눈 입도에 해당된다.
③ 결합도가 극히 경하다.
④ 메탈 결합제를 사용했다.

해설 • WA : 백색 산화알루미늄 입자
• 100 : 고운눈 입도
• K : 연한 결합도
• 5 : 중간 조직
• V : 비트리파이드 결합제

8. 탁상 연삭기 덮개의 노출각도에서 숫돌 주축 수평면 위로 이루는 원주의 최대각은?

① 45°   ② 65°
③ 90°   ④ 120°

9. 사인 바(sine bar)의 호칭 치수는 무엇으로 표시하는가?

① 롤러 사이의 중심 거리
② 사인 바의 전장
③ 사인 바의 중량
④ 롤러의 지름

해설 사인 바 : 삼각함수의 사인(sine)을 이용하여 각도를 측정하고 설정하는 측정기이다. 크기는 롤러 중심 간의 거리로 표시하며 호칭 치수는 100 mm, 200 mm이다.

10. 절삭 공구를 연삭하는 공구 연삭기의 종류가 아닌 것은?

① 센터리스 연삭기   ② 초경 공구 연삭기
③ 드릴 연삭기   ④ 만능 공구 연삭기

해설 센터리스 연삭기는 원통 연삭기의 일종으로, 센터 없이 연삭숫돌과 조정 숫돌 사이를 지지판으로 지지하면서 연삭하는 것이다. 주로 원통면의 바깥면에 회전과 이송을 주어 연삭한다.

11. 비교 측정에 사용되는 측정기가 아닌 것은?

① 다이얼 게이지
② 버니어 캘리퍼스
③ 공기 마이크로미터
④ 전기 마이크로미터

해설 버니어 캘리퍼스는 직접 측정기로 안지름, 바깥지름, 깊이, 두께 등을 측정할 수 있다.

12. 선반 가공에서 ϕ100×400인 SM45C 소재를 절삭 깊이 3mm, 이송 속도 0.2mm/rev, 주축 회전수 400rpm으로 1회 가공할 때, 가공 소요시간은 약 몇 분인가?

① 2   ② 3   ③ 5   ④ 7

해설 $T = \dfrac{L}{Nf} \times i = \dfrac{400}{400 \times 0.2} \times 1 = 5$분

정답 6. ④   7. ②   8 ②   9. ①   10. ①   11. ②   12. ③

13. 수공구를 사용할 때 안전 수칙 중 거리가 먼 것은?

① 스패너를 너트에 완전히 끼워서 뒤쪽으로 민다.
② 멍키 렌치는 아래턱(이동 jaw) 방향으로 돌린다.
③ 스패너를 연결하거나 파이프를 끼워서 사용하면 안 된다.
④ 멍키 렌치는 웜과 랙의 마모에 유의하고 물림 상태를 확인한 후 사용한다.

해설 스패너의 입은 너트에 꼭 맞게 사용하며, 깊이 물리고 조금씩 돌리면서 몸 앞으로 당겨서 사용한다.

14. 견고하고 금긋기에 적당하며, 비교적 대형으로 영점 조정이 불가능한 하이트 게이지로 옳은 것은?

① HT형
② HB형
③ HM형
④ HC형

해설 • HT형 : 표준형이며 척의 이동이 가능하다.
• HB형 : 경량 측정에 적당하나 금긋기용으로는 부적당하다.

15. 기계 가공법에서 리밍 작업 시 가장 옳은 방법은?

① 드릴 작업과 같은 속도와 이송으로 한다.
② 드릴 작업보다 고속에서 작업하고 이송을 작게 한다.
③ 드릴 작업보다 저속에서 작업하고 이송을 크게 한다.
④ 드릴 작업보다 이송만 작게 하고 같은 속도로 작업한다.

해설 리밍 작업은 구멍의 정밀도를 높이기 위한 작업으로, 드릴 작업 rpm의 2/3~3/4으로 하며 이송은 같거나 빠르게 한다.

16. 호브(hob)를 사용하여 기어를 절삭하는 기계로, 차동 기구를 갖고 있는 공작 기계는?

① 레이디얼 드릴링 머신
② 호닝 머신
③ 자동 선반
④ 호빙 머신

해설 호빙 머신 : 절삭 공구인 호브와 소재를 상대 운동시켜 창성법으로 기어 이를 절삭한다.

17. 밀링 머신에서 절삭 속도 20 m/min, 페이스 커터의 날수 8개, 지름 120 mm, 1날당 이송 0.2 mm일 때 테이블 이송 속도는?

① 약 65 mm/min
② 약 75 mm/min
③ 약 85 mm/min
④ 약 95 mm/min

해설 $f = f_z \times Z \times N = 0.2 \times 8 \times \dfrac{1000 \times 20}{\pi \times 120}$
$\fallingdotseq 85 \, mm/min$

18. 선반의 주축을 중공축으로 한 이유로 틀린 것은?

① 굽힘과 비틀림 응력의 강화를 위하여
② 긴 가공물 고정이 편리하게 하기 위하여
③ 지름이 큰 재료의 테이퍼를 깎기 위하여
④ 무게를 감소하여 베어링에 작용하는 하중을 줄이기 위하여

해설 주축을 중공축으로 하는 이유
• 긴 공작물의 고정이 편리하다.
• 베어링에 작용하는 하중을 줄여준다.
• 굽힘과 비틀림 응력에 강하다.
• 센터를 쉽게 분리할 수 있다.

19. 연삭숫돌의 원통도 불량에 대한 주된 원인과 대책으로 옳게 짝지어진 것은?

① 연삭숫돌의 눈메움 : 연삭숫돌의 교체
② 연삭숫돌의 흔들림 : 센터 구멍의 홈 조정

③ 연삭숫돌의 입도가 거침 : 굵은 입도의 연삭숫돌 사용

④ 테이블 운동의 정도 불량 : 정도 검사, 수리, 미끄럼면의 윤활을 양호하게 할 것

해설 • 눈메움 : 숫돌 입자 제거
• 연삭숫돌의 흔들림 : 연삭숫돌 교체
• 입도의 거침 : 연하고 연성 있는 재료 연삭

20. 일반적으로 방전 가공 작업 시 사용되는 가공액의 종류 중 가장 거리가 먼 것은?

① 변압기유   ② 경유
③ 등유   ④ 휘발유

해설 방전 가공 시 절연도가 높은 경유, 등유, 변압기유, 탈이온수(물)가 가공액으로 사용된다.

제2과목 : 기계 제도

21. 호칭 번호가 "NA 4916 V"인 니들 롤러 베어링의 안지름 치수는 몇 mm인가?

① 16   ② 49
③ 80   ④ 96

해설 $16 \times 5 = 80\,mm$

22. 그림과 같이 가공된 축의 테이퍼값은?

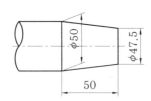

① $\dfrac{1}{5}$ ② $\dfrac{1}{10}$

③ $\dfrac{1}{20}$ ④ $\dfrac{1}{40}$

해설 $\dfrac{D-d}{l} = \dfrac{50-47.5}{50} = \dfrac{1}{20}$

23. 지름이 60 mm이고 공차가 +0.001~ +0.015인 구멍의 최대 허용 치수는?

① 59.85   ② 59.985
③ 60.15   ④ 60.015

해설 구멍의 최대 허용 치수$=60+0.015$
$=60.015$

24. 지름이 10 cm이고 길이가 20 cm인 알루미늄 봉이 있다. 비중량이 2.7일 때 중량 (kg)은?

① 0.4242 kg   ② 4.242 kg
③ 42.42 kg   ④ 4242 kg

해설 중량$(m)=$부피$(V) \times$비중(ρ)
$V=\dfrac{\pi d^2}{4} \times l = \dfrac{\pi \times 10^2}{4} \times 20 ≒ 1571\,cm^3$
$\therefore\ m=V \times \rho = 1571 \times 2.7$
$≒ 4242\,g$
$=4.242\,kg$

25. 이면 용접의 KS 기호로 옳은 것은?

① ⌣   ② ◺

③ ⊔   ④ ○

해설 • ◺ : 필릿 용접
• ⊔ : 플러그 용접
• ○ : 점 용접

26. 전개도를 그리는 데 가장 중요한 것은?

① 투시도   ② 축척도
③ 도형의 중량   ④ 각부의 실제 길이

해설 전개도를 그리는 방법에는 평행선을 이용한 전개도법, 방사선을 이용한 전개도법, 삼각

형을 이용한 전개도법이 있으며, 각부의 실제 길이로 그린다.

27. 그림은 필릿 용접 부위를 나타낸 것이다. 필릿 용접의 목 두께를 나타내는 치수는?

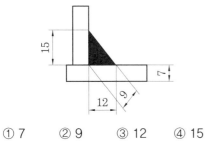

① 7　　　② 9　　　③ 12　　　④ 15

해설 • 목 길이 : 15mm　　• 목 두께 : 9mm

28. 그림과 같은 단면도의 형태는?

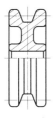

① 온 단면도　　　② 한쪽 단면도
③ 부분 단면도　　　④ 회전 도시 단면도

해설 한쪽 단면도는 상하 또는 좌우가 각각 대칭인 물체를 중심선을 기준으로 내부 모양과 외부 모양을 동시에 그리는 투상도로, 반 단면도라고도 한다.

29. 핸들이나 바퀴 등의 암 및 리브, 훅, 축 등의 절단면을 나타내는 도시법으로 가장 적합한 것은?

① 계단 단면도　　　② 부분 단면도
③ 한쪽 단면도　　　④ 회전 도시 단면도

해설 회전 도시 단면도 : 물체의 절단면을 그 자리에서 90° 회전시켜 투상하는 단면법으로, 바

퀴, 리브, 형강, 훅 등의 절단면을 나타내는 도시법이다.

30. 제3각 투상법으로 정면도와 평면도를 그림과 같이 나타낼 때 가장 적합한 우측면도는?

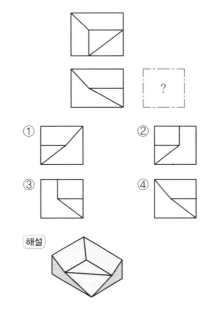

해설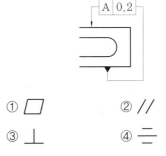

31. 그림과 같은 기하 공차 기입 틀에서 "A"에 들어갈 기하 공차 기호는?

| A | 0.2 |

① ▱　　　　② //
③ ⊥　　　　④ ＝

32. KS 재료 기호 중 합금 공구강 강재에 해당하는 것은?

① STS　　　　② STC
③ SPS　　　　④ SBS

정답 27. ②　28. ②　29. ④　30. ①　31. ②　32. ①

해설 • STS : 합금 공구강 강재
• STC : 탄소 공구강 강재
• SPS : 스프링 강재

33. 다음과 같은 공차 기호에서 최대 실체 공차 방식을 표시하는 기호는?

◎ | φ0.04 | Ⓜ

① ◎   ② A   ③ Ⓜ   ④ φ

해설 • ◎ : 동축도 공차(동심도 공차)
• φ0.04 : 공차값   • A : 데이텀 기호

34. 제3각법으로 투상한 보기의 도면에 가장 적합한 입체도는?

①   ②

③   ④

35. 그림과 같은 기호에서 "1.6" 숫자가 의미하는 것은?

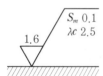

① 컷오프값
② 기준 길이값
③ 평가 길이 표준값
④ 평균 거칠기의 값

해설 • 산술평균 거칠기값 : 1.6
• 컷오프값 : 2.5

• 요철의 평균 간격 : 0.1

36. 그림과 같은 입체도에서 화살표 방향을 정면도로 할 경우 우측면도로 가장 적절한 것은?

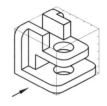

① ② ③ ④

37. 제3각 정투상법으로 그림에 알맞은 우측면도는?

①   ②

③   ④

해설

38. 표준 스퍼 기어 항목표에는 기입되지 않지만 헬리컬 기어 항목표에는 기입되는 것은?

① 모듈   ② 비틀림각

③ 잇수   ④ 기준 피치원 지름

해설 헬리컬 기어 요목표에는 비틀림각, 치형 기준면, 리드, 비틀림 방향을 추가로 기입한다.

39. 그림과 같이 암나사를 단면으로 표시할 때 가는 실선으로 도시하는 부분은?

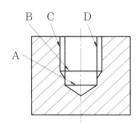

① A   ② B

③ C   ④ D

해설 암나사의 골지름, 완전 나사부와 불완전 나사부의 경계선은 굵은 실선으로, 암나사의 바깥지름, 불완전 나사부의 골은 가는 실선으로 그린다.

40. 일반 구조용 압연 강재의 KS 재료 기호는?

① SPS   ② SBC

③ SS   ④ SM

해설 • SPS : 스프링 강재
• SM : 기계 구조용 압연 강재

제3과목 : 기계 설계 및 기계 재료

---

41. 어떤 종류의 금속이나 합금을 절대 영도 가까이 냉각했을 때 전기 저항이 완전히 소멸되어 전류가 감소하지 않는 상태는?

① 초소성   ② 초전도

③ 감수성   ④ 고상 접합

해설 초전도 : 어떤 재료를 냉각했을 때 임계온도에 이르러 전기 저항이 0이 되는 것으로, 초전도 상태에서는 재료에 전류가 흐르더라도 에너지 손실이 없고, 전력 소비 없이 대전류를 보낼 수 있다.

42. 풀림의 목적을 설명한 것 중 틀린 것은?

① 강의 경도가 낮아져서 연화된다.

② 담금질된 강의 취성을 부여한다.

③ 조직이 균일화, 미세화, 표준화된다.

④ 가스 및 불순물의 방출과 확산을 일으키고 내부 응력을 저하시킨다.

해설 풀림은 담금질된 강의 연성을 부여하는 것으로 취성과는 거리가 멀다.

43. 전연성이 좋고 색깔이 아름다우므로 장식용 악기 등에 사용되는 5~20% Zn이 첨가된 구리 합금은?

① 톰백(tombac)

② 백동

③ 6-4 황동(muntz metal)

④ 7-3 황동(cartridge brass)

해설 톰백 : Cu에서 8~20% Zn이 함유된 합금으로, 금에 가까운 색이며 연성이 크다. 금 대용품이나 장식품에 사용한다.

44. 용광로의 용량으로 옳은 것은?

① 1회 선철의 총생산량

② 10시간 선철의 총생산량

③ 1일 선철의 총생산량

④ 1개월 선철의 총생산량

해설 용광로의 용량은 1일 산출 선철의 무게를 톤(ton)으로 표시한다.

45. 18-8형 스테인리스강의 설명으로 틀린

2015년

것은?

① 담금질에 의해 경화되지 않는다.

② 1000～1100℃로 가열하여 급랭하면 가공성 및 내식성이 증가된다.

③ 고온으로부터 급랭한 것을 500～850℃로 재가열하면 탄화크로뮴이 석출된다.

④ 상온에서는 자성을 갖는다.

해설 18-8(18% Cr, 8% Ni) 스테인리스강 : 오스테나이트계이며 담금질이 안 된다. 연성이 크고 비자성체이며 13Cr보다 내식성, 내열성이 우수하다.

46. 탄소강의 상태도에서 공정점에서 발생하는 조직은?

① Pearlite, Cementite

② Cementite, Austenite

③ Ferrite, Cementite

④ Austenite, Pearlite

해설 공정점 1132℃에서 시멘타이트, 오스테나이트가 발생하며 탄소 함유량은 4.3%이다.

47. 뜨임의 목적이 아닌 것은?

① 탄화물의 고용 강화

② 인성 부여

③ 담금질할 때 생긴 내부 응력 감소

④ 내마모성의 향상

해설 뜨임은 담금질로 인한 취성(내부 응력)을 제거하고 강도를 떨어뜨려 강인성을 증가시키기 위한 열처리이다.

48. 내열용 알루미늄 합금이 아닌 것은?

① Y 합금   ② 로엑스(Lo-Ex)

③ 두랄루민   ④ 코비탈륨

해설 두랄루민 : 주성분은 Al-Cu-Mg-Mn의

가공용 알루미늄 합금으로, 고온에서 물에 급랭하여 시효 경화시켜서 강인성을 얻는다.

49. 담금질한 강을 재가열할 때 600℃ 부근에서의 조직은?

① 소르바이트   ② 마텐자이트

③ 트루스타이트   ④ 오스테나이트

해설 뜨임 조직의 변태

조직명	온도 범위(℃)
오스테나이트 → 마텐자이트	150～300
마텐자이트 → 트루스타이트	350～500
트루스타이트 → 소르바이트	550～650
소르바이트 → 펄라이트	700

50. 주철 용해용 고주파 유도 용해로(전기로)의 크기 표시는?

① 매 시간당 용해 톤(ton) 수

② 1일 총 용해 톤(ton) 수

③ 1회 최대 용해 톤(ton) 수

④ 8시간 조업 용해 톤(ton) 수

해설 전로, 평로, 전기로는 1회당 용해, 산출되는 무게를 톤(ton)으로 표시한다.

51. 다음 나사산의 각도 중 틀린 것은?

① 미터 보통 나사 60°

② 관용 평행 나사 55°

③ 유니파이 보통 나사 60°

④ 미터 사다리꼴나사 35°

해설 미터 사다리꼴나사 나사산의 각도는 30°이다.

52. 너클 핀 이음에서 인장력이 50kN인 핀의 허용 전단 응력을 50MPa이라고 할 때 핀의 지름 d는 몇 mm인가?

① 22.8 　　② 25.2

③ 28.2 　　④ 35.7

[해설] $d = \sqrt{\dfrac{2P}{\pi\tau}} = \sqrt{\dfrac{2 \times 50000}{\pi \times 50}} \fallingdotseq 25.2\,\text{mm}$

53.
보통 운전으로 회전수 300rpm, 베어링 하중 110N을 받는 단열 레이디얼 볼 베어링의 기본 동정격 하중은? (단, 수명은 6만 시간이고 하중계수는 1.5이다.)

① 1693N 　　② 169.3N

③ 1650N 　　④ 165.0N

[해설] 실제 베어링 하중 $P = 1.5 \times 110 = 165\,\text{N}$

수명계수 $f_h = \sqrt[3]{\dfrac{L_h}{500}} = \sqrt[3]{\dfrac{60000}{500}} \fallingdotseq 4.9324$

속도계수 $f_n = \sqrt[3]{\dfrac{33.3}{N}} = \sqrt[3]{\dfrac{33.3}{300}} \fallingdotseq 0.4806$

$\therefore C = \dfrac{f_h}{f_n} \times P = \dfrac{4.9324}{0.4806} \times 165 \fallingdotseq 1693\,\text{N}$

54.
1줄 리벳 겹치기 이음에서 강판의 효율 (η)을 나타내는 식은? (단, p : 리벳의 피치, d : 리벳 구멍의 지름, t : 강판의 두께, σ_t : 강판의 인장 응력이다.)

① $\dfrac{d-p}{d}$ 　　② $\dfrac{p-d}{p}$

③ $(p-d)t\sigma_t$ 　　④ $pt\sigma_t$

[해설] $\eta = \dfrac{\text{구멍이 있을 때의 인장 응력}}{\text{구멍이 없을 때의 인장 응력}}$

$= \dfrac{p-d}{p} = 1 - \dfrac{d}{p}$

55.
자전거의 래칫 휠에 사용되는 클러치는?

① 맞물림 클러치 　　② 마찰 클러치

③ 일방향 클러치 　　④ 원심 클러치

[해설] 일방향 클러치 : 원동축이 종동축보다 속도가 늦어졌을 때 종동축이 공전할 수 있도록 일방향에만 동력을 전달하는 클러치이다.

56.
어떤 축이 굽힘 모멘트 M과 비틀림 모멘트 T를 동시에 받고 있을 때, 최대 주응력설에 의한 상당 굽힘 모멘트 M_e는?

① $M_e = \dfrac{1}{2}(M + \sqrt{M + T})$

② $M_e = \dfrac{1}{2}(M^2 + \sqrt{M + T})$

③ $M_e = \dfrac{1}{2}(M + \sqrt{M^2 + T^2})$

④ $M_e = \dfrac{1}{2}(M^2 + \sqrt{M^2 + T^2})$

[해설] $M_e = \dfrac{M + \sqrt{M^2 + T^2}}{2}\,[\text{N} \cdot \text{m}]$

$T_e = \sqrt{M^2 + T^2}\,[\text{N} \cdot \text{m}]$

57.
V 벨트의 사다리꼴 단면의 각도(θ)는 몇 도인가?

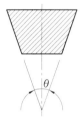

① 30° 　　② 35°

③ 40° 　　④ 45°

[해설] V 벨트의 사다리꼴 단면의 각도는 40°이며, 크기가 작은 것부터 나타내면 M, A, B, C, D, E형이 있다.

58.
축간 거리 55cm인 평행한 두 축 사이에 회전을 전달하는 한 쌍의 스퍼 기어에서 피니언이 124회전할 때 기어를 96회전시키려면 피니언의 피치원 지름은?

① 48cm 　　② 62cm

③ 96cm 　　④ 124cm

해설 $C = \dfrac{D_1 + D_2}{2} = 55$에서 $D_1 = 110 - D_2$

$\dfrac{n_2}{n_1} = \dfrac{D_1}{D_2}$에서 $D_1 = \dfrac{n_2}{n_1} \times D_2$

$110 - D_2 = \dfrac{96}{124} \times D_2$, $D_2 ≒ 62\,cm$

$\therefore D_1 = 110 - 62 = 48\,cm$

59. 각속도가 30rad/s인 원 운동을 rpm 단위로 환산하면 얼마인가?

① 157.1 rpm　　② 186.5 rpm
③ 257.1 rpm　　④ 286.5 rpm

해설 각속도 $w = \dfrac{2\pi N}{60}$

$\therefore N = \dfrac{60 \times w}{2\pi} = \dfrac{60 \times 30}{2\pi} ≒ 286.5\,rpm$

60. 스프링의 자유 길이 H와 코일의 평균 지름 D의 비를 무엇이라 하는가?

① 스프링 지수　　② 스프링 변위량
③ 스프링 상수　　④ 스프링 종횡비

해설 $r = \dfrac{H}{D}$

H : 자유 길이, D : 코일의 평균 지름
r : 스프링 종횡비

제4과목 : 컴퓨터 응용 설계

61. CAD 데이터 교환 규격인 IGES에 대한 설명으로 틀린 것은?

① CAD/CAM/CAE 시스템 사이의 데이터 교환을 위한 최초의 표준이다.
② 1개의 IGES 파일은 6개의 섹션(section)으로 구성되어 있다.
③ directory entry 섹션은 파일에서 정의한 모든 요소(entity)의 목록을 저장한다.

④ 제품 데이터 교환을 위한 표준으로서 CALS에서 채택되어 주목받고 있다.

해설 IGES는 서로 다른 CAD/CAM 시스템에서 설계와 가공 정보를 교환하기 위한 표준으로, 현재 ISO의 표준 규격으로 제정되어 사용된다.

62. 잉크젯 프린터 등의 해상도를 나타내는 단위는?

① LPM　② PPM　③ DPI　④ CPM

해설 • LPM : 분당 인쇄 라인 수
• PPM : 1분 동안 출력 가능한 컬러
 (흑백 인쇄의 최대 매수)
• CPM : 출력 속도(분당 카드)

63. 솔리드 모델링에서 기본 형상에 불 연산(boolean operation)을 적용하여 형상을 만드는 방법은?

① CSG　　　　② fairing
③ B-rep　　　　④ remeshing

해설 CSG 모델링에 사용되는 불 연산에는 더하기(합), 빼기(차), 교차(적)의 방법이 있다.

64. 심미적 곡면 중 단면이 안내 곡선을 따라 이동하여 형성하는 형태의 곡면은?

① sweep 곡면　　② grid 곡면
③ patch 곡면　　④ blending 곡면

65. 2차원 컴퓨터 그래픽스의 window/viewport 변환을 위해 반드시 필요한 것이 아닌 것은?

① window 중심점의 좌표
② viewport 중심점의 좌표
③ X 및 Y 방향의 변환 각도
④ X 및 Y 방향의 축척

정답 **59.** ④　**60.** ④　**61.** ④　**62.** ③　**63.** ①　**64.** ①　**65.** ③

66. 반지름 3, 중심 (6, 7)인 원을 반지름 6, 중심 (8, 4)인 원으로 변환하는 변환 행렬로 알맞은 것은? (단, 변환 전, 후 원상의 점의 좌표는 동차 좌표를 사용하여 각각

$$\vec{r} = \begin{bmatrix} x \\ y \\ 1 \end{bmatrix}, \ \vec{r}' = \begin{bmatrix} x' \\ y' \\ 1 \end{bmatrix} 로 표시된다.)$$

① $\begin{bmatrix} x' \\ y' \\ 1 \end{bmatrix} = \begin{bmatrix} 1 & 0 & 8 \\ 0 & 1 & 4 \\ 0 & 0 & 1 \end{bmatrix} \begin{bmatrix} 2 & 0 & 0 \\ 0 & 2 & 0 \\ 0 & 0 & 1 \end{bmatrix} \begin{bmatrix} 1 & 0 & -6 \\ 0 & 1 & -7 \\ 0 & 0 & 1 \end{bmatrix} \begin{bmatrix} x \\ y \\ 1 \end{bmatrix}$

② $\begin{bmatrix} x' \\ y' \\ 1 \end{bmatrix} = \begin{bmatrix} 1 & 0 & -8 \\ 0 & 1 & -4 \\ 0 & 0 & 1 \end{bmatrix} \begin{bmatrix} 2 & 0 & 0 \\ 0 & 2 & 0 \\ 0 & 0 & 1 \end{bmatrix} \begin{bmatrix} 1 & 0 & 6 \\ 0 & 1 & 7 \\ 0 & 0 & 1 \end{bmatrix} \begin{bmatrix} x \\ y \\ 1 \end{bmatrix}$

③ $\begin{bmatrix} x' \\ y' \\ 1 \end{bmatrix} = \begin{bmatrix} 1 & 0 & 6 \\ 0 & 1 & 7 \\ 0 & 0 & 1 \end{bmatrix} \begin{bmatrix} 2 & 0 & 0 \\ 0 & 2 & 0 \\ 0 & 0 & 1 \end{bmatrix} \begin{bmatrix} 1 & 0 & -8 \\ 0 & 1 & -4 \\ 0 & 0 & 1 \end{bmatrix} \begin{bmatrix} x \\ y \\ 1 \end{bmatrix}$

④ $\begin{bmatrix} x' \\ y' \\ 1 \end{bmatrix} = \begin{bmatrix} 1 & 0 & -6 \\ 0 & 1 & -7 \\ 0 & 0 & 1 \end{bmatrix} \begin{bmatrix} 2 & 0 & 0 \\ 0 & 2 & 0 \\ 0 & 0 & 1 \end{bmatrix} \begin{bmatrix} 1 & 0 & 8 \\ 0 & 1 & 4 \\ 0 & 0 & 1 \end{bmatrix} \begin{bmatrix} x \\ y \\ 1 \end{bmatrix}$

해설

$$\begin{bmatrix} x' \\ y' \\ 1 \end{bmatrix} = \begin{bmatrix} 1 & 0 & x \\ 0 & 1 & y \\ 0 & 1 & 1 \end{bmatrix} \begin{bmatrix} S_x & 0 & 0 \\ 0 & S_y & 0 \\ 0 & 0 & 1 \end{bmatrix} \begin{bmatrix} 1 & 0 & -x \\ 0 & 1 & -y \\ 0 & 1 & 1 \end{bmatrix} \begin{bmatrix} x \\ y \\ 1 \end{bmatrix}$$

$$= \begin{bmatrix} 1 & 0 & 8 \\ 0 & 1 & 4 \\ 0 & 0 & 1 \end{bmatrix} \begin{bmatrix} 2 & 0 & 0 \\ 0 & 2 & 0 \\ 0 & 0 & 1 \end{bmatrix} \begin{bmatrix} 1 & 0 & -6 \\ 0 & 1 & -7 \\ 0 & 0 & 1 \end{bmatrix} \begin{bmatrix} x \\ y \\ 1 \end{bmatrix}$$

$\begin{bmatrix} 1 & 0 & 8 \\ 0 & 1 & 4 \\ 0 & 0 & 1 \end{bmatrix}$: 변환 후의 중심점

$\begin{bmatrix} 2 & 0 & 0 \\ 0 & 2 & 0 \\ 0 & 0 & 1 \end{bmatrix}$: 스케일링

$\begin{bmatrix} 1 & 0 & -6 \\ 0 & 1 & -7 \\ 0 & 0 & 1 \end{bmatrix}$: 변환 전 중심점

67. CSG 트리 자료 구조에 대한 설명으로 틀린 것은?

① 자료 구조가 간단하여 데이터 관리가 용이하다.

② 특히 리프팅이나 라운딩과 같이 편리한 국부 변형 기능들을 사용하기에 좋다.

③ CSG 표현은 항상 대응되는 B-rep 모델로 치환이 가능하다.

④ 파라메트릭 모델링을 쉽게 구현할 수 있다.

해설 CSG 방식은 리프팅이나 라운딩과 같이 국부 변형의 기능들을 사용하기 어렵다.

68. 다음이 설명하는 것은 어떤 모델링 방식을 말하는가?

> 어떤 축의 지름을 변경했을 때 이와 조립된 구멍의 지름도 같이 변하게 하는 모델링 방식을 말한다.

① 복셀 모델링 　　② 비 다양체 모델링
③ B-rep 모델링 　　④ 조립체 모델링

해설 조립체 모델링은 서로 연관된 모델끼리 조립 관계로 되어 있어 한쪽의 치수를 변경하면 다른 쪽도 연동이 되어 변경된다.

69. CAD 시스템에서 많이 사용한 Hermite 곡선의 방정식에서 일반적으로 몇 차식을 많이 사용하는가?

① 1차식 　　② 2차식
③ 3차식 　　④ 4차식

해설 Hermite 곡선 : 양 끝점의 위치와 양 끝점에서의 접선 벡터를 이용한 3차원 곡선이다.

70. 원점에 중심이 있는 타원이 있는데, 이 타원 위에 2개의 점 $P(x, y)$가 각각 $P_1(2, 0)$, $P_2(0, 1)$ 있다. 이 점들을 지나는 타원의 식으로 옳은 것은?

2015년

① $(x-2)^2+y^2=1$ ② $x^2+(y-1)^2=1$

③ $x^2+\dfrac{y^2}{4}=1$ ④ $\dfrac{x^2}{4}+y^2=1$

해설 타원의 방정식 : $\dfrac{x^2}{a^2}+\dfrac{y^2}{b^2}=1$

$P_1(2, 0)$, $P_2(0, 1)$을 대입하면 $a^2=4$, $b^2=1$

$\therefore \dfrac{x^2}{4}+y^2=1$

71. 원뿔면을 하나의 평면으로 절단할 때 얻을 수 있는 곡선(원뿔 곡선)을 모두 고른 것은?

| ㉠ 원 ㉡ 타원 ㉢ 포물선 ㉣ 쌍곡선 |

① ㉡, ㉣ ② ㉠, ㉡, ㉣
③ ㉡, ㉢, ㉣ ④ ㉠, ㉡, ㉢, ㉣

72. 비트(bit)에 대한 설명으로 틀린 것은?

① binary digit의 약자이다.
② 0과 1을 동시에 나타내는 정보 단위이다.
③ 2진수로 표시된 정보를 나타내기에 알맞다.
④ 컴퓨터에서 데이터를 나타내는 최소 단위이다.

해설 비트는 자료 표현의 최소 단위로 0 또는 1을 나타내는 2진수의 정보 단위이다.

73. 원호를 정의하는 방법으로 틀린 것은?

① 시작점, 중심점, 각도를 지정
② 시작점, 중심점, 끝점을 지정
③ 시작점, 중심점, 현의 길이를 지정
④ 시작점, 끝점, 현의 길이를 지정

74. 솔리드 모델링의 특징에 관한 설명 중 틀린 것은?

① 은선 제거가 가능하다.
② 물리적 성질 등의 계산이 불가능하다.

③ 간섭 체크가 용이하다.
④ 와이어 프레임 모델링에 비해 데이터 처리 양이 많다.

해설 솔리드 모델링의 특징
• 은선 제거가 가능하다.
• 물리적 성질 등의 계산이 가능하다.
• 간섭 체크가 용이하다.
• 불 연산을 통해 복잡한 형상 표현이 가능하다.
• 형상을 절단한 단면도 작성이 용이하다.
• 이동 · 회전 등을 통하여 정확한 형상 파악을 할 수 있다.

75. 3차 베지어 곡면을 정의하기 위해 최소 몇 개의 점이 필요한가?

① 4 ② 8
③ 12 ④ 16

해설 베지어 곡면은 4개의 조정점에 곡면 내부의 볼록한 정도를 나타내며, 3차 곡면의 패치 4개의 꼬임 막대와 같은 역할을 하므로 16개의 점이 필요하다.

76. CAD 시스템으로 구축한 형상 모델에서 설계 해석을 위한 각종 정보를 추출하거나, 추가로 필요로 하는 정보를 입력하고 편집하여 필요한 형식으로 재구성하는 소프트웨어 프로그램이나 처리 절차를 뜻하는 용어는?

① pre-processor
② post-processor
③ multi-processor
④ multi-programming

77. B-rep 모델링에서 토폴로지 요소 간에 만족해야 하는 오일러-포앙카레 공식으로 옳은 것은? (단, V는 꼭짓점의 개수, E는 모서리의 개수, F는 면 또는 외부 루프의 개

수, H는 면상에 구멍 루프의 개수, C는 독립된 셀의 개수, G는 입체를 관통하는 구멍의 개수이다.)

① $V+F+E+H=2(C+G)$

② $V+F-E+H=2(C+G)$

③ $V+F-E-H=2(C-G)$

④ $V-F+E-H=2(C-G)$

해설 B-rep 모델링 : 형상을 구성하고 있는 면과 면 사이의 위상 기하학적인 결합 관계를 정의함으로써 3차원 물체를 표현하는 방법으로, $V-E+F-H=2(C-G)$로 나타낸다.

---

78. 3차원 직교 좌표계 상의 세 점 A(1, 1, 1), B(2, 2, 3), C(5, 1, 4)가 이루는 삼각형에서 변 AB, AC가 이루는 각은 얼마인가?

① $\cos^{-1}\left(\dfrac{2}{\sqrt{5}}\right)$

② $\cos^{-1}\left(\dfrac{3}{\sqrt{5}}\right)$

③ $\cos^{-1}\left(\dfrac{2}{\sqrt{6}}\right)$

④ $\cos^{-1}\left(\dfrac{3}{\sqrt{6}}\right)$

해설 $\overline{AB}=\sqrt{(x_2-x_1)^2+(y_2-y_1)^2+(z_2-z_1)^2}$
$=\sqrt{(2-1)^2+(2-1)^2+(3-1)^2}$
$=\sqrt{1+1+4}=\sqrt{6}$

$\overline{BC}=\sqrt{11},\ \overline{AC}=\sqrt{25}=5$

한편, $\overline{AB}$와 $\overline{BC}$ 사이의 각을 θ라 하면
$\overline{AB}^2+\overline{AC}^2-2\overline{AB}\times\overline{AC}\cos\theta=\overline{BC}^2$

$\cos\theta=\dfrac{\overline{AB}^2+\overline{AC}^2-\overline{BC}^2}{2\overline{AB}\times\overline{AC}}$

$=\dfrac{6+25-11}{2\times\sqrt{6}\times5}=\dfrac{2}{\sqrt{6}}$

$\therefore\ \theta=\cos^{-1}\left(\dfrac{2}{\sqrt{6}}\right)$

---

79. 곡면 편집 기법 중 인접한 두 면을 둥근 모양으로 부드럽게 연결하도록 처리하는 것은?

① fillet

② smooth

③ mesh

④ trim

해설 • smooth : 화면에 굴곡이 심하게 표현된 면을 평활한 곡면으로 재계산하여 처리한다.

• mesh : 유한 요소 해석의 전처리 단계에서 사용하며, 곡선과 면을 그물망처럼 나누어 다각형으로 처리한다.

• trim : 기준선이나 곡선을 기준으로 필요 없는 부분을 잘라서 처리한다.

---

80. 변환 행렬과 관계가 없는 것은?

① 이동

② 확대

③ 회전

④ 복사

해설 동차 좌표에 의한 좌표 변환 행렬에는 이동, 확대, 대칭, 회전이 있다.

기계설계산업기사

제1과목 : 기계 가공법 및 안전관리

1. 전해 연마에 이용되는 전해액으로 틀린 것은?

① 인산   ② 황산

③ 과염소산   ④ 초산

해설 전해액으로는 과염소산($HClO_4$), 황산(H_2SO_4), 인산(H_3PO_4), 질산(HNO_3), 알칼리, 불산 등이 사용된다.

2. 정밀 측정에서 아베의 원리에 대한 설명으로 옳은 것은?

① 내측 측정 시 최댓값을 택한다.

② 눈금선의 간격은 일치되어야 한다.

③ 단도기의 지지는 양끝 단면이 평행하도록 한다.

④ 표준자와 피측정물은 동일 축선상에 있어야 한다.

해설 아베(Abbe)의 원리 : 측정기에서 표준자의 눈금면과 측정물을 동일선상에 배치한 구조는 측정 오차가 작다는 원리이다. 외측 마이크로미터가 아베의 원리를 만족시킨다.

3. 일반적인 선반 작업의 안전 수칙으로 틀린 것은?

① 회전하는 공작물을 공구로 정지시킨다.

② 장갑, 반지 등은 착용하지 않도록 한다.

③ 바이트는 가능한 짧고 단단하게 고정한다.

④ 선반에서 드릴 작업 시 구멍 가공이 거의 끝날 때는 이송을 천천히 한다.

해설 선반에서 회전하는 공작물을 정지시킬 때는 브레이크를 사용하여 완전히 정지시킨다.

4. 액체 호닝에서 완성 가공면의 상태를 결정하는 일반적인 요인이 아닌 것은?

① 공기 압력   ② 가공 온도

③ 분출 각도   ④ 연마제의 혼합비

해설 호닝 가공면을 결정하는 요소는 공기 압력, 시간, 노즐에서 가공면까지의 거리, 분출 각도, 연마제의 혼합비 등이 있다.

5. 선반 가공에서 이동 방진구에 대한 설명 중 틀린 것은?

① 베드의 상면에 고정하여 사용한다.

② 왕복대의 새들에 고정시켜 사용한다.

③ 두 개의 조(jaw)로 공작물을 지지한다.

④ 바이트와 함께 이동하면서 공작물을 지지한다.

해설 • 이동식 방진구 : 왕복대에 설치하여 긴 공작물의 떨림을 방지한다(조의 수 : 2개).

• 고정식 방진구 : 베드면에 설치하여 긴 공작물의 떨림을 방지한다(조의 수 : 3개).

6. 그림에서 X는 18mm, 핀의 지름이 ϕ6mm 이면 A값은 약 몇 mm인가?

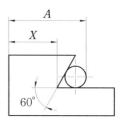

① 23.196   ② 26.196

③ 31.392   ④ 34.392

해설 $l=A-X$라 하면 $l=\dfrac{3}{\tan 30°}+3≒8.196$

∴ $A=X+l=18+8.196≒26.196\,mm$

---

7. 스패너 작업의 안전 수칙으로 거리가 먼 것은?

① 몸의 균형을 잡은 다음 작업을 한다.
② 스패너는 너트에 알맞은 것을 사용한다.
③ 스패너 자루에 파이프를 끼워 사용한다.
④ 스패너를 해머 대용으로 사용하지 않는다.

해설 스패너의 입은 너트에 꼭 맞게 사용한다. 스패너의 자루에 파이프를 끼워 사용하면 순간적으로 빠져서 다칠 위험이 있다.

8. 공작물을 절삭할 때 절삭 온도의 측정 방법으로 틀린 것은?

① 공구 현미경에 의한 측정
② 칩의 색깔에 의한 측정
③ 열량계에 의한 측정
④ 열전대에 의한 측정

해설 절삭 온도 측정 방법
• 칩의 색깔에 의한 측정 방법
• 열량계(칼로리미터)에 의한 방법
• 공구에 열전대를 삽입하는 방법
• 시온 도료를 이용하는 방법
• 복사 고온계에 의한 방법

9. 측정 오차에 관한 설명으로 틀린 것은?

① 계통 오차는 측정값에 일정한 영향을 주는 원인에 의해 생기는 오차이다.
② 우연 오차는 측정자와 관계없이 발생하며, 반복적이고 정확한 측정으로 오차 보정이 가능하다.
③ 개인 오차는 측정자의 부주의로 생기는 오차이며, 주의해서 측정하고 결과를 보정하면 줄일 수 있다.
④ 계기 오차는 측정 압력, 측정 온도, 측정기 마모 등으로 생기는 오차이다.

해설 우연 오차 : 측정자가 파악할 수 없는 변화에 의하여 발생하는 오차로, 완전히 없앨 수는 없지만 반복 측정하여 오차를 줄일 수는 있다.

10. 일반적으로 한계 게이지 방식의 특징에 대한 설명으로 틀린 것은?

① 대량 측정에 적당하다.
② 합격, 불합격의 판정이 용이하다.
③ 조작이 복잡하므로 경험이 필요하다.
④ 측정 치수에 따라 각각의 게이지가 필요하다.

해설 한계 게이지는 조작이 쉽고 간단하여 경험을 요하지 않는다.

11. 선반 가공에서 지름 102 mm인 환봉을 300 rpm으로 가공할 때 절삭 저항력이 981 N이었다. 이때 선반의 절삭 효율을 75%라 하면 절삭 동력은 약 몇 kW인가?

① 1.4   ② 2.1
③ 3.6   ④ 5.4

해설 $V = \dfrac{\pi DN}{1000} = \dfrac{\pi \times 102 \times 300}{1000} ≒ 96\,\text{m/min}$

$\therefore H = \dfrac{PV}{102 \times 9.81 \times 60 \times \eta}$

$= \dfrac{981 \times 96}{102 \times 9.81 \times 60 \times 0.75} ≒ 2.1\,\text{kW}$

12. 연삭 작업에서 주의해야 할 사항으로 틀린 것은?

① 회전 속도는 규정 이상으로 해서는 안 된다.
② 작업 중 숫돌의 진동이 있으면 즉시 작업을 멈춰야 한다.
③ 숫돌 커버를 벗겨서 작업을 한다.
④ 작업 중에는 반드시 보안경을 착용하여야 한다.

해설 연삭 작업 시 숫돌 커버가 규정에 맞게 설

치되어 있는지 확인해야 하며, 숫돌 커버를 벗겨 놓은 채 사용해서는 안 된다.

13. 절삭 공구의 수명 판정 방법으로 거리가 먼 것은?

① 날의 마멸이 일정량에 달했을 때
② 완성된 공작물의 치수 변화가 일정량에 달했을 때
③ 가공면 또는 절삭한 직후의 면에 광택이 있는 무늬 또는 점들이 생길 때
④ 절삭 저항의 주분력, 배분력이나 이송 방향 분력이 급격히 저하되었을 때

해설 절삭 공구의 수명 판정 방법
• 가공 후 표면에 광택이 있는 색조, 무늬, 반점이 발생할 때
• 공구 날끝의 마모가 일정량에 달했을 때
• 완성 가공된 치수의 변화가 일정량에 달했을 때
• 주분력에는 변화가 없더라도 이송 분력, 배분력이 급격히 증가할 때

14. 압축 공기를 이용하여 가공액과 혼합된 연마재를 가공물 표면에 고압·고속으로 분사시켜 가공하는 방법은?

① 버핑   ② 초음파 가공
③ 액체 호닝   ④ 슈퍼 피니싱

15. 절삭 가공을 할 때 절삭 조건 중 가장 영향을 적게 미치는 것은?

① 가공물의 재질   ② 절삭 순서
③ 절삭 깊이   ④ 절삭 속도

해설 절삭 가공 시 영향을 주는 절삭 조건에는 절삭 속도, 이송 속도, 절삭 깊이, 공작물의 재질, 공구각, 절삭 넓이 등이 있다.

16. 다음 연삭 숫돌의 표시 방법 중에서 "5"는 무엇을 나타내는가?

> "WA 60 K 5 V"

① 조직   ② 입도
③ 결합도   ④ 결합제

해설 연삭 숫돌 표시 방법

WA	60	K	5	V
입자의 종류	입도	결합도	조직	결합제

17. 밀링 작업의 절삭 속도 선정에 대한 설명 중 틀린 것은?

① 공작물의 경도가 높으면 저속으로 절삭한다.
② 커터날이 빠르게 마모되면 절삭 속도를 낮추어 절삭한다.
③ 거친 절삭은 절삭 속도를 빠르게 하고, 이송 속도를 느리게 한다.
④ 다듬질 절삭에서는 절삭 속도를 빠르게, 이송을 느리게, 절삭 깊이를 작게 한다.

해설 밀링 작업 시 거친 절삭은 절삭 속도를 느리게 하고, 이송 속도를 빠르게 한다.

18. 절삭 저항의 3분력에 해당되지 않는 것은?

① 주분력   ② 배분력
③ 이송 분력   ④ 칩분력

해설 절삭 저항의 3분력
주분력 > 배분력 > 이송 분력

19. 볼트 머리나 너트가 닿는 자리면을 만들기 위하여 구멍 축에 직각 방향으로 주위를 평면으로 깎는 작업은?

① 카운터 싱킹   ② 카운터 보링
③ 스폿 페이싱   ④ 보링

정답 **13.** ④   **14.** ③   **15.** ②   **16.** ①   **17.** ③   **18.** ④   **19.** ③

해설 스폿 페이싱 : 너트 또는 볼트 머리와 접촉하는 면을 고르게 하기 위하여 구멍 축에 직각 방향으로 주위를 평면으로 깎는 작업이다.

20. 트위스트 드릴의 각부에서 드릴 홈의 골 부위(웨브 두께)를 측정하기에 가장 적합한 것은?

① 나사 마이크로미터
② 포인트 마이크로미터
③ 그루브 마이크로미터
④ 다이얼 게이지 마이크로미터

해설 • 나사 마이크로미터 : 수나사의 유효 지름을 측정한다.
• 그루브 마이크로미터 : 앤빌과 스핀들에 플랜지를 부착하여 구멍의 홈 폭과 내·외부에 있는 홈의 너비, 깊이 등을 측정한다.

제2과목 : 기계 제도

21. 그림과 같은 제3각 정투상도의 입체도로 가장 적합한 것은?

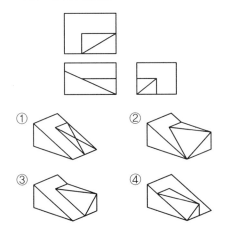

22. 그림에서 도시한 기어는?

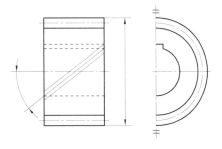

① 베벨 기어   ② 웜 기어
③ 헬리컬 기어   ④ 하이포이드 기어

해설 그림에서 도시한 기어는 비틀림각이 있는 헬리컬 기어이다. 잇줄 방향은 3개의 가는 실선으로 나타낸다.

23. 그림과 같이 3각법으로 투상한 도면에 가장 적합한 입체도 형상은?

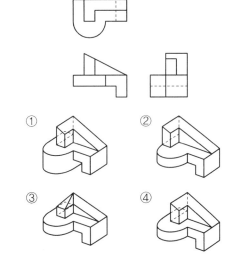

24. 그림과 같이 기입된 KS 용접 기호의 해석으로 옳은 것은?

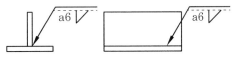

① 화살표 쪽 필릿 용접 목 두께가 6mm
② 화살표 반대쪽 필릿 용접 목 두께가 6mm

③ 화살표 쪽 필릿 용접 목 길이가 6mm

④ 화살표 반대쪽 필릿 용접 목 길이가 6m

해설

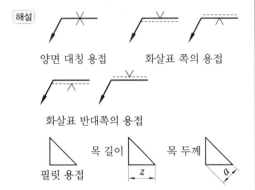

양면 대칭 용접   화살표 쪽의 용접

화살표 반대쪽의 용접

목 길이   목 두께

필릿 용접

25.
그림과 같은 입체도에서 제3각법에 의해 3면도로 적합하게 투상한 것은?

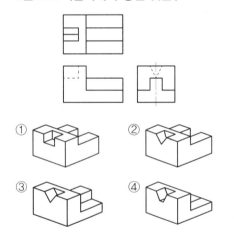

①   ②

③   ④

26.
그림과 같은 표면의 결 지시 기호에서 각 항목별 설명 중 옳지 않은 것은?

① a : 거칠기값
② b : 가공 방법
③ c : 가공 여유

④ d : 표면의 줄무늬 방향

해설 • c : 기준 길이

27.
다음 기하 공차 기호 중 돌출 공차역을 나타내는 기호는?

① ⓟ   ② Ⓜ

③ [A]   ④ Ⓐ

해설 • Ⓜ : 최대 실체 공차 방식
• [A] : 데이텀

28.
그림과 같은 입체도에서 화살표 방향이 정면일 때 정투상법으로 나타낸 투상도 중 잘못된 도면은?

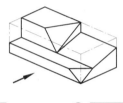

①   ②

좌측면도   평면도

③   ④

우측면도   정면도

29.
도면에서 가는 실선으로 표시된 대각선 부분의 의미는?

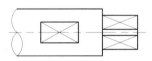

① 평면   ② 곡면
③ 홈 부분   ④ 라운드 부분

해설 도형 내 평면을 나타낼 때 대각선은 가는

실선으로 그린다.

30. 그림과 같은 기하 공차 기호에 대한 설명으로 틀린 것은?

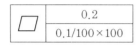

① 평면도 공차를 나타낸다.
② 전체 부위에 대해 공차값 0.2mm를 만족해야 한다.
③ 지정 넓이 100mm×100mm에 대해 공차값 0.1mm를 만족해야 한다.
④ 이 기하 공차 기호에서는 두 가지 공차 조건 중 하나만 만족하면 된다.

해설 단위 평면도는 기하 공차로, 지정 넓이 100mm×100mm에 대해 공차값이 0.1mm 이내이며, 전체 부위 공차값은 0.2mm로 두 가지 공차 조건 모두를 만족해야 한다.

31. 체결품의 부품 조립 간략 표시에 있어서 양쪽 면에 카운터 싱크가 있고 현장에서 드릴 가공 및 끼워맞춤을 나타내는 기호는?

①   ②

③   ④

32. 기계 구조용 탄소 강재의 KS 재료 기호로 옳은 것은?

① SM40C
② SS330
③ AIDC1
④ GC100

해설 • SS : 일반 구조용 압연 강재

• AIDC : 다이캐스팅용 알루미늄 합금
• GC : 회주철

33. 구멍 70H7($70^{+0.030}_0$), 축 70g6($70^{-0.010}_{-0.029}$)의 끼워맞춤이 있다. 끼워맞춤의 명칭과 최대 틈새를 바르게 설명한 것은?

① 중간 끼워맞춤이며 최대 틈새는 0.01이다.
② 헐거운 끼워맞춤이며 최대 틈새는 0.059이다.
③ 억지 끼워맞춤이며 최대 틈새는 0.029이다.
④ 헐거운 끼워맞춤이며 최대 틈새는 0.039이다.

해설 구멍의 치수가 축의 치수보다 항상 크므로 헐거운 끼워맞춤이다.
• 최대 틈새 = 70.030 - 69.971 = 0.059
• 최소 틈새 = 70.000 - 69.990 = 0.01

34. 그림과 같이 축 방향으로 인장력이나 압축력이 작용하는 두 축을 연결하거나 풀 필요가 있을 때 사용하는 기계요소는?

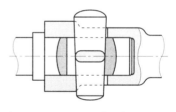

① 핀   ② 키
③ 코터   ④ 플랜지

해설 코터 : 구배로 되어 있는 일종의 쐐기 모양이며, 축 방향으로 인장력 또는 압축력이 작용하는 축과 축, 피스톤과 피스톤, 로드 등을 연결하는 데 사용하는 기계요소이다.

35. Tr 40×7-6H로 표시된 나사의 설명 중 틀린 것은?

① Tr : 미터 사다리꼴나사

② 40 : 나사의 호칭 지름

③ 7 : 나사산의 수

④ 6H : 나사의 등급

해설 • 7 : 피치   • 6H : 암나사 등급

36. 다음 용접 보조 기호 중 전체 둘레 현장 용접 기호인 것은?

해설 • ⚑ : 현장 용접 • ◯ : 전체 둘레 용접

37. 피아노 선재의 KS 재질 기호는?

① HSWR   ② STSY

③ MSWR   ④ SWRS

해설 • HSWR : 경강 선재

• SWRM : 연강 선재

• SWRS : 피아노 선재

38. 복렬 깊은 홈 볼 베어링의 약식 도시 기호가 바르게 표시된 것은?

해설 ② : 복렬 자동 조심 볼 베어링

③ : 복렬 앵귤러 콘택트 볼 베어링

39. 2개의 입체가 서로 만날 경우 두 입체 표면에 만나는 선이 생기는데, 이 선을 무엇이라 하나?

① 분할선   ② 입체선

③ 직립선   ④ 상관선

해설 상관선 : 2개 이상의 입체의 면과 면이 만날 때 생기는 경계선이다.

40. 금속 재료의 표시 기호 중 탄소 공구강 강재를 나타낸 것은?

① SPP   ② STC

③ SBHG   ④ SWS

해설 • SPP : 일반 배관용 탄소 강관

• SBHG : 아연도강판

• SWS : 용접 구조용 압연 강재

제3과목 : 기계 설계 및 기계 재료

41. 다음 중 선팽창계수가 큰 순서로 올바르게 나열된 것은?

① 알루미늄>구리>철>크로뮴

② 철>크로뮴>구리>알루미늄

③ 크로뮴>알루미늄>철>구리

④ 구리>철>알루미늄>크로뮴

해설 선팽창계수의 크기

마그네슘>알루미늄>구리>철>크로뮴

42. 탄소강에서 적열 메짐을 방지하고, 주조성과 담금질 효과를 향상시키기 위하여 첨가하는 원소는?

① 황(S)   ② 인(P)

③ 규소(Si)   ④ 망간(Mn)

해설 Mn은 강 중에 0.2~0.8% 정도 함유되어 있으며, 일부는 용해되고 나머지는 S와 결합하여 황화망간(MnS), 황화철(FeS)로 존재한다. 탈산제 역할을 하며, 연신율은 감소시키지 않고 강도, 경도, 강인성을 증대시켜 기계적 성질이 좋아지게 한다.

---

43. 철−탄소(Fe−C) 평형 상태도에 대한 설명으로 틀린 것은?

① 강의 A_2 변태점은 약 768℃이다.
② 탄소량이 0.8% 이하의 경우 아공석강이라 한다.
③ 탄소량이 0.8% 이상의 경우 시멘타이트 양이 적어진다.
④ α−고용체와 시멘타이트의 혼합물을 펄라이트라고 한다.

[해설] 탄소량이 0.8% 이상인 경우 시멘타이트 양이 많아진다.

44. 다음 순금속 중 열전도율이 가장 높은 것은? (단, 20℃에서의 열전도율이다.)

① Ag ② Au
③ Mg ④ Zn

[해설] 열전도율의 순서
Ag > Cu > Au > Pt > Al > Mg > Zn > Ni > Fe

45. 불변강이 아닌 것은?

① 인바 ② 엘린바
③ 인코넬 ④ 슈퍼인바

[해설] 불변강 : 온도 변화에 따라 길이, 탄성 등이 변화하지 않는 강으로 인바, 엘린바, 슈퍼인바, 코엘린바 등이 있다. 이외에도 전구 도입선으로 사용하는 플래티나이트 등이 있다.

46. 구리 합금 중 6 : 4 황동에 약 0.8% 정도의 주석을 첨가하며 내해수성에 강하기 때문에 선박용 부품에 사용하는 특수 황동은?

① 네이벌 황동 ② 강력 황동
③ 납 황동 ④ 애드미럴티 황동

[해설] • 강력 황동 : 4−6 황동에 Mn, Al, Fe, Ni, Sn 등을 첨가하여 한층 강력하게 한 황동

• 납 황동(연 황동) : 6−4 황동에 Pb 3% 이하를 첨가하여 절삭성을 향상시킨 쾌삭 황동
• 애드미럴티 황동 : 7−3 황동에 Sn 1%를 첨가한 황동

47. 한 변의 길이가 150~300mm로 분괴 압연된 각형 대강편은?

① bloom ② board
③ billet ④ slab

[해설] • bloom : 금속 주괴를 분괴하여 얻어지는 대형 금속편(대강편)
• billet : 변의 길이가 120mm 이하인 단면으로 되어 있는 강편(소강편)
• slab : 두꺼운 강편을 만들기 위한 반제품의 강재로, 두께의 2배 폭을 갖는 주괴와 평판의 중간 상태에 있는 강재

48. 인청동의 적당한 인 함량(%)은?

① 0.05~0.5 ② 6.0~10.0
③ 15.0~20.0 ④ 20.5~25.5

[해설] 인청동 : 특수 청동 중 하나로, 탈산제로 사용하는 P의 함량을 합금 중에 0.05~0.5% 정도로 잔류시키면 용탕의 유동성이 좋아지고, 합금의 경도와 강도가 증가하며 내마모성과 탄성이 개선된다.

49. 풀림에 대한 설명으로 틀린 것은?

① 기계적 성질을 개선하기 위한 것이 구상화 풀림이다.
② 응력 제거 풀림은 재료 내부의 잔류 응력을 제거하기 위한 것이다.
③ 강을 연하게 하여 기계 가공성을 향상시키기 위한 것은 완전 풀림이다.
④ 풀림 온도는 과공석강인 경우에는 A_3 변태점보다 30~50℃로 높게 가열하여 방랭한다.

[정답] 43. ③ 44. ① 45. ③ 46. ① 47. ① 48. ① 49. ④

해설 풀림 온도는 아공석강은 A₃ 온도 이상, 과 공석강은 A₁ 온도 이상에서 가열하고, 노랭 또는 서랭한다.

50. 강을 표준 상태로 하고, 가공 조직의 균일화, 결정립의 미세화 등을 목적으로 하는 열처리는?

① 풀림   ② 불림
③ 뜨임   ④ 담금질

해설 불림의 목적은 단조된 재료, 주조된 재료 내부에 생긴 내부 응력을 제거하고 결정 조직을 균일화(표준화)하는 것이다.

51. 두 축이 서로 교차하면서 회전력을 전달하는 기어는?

① 스퍼 기어(spur gear)
② 헬리컬 기어(helical gear)
③ 랙과 피니언(rack and pinion)
④ 스파이럴 베벨 기어(spiral bevel gear)

해설 • 두 축이 평행한 기어 : 스퍼 기어, 헬리컬 기어, 랙과 피니언
• 두 축이 서로 교차하는 기어 : 스퍼 베벨 기어, 헬리컬 베벨 기어, 스파이럴 베벨 기어, 크라운 기어, 앵귤러 베벨 기어
• 두 축이 어긋난 기어 : 나사(스크루) 기어, 하이포이드 기어, 웜 기어, 헬리컬 크라운 기어

52. 지름 5cm의 축이 300rpm으로 회전할 때, 최대로 전달할 수 있는 동력은 약 몇 kW인가? (단, 축의 허용 비틀림 응력은 39.2MPa이다.)

① 8.59   ② 16.84
③ 30.23   ④ 181.38

해설 $d = \sqrt[3]{\dfrac{5.1T}{\tau}}$

$T = \dfrac{d^3 \tau}{5.1} = \dfrac{50^3 \times 39.2}{5.1} = 960784\,\mathrm{N \cdot mm}$

$T = 9.55 \times 10^6 \times \dfrac{H}{N}$, $H = \dfrac{TN}{9.55 \times 10^6}$

$\therefore H = \dfrac{960784 \times 300}{9550000} = 30\,\mathrm{kW}$

53. 유니파이 보통 나사 "$\dfrac{1}{4}$ –20UNC"의 바깥지름은?

① 0.25mm   ② 6.35mm
③ 12.7mm   ④ 20mm

해설 바깥지름 $= \dfrac{1}{4}\,\mathrm{in} = \dfrac{25.4}{4}\,\mathrm{mm} = 6.35\,\mathrm{mm}$

54. 원형 봉에 비틀림 모멘트를 가하면 비틀림 변형이 생기는 원리를 이용한 스프링은?

① 겹판 스프링   ② 토션 바
③ 벌류트 스프링   ④ 래칫 휠

해설 • 겹판 스프링 : 여러 장의 판재를 겹쳐서 사용하는 것으로 보의 굽힘을 받는다.
• 인벌류트 스프링 : 태엽 스프링을 축 방향으로 감아올려 사용하는 것으로, 용적에 비해 매우 큰 에너지를 흡수할 수 있다.
• 래칫 휠 : 기계의 역회전을 방지하고, 한쪽 방향 가동 클러치 및 분할 작업 시 사용한다.

55. 판의 두께 15mm, 리벳의 지름 20mm, 피치 60mm인 1줄 겹치기 리벳 이음을 하고자 할 때, 강판의 인장 응력과 리벳 이음판의 효율은 각각 얼마인가? (단, 12.26kN의 인장 하중이 작용한다.)

① 20.43MPa, 66%
② 20.43MPa, 76%
③ 32.96MPa, 66%
④ 32.96MPa, 76%

해설 • $\sigma = \dfrac{W}{A} = \dfrac{12260}{15(60-20)} \fallingdotseq 20.43\,\text{MPa}$

• $\eta = \dfrac{p-d}{p} = \dfrac{60-20}{60} \fallingdotseq 0.66 = 66\%$

56. 일반용 V 고무 벨트(표준 V-벨트)의 각 도는?

① 30°   ② 40°

③ 60°   ④ 90°

57. 지름 60 mm의 강 축에 350 rpm으로 50 kW를 전달하려고 할 때, 허용 전단 응력을 고려하여 적용 가능한 묻힘 키(sunk key)의 최소 길이(l)는 약 몇 mm인가? (단, 키의 허용 전단 응력 $\tau = 40\,\text{N/mm}^2$, 키의 규격(폭×높이)=12 mm×10 mm이다.)

① 80   ② 85

③ 90   ④ 95

해설 $T = 9.55 \times 10^6 \times \dfrac{H}{N}$

$= 9.55 \times 10^6 \times \dfrac{50}{350} \fallingdotseq 1364286\,\text{N} \cdot \text{mm}$

$\therefore l = \dfrac{2T}{bd\tau} = \dfrac{2 \times 1364286}{12 \times 60 \times 40} \fallingdotseq 95\,\text{mm}$

58. 자동 하중 브레이크의 종류로 틀린 것은?

① 웜 브레이크   ② 밴드 브레이크

③ 나사 브레이크   ④ 캠 브레이크

해설 자동 하중 브레이크에는 웜 브레이크, 나사 브레이크, 캠 브레이크, 원심 브레이크 등이 있다.

59. 다음 중 재료의 기준 강도(인장 강도)가 400 N/mm²이고 허용 응력이 100 N/mm² 일 때 안전율은?

① 0.25   ② 1.0   ③ 4.0   ④ 16.0

해설 안전율 = $\dfrac{\text{인장 강도}}{\text{허용 응력}} = \dfrac{400}{100} = 4$

60. 반지름 방향 하중 6.5kN, 축 방향 하중 3.5kN을 받고, 회전수 600rpm으로 지지하는 볼 베어링이 있다. 이 베어링에 30000시간의 수명을 주기 위한 기본 동정격 하중으로 가장 적합한 것은? (단, 반지름 방향 동하중계수(X)는 0.35, 축 방향 동하중계수(Y)는 1.8로 한다.)

① 43.3kN   ② 54.6kN

③ 65.7kN   ④ 88.0kN

해설 $P = 6.5 \times 0.35 + 3.5 \times 1.8 = 8.575\,\text{kN}$

$L_h = 500\left(\dfrac{C}{P}\right)^r \dfrac{33.3}{N}$, $r = 3$(볼 베어링)

$30000 = 500 \times \left(\dfrac{C}{8.575}\right)^3 \times \dfrac{33.3}{600}$

$\left(\dfrac{C}{8.575}\right)^3 = \dfrac{600}{33.3} \times 60$

$C^3 \fallingdotseq 681653$

$\therefore C = 88\,\text{kN}$

제4과목 : 컴퓨터 응용 설계

61. 솔리드 모델링의 특징에 속하지 않는 것은?

① 은선 제거가 가능하다.

② 물리적 성질 등의 계산이 가능하다.

③ 간섭 체크가 불가능하다.

④ 와이어 프레임 모델링에 비해 메모리 용량이 많이 요구된다.

해설 솔리드 모델링은 형상을 절단한 단면도 작성이 용이하며 간섭 체크가 용이하다.

62. 좌표계의 원점이 중심이고 경도가 u, 위도가 v로 표시되는 구(sphere)의 매개변수

식 ($\overrightarrow{r}(u, v)$)로 옳은 것은? (단, 구의 반지름은 R로 가정하고 $\hat{i}, \hat{j}, \hat{k}$는 각각 x, y, z축 방향의 단위 벡터이며 $0 \leq u \leq 2\pi$, $-\dfrac{\pi}{2} \leq v \leq \dfrac{\pi}{2}$이다.)

① $R\cos(u)\cos(v)\hat{i} + R\cos(u)\sin(v)\hat{j} + R\sin(v)\hat{k}$

② $R\cos(v)\cos(u)\hat{i} + R\cos(v)\sin(u)\hat{j} + R\sin(v)\hat{k}$

③ $R\cos(u)\cos(v)\hat{i} + R\cos(v)\sin(u)\hat{j} + R\cos(v)\hat{k}$

④ $R\cos(v)\cos(u)\hat{i} + R\cos(u)\sin(v)\hat{j} + R\cos(v)\hat{k}$

해설 구의 방정식 $x^2 + y^2 + z^2 = R^2$에서 $(R\cos(v)\cos(u), R\cos(v)\sin(u), R\sin(v))$를 대입하면
$R^2\cos^2(v)\cos^2(u) + R^2\cos^2(v)\sin^2(u) + R^2\sin^2(v) = R^2$
$R^2\cos^2(v)[\cos^2(u) + \sin^2(u)] + R^2\sin^2(v) = R^2$
$R^2\cos^2(v) + R^2\sin^2(v) = R^2$
$R^2(\cos^2(v) + \sin^2(v)) = R^2$
$R^2 = R^2$으로 식이 성립한다.
따라서 알맞은 매개변수식은 ②이다.
참고 $\cos^2(u) + \sin^2(u) = 1$, $\cos^2(v) + \sin^2(v) = 1$

63. 솔리드 모델링에 있어서 사각 블록, 정육면체, 구, 원통, 피라미드 등과 같은 기본 입체를 사용하여 이들 형상을 불 연산에 따라 일정한 순서로 조합하는 방식은?

① CSG 방식　　② B-rep 방식
③ NURBS 방식　　④ assembly 방식

해설 • CSG 방식 : 복잡한 형상을 단순한 형상(구, 실린더, 직육면체, 원뿔 등)의 조합으로 표현하며, 불 연산을 사용하는 방식
• B-rep 방식 : 기하 요소와 위상 요소의 관계에 따라 표현하는 방식
• NURBS 방식 : 3차원 곡면으로 이루어져 비정형화된 3차원 입체를 모델링하는 방식

• B-spline 방식 : 베지어 곡선과 같이 곡선을 근사화하는 조정점을 통과하는 혼합된 다항 곡선 방식

64. 블렌딩 함수로 Bernstein 다항식을 사용한 곡선 방정식은?

① 퍼거슨(Ferguson) 곡선
② 베지어(Bezier) 곡선
③ B-스플라인(spline) 곡선
④ NURBS 곡선

해설 베지어 곡선 : 번스타인 다항식에 의해 주어진 점들을 표현하는 형상에 가깝도록 자유롭게 형상을 제어할 수 있는 곡선으로, 국부 변형이 불가능하며 폐곡선은 조정 다각형의 두 끝점을 연결하여 간단하게 생성 가능하다.

65. CAD 시스템의 입력장치 중 좌표 정보를 찾아내는 데 사용하는 로케이터(locator) 장치에 속하지 않는 것은?

① 조이스틱(joystick)
② 마우스(mouse)
③ 라이트 펜(light pen)
④ 트랙볼(track ball)

해설 라이트 펜은 펜 끝에 감광 소자를 내장하여 메뉴를 선택하거나 그림을 그려 컴퓨터에 입력하는 장치로, 각종 디스플레이의 부속장치로 사용된다.

66. 디지털 목업(digital mock-up)에 관한 설명으로 거리가 먼 것은?

① 실물 mock-up의 사용 빈도를 줄일 수 있는 대안이다.
② 간섭 검사, 기구학적 검사 그리고 조립체 속을 걸어 다니는 듯한 효과 등을 낼 수 있다.

정답 63. ① 　64. ② 　65. ③ 　66. ④

③ 적어도 surface나 solid model로 제품이 모델링되어야 한다.

④ 조립체 모델링에는 아직 적용되지 않는다.

해설 디지털 목업은 조립체 모델링이 가능하여 조립 및 분해 배치 등의 검증이 가능하므로 다방면으로 사용되고 있다.

67. 면과 면이 만나서 이루어지는 모서리(edge)만으로 모델을 표현하는 방법으로 점, 직선, 그리고 곡선으로 구성되는 모델링은?

① 와이어 프레임 모델링

② 솔리드 모델링

③ 윈도 모델링

④ 서피스 모델링

해설 와이어 프레임 모델링은 3차원 형상을 면과 면이 만나는 모서리로 나타내는 것이다. 즉 공간상의 선으로 표현되며, 점과 선으로 구성되는 모델링이다.

68. 평면에서 x축과 이루는 각도가 150°이며 원점으로부터 거리가 1인 직선의 방정식은?

① $\sqrt{3}x+y=2$ ② $\sqrt{3}x+y=1$

③ $x+\sqrt{3}y=2$ ④ $x+\sqrt{3}y=1$

해설 기울기 $=\tan150°=-\dfrac{1}{\sqrt{3}}$

$y=-\dfrac{1}{\sqrt{3}}x+b$, $x+\sqrt{3}y=\sqrt{3}b$

직선의 방정식을 $x+\sqrt{3}y=c$라 하면

$(0, 0)$으로부터 거리가 1이므로

$\dfrac{|0+0+c|}{\sqrt{1^2+(\sqrt{3})^2}}=1$, $c=2$

$\therefore x+\sqrt{3}y=2$

69. CAD 시스템에서 점을 정의하기 위해 사용되는 좌표계가 아닌 것은?

① 직교 좌표계 ② 원통 좌표계

③ 구면 좌표계 ④ 벡터 좌표계

해설 CAD 시스템에서 점을 정의하기 위한 좌표계는 직교 좌표계, 극좌표계, 원통 좌표계, 구면 좌표계가 사용된다.

70. Bezier 곡선의 특징에 관한 설명으로 옳지 않은 것은?

① 곡선은 첫 번째 조정점(control point)과 마지막 조정점을 통과한다.

② 곡선은 조정점(control point)을 연결하는 다각형의 외측에 존재한다.

③ 1개의 조정점(control point) 변화만으로도 곡선 전체의 형상에 영향을 미친다.

④ n개의 조정점(control point)에 의해 정의되는 곡선은 $(n-1)$차 곡선이다.

해설 베지어 곡선은 곡선 전체가 조정점에 의해 생성된 다각형인 볼록 껍질의 내부에 위치한다.

71. 솔리드 모델링(solid modeling)에서 면의 일부 혹은 전부를 원하는 방향으로 당겨서 물체를 늘어나도록 하는 모델링 기능은?

① 트위킹(tweaking)

② 리프팅(lifting)

③ 스위핑(sweeping)

④ 스키닝(skinning)

72. 다음 중 특징 형상 모델링(feature-based modeling)의 특징으로 거리가 먼 것은?

① 기본적인 형상 구성 요소와 형상 단위에 관한 정보를 함께 포함하고 있다.

② 전형적인 특징 형상으로 모따기(chamfer), 구멍(hole), 슬롯(slot) 등이 있다.

③ 특징 형상 모델링 기법을 응용하여 모델로부터 공정 계획을 자동으로 생성시킬

수 있다.

④ 주로 트위킹(tweaking) 기능을 이용하여 모델링을 수행한다.

해설 • 특징 형상 모델링 : 구멍, 슬롯, 포켓 등의 형상 단위를 라이브러리에 미리 갖추어 놓고 필요시 이들 치수를 변화시켜 설계에 사용하는 모델링 방식이다.
• 트위킹 : 모델링된 입체의 형상을 수정하여 원하는 형상으로 모델링하는 방식이다.

73. B-spline 곡선이 Bezier 곡선에 비해서 갖는 특징을 설명한 것으로 옳은 것은?

① 곡선을 국소적으로 변형할 수 있다.

② 한 조정점을 이동하면 모든 곡선의 형상에 영향을 준다.

③ 자유 곡선을 표현할 수 있다.

④ 곡선은 반드시 첫 번째 조정점과 마지막 조정점을 통과한다.

해설 B-spline 곡선은 곡선식의 차수가 조정점의 개수와 관계없이 연속성에 따라 결정되며, 국부적으로 변형 가능하다.

74. CAD 용어에 관한 설명으로 틀린 것은?

① 표시하고자 하는 화면상의 영역을 벗어나는 선들을 잘라버리는 것을 트리밍(trimming)이라고 한다.

② 물체를 완전히 관통하지 않는 홈을 형성하는 특징 형상을 포켓(pocket)이라고 한다.

③ 명령의 실행 또는 마우스 클릭 시마다 On 또는 Off가 번갈아 나타나는 세팅을 토글(toggle)이라고 한다.

④ 모델을 명암이 포함된 색상으로 처리한 솔리드로 표시하는 작업을 셰이딩(shading)이라 한다.

해설 트리밍 : 화면상의 영역을 벗어나는 선들

을 잘라버리는 것이 아니라 기준이 되는 선이나 원, 호로 인해 생기는 교차점을 기준으로 객체를 자르는 것이다.

75. 좌푯값 (x, y)에서 x, y가 다음과 같은 식으로 주어질 때 그리는 궤적의 모양은? (단, r은 일정한 상수이다.)

$$x = r\cos\theta,\ y = r\sin\theta$$

① 원 　　　　　② 타원
③ 쌍곡선 　　　④ 포물선

해설 $x = r\cos\theta$, $y = r\sin\theta$를
원의 방정식 $x^2 + y^2 = r^2$에 대입하면
$r^2\cos^2\theta + r^2\sin^2\theta = r^2$
$r^2(\cos^2\theta + \sin^2\theta) = r^2$
$r^2 = r^2$으로 식이 성립한다.
따라서 알맞은 자취(궤적)의 모양은 원이다.

76. 행렬 $A = \begin{bmatrix} 1 & 2 \\ 0 & 1 \\ 1 & 1 \end{bmatrix}$와 $B = \begin{bmatrix} 0 & 1 & 2 \\ 1 & 0 & 3 \end{bmatrix}$의 곱 AB는?

① $\begin{bmatrix} 1 & 1 \\ 0 & 0 \\ 1 & 2 \end{bmatrix}$ 　　② $\begin{bmatrix} 1 & 2 & 0 \\ 3 & 1 & 1 \end{bmatrix}$

③ $\begin{bmatrix} 2 & 3 \\ 3 & 5 \end{bmatrix}$ 　　④ $\begin{bmatrix} 2 & 1 & 8 \\ 1 & 0 & 3 \\ 1 & 1 & 5 \end{bmatrix}$

해설 3×2행렬과 2×3행렬을 곱하면 계산 결과는 3×3행렬이 되므로 해당하는 것은 ④이다.

77. 설계 해석 프로그램의 결과에 따라 응력, 온도 등의 분포도나 변형도를 작성하거나, CAD 시스템으로 만들어진 형상 모델을 바탕으로 NC 공작 기계의 가공 data를 생성하는 소프트웨어 프로그램이나 절차를 뜻하는

것은?

① pre-processor

② post-processor

③ multi-processor

④ co-processor

78. IGES 파일의 구조에 해당하지 않는 것은?

① start section

② local section

③ directory entry section

④ parameter data section

해설 IGES 파일의 구조

• 개시 섹션(start section)

• 글로벌 섹션(global section)

• 디렉토리 섹션(directory section)

• 파라미터 섹션(parameter section)

• 종결 섹션(terminate section)

79. 중앙처리장치(CPU) 구성 요소에서 컴퓨터 내부장치 간의 상호 신호 교환과 입출력 장치 간의 신호를 전달하고 명령어를 수행하는 장치는?

① 기억장치　　② 입력장치

③ 제어장치　　④ 출력장치

해설 제어장치 : 기억된 명령을 순서대로 처리하기 위해 주기억장치로부터의 명령을 해독·분석하여 필요에 따른 회로를 설정함으로써 각 장치에 제어 신호를 보내는 장치이다.

80. 정전기식 플로터에 대한 설명으로 옳지 않은 것은?

① 래스터식으로 운영되는 대표적인 플로터이다.

② 도형의 복잡 유무와 관계없이 작화 속도가 거의 일정하다.

③ 펜식 플로터와 비교하여 작화 속도가 빠르다.

④ 주로 마이크로필름에 출력하는 장치로 사용된다.

해설 정전기식 플로터 : 래스터식으로 운영되며, 종이에 음전하를 발생시키고 양전하를 띤 검은색의 토너를 흘려서 그림을 그리는 방식이다. 도형의 복잡 유무와 상관없이 작화 속도가 일정하며, 펜식 플로터에 비해 작화 속도가 빠르고 소음이 적은 편이다.

2015년

2016년 시행 문제

기계설계산업기사 2016. 03. 06 시행

제1과목 : 기계 가공법 및 안전관리

1. 공작물의 표면 거칠기와 치수 정밀도에 영향을 미치는 요소로 거리가 먼 것은?

① 절삭유 　　　　② 절삭 깊이
③ 절삭 속도 　　 ④ 칩 브레이커

[해설] • 절삭 조건 : 절삭 속도, 이송 속도, 절삭 깊이, 절삭제 등의 영향을 받는다.
• 칩 브레이커 : 유동형 칩이 짧게 끊어지도록 바이트의 날끝에 만드는 안전장치이다.

2. 총형 커터에 의한 방법으로 치형을 절삭할 때 사용하는 밀링 커터는?

① 베벨 밀링 커터
② 헬리컬 밀링 커터
③ 인벌류트 밀링 커터
④ 하이포이드 밀링 커터

[해설] 총형 커터에는 인벌류트 밀링 커터, 볼록 커터, 오목 커터, 특수 총형 커터 등이 있다.

3. 밀링 작업 시 안전 수칙으로 틀린 것은?

① 칩을 제거할 때 기계를 정지시킨 후 브러시로 털어낸다.
② 주축 회전 속도를 변환할 때는 회전을 정지시키고 변환한다.
③ 칩가루가 날리기 쉬운 가공물을 공작할 때는 방진 안경을 착용한다.
④ 절삭유를 공급할 때 커터에 감겨들지 않도록 주의하고, 공작 중 다듬질면은 손을 대어 거칠기를 점검한다.

[해설] 공작 기계로 다듬질 중인 공작물의 표면은 온도가 매우 높으므로 공작 중 다듬질면에 손을 대지 않는다.

4. 크레이터 마모에 관한 설명 중 틀린 것은?

① 유동형 칩에서 가장 뚜렷이 나타난다.
② 절삭 공구의 상면 경사각이 오목하게 파여지는 현상이다.
③ 크레이터 마모를 줄이려면 경사면 위의 마찰계수를 감소시킨다.
④ 처음에는 빠른 속도로 성장하다가 어느 정도 크기에 도달하면 느려진다.

[해설] 크레이터 마모
• 칩의 색이 변하고 불꽃이 생긴다.
• 시간이 경과하면 날의 결손이 된다.
• 칩에 의해 공구의 경사면이 움푹 파여지는 마모를 말한다.
• 가공이 진행될수록 마모의 성장이 급격히 커진다.

5. 다듬질면 상태의 평면 검사에 사용되는 수공구는?

① 트러멜 　　　　② 나이프 에지
③ 실린더 게이지 　④ 앵글 플레이트

해설 • 트러멜 : 대형 금긋기용 수공구
• 실린더 게이지 : 내측 구멍을 측정하는 측정기
• 앵글 플레이트 : 각도 측정 장비

6. 리머의 모양에 대한 설명 중 틀린 것은?

① 조정 리머 : 절삭 날을 조정할 수 있는 것
② 솔리드 리머 : 자루와 절삭 날이 다른 소재로 된 것
③ 셸 리머 : 자루와 절삭 날 부위가 별개로 되어 있는 것
④ 팽창 리머 : 가공물의 치수에 따라 조금 팽창할 수 있는 것

해설 솔리드 리머 : 자루와 날 부분이 같은 소재로 된 일체형 리머이다.

7. 선반 작업 시 공구에 발생하는 절삭 저항 중 가장 큰 것은?

① 배분력   ② 주분력
③ 마찰 분력   ④ 이송 분력

해설 절삭 저항의 3분력
주분력 > 배분력 > 이송 분력

8. 한계 게이지의 종류에 해당되지 않는 것은?

① 봉 게이지   ② 스냅 게이지
③ 다이얼 게이지   ④ 플러그 게이지

해설 • 구멍용 한계 게이지 : 플러그 게이지, 봉 게이지, 터보 게이지
• 축용 한계 게이지 : 스냅 게이지, 링 게이지

9. 절삭 공구 재료 중 소결 초경합금에 대한 설명으로 옳은 것은?

① 진동과 충격에 강하며 내마모성이 크다.
② Co, W, Cr 등을 주조하여 만든 합금이다.

③ 충분한 경도를 얻기 위해 질화법을 사용한다.
④ W, Ti, Ta 등의 탄화물 분말을 Co 결합제로 소결한 것이다.

해설 초경합금은 W, Ti, Ta 등의 탄화물 분말을 Co 결합제로 1400℃ 이상에서 소결시킨 것으로, 경도가 높고 내마모성과 취성이 크다.

10. CNC 선반 프로그래밍에 사용되는 보조 기능 코드와 기능이 옳게 짝지어진 것은?

① M01 : 주축 역회전
② M02 : 프로그램 종료
③ M03 : 프로그램 정지
④ M04 : 절삭유 모터 가동

해설 • M01 : 선택적 프로그램 정지
• M03 : 주축 정회전(시계 방향)
• M04 : 주축 역회전(반시계 방향)

11. 편심량이 2.2mm로 가공된 선반 가공물을 다이얼 게이지로 측정할 때, 다이얼 게이지 눈금의 변위량은 몇 mm인가?

① 1.1   ② 2.2
③ 4.4   ④ 6.6

해설 다이얼 게이지의 눈금 변위량은 편심량의 2배이다.
∴ 변위량 = 2.2 × 2 = 4.4mm

12. 1차로 가공된 가공물의 안지름보다 다소 큰 강구(steel ball)를 압입 통과시켜서 가공물의 표면을 소성 변형으로 가공하는 방법은?

① 래핑(lapping)
② 호닝(honing)
③ 버니싱(burnishing)
④ 그라인딩(grinding)

정답 6. ② 7. ② 8. ③ 9. ④ 10. ② 11. ③ 12. ③

13. 직접 측정용 길이 측정기가 아닌 것은?

① 강철자 ② 사인 바
③ 마이크로미터 ④ 버니어 캘리퍼스

해설 사인 바 : 블록 게이지의 높이와 사인 바의 길이를 측정하여 삼각함수로 각도를 계산하는 간접 측정 방식이다.

14. 연삭숫돌 입자의 종류가 아닌 것은?

① 에머리 ② 커런덤
③ 산화규소 ④ 탄화규소

해설 • 천연 입자 : 다이아몬드, 에머리, 커런덤, 석영 등
• 인조 입자 : 알루미나계와 탄화규소계

15. 밀링 작업에서 판 캠을 절삭하기에 가장 적합한 밀링 커터는?

① 엔드밀 ② 더브테일 커터
③ 메탈 슬리팅 소 ④ 사이드 밀링 커터

해설 엔드밀 : 밀링 작업에서 키 홈이나 좁은 평면을 가공하거나 판 캠의 윤곽을 절삭하기에 가장 적합하다.

16. 열경화성 합성수지인 베이크라이트(bakelite)를 주성분으로 하며 각종 용제, 기름 등에 안정된 숫돌로, 절단용 숫돌 및 정밀 연삭용으로 적합한 결합제는?

① 고무 결합제 ② 비닐 결합제
③ 셸락 결합제 ④ 레지노이드 결합제

17. 지름 10mm, 원뿔 높이 3mm인 고속도강 드릴로 두께 30mm인 경강판을 가공할 때 소요시간은 약 몇 분인가? (단, 이송은 0.3mm/rev, 드릴 회전수는 667rpm이다.)

① 6 ② 2
③ 1.2 ④ 0.16

해설 $T = \dfrac{t+h}{Nf} = \dfrac{30+3}{667 \times 0.3} ≒ 0.16분$

18. 밀링 머신에서 원주를 단식분할법으로 13등분 하는 경우의 설명으로 옳은 것은?

① 13구멍열에서 1회전에 3구멍씩 이동한다.
② 39구멍열에서 3회전에 3구멍씩 이동한다.
③ 40구멍열에서 1회전에 13구멍씩 이동한다.
④ 40구멍열에서 3회전에 13구멍씩 이동한다.

해설 $n = \dfrac{40}{N} = \dfrac{40}{13} = 3\dfrac{1 \times 3}{13 \times 3} = 3\dfrac{3}{39}$
따라서 분할판 39구멍열에서 3회전에 3구멍씩 이동한다.

19. 밀링 머신에서 기어의 치형에 맞춘 기어 커터를 사용하여 기어 소재의 원판을 같은 간격으로 분할 가공하는 방법은?

① 래크법 ② 창성법
③ 총형법 ④ 형판법

해설 총형법 : 기어 이 홈의 모양과 같은 커터를 사용하여 기어 소재의 원판을 절삭하는 방법으로, 성형법이라고도 한다.

20. 선반의 부속품 중 돌리개(dog)의 종류로 틀린 것은?

① 곧은 돌리개
② 브로치 돌리개
③ 굽은(곡형) 돌리개
④ 평행(클램프) 돌리개

해설 돌리개는 주축의 회전력을 공작물에 전달하는 장치로 곧은 돌리개, 굽은 돌리개, 평행 돌리개 등이 있다.

제2과목 : 기계 제도

21. 다음 입체도의 화살표 방향 투상도로 가장 적합한 것은?

①   ②

③   ④

22. 호의 치수 기입을 나타낸 것은?

해설 치수 기입법

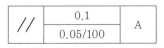

변의 치수   현의 치수   호의 치수   각도의 치수

23. 도면에 그림과 같은 기하 공차가 도시되어 있을 때, 이에 대한 설명으로 옳은 것은?

//	0.1	A
	0.05/100	

① 경사도 공차를 나타낸다.

② 전체 길이에 대한 허용값은 0.1mm이다.

③ 지정 길이에 대한 허용값은 $\dfrac{0.05}{100}$mm이다.

④ 이 기하 공차는 데이텀 A를 기준으로 100mm 이내의 공간을 대상으로 한다.

해설 //는 평행도 공차를 나타내며, 전체 길이에 대한 허용값은 0.1mm, 지정 길이 100mm에 대한 허용값은 0.05m이다.

24. 그림과 같은 입체도에서 화살표 방향을 정면으로 할 때 정투상도를 가장 옳게 나타낸 것은?

① ②

③ ④

25. 다음 구름 베어링 호칭 번호 중 안지름이 22mm인 것은?

① 622   ② 6222

③ 62/22   ④ 62−22

해설 ① 2mm   ② 22×5=110mm
③ 62 : 깊은 홈 볼 베어링, 22 : 안지름 22mm

26. 나사의 도시법에 관한 설명 중 옳은 것은?

① 암나사의 골지름은 가는 실선으로 표현한다.

정답 **21.** ②   **22.** ①   **23.** ②   **24.** ①   **25.** ③   **26.** ①

② 암나사의 안지름은 가는 실선으로 표현한다.

③ 수나사의 바깥지름은 가는 실선으로 표현한다.

④ 수나사의 골지름은 굵은 실선으로 표현한다.

[해설] 나사의 도시법

• 수나사의 바깥지름과 암나사의 안지름, 완전 나사부와 불완전 나사부의 경계선은 굵은 실선으로 그린다.

• 수나사의 골지름과 암나사의 바깥지름, 불완전 나사부의 골은 가는 실선으로 그린다.

27. 다음 제3각법으로 투상된 도면 중 잘못된 투상도가 있는 것은?

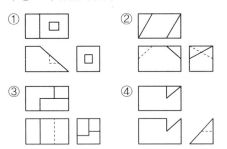

28. 그림과 같은 KS 용접 기호 해독으로 올바른 것은?

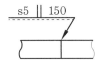

① 루트 간격은 5mm

② 홈 각도는 150°

③ 용접 피치는 150mm

④ 화살표 쪽 용접을 의미

[해설] 화살표 쪽 용접을 의미하며 용접부 표면에서 용입 바닥까지의 최소 거리는 5mm, 용접 길이는 150mm를 요구한다.

29. 크로뮴 몰리브데넘강 단강품의 KS 재질 기호는?

① SCM   ② SNC

③ SFCM   ④ SNCM

[해설] • SCM : 크로뮴 몰리브데넘강
• SNC : 니켈 크로뮴강
• SNCM : 니켈 크로뮴 몰리브데넘강

30. 다음 그림에서 "C2"가 의미하는 것은?

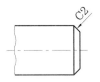

① 크기가 2인 15° 모따기

② 크기가 2인 30° 모따기

③ 크기가 2인 45° 모따기

④ 크기가 2인 60° 모따기

[해설] C는 45° 모따기(chamfer)를 나타내며, 숫자 2는 직각 변의 길이가 2mm임을 의미한다.

31. 파단선에 대한 설명으로 옳은 것은?

① 대상물의 일부분을 가상으로 제외했을 경우 경계를 나타내는 선

② 기술, 기호 등을 나타내기 위하여 끌어낸 선

③ 반복하여 도형의 피치를 잡는 기준이 되는 선

④ 대상물이 보이지 않는 부분의 형태를 나타낸 선

[해설] 파단선은 대상물의 일부를 파단한 경계 또는 일부를 떼어낸 경계를 표시하는 데 사용한다.

32. 기준 치수가 ϕ50인 구멍 기준식 끼워맞춤에서 구멍과 축의 공차값이 다음과 같을

때 틀린 것은?

> • 구멍 : 위 치수 허용차 +0.025
>   아래 치수 허용차 0.000
> • 축 : 위 치수 허용차 −0.025
>   아래 치수 허용차 −0.050

① 축의 최대 허용 치수 : 49.975

② 구멍의 최소 허용 치수 : 50.000

③ 최대 틈새 : 0.050

④ 최소 틈새 : 0.025

해설 최대 틈새
＝구멍의 최대 허용 치수−축의 최소 허용 치수
＝50.025−49.950＝0.075

33. 기어 제도에 관한 설명으로 옳지 않은 것은?

① 잇봉우리원은 굵은 실선으로 표시하고 피치원은 가는 1점 쇄선으로 표시한다.

② 이골원은 가는 실선으로 표시한다. 단, 축에 직각인 방향에서 본 그림을 단면으로 도시할 때는 이골의 선을 굵은 실선으로 표시한다.

③ 잇줄 방향은 통상 3개의 가는 실선으로 표시한다. 단, 주 투영도를 단면으로 도시할 때 외접 헬리컬 기어의 잇줄 방향을 지면에서 앞의 이의 잇줄 방향을 3개의 가는 2점 쇄선으로 표시한다.

④ 맞물리는 기어의 도시에서 주 투영도를 단면으로 도시할 때는 맞물림부의 한쪽 잇봉우리원을 표시하는 선을 가는 1점 쇄선 또는 굵은 1점 쇄선으로 표시한다.

해설 맞물리는 기어의 도시에서는 맞물림부를 굵은 실선으로 표시한다.

34. 그림과 같은 입체도에서 화살표 방향에서 본 정면도를 가장 올바르게 나타낸 것은?

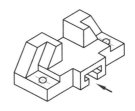

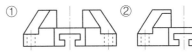

35. 다음 원뿔을 전개하면 오른쪽의 전개도와 같을 때 θ는 약 몇 도(°)인가? (단, $r=20\,mm$, $h=100\,mm$이다.)

원뿔

전개도

① 약 130° ② 약 110°

③ 약 90° ④ 약 70°

해설 밑면의 원둘레 길이＝부채꼴 호의 길이

$$2\pi r=2\pi l \times \frac{\theta}{360°}$$

$$l=\sqrt{20^2+100^2}\fallingdotseq102\,mm$$

$$2\pi \times 20=2\pi \times 102 \times \frac{\theta}{360°}$$

$$20=102 \times \frac{\theta}{360°}$$

$$\therefore \theta=\frac{20 \times 360°}{102}\fallingdotseq70°$$

36. h6 공차인 축에 중간 끼워맞춤이 적용되는 구멍의 공차는?

① R7 ② K7

③ G7 ④ F7

2016년

해설 축 기준식 끼워맞춤

기준축	헐거운 끼워맞춤			중간 끼워맞춤			억지 끼워맞춤		
h6	F6	G6	H6	JS6	K6	M6	N6	P6	
	F7	G7	H7	JS7	K7	M7	N7	P7	R7

37. 그림과 같은 I 형강의 표시법으로 옳은 것은? (단, 형강의 길이는 L이다.)

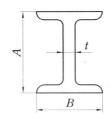

① $IA \times B \times t - L$ ② $It \times B \times A - L$

③ $IB \times A \times t - L$ ④ $IB \times A \times t \times L$

38. 다음 도면에서 A의 길이는?

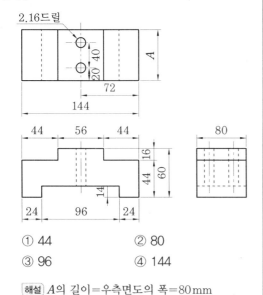

① 44   ② 80

③ 96   ④ 144

해설 A의 길이＝우측면도의 폭＝80mm

39. 그림과 같은 정면도와 평면도에 가장 적합한 우측면도는?

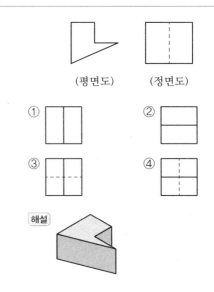

(평면도)   (정면도)

①　② ③　④

해설

40. 평면도를 나타내는 기호는?

① ▱   ② //

③ ◯   ④ ⊠

해설 • 평행도 : //   • 진원도 : ◯

제3과목 : 기계 설계 및 기계 재료

41. 스프링강이 갖추어야 할 특성으로 틀린 것은?

① 탄성 한도가 커야 한다.

② 마텐자이트 조직으로 되어야 한다.

③ 충격 및 피로에 대한 저항력이 커야 한다.

④ 사용 도중 영구 변형을 일으키지 않아야 한다.

해설 마텐자이트 조직은 경도가 매우 높지만 취성이 커서 스프링강이 갖추어야 할 특성으로 적합하지 않다.

42. 탄소 공구강의 재료 기호로 옳은 것은?

① SPS   ② STC

③ STD   ④ STS

[해설] • SPS : 스프링 강재

• STS : 합금 공구강 1~17종

• STD : 합금 공구강 18~39종

43. 초소성을 얻기 위한 조직의 조건으로 틀린 것은?

① 결정립은 미세화되어야 한다.

② 결정립의 모양은 등축이어야 한다.

③ 모상의 입계는 고경각인 것이 좋다.

④ 모상 입계가 인장 분리되기 쉬워야 한다.

[해설] 초소성(SPF) 재료

• 초소성 온도 영역에서 결정 입자의 크기를 미세하게 유지해야 한다.

• 결정립의 모양은 등축이어야 한다.

• 니켈계 초합금의 항공기 부품 제조 시 우수한 제품을 만들 수 있다.

• 모상 입계는 고경각인 것이 좋다.

• 모상 입계가 인장 분리되기 쉬워서는 안 된다.

44. 다음 중 원소가 강재에 미치는 영향으로 틀린 것은?

① S : 절삭성을 향상시킨다.

② Mn : 황의 해를 막는다.

③ H_2 : 유동성을 좋게 한다.

④ P : 결정립을 조대화시킨다.

[해설] 산소(O_2)는 적열 메짐의 원인이 되며, 질소(N_2)는 경도와 강도를 증가시키고 수소(H_2)는 유동성을 해치거나 헤어 크랙의 원인이 된다.

45. 알루미늄 합금 중 주성분이 Al−Cu−Ni−Mg계 합금인 것은?

① Y 합금   ② 알민(almin)

③ 알드리(aldrey)   ④ 알클래드(alclad)

[해설] Y 합금 : Al(92.5%)−Cu(4%)−Ni(2%)−Mg(1.5%) 합금으로, 고온 강도가 커서 내연기관용 피스톤, 실린더 헤드 등에 사용한다.

46. 백주철을 열처리로 넣어 가열해서 탈탄 또는 흑연화하는 방법으로 제조된 것은?

① 회주철   ② 반주철

③ 칠드 주철   ④ 가단주철

[해설] 가단주철 : 주철의 취약성을 개량하기 위해 백주철을 고온에서 장시간 열처리하여 시멘타이트 조직을 분해하거나 소실시켜 인성 및 연성을 부여한 주철이다.

47. 애드미럴티(admiralty) 황동의 조성은?

① 7 : 3 황동 + Sn (1% 정도)

② 7 : 3 황동 + Pb (1% 정도)

③ 6 : 4 황동 + Sn (1% 정도)

④ 6 : 4 황동 + Pb (1% 정도)

[해설] 애드미럴티 황동은 7:3 황동에 1% Sn을 첨가한 것으로 콘덴서 튜브에 사용한다.

48. 탄성 한도를 넘어서 소성 변형시킨 경우에도 하중을 제거하면 원래 상태로 돌아가는 성질을 무엇이라 하는가?

① 신소재 효과   ② 초탄성 효과

③ 초소성 효과   ④ 시효 경화 효과

[해설] 초탄성 효과 : 외력을 가하여 탄성 한도를 넘어서 소성 변형된 재료라 하더라도 외력을 제거하면 원래 상태로 돌아가는 성질이다.

49. 자성 재료를 연질과 경질로 나눌 때 경질 자석에 해당되는 것은?

① Si 강판   ② 퍼멀로이

③ 센더스트   ④ 알니코 자석

정답   43. ④   44. ③   45. ①   46. ④   47. ①   48. ②   49. ④

해설 알니코 자석 : 자성 재료가 경질인 자석으로, 발전기 등에서 사용한다.
- 경질 자성 재료 : 알니코 자석, 페라이트 자석
- 연질 자성 재료 : 센더스트, 규소강, 퍼멀로이

50. 열처리 목적을 설명한 것으로 옳은 것은?

① 담금질 : 강을 A_1 변태점까지 가열하여 연성을 증가시킨다.
② 뜨임 : 소성 가공에 의한 내부 응력을 증가시켜 절삭성을 향상시킨다.
③ 풀림 : 강의 강도, 경도를 증가시키고 조직을 마텐자이트 조직으로 변태시킨다.
④ 불림 : 재료의 결정조직을 미세화하고 기계적 성질을 개량하여 조직을 표준화한다.

해설 열처리의 방법과 목적
- 담금질 : 재질을 경화한다.
- 뜨임 : 담금질한 재질에 인성을 부여한다.
- 풀림 : 재질을 연하고 균일하게 한다.
- 불림 : 조직을 미세화하고 균일하게 한다.

51. 지름 20 mm, 피치 2 mm인 3줄 나사를 1/2회전했을 때, 이 나사의 진행거리는 몇 mm인가?

① 1 　　　　② 3
③ 4 　　　　④ 6

해설 $l = n \times p = 3 \times 2 = 6$ mm

∴ $L = l \times$ 회전수 $= 6 \times \dfrac{1}{2} = 3$ mm

52. 942N·m의 토크를 전달하는 지름 50 mm 축에 사용할 묻힘 키(폭×높이＝12×8mm)의 길이는 최소 몇 mm 이상이어야 하는가? (단, 키의 허용 전단 응력은 78.48N/mm² 이다.)

① 30 　　　　② 40
③ 50 　　　　④ 60

해설 $l = \dfrac{2T}{bd\tau} = \dfrac{2 \times 942000}{12 \times 50 \times 78.48} ≒ 40$ mm

53. 원통 롤러 베어링 N206(기본 동정격 하중 14.2 kN)이 600 rpm으로 1.96 kN의 베어링 하중을 받치고 있다. 이 베어링의 수명은 약 몇 시간인가? (단, 베어링 하중계수(f_w)는 1.5를 적용한다.)

① 4200 　　　　② 4800
③ 5300 　　　　④ 5900

해설 $P = 1.5 \times 1.96 = 2.94$ kN $= 2940$ N

$L_h = 500 \left(\dfrac{C}{P} \right)^r \dfrac{33.3}{N}$, $r = \dfrac{10}{3}$ (롤러 베어링)

∴ $L_h = 500 \times \left(\dfrac{14200}{2940} \right)^{\frac{10}{3}} \times \dfrac{33.3}{600} ≒ 5300$ 시간

54. 하중의 크기 및 방향이 주기적으로 변화하는 하중으로 양진 하중을 의미하는 것은?

① 변동 하중(variable load)
② 반복 하중(repeated load)
③ 교번 하중(alternate load)
④ 충격 하중(impact load)

해설
- 반복 하중 : 방향이 변하지 않고 계속하여 반복 작용하는 하중으로, 진폭은 일정하고 주기는 규칙적인 하중
- 교번 하중 : 하중의 크기와 방향이 주기적으로 변화하는 하중으로, 인장과 압축을 교대로 반복하는 하중
- 충격 하중 : 비교적 단시간에 충격적으로 작용하는 하중으로, 순간적으로 작용하는 하중

55. 정숙하고 원활한 운전을 하고, 특히 고속 회전이 필요할 때 적합한 체인은?

① 사일런트 체인(silent chain)
② 코일 체인(coil chain)
③ 롤러 체인(roller chain)

④ 블록 체인(block chain)

해설 사일런트 체인 : 운전이 원활하고 전동 효율이 98% 이상까지 도달하며 가격이 고가이다.

56. 2.2kW의 동력을 1800rpm으로 전달시키는 표준 스퍼 기어가 있다. 이 기어에 작용하는 회전력은 약 몇 N인가? (단, 스퍼 기어 모듈은 4이고 잇수는 25이다.)

① 163   ② 195
③ 233   ④ 289

해설 $D = mZ = 4 \times 25 = 100$

$V = \dfrac{\pi DN}{60 \times 1000} = \dfrac{\pi \times 100 \times 1800}{60 \times 1000} = 9.42 \, \text{m/s}$

$\therefore F = \dfrac{102 \times 9.81 \times H}{V} = \dfrac{102 \times 9.81 \times 2.2}{9.42}$

$\fallingdotseq 233 \text{N}$

57. 맞대기 용접 이음에서 압축 하중을 W, 용접부의 길이를 l, 판 두께를 t라 할 때, 용접부의 압축 응력을 계산하는 식으로 옳은 것은?

① $\sigma = \dfrac{Wl}{t}$ ② $\sigma = \dfrac{W}{tl}$

③ $\sigma = Wtl$ ④ $\sigma = \dfrac{tl}{W}$

58. 밴드 브레이크에서 밴드에 생기는 인장 응력과 관련하여 다음 중 옳은 관계식은? (단, σ : 밴드에 생기는 인장 응력, F_1 : 밴드의 인장측 장력, t : 밴드의 두께, b : 밴드의 너비이다.)

① $\sigma = \dfrac{b}{F_1 \times t}$ ② $b = \dfrac{t \times \sigma}{F_1}$

③ $b = \dfrac{F_1}{t \times \sigma}$ ④ $\sigma = \dfrac{F_1 \times t}{b}$

해설 $\sigma = \dfrac{F_1}{b \times t}$ $\therefore b = \dfrac{F_1}{t \times \sigma}$

59. 300rpm으로 2.5kW의 동력을 전달시키는 축에 발생하는 비틀림 모멘트는 약 몇 N·m인가?

① 80   ② 60
③ 45   ④ 35

해설 $T = 9.55 \times 10^6 \times \dfrac{H}{N} = 9.55 \times 10^6 \times \dfrac{2.5}{300}$

$\fallingdotseq 79583 \text{N} \cdot \text{mm} \fallingdotseq 80 \text{N} \cdot \text{m}$

60. 판 스프링(leaf spring)의 특징에 관한 설명으로 거리가 먼 것은?

① 판 사이의 마찰에 의해 진동이 감쇠한다.
② 내구성이 좋고 유지 보수가 용이하다.
③ 트럭 및 철도 차량의 현가장치로 주로 이용된다.
④ 판 사이의 마찰 작용으로 인해 미소 진동의 흡수에 유리하다.

해설 판 스프링은 흡수 능력이 크므로 협소한 공간에서 큰 하중을 받을 때 사용하며, 미소 진동에는 코일 스프링을 사용한다.

제4과목 : 컴퓨터 응용 설계

61. 공학적 해석을 위한 물리적인 성질(부피 등)을 제공할 수 있는 모델링은?

① 2차원 모델링
② 서피스(surface) 모델링
③ 솔리드(solid) 모델링
④ 와이어 프레임(wire frame) 모델링

해설 솔리드 모델링은 물리적 성질(부피, 무게 중심, 관성 모멘트 등)의 계산이 가능하다.

62. CAD/CAM 시스템의 데이터 교환을 위한

중간 파일(neutral file)의 형식이 아닌 것은?

① IGES   ② DXF
③ STEP   ④ CALS

해설 대표적인 데이터 교환 표준
IGES, STEP, DXF, GKS, PHIGS

63. CAD 시스템의 출력장치로 볼 수 없는 것은?

① 플로터   ② 디지타이저
③ PDP   ④ 프린터

해설 입력장치에는 키보드, 태블릿, 마우스, 조이스틱, 컨트롤 다이얼, 기능키, 트랙볼, 라이트 펜, 디지타이저 등이 있다.

64. 그림과 같이 곡면 모델링 시스템에 의해 만들어진 곡면을 불러들여 기존 모델의 평면을 바꿀 수 있는 모델링 기능은?

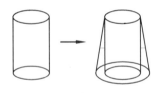

① 네스팅(nesting)
② 트위킹(tweaking)
③ 돌출하기(extruding)
④ 스위핑(sweeping)

해설 트위킹은 솔리드 모델링 기능 중에서 하위 구성 요소들을 수정하여 직접 조작하고 주어진 입체의 형상을 변화시켜 가면서 원하는 형상을 모델링하는 기능이다.

65. CAD용 그래픽 터미널 스크린의 해상도를 결정하는 요소는?

① 컬러(color)의 표시 가능 수

② 픽셀(pixel)의 수
③ 스크린의 종류
④ 사용 전압

해설 픽셀은 디지털 이미지의 구성 단위로, 눈으로 볼 수 있는 모든 디지털 이미지는 화소로 구성되어 있다. 좌표는 화상에서 픽셀 위치를 정의하는 데 사용되며, 모니터의 가로×세로 안에 들어가는 수치로 해상도를 나타낸다.

66. CRT 그래픽 디스플레이 종류가 아닌 것은?

① 액정형   ② 스토리지형
③ 랜덤 스캔형   ④ 래스터 스캔형

해설 CRT 그래픽 디스플레이
• 스토리지형
• 리프레시형(랜덤 스캔형, 래스터 스캔형)

67. 숨은선 또는 숨은면을 제거하기 위한 방법에 속하지 않는 것은?

① X-버퍼에 의한 방법
② Z-버퍼에 의한 방법
③ 후방향 제거 알고리즘
④ 깊이 분류 알고리즘

68. CAD에서 기하학적 데이터(점, 선 등)의 변환 행렬과 관계가 먼 것은?

① 이동   ② 회전
③ 복사   ④ 반사

해설 동차 좌표에 의한 좌표 변환 행렬에는 이동, 확대, 대칭, 회전, 반사가 있다.

69. CAD의 형상 모델링에서 곡면을 나타낼 수 있는 방법이 아닌 것은?

① Coons - 곡면(surface)
② Bezier - 곡면(surface)

③ B-spline - 곡면(surface)

④ Repular - 곡면(surface)

해설 곡면은 하나 이상의 패치가 모여서 일정한 형상을 이루는 것을 말하며, CAD 형상 모델링에서 곡면을 나타낼 수 있는 방법에는 회전 곡면, 쿤스 곡면, 베지어 곡면, B-스플라인 곡면, NURBS 곡면이 있다.

70. 전자 발광형 디스플레이 장치(또는 EL 패널)에 대한 설명으로 틀린 것은?

① 스스로 빛을 내는 성질을 가지고 있다.

② 백라이트를 사용하여 보다 선명한 화질을 구현한다.

③ TFT-LCD보다 시야각에 제한이 없다.

④ 응답 시간이 빨라 고화질 영상을 자연스럽게 처리할 수 있다.

해설 전자 발광형 디스플레이 장치는 AC나 DC가 나타날 때 발광 재료에서 빛이 발광되도록 되어 있어 백라이트는 필요하지 않다. 발광 재료로 망간이 첨가된 아연황화물을 사용하기 때문에 노란색을 띠고 있다.

71. 생성하고자 하는 곡선을 근사하게 포함하는 다각형의 꼭짓점들을 이용하여 정의되는 베지어(Bezier) 곡선에 대한 설명으로 틀린 것은?

① 생성되는 곡선은 다각형의 양 끝점을 반드시 통과한다.

② 다각형의 첫째 선분은 시작점에서의 접선 벡터와 반드시 같은 방향이다.

③ 다각형의 마지막 선분은 끝점에서의 접선 벡터와 반드시 같은 방향이다.

④ n개의 꼭짓점에 의해 생성된 곡선은 n차 곡선이 된다.

해설 베지어 곡선에서 n개의 정점에 의해 생성

된 곡선은 $(n-1)$차 곡선이다.

72. 다음 행렬의 곱(AB)을 옳게 구한 것은?

$$A = \begin{bmatrix} 2 & 4 \\ 1 & 3 \end{bmatrix} \quad B = \begin{bmatrix} 6 & -1 \\ 3 & 5 \end{bmatrix}$$

① $\begin{bmatrix} 24 & 18 \\ 14 & 15 \end{bmatrix}$　② $\begin{bmatrix} 18 & 24 \\ 15 & 14 \end{bmatrix}$

③ $\begin{bmatrix} 24 & 18 \\ 15 & 14 \end{bmatrix}$　④ $\begin{bmatrix} 18 & 24 \\ 14 & 15 \end{bmatrix}$

해설 $AB = \begin{bmatrix} 2 & 4 \\ 1 & 3 \end{bmatrix} \begin{bmatrix} 6 & -1 \\ 3 & 5 \end{bmatrix}$

$= \begin{bmatrix} 12+12 & -2+20 \\ 6+9 & -1+15 \end{bmatrix} = \begin{bmatrix} 24 & 18 \\ 15 & 14 \end{bmatrix}$

73. 각 도형 요소를 하나씩 지정하거나 하나의 폐다각형을 지정하여 안쪽이나 바깥쪽에 있는 모든 도형요소를 하나의 단위로 묶어서 한 번에 조작할 수 있는 기능은?

① 그룹(group)화 기능

② 데이터베이스 기능

③ 다층 구조(layer) 기능

④ 라이브러리(library) 기능

74. CSG 모델링 방식에서 불 연산(Boolean operation)이 아닌 것은?

① union(합)　　② subtract(차)

③ intersect(적)　④ project(투영)

75. 일반적인 CAD 시스템의 2차원 평면에서 정해진 하나의 원을 그리는 방법이 아닌 것은?

① 원주상의 세 점을 알 경우

② 원의 반지름과 중심점을 알 경우

2016년

③ 원주상의 한 점과 원의 반지름을 알 경우

④ 원의 반지름과 2개의 접선을 알 경우

76. 3차원 변환에서 Z축을 기준으로 다음 변환식에 따라 P점을 P'으로 임의의 각도(θ)만큼 변환할 때 변환 행렬식(T)으로 옳은 것은? (단, 반시계 방향으로 회전한 각을 양(+)의 각으로 한다.)

$$P' = PT$$

① $\begin{bmatrix} \cos\theta & 0 & -\sin\theta & 0 \\ 0 & 1 & 0 & 0 \\ \sin\theta & 0 & \cos\theta & 0 \\ 0 & 0 & 0 & 1 \end{bmatrix}$

② $\begin{bmatrix} \cos\theta & \sin\theta & 0 & 0 \\ -\sin\theta & \cos\theta & 0 & 0 \\ 0 & 0 & 1 & 0 \\ 0 & 0 & 0 & 1 \end{bmatrix}$

③ $\begin{bmatrix} 1 & 0 & 0 & 0 \\ 0 & \cos\theta & \sin\theta & 0 \\ 0 & -\sin\theta & \cos\theta & 0 \\ 0 & 0 & 0 & 1 \end{bmatrix}$

④ $\begin{bmatrix} \cos\theta & 0 & -\sin\theta & 0 \\ \sin\theta & 0 & \cos\theta & 0 \\ 0 & 0 & 1 & 0 \\ 0 & 0 & 0 & 1 \end{bmatrix}$

해설 동차 좌표에 의한 3차원 행렬(회전 변환)

$$T_x = \begin{bmatrix} 1 & 0 & 0 & 0 \\ 0 & \cos\theta & \sin\theta & 0 \\ 0 & -\sin\theta & \cos\theta & 0 \\ 0 & 0 & 0 & 1 \end{bmatrix}$$

$$T_y = \begin{bmatrix} \cos\theta & 0 & -\sin\theta & 0 \\ 0 & 1 & 0 & 0 \\ \sin\theta & 0 & \cos\theta & 0 \\ 0 & 0 & 0 & 1 \end{bmatrix}$$

77. 정육면체와 같은 간단한 입체의 집합으로 물체를 표현하는 분해 모델(decomposition model) 표현이 아닌 것은?

① 복셀(voxel) 표현

② 옥트리(octree) 표현

③ 세포(cell) 표현

④ 셸(shell) 표현

78. 3차원 형상의 모델링 방식에서 B-rep 방식과 비교하여 CSG 방식의 장점으로 옳은 것은?

① 투시도 작성이 용이하다.

② 전개도의 작성이 용이하다.

③ B-rep 방식보다는 복잡한 형상을 나타내는 데 유리하다.

④ 중량을 계산하는 데 용이하다.

해설 CSG 방식은 투시도, 전개도의 작성이 곤란하며 데이터 구조가 단순하다.

79. 임의의 4개의 점이 공간상에 구성되어 있다. 4개의 점으로 한 개의 베지어(Bezier) 곡선을 구성한다면 베지어 곡선을 구성하기 위한 블렌딩 함수는 몇 차식인가?

① 2차식

② 3차식

③ 4차식

④ 5차식

해설 n개의 정점에 의해 생성된 곡선은 $(n-1)$차 곡선이다.

80. 원뿔을 평면으로 잘랐을 때 생기는 단면 곡선(conic section curve)이 아닌 것은?

① 타원

② 포물선

③ 쌍곡선

④ 사이클로이드 곡선

해설 원뿔을 임의의 방향에서 잘랐을 때 생성되는 단면 곡선에는 원, 타원, 포물선, 쌍곡선이 있다.

기계설계산업기사

제1과목 : 기계 가공법 및 안전관리

1. 수기 가공에 대한 설명으로 틀린 것은?

① 서피스 게이지는 공작물에 평행선을 긋거나 평행면의 검사용으로 사용된다.

② 스크레이퍼는 줄 가공 후 면을 정밀하게 다듬질 작업하기 위해 사용된다.

③ 카운터 보어는 드릴로 가공된 구멍에 대하여 정밀하게 다듬질 하기 위해 사용된다.

④ 센터 펀치는 펀치의 끝이 60~90° 원뿔로 되어 있으며, 위치를 표시하기 위해 사용된다.

해설 카운터 보어는 작은 나사, 볼트의 머리 부분이 완전히 묻히도록 자리 부분을 단이 있게 자리 파기하는 작업이다. 드릴로 가공된 구멍을 정밀하게 다듬질하는 공구는 리머이다.

2. 드릴의 파손 원인으로 가장 거리가 먼 것은?

① 이송이 너무 커서 절삭 저항이 증가할 때

② 시닝(thinning)이 너무 커서 드릴이 약해졌을 때

③ 얇은 판의 구멍 가공 시 보조판 나무를 사용할 때

④ 절삭 칩이 원활한 배출이 되지 못하고 가득 차 있을 때

해설 얇은 판의 구멍 가공 시 드릴이 파손되지 않도록 보조판 나무를 사용한다.

3. 터릿 선반의 설명으로 틀린 것은?

① 공구를 교환하는 시간을 단축할 수 있다.

② 가공 실물이나 모형을 따라 윤곽을 깎아낼 수 있다.

③ 숙련되지 않은 사람이라도 좋은 제품을 만들 수 있다.

④ 보통 선반의 심압대 대신 터릿대(turret carriage)를 놓는다.

해설 가공 실물이나 모형을 따라 윤곽을 깎아낼 수 있는 모방 절삭을 하는 선반은 모방 선반이다.

4. 밀링 머신에서 육면체 소재를 이용하여 그림과 같이 원형 기둥을 가공하기 위해 필요한 장치는?

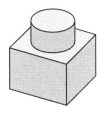

① 다이스
② 각도 바이스
③ 회전 테이블
④ 슬로팅 장치

해설 회전 테이블 장치 : 테이블 위에 고정하고 원형의 홈 가공, 바깥둘레의 원형 가공, 원판의 분할 가공 등 가공물의 원형 절삭에 사용한다.

5. 연삭숫돌에 대한 설명으로 틀린 것은?

① 부드럽고 전연성이 큰 연삭에서는 고운 입자를 사용한다.

② 연삭숫돌에 사용되는 숫돌 입자에는 천연산과 인조산이 있다.

③ 단단하고 치밀한 공작물의 연삭에는 고운 입자를 사용한다.

④ 숫돌과 공작물의 접촉 넓이가 작은 경우에는 고운 입자를 사용한다.

해설 부드럽고 전연성이 큰 연삭에서는 거친 입도의 연삭숫돌로 작업해야 한다.

6. 다음 중 초음파 가공으로 가공하기 어려운

것은?

① 구리   ② 유리
③ 보석   ④ 세라믹

해설 구리, 알루미늄, 금, 은 등과 같은 연질 재료는 초음파 가공이 어렵다.

7. 나사를 측정할 때 삼침법으로 측정 가능한 것은?

① 골지름   ② 유효 지름
③ 바깥지름   ④ 나사의 길이

해설 삼침법은 가장 정밀도가 높은 나사의 유효 지름을 측정하는 방법으로, 지름이 같은 3개의 핀 게이지를 나사산의 골에 끼운 상태에서 바깥지름을 마이크로미터 등으로 측정하여 계산한다.

8. 피치 3 mm의 3줄 나사가 2회전 했을 때 전진 거리는?

① 8 mm   ② 9 mm
③ 11 mm   ④ 18 mm

해설 $l = np = 3 \times 3 = 9\,\text{mm}$
$\therefore L = l \times 회전수 = 9 \times 2 = 18\,\text{mm}$

9. 드릴로 구멍을 뚫은 이후에 사용되는 공구가 아닌 것은?

① 리머   ② 센터 펀치
③ 카운터 보어   ④ 카운터 싱크

해설 센터 펀치는 구멍 뚫을 위치를 금긋기 할 때 구멍 중심을 표시하는 데 사용한다.

10. 선반 가공에 영향을 주는 조건에 대한 설명으로 틀린 것은?

① 이송이 증가하면 가공 변질층은 증가한다.

② 절삭각이 커지면 가공 변질층은 증가한다.
③ 절삭 속도가 증가하면 가공 변질층은 감소한다.
④ 절삭 온도가 상승하면 가공 변질층은 증가한다.

해설 절삭열은 대부분 칩에 의해 열의 형태로 소모되기 때문에 절삭 온도가 상승하면 가공 변질층은 감소한다.

11. 수기 가공에 대한 설명 중 틀린 것은?

① 탭은 나사부와 자루 부분으로 되어 있다.
② 다이스는 수나사를 가공하기 위한 공구이다.
③ 다이스는 1번, 2번, 3번 순으로 나사 가공을 수행한다.
④ 줄의 작업 순서는 황목 → 중목 → 세목 순으로 한다.

해설 다이스로 가공 시 번호 순서에 따르지 않고, 유효 지름에 맞게 공구를 선택하여 작업한다.

12. 밀링 머신에서 테이블 백래시(back lash) 제거장치의 설치 위치는?

① 변속 기어
② 자동 이송 레버
③ 테이블 이송 나사
④ 테이블 이송 핸들

해설 밀링 머신의 테이블 이송 나사에 볼 스크루를 설치하면 나사에서 발생하는 백래시를 줄일 수 있다.

13. 칩 브레이커에 대한 설명으로 옳은 것은?

① 칩의 한 종류로서 조각난 칩의 형태를 말한다.
② 스로 어웨이(throw away) 바이트의 일종

이다.
③ 연속적인 칩의 발생을 억제하기 위한 칩 절단장치이다.
④ 인서트 팁 모양의 일종으로 가공 정밀도를 위한 장치이다.

해설 칩 브레이커는 유동형 칩이 공구, 공작물, 공작 기계(척) 등과 서로 엉키는 것을 방지하기 위해 칩이 짧게 끊어지도록 만든 안전장치이다.

14. 연삭숫돌의 결합제에 따른 기호가 틀린 것은?

① 고무-R
② 셀락-E
③ 레지노이드-G
④ 비드리파이드-V

해설 레지노이드 : B

15. 200rpm으로 회전하는 스핀들에서 6회전 휴지(dwell) NC 프로그램으로 옳은 것은?

① G01 P1800 ;
② G01 P2800 ;
③ G04 P1800 ;
④ G04 P2800 ;

해설 60초 : 200회전＝x초 : 6회전

휴지시간(x)＝$\dfrac{60}{200} \times 6$＝1.8초

∴ NC 프로그램은 다음과 같다.
• G04 X1.8 ;
• G04 U1.8 ;
• G04 P1800 ;

16. 기어 절삭에 사용되는 공구가 아닌 것은?

① 호브
② 랙 커터
③ 피니언 커터
④ 더브테일 커터

해설 더브테일 커터는 기계 구조물이 이동하는 자리 면을 만들 때 사용하는 절삭 공구이므로 밀링 머신에서 더브테일 작업 시 사용한다.

17. 그림과 같이 더브테일 홈 가공을 하려고 할 때 X의 값은 약 얼마인가? (단, tan60°＝1.7321, tan30°＝0.5774이다.)

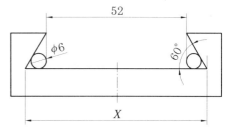

① 60.26
② 68.39
③ 82.04
④ 84.86

해설 $X＝52+2\left(\dfrac{r}{\tan30°}+r\right)$

$＝52+2\left(\dfrac{3}{0.577}+3\right)$

$≒68.39$

18. 절삭 속도 150m/min, 절삭 깊이 8mm, 이송 0.25mm/rev로 75mm 지름의 원형 단면봉을 선삭할 때 주축 회전수(rpm)는?

① 160
② 320
③ 640
④ 1280

해설 $N＝\dfrac{1000V}{\pi D}＝\dfrac{1000\times150}{\pi\times75}$

$≒640\,\mathrm{rpm}$

19. 연삭 작업의 안전사항으로 틀린 것은?

① 연삭숫돌의 측면부위로 연삭 작업을 수행하지 않는다.
② 숫돌은 나무해머나 고무해머 등으로 음향 검사를 실시한다.
③ 연삭 가공을 할 때 안전을 위해 원주 정면에서 작업을 한다.
④ 연삭 작업을 할 때 분진의 비산을 방지하기 위해 집진기를 가동한다.

2016년

20. 피복 초경합금으로 만들어진 절삭 공구의 피복 처리 방법은?

① 탈탄법　　　　② 경납땜법
③ 점용접법　　　④ 화학증착법

해설 피복 초경합금은 초경합금의 모재 위에 내마모성이 우수한 물질을 $5 \sim 10 \mu\text{m}$ 얇게 피복한 것으로, 물리적 증착법(PVD)과 화학적 증착법(CVD)을 행하여 고온에서 증착된다.

제2과목 : 기계 제도

21. 그림과 같이 제3각법으로 나타낸 정면도와 우측면도에 가장 적합한 평면도는?

(정면도)　　　(우측면도)

① 　　②

③ 　　④

해설

22. 모듈이 2인 한 쌍의 외접하는 표준 스퍼 기어 잇수가 각각 20과 40으로 맞물려 회전할 때 두 축 간의 중심거리는 척도 1:1 도면에 몇 mm로 그려야 하는가?

① 30mm　　　　② 40mm
③ 60mm　　　　④ 120mm

해설 $C = \dfrac{m(Z_1 + Z_2)}{2} = \dfrac{2(20+40)}{2}$
$\qquad = 60\,\text{mm}$

23. KS 용접 기호 표시와 용접부 명칭이 틀린 것은?

① ⊓ : 플러그 용접
② ◯ : 점 용접
③ || : 플러그 용접
④ ◺ : 필릿 용접

해설 ・|| : 평행 맞대기 이음 용접
・||| : 가장자리 용접

24. 나사의 표시가 "No.8 − 36UNF"로 나타날 때 나사의 종류는?

① 유니파이 보통 나사
② 유니파이 가는 나사
③ 관용 테이퍼 수나사
④ 관용 테이퍼 암나사

해설 ・유니파이 보통 나사 : UNC
・관용 데이터 수나사 : R
・관용 데이터 암나사 : Rc

25. I 형강의 치수 기입이 옳은 것은? (단, B : 폭, H : 높이, t : 두께, L : 길이)

① $IB \times H \times t - L$　　② $IH \times B \times t - L$
③ $It \times H \times B - L$　　④ $IL \times H \times B - t$

해설 I 형강의 치수 표기 방법
형강 기호(I) 높이(H)×폭(B)×두께(t)−길이(L)

26. 그림과 같은 정면도와 우측면도에 가장 적합한 평면도는?

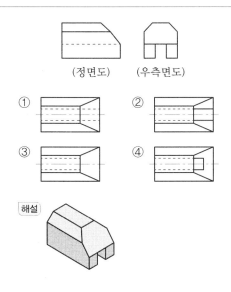

(정면도)   (우측면도)

①   ②

③   ④

해설

27. 투상도법의 설명으로 올바른 것은?

① 제1각법은 물체와 눈 사이에 투상면이 있는 것이다.

② 제3각법은 평면도가 정면도 위에, 우측면도는 정면도 오른쪽에 있다.

③ 제1각법은 우측면도가 정면도 오른쪽에 있다.

④ 제3각법은 정면도 위에 배면도가 있고 우측면도는 왼쪽에 있다.

해설 ・제1각법은 물체가 눈과 투상면 사이에 있으며, 우측면도가 정면도 왼쪽에 있다.

・제3각법은 정면도 위에 평면도가 있으며, 우측면도는 정면도 오른쪽에 있다.

28. 최대 틈새가 0.075 mm이고, 축의 최소 허용 치수가 49.950 mm일 때 구멍의 최대 허용 치수는?

① 50.075 mm   ② 49.875 mm

③ 49.975 mm   ④ 50.025 mm

해설 구멍의 최대 허용 치수
＝최대 틈새＋축의 최소 허용 치수
＝0.075＋49.950＝50.025 mm

29. 다음 정면도와 우측면도에 가장 적합한 평면도는?

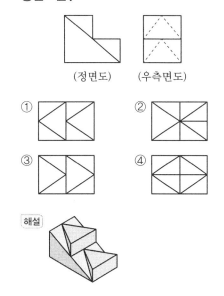

(정면도)   (우측면도)

①   ②

③   ④

해설

30. 베어링 기호 608C2P6에서 P6이 의미하는 것은 무엇인가?

① 정밀도 등급 기호   ② 계열 기호

③ 안지름 번호   ④ 내부 틈새 기호

해설 ・60 : 베어링 계열 번호

・8 : 안지름 번호(8×5＝40 mm)

・C2 : 내부 틈새 기호

・P6 : 정밀도 등급 기호(6급)

31. 탄소 공구 강재에 해당하는 KS 재료 기호는?

① STS   ② STF

③ STD   ④ STC

32. 두께 5.5 mm인 강판을 사용하여 그림과 같은 물탱크를 만들려고 할 때 필요한 강판의 질량은 약 몇 kg인가? (단, 강판의 비중은 7.85로 계산하고 탱크는 전체 6면의 두

2016년

께가 동일하다.)

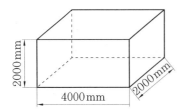

① 1638   ② 1727
③ 1836   ④ 1928

[해설] 앞뒤 부피＝(400×200×0.55)×2＝88000
좌우 부피＝(200×200×0.55)×2＝44000
위아래 부피＝(400×200×0.55)×2＝88000
전체 부피＝88000+44000+88000
        ＝220000 cm^3
∴ 질량＝부피×비중
     ＝220000×7.85
     ＝1727000 g＝1727 kg

33. 제3각법으로 도시한 3면도 중 각 도면 간의 관계를 가장 옳게 나타낸 것은?

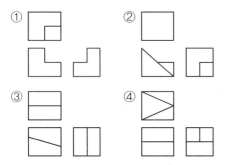

34. 기하 공차 기호 중 위치 공차를 나타내는 기호가 아닌 것은?

① ⊕   ② ◎   ③ ⌀̸   ④ ═

[해설] 위치 공차
• ⊕ : 위치도   • ◎ : 동축도(동심도)
• ═ : 대칭도
[참고] 원통도(⌀̸)는 모양 공차이다.

35. 재료의 제거 가공으로 이루어진 상태든 아니든 앞의 제조 공정에서의 결과로 나온 표면 상태가 그대로라는 것을 지시하는 것은?

①   ②

③   ④

[해설] 표면의 결 도시

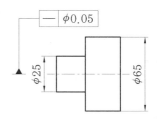

기본 기호   제거 가공 필요   제거 가공 불필요

36. 그림과 같은 도면의 기하 공차 설명으로 가장 옳은 것은?

① ⌀25 부분만 중심축에 대한 평면도가 ⌀0.05 이내
② 중심축에 대한 전체의 평면도가 ⌀0.05 이내
③ ⌀25 부분만 중심축에 대한 진직도가 ⌀0.05 이내
④ 중심축에 대한 전체의 진직도가 ⌀0.05 이내

37. 다음 KS 재료 기호 중 니켈 크로뮴 몰리브데넘강에 속하는 것은?

① SMn 420   ② SCr 415
③ SNCM 420   ④ SFCM 590S

[해설] • SMn : 망간강

• SCr : 크로뮴강
• SFCM : 크로뮴 몰리브데넘강 단강품

38. 그림에서 사용된 단면도의 명칭은?

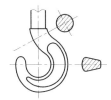

① 한쪽 단면도   ② 부분 단면도
③ 회전 도시 단면도   ④ 계단 단면도

해설 회전 도시 단면도 : 일반 투상법으로 나타내기 어려운 물체를 수직으로 절단한 단면을 90° 회전시킨 후 투상도의 안이나 밖에 그리는 단면도이다.

39. 코일 스프링 제도에 대한 설명으로 틀린 것은?

① 스프링은 원칙적으로 하중이 걸린 상태로 그린다.
② 특별한 단서가 없으면 오른쪽으로 감은 것을 나타낸다.
③ 스프링의 종류 및 모양만을 간략도로 나타내는 경우에는 스프링 재료의 중심선만을 굵은 실선으로 그린다.
④ 그림 안에 기입하기 힘든 사항은 일괄적으로 요목표에 나타낸다.

해설 스프링은 원칙적으로 무하중인 상태를 그린다.

40. 가공에 의한 커터의 줄무늬가 여러 방향일 때 도시하는 기호는?

① =   ② ×
③ M   ④ C

해설 줄무늬 방향의 지시 기호
• = : 투상면에 평행
• × : 2개의 경사면에 수직
• C : 중심에 대해 대략 동심원 모양

제3과목 : 기계 설계 및 기계 재료

---

41. 강을 오스테나이트화 한 후 공랭하여 표준화된 조직을 얻는 열처리는?

① 퀜칭(quenching)
② 어닐링(annealing)
③ 템퍼링(tempering)
④ 노멀라이징(normalizing)

해설 불림(노멀라이징) : 결정 조직의 기계적·물리적 성질을 표준화하고 가공 재료의 잔류 응력을 제거하는 것이다.

42. 금속간 화합물에 관하여 설명한 것 중 틀린 것은?

① 경하고 취약하다.
② Fe_3C는 금속간 화합물이다.
③ 일반적으로 복잡한 결정 구조를 갖는다.
④ 전기저항이 작으며 금속적 성질이 강하다.

해설 금속간 화합물은 전기저항이 크지만 열이나 전기 전도율과 같은 금속적 성질이 적고 비금속 성질에 가까운 것이 많다.

43. 담금질 조직 중 경도가 가장 높은 것은?

① 펄라이트   ② 마텐자이트
③ 소르바이트   ④ 트루스타이트

해설 담금질 조직의 경도
시멘타이트＞마텐자이트＞트루스타이트＞소르바이트＞펄라이트＞오스테나이트＞페라이트

2016년

44. 다음 구조용 복합재료 중에서 섬유강화 금속은?

① SPF ② FRM
③ FRP ④ GFRP

해설 • SPF : 구조목(Spruce, Pine, Fir)
• FRP : 섬유강화 플라스틱
• GFRP : 유리 섬유강화 플라스틱

45. 알루미늄 및 그 합금의 재질별 기호 중 가공 경화한 것을 나타내는 것은?

① O ② W
③ F^a ④ H^b

해설 알루미늄 및 그 합금의 재질별 기호
• O : 풀림보다 가장 연한 상태
• W : 열처리 후 시효 경화가 진행된 상태
• F^a : 제조 상태(압연, 압출 등)

46. 다음 원소 중 중금속이 아닌 것은?

① Fe ② Ni
③ Mg ④ Cr

해설 중금속은 비중 5 이상의 금속으로 Fe, Ni, Cr, Cu 등이 있다.

47. 금속 침투법에서 Zn을 침투시키는 것은?

① 크로마이징 ② 세라다이징
③ 칼로라이징 ④ 실리코나이징

해설 금속 침투법
• 크로마이징 : Cr 침투
• 칼로라이징 : Al 침투
• 실리코나이징 : Si 침투

48. 순철에서 나타나는 변태가 아닌 것은?

① A$_1$ ② A$_2$ ③ A$_3$ ④ A$_4$

해설 • A$_1$ 변태(723℃) : 강철의 공석 변태
• A$_2$ 변태(768℃) : 순철의 자기 변태
• A$_3$ 변태(910℃) : 순철의 동소 변태
• A$_4$ 변태(1400℃) : 순철의 동소 변태

49. 특수강에 들어가는 합금 원소 중 탄화물 형성과 결정립을 미세화하는 것은?

① P ② Mn
③ Si ④ Ti

해설 결정립을 미세화시키는 원소에는 V, Al, Ti, Zr 등이 있다.

50. 동합금에서 황동에 납을 1.5~3.7%까지 첨가한 합금은?

① 강력 황동 ② 쾌삭 황동
③ 배빗 메탈 ④ 델타 메탈

해설 • 강력 황동 : 4-6 황동에 Mn, Al, Fe, Ni, Sn 등을 첨가하여 한층 강력하게 한 황동
• 배빗 메탈 : Sn-Sb-Cu계 합금으로 Sb, Cu 가 증가하면 경도, 인장 강도가 증가한다.
• 델타 메탈 : 4-6 황동에 Fe을 1~2% 첨가하여 강도가 크고 내식성이 좋다.

51. 30° 미터 사다리꼴나사(1줄 나사)의 유효 지름이 18mm이고, 피치가 4mm이며 나사 접촉부 마찰계수가 0.15일 때, 이 나사의 효율은 약 몇 %인가?

① 24% ② 27%
③ 31% ④ 35%

해설 $\rho = \tan^{-1} 0.15 ≒ 8.53$

$\lambda = \tan^{-1} \dfrac{4}{\pi \times 18} ≒ 4.04$

$\therefore \eta = \dfrac{\tan\lambda}{\tan(\lambda+\rho)} = \dfrac{\tan 4.04}{\tan(4.04+8.53)} ≒ 0.31 = 31\%$

52. 두께 10mm 강판을 지름 20mm 리벳으

로 한줄 겹치기 리벳 이음을 할 때 리벳에 발생하는 전단력과 판에 작용하는 인장력이 같도록 할 수 있는 피치는 약 몇 mm인가? (단, 리벳에 작용하는 전단 응력과 판에 작용하는 인장 응력은 동일하다고 본다.)

① 51.4 　　　　 ② 73.6
③ 163.6 　　　　 ④ 205.6

해설 $\sigma_t = \dfrac{W}{t(p-d)}$ 에서

$$p - d = \dfrac{W}{t\sigma_t} = \dfrac{\dfrac{\pi d^2}{4}\tau}{t\sigma_t} = \dfrac{\pi d^2 \tau}{4 t\sigma_t}$$

$\tau = \sigma_t$ 이므로 $p - d = \dfrac{\pi d^2}{4t}$

$\therefore \ p = d + \dfrac{\pi d^2}{4t} = 20 + \dfrac{\pi \times 20^2}{4 \times 10} \fallingdotseq 51.4 \, \text{mm}$

53. 벨트의 접촉각을 변화시키고 벨트의 장력을 증가시키는 역할을 하는 풀리는?

① 원동 풀리 　　　 ② 인장 풀리
③ 종동 풀리 　　　 ④ 원뿔 풀리

54. 블록 브레이크 드럼이 20m/s의 속도로 회전하는데 블록을 500N의 힘으로 가압할 경우 제동 동력은 약 몇 kW인가? (단, 접촉부 마찰계수는 0.3이다.)

① 1.0 　　　　 ② 1.7
③ 2.3 　　　　 ④ 3.0

해설 $H = \mu P v = 0.3 \times 500 \times 20 = 3000 \, \text{W}$
$\qquad\qquad = 3.0 \, \text{kW}$

55. 피치원의 지름이 무한대인 기어는?

① 랙(rack) 기어
② 헬리컬(helical) 기어
③ 하이포이드(hypoid) 기어
④ 나사(screw) 기어

해설 피치원의 지름이 무한대이면 직선이 되며, 직선인 기어는 랙 기어이다.

56. 구름 베어링에서 실링(sealing)의 주목적으로 가장 적합한 것은?

① 구름 베어링에 주유를 주입하는 것을 돕는다.
② 구름 베어링의 발열을 방지한다.
③ 윤활유의 유출 방지와 유해물의 침입을 방지한다.
④ 축에 구름 베어링을 끼울 때 삽입을 돕는다.

해설 실링은 틈새를 밀봉하는 것으로, 윤활유의 유출과 유해 물질의 침입을 방지하기 위한 작업이다.

57. 300rpm으로 3.1kW의 동력을 전달하고, 축 재료의 허용 전단 응력이 20.6MPa인 중실 축의 지름은 약 몇 mm 이상이어야 하는가?

① 20 　　　　 ② 29
③ 36 　　　　 ④ 45

해설 $T = 9.55 \times 10^6 \times \dfrac{H}{N} = 9.55 \times 10^6 \times \dfrac{3.1}{300}$
$\qquad \fallingdotseq 98683 \, \text{N} \cdot \text{mm}$

$\therefore \ d = \sqrt[3]{\dfrac{5.1T}{\tau_a}} = \sqrt[3]{\dfrac{5.1 \times 98683}{20.6}} \fallingdotseq 29 \, \text{mm}$

58. 제동용 기계요소에 해당하는 것은?

① 웜 　　　　 ② 코터
③ 래칫 휠 　　 ④ 스플라인

해설 제동용 기계요소 : 래칫 휠, 브레이크, 플라이휠 등

59. 축에는 가공을 하지 않고 보스 쪽만 홈을 가공하여 조립하는 키는?

① 안장 키(saddle key)

2016년

② 납작 키(flat key)

③ 묻힘 키(sunk key)

④ 둥근 키(round key)

해설 안장 키(새들 키) : 축에는 홈을 파지 않고 보스에만 홈을 파서 박는 것으로, 축의 강도를 감소시키지 않고 보스를 축의 임의의 위치에 설치할 수 있다.

60. 하중이 2.5 kN 작용했을 때 처짐이 100 mm 발생하는 코일 스프링의 소선 지름은 10 mm이다. 이 스프링의 유효 감김수는 약 몇 권인가? (단, 스프링 지수(C)는 10, 스프링 선재의 전단탄성계수는 80 GPa이다.)

① 3   ② 4   ③ 5   ④ 6

해설 $\delta = \dfrac{8 n_a D^3 W}{G d^4}$ 에서 $n_a = \dfrac{\delta G d^4}{8 D^3 W}$

$C = \dfrac{D}{d}$, $D = Cd = 10 \times 10 = 100$

$\therefore n_a = \dfrac{100 \times (80 \times 10^3) \times 10^4}{8 \times 100^3 \times 2500} = 4$권

제4과목 : 컴퓨터 응용 설계

61. 2차원 스케치 평면에서 임의의 사각형을 정의하기 위해 필요한 형상 구속 조건 및 치수 조건을 합하면 모두 몇 개인가? (단, 직사각형의 네 꼭짓점의 좌표를 (x_1, y_1), (x_2, y_2), (x_3, y_3), (x_4, y_4)로 표시할 때 $x_1 = 3$으로 표시한다면 치수 조건을 준 경우이고, $x_1 = x_2$와 같이 표시한다면 형상 구속 조건을 준 경우이다. 또한 각 조건은 x 방향과 y 방향을 별개로 한다.)

① 2개   ② 4개
③ 6개   ④ 8개

해설 사각형을 정의하기 위해서는 치수 조건 2개 (수평 치수, 수직 치수)와 형상 구속 조건 6개(평행 4개, 수평 1개, 수직 1개)가 필요하다.

62. 그림과 같이 여러 개의 단면 형상을 생성하고 이들을 덮어 싸는 곡면을 생성하였다. 이는 어떤 모델링 방법인가?

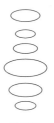   

단면들   생성된 입체

① 스위핑   ② 리프팅
③ 블렌딩   ④ 스키닝

해설 스키닝 : 미리 정해진 연속된 단면을 덮는 표면 곡면을 생성시켜 닫힌 부피 영역 또는 솔리드 모델을 만드는 모델링 방법이다.

63. 솔리드 모델의 데이터 구조 중 CSG와 비교한 경계 표현(boundary representation) 방식의 특징은?

① 파라메트릭 모델링을 쉽게 구현할 수 있다.
② 데이터 구조의 관리가 용이하다.
③ 경계면 형상을 화면에 빠르게 나타낼 수 있다.
④ 데이터 구조가 간단하고 기억 용량이 적다.

해설 B - rep(경계 표현) 방식
• 많은 메모리를 필요로 한다.
• 데이터 상호 교환이 용이하다.
• 경계면 형상을 빠르게 표현할 수 있다.
• CSG 방식으로 만들기 어려운 물체의 모델화에 적합하다.

64. 3차원 변환에서 Y축을 중심으로 α의 각

도 만큼 회전한 경우의 변환 행렬(T)은? (단, 변환식은 $P'=P$이고 P'은 회전 후의 좌표, P는 회전하기 전의 좌표이다.)

① $\begin{bmatrix} 1 & 0 & 0 & 0 \\ 0 & \cos\alpha & -\sin\alpha & 0 \\ 0 & \sin\alpha & -\cos\alpha & 0 \\ 0 & 0 & 0 & 1 \end{bmatrix}$

② $\begin{bmatrix} \cos\alpha & 0 & -\sin\alpha & 0 \\ 0 & 1 & 0 & 0 \\ \sin\alpha & 0 & \cos\alpha & 0 \\ 0 & 0 & 0 & 1 \end{bmatrix}$

③ $\begin{bmatrix} \cos\alpha & -\sin\alpha & 0 & 0 \\ \sin\alpha & \cos\alpha & 0 & 0 \\ 0 & 0 & 1 & 0 \\ 0 & 0 & 0 & 1 \end{bmatrix}$

④ $\begin{bmatrix} 0 & \cos\alpha & \sin\alpha & 0 \\ 0 & 0 & 0 & 0 \\ \cos\alpha & \sin\alpha & 1 & 0 \\ 0 & 0 & 0 & 1 \end{bmatrix}$

해설 동차 좌표에 의한 3차원 행렬(회전 변환)

$$T_x = \begin{bmatrix} 1 & 0 & 0 & 0 \\ 0 & \cos\alpha & \sin\alpha & 0 \\ 0 & -\sin\alpha & \cos\alpha & 0 \\ 0 & 0 & 0 & 1 \end{bmatrix}$$

$$T_z = \begin{bmatrix} \cos\alpha & \sin\alpha & 0 & 0 \\ -\sin\alpha & \cos\alpha & 0 & 0 \\ 0 & 0 & 1 & 0 \\ 0 & 0 & 0 & 1 \end{bmatrix}$$

65. CAD 시스템에서 일반적인 선의 속성 (attribute)으로 거리가 먼 것은?

① 선의 굵기(line thickness)
② 선의 색상(line color)
③ 선의 밝기(line brightness)
④ 선의 종류(line type)

66. CAD 소프트웨어의 도입 효과로 가장 거

리가 먼 것은?

① 제품 개발 기간 단축
② 설계 생산성 향상
③ 업무 표준화 촉진
④ 부서 간 의사소통 최소화

해설 CAD 시스템 도입 효과
품질 향상, 원가 절감, 납기일 단축, 신뢰성 향상, 표준화, 경쟁력 강화

67. 기존의 제품에 대한 치수를 측정하여 도면을 만드는 작업을 부르는 말로 적절한 것은?

① RE(Reverse Engineering)
② FMS(Flexible Manufacturing System)
③ EDP(Electronic Data Processing)
④ ERP(Enterprise Resource Planning)

해설 역설계(Reverse Engineering) : 실제 부품의 표면을 3차원으로 측정한 정보로 부품 형상 데이터를 얻어 모델을 만드는 방법이다.

68. CAD 용어 중 회전 특징 형상 모양으로 잘려나간 부분에 해당하는 특징 형상을 무엇이라 하는가?

① 홀(hole)   ② 그루브(groove)
③ 챔퍼(chamfer)   ④ 라운드(round)

해설 • 홀 : 물체에 진원으로 파인 구멍 형상
• 챔퍼 : 모서리를 45° 모따기하는 형상
• 라운드 : 모서리를 둥글게 블렌드하는 형상

69. (x, y) 좌표계에서 선의 방정식이 "$ax+by+c=0$"으로 나타났을 때의 선은? (단, a, b, c는 상수이다.)

① 직선(line)
② 스플라인 곡선(spline curve)
③ 원(circle)

2016년

④ 타원(ellipse)

해설 직선의 방정식의 일반형

$ax+by+c=0$

70. 3차원 좌표계를 표현할 때 $P(r, \theta, z_1)$로 표현되는 좌표계는? (단, r은 (x, y) 평면에서의 직선의 거리, θ는 (x, y) 평면에서의 각도, z_1은 z축 방향에서의 거리이다.)

① 직교 좌표계   ② 극좌표제
③ 원통 좌표계   ④ 구면 좌표계

해설 원통 좌표계 : 평면상에 있는 하나의 점 P를 나타내기 위해 사용하는 극좌표계에 공간 개념을 적용한 것으로, 평면에서 사용한 극좌표에 z축 좌푯값을 적용시킨 경우이다. 원통 좌표계의 공간 개념으로 점 $P(r, \theta, z_1)$을 직교 좌표계로 표기한다.

71. CAD 소프트웨어와 가장 관계가 먼 것은?

① AutoCAD   ② EXCEL
③ SolidWorks   ④ CATIA

해설 EXCEL은 사무용 소프트웨어이다.

72. 주어진 조정점(기준점)을 모두 통과하는 곡선은?

① Bezier 곡선   ② B-spline 곡선
③ spline 곡선   ④ NURBS 곡선

해설 스플라인 곡선 : 주어진 조정점을 모두 통과하면서 부드럽게 연결된 곡선으로, 자동차나 항공기 등의 곡면 설계에 많이 활용된다.

73. 서로 만나는 2개의 평면 또는 곡면에서 서로 만나는 모서리를 곡면으로 바꾸는 작업을 무엇이라 하는가?

① blending   ② sweeping
③ remeshing   ④ trimming

해설 블렌딩 : 이미 정의된 2개 이상의 평면 또는 곡면을 부드럽게 연결되도록 하는 곡면 처리를 말한다.

74. CSG 방식 모델링에서 기초 형상(primitive)에 대한 가장 기본적인 조합 방식에 속하지 않는 것은?

① 합집합   ② 차집합
③ 교집합   ④ 여집합

75. 래스터(raster) 그래픽 장치의 frame buffer에서 1화소당 24bit를 사용한다면 몇 가지 색을 동시에 나타낼 수 있는가?

① 256   ② 65536
③ 1048576   ④ 16777216

해설 24bit이므로 $2^{24}=16777216$이다.

76. 제품 도면 정보가 컴퓨터에 저장되어 있는 경우 공정 계획을 컴퓨터를 이용하여 빠르고 정확하게 수행하고자 하는 기술은?

① CAPP(Computer-Aided Process Planning)
② CAE(Computer-Aided Engineering)
③ CAI(Computer-Aided Inspection)
④ CAD(Computer-Aided Design)

해설 컴퓨터 활용 공정 계획(CAPP) : 컴퓨터 활용 설계(CAD), 컴퓨터 활용 제조(CAM)와 마찬가지로 사람이 해오던 공정 계획을 컴퓨터의 발달과 더불어 좀 더 빠르고 정확하게 세우고자 하는 학문 또는 기술이다.

77. 경계 표현 방식(B-rep)에 의해 물체 형

상을 표현하고자 할 때 기본적인 구성 요소라고 할 수 없는 것은?

① 꼭짓점(vertice) ② 면(face)
③ 모서리(edge) ④ 벡터(vector)

해설 경계 표현 방식은 형상을 구성하고 있는 면과 면 사이의 위상 기하학적인 결합 관계를 정의함으로써 3차원 물체를 표현하는 방법으로, 기본적인 구성 요소는 꼭짓점, 면, 모서리, 셀, 루프 등이 있다.

78. B-spline 곡선의 설명으로 옳은 것은?

① 각 조정점(control vertex)들이 전체 곡선의 형상에 영향을 준다.
② 곡선의 형상을 국부적으로 수정하기 어렵다.
③ 곡선의 차수는 조정점의 개수와 무관하다.
④ Hermite 곡선식을 사용한다.

해설 B-spline
• 베지어 곡선과 같이 곡선을 근사화하는 조정점들을 이용한다.
• 한 개의 조정점이 움직여도 몇 개의 곡선 세그먼트만 영향을 받는다.
• 곡선식의 차수에 따라 곡선의 형태가 변한다.
• 곡선의 차수와 조정점의 개수는 무관하며 곡선의 차수에 따라 곡선의 형태가 변한다.

79. Bezier 곡선의 설명으로 틀린 것은?

① 곡선은 조정 다각형(control polygon)의 시작점과 끝점을 반드시 통과한다.
② n차 Bezier 곡선의 조정점(control vertex)들의 개수는 $(n-1)$개이다.
③ 조정 다각형의 첫 번째 선분은 시작점에서의 접선 벡터와 같은 방향이다.
④ 조정 다각형의 꼭짓점의 순서가 거꾸로 되어도 같은 Bezier 곡선이 만들어진다.

해설 베지어 곡선에서 n개의 정점에 의해 생성된 곡선은 $(n-1)$차 곡선이다.

80. CAD에서 사용되는 모델링 방식에 대한 설명 중 잘못된 것은?

① wire frame model : 음영 처리하기가 용이하다.
② surface model : NC 데이터를 생성할 수 있다.
③ solid model : 정의된 형상의 질량을 구할 수 있다.
④ surface model : tool path를 구할 수 있다.

해설 와이어 프레임 모델은 면의 형상이 없어 음영 처리와 단면도의 작성이 불가능하다.

2016년

기계설계산업기사

제1과목 : 기계 가공법 및 안전관리

1. 호환성이 있는 제품을 대량으로 만들 수 있도록 가공 위치를 쉽고 정확하게 결정하기 위한 보조용 기구는?

① 지그　　　　② 센터
③ 바이스　　　④ 플랜지

2. 소재의 두께가 0.5mm인 얇은 박판에 가공된 구멍의 안지름을 측정할 수 없는 측정기는?

① 투영기　　　② 공구 현미경
③ 옵티컬 플랫　④ 3차원 측정기

[해설] 옵티컬 플랫은 평면도를 측정할 때 사용한다.

3. 밀링 작업의 안전 수칙에 대한 설명으로 틀린 것은?

① 공작물의 측정은 주축을 정지하여 놓고 실시한다.
② 급속 이송은 백래시 제거장치가 작동하고 있을 때 실시한다.
③ 중절삭할 때에는 공작물을 가능한 바이스에 깊숙이 물려야 한다.
④ 공작물을 바이스에 고정할 때 공작물이 변형이 되지 않도록 주의한다.

[해설] 급속 이송은 백래시 제거장치가 작동하지 않을 때 실시해야 한다.

4. 테이퍼 플러그 게이지(taper plug gage)의 측정에서 그림과 같이 정반 위에 놓고 핀을 이용해서 측정하려고 한다. M을 구하는 식은?

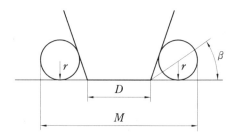

① $M = D + r + r \cdot \cot\beta$
② $M = D + r + r \cdot \tan\beta$
③ $M = D + 2r + 2r \cdot \cot\beta$
④ $M = D + 2r + 2r \cdot \tan\beta$

[해설] $M = D + 2r + 2r \times \tan(90° - \beta)$
$\qquad = D + 2r + 2r \times \cot\beta$

5. 드릴의 자루(shank)를 테이퍼 자루와 곧은 자루로 구분할 때 곧은 자루의 기준이 되는 드릴 지름은 몇 mm인가?

① 13　　　　② 18
③ 20　　　　④ 25

[해설] 드릴 지름이 13mm 이하일 때는 곧은 자루, 13mm 이상일 때는 테이퍼 자루를 사용한다.

6. 축용으로 사용되는 한계 게이지는?

① 봉 게이지　　② 스냅 게이지
③ 블록 게이지　④ 플러그 게이지

7. 리밍(reaming)에 관한 설명으로 틀린 것은?

① 날 모양에는 평행 날과 비틀림 날이 있다.
② 구멍의 내면을 매끈하고 정밀하게 가공하는 것을 말한다.
③ 날 끝에 테이퍼를 주어 가공할 때 공작물에 잘 들어가도록 되어 있다.
④ 핸드 리머와 기계 리머는 자루 부분이 테

이퍼로 되어 있어서 가공이 편리하다.

[해설] 리밍에서 핸드 리머와 기계 리머는 곧은 자루로 되어 있다.

8. 유막에 의해 마찰면이 완전히 분리되어 윤활의 정상적인 상태를 말하는 것은?

① 경계 윤활 ② 고체 윤활
③ 극압 윤활 ④ 유체 윤활

[해설] 유체 윤활 : 마찰면 사이에 유막이 형성되어 두 면이 완전히 분리된 상태로 상대운동을 하는 가장 정상적인 상태이다.

9. 선삭에서 지름 50cm, 회전수 900rpm, 이송 0.25mm/rev, 길이 50mm를 2회 가공할 때 소요되는 시간은 약 얼마인가?

① 13.4초 ② 26.7초
③ 33.4초 ④ 46.7초

[해설] $T = \dfrac{L}{Nf} \times i = \dfrac{50}{900 \times 0.25} \times 2$
 $\fallingdotseq 0.44분 \fallingdotseq 26.7초$

10. 밀링 가공에서 공작물을 고정할 수 있는 장치가 아닌 것은?

① 면판 ② 바이스
③ 분할대 ④ 회전 테이블

[해설] 면판은 차축 선반에 붙어 있는 부속품으로 밀링 가공과 거리가 멀다.

11. 선반 가공에서 절삭 저항의 3분력이 아닌 것은?

① 배분력 ② 주분력
③ 이송 분력 ④ 절삭 분력

[해설] 절삭 저항의 3분력
주분력 > 배분력 > 이송 분력

12. 윤활제의 급유 방법으로 틀린 것은?

① 강제 급유법 ② 적하 급유법
③ 진공 급유법 ④ 핸드 급유법

[해설] 윤활제의 급유 방법에는 강제 급유법, 핸드 급유법, 적하 급유법, 오일 링 급유법, 당금 급유법, 분무 급유법, 패드 급유법 등이 있다.

13. 보통형(conventional type)과 유성형(planetary type) 방식이 있는 연삭기는?

① 나사 연삭기 ② 내면 연삭기
③ 외면 연삭기 ④ 평면 연삭기

[해설] 내면 연삭기 : 원통이나 테이퍼의 내면을 연삭하는 기계로, 구멍의 막힌 내면을 연삭하며 단면 연삭도 가능하다. 보통형과 유성형(플래니터리형)이 있다.

14. 그림과 같은 공작물을 양 센터 작업에서 심압대를 편위시켜 가공할 때 편위량은? (단, 그림의 치수 단위는 mm이다.)

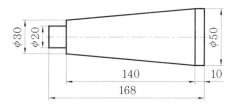

① 6mm ② 8mm
③ 10mm ④ 12mm

[해설] $e = \dfrac{L(D-d)}{2l} = \dfrac{168 \times (50-30)}{2 \times 140}$
 $= 12\,\mathrm{mm}$

15. 원하는 형상을 한 공구를 공작물의 표면에 눌러대고 이동시켜 표면에 소성 변형을 주어 정도가 높은 면을 얻기 위한 가공법은?

① 래핑(lapping)

2016년

② 버니싱(burnishing)

③ 폴리싱(polishing)

④ 슈퍼 피니싱(super-finishing)

해설 버니싱 : 1차로 가공된 가공물의 안지름보다 다소 큰 강철 볼을 압입 통과시켜 가공물을 소성 변형으로 가공하는 방법이다.

16. 창성식 기어 절삭법에 대한 설명으로 옳은 것은?

① 밀링 머신과 같이 총형 밀링 커터를 이용하여 절삭하는 방법이다.

② 셰이퍼 등에서 바이트를 치형에 맞추어 절삭하여 완성하는 방법이다.

③ 셰이퍼의 테이블에 모형과 소재를 고정한 후 모형에 따라 절삭하는 방법이다.

④ 호빙 머신에서 절삭 공구와 일감을 서로 적당한 상대 운동을 시켜 치형을 절삭하는 방법이다.

해설 창성법 : 인벌류트 곡선을 그리는 성질을 응용하여 기어를 깎는 방법으로 호브, 랙 커터, 피니언 커터 등으로 절삭하며 가장 많이 사용되고 있다.

17. 보링 머신의 크기를 표시하는 방법으로 틀린 것은?

① 주축의 지름

② 주축의 이송 거리

③ 테이블의 이동 거리

④ 보링 바이트의 크기

해설 보링 머신은 드릴링 머신으로 뚫은 구멍을 크게 하거나 정밀도를 높이기 위해 사용하는 장치이다.

18. 평면도 측정과 관계없는 것은?

① 수준기   ② 링 게이지

③ 옵티컬 플랫   ④ 오토콜리메이터

해설 • 링 게이지는 바깥지름 치수를 측정하는 데 사용되는 한계 게이지이다.

• 수준기는 평면도 또는 진직도를 가장 간편하게 측정할 수 있는 측정기이다.

19. 밀링 머신 호칭 번호를 분류하는 기준으로 옳은 것은?

① 기계의 높이

② 주축 모터의 크기

③ 기계의 설치 넓이

④ 테이블의 이동 거리

해설 밀링 머신의 크기는 테이블 이동 거리로 표시하며, 호칭 번호의 숫자가 커질수록 규격도 커진다.

20. 센터리스 연삭기의 특징으로 틀린 것은?

① 긴 홈이 있는 가공물이나 대형 또는 중량물의 연삭이 가능하다.

② 연삭 숫돌 폭보다 넓은 가공물을 플랜지 컷 방식으로 연삭할 수 없다.

③ 연삭 숫돌의 폭이 크므로, 연삭 숫돌 지름의 마멸이 적고 수명이 길다.

④ 센터가 필요하지 않아 센터 구멍을 가공할 필요가 없고, 속이 빈 가공물을 연삭할 때 필요하다.

해설 센터리스 연삭기는 가늘고 긴 가공물의 연삭에 용이하지만 긴 홈이 있거나 대형 또는 중량물의 연삭이 불가능하다.

┌─────────────────────────┐
│   **제2과목 : 기계 제도**   │
└─────────────────────────┘

21. 그림과 같은 입체도의 제3각 정투상도로 가장 적합한 것은?

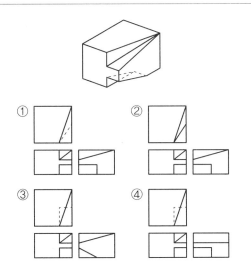

22. 베어링 호칭 번호 "6308 Z NR"에서 "08"이 의미하는 것은?

① 실드 기호　　　② 안지름 번호
③ 베어링 계열 기호　④ 레이스 형상 기호

해설 • 63 : 베어링 계열 기호(깊은 홈 볼 베어링)
• 08 : 안지름 번호(8×5=40 mm)
• Z : 실드 기호
• NR : 궤도륜 형식 번호

23. 표면의 결 지시 방법에서 "제거 가공을 허용하지 않는다"를 나타내는 것은?

① （로고-체크표시）　　② 25
③ 6.3　　　　　　④

해설 표면의 결 도시

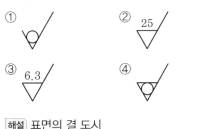

기본 기호　　제거 가공 필요　　제거 가공 불필요

24. 나사의 종류를 표시하는 기호 중 미터 사

다리꼴나사의 기호는?

① M　　② SM　　③ PT　　④ Tr

해설 • M : 미터나사
• SM : 미싱 나사
• PT : 관용 테이퍼 나사

25. 그림에서 ⊠로 표시한 부분의 의미로 올바른 것은?

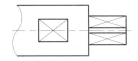

① 정밀 가공 부위를 지시
② 평면임을 지시
③ 가공을 금지함을 지시
④ 구멍임을 지시

해설 원통 면을 깎아 평면이 된 부분은 가는 실선을 사용하여 대각선으로 그린다.

26. 다음 형상 공차의 종류별 기호 표시가 틀린 것은?

① 평면도 : ▱　　　② 위치도 : ⊕
③ 진원도 : ○　　　④ 원통도 : ◎

해설 ◎ : 동축도(동심도) 공차

27. 가공부에 표시하는 다듬질 기호 중 줄 다듬질의 기호는?

① FF　　　　　② FL
③ FS　　　　　④ FR

해설 • FL : 래핑　　• FS : 스크레이핑
• FR : 리밍

28. 도면에 표시된 재료 기호가 "SF 390A"로

2016년

되었을 때 "390"이 뜻하는 것은?

① 재질 번호　　　② 탄소 함유량

③ 최저 인장 강도　④ 제품 번호

해설 • S : 강　　　• F : 단강품

• 390 : 최저 인장 강도(390N/mm²)

29. KS 나사가 다음과 같이 표시될 때 이에 대한 설명으로 옳은 것은?

> "왼 2줄 M50×2−6H"

① 나사산의 감긴 방향은 왼쪽이고, 2줄 나사이다.

② 미터 보통 나사로 피치가 6mm이다.

③ 수나사이고, 공차 등급은 6급, 공차 위치는 H이다.

④ 이 기호만으로는 암나사인지 수나사인지 알 수 없다.

해설 • M50×2 : 미터 가는 나사, 피치가 2mm

• 6H : 암나사 6급

30. 그림과 같은 입체도를 제3각법으로 올바르게 나타낸 것은?

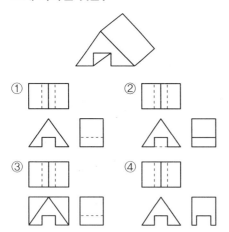

31. 단면도의 절단된 부분을 나타내는 해칭선

을 그리는 선은?

① 가는 2점 쇄선　② 가는 파선

③ 가는 실선　　　④ 가는 1점 쇄선

해설 해칭선은 가는 실선으로 그리며, 도형의 한정된 특정 부분을 다른 부분과 구별하는 데 사용한다.

32. 니켈 크로뮴강의 KS 기호는?

① SCM 415　　② SNC 415

③ SMnC 420　④ SNCM 420

해설 • SCM : 크로뮴 몰리브데넘강

• SMnC : 망간 크로뮴강

• SNCM : 니켈 크로뮴 몰리브데넘강

33. 구멍의 치수가 $\phi 50^{+0.05}_{0}$, 축의 치수가 $\phi 50^{0}_{-0.02}$일 때, 최대 틈새는?

① 0.02　　　② 0.03

③ 0.05　　　④ 0.07

해설 최대 틈새=50.05−49.98=0.07

34. 철골 구조물 도면에 2−L75×75×6−1800으로 표시된 형강을 올바르게 설명한 것은?

① 부등변 부등 두께 ㄱ 형강이며 길이는 1800mm이다.

② 형강의 개수는 6개이다.

③ 형강의 두께는 75mm이며 그 길이는 1800mm이다.

④ ㄱ 형강 양변의 길이는 75mm로 동일하며 두께는 6mm이다.

해설 ㄱ 형강의 치수 표기 방법

(수량)−L(높이)×(폭)×(두께)−(길이)

35. 위치 공차를 나타내는 기호가 아닌 것은?

① ◎ ② ═

③ ✒ ④ ⊕

해설 위치 공차

⊕(위치도), ◎(동심(축)도), ═(대칭도)

참고 원주 흔들림(✒)은 흔들림 공차이다.

36. 다음과 같이 투상된 정면도와 우측면도에 가장 적합한 평면도는?

(정면도)

①   ②

③   ④

해설

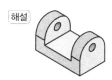

37. 다음과 같이 용접 기호가 도시될 때 이에 대한 설명으로 잘못된 것은?

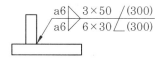

① 양쪽의 용접 목 두께는 모두 6mm이다.

② 용접부의 개수(용접 수)는 양쪽에 3개씩 이다.

③ 피치는 양쪽 모두 50mm이다.

④ 지그재그 단속 용접이다.

해설 • a6 : 목 두께

• 3×50 : 용접부의 개수×용접부의 길이

• (300) : 인접한 용접부의 간격

38. 그림과 같은 입체도의 제3각 정투상도에서 누락된 우측면도로 가장 적합한 것은?

(입체도) (정면도) (우측면도)

①   ②

③   ④

39. 그림과 같은 물탱크의 측면도에서 원통 부분을 6mm 두께의 강판을 사용하여 판금 작업하고자 전개도를 작성하려고 한다. 이 원통의 바깥지름이 600mm일 때 필요한 마름질 판의 길이는 약 몇 mm인가? (단, 두께를 고려하여 구한다.)

① 1903.8 ② 1875.5

③ 1885 ④ 1866.1

해설 마름질 판의 길이=$\pi(D-t)=\pi(600-6)$
$\fallingdotseq 1866.1\,mm$

40. 다음 중 다이캐스팅용 알루미늄 합금에

정답 36. ④ 37. ③ 38. ③ 39. ④ 40. ②

해당하는 기호는?

① WM 1   ② ALDC 1
③ BC 1   ④ ZDC 1

해설 • WM 1 : 화이트 메탈 1종
• ALDC 1 : 다이캐스팅용 알루미늄 합금 1종
• ZDC 1 : 아연 합금 다이캐스팅 1종

제3과목 : 기계 설계 및 기계 재료

41. 구리에 아연 5%를 첨가하여 화폐, 메달 등의 재료로 사용되는 것은?

① 델타 메탈   ② 길딩 메탈
③ 문츠 메탈   ④ 네이벌 황동

해설 길딩 메탈 : 95% Cu-5% Zn 합금으로, 순동과 같이 연하고 압인 가공하기 쉬워 동전, 메달 등의 재료로 사용한다.

42. 공구강에서 경도를 증가시키고 시효에 의한 치수 변화를 방지하기 위한 열처리 순서로 가장 적합한 것은?

① 담금질 → 심랭 처리 → 뜨임 처리
② 담금질 → 불림 → 심랭 처리
③ 불림 → 심랭 처리 → 담금질
④ 풀림 → 심랭 처리 → 담금질

해설 • 담금질 : 경도와 강도를 증가시킬 목적으로 강을 A_3 변태 및 A_1선 이상(A_3 또는 A_1+30~50℃)으로 가열한 다음 물이나 기름에 급랭시킨 열처리
• 심랭 처리 : 게이지 등 정밀 기계 부품의 조직을 안정화시키고 형상 및 치수 변형(시효 변형)을 방지하는 처리
• 뜨임 : 담금질한 강을 적당한 온도(A_1점 이하, 723℃ 이하)로 재가열하여 담금질로 인한 내부 응력, 취성을 제거하고 경도를 낮추어

인성을 증가시키기 위한 열처리

43. 금속의 이온화 경향이 큰 금속부터 나열한 것은?

① Al > Mg > Na > K > Ca
② Al > K > Ca > Mg > Na
③ K > Ca > Na > Mg > Al
④ K > Na > Al > Mg > Ca

해설 금속의 이온화 경향
K>Ca>Na>Mg>Al>Zn>Fe>Co>Pb>(H)>Cu>Hg>Ag>Au

44. 분말 야금에 의하여 제조된 소결 베어링 합금으로 급유하기 어려운 경우에 사용되는 것은?

① 켈밋(kelmet)
② 화이트 메탈(white metal)
③ Y 합금
④ 오일리스 베어링(oilless bearing)

해설 오일리스 베어링 : Cu+Sn+흑연 등의 분말을 가압·성형하여 700~750℃의 수소 기류 중에서 소결하여 만든다. 급유가 어려운 곳에 사용하나 큰 하중, 고속 회전부에는 부적합하다.

45. 탄소강 및 합금강을 담금질(quenching)할 때 냉각 효과가 가장 빠른 냉각액은?

① 물   ② 공기
③ 기름   ④ 염수

해설 냉각 효과의 순서
소금물(염수)>물>기름>공기

46. Ni-Cr강에 첨가하여 강인성을 증가시키고 담금질성을 향상시킬 뿐만 아니라 뜨임 메짐성을 완화시키기 위하여 첨가하는 원소는?

---

① 망간(Mn) ② 니켈(Ni)
③ 마그네슘(Mg) ④ 몰리브데넘(Mo)

해설 Ni-Cr강에 1% 이하의 몰리브데넘(Mo)을 첨가하면 강인성을 증가시키고, 뜨임 취성을 감소시킨다.

47. Mn강 중에서 고온에서 취성이 생기므로 1000~1100℃에서 수중 담금질하는 수인법(water toughening)으로 인성을 부여한 오스테나이트 조직의 구조용강은?

① 붕소강
② 듀콜(ducol)강
③ 해드필드(hadfield)강
④ 크로만실(chromansil)강

해설 해드필드강의 조직은 오스테나이트로 C 1.2%, Mn 13%, Si 0.1% 정도이고, 경도가 높아 내마모성 재료로 사용한다. 고온에서 취성이 생기므로 1000~1100℃에서 수중 담금질하는 수인법으로 인성을 부여하며 광산 기계, 기차 레일의 교차점, 굴착기 등에 사용된다.

48. 다음 재료 중 기계 구조용 탄소 강재를 나타낸 것은?

① STS4 ② STC4
③ SM45C ④ STD11

해설 SM45C는 기계 구조용 탄소 강재로, 탄소 함유량이 0.45%임을 의미한다.

49. 탄소강에서 공석강의 현미경 조직은?

① 초석페라이트와 레데부라이트
② 초석시멘타이트와 레데부라이트
③ 레데부라이트와 주철의 혼합 조직
④ 페라이트와 시멘타이트의 혼합 조직

해설 • 공석강=페라이트+시멘타이트

• 아공석강=페라이트+펄라이트
• 과공석강=펄라이트+시멘타이트

50. 가스 질화법의 특징을 설명한 것 중 틀린 것은?

① 질화 경화층은 침탄층보다 경하다.
② 가스 질화는 NH_3의 분해를 이용한다.
③ 질화를 신속하게 하기 위하여 글로 방전을 이용하기도 한다.
④ 질화용강은 질화 전에 담금질, 뜨임 등 조질 열처리가 필요 없다.

해설 가스 질화법 : NH_3 가스 중에서 질화용강을 500~550℃ 온도에서 2시간 정도 가열하면 NH_3 가스가 분해되어 생긴 발생기의 질소(N)가 Fe, Al, Cr 등의 원소와 화합하여 질화층을 형성하는 방법이다. 질화용강은 질화 전에 담금질, 뜨임 등 조질 열처리가 필요하다.

51. 벨트의 형상을 치형으로 하여 미끄럼이 거의 없고 정확한 회전비를 얻을 수 있는 벨트는?

① 직물 벨트 ② 강 벨트
③ 가죽 벨트 ④ 타이밍 벨트

해설 타이밍 벨트 : 미끄럼을 방지하기 위하여 안쪽 표면에 이가 있는 벨트로, 정확한 속도가 요구되는 경우의 전동 벨트로 사용된다.

52. 잇수는 54, 바깥지름은 280mm인 표준 스퍼 기어에서 원주 피치는 약 몇 mm인가?

① 15.7 ② 31.4
③ 62.8 ④ 125.6

해설 $D_0=m(Z+2)$
$280=m(54+2), \ m=5$
$\therefore \ P=\pi m=\pi \times 5 = 15.7 \, \text{mm}$

53. 둥근 봉을 비틀 때 생기는 비틀림 변형을 이용하여 스프링으로 만든 것은?

① 코일 스프링　　② 토션 바
③ 판 스프링　　　④ 접시 스프링

54. 미끄럼 베어링의 재질로서 구비해야 할 성질이 아닌 것은?

① 눌러 붙지 않아야 한다.
② 마찰에 의한 마멸이 적어야 한다.
③ 마찰계수가 커야 한다.
④ 내식성이 커야 한다.

해설 미끄럼 베어링 재료의 구비 조건
• 축의 재료보다 연하면서 마모에 견딜 것
• 축과의 마찰계수가 작을 것
• 내식성이 클 것
• 마찰열의 발산이 잘 되도록 열전도가 좋을 것
• 가공성이 좋으며 유지 및 수리가 쉬울 것

55. 피치가 2mm인 3줄 나사에서 90° 회전시키면 나사가 움직인 거리는 몇 mm인가?

① 0.5　　　　　② 1
③ 1.5　　　　　④ 2

해설 $l = np = 3 \times 2 = 6\,mm$
90° 회전했다면 리드값의 1/4에 해당한다.
$\therefore$ 나사가 움직인 거리 $= 6 \times \dfrac{1}{4} = 1.5\,mm$

56. 1줄 겹치기 리벳 이음에서 리벳 구멍의 지름은 12mm이고, 리벳의 피치는 45mm일 때 판의 효율은 약 몇 %인가?

① 80　　　　　② 73
③ 55　　　　　④ 42

해설 $\eta = \dfrac{p-d}{p} = \dfrac{45-12}{45} \fallingdotseq 0.73 = 73\%$

57. 폴(pawl)과 결합하여 사용되며, 한쪽 방향으로는 간헐적인 회전 운동을 주고 반대쪽으로는 회전을 방지하는 역할을 하는 장치는 어느 것인가?

① 플라이휠(fly wheel)
② 드럼 브레이크(drum brake)
③ 블록 브레이크(block brake)
④ 래칫 휠(rachet wheel)

해설 래칫 휠 : 휠의 주위에 특별한 형태의 이를 가지며, 이것에 스토퍼를 물려 축의 역회전을 막기도 하고 간헐적으로 축을 회전시키기도 한다.

58. 묻힘 키에서 키에 생기는 전단 응력을 τ, 압축 응력을 σ_c라 할 때, $\dfrac{\tau}{\sigma_c} = \dfrac{1}{4}$이면 키의 폭 b와 높이 h와의 관계식은? (단, 키 홈의 높이는 키 높이의 1/2이라고 한다.)

① $b = h$　　　　　② $b = 2h$
③ $b = \dfrac{h}{4}$　　　　　④ $b = \dfrac{h}{2}$

해설 $\tau = \dfrac{2T}{bld}$, $\sigma_c = \dfrac{4T}{dhl}$

$\dfrac{\tau}{\sigma_c} = \dfrac{2T}{bld} \div \dfrac{4T}{dhl} = \dfrac{2T}{bld} \times \dfrac{dhl}{4T} = \dfrac{h}{2b}$

$\dfrac{\tau}{\sigma_c} = \dfrac{h}{2b}$ 이고 $\dfrac{\tau}{\sigma_c} = \dfrac{1}{4}$ 이므로 $\dfrac{h}{2b} = \dfrac{1}{4}$

$\therefore b = 2h$

59. 지름이 4cm인 봉재에 인장 하중 1000N이 작용할 때 발생하는 인장 응력은 약 얼마인가?

① 127.3N/cm²　　② 127.3N/mm²
③ 80N/cm²　　　④ 80N/mm²

해설 $\sigma = \dfrac{W}{A} = \dfrac{W}{\dfrac{\pi d^2}{4}} = \dfrac{1000}{\dfrac{\pi \times 4^2}{4}} \fallingdotseq 80\,N/cm^2$

정답 **53.** ②　**54.** ③　**55.** ③　**56.** ②　**57.** ④　**58.** ②　**59.** ③

60. 400rpm으로 4kW의 동력을 전달하는 중 실축의 최소 지름은 약 몇 mm인가? (단, 축의 허용 전단 응력은 20.60MPa이다.)

① 22   ② 13
③ 29   ④ 36

해설 $T = 9.55 \times 10^6 \times \dfrac{H}{N} = 9.55 \times 10^6 \times \dfrac{4}{400}$
$= 95500 \, N \cdot mm$
$\therefore d = \sqrt[3]{\dfrac{5.1T}{\tau}} = \sqrt[3]{\dfrac{5.1 \times 95500}{20.6}}$
$\fallingdotseq 29 \, mm$

제4과목 : 컴퓨터 응용 설계

61. 21인치 1600×1200 픽셀 해상도 래스터 모니터를 지원하는 그래픽 보드가 트루 컬러(24bit)를 지원하기 위해 다음과 같은 메모리를 검토하고자 한다. 이때 적용할 수 있는 가장 작은 메모리는?

① 1MB   ② 4MB
③ 8MB   ④ 32MB

해설 8 bit = 1 byte이므로 트루 컬러(24 bit)를 지원하기 위해서는 3 byte가 필요하기 때문에 사용 메모리 용량은 $(1600 \times 1200) \times 3 \fallingdotseq$ 5.76MB이다. 따라서 사용 메모리보다 큰 표준 메모리 8MB가 요구된다.

62. 컬러 래스터 스캔 디스플레이에서 기본이 되는 3색이 아닌 것은?

① 적색(R)   ② 황색(Y)
③ 청색(B)   ④ 녹색(G)

63. 모든 유형의 곡선(직선, 스플라인, 원호 등) 사이를 경사지게 자른 코너를 말하는 것

으로 각진 모서리나 꼭짓점을 경사 있게 깎아 내리는 작업은?

① hatch   ② fillet
③ rounding   ④ chamfer

해설 • fillet : 모서리나 꼭짓점을 둥글게 깎는 작업
• chamfer : 모서리나 꼭짓점을 경사지게 평면으로 깎아 내리는 작업

64. CAD 데이터의 교환 표준 중의 하나로 국제표준화기구(ISO)가 국제 표준으로 지정하고 있으며, CAD의 형상 데이터뿐만 아니라 NC 데이터나 부품표, 재료 등도 표준 대상이 되는 규격은?

① IGES   ② DXF
③ STEP   ④ GKS

65. 곡면 모델링 시스템에서 일반적으로 요구되는 기능으로 거리가 먼 것은?

① 가공(machining) 기능
② 변환(transformation) 기능
③ 라운딩(rounding) 기능
④ 오프셋(offset) 기능

해설 모델링이 완성된 후 NC 데이터를 생성하여 CAM 가공이 가능하므로 가공 기능은 곡면 모델링 시스템에서 요구되는 기능과 거리가 멀다.

66. 3차원 좌표를 변환할 때 4×4 동차 변환 행렬을 사용한다. 그런데 다음과 같이 3×3 변환 행렬을 사용할 경우 표현할 수 없는 것은?

$$\begin{bmatrix} x' & y' & z' \end{bmatrix} = \begin{bmatrix} x & y & z \end{bmatrix} \begin{bmatrix} a & b & c \\ d & e & f \\ g & h & i \end{bmatrix}$$

① 이동 변환   ② 회전 변환

2016년

③ 스케일링 변환   ④ 반사 변환

67. 꼭짓점 개수 v, 모서리 개수 e, 면 또는 외부 루프의 개수 f, 면상에 있는 구멍 루프의 개수 h, 독립된 셀의 개수 s, 입체를 관통하는 구멍(passage)의 개수가 p인 B-rep 모델에서 이들 요소 간의 관계를 나타내는 오일러-포앙카레 공식으로 옳은 것은?

① $v-e+f-h=(s-p)$
② $v-e+f-h=2(s-p)$
③ $v-e+f-2h=(s-p)$
④ $v-e+f-2h=2(s-p)$

68. PC가 빠르게 발전하고 성능이 강력해짐에 따라 1990년대 중반부터 윈도 기반의 CAD 시스템의 사용이 시작되었다. 윈도 기반 CAD 시스템의 일반적인 특징에 관한 설명으로 틀린 것은?

① Windows XP, Windows 2000 등 윈도 기능들을 최대한 이용하며 사용자 인터페이스(user interface)가 마이크로소프트사의 다른 프로그램들과 유사하다.
② 구성 요소 기술(component technology)이라는 접근 방식을 사용하여 요소의 형상을 직접 변형시키지 않고, 구속 조건(constraints)을 사용하여 형상을 정의 또는 수정한다.
③ 객체 지향 기술(object-oriented technology)을 사용하여 다양한 기능에 따라 프로그램을 모듈화시켜 각 모듈을 독립된 단위로 재사용한다.
④ 엔지니어링 협업을 위한 인터넷 지원 기능 등을 가지고, 서로 떨어져 있는 설계자들끼리 의견을 교환할 수 있는 기능도 적용이 가능하다.

해설 파라메트릭 모델링에서 구성 요소 기술 접근 방식은 형상 요소를 만들 때 수식을 입력하며 직접 변형시키지 않고 조건식을 이용하여 수정한다.

69. 3D CAD 데이터를 사용하여 레이아웃이나 조립성 등을 평가하기 위하여 컴퓨터상에서 부품을 설계하고 조립체를 생성하는 것은?

① rapid prototyping
② part programming
③ reverse engineering
④ digital mock-up

해설 디지털 목업의 특징
• 실물 mock-up의 사용 빈도를 줄일 수 있는 대안이다.
• 간섭 검사, 기구학적 검사, 조립체 속을 걸어 다니는 듯한 효과 등을 낼 수 있다.
• 서피스 모델이나 솔리드 모델로 제품이 모델링되어야 한다.

70. (x, y) 평면에서 두 점 $(-5, 0)$, $(4, -3)$을 지나는 직선의 방정식은?

① $y=-\dfrac{2}{3}x-\dfrac{5}{3}$ ② $y=-\dfrac{1}{2}x-\dfrac{5}{2}$

③ $y=-\dfrac{1}{3}x-\dfrac{5}{3}$ ④ $y=-\dfrac{3}{2}x-\dfrac{4}{3}$

해설 기울기 $=\dfrac{-3-0}{4+5}=\dfrac{-3}{9}=-\dfrac{1}{3}$

기울기가 $-\dfrac{1}{3}$이고 $(-5, 0)$을 지나므로

$y-0=-\dfrac{1}{3}(x+5)$

$\therefore \ y=-\dfrac{1}{3}x-\dfrac{5}{3}$

71. CAD 시스템의 입력장치가 아닌 것은?

정답 **67.** ② **68.** ② **69.** ④ **70.** ③ **71.** ④

① light pen　　② joystick

③ track ball　　④ electrostatic plotter

해설 정전기식 플로터(electrostatic plotter)는 출력장치이다.

72. CAD 시스템에서 곡선을 표시하는 데 3차식을 사용하는 이유로 가장 적당한 것은?

① 곡면을 생성할 때 고차식에 비해 시간이 적게 걸린다.

② 4차로는 부드러운 곡선을 표현할 수 없기 때문이다.

③ CAD 시스템은 3차를 초과하는 차수의 곡선 방정식을 지원할 수 없다.

④ 3차식이 아니면 곡선의 연속성이 보장되지 않는다.

해설 차수가 높아질수록 계산과 출력 속도가 떨어지므로 곡면을 표시할 때 고차식에 비해 시간이 적게 걸리는 3차식을 사용한다.

73. 다음과 같은 특징을 가진 곡선은?

- 조정점의 양 끝점을 통과한다.
- 국부적인 곡선 조정이 가능하다.
- 원이나 타원 등의 원뿔 곡선은 근사적으로만 나타낼 수 있다.

① Bezier 곡선　　② Ferguson 곡선

③ NURBS 곡선　　④ B-spline 곡선

해설 B-spline 곡선의 특징

- 조정점의 양 끝점을 반드시 통과한다.
- 원이나 타원 등의 원뿔 곡선은 근사적으로만 나타낼 수 있다.
- 꼭짓점 수정 시 정해진 구간의 형상만 변경되므로 국부적 조정이 가능하다.
- 꼭짓점을 움직이더라도 조정점의 개수와 관계없이 연속성이 보장된다.
- 다각형이 정해지면 형상 예측이 가능하다.

74. 폐쇄된 평면 영역이 단면이 되어 직진 이동 또는 회전 이동시켜 솔리드 모델을 만드는 모델링 기법은?

① 스키닝(skinning)　② 리프팅(lifting)

③ 스위핑(sweeping)　④ 트위킹(tweaking)

해설 스위핑 : 하나의 2차원 단면 곡선(이동 곡선)이 미리 정해진 안내 곡선을 따라 이동하면서 입체를 생성하는 방법이다.

75. CAD(Computer-Aided Design) 소프트웨어의 가장 기본적인 역할은?

① 기하 형상의 정의

② 해석 결과의 가시화

③ 유한 요소 모델링

④ 설계물의 최적화

해설 CAD 소프트웨어의 가장 기본적인 역할은 기하 형상의 정의로, 기본 요소를 이용하여 원하는 형상을 도면이나 작업 공간에 나타내는 것이다.

76. Coon's patch에 대한 설명으로 가장 옳은 것은?

① 주어진 4개의 점이 곡면의 4개의 꼭짓점이 되도록 선형 보간하여 얻어지는 곡면을 말한다.

② 조정 다면체(control polyhedron)에 의해 정의되는 곡면을 말한다.

③ 네 개의 경계 곡선을 선형 보간하여 생성되는 곡면을 말한다.

④ B-spline 곡선을 확장하여 유도되는 곡면을 말한다.

해설 Coon's 곡면 : 4개의 모서리 점과 4개의 경계 곡선을 부드럽게 연결한 곡면으로, 4개의 모서리 점과 그 점에서 양방향 접선 벡터를 주고 3차식을 사용하면 퍼거슨 곡면과 동일하다.

정답 **72.** ①　**73.** ④　**74.** ③　**75.** ①　**76.** ③

77. 솔리드 모델링에서 모델을 구현하는 자료 구조가 몇 가지 있는데, 복셀 표현(voxel representation)은 어느 자료 구조에 속하는가?

① CSG 트리 구조
② B-rep 자료 구조
③ 날개 모서리(winged-edge)
④ 분해 모델을 저장하는 자료 구조

해설 분해 모델링 : 임의의 3차원 입체 형상을 그보다 작은 정육면체 등과 같이 기본적인 입체 요소의 집합으로 잘게 분할하여 근사한 형상으로 대체하여 표현하는 기법이다. 유한 요소법(FEM)에서 주로 사용되며, 대표적인 분해 모델의 표현 방법으로 복셀 표현, 옥트리 표현, 세포 분해 표현이 있다.

78. $f(x, y)=ax^2+bxy+cy^2+dx+ey+g=0$의 식에 표시된 계수에 의해 정의되는 도형으로 옳은 것은?

① 원 : $b=0$, $a=c$
② 타원 : $b^2-4ac>0$
③ 포물선 : $b^2-4ac=0$
④ 쌍곡선 : $b^2-4ac<0$

해설 $f(x, y)=ax^2+bxy+cy^2+dx+ey+g=0$
$b=0$, $a=c$이면
$ax^2+ay^2+dx+ey+g=0$이다.
∴ $b=0$, $a=c$일 때 정의되는 도형은 원이다.

79. 서피스 모델에 관한 설명 중 틀린 것은?

① 단면도를 작성할 수 있다.
② 2면의 교선을 구할 수 있다.
③ 질량과 같은 물리적 성질을 구하기 쉽다.
④ NC 데이터를 생성할 수 있다.

해설 서피스 모델의 특징
• 은선 제거가 가능하다.
• 단면도를 작성할 수 있다.
• 복잡한 형상 표현이 가능하다.
• 2개 면의 교선을 구할 수 있다.
• NC 가공 정보를 얻을 수 있다.
• 물리적 성질을 계산하기 곤란하다.
• 유한 요소법(FEM)의 적용을 위한 요소 분할이 어렵다.

80. 2차원 평면에서 두 개의 점이 정의되었을 때, 이 두 점을 포함하는 원은 몇 개로 정의할 수 있는가?

① 1개
② 2개
③ 3개
④ 무수히 많다.

해설 두 개의 점으로 무수히 많은 원을 정의할 수 있다.

2017년 시행 문제

기계설계산업기사

제1과목 : 기계 가공법 및 안전관리

1. 기어 절삭기에서 창성법으로 치형을 가공하는 공구가 아닌 것은?

① 호브(hob)
② 브로치(broach)
③ 랙 커터(rack cutter)
④ 피니언 커터(pinion cutter)

해설 창성법은 기어 소재와 절삭 공구가 서로 맞물려 돌아가며 기어 형상을 만드는 방법이다. 브로치를 사용하여 내면 기어를 가공할 수 있지만 창성법은 아니다.

2. 드릴 작업에 대한 설명으로 적절하지 않은 것은?

① 드릴 작업은 항상 시작할 때보다 끝날 때 이송을 빠르게 한다.
② 지름이 큰 드릴을 사용할 때는 바이스를 테이블에 고정한다.
③ 드릴은 사용 전 점검하고 마모나 균열이 있는 것은 사용하지 않는다.
④ 드릴이나 드릴 소켓을 뽑을 때는 전용 공구를 사용하고 해머 등으로 두드리지 않는다.

해설 구멍 뚫기가 끝날 무렵은 이송을 천천히 한다.

3. 절삭 공구의 절삭면에 평행하게 마모되는

현상은?

① 치핑(chiping)
② 플랭크 마모(flank wear)
③ 크레이터 마모(creater wear)
④ 온도 파손(temperature failure)

해설 플랭크 마모는 주철과 같이 분말상 칩이 생길 때 주로 발생하며, 소리가 나고 진동이 생길 수 있다.

4. CNC 기계의 움직임을 전기적인 신호로 속도와 위치를 피드백하는 장치는?

① 리졸버(resolver)
② 컨트롤러(controller)
③ 볼 스크루(ball screw)
④ 패리티 체크(parity-check)

해설 리졸버는 CNC 공작 기계의 움직임을 전기적인 신호로 표시하는 일종의 회전 피드백 장치이다.

5. 연삭숫돌의 표시에 대한 설명이 옳은 것은?

① 연삭입자 C는 갈색 알루미나를 의미한다.
② 결합제 R은 레지노이드 결합제를 의미한다.
③ 연삭숫돌의 입도 #100이 #300보다 입자의 크기가 크다.
④ 결합도 K 이하는 경한 숫돌, L~O는 중간 정도, P 이상은 연한 숫돌이다.

해설 • 연삭입자 C : 흑색 탄화규소질(SiC)

정답 1. ② 2. ① 3. ② 4. ① 5. ③

• 결합제 R : 러버 결합제
• 결합도 K 이하는 연한 숫돌, L~O는 중간 정도, P 이상은 단단한 숫돌이다.

6. 드릴 머신으로 할 수 없는 작업은?

① 널링　　　　　② 스폿 페이싱
③ 카운터 보링　　④ 카운터 싱킹

해설 드릴링 머신으로는 드릴링, 리밍, 보링, 카운터 보링, 카운터 싱킹, 스폿 페이싱, 태핑이 가능하다. 널링은 선반으로 작업해야 한다.

7. 나사 연삭기의 연삭 방법이 아닌 것은?

① 다인 나사 연삭방법
② 단식 나사 연삭방법
③ 역식 나사 연삭방법
④ 센터리스 나사 연삭방법

8. 20℃에서 20mm인 게이지 블록이 손과 접촉 후 온도가 36℃가 되었을 때 게이지 블록에 생긴 오차는 몇 mm인가? (단, 선팽창계수는 $1.0×10^{-6}$/℃이다.)

① $3.2×10^{-4}$　　② $3.2×10^{-3}$
③ $6.4×10^{-4}$　　④ $6.4×10^{-3}$

해설 $\delta l = l \cdot \alpha \cdot \delta t$
　　$= 20×(1.0×10^{-6})×(36-20)$
　　$= 20×10^{-6}×16$
　　$= 320×10^{-6}$
　　$= 3.2×10^{-4}$mm

9. 절삭 공작 기계가 아닌 것은?

① 선반　　　　　② 연삭기
③ 플레이너　　　④ 굽힘 프레스

해설 굽힘 프레스는 굽힘 가공에 사용하는 공작 기계로, 소성 가공 기계에 속한다.

10. 선반에서 맨드릴(mandrel)의 종류가 아닌 것은?

① 갱 맨드릴　　　② 나사 맨드릴
③ 이동식 맨드릴　④ 테이퍼 맨드릴

해설 맨드릴의 종류에는 표준 맨드릴, 갱 맨드릴, 팽창 맨드릴, 나사 맨드릴, 테이퍼 맨드릴, 조립식 맨드릴이 있다.

11. 구멍 가공을 하기 위해 가공물을 고정시키고 드릴이 가공 위치로 이동할 수 있도록 제작된 드릴링 머신은?

① 다두 드릴링 머신
② 다축 드릴링 머신
③ 탁상 드릴링 머신
④ 레이디얼 드릴링 머신

해설 레이디얼 드릴링 머신은 큰 공작물을 테이블에 고정하고 주축을 이동시켜 구멍의 중심을 맞춘 후 구멍을 뚫는다.

12. 일감에 회전 운동과 이송을 주며, 숫돌을 일감 표면에 약한 압력으로 눌러 대고 다듬질할 면에 따라 매우 작고 빠른 진동을 주어 가공하는 방법은?

① 래핑　　　　　② 드레싱
③ 드릴링　　　　④ 슈퍼 피니싱

해설 슈퍼 피니싱은 입자가 작은 숫돌로 일감을 가볍게 누르면서 축 방향으로 진동을 주어 다듬질하는 가공이다.

13. 선반을 설계할 때 고려할 사항으로 틀린 것은?

① 고장이 적고 기계효율이 좋을 것
② 취급이 간단하고 수리가 용이할 것
③ 강력 절삭이 되고 절삭 능률이 클 것

④ 기계적 마모가 높고 가격이 저렴할 것

14. 선반의 주요 구조부가 아닌 것은?

① 베드   ② 심압대

③ 주축대   ④ 회전 테이블

해설 선반의 주요 4대 구성요소
주축대, 왕복대, 심압대, 베드

15. 그림에서 플러그 게이지의 기울기가 0.05일 때 M_2의 길이[mm]는? (단, 그림의 치수 단위는 mm이다.)

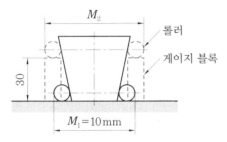

① 10.5   ② 11.5

③ 13   ④ 16

해설 $\tan\dfrac{\alpha}{2} = \dfrac{M_2 - M_1}{2H}$

$0.05 = \dfrac{M_2 - 10}{2 \times 30}$, $3 = M_2 - 10$

∴ $M_2 = 3 + 10 = 13\,\text{mm}$

16. 삼각함수에 의해 각도를 길이로 계산하여 간접적으로 각도를 구하는 방법으로, 블록 게이지와 함께 사용하는 측정기는?

① 사인 바   ② 베벨 각도기

③ 오토 콜리메이터   ④ 콤비네이션 세트

해설 사인 바 : 삼각함수의 사인(sine)을 이용하여 각도를 측정하고 설정하는 측정기로, 크기는 롤러 중심 간의 거리로 표시한다.

17. 상향 절삭과 하향 절삭에 대한 설명으로

틀린 것은?

① 하향 절삭은 상향 절삭보다 표면 거칠기가 우수하다.

② 상향 절삭은 하향 절삭에 비해 공구의 수명이 짧다.

③ 상향 절삭은 하향 절삭과는 달리 백래시 제거장치가 필요하다.

④ 상향 절삭은 하향 절삭할 때보다 가공물을 견고하게 고정해야 한다.

해설 상향 절삭과 하향 절삭의 비교

상향 절삭	하향 절삭
• 백래시 제거 불필요	• 백래시 제거 필요
• 공작물 고정이 불리	• 공작물 고정이 유리
• 공구 수명이 짧다.	• 공구 수명이 길다.
• 소비 동력이 크다.	• 소비 동력이 작다.
• 가공면이 거칠다.	• 가공면이 깨끗하다.
• 기계 강성이 낮아도 된다.	• 기계 강성이 높아야 한다.

18. 주축의 회전 운동을 직선 왕복 운동으로 변화시킬 때 사용하는 밀링 부속 장치는?

① 바이스   ② 분할대

③ 슬로팅 장치   ④ 랙 절삭 장치

해설 슬로팅 장치 : 수평 밀링 머신이나 만능 밀링 머신의 주축 회전 운동을 직선 운동으로 변환하여 슬로터 작업을 할 수 있게 하는 장치이다. 주축을 중심으로 좌우 90°씩 선회할 수 있다.

19. 밀링 작업의 단식 분할법에서 원주를 15 등분하려고 한다. 이때 분할대 크랭크의 회전수를 구하고, 15구멍열 분할판을 몇 구멍씩 보내면 되는가?

① 1회전에 10구멍씩

② 2회전에 10구멍씩

③ 3회전에 10구멍씩

정답 14. ④   15. ③   16. ①   17. ③   18. ③   19. ②

④ 4회전에 10구멍씩

해설 $n = \dfrac{40}{N} = \dfrac{40}{15} = 2\dfrac{10}{15}$

∴ 분할판 15구멍열에서 2회전에 10구멍씩 이
동한다.

20. 일반적인 손다듬질 작업 공정순서로 옳은
것은?

① 정 → 줄 → 스크레이퍼 → 쇠톱
② 줄 → 스크레이퍼 → 쇠톱 → 정
③ 쇠톱 → 정 → 줄 → 스크레이퍼
④ 스크레이퍼 → 정 → 쇠톱 → 줄

제2과목 : 기계 제도

21. 그림과 같이 수직 원통을 30° 정도 경사
지게 일직선으로 자른 경우의 전개도로 가
장 적합한 형상은?

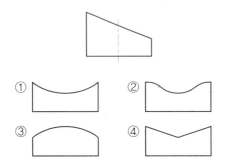

22. 다음 그림에서 "A"의 치수는 얼마인가?

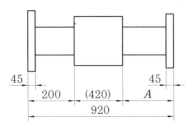

① 200 ② 225
③ 250 ④ 300

해설 $A = 920 - 200 - 420 = 300$

23. SM20C의 재료기호에서 탄소 함유량은
몇 % 정도인가?

① 0.18~0.23% ② 0.2~0.3%
③ 2.0~3.0% ④ 18~23%

해설 기계 구조용 탄소강 강재 도면의 재질 예시

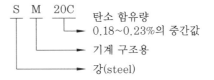

24. 그림은 제3각법 정투상도로 그린 그림이
다. 정면도로 가장 적합한 투상도는?

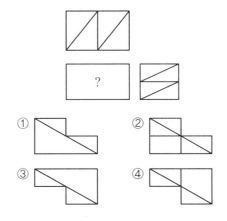

25. 대상물의 일부를 파단한 경계 또는 일부를
떼어낸 경계를 표시하는 선으로 옳은 것은?

① 가는 1점 쇄선
② 가는 2점 쇄선
③ 가는 1점 쇄선으로 끝부분 및 방향이 변
하는 부분을 굵게 한 선
④ 불규칙한 파형의 가는 실선

정답 **20.** ③ **21.** ② **22.** ④ **23.** ① **24.** ① **25.** ④

해설 파단선은 가는 실선 중에서도 불규칙한 파형으로 나타낸다.

26. 도면 작성 시 가는 실선을 사용하는 경우가 아닌 것은?

① 특별히 범위나 영역을 나타내기 위한 틀의 선

② 반복되는 자세한 모양의 생략을 나타내는 선

③ 테이퍼가 진 모양을 설명하기 위해 표시하는 선

④ 소재의 굽은 부분이나 가공 공정을 표시하는 선

해설 ① 가는 2점 쇄선

27. 그림은 맞물리는 어떤 기어를 나타낸 간략도이다. 이 기어는 무엇인가?

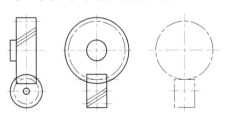

① 스퍼 기어　　② 헬리컬 기어
③ 나사 기어　　④ 스파이럴 베벨기어

28. 최대 실체 공차 방식을 적용할 때 공차붙이 형체와 그 데이텀 형체 두 곳에 함께 적용하는 경우로 옳게 표현한 것은?

① ⌖ φ0.04 Ⓜ A
② ⌖ φ0.04 A Ⓜ
③ ⌖ φ0.04 Ⓜ A
④ ⌖ φ0.04 Ⓜ A Ⓜ

해설 최대 실체 공차 방식(MMS) : 형체의 부피가 최소가 될 때를 고려하여 형상 공차 또는 위치 공차를 적용하는 방법이다. 적용하는 형체의 공차나 데이텀의 문자 뒤에 Ⓜ을 붙인다.

29. 나사의 표시법 중 관용 평행나사 "A"급을 표시하는 방법으로 옳은 것은?

① Rc 1/2 A　　② G 1/2 A
③ A Rc 1/2　　④ A G 1/2

해설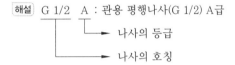

G 1/2　A : 관용 평행나사(G 1/2) A급

└─→ 나사의 등급

└─→ 나사의 호칭

30. 가공 방법의 표시 기호에서 "SPBR"은 무슨 가공인가?

① 기어 셰이빙　　② 액체 호닝
③ 배럴 연마　　④ 숏 블라스팅

해설 가공 방법의 표시 기호

가공 방법	약호
기어 셰이빙	TCSV
액체 호닝 가공	SPLH
배럴 연마 가공	SPBR
숏 블라스팅	SBSH

31. 다음과 같은 용접 기호의 설명으로 옳은 것은?

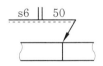

① 화살표 쪽에서 50mm 용접 길이의 맞대기 용접

② 화살표 반대쪽에서 50mm 용접 길이의

2017년

맞대기 용접

③ 화살표 쪽에서 두께가 6mm인 필릿 용접

④ 화살표 반대쪽에서 두께가 6mm인 필릿 용접

32. "2줄 M20×2"와 같은 나사 표시 기호에서 리드는 얼마인가?

① 5mm ② 2mm
③ 3mm ④ 4mm

해설 $l=np=2\times2=4\text{mm}$

33. 바퀴의 암(arm), 형강 등과 같은 제품의 단면을 나타낼 때, 절단면을 90° 회전하거나 절단할 곳의 전후를 끊어서 그 사이에 단면도를 그리는 방법은?

① 전단면도 ② 부분 단면도
③ 계단 단면도 ④ 회전 도시 단면도

해설 회전 도시 단면도 : 물체의 절단면을 그 자리에서 90° 회전시켜 투상하는 단면법으로, 바퀴, 리브, 형강, 훅 등의 단면 기법을 말한다.

34. 아래 입체도에서 화살표 방향 투상도로 가장 적합한 것은?

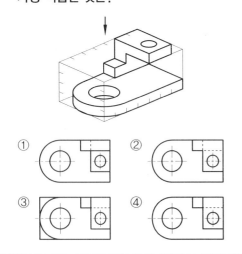

35. 다음은 제3각법 정투상도로 그린 그림이다. 우측면도로 가장 적합한 것은?

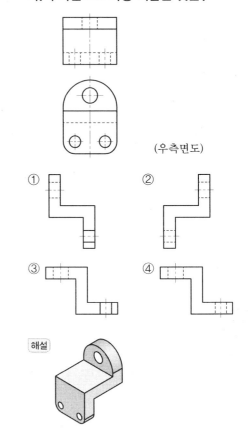

36. 합금 공구강의 재질 기호가 아닌 것은?

① STC 60 ② STD 12
③ STF 6 ④ STS 21

해설 STC : 탄소 공구강 강재

37. 다음과 같은 I 형강 재료의 표시법으로 올바른 것은?

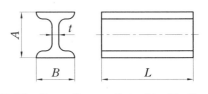

① $IA\times B\times t-L$ ② $t\times IA\times B-L$

③ $L - I \times A \times B \times t$ ④ $IB \times A \times t - L$

해설 형강의 치수 표기 방법

(형강 기호)(높이) × (폭) × (두께) − (길이)

38. 다음 중 가는 실선으로 나타내지 않는 선은?

① 지시선   ② 치수선
③ 해칭선   ④ 피치선

해설 피치선은 가는 1점 쇄선으로 나타낸다.

39. 체인 스프로킷 휠의 피치원 지름을 나타내는 선의 종류는?

① 가는 실선   ② 가는 1점 쇄선
③ 가는 2점 쇄선   ④ 굵은 1점 쇄선

해설 기어 및 스프로킷 휠의 피치원 지름은 가는 1점 쇄선으로 나타낸다.

40. 구멍의 치수가 $\phi 35^{+0.003}_{-0.001}$이고 축의 치수가 $\phi 35^{+0.001}_{-0.004}$일 때 최대 틈새는?

① 0.004   ② 0.005
③ 0.007   ④ 0.009

해설 최대 틈새＝구멍의 최대 허용 치수
　　　　　　　　− 축의 최소 허용 치수
　　　　　　＝35.003 − 34.996 = 0.007

제3과목 : 기계 설계 및 기계 재료

41. 담금질한 강재의 잔류 오스테나이트를 제거하며, 치수 변화 등을 방지하는 목적으로 0℃ 이하에서 열처리하는 방법은?

① 저온 뜨임   ② 심랭 처리
③ 마템퍼링   ④ 용체화 처리

해설 심랭 처리 : 게이지 등 정밀 기계 부품의 조직을 안정화시키고 형상 및 치수의 변형(시효 변형)을 방지하는 방법이다.

42. 열간 가공과 냉간 가공을 구별하는 온도는?

① 포정 온도   ② 공석 온도
③ 공정 온도   ④ 재결정 온도

해설 재결정 온도 이하에서 가공하는 것을 냉간 가공, 그 이상의 온도에서 가공하는 것을 열간 가공이라 한다.

43. 소결합금으로 된 공구강은?

① 초경합금   ② 스프링강
③ 탄소 공구강   ④ 기계 구조용강

해설 소결은 초경질 합금 공구 등을 제조할 때 사용되는 방법으로, 경질 탄화물의 분말을 소량의 연성금속, 예를 들어 Co 또는 Ni 분말과 섞어서 이를 압축 성형한 후 높은 온도로 가열하여 굳히는 방법이다.

44. 공구 재료가 갖추어야 할 일반적 성질 중 틀린 것은?

① 인성이 클 것
② 취성이 클 것
③ 고온 경도가 클 것
④ 내마멸성이 클 것

해설 취성이 크면 충격에 의해 재료가 깨지기 쉬우므로 취성은 작아야 한다.

45. 플라스틱 재료의 일반적인 성질을 설명한 것 중 틀린 것은?

① 열에 약하다.
② 성형성이 좋다.
③ 표면 경도가 높다.

정답 38. ④ 39. ② 40. ③ 41. ② 42. ④ 43. ① 44. ② 45. ③

④ 대부분 전기 절연성이 좋다.

[해설] 플라스틱은 단단하고 질기며 부드럽고 유연하게 만들 수 있기 때문에 금속 제품으로 만드는 것보다 가공비가 저렴하다. 열에 약하고 표면 경도가 낮은 단점이 있다.

46. 주철에서 탄소강과 같이 강인성이 우수한 조직을 만들 수 있는 흑연 모양은?

① 편상 흑연　　② 괴상 흑연
③ 구상 흑연　　④ 공정상 흑연

[해설] 구상 흑연 주철은 용융 상태에서 Mg, Ce, Mg-Cu 등을 첨가하여 흑연을 편상 → 구상으로 석출시켜 만든 주철로 강도, 내열성, 내식성이 우수하다.

47. 구리 합금 중 최고의 강도를 가진 석출 경화성 합금으로 내열성과 내식성이 우수하여 베어링 및 고급 스프링 재료로 이용되는 청동은?

① 납청동　　② 인청동
③ 베릴륨 청동　　④ 알루미늄 청동

[해설] 베릴륨 청동 : 구리에 베릴륨 1~2.5%를 첨가한 합금으로, 담금질하여 시효 경화시키면 기계적 성질이 합금강 못지 않게 우수하며, 내식성도 풍부하여 기어, 베어링, 판 스프링 등에 사용된다.

48. 발전기, 전동기, 변압기 등의 철심 재료에 가장 적합한 특수강은?

① 규소강　　② 베어링강
③ 스프링강　　④ 고속도 공구강

[해설] 규소강 : 철에 1~5%의 규소를 첨가한 합금으로, 전기 저항이 높고 자기 이력 손실이 적어 발전기, 변압기, 회전기기 등의 철심 재료에 적합하다.

49. 알루미늄의 성질로 틀린 것은?

① 비중이 약 7.8이다.
② 면심입방격자 구조이다.
③ 용융점은 약 660℃이다.
④ 대기 중에서 내식성이 좋다.

[해설] 알루미늄의 비중은 약 2.7이다.

50. 담금질 조직 중 냉각 속도가 가장 빠를 때 나타나는 조직은?

① 소르바이트　　② 마텐자이트
③ 오스테나이트　　④ 트루스타이트

[해설] 담금질 조직의 경도
시멘타이트 > 마텐자이트 > 트루스타이트 > 펄라이트 > 오스테나이트 > 페라이트

51. 잇수 32, 피치 12.7mm, 회전수 500rpm의 스프로킷 휠에 50번 롤러 체인을 사용하였을 경우 전달 동력은 약 몇 kW인가? (단, 50번 롤러 체인의 파단 하중은 22.10kN, 안전율은 15이다.)

① 7.8　　② 6.4
③ 5.6　　④ 5.0

[해설] $V = \dfrac{pZ_1 N_1}{60 \times 1000} = \dfrac{12.7 \times 32 \times 500}{60 \times 1000} \fallingdotseq 3.39 \mathrm{m/s}$

$H = PV = 22.10 \times 3.39 \fallingdotseq 74.92 \mathrm{kW}$

$\therefore H_a = \dfrac{H}{S} = \dfrac{74.92}{15} \fallingdotseq 5.0 \mathrm{kW}$

52. 0.45t 물체를 지지하는 아이볼트에서 볼트의 허용 인장 응력이 48MPa일 때, 다음 미터나사 중 가장 적합한 것은? (단, 나사 바깥지름은 골지름의 1.25배로 가정하고, 적합한 사양 중 가장 작은 크기를 선정한다.)

① M14　　② M16
③ M18　　④ M20

해설 $d = \sqrt{\dfrac{4W}{\pi \sigma}} = \sqrt{\dfrac{4 \times 450 \times 9.8}{\pi \times 48 \times 10^6}} ≒ 0.011\,\mathrm{m}$

$\therefore D = 1.25 \times d = 1.25 \times 0.011$
$= 0.014\,\mathrm{m} = 14\,\mathrm{mm}$

53. 원형 봉에 비틀림 모멘트를 가할 때 비틀림 변형이 생기는데, 이때 나타나는 탄성을 이용한 스프링은?

① 토션 바
② 벌류트 스프링
③ 와이어 스프링
④ 비틀림 코일 스프링

해설 코일 스프링은 축 방향으로 늘어났다가 회복되는 성질을 이용하고, 토션 바는 비틀렸다가 다시 회복되는 성질을 이용한다.

54. 용접 이음의 단점에 속하지 않는 것은?

① 내부 결함이 생기기 쉽고 정확한 검사가 어렵다.
② 용접공의 기능에 따라 용접부의 강도가 좌우된다.
③ 다른 이음 작업과 비교하여 작업 공정이 많은 편이다.
④ 잔류 응력이 발생하기 쉬워 이를 제거하는 작업이 필요하다.

해설 용접 이음의 특징
• 사용 재료의 두께에 제한이 없다.
• 기밀 유지에 용이하고 이음 효율이 좋다.
• 작업할 때 소음이 작고 자동화가 용이하다.
• 다른 이음에 비해 작업 공정이 적어 제작비를 줄일 수 있다.

55. 볼 베어링에서 수명에 대한 설명으로 옳은 것은?

① 베어링에 작용하는 하중의 3승에 비례한다.

② 베어링에 작용하는 하중의 3승에 반비례한다.
③ 베어링에 작용하는 하중의 10/3승에 비례한다.
④ 베어링에 작용하는 하중의 10/3승에 반비례한다.

해설 $L_h = 500 \left(\dfrac{C}{P} \right)^r \dfrac{33.3}{N}$

• 볼 베어링 : $r = 3$ • 롤러 베어링 : $r = \dfrac{10}{3}$

56. 전달 동력 2.4 kW, 회전수 1800 rpm을 전달하는 축의 지름은 약 몇 mm 이상으로 해야 하는가? (단, 축의 허용 전단 응력은 20 MPa이다.)

① 20   ② 12
③ 15   ④ 17

해설 $T = 9.55 \times 10^6 \times \dfrac{H}{N} = 9.55 \times 10^6 \times \dfrac{2.4}{1800}$

$≒ 12733$

$\therefore d = \sqrt[3]{\dfrac{5.1T}{\tau}} = \sqrt[3]{\dfrac{5.1 \times 12733}{20}} ≒ 15\,\mathrm{mm}$

57. 묻힘 키(sunk key)에 생기는 전단 응력을 τ, 압축 응력을 σ_c라 할 때 $\dfrac{\tau}{\sigma_c} = \dfrac{1}{2}$이라 하면 키 폭 b와 높이 h의 관계식으로 옳은 것은? (단, 키 홈의 높이는 키의 1/2이다.)

① $b = h$ ② $h = \dfrac{b}{4}$

③ $b = \dfrac{h}{2}$ ④ $b = 2h$

해설 전단 응력 $\tau = \dfrac{2T}{bld}$, 압축 응력 $\sigma_c = \dfrac{4T}{dhl}$

$\dfrac{\tau}{\sigma_c} = \dfrac{2T}{bld} \div \dfrac{4T}{dhl} = \dfrac{2T}{bld} \times \dfrac{dhl}{4T} = \dfrac{h}{2b}$

$\dfrac{\tau}{\sigma_c} = \dfrac{1}{2}$이므로 $\dfrac{1}{2} = \dfrac{h}{2b}$

$\therefore b = h$

정답 53. ①   54. ③   55. ②   56. ③   57. ①

58. 기어의 피치원 지름이 회전 운동을 직선 운동으로 무한대로 바꿀 때 사용하는 기어는?

① 베벨 기어　　② 헬리컬 기어
③ 랙과 피니언　　④ 웜 기어

59. 주로 회전 운동을 왕복으로 변환시키는 데 사용하는 기계요소로, 내연기관의 밸브 개폐기구 등에 사용되는 것은?

① 마찰차(friction wheel)
② 클러치(clutch)
③ 기어(gear)
④ 캠(cam)

해설 캠은 미끄럼면의 접촉으로 운동을 전달하는데, 특히 링크 장치로 얻을 수 없는 왕복 운동이나 간헐적인 운동을 종동절에 전달하는 데 사용한다.

60. 드럼의 지름이 600mm인 브레이크 시스템에서 98.1N · m의 제동 토크를 발생시키고자 할 때 블록을 드럼에 밀어붙이는 힘은 약 몇 kN인가? (단, 접촉부 마찰계수는 0.30이다.)

① 0.54　　　　② 1.09
③ 1.51　　　　④ 1.96

해설 $P = \dfrac{2T}{\mu D} = \dfrac{2 \times 98.1}{0.3 \times 600} = 1.09 \, \text{kN}$

제4과목 : 컴퓨터 응용 설계

61. 다음 중 기본적인 2차원 동차 좌표 변환으로 볼 수 없는 것은?

① extrusion　　② translation
③ rotation　　　④ reflection

해설 동차 좌표에 의한 좌표 변환 행렬에는 평행 이동(translation), 스케일링(scaling), 전단(shearing), 반전(reflection), 회전(rotation)이 있다.

62. CAD 소프트웨어가 반드시 갖추고 있어야 할 기능으로 거리가 먼 것은?

① 화면 제어 기능　　② 치수 기입 기능
③ 도형 편집 기능　　④ 인터넷 기능

63. $x^2 + y^2 - 25 = 0$인 원이 있다. 원 위의 점 (3, 4)에서 접선의 방정식으로 옳은 것은?

① $3x + 4y - 25 = 0$　② $3x + 4y - 50 = 0$
③ $4x + 3y - 25 = 0$　④ $4x + 3y - 50 = 0$

해설 원 $x^2 + y^2 = r^2$ 위의 점 (x_1, y_1)을 지나는 접선의 방정식은 $x_1 x + y_1 y = r^2$이다.
원 $x^2 + y^2 = 25$ 위의 점 (3, 4)를 지나는 접선의 방정식은 $3x + 4y = 25$이다.
∴ $3x + 4y - 25 = 0$

64. $(x + 7)^2 + (y - 4)^2 = 64$인 원의 중심좌표와 반지름을 구하면?

① 중심좌표 (−7, 4), 반지름 8
② 중심좌표 (7, −4), 반지름 8
③ 중심좌표 (−7, 4), 반지름 64
④ 중심좌표 (7, −4), 반지름 64

해설 • 원의 방정식의 기본형
$(x - a)^2 + (y - b)^2 = r^2$
• 원의 방정식의 일반형
$x^2 + y^2 + Ax + By + C = 0$

65. 솔리드 모델링 방식 중 B−rep과 비교한 CSG의 특징이 아닌 것은?

① 불 연산자 사용으로 명확한 모델 생성이 쉽다.

정답 **58.** ③　**59.** ④　**60.** ②　**61.** ①　**62.** ④　**63.** ①　**64.** ①　**65.** ④

② 데이터가 간결하여 필요 메모리가 적다.

③ 형상 수정이 용이하고 부피, 중량을 계산할 수 있다.

④ 투상도, 투시도, 전개도, 표면적 계산이 용이하다.

해설 • B−rep 방식 : 경계 표현, 즉 형상을 구성하고 있는 면과 면 사이의 위상 기하학적인 결합 관계를 정의함으로써 3차원 물체를 표현하는 방법으로, 투상도 작성이 용이하다.

• CSG 방식 : 불 연산의 합, 차, 적을 사용한 명확한 모델 생성이 가능하다.

66. 서피스 모델에서 사용되는 기본 곡면의 종류에 속하지 않는 것은?

① Revolved surface

② Topology surface

③ Sweep surface

④ Bezier surface

해설 서피스 모델에서 사용되는 기본 곡면
회전에 의한 곡면, 테이퍼 곡면, 경계 곡면, 스윕 곡면, 베지어 곡면

67. 솔리드 모델링 기법의 일종인 특징 형상 모델링 기법에 대한 설명으로 옳지 않은 것은?

① 모델링 입력을 설계자 또는 제작자에게 익숙한 형상 단위로 하자는 것이다.

② 각각의 형상 단위는 주요 치수를 파라미터로 입력하도록 되어 있다.

③ 전형적인 특징 현상은 모따기(chamfer), 구멍(hole), 필릿(fillet), 슬롯(slot) 등이 있다.

④ 사용 분야와 사용자에 관계없이 특징 형상의 종류가 항상 일정하다는 것이 장점이다.

해설 특징 형상 모델링 : 설계자들이 빈번하게 사용하는 임의의 형상을 정의해 놓고, 변숫값만 입력하여 원하는 형상을 쉽게 얻는 기법이다.

68. 다음 곡선들 중에서 원뿔 단면 곡선(conic section curve)이 아닌 것은?

① 포물선(parabola)

② 타원(ellipse)

③ 대수 곡선(algebraic curve)

④ 쌍곡선(hyperbola)

69. 동차좌표(Homogeneous Coordinate)에 의한 표현을 바르게 설명한 것은?

① N차원의 벡터를 N−1차원의 벡터로 표현한 것이다.

② N차원의 벡터를 N+1차원의 벡터로 표현한 것이다.

③ N차원의 벡터를 $N^{(N-1)}$차원의 벡터로 표현한 것이다.

④ N차원의 벡터를 $N^{(N+1)}$차원의 벡터로 표현한 것이다.

70. 플로터 형식에 있어서 펜(pen)식과 래스터(raster)식으로 구분할 때 펜식 플로터에 속하는 것은?

① 정전식   ② 잉크젯식

③ 리니어 모터식   ④ 열전사식

해설 • 펜식 플로터 : 플랫 베드형, 드럼형, 리니어 모터식, 벨트형

• 래스터식 플로터 : 정전식, 잉크젯식, 열전사식

• 포토식 플로터 : 포토 플로터

71. 3차원 형상을 표현하는 데 있어서 사용하는 Z−buffer 방법은 무엇을 의미하는가?

① 음영을 나타내기 위한 방법

② 은선 또는 은면을 제거하기 위한 방법

③ view−port에 모델을 나타내기 위한 방법

④ 두 곡면을 부드럽게 연결하기 위한 방법

2017년

정답 66. ② 　67. ④ 　68. ③ 　69. ② 　70. ③ 　71. ②

72. 공학적 해석(부피, 무게중심, 관성 모멘트 등의 계산)을 적용할 때 쓰는 가장 적합한 모델은?

① 솔리드 모델
② 서피스 모델
③ 와이어 프레임 모델
④ 데이터 모델

해설 솔리드 모델링은 물리적 성질(부피, 무게중심, 관성 모멘트 등)의 계산이 가능하다.

73. 반지름이 R이고 피치(pitch)가 p인 나사의 나선(helix)을 나선의 회전각(x축과 이루는 각) θ에 대한 매개변수식으로 나타낸 것으로 옳은 것은? (단, $\widehat{i}$, $\widehat{j}$, $\widehat{k}$는 각각 x, y, z 축 방향의 단위벡터이다.)

① $\overrightarrow{r}(\theta)=R\sin\theta\,\widehat{i}+R\tan\theta\,\widehat{j}+\dfrac{p\theta}{\pi}\widehat{k}$

② $\overrightarrow{r}(\theta)=R\sin\theta\,\widehat{i}+R\tan\theta\,\widehat{j}+\dfrac{p\theta}{2\pi}\widehat{k}$

③ $\overrightarrow{r}(\theta)=R\cos\theta\,\widehat{i}+R\sin\theta\,\widehat{j}+\dfrac{p\theta}{\pi}\widehat{k}$

④ $\overrightarrow{r}(\theta)=R\cos\theta\,\widehat{i}+R\sin\theta\,\widehat{j}+\dfrac{p\theta}{2\pi}\widehat{k}$

해설 나선 벡터 $\overrightarrow{r}=$ 수평 벡터(코사인 성분)
$\qquad\qquad$ + 수직 벡터(사인 성분)
$\qquad\qquad$ + 높이 벡터
$\qquad = R\cos\theta\,\widehat{i}+R\sin\theta\,\widehat{j}+\dfrac{p\theta}{2\pi}\widehat{k}$

74. 지정된 점(정점 또는 조정점)을 모두 통과하도록 고안된 곡선은?

① Bezier curve
② B-spline curve
③ Spline curve
④ NURBS curve

75. 컬러 잉크젯 플로터에 사용되는 기본적인

색상이 아닌 것은?

① magenta
② black
③ cyan
④ green

해설 컬러 잉크젯 플로터에 사용되는 기본 색상으로 CYMB(cyan, yellow, magenta, black)를 사용한다.

76. CAD를 이용한 설계 과정이 종래의 제도판에서 제도기를 이용하여 2차원적으로 작업하는 설계 과정과의 차이점에 해당하지 않는 것은?

① 개념 설계 단계를 거치는 점
② 전산화된 데이터베이스를 활용한다는 점
③ 컴퓨터에 의한 해석을 용이하게 할 수 있다는 점
④ 형상을 수치로 데이터화하여 데이터베이스에 저장한다는 점

해설 개념 설계는 종래의 설계 과정에서도 거쳐야 하는 단계이다.

77. 다음과 같은 특징을 가진 디스플레이는?

> • 빛을 편광시키는 특성을 가진 유기화합물을 사용한다.
> • 전자총이 없어서 두께가 얇은 모니터를 만들 수 있다.
> • 백라이트가 필요하고 시야각이 좁은 단점이 있다.

① PDP
② TFT-LCD
③ CRT
④ OLED

78. 베지어(Bezier) 곡선에 관한 설명 중 옳지 않은 것은?

① 곡선은 양단의 끝점을 통과한다.

정답 **72.** ① **73.** ④ **74.** ③ **75.** ④ **76.** ① **77.** ② **78.** ③

② 1개의 정점 변화는 곡선 전체에 영향을 미친다.

③ n개의 정점에 의해 정의된 곡선은 $(n+1)$차 곡선이다.

④ 곡선은 정점을 연결하는 다각형의 내측에 존재한다.

해설 베지어 곡선에서 n개의 정점에 의해 생성된 곡선은 $(n-1)$차 곡선이다.

79. 다음 중 모델링과 관련된 용어의 설명으로 잘못된 것은?

① 스위핑(sweeping) : 하나의 2차원 단면 형상을 입력하고 이를 안내곡선을 따라 이동시켜 입체를 생성하는 것

② 스키닝(skinning) : 원하는 경로상에 여러 개의 단면 형상을 위치시키고 이를 덮는 입체를 생성하는 것

③ 리프팅(lifting) : 주어진 물체의 특정면 전부 또는 일부를 원하는 방향으로 움직여서 물체가 그 방향으로 늘어난 효과를 갖도록 하는 것

④ 블렌딩(blending) : 주어진 형상을 국부적으로 변화시키는 방법으로, 접하는 곡면을 예리한 모서리로 처리하는 것

해설 블렌딩(blending) : 주어진 형상을 국부적으로 변화시키는 방법으로, 서로 만나는 모서리를 부드러운 곡면으로 연결되게 처리하는 것이다.

80. 다음 중 데이터의 전송 속도를 나타내는 단위는?

① BPS   ② MIPS

③ DPI   ④ RPM

해설 BPS(Bits Per Second) : 통신 속도의 단위로, 1초간 송수신할 수 있는 비트 수를 나타낸다.

2017년

기계설계산업기사

2017. 05. 08 시행

제1과목 : 기계 가공법 및 안전관리

1. 다이얼 게이지 기어의 백래시(backlash)로 인해 발생하는 오차는?

① 인접 오차 　　② 지시 오차
③ 진동 오차 　　④ 되돌림 오차

2. 트위스트 드릴은 절삭 날의 각도가 중심에 가까울수록 절삭 작용이 나쁘게 되기 때문에 이를 개선하기 위해 드릴의 웨브 부분을 연삭하는 것은?

① 시닝(thinning) 　② 트루잉(truing)
③ 드레싱(dressing) ④ 글레이징(glazing)

해설 • 트루잉, 드레싱 : 연삭숫돌을 수정하는 작업
• 글레이징 : 자생 작용이 잘 되지 않아 입자가 납작해지는 현상

3. 공기 마이크로미터에 대한 설명으로 틀린 것은?

① 압축 공기원이 필요하다.
② 비교 측정기로서 1개의 마스터로 측정이 가능하다.
③ 타원, 테이퍼, 편심 등의 측정을 간단히 할 수 있다.
④ 확대 기구에 기계적 요소가 없기 때문에 장시간 고정도를 유지할 수 있다.

4. 다음 그림과 같이 피측정물의 구면을 측정할 때 다이얼 게이지의 눈금이 0.5mm 움직이면 구면의 반지름[mm]은 얼마인가? (단,

다이얼 게이지 측정자로부터 구면계의 다리까지의 거리는 20mm이다.)

① 100.25 　　② 200.25
③ 300.25 　　④ 400.25

해설
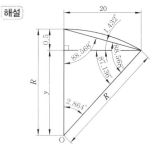

$$\tan^{-1}\frac{0.5}{20} \fallingdotseq 1.432°$$
$$\alpha = 88.568° - 1.432° = 87.136°$$
$$\tan\alpha = \frac{y}{20}, \ y = \tan 87.136° \times 20 \fallingdotseq 399.8$$
$$\therefore R = 399.8 + 0.5 \fallingdotseq 400.3$$

5. 일반적으로 센터 드릴에서 사용되는 각도가 아닌 것은?

① 45° 　② 60° 　③ 75° 　④ 90°

해설 일반적으로 센터 드릴 각도는 60°이며 중량물 지지 시 75°, 90°가 사용된다.

6. 산화 알루미늄(Al$_2$O$_3$) 분말을 주성분으로 마그네슘(Mg), 규소(Si) 등의 산화물과 소량의 다른 원소를 첨가하여 소결한 절삭 공구의 재료는?

정답 **1.** ④ **2.** ① **3.** ② **4.** ④ **5.** ① **6.** ③

① CBN
② 서멧
③ 세라믹
④ 다이아몬드

7. 밀링 머신에서 절삭 공구를 고정하는 데 사용되는 부속장치가 아닌 것은?

① 아버(arbor)
② 콜릿(collet)
③ 새들(saddle)
④ 어댑터(adapter)

해설 새들은 밀링 머신의 주요 부속장치로, 공작물을 전후 방향으로 이송시키는 데 사용한다.

8. 밀링 머신에서 테이블 이송 속도(f)를 구하는 식으로 옳은 것은? (단, f_z : 1개의 날 당 이송(mm), z : 커터의 날 수, n : 커터의 회전수(rpm)이다.)

① $f=f_z \times z \times n$
② $f=f_z \times \pi \times z \times n$
③ $f=\dfrac{f_z \times z}{n}$
④ $f=\dfrac{(f_z \times z)^2}{n}$

해설 $f_z = \dfrac{f_r}{z} = \dfrac{f}{z \times n}$, f_r : 커터 1회전당 이송

∴ $f=f_z \times z \times n$

9. 풀리(pulley)의 보스(boss)에 키 홈을 가공하려 할 때 사용되는 공작 기계는?

① 보링 머신
② 호빙 머신
③ 드릴링 머신
④ 브로칭 머신

해설 브로칭 머신은 키 홈, 스플라인 구멍, 다각형 구멍 등의 작업을 할 때 사용하는 공작 기계이다.

10. 범용 밀링 머신으로 할 수 없는 가공은?

① T홈 가공
② 평면 가공
③ 수나사 가공
④ 더브테일 가공

해설 수나사 가공은 선반에서 작업한다.

11. 박스 지그(box jig)의 사용처로 옳은 것은?

① 드릴로 대량 생산을 할 때
② 선반으로 크랭크 절삭을 할 때
③ 연삭기로 테이퍼 작업을 할 때
④ 밀링으로 평면 절삭 작업을 할 때

12. 선반에서 할 수 없는 작업은?

① 나사 가공
② 널링 가공
③ 테이퍼 가공
④ 스플라인 홈 가공

해설 스플라인 홈 가공은 밀링 머신이나 브로칭 머신에서 작업 가능하다.

13. 수기 가공을 할 때 작업 안전 수칙으로 옳은 것은?

① 바이스를 사용할 때는 조에 기름을 충분히 묻히고 사용한다.
② 드릴 가공을 할 때는 장갑을 착용하여 단단하고 위험한 칩으로부터 손을 보호한다.
③ 금긋기 작업을 하는 이유는 주로 절단을 할 때 절삭성이 좋아지기 위함이다.
④ 탭 작업 시 칩이 원활하게 배출이 될 수 있도록 후퇴와 전진을 번갈아 가면서 점진적으로 수행한다.

해설 • 바이스 사용 시 조에 기름을 많이 묻히면 미끄러질 위험이 있다.
• 금긋기 작업은 가공 시 작업할 부분을 명확하게 하기 위한 것이다.

14. 비교 측정하는 방식의 측정기는?

① 측장기
② 마이크로미터
③ 다이얼 게이지
④ 버니어 캘리퍼스

해설 비교 측정 : 이미 알고 있는 표준(기준량)과 비교하여 측정하는 방식이다.

정답 **7.** ③ **8.** ① **9.** ④ **10.** ③ **11.** ① **12.** ④ **13.** ④ **14.** ③

15. 미끄러짐을 방지하기 위한 손잡이나 외관을 좋게 하기 위해 사용하는 다음 그림과 같은 선반 가공법은?

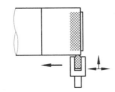

① 나사 가공   ② 널링 가공
③ 총형 가공   ④ 다듬질 가공

해설 널링 가공은 원형축 외면에 미끄러지지 않는 손잡이 부분을 만들기 위한 가공으로, 선반에서 작업한다.

16. 심압대의 편위량을 구하는 식으로 옳은 것은? (단, X : 심압대 편위량이다.)

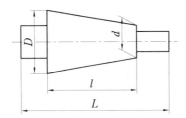

① $X = \dfrac{D-dL}{2l}$ ② $X = \dfrac{L(D-d)}{2l}$

③ $X = \dfrac{l(D-d)}{2L}$ ④ $X = \dfrac{2L}{(D-d)l}$

17. 연삭 작업에 대한 설명으로 적절하지 않은 것은?

① 거친 연삭을 할 때는 연삭 깊이를 얕게 주도록 한다.
② 연질 가공물을 연삭할 때는 결합도가 높은 숫돌이 적합하다.
③ 다듬질 연삭을 할 때는 고운 입도의 연삭 숫돌을 사용한다.
④ 강의 거친 연삭에서 공작물 1회전마다

숫돌바퀴 폭의 1/2~3/4으로 이송한다.

해설 거친 연삭을 할 때는 연삭 깊이를 깊게 주고, 마무리 다듬질 연삭을 할 때는 연삭 깊이를 얕게 준다.

18. 센터리스 연삭에 대한 설명으로 틀린 것은?

① 가늘고 긴 가공물의 연삭에 적합하다.
② 긴 홈이 있는 가공물의 연삭에 적합하다.
③ 다른 연삭기에 비해 연삭 여유가 작아도 된다.
④ 센터가 필요치 않아 센터 구멍을 가공할 필요가 없다.

해설 센터리스 연삭기
• 공작물의 해체나 고정이 필요 없어 고정에 따른 변형이 적다.
• 가늘고 긴 핀, 원통, 중공축을 연삭할 수 있다.
• 긴 홈이 있거나 너무 크고 무거운 제품은 가공이 불가능하다.
• 기계의 조정이 끝나면 초보자도 작업을 할 수 있다.

19. 래핑 작업에 사용하는 랩제의 종류가 아닌 것은?

① 흑연   ② 산화크로뮴
③ 탄화규소   ④ 산화알루미나

해설 랩제로는 탄화규소나 알루미나가 주로 사용되며 산화철, 산화크로뮴, 탄화붕소, 알루미늄 분말 등도 사용된다.

20. 입자를 이용한 가공법이 아닌 것은?

① 래핑   ② 브로칭
③ 배럴 가공   ④ 액체 호닝

해설 브로칭 : 브로치 공구를 사용하여 표면 또는 내면을 필요한 모양으로 절삭 가공하는 방법이다.

정답 15. ②   16. ②   17. ①   18. ②   19. ①   20. ②

제2과목 : 기계 제도

21. KS 기계 제도에서 특수한 용도의 선으로 아주 굵은 실선을 사용해야 하는 경우는?

① 나사, 리벳 등의 위치를 명시하는 데 사용한다.
② 외형선 및 숨은선의 연장을 표시하는 데 사용한다.
③ 평면이라는 것을 나타내는 데 사용한다.
④ 얇은 부분의 단면 도시를 명시하는 데 사용한다.

해설 개스킷과 같은 두께가 얇은 부분을 도시할 때는 아주 굵은 실선을 사용한다.

22. KS 용접 기호 중 현장 용접을 뜻하는 기호가 포함된 것은?

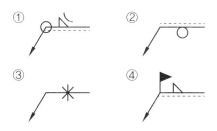

해설 KS 용접 기호

명칭	기호
현장 용접	▶
전체 둘레 용접	○
전체 둘레 현장 용접	▶ (○)

23. 스프링용 스테인리스 강선의 KS 재료 기호로 옳은 것은?

① STC
② STD
③ STF
④ STS

해설 스프링용 스테인리스 강선(STS)은 KS D 3535에, 합금 공구 강재(STS)는 KS D 3735에 규정되어 있다.

24. 제3각법으로 나타낸 그림에서 정면도와 우측면도를 고려하여 가장 적합한 평면도는?

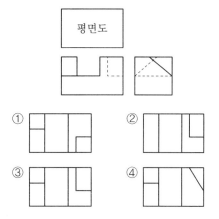

25. 그림과 같은 물체(끝이 잘린 원뿔)를 전개하고자 할 때 방사선법을 사용하지 않는다면 다음 중 가장 적합한 방법은?

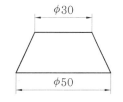

① 삼각형법
② 평행선법
③ 종합선법
④ 절단법

해설 꼭짓점이 너무 멀리 있어 방사선을 이용한 전개도법으로 그리기 어려운 경우 또는 전개용 공구가 부족한 경우에는 삼각형법의 전개가 가장 적합하다.

26. 다음과 같이 치수가 도시되었을 경우 그 의미로 옳은 것은?

8-φ15H7

☐⊕☐φ0.1☐A☐B

① 8개의 축이 φ15에 공차등급 H7이며, 원통도가 데이텀 A, B에 대하여 φ0.1을 만족해야 한다.

② 8개의 구멍이 φ15에 공차등급 H7이며, 원통도가 데이텀 A, B에 대하여 φ0.1을 만족해야 한다.

③ 8개의 축이 φ15에 공차등급 H7이며, 위치도가 데이텀 A, B에 대하여 φ0.1을 만족해야 한다.

④ 8개의 구멍이 φ15에 공차등급 H7이며, 위치도가 데이텀 A, B에 대하여 φ0.1을 만족해야 한다.

해설 • ⊕ : 위치도   • H7 : 구멍 기준

27. 다음의 그림에서 A, B, C, D를 보고 화살표 방향에서 본 투상도를 옳게 짝지은 것은?

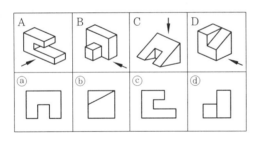

① A-ⓐ, B-ⓒ, C-ⓑ, D-ⓓ
② A-ⓒ, B-ⓓ, C-ⓐ, D-ⓑ
③ A-ⓐ, B-ⓑ, C-ⓓ, D-ⓒ
④ A-ⓓ, B-ⓒ, C-ⓐ, D-ⓑ

28. 베어링의 호칭번호가 62/28일 때 베어링 안지름은 몇 mm인가?

① 28   ② 32
③ 120   ④ 140

해설 62/28의 62는 깊은 홈 볼 베어링, 28은

안지름이 28mm임을 의미한다.

참고 '/'로 구분되어 있는 경우에는 뒤에 있는 그대로 안지름의 값으로 읽으면 된다.

29. 다음 V 벨트의 종류 중 단면의 크기가 가장 작은 것은?

① M형   ② A형
③ B형   ④ E형

해설 V 벨트 단면의 크기
M형 < A형 < B형 < C형 < D형 < E형

30. 치수 보조 기호의 설명으로 틀린 것은?

① R15 : 반지름 15
② t15 : 판의 두께 15
③ (15) : 비례척이 아닌 치수 15
④ SR15 : 구의 반지름 15

해설 • (15) : 참고 치수
• 15 : 척도와 다름(비례척이 아님)

31. 그림과 같은 입체도에서 화살표 방향이 정면일 경우 평면도로 가장 적합한 투상도는?

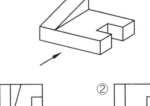

①   ②

③   ④

32. 제3각법에 대한 설명으로 틀린 것은?

① 눈 → 투상면 → 물체의 순으로 나타난다.
② 좌측면도는 정면도의 좌측에 그린다.

정답 27. ② 28. ① 29. ① 30. ③ 31. ② 32. ③

③ 저면도는 우측면도의 아래에 그린다.

④ 배면도는 우측면도의 우측에 그린다.

[해설] 평면도는 정면도 위에, 저면도는 정면도 아래에, 좌측면도는 정면도 왼쪽에, 우측면도는 정면도 오른쪽에, 배면도는 우측면도의 오른쪽이나 좌측면도의 왼쪽에 배치한다.

33. 가공 방법의 약호 중에서 래핑 가공을 나타낸 것은?

① FL   ② FR

③ FS   ④ FF

[해설] • FR : 리밍
• FS : 스크레이핑
• FF : 줄 다듬질

34. 스프링 도시 방법에 대한 설명으로 틀린 것은?

① 코일 스프링, 벌류트 스프링은 일반적으로 무하중 상태에서 그린다.

② 겹판 스프링은 일반적으로 스프링 판이 수평인 상태에서 그린다.

③ 요목표에 단서가 없는 코일 스프링 및 벌류트 스프링은 모두 왼쪽으로 감긴 것을 나타낸다.

④ 스프링 종류 및 모양만을 간략도로 나타내는 경우에는 스프링 재료의 중심선만을 굵은 실선으로 그린다.

[해설] 도면에 특별한 설명이 없는 코일 스프링 및 벌류트 스프링은 오른쪽으로 감긴 것을 나타낸다.

35. 기하 공차를 나타내는 데 있어서 대상면의 표면은 0.1 mm만큼 떨어진 두 개의 평행한 평면 사이에 있어야 한다는 것을 나타내는 것은?

① □—□ 0.1   ② □▱□ 0.1

③ □⟋□ 0.1   ④ □⊥□ 0.1 □A

[해설] 평면도는 공차역만큼 떨어진 두 개의 평행한 평면 사이에 끼인 영역으로, 단독 형체이므로 데이텀이 필요하지 않다.

36. 배관 결합 방식의 표현으로 옳지 않은 것은?

① ——┼—— 일반 결합

② ——✕—— 용접식 결합

③ ——╫—— 플랜지식 결합

④ ——╫┤—— 유니언식 결합

[해설] 관의 결합 방법의 도시 기호

연결 상태	도시 기호
이음	——┼——
용접식 이음	——●——
플랜지식 이음	——╫——
턱걸이식 이음	——→
유니언식 이음	——╫┤——

37. 도면에 치수를 기입하는 방법을 설명한 것 중 옳지 않은 것은?

① 특별히 명시하지 않는 한, 그 도면에 도시된 대상물의 다듬질 치수를 기입한다.

② 길이의 단위는 mm이고, 도면에는 반드시 단위를 기입한다.

③ 각도의 단위로는 일반적으로 도(°)를 사용하고, 필요한 경우 분(′) 및 초(″)를 병용할 수 있다.

④ 치수는 될 수 있는 대로 주투상도에 집중해서 기입한다.

[해설] 길이 치수는 원칙적으로 mm 단위로 기입

하며 단위 기호는 붙이지 않는다.

38. 기준 치수가 50mm, 최대 허용 치수가 50.015mm, 최소 허용 치수가 49.990mm 일 때 치수 공차는 몇 mm인가?

① 0.025 　　　　② 0.015
③ 0.005 　　　　④ 0.010

해설 치수 공차
＝최대 허용 치수－최소 허용 치수
＝50.015－49.990
＝0.025mm

39. 가는 1점 쇄선의 용도가 아닌 것은?

① 도형의 중심을 표시하는 데 쓰인다.
② 수면, 유면 등의 위치를 표시하는 데 쓰인다.
③ 중심이 이동한 중심궤적을 표시하는 데 쓰인다.
④ 되풀이하는 도형의 피치를 취하는 기준을 표시하는 데 쓰인다.

해설 가는 1점 쇄선의 용도
• 중심선 : 도형의 중심을 표시하거나 중심이 이동한 중심 궤적을 표시할 때 쓰인다.
• 기준선 : 위치 결정의 근거를 명시할 때 쓰인다.
• 피치선 : 되풀이되는 도형의 피치를 취하는 기준을 표시할 때 쓰인다.

40. 나사가 "M50×2-6H"로 표시되었을 때 이 나사에 대한 설명 중 틀린 것은?

① 미터 가는 나사이다.
② 암나사 등급이 6이다.
③ 피치가 2mm이다.
④ 왼나사이다.

해설 '왼', 'L' 등의 별도의 표기가 없으면 항상 오른나사이다.

제3과목 : 기계 설계 및 기계 재료

41. 상온에서 순철(α철)의 격자 구조는?

① FCC 　　　　② CPH
③ BCC 　　　　④ HCP

해설 순철의 경우 α철과 δ철은 BCC(체심입방격자), γ철은 FCC(면심입방격자)이다.

42. 백주철을 고온에서 장시간 열처리하여 시멘타이트 조직을 분해하거나 소실시켜 인성 또는 연성을 개선한 주철은?

① 가단주철 　　　　② 칠드 주철
③ 합금 주철 　　　　④ 구상흑연주철

해설 가단주철 : 인성, 내식성이 우수하며 고강도 부품이나 유니버설 조인트 등의 재료로 사용된다.

43. 강의 표면에 붕소(B)를 침투시키는 처리 방법은?

① 세라다이징 　　　　② 칼로라이징
③ 크로마이징 　　　　④ 보로나이징

해설 • 세라다이징 : Zn 침투
• 칼로라이징 : Al 침투
• 크로마이징 : Cr 침투
• 실리코나이징 : Si 침투

44. 구리 및 구리 합금에 관한 설명으로 틀린 것은?

① Cu의 용융점은 약 1083℃이다.
② 문츠 메탈은 60% Cu＋40% Sn 합금을 말한다.
③ 유연하고 전연성이 좋으므로 가공이 용이하다.

정답 38. ① 　39. ② 　40. ④ 　41. ③ 　42. ① 　43. ④ 　44. ②

④ 부식성 물질이 용존하는 수용액 내에 있는 황동은 탈아연 현상이 나타난다.

해설 문츠 메탈은 60% Cu + 40% Zn 합금이다.

45. 고속도강을 담금질 한 후 뜨임하게 되면 일어나는 현상은?

① 경년 현상이 일어난다.
② 자연 균열이 일어난다.
③ 2차 경화가 일어난다.
④ 응력 부식 균열이 일어난다.

해설 고속도강을 담금질 한 후 뜨임하면 더욱 경화되므로 이것을 2차 경화 또는 뜨임 경화라 한다.

46. 플라스틱 성형 재료 중 열가소성 수지는?

① 페놀 수지　　　② 요소 수지
③ 아크릴 수지　　④ 멜라민 수지

해설 ・열경화성 수지 : 페놀 수지, 요소 수지, 멜라민 수지
・열가소성 수지 : 스티렌 수지, 아크릴 수지, 폴리염화비닐 수지

47. 일반적으로 탄소강에서 탄소량이 증가할수록 증가하는 성질은?

① 비중　　　　　② 열팽창계수
③ 전기 저항　　　④ 열전도도

해설 탄소 함유량을 증가시키면 비중, 선팽창률, 온도계수, 열전도도는 감소하고 비열, 전기 저항, 항자력은 증가한다.

48. 다음 중 알루미늄 합금이 아닌 것은?

① 라우탈　　　　② 실루민
③ 두랄루민　　　④ 화이트 메탈

해설 화이트 메탈은 베어링 합금의 일종으로,

Sn계 화이트 메탈과 Pb계 화이트 메탈이 있다.

49. 금속의 일반적인 특성이 아닌 것은?

① 연성 및 전성이 좋다.
② 열과 전기의 부도체이다.
③ 금속적 광택을 가지고 있다.
④ 고체 상태에서 결정 구조를 갖는다.

해설 금속은 열 및 전기의 양도체이다.

50. 오일리스 베어링(oilless bearing)의 특징을 설명한 것으로 틀린 것은?

① 단공질이므로 강인성이 높다.
② 무급유 베어링으로 사용한다.
③ 대부분 분말 야금법으로 제조한다.
④ 동계에는 Cu-Sn-C 합금이 있다.

해설 오일리스 베어링은 기름을 포함하기 위한 공간을 많이 가진 다공질 재료이다. 일반적으로 강도와 강인성은 낮으나 마멸이 적다.

51. 지름 45mm의 축이 200rpm으로 회전하고 있다. 이 축은 길이 1m에 대하여 1/4°의 비틀림각이 발생한다고 할 때, 약 몇 kW의 동력을 전달하고 있는가? (단, 축 재료의 가로탄성계수는 84GPa이다.)

① 2.1　　　　　② 2.6
③ 3.1　　　　　④ 3.6

52. 어느 브레이크에서 제동 동력이 3kW, 브레이크 용량(brake capacity)이 0.8N/mm² · m/s라고 할 때 브레이크 마찰 넓이는 약 몇 mm²인가?

① 3200　　　　② 2250
③ 5500　　　　④ 3750

2017년

해설 $w_f = \dfrac{H}{A}$, $0.8 = \dfrac{102 \times 9.81 \times 3}{A}$

$\therefore A = \dfrac{102 \times 9.81 \times 3}{0.8} \fallingdotseq 3750 \, \text{mm}^2$

53. 스프링에 150N의 하중을 가했을 때 발생하는 최대 전단 응력이 400MPa이었다. 스프링 지수(C)는 10이라고 할 때 스프링 소선의 지름은 약 몇 mm인가? (단, 응력 수정 계수 $K = \dfrac{4C-1}{4C-4} + \dfrac{0.615}{C}$ 를 적용한다.)

① 3.3   ② 4.8   ③ 7.5   ④ 12.6

해설 $K = \dfrac{4C-1}{4C-4} + \dfrac{0.615}{C}$

$\quad = \dfrac{4 \times 10 - 1}{4 \times 10 - 4} + \dfrac{0.615}{10} \fallingdotseq 1.14$

$\tau = K\dfrac{8WD}{\pi d^3} = K\dfrac{8WC}{\pi d^2}$

$400 = 1.14 \times \dfrac{8 \times 150 \times 10}{\pi d^2}$

$d^2 = \dfrac{1.14 \times 12000}{\pi \times 400} \fallingdotseq 10.89$

$\therefore d \fallingdotseq 3.3 \, \text{mm}$

54. 420rpm으로 16.20kN의 하중을 받고 있는 엔드 저널의 지름(d)과 길이(l)는? (단, 베어링의 작용 압력은 1N/mm²이고, 폭 지름비는 $l/d = 2$이다.)

① $d = 90 \, \text{mm}$, $l = 180 \, \text{mm}$

② $d = 85 \, \text{mm}$, $l = 170 \, \text{mm}$

③ $d = 80 \, \text{mm}$, $l = 160 \, \text{mm}$

④ $d = 75 \, \text{mm}$, $l = 150 \, \text{mm}$

해설 $P = \dfrac{W}{dl}$ 에서

$d \times l = \dfrac{W}{P} = \dfrac{16200}{1} = 90 \times 180$

55. 지름이 10mm인 시험편에 600N의 인장력이 작용한다고 할 때, 이 시험편에 발생하는 인장 응력은 약 몇 MPa인가?

① 95.2   ② 76.4

③ 7.64   ④ 9.52

해설 $\sigma = \dfrac{W}{A} = \dfrac{W}{\dfrac{\pi d^2}{4}} = \dfrac{600 \times 4}{\pi \times 100}$

$\quad \fallingdotseq 7.64 \, \text{MPa}$

56. 정(chilsel) 등의 공구를 사용하여 리벳머리의 주위와 강판의 가장자리를 두드리는 작업을 코킹(caulking)이라 하는데, 이러한 작업을 실시하는 목적으로 적절한 것은?

① 리베팅 작업에 있어서 강판의 강도를 크게 하기 위하여

② 리베팅 작업에 있어서 기밀을 유지하기 위하여

③ 리베팅 작업 중 파손된 부분을 수정하기 위하여

④ 리벳이 들어갈 구멍을 뚫기 위하여

해설 유체의 누설을 막기 위해 코킹이나 풀러링을 한다. 코킹이나 풀러링은 판재의 두께 5mm 이상에서 행하며, 판 끝은 75~85°로 깎아준다.

57. 축 방향으로 보스를 미끄럼 운동시킬 필요가 있을 때 사용하는 키는?

① 페더(feather) 키   ② 반달(woodruff) 키

③ 성크(sunk) 키   ④ 안장(saddle) 키

해설 페더 키(미끄럼 키) : 축 방향으로 보스의 이동이 가능하며, 보스와 간격이 있어 회전 중 이탈을 막기 위해 고정하는 경우가 많다.

58. 맞물린 한 쌍의 인벌류트 기어에서 피치원의 공통접선과 맞물리는 부위에 힘이 작용하는 작용선이 이루는 각도를 무엇이라고

하는가?

① 중심각   ② 접선각

③ 전위각   ④ 압력각

해설 압력각은 기어 잇면의 한 점에서 그 반지름과 치형으로의 접선이 이루는 각을 말한다.

59. M22볼트(골지름 19.294mm)가 그림과 같이 2장의 강판을 고정하고 있다. 체결 볼트의 허용 전단 응력이 36.15MPa이라 하면 최대 몇 kN까지의 하중(P)을 견딜 수 있는가?

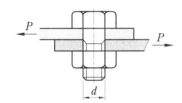

① 3.21   ② 7.54

③ 10.57   ④ 11.48

해설 $\tau = \dfrac{P}{A} = \dfrac{P}{\dfrac{\pi d^2}{4}}$

$\therefore P = \dfrac{\pi d^2 \tau}{4} = \dfrac{\pi \times 19.294^2 \times 36.15}{4}$

$\fallingdotseq 10570\mathrm{N} = 10.57\mathrm{kN}$

60. 평벨트 전동장치와 비교하여 V-벨트 전동장치에 대한 설명으로 옳지 않은 것은?

① 접촉 넓이가 넓으므로 비교적 큰 동력을 전달한다.

② 장력이 커서 베어링에 걸리는 하중이 큰 편이다.

③ 미끄럼이 적고 속도비가 크다.

④ 바로 걸기로만 사용이 가능하다.

해설 V-벨트 전동장치의 특징

• 미끄럼이 적고 전동 회전비가 크며 수명이 길다.

• 진동, 충격의 흡수 효과가 있으며 축간 거리

가 짧을 때 사용한다(5m 이하).

• 작은 장력으로 큰 동력을 전달할 수 있다.

제4과목 : 컴퓨터 응용 설계

61. 순서가 정해진 여러 개의 점들을 입력하면 이 모두를 지나는 곡선을 생성하는 것을 무엇이라 하는가?

① 보간(interpolation)

② 근사(approximation)

③ 스무딩(smoothing)

④ 리메싱(remeshing)

62. 플로터(plotter)의 일반적인 분류 방식에 속하지 않는 것은?

① 펜(pen)식   ② 충격(impact)식

③ 래스터(raster)식   ④ 포토(photo)식

해설 • 펜식 플로터 : 플랫 베드형, 드럼형, 리니어 모터식, 벨트형

• 래스터식 플로터 : 정전식, 잉크젯식, 열전사식

• 포토식 플로터 : 포토 플로터

63. NURBS(Non-Uniform Rational B-Spline)에 관한 설명으로 가장 옳지 않은 것은?

① NURBS 곡선식은 B-spline 곡선식을 포함하는 일반적인 형태라고 할 수 있다.

② B-spline에 비하여 NURBS 곡선이 보다 자유로운 변형이 가능하다.

③ 곡선의 변형을 위하여 NURBS 곡선에서는 각각의 조정점에서 x, y, z방향에 대한 3개의 자유도가 허용된다.

④ NURBS 곡선은 자유 곡선뿐만 아니라 원 뿔 곡선까지 하나의 방정식 형태로 표현이 가능하다.

해설 NURBS 곡선은 4개의 자유도를 가진다.

64. 다음 중 3차원 형상의 솔리드 모델링 방법에서 CSG 방식과 B-rep 방식을 비교한 설명 중 틀린 것은?

① B-rep 방식은 CSG 방식에 비해 보다 복잡한 형상의 물체(비행기 동체 등)를 모델링하는 데 유리하다.
② B-rep 방식은 CSG 방식에 비해 3면도, 투시도 작성이 용이하다.
③ B-rep 방식은 CSG 방식에 비해 필요한 메모리의 양이 적다.
④ B-rep 방식은 CSG 방식에 비해 표면적 계산이 용이하다.

해설 B-rep 방식은 CSG 방식으로 만들기 어려운 물체의 모델화에 적합하지만 많은 양의 메모리를 필요로 하는 단점이 있다.

65. 그림과 같이 중간에 원형 구멍이 관통되어 있는 모델에 대하여 토폴로지 요소를 분석하고자 한다. 여기서 면(face)은 몇 개로 구성되어 있는가?

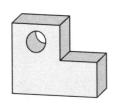

① 7　　② 8　　③ 9　　④ 10

해설 구멍 면을 1개의 면으로 간주하여 면의 수를 세면 모두 9개이다.

66. 쾌속 조형(rapid prototyping) 등에 사용

되는 STL 파일의 특징에 대한 설명으로 틀린 것은?

① 평면 삼각형들의 목록만을 담고 있기 때문에 구조가 간단하다.
② 데이터 양이 많으며 데이터를 중복해서 가지고 있기도 하다.
③ 굴곡진 곡면도 실제와 같이 정확하게 표현할 수 있다.
④ 모델의 위상 정보를 가지고 있지 않다.

해설 STL 파일은 모델링 된 곡면을 삼각형 다면체로 정확하게 표현할 수 없다.

67. 래스터 스캔 디스플레이에 직접적으로 관련된 용어가 아닌 것은?

① flicker　　② refresh
③ frame buffer　　④ RISC

해설 • flicker : 화면이 깜박거리는 현상이다.
• refresh : 화면을 다시 재생하는 작업이다.
• frame buffer : 데이터를 다른 곳으로 전송하는 동안 일시적으로 그 데이터를 보관하는 메모리 영역이다.
• RISC : Reduced Instruction Set Computer의 약어로 CPU에 관련된 용어이다.

68. CAD 시스템의 3차원 공간에서 평면을 정의할 때 입력 조건으로 충분하지 않는 것은?

① 한 개의 직선과 이 직선의 연장선 위에 있지 않은 한 개의 점
② 일직선상에 있지 않은 세 점
③ 평면의 수직 벡터와 그 평면 위의 한 개의 점
④ 두 개의 직선

69. 3차원에서 이미 구성된 도형자료의 확대 또는 축소를 나타내는 변환행렬로 옳은 것

은? (단, 행렬에서 S_x, S_y, S_z는 각각 X, Y, Z 방향으로의 확대 또는 축소되는 크기이다.)

① $T_y = \begin{bmatrix} S_x & 0 & 0 & 0 \\ 0 & 1 & 0 & 0 \\ 0 & 0 & S_y & 0 \\ S_z & 0 & 0 & 1 \end{bmatrix}$ ② $T_y = \begin{bmatrix} 0 & 0 & 0 & S_x \\ 0 & 0 & S_y & 0 \\ 0 & S_z & 0 & 0 \\ 1 & 0 & 0 & 0 \end{bmatrix}$

③ $T_y = \begin{bmatrix} 0 & 0 & 0 & 1 \\ 0 & S_x & 0 & 0 \\ 0 & 0 & S_y & 0 \\ 0 & 0 & 0 & S_z \end{bmatrix}$ ④ $T_y = \begin{bmatrix} S_x & 0 & 0 & 0 \\ 0 & S_y & 0 & 0 \\ 0 & 0 & S_z & 0 \\ 0 & 0 & 0 & 1 \end{bmatrix}$

해설 $\begin{bmatrix} x \\ y \\ z \\ 1 \end{bmatrix} \begin{bmatrix} S_x & 0 & 0 & 0 \\ 0 & S_y & 0 & 0 \\ 0 & 0 & S_z & 0 \\ 0 & 0 & 0 & 1 \end{bmatrix} = \begin{bmatrix} S_x x \\ S_y y \\ S_z z \\ 0 \end{bmatrix}$

∴ 확대, 축소를 나타내는 변환행렬은

$T_y = \begin{bmatrix} S_x & 0 & 0 & 0 \\ 0 & S_y & 0 & 0 \\ 0 & 0 & S_z & 0 \\ 0 & 0 & 0 & 1 \end{bmatrix}$ 이다.

70. 다음 중 출력용 프린터의 해상도(resolution)를 나타내는 단위는?

① DPI ② BPC
③ LCD ④ CPS

해설 DPI : 출력 밀도(해상도)

71. 미리 정해진 연속된 단면을 덮는 표면 곡면을 생성시켜 닫혀진 부피 영역 혹은 솔리드 모델을 만드는 모델링 방법은?

① 트위킹(tweaking)
② 리프팅(lifting)
③ 스위핑(sweeping)
④ 스키닝(skinning)

72. CAD 시스템에서 두 개의 곡선을 연결하

여 복잡한 형태의 곡선을 만들 때, 양쪽 곡선의 연결점에서 2차 미분까지 연속하게 구속 조건을 줄 수 있는 최소 차수의 곡선은?

① 2차 곡선 ② 3차 곡선
③ 4차 곡선 ④ 5차 곡선

73. 그림과 같이 P₁(2, 1), P₂(5, 2) 점을 지나는 직선의 방정식은?

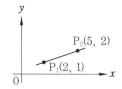

① $y = \frac{1}{3}x + \frac{1}{3}$ ② $y = -\frac{1}{3}x + \frac{1}{3}$

③ $y = \frac{1}{3}x - \frac{1}{3}$ ④ $y = -\frac{1}{3}x - \frac{1}{3}$

해설 기울기 $= \frac{2-1}{5-2} = \frac{1}{3}$

기울기가 $\frac{1}{3}$이고 (2, 1)을 지나므로

$y - 1 = \frac{1}{3}(x - 2)$

∴ $y = \frac{1}{3}x + \frac{1}{3}$

74. 10진수로 표시된 11을 2진수로 옳게 나타낸 것은?

① 1011 ② 1100
③ 1110 ④ 1101

해설
```
2 ) 11
2 ) 5 … 1
2 ) 2 … 1
    1 … 0
```
$11 = 1011_{(2)}$

75. 다음과 같은 원뿔 곡선(conic curve) 방

2017년

정식을 정의하기 위해 필요한 구속 조건의 수는?

$$f(x, y) = ax^2 + bxy + cy^2 + dx + ey + g = 0$$

① 3개   ② 4개
③ 5개   ④ 6개

76. CAD 시스템에서 서로 다른 CAD 시스템 간의 데이터 교환을 위한 대표적인 표준 파일 형식이 아닌 것은?

① IGES   ② ASCII
③ DXF   ④ STEP

해설 ASCII 코드는 128문자 표준 지정코드이다.

77. 베지어(Bezier) 곡선의 특징에 대한 설명으로 옳지 않은 것은?

① 곡선은 첫 조정점과 마지막 조정점을 지난다.
② 곡선은 조정점들을 연결하는 다각형의 내측에 존재한다.
③ 1개의 조정점의 변화는 곡선 전체에 영향을 미친다.
④ n개의 조정점에 의해서 정의되는 곡선은 $(n+1)$차 곡선이다.

해설 베지어 곡선에서 n개의 정점에 의해 생성된 곡선은 $(n-1)$차 곡선이다.

78. CAD 프로그램 내에서 3차원 공간상의 하나의 점을 화면상에 표시하기 위해 사용되는 3개의 기본 좌표계에 속하지 않는 것은?

① 세계 좌표계(world coordinate system)
② 벡터 좌표계(vector coordinate system)
③ 시각 좌표계(viewing coordinate system)
④ 모델 좌표계(model coordinate system)

79. IGES 파일 포맷에서 엔티티들에 관한 실제 데이터, 즉 직선 요소의 경우 두 끝점에 대한 6개의 좌푯값이 기록되어 있는 부분(section)은?

① 스타트 섹션(start section)
② 글로벌 섹션(global section)
③ 디렉토리 엔트리 섹션(directory entry section)
④ 파라미터 데이터 섹션(parameter data section)

해설 IGES 파일은 start, global, directory, parameter, terminate의 5개 섹션으로 구성되어 있다.

80. 형상 모델링 방법 중 솔리드 모델링(solid modeling)의 특징에 대한 설명으로 옳지 않은 것은?

① 은선 제거가 가능하다.
② 단면도 작성이 어렵다.
③ 불(Boolean) 연산에 의하여 복잡한 형상도 표현할 수 있다.
④ 명암, 컬러 기능 및 회전, 이동 등의 기능을 이용하여 사용자가 명확히 물체를 파악할 수 있다.

해설 솔리드 모델링은 단면도 작성이 쉽다.

기계설계산업기사

제1과목 : 기계 가공법 및 안전관리

1. 선반의 가로 이송대에 4mm 리드로 100 등분 눈금의 핸들이 달려 있을 때 지름 38mm의 환봉을 지름 32mm로 절삭하려면 핸들의 눈금은 몇 눈금으로 돌리면 되겠는가?

① 35 ② 70
③ 75 ④ 90

해설 (핸들의 1눈금)$=4\div100=0.04$mm
(절삭 깊이의 반지름)$=(38-32)\div2=6\div2$
$=3$mm
∴ (핸들의 눈금)$=3\div0.04=75$눈금

2. 연삭 가공에서 내면 연삭에 대한 설명으로 틀린 것은?

① 바깥지름 연삭에 비하여 숫돌의 마모가 많다.
② 바깥지름 연삭보다 숫돌축의 회전수가 느려야 한다.
③ 연삭숫돌의 지름은 가공물의 지름보다 작아야 한다.
④ 숫돌축은 지름이 작기 때문에 가공물의 정밀도가 다소 떨어진다.

해설 소정의 연삭 속도를 얻으려면 바깥지름 연삭보다 숫돌축의 회전수를 높여야 한다.

3. 동일 지름 3개의 핀을 이용하여 수나사의 유효 지름을 측정하는 방법은?

① 광학법 ② 삼침법
③ 지름법 ④ 반지름법

해설 삼침법 : 3개의 핀 게이지를 나사산의 골에 끼운 상태에서 외측 마이크로미터로 측정하여 계산한다. 유효 지름을 측정하는 방법 중 정밀도가 가장 높은 측정법이다.

4. 비교 측정 방법에 해당되는 것은?

① 사인 바에 의한 각도 측정
② 버니어 캘리퍼스에 의한 길이 측정
③ 롤러와 게이지 블록에 의한 테이퍼 측정
④ 공기 마이크로미터를 이용한 제품의 치수 측정

해설 비교 측정기에는 공기 마이크로미터, 다이얼 게이지, 핀 게이지, 인디게이터 등이 있다.

5. 호닝 작업의 특징으로 틀린 것은?

① 정확한 치수 가공을 할 수 있다.
② 표면 정밀도를 향상시킬 수 있다.
③ 호닝에 의하여 구멍의 위치를 자유롭게 변경하여 가공이 가능하다.
④ 전 가공에서 나타난 테이퍼, 진원도 등에 발생한 오차를 수정할 수 있다.

해설 호닝에서는 전 가공에서 발생한 오차를 수정할 수 있으며, 구멍의 위치를 변경하여 가공할 수는 없다.

6. 주축(spindle)의 정지를 수행하는 NC-code는?

① M02 ② M03
③ M04 ④ M05

해설 • M02 : 프로그램 종료
• M03 : 주축 정회전
• M04 : 주축 역회전
• M05 : 주축 정지

2017년

정답 1. ③ 2. ② 3. ② 4. ④ 5. ③ 6. ④

7. 합금 공구강에 대한 설명으로 틀린 것은?

① 탄소 공구강에 비해 절삭성이 우수하다.

② 저속 절삭용, 총형 절삭용으로 사용된다.

③ 탄소 공구강에 Ni, Co 등의 원소를 첨가한 강이다.

④ 경화능을 개선하기 위해 탄소 공구강에 소량의 합금원소를 첨가한 강이다.

해설 합금 공구강은 탄소 공구강의 결점인 담금질 효과, 고온 경도를 개선하기 위하여 Cr, W, Mo, Ni, V를 첨가한 강이다.

8. 측정자와 미소한 움직임을 광학적으로 확대하여 측정하는 장치는?

① 옵티미터(optimeter)

② 미니미터(minimeter)

③ 공기 마이크로미터(air micrometer)

④ 전기 마이크로미터(electrical micrometer)

해설 옵티미터는 측정자의 미소한 움직임을 광학적으로 확대하는 장치로, 확대율이 800배이고 최소 눈금은 1μ, 측정 범위는 ± 0.1mm이다.

9. TiC 입자를 Ni 혹은 Ni과 Mo을 결합제로 소결한 것으로, 구성 인선이 거의 발생하지 않아 공구 수명이 긴 절삭 공구 재료는?

① 서멧   ② 고속도강

③ 초경합금   ④ 합금 공구강

해설 서멧(cermet)은 세라믹(ceramic)과 메탈(metal)의 합성어로, 세라믹은 Al_2O_3 분말에 TiC 입자를 Ni 혹은 Ni과 Mo를 결합제로 소결한 것이다.

10. 연삭 깊이를 깊게 하고 이송 속도를 느리게 함으로써 재료 제거율을 대폭적으로 높인 연삭 방법은?

① 경면(mirror) 연삭

② 자기(magnetic) 연삭

③ 고속(high speed) 연삭

④ 크리프 피드(creep feed) 연삭

해설 크리프 피드 연삭 : 강성이 큰 강력 연삭기로, 한번에 연삭 깊이를 약 1~6mm 정도까지 크게 하여 가공 능률을 높인 연삭이다.

11. 가연성 액체(알코올, 석유, 등유류)의 화재등급은?

① A급   ② B급

③ C급   ④ D급

해설 ・A급화재(일반화재) : 목재, 종이, 천 등 고체 가연물의 화재

・B급화재(기름화재) : 인화성 액체 및 고체 유지류 등의 화재

・C급화재(전기화재) : 통전되고 있는 전기설비의 화재

・D급화재(금속화재) : 마그네슘, 나트륨, 칼륨, 지르코늄과 같은 금속화재

12. 선반의 주축을 중공축으로 할 때의 특징으로 틀린 것은?

① 굽힘과 비틀림 응력에 강하다.

② 마찰열을 쉽게 발산시켜 준다.

③ 길이가 긴 가공물 고정이 편리하다.

④ 중량이 감소되어 베어링에 작용하는 하중을 줄여준다.

해설 주축을 중공축으로 하는 이유

・굽힘과 비틀림 응력에 강하다.

・센터를 쉽게 분리할 수 있다.

・길이가 긴 공작물 고정이 편리하다.

・중량이 감소되어 베어링에 작용하는 하중을 줄여준다.

13. 기어 절삭법이 아닌 것은?

① 배럴에 의한 법(barrel system)
② 형판에 의한 법(templet system)
③ 창성에 의한 법(generated tool system)
④ 총형 공구에 의한 법(formed tool system)

해설 기어 절삭의 방식
• 형판에 의한 가공   • 창성식 가공
• 총형 공구를 이용한 가공

14. 지름 75mm인 탄소강을 절삭 속도 150 m/min으로 가공하고자 한다. 가공 길이 300mm, 이송 0.2mm/rev로 할 때 1회 가공 시 가공 시간은 약 얼마인가?

① 2.4분　　　　② 4.4분
③ 6.4분　　　　④ 8.4분

해설 $N = \dfrac{1000\,V}{\pi D} = \dfrac{1000 \times 150}{\pi \times 75} = 637\,\text{rpm}$

$\therefore T = \dfrac{L}{Nf} \times i = \dfrac{300}{637 \times 0.2} \times 1 = 2.4$분

15. 표면 거칠기의 측정법으로 틀린 것은?

① NPL식 측정　　② 촉침식 측정
③ 광절단식 측정　　④ 현미 간섭식 측정

해설 NPL식 측정은 각도 게이지를 이용한 측정법이다.

16. 수직 밀링 머신의 주요 구조가 아닌 것은?

① 니　　　　　② 칼럼
③ 방진구　　　　④ 테이블

해설 방진구는 선반의 부속장치로 이동 방진구와 고정 방진구가 있다.

17. 드릴을 가공할 때, 가공물과 접촉에 의한 마찰을 줄이기 위하여 절삭날 면에 주는 각은?

① 선단각　　　　　② 웨브각

③ 날 여유각　　　　④ 홈 나선각

해설 날 여유각 : 드릴을 가공할 때 가공물과 접촉에 의한 마찰을 줄이기 위하여 절삭날 면에 주는 각으로, 보통 10~15° 정도이다.

18. 밀링 머신의 테이블 위에 설치하여 제품의 바깥부분을 원형이나 윤곽 가공을 할 수 있도록 사용하는 부속장치는?

① 더브테일　　　　② 회전 테이블
③ 슬로팅 장치　　　④ 랙 절삭 장치

해설 회전 테이블 : 가공물에 회전 운동이 필요할 때 사용하며, 가공물을 테이블에 고정시키고 원호의 분할 작업, 원형 기둥 가공, 연속 절삭 등 광범위하게 사용한다.

19. 높은 정밀도를 요구하는 가공물, 각종 지그 등에 사용하며 온도 변화에 영향을 받지 않도록 항온항습실에 설치하여 사용하는 보링 머신은?

① 지그 보링 머신(jig boring machine)
② 정밀 보링 머신(fine boring machine)
③ 코어 보링 머신(core boring machine)
④ 수직 보링 머신(vertical boring machine)

해설 지그 보링 머신 : 오차가 2~5μm로 정밀도가 높은 지그를 가공할 수 있다.

20. 밀링 머신 테이블의 이송 속도가 720 mm/min이고, 커터의 날수가 6개, 커터의 회전수가 600rpm일 때, 1날 당 이송량은 몇 mm인가?

① 0.1　　② 0.2　　③ 3.6　　④ 7.2

해설 $f = f_z \times Z \times N$

$\therefore f_z = \dfrac{f}{Z \times N} = \dfrac{720}{6 \times 600} = 0.2\,\text{mm}$

2017년

제2과목 : 기계 제도

21. 강 구조물(steel structure) 등의 치수 표시에 관한 KS 기계 제도 규격에 관한 설명으로 틀린 것은?

① 구조선도에서 절점 사이의 치수를 표시할 수 있다.

② 형강, 강관 등의 치수를 각각의 도형에 연하여 기입할 때 길이의 치수도 반드시 나타내야 한다.

③ 구조선도에서 치수는 부재를 나타내는 선에 연하여 직접 기입할 수 있다.

④ 등변 ㄱ 형강의 경우 "L 100×100×5−1500"과 같이 나타낼 수 있다.

[해설] 형강, 각강 등의 치수는 각각의 표시 방법에 의해서 도형에 연하여 기입할 수 있다.

22. 그림에서 나타난 기하 공차 도시에 대해 가장 올바르게 설명한 것은?

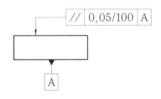

① 임의의 평면에서 평행도가 기준면 A에 대해 $\dfrac{0.05}{100}$ mm 이내에 있어야 한다.

② 임의의 평면 100mm×100mm에서 평행도가 기준면 A에 대해 $\dfrac{0.05}{100}$ mm 이내에 있어야 한다.

③ 지시하는 면 위에서 임의로 선택한 길이 100mm에서 평행도가 기준면 A에 대해 0.05mm 이내에 있어야 한다.

④ 지시한 화살표를 중심으로 100mm 이내

에서 평행도가 기준면 A에 대해 0.05mm 이내에 있어야 한다.

23. 헬리컬 기어의 제도에 대한 설명으로 틀린 것은?

① 잇봉우리원은 굵은 실선으로 그린다.

② 피치원은 가는 1점 쇄선으로 그린다.

③ 이골원은 단면 도시가 아닌 경우 가는 실선으로 그린다.

④ 축에 직각인 방향에서 본 정면도에서 단면 도시가 아닌 경우 잇줄 방향은 경사진 3개의 가는 2점 쇄선으로 나타낸다.

[해설] 헬리컬 기어에서 잇줄 방향은 경사진 3개의 가는 실선으로 표시한다.

24. 구름 베어링의 상세한 간략 도시 방법에서 복렬 자동 조심 볼 베어링의 도시 기호는?

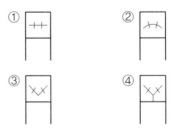

[해설] • 복렬 : 2개의 크로스 선
• 자동 조심 : 바깥 둘레가 원호

25. 그림과 같은 환봉의 "A"면을 선반 가공할 때 생기는 표면의 줄무늬 방향 기호로 가장 적합한 것은?

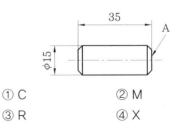

① C

② M

③ R

④ X

2017년 시행 문제 ❖ 455

해설 줄무늬 방향 기호 C는 기호가 적용되는 표면의 중심에 대해 대략 동심원 모양을 의미한다.

26. 기하 공차의 도시 방법에서 위치도를 나타내는 것은?

① 　　② ○

③ ◎　　④ ⊕

해설 ① 원통도 ② 진원도 ③ 동심(축)도

27. 그림과 같이 제3각법으로 나타낸 정면도와 평면도에 가장 적합한 우측면도는?

(정면도)

① 　　②

③ 　　④

28. 도면에 마련되는 양식의 종류 중 작성부서, 작성자, 승인자, 도면 명칭, 도면 번호 등을 나타내는 양식은?

① 표제란　　② 부품란
③ 중심마크　　④ 비교눈금

해설 표제란은 도면 관리에 필요한 사항들로 도명, 도면번호, 척도, 투상법 등이 기입되는 것으로 중심 마크, 윤곽선과 함께 도면의 기본 요소

중 하나이다.

29. 그림과 같은 정투상도(정면도와 평면도)에서 우측면도로 가장 적합한 것은?

(평면도)　　(정면도)

① 　　②

③ 　　④

30. 기하학적 형상의 특성을 나타내는 기호 중 자유 상태 조건을 나타내는 기호는?

① Ⓟ　　② Ⓜ　　③ Ⓕ　　④ Ⓛ

해설 • Ⓟ : 돌출 공차역
• Ⓜ : 최대 실체 공차방식
• Ⓕ : 자유 상태 조건
• Ⓛ : 최소 실체 공차방식

31. 필릿 용접 기호 중 화살표 반대쪽에 필릿 용접을 지시하는 것은?

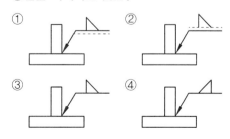

해설 용접 기호를 점선상에 도시하면 용접할 부분이 화살표의 반대쪽이라는 의미이다.

정답 26. ④ 27. ② 28. ① 29. ② 30. ③ 31. ②

32. $\phi40^{-0.021}_{-0.037}$의 구멍과 $\phi40^{0}_{-0.016}$ 축 사이의 최소 죔새는?

① 0.053   ② 0.037
③ 0.021   ④ 0.005

해설 최소 죔새
=축의 최소 허용 치수−구멍의 최대 허용 치수
=39.984−39.979=0.005

33. 그림과 같은 도면에서 가는 실선이 교차하는 대각선 부분은 무엇을 의미하는가?

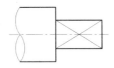

① 평면이라는 뜻
② 나사산을 가공하라는 뜻
③ 가공에서 제외하라는 뜻
④ 대각선의 홈이 파여 있다는 뜻

해설 축에서 평면 가공 부위는 가는 실선을 사용하여 대각선으로 그린다.

34. V−블록을 제3각법으로 정투상한 그림과 같은 도면에서 "A" 부분의 치수는?

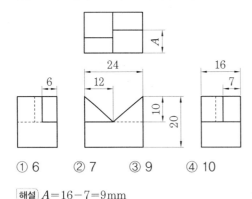

① 6   ② 7   ③ 9   ④ 10

해설 $A=16-7=9\,mm$

35. 재료기호가 "SS275"로 나타났을 때, 이 재료의 명칭은?

① 탄소강 단강품
② 용접 구조용 주강품
③ 기계 구조용 탄소 강재
④ 일반 구조용 압연 강재

해설 SS275는 최저 인장 강도가 275 N/mm²인 일반 구조용 압연 강재이다.

36. 치수 기입의 원칙에 관한 설명으로 옳지 않은 것은?

① 치수는 되도록 주 투상도에 집중하여 기입한다.
② 치수는 되도록 공정마다 배열을 분리하여 기입한다.
③ 치수는 기능, 제작, 조립을 고려하여 명료하게 기입한다.
④ 중요 치수는 확인하기 쉽도록 중복하여 기입한다.

해설 치수는 중복되지 않도록 기입한다.

37. 다음 용접 기호가 나타내는 용접 작업의 명칭은?

① 가장자리 용접
② 표면 육성
③ 개선 각이 급격한 V형 맞대기 용접
④ 표면 접합부

38. 그림과 같은 입체도의 정면도(화살표 방향)로 가장 적합한 것은?

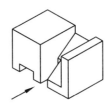

정답 **32.** ④ **33.** ① **34.** ③ **35.** ④ **36.** ④ **37.** ② **38.** ④

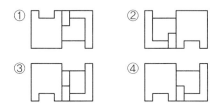

39. 다음 공·유압 장치의 조작 방식을 나타낸 그림 중에서 전기 조작에 의한 기호는?

① ┌─┐ ② ┌──┐

③ ～ ④ ┊⊙─┐

해설 공·유압 장치의 조작 방식

기계 조작	플런저	
	가변 행정 제한 기구	
	스프링	
	롤러	
전기 조작	단동 솔레노이드	
	단동 가변식 전자 액추에이터	
	회전형 전기 액추에이터	Ⓜ

40. 도면에서 부분 확대도를 그리는 경우로 가장 적합한 것은?

① 특정한 부분의 도형이 작아서 그 부분의 상세한 도시나 치수 기입이 어려울 때 사용한다.
② 도형의 크기가 클 경우에 사용한다.
③ 물체의 경사면을 실제 길이로 투상하고자 할 때 사용한다.
④ 대상물의 구멍, 홈 등과 같이 그 부분의 모양을 도시하는 것으로 충분한 경우에

사용한다.

해설 ② 축척 ③ 보조투상법 ④ 부분 단면도

제3과목 : 기계 설계 및 기계 재료

---

41. 아연을 소량 첨가한 황동으로 빛깔이 금색에 가까워 모조금으로 사용되는 것은?

① 톰백(tombac)
② 델타 메탈(delta metal)
③ 하드 브라스(hard brass)
④ 문츠 메탈(muntz metal)

해설 톰백 : 8~20% Zn을 함유하며, 금에 가까운 색으로 연성이 크다. 금 대용품이나 장식품에 사용한다.

42. 열가소성 재료의 유동성을 측정하는 시험 방법은?

① 로크웰 시험법　　② 브리넬 시험법
③ 멜트 인덱스법　　④ 샤르피 시험법

43. 금속의 결정 구조 중 체심입방격자(BCC)인 것은?

① Ni　　　　　② Cu
③ Al　　　　　④ Mo

해설 체심입방격자의 특징

기호	성질	원소
BCC	• 전연성이 적다. • 융점이 높다. • 강도가 크다.	Fe(α-Fe, δ-Fe) • Cr, W, Mo, V • Li, Na, Ta, K

44. 담금질한 후 치수의 변형 등이 없도록 심랭 처리를 해야 하는 강은?

---

① 실루민   ② 문츠 메탈
③ 두랄루민   ④ 게이지강

해설 서브 제로(심랭) 처리 : 담금질 직후 잔류 오스테나이트를 없애기 위하여 0℃ 이하의 온도로 냉각하여 마텐자이트로 만드는 처리 방법이다. 기계적 성질 개선, 조직 안정화, 게이지강의 자연 시효 및 경도 증대를 위해 심랭한다.

45. 탄소 함유량이 약 0.85~2.0% C에 해당하는 강은?

① 공석강   ② 아공석강
③ 과공석강   ④ 공정주철

해설 • 탄소강 : 0.0218~2.11% C
• 아공석강 : 0.0218~0.85% C
• 공석강 : 0.85% C
• 과공석강 : 0.85~2.11% C

46. 진동에너지를 흡수하는 능력이 우수하여 공작 기계의 베드 등에 가장 적합한 재료는?

① 회주철
② 저탄소강
③ 고속도 공구강
④ 18-8 스테인리스강

해설 주철은 기계 부품, 수도관, 가정용품, 농기구, 공작 기계의 베드, 기계 구조물의 몸체 등에 사용한다.

47. 비정질 합금에 관한 설명으로 틀린 것은?

① 전기 저항이 크다.
② 구조적으로 장거리의 규칙성이 있다.
③ 가공 경화 현상이 나타나지 않는다.
④ 균질한 재료이며 결정 이방성이 없다.

48. 노 내에서 Fe-Si, Al 등의 강력한 탈산제

를 첨가하여 완전히 탈산시킨 강은?

① 킬드강(killed steel)
② 림드강(rimmed steel)
③ 세미 킬드강(semi-killed steel)
④ 세미 림드강(semi-rimmed steel)

해설 • 킬드강 : 평로, 전기로에서 제조된 용강을 Fe-Mn, Fe-Si, Al 등으로 완전 탈산시킨 강
• 림드강 : 평로, 전로에서 제조된 것을 Fe-Mn으로 불완전 탈산시킨 강
• 세미 킬드강 : Al으로 림드와 킬드의 중간 탈산시킨 강

49. 강의 표면에 Al을 침투시키는 표면 경화법은?

① 크로마이징   ② 칼로라이징
③ 실리코나이징   ④ 보로나이징

해설 • 크로마이징 : Cr 침투
• 칼로라이징 : Al 침투
• 실리코나이징 : Si 침투
• 보로나이징 : B 침투

50. 항공기 재료에 많이 사용되는 두랄루민의 강화기구는?

① 용질 경화   ② 시효 경화
③ 가공 경화   ④ 마텐자이트 변태

해설 두랄루민을 500~510℃에서 용체화 처리를 한 후 급랭하여 상온에 방치하여 시효 경화시키면 인장 강도와 연신율이 매우 커진다.

51. 폭(b)×높이(h)=10×8 mm인 묻힘 키가 전동축에 고정되어 0.25 kN · m의 토크를 전달할 때, 축지름은 약 몇 mm 이상이어야 하는가? (단, 키의 허용 전단 응력은 36 MPa이며, 키의 길이는 47 mm이다.)

① 29.6　　　　② 35.3

③ 41.7　　　　④ 50.2

해설 $\tau = \dfrac{2T}{bld}$

$\therefore d = \dfrac{2T}{\tau bl} = \dfrac{2 \times 0.25}{36 \times 10 \times 47} \times 10^6 ≒ 29.6\,\text{mm}$

52. 래크 공구로 모듈은 5, 압력각은 20°, 잇수는 15인 인벌류트 치형의 전위 기어를 가공하려 한다. 이때 언더컷을 방지하기 위하여 필요한 이론 전위량은 약 몇 mm인가?

① 0.124　　　② 0.252

③ 0.510　　　④ 0.613

해설 $x = 1 - \dfrac{Z}{2}\sin^2\alpha$

$= 1 - \dfrac{15}{2}\sin^2 20° ≒ 1 - \dfrac{15}{2} \times (0.342)^2$

$≒ 0.122$

$\therefore m \times x = 5 \times 0.122 ≒ 0.61$

53. 베어링 설치 시 고려해야 하는 예압(pre-load)에 관한 설명으로 옳지 않은 것은?

① 예압은 축의 흔들림을 적게 하고 회전 정밀도를 향상시킨다.

② 베어링 내부 틈새를 줄이는 효과가 있다.

③ 예압량이 높을수록 예압 효과가 커지고, 베어링 수명에 유리하다.

④ 적절한 예압을 적용할 경우 베어링의 강성을 높일 수 있다.

해설 예압을 크게 하면 베어링의 수명이 단축되고 베어링 온도가 상승한다.

54. 평벨트 전동에서 유효 장력이란?

① 벨트 긴장측 장력과 이완측 장력과의 차를 말한다.

② 벨트 긴장측 장력과 이완측 장력과의 비를 말한다.

③ 벨트 긴장측 장력과 이완측 장력의 평균값을 말한다.

④ 벨트 긴장측 장력과 이완측 장력의 합을 말한다.

해설 유효 장력(T_e)

＝긴장측 장력(T_1)－이완측 장력(T_2)

55. 두 축의 중심선이 어느 각도로 교차되고, 그 사이의 각도가 운전 중 다소 변하여도 자유로이 운동을 전달할 수 있는 축 이음은?

① 플랜지 이음　　② 셀러 이음

③ 올덤 이음　　　④ 유니버설 이음

해설 유니버설 이음의 특징

• 두 축이 서로 만나거나 평행해도 그 거리가 멀 때 사용한다.

• 회전하면서 그 축의 중심선 위치가 달라지는 것에 동력을 전달할 때 사용한다.

• 원동축이 등속 회전해도 종동축은 부등속 회전한다.

• 축 각도는 30° 이내이다.

56. 공업 제품에 대한 표준화 시행 시 여러 장점이 있다. 다음 중 공업 제품 표준화와 관련한 장점으로 거리가 먼 것은?

① 부품의 호환성이 유지된다.

② 능률적인 부품생산을 할 수 있다.

③ 부품의 품질향상이 용이하다.

④ 표준화 규격 제정 시 소요되는 시간과 비용이 적다.

57. 두께 10mm의 강판에 지름 24mm의 리벳을 사용하여 1줄 겹치기 이음할 때 피치는 약 몇 mm인가? (단, 리벳에서 발생하는 전단 응력은 35.5MPa이고, 강판에 발생하

2017년

는 인장 응력은 42.2MPa이다.)

① 43 ② 62 ③ 55 ④ 4

해설 • 리벳이 전단될 경우

$$W = A\tau = \frac{\pi}{4} d^2\tau = \frac{\pi}{4} \times 24^2 \times 35.5$$

$$\fallingdotseq 16052$$

• 리벳 사이의 판이 인장 파괴될 경우

$$W = (p-d)t\sigma_t$$

$$\therefore p = \frac{W}{t\sigma_t} + d = \frac{16052}{10 \times 42.2} + 24 \fallingdotseq 62\,mm$$

58. 10kN의 물체를 수직 방향으로 들어올리기 위해서 아이볼트를 사용하려 할 때, 아이볼트 나사부의 최소 골지름은 약 몇 mm인가? (단, 볼트의 허용 인장 응력은 50MPa이다.)

① 14 ② 16
③ 20 ④ 22

해설 $d = \sqrt{\dfrac{2W}{\sigma}} = \sqrt{\dfrac{2 \times 10000}{50}} = 20$

$$\therefore d_1 = 0.8d = 20 \times 0.8 = 16\,mm$$

59. 그림과 같은 스프링 장치에서 전체 스프링 상수 K는?

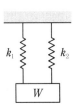

① $K = k_1 + k_2$ ② $K = \dfrac{1}{k_1} + \dfrac{1}{k_2}$

③ $K = \dfrac{k_1 \times k_2}{k_1 + k_2}$ ④ $K = k_1 \times k_2$

해설 스프링 상수

• 병렬 연결 : $k = k_1 + k_2$

• 직렬 연결 : $\dfrac{1}{k} = \dfrac{1}{k_1} + \dfrac{1}{k_2}$

60. 드럼 지름이 300mm인 밴드 브레이크에서 1kN · m의 토크를 제동하려고 한다. 이때 필요한 제동력은 약 몇 N인가?

① 667 ② 5500
③ 6667 ④ 795

해설 $F = \dfrac{2T}{D} = \dfrac{2 \times 1}{300} \times 10^6 \fallingdotseq 6667\,N$

제4과목 : 컴퓨터 응용 설계

61. 매개변수 u방향으로 3차 곡선, v방향으로 2차 곡선으로 이루어진 Bezier 곡면을 정의하기 위해 필요한 조정점의 개수는?

① 6 ② 12 ③ 24 ④ 48

해설 u방향이 3차 곡선이므로 4개의 정점, v방향이 2차 곡선이므로 3개의 정점이 필요하며, 서로 곱하면 12개의 조정점이 필요하다.

62. CAD 용어에 대한 설명 중 틀린 것은?

① Pan : 도면의 다른 영역을 보기 위해 디스플레이 윈도를 이동시키는 행위
② Zoom : 대상물의 실제 크기(치수 포함)를 확대하거나 축소하는 행위
③ Clipping : 필요 없는 요소를 제거하는 방법으로, 주로 그래픽에서 클리핑 윈도로 정의된 영역 밖에 존재하는 요소들을 제거하는 것을 의미
④ Toggle : 명령 실행 또는 마우스 클릭 시마다 on 또는 off가 번갈아 나타나는 세팅

해설 Zoom : 그래픽 화면을 확대하거나 축소하는 기능이다.

63. CAD 소프트웨어가 갖추어야 할 기능으

로 가장 거리가 먼 것은?

① 제조 공정 제어　　② 데이터 변환

③ 화면 제어　　　　④ 그래픽 요소 생성

64. 4개의 경계 곡선이 주어진 경우, 그 경계 곡선을 선형 보간하여 만들어지는 곡면은 어느 것인가?

① Coon's 곡면　　② Bezier 곡면

③ Blending 곡면　　④ Sweep 곡면

해설 쿤스 곡면 : 4개의 모서리 점과 4개의 경계 곡선을 부드럽게 연결한 곡면으로, 곡면의 표현이 간결하다.

65. CAD 시스템을 활용하는 방식에 따라 크게 3가지로 구분한다고 할 때, 이에 해당하지 않는 것은?

① 연결형 시스템(connected system)

② 독립형 시스템(stand alone system)

③ 중앙통제형 시스템(host based system)

④ 분산처리형 시스템(distributed based system)

해설 CAD 시스템을 활용하는 방식은 중앙통제형, 분산처리형, 독립형으로 구분한다.

66. 와이어 프레임 모델의 장점에 해당하지 않는 것은?

① 데이터의 구조가 간단하다.

② 모델 작성이 용이하다.

③ 투시도 작성이 용이하다.

④ 물리적 성질(질량)의 계산이 가능하다.

해설 와이어 프레임 모델의 특징

• 처리 속도가 빠르다.

• 숨은선 제거가 불가능하다.

• 데이터 구성이 간단하다.

• 모델 작성을 쉽게 할 수 있다.

• 3면 투시도 작성이 용이하다.

67. 벡터의 성질과 관련하여 다음 중 틀린 것은? (단, $\vec{a}$, $\vec{b}$, $\vec{c}$ 는 공간상의 벡터를 나타내고 λ, μ, ν는 스칼라 양을 타나낸다.)

① $\vec{a} + (\vec{b} + \vec{c}) = (\vec{a} + \vec{b}) + \vec{c}$

② $\lambda(\mu\vec{a}) = \lambda\mu\vec{a}$

③ $\vec{a} \times \vec{b} = \vec{b} \times \vec{a}$

④ $(\mu + \nu)\vec{a} = \mu\vec{a} + \nu\vec{a}$

해설 벡터의 외적은 교환법칙이 성립하지 않는다.

68. (x, y)좌표 기반의 2차원 평면에서 다음 직선의 방정식 중 기울기의 절댓값이 가장 큰 것은?

① 수평축에서 135° 기울어져 있는 직선

② 점 (10, 10), (25, 55)를 지나는 직선

③ 직선의 방정식이 $4y = 2x + 7$인 직선

④ x축 절편이 3, y축 절편이 15인 직선

해설 ① 기울기 : $\tan 135° = -1 \rightarrow 1$

② 기울기 : $\dfrac{55-10}{25-10} = \dfrac{45}{15} = 3 \rightarrow 3$

③ 기울기 : $\dfrac{2}{4} = \dfrac{1}{2} \rightarrow \dfrac{1}{2}$

④ 기울기 : $-\dfrac{15}{3} = -5 \rightarrow 5$

69. 다음 중 CAD(Computer Aided Design) 시스템을 사용함으로써 얻을 수 있는 효과로 가장 거리가 먼 것은?

① 제품 설계 시간의 단축

② 구조해석, 응력해석 등이 가능

③ 제품 가공 시간의 단축

④ 설계 검증의 용이

70. 빛을 편광시키는 특성을 가진 유기화합물

을 이용하여 투과된 빛의 특성을 수정하여 디스플레이 하는 방식으로, CRT 모니터에 비해 두께가 얇은 모니터를 만들 수 있으나 시야각이 다소 좁고 백라이트가 필요하여 어느 정도의 두께 이상은 줄일 수 없는 단점을 가진 디스플레이 장치는?

① 플라스마 패널(plasma panel)
② 액정 디스플레이(liquid crystal display)
③ 전자 발광 디스플레이(electroluminescent display)
④ 래스터 스캔 디스플레이(raster scan dis - play)

해설 액정 디스플레이(LCD) : 2개의 얇은 유리판 사이에 고체와 액체의 중간 물질인 액정을 주입하여 광스위치 현상을 이용한 소자이며, 구동 방법에 따라 TN, STN, TFT 등으로 나뉜다.

71. 다음 중 B-rep 모델링에서 토폴로지 요소 간에 만족해야 하는 오일러-포앙카레 공식으로 옳은 것은? (단, V는 꼭짓점의 개수, E는 모서리의 개수, F는 면 또는 외부 루프의 개수, H는 면상의 구멍 루프의 개수, C는 독립된 셀의 개수, G는 입체를 관통하는 구멍의 개수이다.)

① $V+F+E+H=2(C+G)$
② $V+F-E+H=2(C+G)$
③ $V+F-E-H=2(C-G)$
④ $V-F+E-H=2(C-G)$

해설 오일러-포앙카레 공식은 꼭짓점의 개수 -모서리의 개수+면의 개수는 항상 일정하다는 정리이다.

72. 다음 중 서로 다른 CAD 시스템 간의 데이터 상호 교환을 위한 표준화 파일형식을 모두 고른 것은?

(가) IGES	(나) GKS	(다) PRT	(라) STL

① (가), (나), (다)
② (가), (다), (라)
③ (가), (나), (라)
④ (나), (다), (라)

해설 대표적인 데이터 교환 표준
IGES, GKS, DXF, STEP, STL, PHIGS

73. 서피스 모델링(surface modeling)의 일반적인 특징으로 거리가 먼 것은?

① NC 데이터를 생성할 수 있다.
② 은선 제거가 불가능하다.
③ 질량 등 물리적 성질의 계산이 곤란하다.
④ 복잡한 형상 표현이 가능하다.

해설 솔리드 모델링과 서피스 모델링은 은선 제거가 가능하며, 와이어 프레임 모델링은 은선 제거가 불가능하다.

74. 공간상에서 곡면을 작성하고자 한다. 안내선(guide line)과 단면 모양(section)으로 만들어지는 곡면은?

① Revolve 곡면
② Sweep 곡면
③ Blending 곡면
④ Grid 곡면

75. 래스터 그래픽 장치의 프레임 버퍼(frame buffer)에서 8bit plane을 사용한다면 몇 가지 색상을 동시에 낼 수 있는가?

① 32
② 64
③ 128
④ 256

해설 $2^8 = 256$

76. 솔리드 모델링의 데이터 구조 중 CSG (Constructive Solid Geometry) 트리 구조의 특징에 대한 설명으로 틀린 것은?

① 데이터 구조가 간단하고 데이터 양이 적

어 데이터 구조의 관리가 용이하다.

② CSG 트리로 저장된 솔리드는 항상 구현이 가능한 입체를 나타낸다.

③ 화면에 입체의 형상을 나타내는 시간이 짧아 대화식 작업에 적합하다.

④ 기본 형상(primitive)의 파라미터만 간단히 변경하여 입체 형상을 쉽게 바꿀 수 있다.

해설 디스플레이 계산 시간이 많이 걸리므로 대화식 작업에는 적합하지 않다.

77. CAD 시스템에서 원호를 정의하고자 한다. 다음 중 하나의 원호를 정의내릴 수 없는 경우는?

① 중심점과 원호의 시작점과 끝점, 그리고 시작점에서 원호가 그려지는 방향이 주어질 때

② 중심점과 원호의 시작점, 현의 길이, 그리고 시작점에서 원호가 그려지는 방향이 주어질 때

③ 원호를 이루는 각각의 시작점, 중간점, 끝점이 주어질 때

④ 중심점과 원호 반지름의 크기, 그리고 시작점에서 원호가 그려지는 방향이 주어질 때

78. 3차원 그래픽스 처리를 위한 ISO 국제 표준의 하나로서 ISO-IEC TTC 1/SC 24에서 제정한 국제 표준으로 구조체 개념을 가지고 있는 것은?

① PHIGS   ② DTD

③ SGML   ④ SASIG

해설 PHIGS(Programmer's Hierarchical Interactive Graphics System) : 3차원 모델링, 가시화에 중점을 두어 개발된 표준이다.

79. 그림과 같은 꽃병 형상의 도형을 그리기에 가장 적합한 방법은?

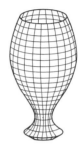

① 오프셋 곡면   ② 원뿔 곡면

③ 회전 곡면   ④ 필렛 곡면

해설 꽃병과 같은 형상의 도형은 축을 기준으로 회전하는 모델링이다.

80. 벡터 $\vec{a} = (a_1, a_2, a_3)$가 존재한다. a_1, a_2, a_3는 x, y, z축 방향의 변위일 때 벡터의 크기 $|\vec{a}|$는?

① $|\vec{a}| = \sqrt{a_1^2 + a_2^2 + a_3^2}$

② $|\vec{a}| = a_1^2 + a_2^2 + a_3^2$

③ $|\vec{a}| = \sqrt{a_1 + a_2 + a_3}$

④ $|\vec{a}| = \sqrt[3]{a_1^3 + a_2^3 + a_3^3}$

2017년

2018년 시행 문제

기계설계산업기사

제1과목 : 기계 가공법 및 안전관리

1. W, Cr, V, Co들의 원소를 함유하는 합금강으로 600℃까지 고온 경도를 유지하는 공구 재료는?

① 고속도강
② 초경합금
③ 탄소 공구강
④ 합금 공구강

[해설] • 초경합금 : W, Ti, Ta, Mo, Co가 주성분이며 고속 절삭에 널리 쓰인다.
• 탄소 공구강 : 탄소량이 0.6~1.5% 정도이고 탄소량에 따라 1~7종으로 분류한다.
• 합금 공구강 : 탄소강에 합금 성분인 W, Cr, W−Cr 등을 1종 또는 2종을 첨가한 것으로 STS 3, STS 5, STS 11이 많이 사용된다.

2. 기어 절삭 가공 방법에서 창성법에 해당하는 것은?

① 호브에 의한 기어 가공
② 형판에 의한 기어 가공
③ 브로칭에 의한 기어 가공
④ 총형 바이트에 의한 기어 가공

[해설] 창성법 : 인벌류트 곡선을 그리는 성질을 응용하여 기어를 깎는 방법으로 호브, 랙 커터, 피니언 커터 등으로 절삭한다.

3. 밀링 절삭 방법 중 상향 절삭과 하향 절삭에 대한 설명으로 틀린 것은?

① 하향 절삭은 상향 절삭에 비해 공구 수명이 길다.
② 상향 절삭은 가공면의 표면 거칠기가 하향 절삭보다 나쁘다.
③ 상향 절삭은 절삭력이 상향으로 작용하여 가공물의 고정이 유리하다.
④ 커터의 회전 방향과 가공물의 이송이 같은 방향인 가공 방법을 하향 절삭이라 한다.

[해설] 상향 절삭과 하향 절삭의 비교

상향 절삭	하향 절삭
• 백래시 제거 불필요	• 백래시 제거 필요
• 공작물 고정이 불리	• 공작물 고정이 유리
• 공구 수명이 짧다.	• 공구 수명이 길다.
• 소비 동력이 크다.	• 소비 동력이 작다.
• 가공면이 거칠다.	• 가공면이 깨끗하다.
• 기계 강성이 낮아도 된다.	• 기계 강성이 높아야 한다.

4. 테일러의 원리에 맞게 제작되지 않아도 되는 게이지는?

① 링 게이지
② 스냅 게이지
③ 테이퍼 게이지
④ 플러그 게이지

[해설] 테일러의 원리 : 한계 게이지로 제품을 측정할 때 통과측의 모든 치수는 동시에 검사되어야 하고, 정지측은 각 치수를 개개로 검사하여야 한다는 원리이다.

5. 터릿 선반에 대한 설명으로 옳은 것은?

① 다수의 공구를 조합하여 동시에 순차적으로 작업이 가능한 선반이다.

② 지름이 큰 공작물을 정면 가공하기 위해 스윙을 크게 만든 선반이다.

③ 작업대 위에 설치하고 시계 부속 등 작고 정밀한 가공물을 가공하기 위한 선반이다.

④ 가공하고자 하는 공작물과 같은 실물이나 모형을 따라 공구대가 자동으로 모형과 같은 윤곽을 깎아내는 선반이다.

해설 ② 정면 선반 ③ 탁상 선반 ④ 모방 선반

6. 연삭기의 이송 방법이 아닌 것은?

① 테이블 왕복식

② 플런지 컷 방식

③ 연삭숫돌대 방식

④ 마그네틱 척 이동 방식

해설 바깥지름 연삭의 이송 방법은 테이블 왕복형, 숫돌대 왕복형, 플런지 컷형이 있다.

7. 선반에서 긴 가공물을 절삭할 경우 사용하는 방진구 중 이동식 방진구는 어느 부분에 설치하는가?

① 베드   ② 새들

③ 심압대   ④ 주축대

해설 이동식 방진구는 새들에 설치하고 고정식 방진구는 베드에 설치한다.

8. 머시닝 센터에서 드릴링 사이클에 사용되는 G-코드로만 짝지어진 것은?

① G24, G43   ② G44, G65

③ G54, G92   ④ G73, G83

해설 • G43 : 공구 길이 보정(+방향)

• G44 : 공구 길이 보정(−방향)

• G54 : 공작물 좌표계 1번 선택

• G65 : 매크로 호출

• G73 : 고속 심공 드릴링 사이클

• G83 : 심공 드릴링 사이클

• G92 : 좌표계 설정

9. 탭으로 암나사 가공 작업 시 탭의 파손 원인으로 적절하지 않은 것은?

① 탭이 경사지게 들어간 경우

② 탭 재질의 경도가 높은 경우

③ 탭의 가공 속도가 빠른 경우

④ 탭이 구멍 바닥에 부딪혔을 경우

해설 탭 작업 시 탭이 부러지는 이유

• 구멍이 작거나 바르지 못할 때

• 탭이 구멍 바닥에 부딪혔을 때

• 칩의 배출이 원활하지 못할 때

• 핸들에 무리한 힘을 주었을 때

• 소재보다 탭의 경도가 낮을 때

10. 연삭숫돌 기호에 대한 설명이 틀린 것은?

WA 60 K m V

① WA : 연삭숫돌 입자의 종류

② 60 : 입도

③ m : 결합도

④ V : 결합제

해설 • K : 결합도   • m : 조직

11. 래핑에 대한 설명으로 틀린 것은?

① 습식 래핑은 주로 거친 래핑에 사용한다.

② 습식 래핑은 연마 입자를 혼합한 랩 액을 공작물에 주입하면서 가공한다.

③ 건식 래핑의 사용 용도는 초경질 합금, 보석 및 유리 등 특수 재료에 널리 쓰인다.

④ 건식 래핑은 랩제를 랩에 고르게 누른 다음, 이를 충분히 닦아내고 주로 건조 상태

2018년

에서 래핑을 한다.

해설 래핑은 랩과 일감 사이에 랩제를 넣어 서로 누르고 비비면서 마모시켜 표면을 다듬는 방법이다. 게이지 블록의 측정면이나 광학 렌즈 등의 다듬질용으로 사용한다.

12. 측정자의 직선 또는 원호 운동을 기계적으로 확대하여 그 움직임을 지침의 회전 변위로 변환시켜 눈금으로 읽을 수 있는 측정기는?

① 수준기 ② 스냅 게이지
③ 게이지 블록 ④ 다이얼 게이지

13. 금속의 구멍 작업 시 칩의 배출이 용이하고 가공 정밀도가 가장 높은 드릴 날은?

① 평드릴 ② 센터 드릴
③ 직선 홈 드릴 ④ 트위스트 드릴

해설 트위스트 드릴 : 비틀림 홈 드릴의 단면이 둥글고 끝부분에 날카로운 날이 있으며 몸체에는 비틀림 홈이 있다. 이 홈을 따라 절삭유제가 공급되며 동시에 절삭 가공 시 발생하는 칩이 배출된다.

14. 밀링 머신에서 사용하는 바이스 중 회전과 상하로 경사시킬 수 있는 기능이 있는 것은?

① 만능 바이스 ② 수평 바이스
③ 유압 바이스 ④ 회전 바이스

해설 만능 바이스는 회전이 가능하며 각도를 상하로 경사시킬 수 있는 바이스이다.

15. 연삭 작업에 관련된 안전사항 중 틀린 것은?

① 연삭숫돌을 정확하게 고정한다.
② 연삭숫돌 측면에 연삭을 하지 않는다.

③ 연삭 가공 시 원주 정면에 서 있지 않는다.
④ 연삭숫돌의 덮개 설치보다 작업자의 보안경 착용을 권장한다.

해설 연삭 작업의 안전을 위해 연삭숫돌의 덮개를 설치하고 작업자의 보안경도 착용해야 한다.

16. 절삭 공구 수명을 판정하는 방법으로 틀린 것은?

① 공구 인선의 마모가 일정량에 달했을 경우
② 완성 가공된 치수의 변화가 일정량에 달했을 경우
③ 절삭 저항의 주분력이 절삭을 시작했을 때와 비교하여 동일할 경우
④ 완성 가공면 또는 절삭 가공한 직후 가공 표면에 광택이 있는 색조 또는 반점이 생길 경우

해설 ③ 절삭 저항의 주분력, 배분력, 이송 분력이 절삭을 시작했을 때와 비교하여 변화할 경우

17. 드릴의 속도가 V(m/min), 지름이 d(mm)일 때 드릴의 회전수 n(rpm)을 구하는 식은?

① $n = \dfrac{1000}{\pi d V}$ ② $n = \dfrac{1000V}{\pi d}$

③ $n = \dfrac{\pi d V}{1000}$ ④ $n = \dfrac{\pi d}{1000V}$

18. 절삭제의 사용 목적과 거리가 먼 것은?

① 공구 수명 연장
② 절삭 저항의 증가
③ 공구의 온도 상승 방지
④ 가공물의 정밀도 저하 방지

해설 절삭유를 사용하면 절삭 저항이 감소한다.

19. 다음 중 각도를 측정할 수 있는 측정기는?

① 사인 바   ② 마이크로미터

③ 하이트 게이지   ④ 버니어 캘리퍼스

해설 사인 바 : 삼각함수의 사인(sine)을 이용하여 각도를 측정하고 설정하는 측정기이다. 크기는 롤러 중심 간의 거리로 표시하며 호칭 치수는 100 mm, 200 mm이다.

20. 밀링 가공에서 일반적인 절삭 속도 선정에 관한 내용으로 틀린 것은?

① 거친 절삭에서는 절삭 속도를 빠르게 한다.

② 다듬질 절삭에서는 이송 속도를 느리게 한다.

③ 커터의 날이 빠르게 마모되면 절삭 속도를 낮춘다.

④ 적정 절삭 속도보다 약간 낮게 설정하는 것이 커터의 수명 연장에 좋다.

해설 거친 절삭에서는 절삭 속도를 느리게 해야 기계 및 공구에 걸리는 과부하를 방지할 수 있다.

제2과목 : 기계 제도

21. 기준치수가 $\phi 50$인 구멍 기준식 끼워맞춤에서 구멍과 축의 공차값이 다음과 같을 때 옳지 않은 것은?

구멍	위 치수 허용차	+0.025
	아래 치수 허용차	+0.000
축	위 치수 허용차	+0.050
	아래 치수 허용차	+0.034

① 최소 틈새는 0.009이다.

② 최대 죔새는 0.050이다.

③ 축의 최소 허용 치수는 50.034이다.

④ 구멍과 축 조립 상태는 억지 끼워맞춤이다.

해설 억지 끼워맞춤에서

• 최대 죔새＝축의 최대 허용 치수
　　　　　－구멍의 최소 허용 치수
　　＝0.050－0＝0.050

• 최소 죔새＝축의 최소 허용 치수
　　　　　－구멍의 최대 허용 치수
　　＝0.034－0.025＝0.009

22. 호칭 지름이 3/8인치이고, 1인치 사이에 나사산이 16개인 유니파이 보통나사의 표시로 옳은 것은?

① UNF 3/8－16   ② 3/8－16 UNF

③ UNC 3/8－16   ④ 3/8－16 UNC

해설 3/8－16 UNC

• 3/8 : 나사의 지름

• 16 : 나사산의 수

• UNC : 나사의 종류(유니파이 보통나사)

23. 도면 재질란에 "SPCC"로 표시된 재료기호의 명칭으로 옳은 것은?

① 기계 구조용 탄소 강관

② 냉간 압연 강관 및 강대

③ 일반 구조용 탄소 강관

④ 열간 압연 강관 및 강대

해설 • 기계 구조용 탄소 강관 : STKM

• 일반 구조용 탄소 강관 : SPS

• 열간 압연 강관 및 강대 : SPHC

24. 그림에서 오른쪽에 구멍을 나타낸 것과 같이 측면도의 일부분만을 그리는 투상도의 명칭은?

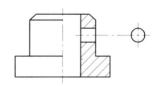

2018년

① 보조 투상도 ② 부분 투상도
③ 국부 투상도 ④ 회전 투상도

해설 국부 투상법 : 물체의 구멍이나 홈 등 일부분의 모양은 특정 부분만 그려서 나타낼 수 있다. 이때 국부 투상도는 중심선이나 치수 보조선으로 주 투상도에 연결한다.

25. 다음 도면과 같은 데이텀 표적 도시기호의 의미 설명으로 올바른 것은?

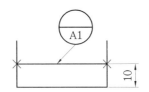

① 점의 데이텀 표적
② 선의 데이텀 표적
③ 면의 데이텀 표적
④ 구형의 데이텀 표적

26. 현대 사회는 산업 구조의 거대화로 대량 생산 체제가 이루어지고 있다. 이런 대량 생산화의 추세에서 기계 제도와 관련된 표준 규격의 방향으로 옳은 것은?

① 이익 집단 중심의 단체 규격화
② 민족 중심의 보수 규격화
③ 대기업 중심의 사내 규격화
④ 국제 교류를 위한 통용된 규격화

27. 가공으로 생긴 커터의 줄무늬 방향이 기호를 기입한 그림의 투영면에 비스듬하게 2방향으로 교차하는 것을 의미하는 기호는?

① ⊥ ② ×
③ C ④ =

해설 줄무늬 방향 지시 기호
• ⊥ : 투상면에 수직

• C : 중심에 대해 대략 동심원 모양
• = : 투상면에 평행

28. 그림과 같이 제3각 정투상도로 나타낸 정면도와 우측면도에 가장 적합한 평면도는?

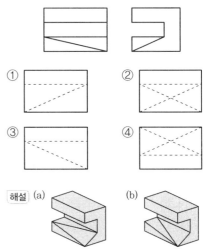

해설 (a)

3D 형상이 그림 (a)와 같다면 ①이 정답이지만, 동일 조건하에서 3D 형상이 그림 (b)와 같다면 ③도 정답이 된다.

29. 그림과 같은 도면에서 참고 치수를 나타내는 것은?

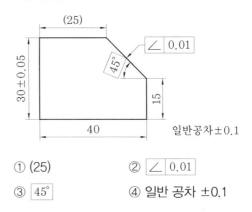

① (25) ② ∠ 0.01
③ 45° ④ 일반 공차 ±0.1

30. 다음 투상도 중 KS 제도 표준에 따라 가장 올바르게 작도된 투상도는?

정답 **25.** ② **26.** ④ **27.** ② **28.** ①, ③ **29.** ① **30.** ①

①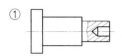

②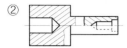

③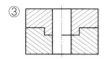

④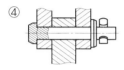

31. 다음 그림과 같은 도면에서 구멍 지름을 측정한 결과 10.1일 때 평행도 공차의 최대 허용치는?

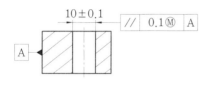

① 0   ② 0.1   ③ 0.2   ④ 0.3

해설 이용 가능한 치수 공차 $= 10.1 - 9.9$
$= 0.2$

∴ 이용 가능한 평행도 공차
= 이용 가능한 치수 공차 + 평행도 공차
$= 0.2 + 0.1$
$= 0.3$

32. 기어 제도에서 선의 사용법으로 틀린 것은?

① 피치원은 가는 1점 쇄선으로 표시한다.
② 축에 직각인 방향에서 본 그림을 단면도로 도시할 때는 이골(이뿌리)의 선은 굵은 실선으로 표시한다.
③ 잇봉우리원은 굵은 실선으로 표시한다.
④ 내접 헬리컬 기어의 잇줄 방향은 2개의 가는 실선으로 표시한다.

해설 잇줄의 방향은 정면도에 3줄의 가는 실선으로 그리며, 정면도가 단면으로 표시되어 있을 때는 3줄의 가는 2점 쇄선으로 그린다.

33. 치수 기입에 있어서 누진 치수 기입 방법으로 올바르게 나타낸 것은?

①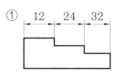

②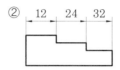

③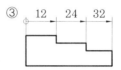

④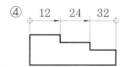

34. 그림과 같은 도면에서 'L' 치수는 몇 mm 인가?

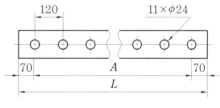

① 1200   ② 1320
③ 1340   ④ 1460

해설 $L = A + (70 \times 2) = 120 \times 10 + 140 = 1340$

35. 그림과 같은 등각투상도에서 화살표 방향이 정면일 경우 3각법으로 투상한 평면도로 가장 적합한 것은?

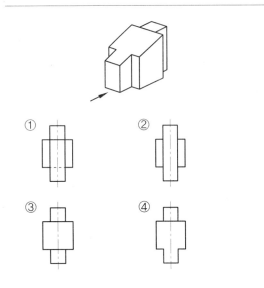

36. 기계 제도에서 특수한 가공을 하는 부분(범위)을 나타내고자 할 때 사용하는 선은?

① 굵은 실선　　　② 가는 1점 쇄선
③ 가는 실선　　　④ 굵은 1점 쇄선

해설 굵은 1점 쇄선은 특수한 가공을 하는 부분이나 특별한 요구사항을 적용할 수 있는 범위를 표시하는 데 사용한다.

37. 구멍 기준식 억지 끼워맞춤을 올바르게 표시한 것은?

① φ50X7/h6　　　② φ50H7/h6
③ φ50H7/s6　　　④ φ50F7/h6

해설 구멍 기준식 끼워맞춤

기준 구멍	헐거운 끼워맞춤		중간 끼워맞춤			억지 끼워맞춤		
H7	g6	h6	js6	k6	m6	n6	p6	r6	s6

38. 구름 베어링의 안지름 번호에 대하여 베어링의 안지름 치수를 잘못 나타낸 것은?

① 안지름 번호 : 01 – 안지름 : 12 mm

② 안지름 번호 : 02 – 안지름 : 15 mm
③ 안지름 번호 : 03 – 안지름 : 18 mm
④ 안지름 번호 : 04 – 안지름 : 20 mm

해설 안지름 번호 : 03 – 안지름 : 17 mm

39. 그림과 같이 용접 기호가 도시되었을 때 그 의미로 옳은 것은?

① 양면 V형 맞대기 용접으로 표면 모두 평면 마감 처리
② 이면 용접이 있으며 표면 모두 평면 마감 처리한 V형 맞대기 용접
③ 토를 매끄럽게 처리한 V형 용접으로 제거 가능한 이면 판재 사용
④ 넓은 루트면이 있고 이면 용접된 필릿 용접이며 윗면을 평면 처리

해설 • ── : 평탄 기호
• ∨ : V형 맞대기 용접
• ▽ : 이면 용접

40. 빗줄 널링(knurling)의 표시 방법으로 가장 올바른 것은?

① 축선에 대하여 일정한 간격으로 평행하게 도시한다.
② 축선에 대하여 일정한 간격으로 수직으로 도시한다.
③ 축선에 대하여 30°로 엇갈리게 일정한 간격으로 도시한다.
④ 축선에 대하여 80°가 되도록 일정한 간격으로 평행하게 도시한다.

해설 널링은 축의 외면 손잡이 부분에 미끄럼 방지를 위해 만들며, 축선에 대하여 30°로 엇갈리게 일정한 간격으로 일부만 그린다.

제3과목 : 기계 설계 및 기계 재료

41. 뜨임 취성(temper brittleness)을 방지하는 데 가장 효과적인 원소는?

① Mo　　　　　② Ni
③ Cr　　　　　④ Zr

해설 Mo : W 효과의 2배, 뜨임 취성 방지, 담금질 깊이 증가

42. 95% Cu－5% Zn 합금으로 연하고 코이닝(coining)하기 쉬워 동전, 메달 등에 사용되는 황동의 종류는?

① Naval brass　　② Cartridge brass
③ Muntz metal　　④ Gilding metal

해설 황동의 종류

5% Zn	30% Zn	40% Zn	8~20% Zn
길딩 메탈	카트리지 브라스	문츠 메탈	톰백
화폐·메달용	탄피 가공용	값싸고 강도가 큼	금 대용, 장식품

43. Kelmet의 주요 합금 조성으로 옳은 것은?

① Cu－Pb계 합금　② Zn－Pb계 합금
③ Cr－Pb계 합금　④ Mo－Pb계 합금

해설 켈밋의 성분 및 특징
• 성분 : Cu 60~70%＋Pb 30~40%
　(Pb 성분이 증가될수록 윤활 작용이 좋다.)
• 열전도, 압축 강도가 크고 마찰계수가 작아 고속, 고하중 베어링에 사용한다.

44. Fe－C 평형 상태도에서 나타나지 않는 반응은?

① 공정반응　　　② 편정반응
③ 포정반응　　　④ 공석반응

해설 Fe－C계 상태도에서 3개소의 반응
포정－공정－공석

45. 쾌삭강에서 피삭성을 좋게 만들기 위해 첨가하는 원소로 가장 적합한 것은?

① Mn　　　　　② Si
③ C　　　　　　④ S

해설 쾌삭강은 강에 S, Zr, Pb, Ce을 첨가하여 절삭성을 향상시킨 강이다.

46. 반도체 재료에 사용되는 주요 성분 원소는?

① Co, Ni　　　② Ge, Si
③ W, Pb　　　④ Fe, Cu

해설 반도체는 전기 회로를 축소시키는 데 광범위하게 사용되는 효율적인 장치로, 반도체 재료로 사용되는 주요 성분 원소는 Ge, Si, Ga, Bs 등이 있다.

47. 블랭킹 및 피어싱 펀치로 사용되는 금형 재료가 아닌 것은?

① STD11　　　② STS3
③ STC3　　　④ SM15C

48. 주조 시 주형에 냉금을 삽입하여 주물 표면을 급랭시킴으로써 백선화하고, 경도를 증가시킨 내마모성 주철은?

① 구상흑연주철
② 가단(malleable)주철
③ 칠드(chilled) 주철
④ 미하나이트(meehanite) 주철

해설 칠드 주철 : 용융된 강의 주형에 삽입될 때

2018년

주형과 닿는 표면을 급랭시켜 경도를 증가시 킨 것으로, 표면은 경하고 내부 조직은 펄라 이트와 흑연인 회주철로 만들어 전체적으로 인성을 확보한 주철이다.

49. 불변강의 종류가 아닌 것은?

① 인바　　　　　② 엘린바
③ 코엘린바　　　④ 스프링강

해설 불변강의 종류에는 인바, 슈퍼인바, 엘린 바, 코엘린바, 퍼멀로이, 플래티나이트가 있다.

50. 성형 수축이 적고 성형 가공성이 양호한 열가소성 수지는?

① 페놀 수지　　　② 멜라민 수지
③ 에폭시 수지　　④ 폴리스티렌 수지

해설 폴리스티렌 수지는 성형 수축이 적고 성형 가공이 양호하며 투명도가 큰 열가소성 수지이다.

51. 4kN·m의 비틀림 모멘트를 받는 전동축 의 지름은 약 몇 mm인가? (단, 축에 작용하 는 전단 응력은 60MPa이다.)

① 70　　　　　② 80
③ 90　　　　　④ 100

해설 $d = \sqrt[3]{\dfrac{5.1T}{\tau}} = \sqrt[3]{\dfrac{5.1 \times 4000000}{60}}$
$\fallingdotseq 70\,\text{mm}$

52. 양쪽 기울기를 가진 코터에서 저절로 빠 지지 않기 위한 자립 조건으로 옳은 것은? (단, α는 코터 중심에 대한 기울기 각도이고, ρ는 코터와 로드 엔드와의 접촉부 마찰계수 에 대응하는 마찰각이다.)

① $\alpha \leq \rho$　　　② $\alpha \geq \rho$
③ $\alpha \leq 2\rho$　　④ $\alpha \geq 2\rho$

해설 코터의 자립 조건
• 양쪽 구배 : $\alpha \leq \rho$　• 한쪽 구배 : $\alpha \leq 2\rho$
여기서, ρ : 마찰각, α : 구배

53. 용접 가공에 대한 일반적인 특징 설명으 로 틀린 것은?

① 공정 수를 줄일 수 있어서 제작비가 저렴 하다.
② 기밀 및 수밀성이 양호하다.
③ 열 영향에 의한 재료의 변질이 거의 없다.
④ 잔류 응력이 발생하기 쉽다.

해설 용접 이음은 열에 의한 수축, 변형 및 잔류 응력으로 인한 변형 위험이 있다.

54. 그림과 같은 스프링 장치에서 각 스프 링 상수 $k_1 = 40\,\text{N/cm}$, $k_2 = 50\,\text{N/cm}$, $k_3 = 60\,\text{N/cm}$이다. 하중 방향의 처짐이 150mm 일 때 작용하는 하중 P는 약 몇 N인가?

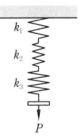

① 2250　　　　② 964
③ 389　　　　④ 243

해설 $\dfrac{1}{k} = \dfrac{1}{k_1} + \dfrac{1}{k_2} + \dfrac{1}{k_3}$
$= \dfrac{1}{40} + \dfrac{1}{50} + \dfrac{1}{60} = \dfrac{37}{600}$

$\delta = \dfrac{P}{k}$, $\delta = 150\,\text{mm} = 15\,\text{cm}$

$\therefore P = \delta k = 15 \times \dfrac{600}{37} \fallingdotseq 243\,\text{N}$

55. 작용 하중의 방향에 따른 베어링 분류 중

정답 **49.** ④　**50.** ④　**51.** ①　**52.** ①　**53.** ③　**54.** ④　**55.** ③

에서 축선에 직각으로 작용하는 하중과 축선 방향으로 작용하는 하중이 동시에 작용하는 데 사용하는 베어링은?

① 레이디얼 베어링(radial bearing)
② 스러스트 베어링(thrust bearing)
③ 테이퍼 베어링(taper bearing)
④ 칼라 베어링(collar bearing)

56. 회전 속도가 8m/s로 전동되는 평벨트 전동장치에서 가죽 벨트의 폭(b)×두께(t)=116mm×8mm인 경우 최대 전달 동력은 약 몇 kW인가? (단, 벨트의 허용 인장 응력은 2.35MPa, 장력비($e^{\mu\theta}$)는 2.50이며, 원심력은 무시하고 벨트의 이음 효율은 100%이다.)

① 7.45　　　　② 10.47
③ 12.08　　　　④ 14.46

해설 $T_1 = \sigma \times A = (2.35 \times 10^6) \times (0.116 \times 0.008)$
$\qquad \fallingdotseq 2180.8\text{N}$

$\therefore H = \dfrac{T_1 v}{102 \times 9.81} \times \dfrac{e^{\mu\theta}-1}{e^{\mu\theta}}$

$\qquad = \dfrac{2180.8 \times 8}{102 \times 9.81} \times \dfrac{2.5-1}{2.5}$

$\qquad \fallingdotseq 10.47\text{kW}$

57. 그림과 같은 블록 브레이크에서 막대 끝에 작용하는 조작력 F와 브레이크의 제동력 Q와의 관계식은? (단, 드럼은 반시계 방향의 회전을 하고 마찰계수는 μ이다.)

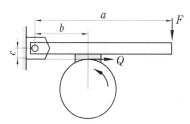

① $F = \dfrac{Q}{a}(b-\mu c)$

② $F = \dfrac{Q}{\mu a}(b-\mu c)$

③ $F = \dfrac{Q}{\mu a}(b+\mu c)$

④ $F = \dfrac{Q}{a}(b+\mu c)$

58. 안지름 300mm, 내압 100N/cm²이 작용하고 있는 실린더 커버를 12개의 볼트로 체결하려고 한다. 볼트 1개에 작용하는 하중 W는 약 몇 N인가?

① 3257　　　　② 5890
③ 8976　　　　④ 11245

해설 $P = \dfrac{\pi \times (300)^2}{4} = 70650\text{N}$

$\therefore W = \dfrac{P}{12} = \dfrac{70650}{12} \fallingdotseq 5890\text{N}$

59. 응력－변형률 선도에서 재료가 저항할 수 있는 최대의 응력을 무엇이라 하는가? (단, 공칭 응력을 기준으로 한다.)

① 비례 한도(proportional limit)
② 탄성 한도(elastic limit)
③ 항복점(yield point)
④ 극한 강도(ultimate strength)

60. 기어에서 이의 크기를 나타내는 방법이 아닌 것은?

① 피치원 지름　　② 원주 피치
③ 모듈　　　　　④ 지름 피치

해설 피치원 지름은 기어를 제작할 원통의 값에 대한 척도이며, 이의 크기에 관한 내용이 아니다.

2018년

제4과목 : 컴퓨터 응용 설계

61. OLED(유기발광다이오드) 디스플레이의 일반적인 장점으로 옳지 않은 것은?

① LCD와 달리 자체 발광이라 백라이트가 필요 없다.
② CRT와 달리 발광 소자의 수명이 길어서 번인(burn–in) 현상과 같은 단점이 없다.
③ 박막화가 가능하고 무게를 가볍게 설계할 수 있다.
④ TFT–LCD보다 시야각이 넓어 어느 방향에서나 동일한 화질을 볼 수 있다.

해설 OLED : 유기 화합물에 전류가 흐르면 스스로 빛을 내는 자체 발광형 디스플레이 장치를 말하며, 최근에는 출력장치로 많이 사용된다.

62. IGES 파일 구조가 가지는 5가지 section이 아닌 것은?

① directory entry section
② global section
③ start section
④ local section

해설 IGES 파일은 start, global, directory, parameter, terminate의 5개 섹션으로 구성되어 있다.

63. 그림과 같이 $x^2+y^2-2=0$인 원이 있다. 점 P(1, 1)에서의 접선의 방정식은?

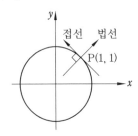

① $2(x-1)+2(y-1)=0$
② $(x-1)-(y-1)=0$
③ $2(x+1)+2(y-1)=0$
④ $(x+1)+(y+1)=0$

해설 • 원의 방정식 : $x^2+y^2=(\sqrt{2})^2$
• (x_1, y_1)에서의 접선의 방정식
  : $x_1x+y_1y=(\sqrt{2})^2$
∴ P(1, 1)에서의 접선의 방정식은 $x+y=2$이다.

64. 제시된 단면 곡선을 안내 곡선에 따라 이동하면서 생기는 궤적을 나타낸 곡면은?

① 룰드(ruled) 곡면
② 스윕(sweep) 곡면
③ 보간 곡면
④ 블렌딩(blending) 곡면

해설 sweeping : 단면이 안내 곡선을 따라 이동하면서 새 곡면이나 솔리드를 생성한다.

65. 솔리드 모델링에서 모델링 결과 알 수 있는 물리적 성질(property)이 아닌 것은?

① 부피
② 표면적
③ 비틀림 모멘트
④ 부피 중심

해설 솔리드 모델링은 물리적 성질(부피, 무게 중심, 관성 모멘트 등)의 계산이 가능하며, 비틀림 모멘트는 부가적인 방법이나 계산을 통해 구할 수 있다.

66. 와이어 프레임 모델의 특징을 잘못 설명한 것은?

① 데이터의 구성이 간단하다.
② 처리 속도가 빠르다.
③ 물리적 성질의 계산이 불가능하다.
④ 은선 제거가 가능하다.

정답 **61.** ② **62.** ④ **63.** ① **64.** ② **65.** ③ **66.** ④

해설 와이어 프레임 모델링의 특징
- 데이터의 구성이 간단하다.
- 처리 속도가 빠르다.
- 은선 제거가 불가능하다.
- 단면도 작성이 불가능하다.
- 물리적 성질의 계산이 불가능하다.

67. 컴퓨터 그래픽스에서 3D 형상 정보를 화면상에 표현하기 위해서는 필요한 부분의 3D 좌표가 2D 좌표 정보로 변환되어야 한다. 이와 같이 3D 형상에 대한 좌표 정보를 2D 평면 좌표로 변환하는 것을 무엇이라 하는가?

① 점 변환   ② 축척 변환
③ 투영 변환   ④ 동차 변환

68. 프린터의 해상도를 나타내는 단위인 "DPI"의 원어는?

① Digit Per Increment
② Digit Per Inch
③ Dot Per Increment
④ Dot Per Inch

해설
- LPM : 분당 인쇄 라인 수
- PPM : 1분 동안 출력 가능한 컬러 (흑백 인쇄의 최대 매수)
- DPI : 출력 밀도(해상도)
- CPM : 출력 속도(분당 카드)

69. 2차원 평면에서 $y=3x+4$인 직선에 직교하면서 점 (3, 1)인 지점을 지나는 직선의 방정식은?

① $y=-\dfrac{1}{3}x+2$ ② $y=-3x+10$

③ $y=3x-8$ ④ $y=-\dfrac{1}{3}x+1$

해설 기울기 : $-\dfrac{1}{3}$

기울기가 $-\dfrac{1}{3}$이고 (3, 1)을 지나므로

$y-1=-\dfrac{1}{3}(x-3)$

$\therefore\ y=-\dfrac{1}{3}x+2$

70. 컴퓨터를 이용한 형상 모델링에 대한 일반적인 설명 중 틀린 것은?

① 형상 모델링(geometric modeling)은 물체의 모양을 완전히 수학적으로 표현하는 과정이라고 할 수 있다.
② 컴퓨터 그래픽스(computer graphics)는 시각적 디스플레이를 통하여 부품의 설계나 복잡한 형상을 표현하는 데 이용될 수 있다.
③ 3차원 모델링 및 설계는 현실감 있는 3차원 모델링과 시뮬레이션을 가능하게 하지만, 물리적 모델(목업 등)에 비해 비용이 많이 소요되는 단점이 있다.
④ 구조물의 응력 해석, 열전달, 변형 및 다른 특성들도 시각적 기법들로 잘 표현될 수 있다.

해설 3차원 모델링 및 설계는 목업(mock-up) 제작이 불필요하여 제작비가 절감되는 효과가 있다.

71. CAD 모델링 방법 중 형상 구속 조건과 치수 조건을 이용하여 형태를 모델링하는 방식은?

① Feature-based modeling
② Parametric modeling
③ Hybrid modeling
④ Non-manifold modeling

해설 파라메트릭 모델링 : 사용자가 형상 구속 조건과 치수 조건을 입력하여 형상을 모델링하는 방식이다.

72. 주어진 물체를 윈도에 디스플레이할 때 윈도 내에 포함되는 부분만을 추출하기 위하여 사용되는 2차원 절단 코헨-서더랜드 알고리즘은 윈도를 포함한 2차원 평면을 9개의 영역으로 구분하여 각 영역을 비트 스트링(bit string)으로 표현한다. 모든 영역을 최소 비트로 표현하기 위해 이 알고리즘에서 사용되는 코드의 길이는?

① 3-비트 ② 4-비트
③ 5-비트 ④ 6-비트

해설 코헨-서더랜드 클리핑 알고리즘
• 클리핑 : 윈도에 표시될 라인 전체가 보이는지, 부분적으로 보이는지, 숨겨졌는지를 검사하고 윈도에 표시될 부분(좌표)을 결정한다.
• 지역 코드 : 9개의 영역으로 분할되며 각 영역은 4비트 코드로 할당된다.

1001	1000	1010
0001	0000	0010
0101	0100	0110

| T_4 | B_4 | R_4 | L_4 |

73. 베지어 곡면의 특징이 아닌 것은?
① 곡면을 부분적으로 수정할 수 있다.
② 곡면의 코너와 코너 조정점이 일치한다.
③ 곡면이 조정점들의 볼록 껍질(convex hull) 내부에 포함된다.
④ 곡면이 일반적인 조정점의 형상에 따른다.

해설 베지어 곡면은 베지어 곡선에서 발전한 것으로 1개의 정점 변화가 곡면 전체에 영향을 준다.

74. 다음 모델링 기법 중 컴퓨터를 이용한 자동 공정 계획(CAPP)에 가장 적합한 모델링

기법은?
① 특징 형상 모델링
② 경계 모델링
③ 와이어 프레임 모델링
④ 조립 모델링

75. 솔리드 모델링 방법 중 CSG 방식과 비교할 때 B-rep 방식의 특징에 해당하는 것은?
① 메모리 용량이 작다.
② 파라메트릭 모델링을 쉽게 구현할 수 있다.
③ 3면도, 투시도, 전개도의 작성이 용이하다.
④ 자료 구조가 단순하다.

76. 반지름이 3이고 중심점이 (1, 2)인 원의 방정식은?
① $(x-1)^2+(y-2)^2=3$
② $(x-3)^2+(y-1)^2=2$
③ $x^2-2x+y^2-4y+4=0$
④ $x^2-2x+y^2-4y-4=0$

해설 $(x-1)^2+(y-2)^2=3^2$
$x^2-2x+1+y^2-4y+4=9$
∴ $x^2-2x+y^2-4y-4=0$

77. 일반적인 CAD 소프트웨어의 기본적인 기능으로 볼 수 없는 것은?
① 문자나 데이터의 편집 기능
② 디스플레이 제어 기능
③ 도면 작성 기능
④ 가공 정보 제어 기능

78. 일반적인 B-spline 곡선의 특징을 설명한 것으로 틀린 것은?

정답 72. ② 73. ① 74. ① 75. ③ 76. ④ 77. ④ 78. ③

① 곡선의 차수는 조정점의 개수와 무관하다.
② 곡선의 형상을 국부적으로 수정할 수 있다.
③ 원, 타원, 포물선과 같은 원뿔 곡선을 정확하게 표현할 수 있다.
④ 조정점의 수가 오더(k)와 같은 비주기적 균일 B-spline 곡선은 베지어 곡선과 같다.

79. 2차원 평면에서 원(circle)을 정의하고자 할 때 필요한 조건으로 틀린 것은?

① 중심점과 원주상의 한 점으로 정의
② 원주상의 3개의 점으로 정의
③ 두 개의 접선으로 정의
④ 중심점과 하나의 접선으로 정의

해설

두 개의 접선으로 정의하면 무수히 많은 원이 존재하므로 반지름이나 지름의 길이가 주어져야 한다.

80. 누산기(accumulator)에 대하여 올바르게 설명한 것은?

① 레지스터의 일종으로 산술연산 혹은 논리연산의 결과를 일시적으로 기억하는 장치이다.
② 연산 명령이 주어지면 연산 준비를 하는 장소이다.
③ 연산 명령의 순서를 기억하는 장소이다.
④ 연산 부호를 해독하는 장치이다.

해설 누산기는 CPU 내에서 계산의 중간 결과를 저장하는 레지스터이다.

기계설계산업기사

제1과목 : 기계 가공법 및 안전관리

1. 공작물을 센터에 지지하지 않고 연삭하며, 가늘고 긴 가공물의 연삭에 적합한 특징을 가진 연삭기는?

① 나사 연삭기 ② 안지름 연삭기
③ 바깥지름 연삭기 ④ 센터리스 연삭기

해설 센터리스 연삭기는 원통 연삭기의 일종으로, 센터 없이 연삭숫돌과 조정 숫돌 사이를 지지판으로 지지하면서 연삭하는 것이다. 주로 원통면의 바깥면에 회전과 이송을 주어 연삭한다.

2. 화재를 A급, B급, C급, D급으로 구분했을 때 전기화재에 해당하는 것은?

① A급 ② B급
③ C급 ④ D급

해설 소화기의 종류와 용도

종류 소화기	보통화재 (A급)	기름화재 (B급)	전기화재 (C급)
포말소화기	적합	적합	부적합
분말소화기	양호	적합	양호
CO_2 소화기	양호	양호	적합

3. 원형 부분을 두 개의 동심의 기하학적 원으로 취했을 경우, 두 원의 간격이 최소가 되는 두 원의 반지름의 차로 나타내는 형상 정밀도는?

① 원통도 ② 직각도
③ 진원도 ④ 평행도

해설 진원도는 모양 공차로 공통원의 중심점으로부터 진원 상태의 허용 범위에서 벗어난 크기를 말하며, 원통도는 규제하는 원통 형체의 모든 표면의 공통 축선으로부터 같은 거리에 있는 두 개의 원통 표면에 들어가는 공차를 말한다.

4. 절삭유의 사용 목적으로 틀린 것은?

① 절삭열의 냉각
② 기계의 부식 방지
③ 공구의 마모 감소
④ 공구의 경도 저하 방지

해설 절삭 가공 후 기계에 튀어 있는 절삭유를 닦아내지 않으면 오히려 기계가 부식될 수 있다.

5. 도금을 응용한 방법으로 모델을 음극에 전착시킨 금속을 양극에 설치하고, 전해액 속에서 전기를 통전하여 적당한 두께로 금속을 입히는 가공 방법은?

① 전주 가공 ② 전해 연삭
③ 레이저 가공 ④ 초음파 가공

해설 • 전해 연삭 : 전해 연마에서 나타난 양극의 생성물을 연삭 작업으로 갈아 없애는 가공법
• 레이저 가공 : 레이저 빛을 한 점에 집중시켜 고도의 에너지 밀도로 가공하는 방법
• 초음파 가공 : 초음파 진동수로 기계적 진동을 하는 공구와 공작물 사이에 숫돌 입자, 물 또는 기름을 주입하면서 숫돌 입자가 일감을 때려 표면을 다듬는 방법

6. 밀링 가공에서 분할대를 사용하여 원주를 6°30′씩 분할하고자 할 때 옳은 방법은?

① 분할 크랭크를 18공열에서 13구멍씩 회전시킨다.
② 분할 크랭크를 26공열에서 18구멍씩 회전시킨다.

---

③ 분할 크랭크를 36공열에서 13구멍씩 회전시킨다.

④ 분할 크랭크를 13공열에서 1회전하고 5구멍씩 회전시킨다.

해설 $n = \dfrac{\theta}{9°} = \dfrac{6}{9} = \dfrac{12}{18}$

$n = \dfrac{\theta}{540'} = \dfrac{30}{540} = \dfrac{1}{18}$

∴ 분할 크랭크를 18공열에서 13(=12+1)구멍씩 회전시킨다.

7. 윤활제의 구비 조건으로 틀린 것은?

① 사용 상태에 따라 점도가 변할 것

② 산화나 열에 대하여 안정성이 높을 것

③ 화학적으로 불활성이며 깨끗하고 균질할 것

④ 한계 윤활 상태에서 견딜 수 있는 유성이 있을 것

해설 윤활제의 구비 조건
• 열이나 산에 강해야 한다.
• 금속의 부식성이 적어야 한다.
• 열전도가 좋고 내하중성이 커야 한다.
• 가격이 저렴하고 적당한 점성이 있어야 한다.
• 온도 변화에 따른 점도 변화가 작아야 한다.
• 양호한 유성을 가진 것으로 카본 생성이 적어야 한다.

8. 드릴링 머신 작업 시 주의해야 할 사항 중 틀린 것은?

① 가공 시 면장갑을 착용하고 작업한다.

② 가공물이 회전하지 않도록 단단하게 고정한다.

③ 가공물을 손으로 지지하여 드릴링하지 않는다.

④ 얇은 가공물을 드릴링 할 때는 목편을 받친다.

해설 회전하고 있는 주축이나 드릴에 면장갑을 착용하고 작업하거나 걸레를 대거나 머리를 가까이 해서는 안 된다.

9. 연삭 작업에서 숫돌 결합제의 구비 조건으로 틀린 것은?

① 성형성이 우수해야 한다.

② 열이나 연삭액에 대하여 안전성이 있어야 한다.

③ 필요에 따라 결합 능력을 조절할 수 있어야 한다.

④ 충격에 견뎌야 하므로 기공 없이 치밀해야 한다.

해설 결합제의 구비 조건
• 열이나 연삭액에 대하여 안전성이 있을 것
• 원심력이나 충격에 대한 기계적 강도가 있을 것
• 적당한 기공과 균일한 조직으로 성형성이 좋을 것

10. 선반 작업에서 구성 인선(builtup edge)의 발생 원인에 해당하는 것은?

① 절삭 깊이를 적게 할 때

② 절삭 속도를 느리게 할 때

③ 바이트의 윗면 경사각이 클 때

④ 윤활성이 좋은 절삭유제를 사용할 때

해설 절삭 속도를 $120\,\mathrm{m/min}$ 이상으로 크게 하면 구성 인선의 발생을 방지할 수 있다.

11. CNC 프로그램에서 보조 기능에 해당하는 어드레스는?

① F　　　　　　② M

③ S　　　　　　④ T

해설 • F : 이송 기능
• S : 주축 기능
• T : 공구 기능

12. 드릴 작업 후 구멍의 내면을 다듬질하는 목적으로 사용하는 공구는?

① 탭
② 리머
③ 센터 드릴
④ 카운터 보어

해설 • 탭 : 드릴을 사용하여 뚫은 구멍의 내면에 암나사를 가공하는 공구
• 센터 드릴 : 선반에서 작업을 하기 위해 센터 구멍을 가공하는 공구
• 카운터 보어 : 볼트 머리 부분을 묻히게 하기 위해 자리를 파는 공구

13. 3차원 측정기에서 사용되는 프로브 중 광학계를 이용하여 얇거나 연한 재질의 피측정물을 측정하기 위한 것으로 심출 현미경, CMM 계측용 TV 시스템 등에 사용되는 것은?

① 전자식 프로브
② 접촉식 프로브
③ 터치식 프로브
④ 비접촉식 프로브

14. 4개의 조가 90° 간격으로 구성 배치되어 있으며, 보통 선반에서 편심 가공을 할 때 사용되는 척은?

① 단동척
② 연동척
③ 유압척
④ 콜릿척

해설 단동척은 원, 사각, 팔각 조임 시 용이하여 가장 많이 사용하며, 조가 4개 있어 4번 척이라고도 한다. 조가 각각 움직이므로 중심을 잡는 데 시간이 걸린다.

15. 밀링 머신에 포함되는 기계 장치가 아닌 것은?

① 니
② 주축
③ 칼럼
④ 심압대

해설 심압대는 선반이나 원통 연삭기의 기계 장치이다.

16. 가늘고 긴 일정한 단면 모양을 가진 공구를 사용하여 가공물의 내면에 키 홈, 스플라인 홈, 원형이나 다각형의 구멍 형상과 외면에 세그먼트 기어, 홈, 특수한 외면 형상을 가공하는 공작 기계는?

① 기어 셰이퍼(gear shaper)
② 호닝 머신(honing machine)
③ 호빙 머신(hobbing machine)
④ 브로칭 머신(broaching machine)

해설 브로칭 머신 : 브로치 공구를 사용하여 표면 또는 내면을 필요한 모양으로 절삭 가공하는 기계로 키 홈, 스플라인 구멍, 다각형 구멍 등을 작업한다.

17. 밀링 작업에서 분할대를 사용하여 직접 분할할 수 없는 것은?

① 3등분
② 4등분
③ 6등분
④ 9등분

해설 직접 분할법 : 주축의 앞부분에 있는 구멍 24개를 이용하여 2, 3, 4, 6, 8, 12, 24로 등분할 수 있는 방법이다.

18. 표면 프로파일 파라미터의 정의에 대한 연결이 틀린 것은?

① Rt – 프로파일의 전체 높이
② RSm – 평가 프로파일의 첨도
③ Rsk – 평가 프로파일의 비대칭도
④ Ra – 평가 프로파일의 산술평균 높이

해설 RSm : 프로파일 요소의 평균 높이

19. 나사의 유효 지름 측정 방법 중 정밀도가 가장 높은 방법은?

① 삼침법을 이용한 방법
② 피치 게이지를 이용한 방법

③ 버니어 캘리퍼스를 이용한 방법

④ 나사 마이크로미터를 이용한 방법

[해설] 삼침법 : 3개의 핀 게이지를 나사산의 골에 끼운 상태에서 외측 마이크로미터로 측정하며 유효 지름을 측정하는 방법이다.

20. 일반적인 보통 선반 가공에 관한 설명으로 틀린 것은?

① 바이트 절입량의 2배로 공작물의 지름이 작아진다.

② 이송 속도가 빠를수록 표면 거칠기가 좋아진다.

③ 절삭 속도가 증가하면 바이트의 수명이 짧아진다.

④ 이송 속도는 공작물의 1회전당 공구의 이동 거리이다.

[해설] 다듬질 절삭에서는 이송 속도를 느리게 하며, 이송 속도가 빠를수록 표면 거칠기는 거칠어진다.

제2과목 : 기계 제도

21. 다음은 제3각법으로 나타낸 정면도와 우측면도이다. 이에 대한 평면도를 가장 올바르게 나타낸 것은?

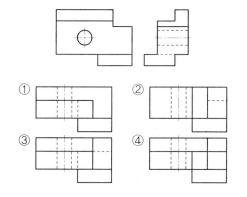

22. 다음 그림에서 [23] 부위만 데이텀 A로 고정하고자 한다. 이때 특정한 선을 사용하여 데이텀 부위를 지정할 수 있는데, 이 선은 무엇인가?

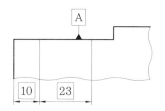

① 가는 1점 쇄선   ② 굵은 1점 쇄선

③ 가는 2점 쇄선   ④ 굵은 2점 쇄선

[해설] 굵은 1점 쇄선은 특수한 가공을 하는 부분이나 특별한 요구사항을 적용할 수 있는 범위를 표시하는 데 사용한다.

23. 그림의 입체도에서 화살표 방향이 정면일 경우 정면도로 가장 적합한 것은?

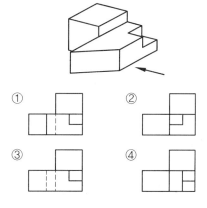

24. 개스킷, 박판, 형강 등과 같이 절단면이 얇은 경우 이를 나타내는 방법으로 옳은 것은?

① 실제 치수와 관계없이 1개의 가는 1점 쇄선으로 나타낸다.

② 실제 치수와 관계없이 1개의 극히 굵은 실선으로 나타낸다.

③ 실제 치수와 관계없이 1개의 굵은 1점

2018년

쇄선으로 나타낸다.

④ 실제 치수와 관계없이 1개의 극히 굵은 2점 쇄선으로 나타낸다.

25. 다음 중 H7 구멍과 가장 억지로 끼워지는 축의 공차는?

① f6   ② h6

③ p6   ④ g6

해설 구멍 기준식 끼워맞춤

기준 구멍	헐거운 끼워맞춤			중간 끼워맞춤			억지 끼워맞춤		
H7	f6	g6	h6	js6	k6	m6	n6	p6	r6

26. 그림은 제3각 정투상도로 나타낸 정면도와 우측면도이다. 이에 대한 평면도로 가장 적합한 것은?

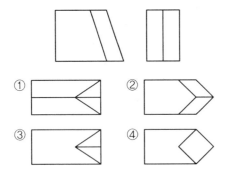

27. 구멍 기준식 끼워맞춤에서 구멍 $\phi 50^{+0.025}_{0}$, 축 $\phi 50^{+0.050}_{+0.034}$일 때 최소 죔새값은?

① 0.009   ② 0.034

③ 0.050   ④ 0.075

해설 최소 죔새=축의 최소 허용 치수
　　　　－구멍의 최대 허용 치수
　　　　=50.034−50.025=0.009

28. 수면, 유면 등의 위치를 표시하는 수준면

선에 사용하는 선의 종류는?

① 가는 파선   ② 가는 1점 쇄선

③ 굵은 파선   ④ 가는 실선

해설 가는 실선은 치수선, 치수 보조선, 지시선, 회전 단면선, 중심선, 수준면선에 사용한다.

29. 베어링의 호칭번호가 6026일 때, 이 베어링의 안지름은 몇 mm인가?

① 6   ② 60

③ 26   ④ 130

해설 베어링의 안지름
00 : 10mm, 01 : 12mm, 02 : 15mm, 03 : 17mm이며, 04부터는 5배 하면 된다.
∴ 26×5=130mm

30. 구멍의 최대 치수가 축의 최소 치수보다 작은 경우에 해당하는 끼워맞춤의 종류는?

① 헐거운 끼워맞춤   ② 억지 끼워맞춤

③ 틈새 끼워맞춤   ④ 중간 끼워맞춤

해설 구멍과 축을 조립했을 때 주어진 허용 한계 치수 범위 내에서 구멍이 최소이고 축이 최대일 때 죔새가 생겨 억지로 끼워맞춰지는데, 이를 억지 끼워맞춤이라 한다.

31. 다음 용접기호에 대한 설명으로 틀린 것은?

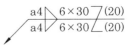

① 지그재그 필릿 용접이다.

② 목 두께는 4mm이다.

③ 한쪽 면의 용접부 개수는 30개이다.

④ 인접한 용접부 간격은 20mm이다.

해설 6×30에서 6은 용접 개소, 30은 1개소당 용접 길이를 말한다.

32. 표준 스퍼 기어의 모듈이 2이고 이끝원 지름이 84mm일 때, 이 스퍼 기어의 피치원 지름(mm)은?

① 76　　　　② 78
③ 80　　　　④ 82

해설 이끝원(D_0) : 이의 끝을 연결하는 원
D_0＝피치원 지름＋$2m$
∴ 피치원 지름＝D_0-2m
　　　　＝$84-(2\times2)=80$mm

33. 지름이 같은 원기둥이 그림과 같이 직교할 때의 상관선의 표현으로 가장 적합한 것은?

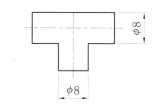

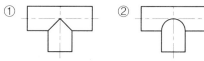

34. 기계 구조용 탄소 강재의 KS 재료 기호로 옳은 것은?

① SM40C　　② SS235
③ ALDC1　　④ GC100

해설 • SS : 일반 구조용 압연 강재
• ALDC : 다이캐스팅용 알루미늄 합금
• GC : 주철

35. 그림과 같이 축 방향으로 인장력이나 압축력이 작용하는 두 축을 연결하거나 풀 필

요가 있을 때 사용하는 기계요소는?

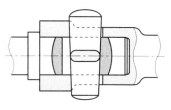

① 핀　　　　② 키
③ 코터　　　④ 플랜지

해설 코터는 평평한 쐐기 모양의 부품으로, 인장력 또는 압축력이 축 방향으로 작용하는 축과 여기에 조립되는 소켓을 연결하는 데 사용하는 기계요소이다.

36. 스파이럴 스프링의 치수나 요목표에 기입하지 않아도 되는 사항은?

① 판 두께　　② 재료
③ 전체 길이　④ 최대 하중

해설 벌류트 스프링, 스파이럴 스프링, 접시 스프링은 무하중 상태에서 그린다.

37. 기하 공차의 종류에서 위치 공차에 해당하지 않는 것은?

① 동축도 공차　② 위치도 공차
③ 평면도 공차　④ 대칭도 공차

해설 평면도 공차는 모양 공차이다.

38. 나사의 도시법을 설명한 것으로 틀린 것은?

① 수나사의 바깥지름과 암나사의 골지름은 굵은 실선으로 표시한다.
② 완전 나사부 및 불완전 나사부의 경계선은 굵은 실선으로 표시한다.
③ 보이지 않는 나사 부분은 가는 파선으로 표시한다.
④ 수나사 및 암나사의 조립 부분은 수나사

2018년

기준으로 표시한다.

해설 나사 도시 방법
• 굵은 실선 : 수나사의 바깥지름, 암나사의 안
지름, 완전 나사부와 불완전 나사부의 경계선
• 가는 실선 : 암나사의 골지름, 불완전 나사부
• 가는 파선 : 보이지 않는 나사 부분
• 나사 부품 단면도의 해칭은 암나사의 안지름,
수나사의 바깥지름까지 긋는다.

39. 래핑 다듬질면 등에 나타나는 줄무늬로,
가공에 의한 컷의 줄무늬가 여러 방향일 때
줄무늬 방향의 기호는?

① R   ② C
③ X   ④ M

해설 • R : 중심에 대해 대략 방사 모양
• C : 중심에 대해 대략 동심원 모양
• × : 2개의 경사면에 수직

40. 도면에서 2종류 이상의 선이 같은 장소에
서 겹치게 될 경우 우선순위로 알맞은 것은?

① 외형선 > 숨은선 > 절단선 > 중심선
② 외형선 > 절단선 > 숨은선 > 중심선
③ 외형선 > 중심선 > 숨은선 > 절단선
④ 외형선 > 절단선 > 중심선 > 숨은선

해설 겹치는 선의 우선순위
외형선 > 숨은선 > 절단선 > 중심선 > 무게중심선
> 치수 보조선

제3과목 : 기계 설계 및 기계 재료

41. 0.8% C 이하의 아공석강에서 탄소 함유
량의 증가에 따라 감소하는 기계적 성질은?

① 경도   ② 항복점

③ 인장 강도   ④ 연신율

해설 탄소 함유량을 증가시키면 인장 강도, 경
도는 증가하고 연신율과 충격값은 감소한다.

42. 노에 들어가지 못하는 대형 부품의 국부
담금질, 기어, 톱니나 선반의 베드면 등의
표면을 경화시키는 데 가장 많이 사용하는
열처리 방법은?

① 화염 경화법   ② 침탄법
③ 질화법   ④ 청화법

해설 화염 경화법 : 탄소 함유량 0.4% C 전후의
강을 산소-아세틸렌 화염으로 표면만 가열 냉각
시켜 표면층만 경화시키는 열처리 방법이다.

43. 주철의 접종(inoculation) 및 그 효과에
대한 설명으로 틀린 것은?

① Ca-Si 등을 첨가하여 접종을 한다.
② 핵 생성을 용이하게 한다.
③ 흑연의 형상을 개량한다.
④ 칠(chill)화를 증가시킨다.

44. 알루미늄 합금인 Al-Mg-Si의 강도를
증가시키기 위한 가장 좋은 방법은?

① 시효 경화(age-hardening) 처리한다.
② 냉간 가공(cold work)을 실시한다.
③ 담금질(quenching) 처리한다.
④ 불림(normalizing) 처리한다.

해설 500~510℃에서 용체화 처리를 한 후 급
랭하여 상온에 방치하면 시효 경화한다. Al-
Mg-Si계는 알드리라고 부르며, 이 합금의 강
도를 증가시키기 위해 시효 경화법이 사용된다.

45. 황동계 실용 합금인 톰백에 관한 설명으
로 틀린 것은?

① 전연성이 우수하다.

② 5~20%의 Sn을 함유하는 황동이다.

③ 코이닝하기 쉬워 메달, 동전 등에 사용된다.

④ 색깔이 금색에 가까워 모조금으로 사용된다.

해설 톰백 : 8~20% Zn을 함유하며, 금에 가까운 색으로 연성이 크다. 금 대용품이나 장식품에 사용한다.

46. 마텐자이트(martensite) 및 그 변태에 대한 설명으로 틀린 것은?

① 경도가 높고 취성이 있다.

② 상온에서 준안정 상태이다.

③ 마텐자이트 변태는 확산 변태를 한다.

④ 강을 수중에 담금질하였을 때 나타나는 조직이다.

해설 담금질 : 강을 A_3 변태 및 A_1선 이상 30~50℃로 가열한 후 수랭, 유랭, 공랭시키는 방법으로, A_1 변태가 저지되어 경도가 큰 마텐자이트가 된다.

47. 금속 재료 중 일정 온도에서 갑자기 전기 저항이 0(zero)이 되는 현상은?

① 공유 ② 초전도

③ 이온화 ④ 형상기억

해설 초전도 : 어떤 재료를 냉각했을 때 임계 온도에 이르러 전기 저항이 0이 되는 현상으로, 초전도 상태에서는 재료에 전류가 흘러도 에너지의 손실이 없고 전력 소비 없이 대전류를 보낼 수 있다.

48. 고속도 공구강(SKH 2)의 표준 조성으로 옳은 것은?

① 18% W – 4% Cr – 1% V

② 17% Cr – 9% W – 2% Mo

③ 18% Co – 4% Cr – 1% V

④ 18% W – 4% V – 1% Cr

49. 플라스틱 재료의 특성을 설명한 것 중 틀린 것은?

① 대부분 열에 약하다.

② 대부분 내구성이 높다.

③ 대부분 전기 절연성이 우수하다.

④ 금속 재료보다 부피당 가격이 저렴하다.

해설 플라스틱은 단단하고 질기며 부드럽고 유연하게 만들 수 있기 때문에 금속 제품으로 만드는 것보다 가공비가 저렴하다. 열에 약하고 표면 경도가 낮다는 단점이 있다.

50. 섬유강화 금속(FRM)의 특성을 설명한 것 중 틀린 것은?

① 비강도 및 비강성이 높다.

② 섬유축 방향의 강도가 작다.

③ 2차 성형성, 접합성이 있다.

④ 고온의 역학적 특성 및 열적 안정성이 우수하다.

해설 FRM : 섬유강화 금속(모재의 종류가 금속)으로, 최고 사용 온도가 377~527℃ 범위이며 비강성, 비강도가 큰 것을 목적으로 한다.

51. 일반적으로 안전율을 가장 크게 잡는 하중은? (단, 동일 재질에서 극한 강도 기준의 안전율을 대상으로 한다.)

① 충격 하중 ② 편진 반복 하중

③ 정하중 ④ 양진 반복 하중

해설 충격 하중 : 비교적 단시간에 급격히 작용하는 하중으로, 순간적으로 작용하는 하중이며 충격 하중일 때 안전율을 가장 크게 잡는다.

2018년

52. 축의 홈 속에서 자유로이 기울어질 수 있어 키가 자동적으로 축과 보스에 조정되는 장점이 있지만, 키 홈의 깊이가 커서 축의 강도가 약해지는 단점이 있는 키는?

① 반달키   ② 원뿔 키

③ 묻힘 키   ④ 평행키

해설 • 원뿔 키 : 축과 보스에 홈을 파지 않고 갈라진 원뿔통의 마찰력으로 고정한다.
• 묻힘 키 : 축과 보스에 다 같이 홈을 파는 것으로, 가장 많이 사용한다.
• 평행키 : 축은 자리만 편편하게 다듬고 보스에 홈을 판다.

53. 브레이크 드럼축에 754N · m의 토크가 작용하면 축을 정지하는 데 필요한 제동력은 약 몇 N인가? (단, 브레이크 드럼의 지름은 400mm이다.)

① 1920   ② 2770

③ 3310   ④ 3770

해설 $Q = \dfrac{2T}{D} = \dfrac{2 \times 754}{400} = 3.77 \text{N} \cdot \text{m}$

$\qquad\qquad = 3770 \text{N} \cdot \text{mm}$

54. 리벳 이음의 특징에 대한 설명으로 옳은 것은?

① 용접 이음에 비해 응력에 의한 잔류 변형이 많이 생긴다.

② 리벳 길이 방향으로의 인장 하중을 지지하는 데 유리하다.

③ 경합금에서 용접 이음보다 신뢰성이 높다.

④ 철골 구조물, 항공기 동체 등에는 적용하기 어렵다.

해설 리벳 이음의 특징
• 잔류 변형률이 생기지 않으므로 취약 파괴가 일어나지 않는다.

• 구조물 등에서 현지 조립할 때는 용접 이음보다 쉽다.
• 경합금과 같이 용접이 곤란한 재료에는 용접 이음보다 신뢰성이 높다.
• 강판의 두께에 한계가 있으며 이음 효율이 낮다.

55. 압축 코일 스프링의 소선 지름이 5mm, 코일의 평균 지름이 25mm이고, 200N의 하중이 작용할 때 스프링에 발생하는 최대 전단 응력은 약 몇 MPa인가? (단, 스프링 소재의 가로탄성계수(G)는 80GPa이고 다음의 Wahl의 응력수정계수식을 적용한다.)

$$K = \frac{4C-1}{4C-4} + \frac{0.615}{C}, \ C\text{는 스프링지수}$$

① 82   ② 98

③ 133   ④ 152

해설 $C = \dfrac{D}{d} = \dfrac{25}{5} = 5$

$K = \dfrac{4C-1}{4C-4} + \dfrac{0.615}{C}$

$\quad = \dfrac{4 \times 5 - 1}{4 \times 5 - 4} + \dfrac{0.615}{5} ≒ 1.31$

$\therefore \tau = K \dfrac{8WD}{\pi d^3} = 1.31 \times \dfrac{8 \times 200 \times 25}{\pi \times 5^3}$

$\qquad\qquad ≒ 133 \text{MPa}$

56. 연강제 볼트가 축 방향으로 8kN의 인장 하중을 받고 있을 때, 이 볼트의 골지름은 약 몇 mm 이상이어야 하는가? (단, 볼트의 허용 인장 응력은 100MPa이다.)

① 7.4   ② 8.3

③ 9.2   ④ 10.1

해설 $d = \sqrt{\dfrac{2W}{\sigma_t}} = \sqrt{\dfrac{2 \times 8000}{100}} ≒ 12.65$

$\therefore d_1 = 0.8d = 0.8 \times 12.65 ≒ 10.1 \text{mm}$

57. 긴장측의 장력이 3800N, 이완측의 장력이 1850N일 때 전달 동력은 약 몇 kW인가? (단, 벨트의 속도는 3.4m/s이다.)

① 2.3   ② 4.2
③ 5.5   ④ 6.6

[해설] $e^{\mu\theta} = \dfrac{T_1}{T_2} = \dfrac{3800}{1850} \fallingdotseq 2.054$

$\therefore H = \dfrac{T_1 v}{102 \times 9.81} \times \dfrac{e^{\mu\theta} - 1}{e^{\mu\theta}}$

$= \dfrac{3800 \times 3.4}{102 \times 9.81} \times \dfrac{2.054 - 1}{2.054}$

$\fallingdotseq 6.6 \text{kW}$

58. 볼 베어링에서 작용 하중은 5kN, 회전수는 4000rpm, 이 베어링의 기본 동정격 하중이 63kN이면 수명은 약 몇 시간인가?

① 6300시간   ② 8300시간
③ 9500시간   ④ 10200시간

[해설] $L_h = 500 \left(\dfrac{C}{P}\right)^r \times \dfrac{33.3}{n}$

$= 500 \times \left(\dfrac{63 \times 10^3}{5 \times 10^3}\right)^3 \times \dfrac{33.3}{4000}$

$\fallingdotseq 8300 \text{h}$

59. 유체 클러치의 일종인 유체 토크 컨버터(fluid torque converter)의 특징을 설명한 것 중 틀린 것은?

① 부하에 의한 원동기의 정지가 없다.
② 장치 내에 스테이터가 있을 경우 작동 효율을 97% 수준까지 올릴 수 있다.
③ 무단 변속이 가능하다.
④ 진동 및 충격을 완충하기 때문에 기계에 무리가 없다.

[해설] 토크 컨버터는 유체 클러치의 일종이나 구조가 펌프, 터빈 외에 날개바퀴로 구성되어 있다. 펌프에서 유출되는 액체가 터빈을 통해 날개바퀴를 지나 펌프로 되돌아가는 원리이며, 토크의 변환이 수반되는 변속장치이다.

60. 헬리컬 기어에서 잇수가 50, 비틀림각이 20°일 경우 상당평 기어의 잇수는 약 몇 개인가?

① 40   ② 50
③ 60   ④ 70

[해설] $Z_e = \dfrac{Z}{\cos^3 \beta} = \dfrac{50}{\cos^3 20°} \fallingdotseq 60$개

제4과목 : 컴퓨터 응용 설계

61. CAD 시스템에서 많이 사용하는 Hermite 곡선 방정식에서 일반적으로 몇 차식을 많이 사용하는가?

① 1차식   ② 2차식
③ 3차식   ④ 4차식

[해설] hermite 곡선 : 양 끝점의 위치와 양 끝점에서의 도함수를 이용하여 구하는 3차원 곡선식이다.

62. 원통 좌표계에서 표시된 점의 위치는 (r, θ, z)이다. 이를 직교 좌표계 (x, y, z)로 나타내고자 할 때 x, y로 옳은 것은?

① $x = r\cos\theta, y = r\sin\theta$
② $x = r\sin\theta, y = r\cos\theta$
③ $x = r\sin\theta, y = -r\cos\theta$
④ $x = -r\cos\theta, y = r\sin\theta$

63. 공간상에서 선을 이용하여 3차원 물체를 표시하는 와이어 프레임 모델의 특징을 설명한 것 중 틀린 것은?

① 3면 투시도 작성이 용이하다.
② 단면도 작성이 어렵다.
③ 물리적 성질의 계산이 가능하다.
④ 은선 제거가 불가능하다.

64. 다음은 곡면 모델링에 관한 설명이다. 빈 칸에 알맞은 말로 짝지어진 것은?

> 주어진 점들이 곡면 상에 놓이도록 피팅(fitting)하는 것을 [가](이)라고 하며, 점들이 곡면으로부터 조금 떨어져 있는 것을 허용하는 경우를 [나](이)라고 부른다.

① 가 : 보간(interpolation)
　나 : 근사(approximation)
② 가 : 근사(approximation)
　나 : 보간(interpolation)
③ 가 : 블렌딩(blending)
　나 : 스무싱(smoothing)
④ 가 : 스무싱(smoothing)
　나 : 블렌딩(blending)

65. CAD 용어에 관한 설명으로 틀린 것은?

① 표시하고자 하는 화면상의 영역을 벗어나는 선들을 잘라버리는 것을 트리밍(trimming)이라고 한다.
② 물체를 완전히 관통하지 않는 홈을 형성하는 특징 형상을 포켓(pocket)이라고 한다.
③ 명령의 실행 또는 마우스 클릭 시마다 On 또는 Off가 번갈아 나타나는 세팅을 토글(toggle)이라고 한다.
④ 모델을 명암이 포함된 색상으로 처리한 솔리드로 표시하는 작업을 셰이딩(shading)이라 한다.

해설 트리밍 : 기준이 되는 선이나 원, 호로 인해 생기는 교차점을 기준으로 객체를 자르는 명령어이다.

66. 공간의 한 물체가 세계 좌표계의 x축에 평행하면서 세계 좌표 (0, 2, 4)를 통과하는 축에 관하여 90° 회전된다. 그 물체의 한 점이 모델 좌표 (0, 1, 1)을 가지는 경우, 회전 후에 같은 점의 세계 좌표를 구하는 식으로 적절한 것은?

① $\left[X_w\ Y_w\ Z_w\ 1 \right]^T$
$$= \begin{bmatrix} 1&0&0&0 \\ 0&1&0&2 \\ 0&0&1&4 \\ 0&0&0&1 \end{bmatrix} \begin{bmatrix} \cos90° & 0 & \sin90° & 0 \\ 0 & 1 & 0 & 0 \\ -\sin90° & 0 & \cos90° & 0 \\ 0 & 0 & 0 & 1 \end{bmatrix} \begin{bmatrix} 1&0&0&0 \\ 0&1&0&-2 \\ 0&0&1&-4 \\ 0&0&0&1 \end{bmatrix} \begin{bmatrix} 0 \\ 1 \\ 1 \\ 1 \end{bmatrix}$$

② $\left[X_w\ Y_w\ Z_w\ 1 \right]^T$
$$= \begin{bmatrix} 1&0&0&0 \\ 0&1&0&-2 \\ 0&0&1&-4 \\ 0&0&0&1 \end{bmatrix} \begin{bmatrix} \cos90° & 0 & \sin90° & 0 \\ 0 & 1 & 0 & 0 \\ -\sin90° & 0 & \cos90° & 0 \\ 0 & 0 & 0 & 1 \end{bmatrix} \begin{bmatrix} 1&0&0&0 \\ 0&1&0&2 \\ 0&0&1&4 \\ 0&0&0&1 \end{bmatrix} \begin{bmatrix} 0 \\ 1 \\ 1 \\ 1 \end{bmatrix}$$

③ $\left[X_w\ Y_w\ Z_w\ 1 \right]^T$
$$= \begin{bmatrix} 1&0&0&0 \\ 0&1&0&2 \\ 0&0&1&4 \\ 0&0&0&1 \end{bmatrix} \begin{bmatrix} 1 & 0 & 0 & 0 \\ 0 & \cos90° & -\sin90° & 0 \\ 0 & \sin90° & \cos90° & 0 \\ 0 & 0 & 0 & 1 \end{bmatrix} \begin{bmatrix} 1&0&0&0 \\ 0&1&0&-2 \\ 0&0&1&-4 \\ 0&0&0&1 \end{bmatrix} \begin{bmatrix} 0 \\ 1 \\ 1 \\ 1 \end{bmatrix}$$

④ $\left[X_w\ Y_w\ Z_w\ 1 \right]^T$
$$= \begin{bmatrix} 1&0&0&0 \\ 0&1&0&-2 \\ 0&0&1&-4 \\ 0&0&0&1 \end{bmatrix} \begin{bmatrix} 1 & 0 & 0 & 0 \\ 0 & \cos90° & -\sin90° & 0 \\ 0 & \sin90° & \cos90° & 0 \\ 0 & 0 & 0 & 1 \end{bmatrix} \begin{bmatrix} 1&0&0&0 \\ 0&1&0&2 \\ 0&0&1&4 \\ 0&0&0&1 \end{bmatrix} \begin{bmatrix} 0 \\ 1 \\ 1 \\ 1 \end{bmatrix}$$

해설 [최종 변환식]
$$= \begin{bmatrix} 초기 \\ 좌표식 \end{bmatrix} \begin{bmatrix} 회전 \\ 변환식 \end{bmatrix} \begin{bmatrix} x축 \\ 평행이동 \end{bmatrix} \begin{bmatrix} 단위 \\ 행렬식 \end{bmatrix}$$

67. LAN 시스템의 주요 특징으로 가장 거리가 먼 것은?

① 자료의 전송 속도가 빠르다.
② 통신망의 결합이 용이하다.
③ 신규 장비를 전송매체로 첨가하기가 용이하다.
④ 장거리 구역에서의 정보통신에 용이하다.

해설 LAN : 근거리 통신망

정답 **64.** ① **65.** ① **66.** ③ **67.** ④

68. 3차원 뷰잉(viewing) 연산에서 투영 중심이 투영면으로부터 유한한 거리에 위치한다고 가정하는 투영법은?

① 경사(oblique) 투영
② 원근(perspective) 투영
③ 직교(orthographic) 투영
④ 축측(axonometric) 투영

69. 3차원 형상모델 중 B-rep과 비교한 CSG 방식의 특징을 설명한 것으로 옳은 것은?

① 데이터의 작성에 필요한 메모리가 많이 요구된다.
② 불 연산을 통한 모델링 기법을 적용하기 곤란하다.
③ 화면 재생에 필요한 연산과정이 적게 소요된다.
④ 3면도, 투시도, 전개도 등의 작성이 곤란하다.

해설 B-rep 방식과 CSG 방식의 비교

구 분	B-rep	CSG
데이터 작성	곤란	용이
데이터 구조	복잡	단순
필요 메모리 영역	용량이 큼	용량이 작음
데이터 수정	약간 곤란	용이
3면도, 투시도 작성	비교적 용이	곤란
전개도 작성	용이	곤란

70. 데이터 표시 방법 중 3개의 Zone bit와 4개의 Digit bit를 기본으로 하며, Parity bit 적용 여부에 따라 총 7Bit 또는 8Bit로 한 문자를 표현하는 코드 체계는?

① FPDF
② EBCDIC
③ ASCII
④ BCD

해설 ASCII : 미국 정보 교환 표준 부호로, 소형 컴퓨터에서 문자 데이터(문자, 숫자, 문장 부호)와 입출력 장치 명령(제어문자)을 나타내는 데 사용되는 표준 데이터 전송 부호이다.

71. 솔리드 모델링에서 일반적으로 사용되는 기본 입체로 보기 어려운 것은?

① Block
② Sphere
③ Wedge
④ Swing

해설 스윙은 형상을 만들기 위한 명령어이므로 기본 입체로 보기 어렵다.

72. 곡면(surface)으로 기하학적 형상을 정의하는 과정에서 곡면 구성 종류가 아닌 것은?

① 쿤스 곡면(Coons surface)
② 회전 곡면(Revolved surface)
③ 베지어 곡면(Bezier surface)
④ 트위스트 곡면(Twist surface)

해설 • 쿤스 곡면 : 4개의 모서리 점과 4개의 경계 곡선을 부드럽게 연결한 곡면
• 회전 곡면 : 회전축을 중심으로 곡선을 회전할 때 생성되는 곡면
• 베지어 곡면 : 베지어 곡선에서 발전한 것으로, 1개의 정점 변화가 곡면 전체에 영향을 미치는 곡면

73. 솔리드 모델의 일반적인 특징을 설명한 것 중 틀린 것은?

① 질량 등 물리적 성질의 계산이 곤란하다.
② Boolean 연산(더하기, 빼기, 교차)을 통해 복잡한 형상 표현이 가능하다.
③ 와이어 프레임 모델에 비해 데이터 처리 시간이 많아진다.
④ 은선 제거가 가능하다.

2018년

해설 솔리드 모델링은 물리적 성질의 계산이 가능하며, 형상을 절단한 단면도 작성이 용이하다.

74. CAD 관련 용어 중 요구된 색상의 사용이 불가능할 때 다른 색상들을 섞어서 비슷한 색상을 내기 위해 컴퓨터 프로그램에 의해 시도되는 것을 의미하는 것은?

① 플리커(flicker)
② 디더링(dithering)
③ 섀도우 마스크(shadow mask)
④ 라운딩(rounding)

75. 2차원 평면에서 $x^2+y^2-25=0$인 원이 있다. 원 위의 점 (3, 4)를 지나는 원의 법선의 방정식으로 옳은 것은?

① $4x+3y=0$ ② $3x+4y=0$
③ $4x-3y=0$ ④ $3x-4y=0$

해설 • (3, 4)를 지나는 원의 접선의 방정식 :
$3x+4y=25$
• (3, 4)를 지나는 원의 법선의 방정식 :
$4x-3y=0$

76. CAD 시스템으로 구축한 형상 모델에서 설계 해석을 위한 각종 정보를 추출하거나, 추가로 필요로 하는 정보를 입력하고 편집하여 필요한 형식으로 재구성하는 소프트웨어 프로그램이나 처리 절차를 뜻하는 용어는?

① Pre-processor
② Post-processor
③ Multi-processor
④ Multi-programming

77. 3차 베지어 곡면을 정의하기 위하여 최소 몇 개의 점이 필요한가?

① 4 ② 8
③ 12 ④ 16

해설 베지어 곡면은 4개의 조정점에 곡면 내부의 볼록한 정도를 나타내며, 3차 곡면 패치 4개의 꼬임 막대와 같은 역할을 하므로 최소 16개의 점이 필요하다.

78. LCD 모니터에 대한 설명 중 틀린 것은?

① 일반 CRT 모니터에 비해 전력 소모가 적다.
② 전자총으로 색상을 표현한다.
③ 액정의 전기적 성질을 광학적으로 응용한 것이다.
④ 액정의 배열 방법에 따라 TN(Twisted Nematic), IPS(In-Plane Switching) 등으로 분류한다.

79. 단면 곡선을 경로 곡선을 따라 이동시켜서 곡면을 만드는 기능을 의미하는 것은?

① sweep ② extrude
③ pattern ④ explode

해설 sweep : 이동 곡선(단면 곡선)을 미리 정해진 안내 곡선을 따라 이동시키거나 임의의 회전축을 중심으로 회전시켜 입체를 생성한다.

80. CAD 소프트웨어에서 명령어를 아이콘으로 만들고 아이템별로 묶어 명령을 편리하게 이용할 수 있도록 한 것은?

① 스크롤바 ② 툴 바
③ 스크린 메뉴 ④ 상태(status) 바

해설 • 스크롤바 : 영역 밖의 화면으로 이동하기 위한 메뉴
• 스크린 메뉴 : 화면상에서 text 형태의 메뉴
• 상태 바 : 화면에 열려 있는 파일의 정보를 제공하는 메뉴

기계설계산업기사

제1과목 : 기계 가공법 및 안전관리

1. 측정 오차에 관한 설명으로 틀린 것은?

① 기기 오차는 측정기의 구조상에서 일어나는 오차이다.

② 계통 오차는 측정값에 일정한 영향을 주는 원인에 의해 생기는 오차이다.

③ 우연 오차는 측정자와 관계없이 발생하며, 반복적이고 정확한 측정으로 오차 보정이 가능하다.

④ 개인 오차는 측정자의 부주의로 생기는 오차이며, 주의하여 측정하고 결과를 보정하면 줄일 수 있다.

해설 우연 오차 : 확인될 수 없는 원인으로 생기는 오차로, 측정치를 분산시키는 원인이 된다.

2. 선반 작업 시 절삭 속도의 결정조건으로 가장 거리가 먼 것은?

① 베드의 형상

② 가공물의 경도

③ 바이트의 경도

④ 절삭유의 사용 유무

3. 센터 펀치 작업에 관한 설명으로 틀린 것은?

① 선단은 45° 이하로 한다.

② 드릴로 구멍을 뚫을 자리 표시에 사용된다.

③ 펀치의 선단을 목표물에 수직으로 펀칭한다.

④ 펀치의 재질은 공작물보다 경도가 높은 것을 사용한다.

해설 센터 펀치의 선단 각도는 60°이다.

4. 절삭 공구 재료가 갖추어야 할 조건으로 틀린 것은?

① 조형성이 좋아야 한다.

② 내마모성이 커야 한다.

③ 고온 경도가 높아야 한다.

④ 가공 재료와 친화력이 커야 한다.

해설 가공 재료와 친화력이 크면 고온에서 눌러붙어 정확한 치수와 형상으로 가공하기 어렵다.

5. CNC 선반에서 나사 절삭 사이클의 준비 기능 코드는?

① G02   ② G28

③ G70   ④ G92

해설 • G02 : 원호 보간(시계 방향)
• G28 : 자동 원점 복귀
• G70 : 다듬 절삭
• G92 : 좌표계 설정(밀링), 나사 절삭(선반)

6. 전해 가공의 특징으로 틀린 것은?

① 전극을 양극(+)에, 가공물을 음극(−)으로 연결한다.

② 경도가 크고 인성이 큰 재료도 가공 능률이 높다.

③ 열이나 힘의 작용이 없으므로 금속학적인 결함이 생기지 않는다.

④ 복잡한 3차원 가공도 공구 자국이나 버(burr)가 없이 가공할 수 있다.

해설 전해 가공은 전기 분해의 원리를 이용한 것으로, 전극을 음극(−)으로 하고 가공물을 양극(+)으로 한다.

7. 바깥지름 원통 연삭에서 연삭숫돌이 숫돌의 반지름 방향으로 이송하면서 공작물을

연삭하는 방식은?

① 유성형　　　　② 플런지 컷형
③ 테이블 왕복형　④ 연삭숫돌 왕복형

[해설] • 연삭 방식에는 공작물을 회전시키고 좌우로 왕복 운동을 하는 트래버스 연삭과 공작물을 회전시키고 깊이(숫돌의 반지름) 방향으로 이송하는 플랜지 컷 방식이 있다.
• 바깥지름 연삭의 이송 방법은 테이블 왕복형, 숫돌대 왕복형, 플런지 컷형이 있다.

8. 나사를 1회전시킬 때 나사산이 축 방향으로 움직인 거리를 무엇이라 하는가?

① 각도(angle)　　② 리드(lead)
③ 피치(pitch)　　④ 플랭크(flank)

9. 리머에 관한 설명으로 틀린 것은?

① 드릴 가공에 비하여 절삭 속도를 빠르게 하고 이송을 적게 한다.
② 드릴로 뚫은 구멍을 정확한 치수로 다듬질하는 데 사용한다.
③ 절삭 속도가 느리면 리머의 수명은 길게 되나 작업 능률이 떨어진다.
④ 절삭 속도가 너무 빠르면 랜드(land)부가 쉽게 마모되어 수명이 단축된다.

10. 공작 기계의 메인 전원 스위치 사용 시 유의사항으로 적합하지 않는 것은?

① 반드시 물기 없는 손으로 사용한다.
② 기계 운전 중 정전이 되면 즉시 스위치를 끈다.
③ 기계 시동 시에는 작업자에게 알리고 시동한다.
④ 스위치를 끌 때는 반드시 부하를 크게 한다.

[해설] 스위치는 반드시 공작 기계의 모든 동작이 멈춘 후 무부하 상태에서 꺼야 한다.

11. 밀링 가공에서 커터의 날수는 6개, 1날당의 이송은 0.2 mm, 커터의 바깥지름은 40 mm, 절삭 속도는 30 m/min일 때 테이블의 이송 속도는 약 몇 mm/min인가?

① 274　　　　② 286
③ 298　　　　④ 312

[해설] $N = \dfrac{1000V}{\pi \times D} = \dfrac{1000 \times 30}{\pi \times 40} ≒ 239 \, \text{rpm}$

$\therefore f = f_z \times Z \times N = 0.2 \times 6 \times 239$
$≒ 286 \, \text{mm/min}$

12. 1대의 드릴링 머신에 다수의 스핀들이 설치되어 1회에 여러 개의 구멍을 동시에 가공할 수 있는 드릴링 머신은?

① 다두 드릴링 머신
② 다축 드릴링 머신
③ 탁상 드릴링 머신
④ 레이디얼 드릴링 머신

13. 정밀 입자 가공 중 래핑(lapping)에 대한 설명으로 틀린 것은?

① 가공면의 내마모성이 좋다.
② 정밀도가 높은 제품을 가공할 수 있다.
③ 작업 중 분진이 발생하지 않아 깨끗한 작업환경을 유지할 수 있다.
④ 가공면에 랩제가 잔류하기 쉽고, 제품을 사용할 때 잔류한 랩제가 마모를 촉진시킨다.

[해설] 건식 래핑 작업 중 분진이 발생하며, 랩제가 남아 있으면 지속적인 마모가 발생하는데, 이것이 래핑의 단점이다.

14. 절삭 공구의 측면과 피삭재의 가공면과의 마찰에 의하여 절삭 공구의 절삭면에 평행하게 마모되는 공구 인선의 파손 현상은?

① 치핑   ② 크랙

③ 플랭크 마모   ④ 크레이터 마모

해설 플랭크 마모 : 바이트와 일감과의 마찰 증가로 절삭면에 평행하게 마모된다. 주철과 같이 분말상 칩이 생길 때 주로 발생한다.

15. 밀링 가공할 때 하향 절삭과 비교한 상향 절삭의 특징으로 틀린 것은?

① 절삭 자취의 피치가 짧고 가공 면이 깨끗하다.

② 절삭력이 상향으로 작용하여 가공물 고정이 불리하다.

③ 절삭 가공을 할 때 마찰열로 인해 접촉면의 마모가 커서 공구 수명이 짧다.

④ 커터의 회전 방향과 가공물의 이송이 반대이므로 이송 기구의 백래시(back lash)가 자연히 제거된다.

해설 상향 절삭과 하향 절삭의 비교

상향 절삭	하향 절삭
• 백래시 제거 불필요	• 백래시 제거 필요
• 공작물 고정이 불리	• 공작물 고정이 유리
• 공구 수명이 짧다.	• 공구 수명이 길다.
• 소비 동력이 크다.	• 소비 동력이 작다.
• 가공면이 거칠다.	• 가공면이 깨끗하다.
• 기계 강성이 낮아도 된다.	• 기계 강성이 높아야 한다.

16. 수직 밀링 머신에서 좌우 이송을 하는 부분의 명칭은?

① 니(knee)   ② 새들(saddle)

③ 테이블(table)   ④ 칼럼(column)

해설 • 니(knee) : 상하 이송

• 새들(saddle) : 전후 이송

17. 나사의 유효 지름을 측정하는 방법이 아

닌 것은?

① 삼침법에 의한 측정

② 투영기에 의한 측정

③ 플러그 게이지에 의한 측정

④ 나사 마이크로미터에 의한 측정

해설 나사의 유효 지름을 측정하는 방법은 삼침법, 나사 마이크로미터에 의한 방법, 광학적인 방법 등이 있다.

18. 선반에서 지름 100mm의 저탄소 강재를 이송 0.25mm/rev, 길이 50mm로 2회 가공했을 때 소요된 시간이 80초라면 회전수는 약 몇 rpm인가?

① 150   ② 300

③ 450   ④ 600

해설 80초≒1.33분, $T=\dfrac{L}{Nf}i$

$\therefore N=\dfrac{L}{Tf}\times i=\dfrac{50}{1.33\times0.25}\times2$

      ≒300 rpm

19. 절삭유를 사용함으로써 얻을 수 있는 효과가 아닌 것은?

① 공구 수명 연장 효과

② 구성 인선 억제 효과

③ 가공물 및 공구의 냉각 효과

④ 가공물의 표면 거칠기값 상승 효과

20. 센터리스 연삭기에 필요하지 않은 부품은?

① 받침판   ② 양 센터

③ 연삭숫돌   ④ 조정 숫돌

해설 센터리스 연삭기는 양 센터(센터나 척)가 없으며, 연삭숫돌과 조정 숫돌 사이를 지지판으로 지지하면서 연삭한다.

2018년

제2과목 : 기계 제도

21. 축의 치수가 $\phi 20 \pm 0.1$이고, 그 축의 기하 공차가 다음과 같다면 최대 실체 공차방식에서 실효 치수는 얼마인가?

| ⊥ | $\phi 0.2$Ⓜ | A |

① 19.6   ② 19.7
③ 20.3   ④ 20.4

[해설] 실효 치수＝최대 허용 치수＋직각도 공차
＝20.1＋0.2＝20.3

22. 앵글 구조물을 그림과 같이 한쪽 각도가 30°인 직각 삼각형으로 만들고자 한다. A의 길이가 1500mm일 때 B의 길이는 약 몇 mm인가?

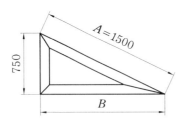

① 1299   ② 1100
③ 1131   ④ 1185

[해설] $1500^2 = 750^2 + B^2$
$B^2 = 1500^2 - 750^2 = 1687500$
$\therefore B = 1299 \, mm$

23. 다음과 같이 도면에 지시된 베어링 호칭 번호의 설명으로 옳지 않은 것은?

| 6312 Z NR |

① 단열 깊은 홈 볼 베어링
② 한쪽 실드 붙이

③ 베어링 안지름 312mm
④ 멈춤 링 붙이

[해설] 6312ZNR
• 63 : 베어링 계열 번호(단열 깊은 홈 볼 베어링)
• 12 : 안지름 번호(12×5＝60mm)
• Z : 실드 기호(편측)
• NR : 궤도륜 형식 번호

24. 다음 기하 공차 중 자세 공차에 속하는 것은?

① 평면도 공차   ② 평행도 공차
③ 원통도 공차   ④ 진원도 공차

[해설] 자세 공차 : 평행도, 직각도, 경사도

25. 다음과 같은 입체도에서 화살표 방향 투상도로 가장 적합한 것은?

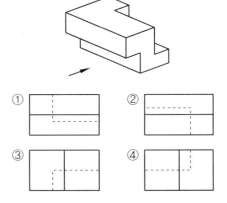

26. 금속 재료의 표시 기호 중 탄소 공구강 강재를 나타낸 것은?

① SPP   ② STC
③ SBHG   ④ SWS

[해설] • SPP : 일반 배관용 탄소 강판
• SBHG : 아연도강판
• SWS : 용접 구조용 강재

27. 끼워맞춤 치수 φ20H6/g5는 어떤 끼워맞춤인가?

① 중간 끼워맞춤

② 헐거운 끼워맞춤

③ 억지 끼워맞춤

④ 중간 억지 끼워맞춤

해설 구멍 기준식 끼워맞춤

기준 구멍	헐거운 끼워맞춤		중간 끼워맞춤			억지 끼워맞춤		
H6		g5	h5	js5	k5	m5		
	f6	g6	h6	js6	k6	m6	n6	p6

28. 나사의 표시가 다음과 같이 나타날 때, 이에 대한 설명으로 틀린 것은?

> L 2N M10−6H/6g

① 나사의 감김 방향은 오른쪽이다.

② 나사의 종류는 미터나사이다.

③ 암나사 등급은 6H, 수나사 등급은 6g이다.

④ 2줄 나사이며 나사의 바깥지름은 10mm 이다.

해설 L 2N M10−6H/6g

• L : 왼나사

• 2N : 2줄 나사

• M10 : 미터나사, 바깥지름은 10mm

• 6H/6g : 암나사 등급은 6H, 수나사 등급은 6g

29. 그림과 같은 입체도를 제3각법으로 나타낸 정투상도로 가장 적합한 것은?

정면

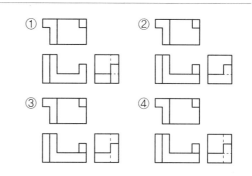

30. 물체의 경사진 부분을 그대로 투상하면 이해가 곤란하므로 경사면에 평행한 별도의 투상면을 설정하여 나타낸 투상도의 명칭을 무엇이라고 하는가?

① 회전 투상도　　② 보조 투상도

③ 전개 투상도　　④ 부분 투상도

해설 보조 투상도 : 경사면이 있는 물체를 정투상도로 나타내면 실제 형상이 그대로 나타나지 않으므로 필요한 부분만 실제 형상으로 나타내는 투상도이다.

31. 그림과 같이 가공된 축의 테이퍼값은?

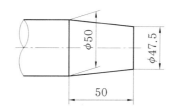

① $\dfrac{1}{5}$　　　　② $\dfrac{1}{10}$

③ $\dfrac{1}{20}$　　　　④ $\dfrac{1}{40}$

해설 $\dfrac{a-b}{L} = \dfrac{50-47.5}{50} = \dfrac{1}{20}$

32. 그림과 같이 도면에 기입된 기하 공차에 관한 설명으로 옳지 않은 것은?

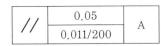

① 제한된 길이에 대한 공차값이 0.011이다.
② 전체 길이에 대한 공차값이 0.05이다.
③ 데이텀을 지시하는 문자 기호는 A이다.
④ 공차의 종류는 평면도 공차이다.

해설 데이텀 A를 기준으로 단위 평행도는 기하 공차이며, 200mm에 대해 공차값이 0.011mm 이내이다. 전체 부위 공차값은 0.05mm로 두 가지 공차값에 대해 모두 만족해야 한다.

33. 지름이 동일한 두 원통을 90°로 교차시킬 경우 상관선을 옳게 나타낸 것은?

①   ②

③   ④

해설 상관체 : 2개의 입체가 서로 상대방의 입체를 꿰뚫은 것처럼 놓여 있을 때 두 입체 표면에 만나는 선이 생기는데, 이 선을 상관선이라 한다.

34. 복렬 깊은 홈 볼 베어링의 약식 도시 기호가 바르게 표기된 것은?

①   ②

③   ④

해설 ② 복렬 자동 조심 볼 베어링
③ 복렬 앵귤러 콘택트 볼 베어링

35. 다음과 같은 입체도를 제3각법으로 투상한 투상도로 가장 적합한 것은?

정면

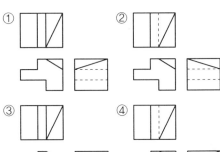

36. 다음 그림과 같이 도시된 용접기호의 설명이 옳은 것은?

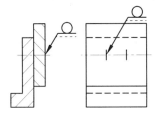

① 화살표 쪽의 점 용접
② 화살표 반대쪽의 점 용접
③ 화살표 쪽의 플러그 용접
④ 화살표 반대쪽의 플러그 용접

37. 다음 나사 기호 중 관용 평행나사를 나타내는 것은?

① Tr   ② E
③ R   ④ G

해설 나사의 기호
• Tr : 미터 사다리꼴나사

• E : 전구 나사
• R : 관용 테이퍼 수나사

38. 축에 센터 구멍이 필요한 경우의 그림 기호로 올바른 것은?

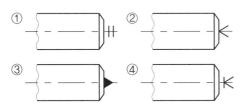

[해설] 센터 구멍의 도시 방법

필요　　　남아 있어도 좋음　　　불필요

39. 가상선의 용도에 해당되지 않는 것은?

① 가공 전 또는 가공 후의 모양을 표시하는 데 사용
② 인접 부분을 참고로 표시하는 데 사용
③ 대상의 일부를 생략하고 그 경계를 나타내는 데 사용
④ 되풀이되는 것을 나타내는 데 사용

[해설] 대상의 일부를 생략하고 그 경계를 나타내는 선은 가는 실선(파단선)을 사용한다.

40. 가공 방법에 따른 KS 가공 방법 기호가 바르게 연결된 것은?

① 방전 가공 : SPED
② 전해 가공 : SPU
③ 전해 연삭 : SPEC
④ 초음파 가공 : SPLB

[해설] • 전해 가공 : SPEC
• 전해 연삭 : SPEG
• 초음파 가공 : SPU

제3과목 : 기계 설계 및 기계 재료

41. 다음 중 철강에 합금 원소를 첨가하였을 때 일반적으로 나타내는 효과와 가장 거리가 먼 것은?

① 소성 가공성이 개선된다.
② 순금속에 비해 용융점이 높아진다.
③ 결정립의 미세화에 따른 강인성이 향상된다.
④ 합금 원소에 의한 기지의 고용 강화가 일어난다.

[해설] 합금은 순금속에 비해 용융점이 낮아진다.

42. 니켈-크로뮴강(Ni-Cr)에서 뜨임 취성을 방지하기 위하여 첨가하는 원소는?

① Mn　　　　　② Si
③ Mo　　　　　④ Cu

[해설] Ni-Cr강에 1% 이하의 몰리브데넘(Mo)을 첨가하면 강인성이 증가하고 뜨임 취성이 감소한다.

43. 비정질 합금의 특징을 설명한 것 중 틀린 것은?

① 전기 저항이 크다.
② 가공 경화를 매우 잘 일으킨다.
③ 균질한 재료이고 결정 이방성이 없다.
④ 구조적으로 장거리의 규칙성이 없다.

[해설] 비정질 합금은 신소재로 전기 저항이 크고 균질한 재료이다.

44. 금속 침투법 중 철강 표면에 Al을 확산 침투시켜 표면 처리하는 방법은?

① 세라다이징　　　　② 크로마이징

2018년

③ 칼로라이징 　　④ 실리코나이징

[해설] 금속 침투법
- 세라다이징 : Zn의 침투
- 크로마이징 : Cr의 침투
- 실리코나이징 : Si의 침투
- 보로나이징 : B의 침투

45. 다음 금속 재료 중 용융점이 가장 높은 것은?

① W 　　② Pb 　　③ Bi 　　④ Sn

[해설] 용융점 : 고체에서 액체로 변화하는 온도점으로, 금속 중에서는 텅스텐이 3410℃로 가장 높고 수은이 −38.8℃로 가장 낮다. 순철의 용융점은 1530℃이다.

46. 다음 철강 조직 중 가장 경도가 높은 것은?

① 펄라이트 　　② 소르바이트
③ 마텐자이트 　　④ 트루스타이트

[해설] 담금질 조직의 경도
시멘타이트＞마텐자이트＞트루스타이트＞베이나이트＞소르바이트＞펄라이트＞오스테나이트＞페라이트

47. 다음 중 Cu+Zn계 합금이 아닌 것은?

① 톰백 　　② 문츠 메탈
③ 길딩 메탈 　　④ 하이드로날륨

[해설] 황동의 종류

5% Zn	30% Zn	40% Zn	8~20% Zn
길딩 메탈	카트리지 브라스	문츠 메탈	톰백
화폐 · 메달용	탄피 가공용	값싸고 강도 큼	금 대용품, 장식품

48. 세라믹 공구의 주성분으로 가장 적합한

것은?

① Cr_2O_3 　　② Al_2O_3
③ MnO_2 　　④ Cu_3O

[해설] 세라믹 공구는 산화물 Al_2O_3를 1600℃ 이상에서 소결 성형시킨 일종의 도기이다.

49. 펄라이트의 구성 조직으로 옳은 것은?

① $\alpha-Fe+Fe_3S$ 　　② $\alpha-Fe+Fe_3C$
③ $\alpha-Fe+Fe_3P$ 　　④ $\alpha-Fe+Fe_3Na$

50. 복합 재료 중 FRP는 무엇인가?

① 섬유강화 목재
② 섬유강화 금속
③ 섬유강화 세라믹
④ 섬유강화 플라스틱

[해설]
- FRS : 섬유강화 초합금
- FRM : 섬유강화 금속
- FRC : 섬유강화 세라믹

51. 스프링의 용도로 거리가 먼 것은?

① 하중과 변형을 이용하여 스프링 저울에 사용
② 에너지를 축적하고 이것을 동력으로 이용
③ 진동이나 충격을 완화하는 데 사용
④ 운전 중인 회전축의 속도 조절이나 정지에 이용

[해설] 스프링의 용도
- 진동 흡수, 충격 완화(철도, 차량)
- 에너지 저축(시계 태엽)
- 압력의 제한(안전밸브) 및 힘의 측정(압력 게이지, 저울)
- 기계 부품의 운동 제한 및 운동 전달(내연기관의 밸브 스프링)

52. 리베팅 후 코킹(caulking)과 풀러링

정답 **45.** ① 　**46.** ③ 　**47.** ④ 　**48.** ② 　**49.** ② 　**50.** ④ 　**51.** ④ 　**52.** ①

(fullering)을 하는 이유는?

① 기밀을 좋게 하기 위해

② 강도를 높이기 위해

③ 작업을 편리하게 하기 위해

④ 재료를 절약하기 위해

해설 리벳 이음 작업은 유체의 누설을 막기 위해 코킹이나 풀러링을 하며, 이때 판 끝은 75~85°로 깎아준다. 코킹이나 풀러링은 판재 두께 5mm 이상에서 행한다.

53. 두 축이 평행하거나 교차하지 않으며 자동차 차동 기어 장치의 감속 기어로 주로 사용되는 것은?

① 스퍼 기어

② 랙과 피니언

③ 스파이럴 베벨 기어

④ 하이포이드 기어

해설 • 두 축이 서로 평행한 경우 : 스퍼 기어, 헬리컬 기어, 더블 헬리컬 기어, 내접 기어, 랙과 피니언

• 두 축이 교차하는 경우 : 베벨 기어, 스파이럴 베벨 기어

• 두 축이 만나지 않고 평행하지도 않는 경우 : 하이포이드 기어, 스크루 기어, 웜 기어

54. 그림과 같이 외접하는 A, B, C 3개의 기어 잇수는 각각 20, 10, 40이다. 기어 A가 매분 10회전하면 C는 매분 몇 회전하는가?

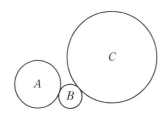

① 2.5

② 5

③ 10

④ 12.5

해설 기어의 잇수와 회전수는 반비례하므로

$A : C = x : 10$

$20 : 40 = x : 10$

$\therefore x = \dfrac{20 \times 10}{40} = 5$회전

55. 체결용 기계요소로 거리가 먼 것은?

① 볼트, 너트

② 키, 핀, 코터

③ 클러치

④ 리벳

해설 클러치는 동력 전달용 기계요소이다.

56. 체인 전동 장치의 일반적인 특징이 아닌 것은?

① 미끄럼이 없는 일정한 속도비를 얻을 수 있다.

② 진동과 소음이 없고 회전각의 전달 정확도가 높다.

③ 초기 장력이 필요 없어 베어링 마멸이 적다.

④ 전동 효율이 대략 95% 이상으로 좋은 편이다.

해설 체인 전동의 특징

• 미끄럼이 없이 속도비가 정확하다.

• 내열, 내유, 내습성이 있다.

• 수리 및 유지가 쉽다.

• 고속 회전에는 적합하지 않다.

• 진동이나 소음이 심하다.

57. 2405N · m의 토크를 전달시키는 지름 85mm의 전동축이 있다. 이 축에 사용되는 묻힘키(sunk key)의 길이는 전단과 압축을 고려하여 최소 몇 mm 이상이어야 하는가? (단, 키의 폭은 24mm, 높이는 16mm, 키 재료의 허용 전단 응력은 68.7MPa, 허용 압축 응력은 147.2Mpa, 키 홈의 깊이는 키 높이의 1/2로 한다.)

정답 53. ④ 54. ② 55. ③ 56. ② 57. ④

① 12.4   ② 20.1

③ 28.1   ④ 48.1

[해설] $P = \dfrac{2T}{d} = \dfrac{2 \times 2405000}{85} ≒ 56588.23$

$\therefore l = \dfrac{P}{h\sigma} \times 2 = \dfrac{56588.23}{16 \times 147.2} \times 2 ≒ 48.1\,\text{mm}$

58. 4000 rpm으로 회전하고 기본 동정격 하중이 32 kN인 볼 베어링에서 2 kN의 레이디얼 하중이 작용할 때, 이 베어링의 수명은 약 몇 시간인가?

① 9048   ② 17066

③ 34652   ④ 54828

[해설] $L_h = 500\left(\dfrac{C}{P}\right)^r \times \dfrac{33.3}{N}$

$= 500 \times \left(\dfrac{32}{2}\right)^3 \times \dfrac{33.3}{4000}$

$≒ 17050$시간

59. 사각나사의 유효 지름이 63 mm, 피치가 3 mm인 나사잭으로 5t의 하중을 들어올리려면 레버의 유효 길이는 약 몇 mm 이상이어야 하는가? (단, 레버의 끝에 작용시키는 힘은 200 N이며 나사 접촉부 마찰계수는 0.1이다.)

① 891   ② 958

③ 1024   ④ 1168

60. 그림과 같은 단식 블록 브레이크에서 드럼을 제동하기 위해 레버(lever) 끝에 가할 힘(F)을 비교하고자 한다. 드럼이 좌회전할 경우 필요한 힘을 F_1, 우회전할 경우 필요한 힘을 F_2라고 할 때, 이 두 힘의 차($F_1 - F_2$)는? (단, P는 블록과 드럼 사이에서 블록의 접촉면에 수직 방향으로 작용하는 힘이며, μ는 접촉부 마찰계수이다.)

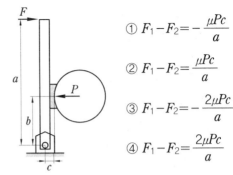

① $F_1 - F_2 = -\dfrac{\mu Pc}{a}$

② $F_1 - F_2 = \dfrac{\mu Pc}{a}$

③ $F_1 - F_2 = -\dfrac{2\mu Pc}{a}$

④ $F_1 - F_2 = \dfrac{2\mu Pc}{a}$

제4과목 : 컴퓨터 응용 설계

61. 번스타인 다항식(Bernstein polynomial)을 근본으로 하여 만들어낸 표면은?

① 이차식 표면(Quadratic surface)

② 베지어 표면(Bezier surface)

③ 스플라인 표면(Spline surface)

④ 헤르밋 표면(Hermite surface)

62. 컴퓨터의 구성 요소 중에서 중앙처리장치(CPU)의 3가지 주요 요소가 아닌 것은?

① 제어장치(control unit)

② 연산장치(ALU)

③ 기억장치(memory unit)

④ 입출력장치(input output unit)

63. 8비트 ASCII 코드는 몇 개의 패리티 비트를 사용하는가?

① 1개   ② 2개

③ 3개   ④ 4개

[해설] 8비트 ASCII 코드는 1개의 패리티 비트, 3개의 존 비트, 4개의 숫자 비트를 사용한다.

64. 지구의 중심에 원점을 설정한 구면 좌표
계(spherical coordinate system)에서 경도
30°(동경), 위도 60°(북위)에 있는 점을 직
교 좌표계값으로 변환한 것으로 옳은 것은?
(단, 지구의 반지름은 1로 가정하고, x축은
위도와 경도가 모두 0인 축으로 한다.)

① $\left(\dfrac{\sqrt{3}}{4}, \dfrac{1}{4}, \dfrac{\sqrt{3}}{2}\right)$

② $\left(\dfrac{\sqrt{3}}{4}, -\dfrac{1}{4}, \dfrac{\sqrt{3}}{2}\right)$

③ $\left(-\dfrac{\sqrt{3}}{4}, \dfrac{1}{4}, \dfrac{\sqrt{3}}{2}\right)$

④ $\left(-\dfrac{\sqrt{3}}{4}, -\dfrac{1}{4}, \dfrac{\sqrt{3}}{2}\right)$

해설 $x=\rho\sin\phi\cos\phi$, $y=\rho\sin\phi\cos\theta$, $z=\rho\cos\phi$
$\rho=1$, $\phi=30°$, $\theta=60°$

$x=\sin30°\cos30°=\dfrac{1}{2}\times\dfrac{\sqrt{3}}{2}=\dfrac{\sqrt{3}}{4}$

$y=\sin30°\cos60°=\dfrac{1}{2}\times\dfrac{1}{2}=\dfrac{1}{4}$

$z=\cos30°=\dfrac{\sqrt{3}}{2}$

$\therefore \left(\dfrac{\sqrt{3}}{4}, \dfrac{1}{4}, \dfrac{\sqrt{3}}{2}\right)$

65. CAD에서 사용하는 기하학적 형상의 3차
원 모델링 방법이 아닌 것은?

① 와이어 프레임(wire frame) 모델링
② 서피스(surface) 모델링
③ 솔리드(solid) 모델링
④ 윈도(window) 모델링

66. 서피스 모델링의 특징으로 거리가 먼 것은?

① 관성 모멘트값을 계산할 수 있다.
② 표면적 계산이 가능하다.
③ NC data를 생성할 수 있다.

④ 은선이 제거될 수 있고 면의 구분이 가능
하다.

해설 서피스 모델링은 물리적 성질(부피, 관성
모멘트 등)을 계산하기 곤란하다.

67. 화면에 영상을 구성하기 위해서는 최소한
1픽셀(pixel)당 1비트가 소요된다. 이와 같
이 하나의 화면을 구성하는 데 소요되는 메
모리를 무엇이라고 하는가?

① 룩업(look up) 테이블
② DAC
③ 비트 플레인(bit plane)
④ 버퍼(buffer)

해설 8비트가 모여 한 화소를 구성하는데, 각각
의 비트를 잘라놓은 것을 비트 플레인이라 한다.

68. 자동차 차체 곡면과 같이 곡면 모델링 시
스템을 활용하여 곡면을 생성하고자 한다.
이를 생성하기 위해 주로 사용하는 방법 3
가지로 가장 거리가 먼 것은?

① 곡면상의 점들을 입력받아 보간 곡면을
생성한다.
② 곡면상의 곡선들을 그물 형태로 입력받
아 보간 곡면을 생성한다.
③ 주어진 단면 곡선을 직선 또는 회전 이동
하여 곡면을 생성한다.
④ 곡면의 경계에 있는 꼭짓점만을 입력받
아 보간 곡면을 생성한다.

69. 곡면을 모델링하는 여러 방법들 중에서
평면도, 정면도, 측면도상에 나타난 곡면의
경계 곡선들로부터 비례적인 관계를 이용하
여 곡면을 모델링(modeling)하는 방법은?

① 점 데이터에 의한 방식

② 쿤스(coons) 방식

③ 비례 전개법에 의한 방식

④ 스윕(sweep)에 의한 방식

70. PC가 빠르게 발전하고 성능이 발달됨에 따라 윈도 기반 CAD 시스템이 발달되었다. 다음 중 윈도 기반 CAD 시스템의 일반적인 특징으로 보기 어려운 것은?

① 컴퓨터 장치의 발전에 따라 대형 컴퓨터가 중앙에서 관리하는 중앙 집중 관리 방식의 CAD 시스템이 발전되었다.

② 구성 요소 기술(component technology)을 사용하여 기검증된 구성 요소들을 결합시켜 시스템을 개발할 수 있다.

③ 객체 지향 기술(object-oriented technology)을 사용하여 다양한 기능에 따라 프로그램을 모듈화시켜 각 모듈을 독립된 단위로 재사용한다.

④ 파라메트릭 모델링(parametric modeling) 기능을 제공하여 사용자가 요소의 형상을 직접 변형시키지 않고, 구속 조건(constraints)을 사용하여 형상을 정의 또는 수정한다.

71. 설계 해석 프로그램의 결과에 따라 응력, 온도 등의 분포도나 변형도를 작성하거나, CAD 시스템으로 만들어진 형상 모델을 바탕으로 NC 공작 기계의 가공 data를 생성하는 소프트웨어 프로그램이나 절차를 뜻하는 것은?

① Post-processor

② Pre-processor

③ Multi-processor

④ Co-processor

해설 포스트 프로세서 : NC 데이터를 읽고 특

정 CNC 공작 기계의 컨트롤러에 맞게 NC 데이터를 생성한다.

72. 잉크젯 프린터 등의 해상도를 나타내는 단위는?

① LPM ② PPM

③ DPI ④ CPM

해설 • LPM : 분당 인쇄 라인 수

• PPM : 1분 동안 출력 가능한 컬러 (흑백 인쇄의 최대 매수)

• DPI : 출력 밀도(해상도)

• CPM : 출력 속도(분당 카드)

73. 점 $P(x, y, z)$가 xy평면에 직교 투영되는 경우 나타내는 투영 P^*를 생성하는 변환행렬식으로 옳은 것은?

① $[x^*\ 0\ z^*\ 1] = [x\ y\ z\ 1] \begin{bmatrix} 1&0&0&0 \\ 0&0&0&0 \\ 0&0&1&0 \\ 0&0&0&1 \end{bmatrix}$

② $[x^*\ y^*\ 0\ 1] = [x\ y\ z\ 1] \begin{bmatrix} 1&0&0&0 \\ 0&1&0&0 \\ 0&0&0&0 \\ 0&0&0&1 \end{bmatrix}$

③ $[0\ y^*\ z^*\ 1] = [x\ y\ z\ 1] \begin{bmatrix} 0&0&0&0 \\ 0&1&0&0 \\ 0&0&1&0 \\ 0&0&0&1 \end{bmatrix}$

④ $[x^*\ y^*\ z^*\ 1] = [x\ y\ z\ 1] \begin{bmatrix} 1&0&0&0 \\ 0&1&0&0 \\ 0&0&1&0 \\ 0&0&0&1 \end{bmatrix}$

74. 산업현장에서 컴퓨터를 활용한 제품 설계(CAD)와 컴퓨터를 활용한 제품 생산(CAM)이 많이 활용되고 있다. 다음 중 CAD의 응

용 분야에 속하는 것은?

① 컴퓨터 이용 공정 계획

② 컴퓨터 이용 제품 공차 해석

③ 컴퓨터 이용 NC 프로그래밍

④ 컴퓨터 이용 자재 소요계획

75. CAD 시스템에서 이용되는 2차 곡선 방정식에 대한 설명으로 거리가 먼 것은?

① 매개변수식으로 표현하는 것이 가능하기도 하다.

② 곡선식에 대한 계산 시간이 3차, 4차식보다 적게 걸린다.

③ 연결된 여러 개의 곡선 사이에서 곡률의 연속이 보장된다.

④ 여러 개 곡선을 하나의 곡선으로 연결하는 것이 가능하다.

해설 곡선의 방정식이 3차 이상일 때만 곡률의 연속성이 보장된다.

76. 그림과 같은 선분 A의 양 끝점에 대한 행렬값 $\begin{bmatrix} 1 & 1 \\ 2 & 4 \end{bmatrix}$를 원점을 기준으로 하여 x 방향과 y 방향으로 각각 3배만큼 스케일링(scaling)할 때 그 행렬값으로 옳은 것은?

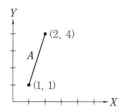

① $\begin{bmatrix} 3 & 3 \\ 3 & 6 \end{bmatrix}$ ② $\begin{bmatrix} 3 & 3 \\ 6 & 12 \end{bmatrix}$

③ $\begin{bmatrix} 4 & 1 \\ 2 & 7 \end{bmatrix}$ ④ $\begin{bmatrix} 3 & 12 \\ 6 & 3 \end{bmatrix}$

해설 $\begin{bmatrix} x' & y' \end{bmatrix} = \begin{bmatrix} 1 & 1 \\ 2 & 4 \end{bmatrix} \begin{bmatrix} 3 & 0 \\ 0 & 3 \end{bmatrix}$

$= \begin{bmatrix} 3 & 3 \\ 6 & 12 \end{bmatrix}$

77. 2차원 도형을 임의의 선을 따라 이동시키거나 임의의 회전축을 중심으로 회전시켜 입체를 생성하는 것을 나타내는 용어는?

① 블렌딩   ② 스위핑

③ 스키닝   ④ 라운딩

해설 하나의 2차원 단면 현상을 입력하고, 이를 안내 곡선을 따라 이동시켜 입체를 생성하는 것을 스위핑이라 한다.

78. 3차원 공간에서 y축을 중심으로 θ만큼 회전했을 때의 변환행렬(4×4)로 옳은 것은? (단, 변환행렬식은 다음과 같다.)

$$[x'\ y'\ z'\ 1] = [x\ y\ z\ 1] \times (변환행렬)$$

① $\begin{bmatrix} \cos\theta & -\sin\theta & 0 & 0 \\ \sin\theta & \cos\theta & 0 & 0 \\ 0 & 0 & 1 & 0 \\ 0 & 0 & 0 & 1 \end{bmatrix}$

② $\begin{bmatrix} \cos\theta & 0 & -\sin\theta & 0 \\ 0 & 1 & 0 & 0 \\ \sin\theta & 0 & \cos\theta & 0 \\ 0 & 0 & 0 & 1 \end{bmatrix}$

③ $\begin{bmatrix} 1 & 0 & 0 & 0 \\ 0 & \cos\theta & \sin\theta & 0 \\ 0 & -\sin\theta & \cos\theta & 0 \\ 0 & 0 & 0 & 1 \end{bmatrix}$

④ $\begin{bmatrix} \cos\theta & 0 & \sin\theta & 0 \\ 0 & 1 & 0 & 0 \\ -\sin\theta & 0 & \cos\theta & 0 \\ 0 & 0 & 1 & 0 \end{bmatrix}$

해설 동차 좌표에 의한 3차원 행렬(회전 변환)

$$T_x = \begin{bmatrix} 1 & 0 & 0 & 0 \\ 0 & \cos\alpha & \sin\alpha & 0 \\ 0 & -\sin\alpha & \cos\alpha & 0 \\ 0 & 0 & 0 & 1 \end{bmatrix}$$

$$T_z = \begin{bmatrix} \cos\alpha & \sin\alpha & 0 & 0 \\ -\sin\alpha & \cos\alpha & 0 & 0 \\ 0 & 0 & 1 & 0 \\ 0 & 0 & 0 & 1 \end{bmatrix}$$

79. 공간상의 한 점을 표시하기 위해 사용되는 좌표계로 xy 평면으로 한 점을 투영했을 때 원점으로부터 투영점까지의 거리(r), x축과 원점과 투영점이 지나는 직선과의 각도(θ), xy 평면과 그 점의 높이(z)로 나타내어지는 좌표계는?

① 직교 좌표계
② 극 좌표계
③ 원통 좌표계
④ 구면 좌표계

해설 원통 좌표계 : xy 평면에서 원점으로부터 한 점까지의 거리, 이 거리가 x축과 이루는 각도, 높이에 의해 표시되는 좌표계이다.

80. CSG 모델링 방식에서 불 연산(boolean operation)이 아닌 것은?

① Union(합)
② Subtract(차)
③ Intersect(적)
④ Project(투영)

해설 CSG 방법에 의한 불 연산 작업에는 합(더하기), 차(빼기), 적(교차)이 있다.

2019년 시행 문제

기계설계산업기사

2019. 03. 03 시행

제1과목 : 기계 가공법 및 안전관리

1. 주성분이 점토와 장석이고 균일한 기공을 나타내며 많이 사용하는 숫돌의 결합제는?

① 고무 결합제(R)

② 셸락 결합제(E)

③ 실리케이트 결합제(S)

④ 비트리파이드 결합제(V)

[해설] 비트리파이드 결합제(V)는 숫돌 전체의 80%를 차지하며, 거의 모든 재료를 연삭한다.

2. 밀링 머신에서 커터 지름이 120mm, 한 날 당 이송이 0.1mm, 커터 날수가 4날, 회전수가 900rpm일 때, 절삭 속도는 약 몇 m/min 인가?

① 33.9　② 113　③ 214　④ 339

[해설] $V = \dfrac{\pi DN}{1000} = \dfrac{\pi \times 120 \times 900}{1000} \fallingdotseq 339\,\text{m/min}$

3. 가공 능률에 따라 공작 기계를 분류할 때 가공할 수 있는 기능이 다양하고, 절삭 및 이송 속도의 범위도 크기 때문에 제품에 맞추어 절삭 조건을 선정하여 가공할 수 있는 공작 기계는?

① 단능 공작 기계　② 만능 공작 기계

③ 범용 공작 기계　④ 전용 공작 기계

[해설] 범용 공작 기계 : 선반, 수평 밀링, 레이디 얼 드릴링 머신 등

4. 게이지 블록 구조 형상의 종류에 해당되지 않는 것은?

① 호크형　　　　② 캐리형

③ 레버형　　　　④ 요한슨형

[해설] 게이지 블록에는 장방형 단면의 요한슨형, 장방형 단면으로 중앙에 구멍이 뚫린 호크형, 얇은 중공 원판 형상인 캐리형이 있다.

5. 절삭 공구에서 칩 브레이커(chip breaker) 의 설명으로 옳은 것은?

① 전단형이다.

② 칩의 한 종류이다.

③ 바이트 섕크의 종류이다.

④ 칩이 인위적으로 끊어지도록 바이트에 만든 것이다.

[해설] 칩 브레이커는 유동형 칩이 공구, 공작물, 공작 기계(척) 등과 서로 엉키는 것을 방지하기 위해 칩이 인위적으로 짧게 끊어지도록 만든 안전장치이다.

6. 윤활유의 사용 목적이 아닌 것은?

① 냉각　　　　　② 마찰

③ 방청　　　　　④ 윤활

[해설] 윤활제는 윤활작용, 냉각작용, 밀폐작용, 청정작용을 목적으로 한다.

2019년

7. 마이크로미터의 나사 피치가 0.2 mm일 때 심의 원주를 100등분 하였다면 심 1눈금의 회전에 의한 스핀들의 이동량은 몇 mm인가?

① 0.005 ② 0.002
③ 0.01 ④ 0.02

해설 이동량 $= 0.2 \times \dfrac{1}{100} = 0.002\,\text{mm}$

8. 드릴링 머신의 안전사항으로 틀린 것은?

① 장갑을 끼고 작업을 하지 않는다.
② 가공물을 손으로 잡고 드릴링 한다.
③ 구멍 뚫기가 끝날 무렵은 이송을 천천히 한다.
④ 얇은 판의 구멍 가공에는 보조판 나무를 사용하는 것이 좋다.

해설 가공물을 손으로 잡고 드릴링하면 위험하므로 공작물을 고정시킨 후 드릴링 한다.

9. 방전 가공용 전극 재료의 구비 조건으로 틀린 것은?

① 가공 정밀도가 높을 것
② 가공 전극의 소모가 적을 것
③ 방전이 안전하고 가공 속도가 빠를 것
④ 전극을 제작할 때 기계 가공이 어려울 것

해설 방전 가공용 전극 재료의 구비 조건
• 기계 가공이 쉬워야 한다.
• 가공 정밀도가 높아야 한다.
• 가공 전극의 소모가 적어야 한다.
• 구하기 쉽고 가격이 저렴해야 한다.
• 방전이 안전하고 가공 속도가 빨라야 한다.

10. 드릴 가공에서 깊은 구멍을 가공하고자 할 때 다음 중 가장 좋은 드릴 가공 조건은?

① 회전수와 이송을 느리게 한다.
② 회전수는 빠르게, 이송은 느리게 한다.
③ 회전수는 느리게, 이송은 빠르게 한다.
④ 회전수와 이송은 정밀도와는 관계 없다.

11. 연삭숫돌의 입도(grain size) 선택의 일반적인 기준으로 가장 적합한 것은?

① 절삭 깊이와 이송량이 많고 거친 연삭은 거친 입도를 선택
② 다듬질 연삭 또는 공구를 연삭할 때는 거친 입도를 선택
③ 숫돌과 일감의 접촉 넓이가 작을 때는 거친 입도를 선택
④ 연성이 있는 재료는 고운 입도를 선택

해설 입도 : 연삭 입자의 크기로, 연삭면의 거칠기에 영향을 준다. 연하고 연성이 있는 재료는 눈메움이 쉽게 발생하므로 거친 입도를 사용해야 한다.

12. 밀링 분할판의 브라운 샤프형 구멍열을 나열한 것으로 틀린 것은?

① No.1 - 15, 16, 17, 18, 19, 20
② No.2 - 21, 23, 27, 29, 31, 33
③ No.3 - 37, 39, 41, 43, 47, 49
④ No.4 - 12, 13, 15, 16, 17, 18

해설 밀링 분할판의 브라운 샤프형 구멍열

종류	분할판	구멍 수
브라운 샤프형	No. 1	15, 16, 17, 18, 19, 20
	No. 2	21, 23, 27, 29, 31, 33
	No. 3	37, 39, 41, 43, 47, 49

13. $\phi 13$ 이하의 작은 구멍 뚫기에 사용하며 작업대 위에 설치하여 사용하고, 드릴 이송은 수동으로 하는 소형 드릴링 머신은?

① 다두 드릴링 머신

② 직립 드릴링 머신

③ 탁상 드릴링 머신

④ 레이디얼 드릴링 머신

14. 서보 기구의 종류 중 구동 전동기로 펄스 전동기를 이용하며 제어장치로 입력된 펄스 수만큼 움직이고 검출이나 피드백 회로가 없으므로 구조가 간단하며, 펄스 전동기의 회전 정밀도와 볼나사의 정밀도에 직접적인 영향을 받는 방식은?

① 개방회로 방식

② 폐쇄회로 방식

③ 반폐쇄회로 방식

④ 하이브리드 서보 방식

해설 개방회로 방식

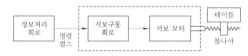

15. 일반적인 밀링 작업에서 절삭 속도와 이송에 관한 설명으로 틀린 것은?

① 밀링 커터의 수명을 연장하기 위해서는 절삭 속도는 느리게, 이송은 작게 한다.

② 날끝이 비교적 약한 밀링 커터에 대해서 절삭 속도는 느리게 이송은 작게 한다.

③ 거친 절삭에서는 절삭 깊이를 얕게, 이송은 작게, 절삭 속도는 빠르게 한다.

④ 일반적으로 너비와 지름이 작은 밀링 커터에 대해서는 절삭 속도를 빠르게 한다.

해설 거친 절삭에서는 절삭 깊이를 깊게, 이송은 크게, 절삭 속도는 빠르게 한다.

16. 구성 인선의 방지 대책으로 틀린 것은?

① 경사각을 작게 할 것

② 절삭 깊이를 적게 할 것

③ 절삭 속도를 빠르게 할 것

④ 절삭 공구의 인선을 날카롭게 할 것

해설 구성 인선의 방지책

• 바이트의 윗면 경사각을 크게 한다.

• 절삭 깊이와 이송 속도를 작게 한다.

• 절삭 속도를 높이고 절삭유를 사용한다.

17. 측정에서 다음 설명에 해당하는 원리는?

> 표준자와 피측정물은 동일 축 선상에 있어야 한다.

① 아베의 원리

② 버니어의 원리

③ 에어리의 원리

④ 헤르cm의 원리

해설 아베의 원리 : 피측정물과 표준자는 측정 방향에 있어서 일직선 위에 배치하여야 한다는 원리이다.

18. 호칭 치수가 200mm인 사인 바로 21°30′의 각도를 측정할 때 낮은 쪽 게이지 블록의 높이가 5mm라면 높은 쪽은 얼마인가? (단, sin21°30′＝0.3665이다.)

① 73.3mm

② 78.3mm

③ 83.3mm

④ 88.3mm

해설 $\sin\alpha = \dfrac{H}{L}$

$H = L\sin\alpha = 200 \times \sin21°30′ ≒ 200 \times 0.3665$
$= 73.3\,mm$

∴ 높은 쪽 높이 $= 73.3 + 5 = 78.3\,mm$

19. 다음 중 슬로터(slotter)에 관한 설명으로 틀린 것은?

① 규격은 램의 최대 행정과 테이블의 지름으로 표시된다.

② 주로 보스(boss)에 키 홈을 가공하기 위

해 발달된 기계이다.
③ 구조가 셰이퍼(shaper)를 수직으로 세워 놓은 것과 비슷하여 수직 셰이퍼라고도 한다.
④ 테이블이 수평 길이 방향 왕복 운동과 공구의 테이블 가로 방향 이송에 의해 비교적 넓은 평면을 가공하므로 평삭기라고도 한다.

20. 절삭 공구에서 크레이터 마모(crater wear)의 크기가 증가할 때 나타나는 현상이 아닌 것은?

① 구성 인선(built up edge)이 증가한다.
② 공구의 윗면 경사각이 증가한다.
③ 칩의 곡률 반지름이 감소한다.
④ 날끝이 파괴되기 쉽다.

해설 크레이터 마모의 크기 증가로 나타나는 현상
• 칩의 꼬임이 작아져서 나중에는 가늘게 비산한다.
• 칩의 색이 변하고 불꽃이 생긴다.
• 시간이 경과하면 날의 결손이 된다.
• 칩에 의해 공구의 경사면이 움푹 패이는 마모

제2과목 : 기계 제도

21. 스퍼 기어의 도시 방법에 대한 설명으로 틀린 것은?

① 잇봉우리원은 굵은 실선으로 그린다.
② 피치원은 가는 2점 쇄선으로 그린다.
③ 이골원은 가는 실선으로 그린다.
④ 축에 직각 방향으로 단면 투상할 경우, 이골원은 굵은 실선으로 그린다.

해설 기어를 그릴 때 이끝원은 굵은 실선으로, 피치원은 가는 1점 쇄선으로, 이뿌리원은 가는

실선으로, 특수 지시선(열처리 지시선)은 굵은 1점 쇄선으로 그린다.

22. 표시해야 할 선이 같은 장소에 중복될 경우 선의 우선순위가 가장 높은 것은?

① 무게중심선   ② 중심선
③ 치수 보조선   ④ 절단선

해설 겹치는 선의 우선순위
외형선 > 숨은선 > 절단선 > 중심선 > 무게중심선 > 치수 보조선

23. 그림과 같은 입체도를 제3각법으로 투상할 때 가장 적합한 투상도는?

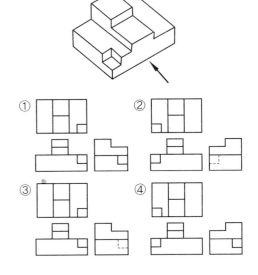

24. 그림은 축과 구멍의 끼워맞춤을 나타낸 도면이다. 다음 중 중간 끼워맞춤에 해당하는 것은?

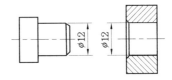

① 축 − ϕ12k6, 구멍 − ϕ12H7

② 축 − φ12h6, 구멍 − φ12G7

③ 축 − φ12e8, 구멍 − φ12H8

④ 축 − φ12h5, 구멍 − φ12N6

해설 구멍 기준식 끼워맞춤

기준 구멍	헐거운 끼워맞춤			중간 끼워맞춤			억지 끼워맞춤		
H7	f6	g6	h6	js6	k6	m6	n6	p6	r6
	f7		h7	js7					

25. 최대 실체 공차 방식으로 규제된 축의 도면이 다음과 같다. 실제 제품을 측정한 결과 축 지름이 49.8 mm일 경우 최대로 허용할 수 있는 직각도 공차는 몇 mm인가?

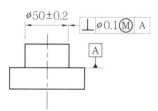

① φ0.3 mm   ② φ0.4 mm

③ φ0.5 mm   ④ φ0.6 mm

해설 최대로 허용할 수 있는 직각도 공차

= 치수 공차 + 기하 공차

= 0.4 + 0.1 = 0.5 mm

26. 다음 제3각법으로 그린 투상도 중 옳지 않은 것은?

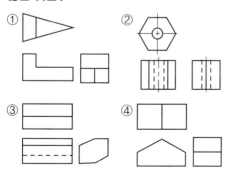

27. 다음 그림에 대한 설명으로 가장 올바른 것은?

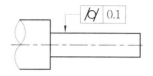

① 대상으로 하고 있는 면은 0.1 mm만큼 떨어진 두 개의 동축 원통면 사이에 있어야 한다.

② 대상으로 하고 있는 원통의 축선은 φ0.1 mm의 원통 안에 있어야 한다.

③ 대상으로 하고 있는 원통의 축선은 0.1 mm만큼 떨어진 두 개의 평행한 평면 사이에 있어야 한다.

④ 대상으로 하고 있는 면은 0.1 mm만큼 떨어진 두 개의 평행한 평면 사이에 있어야 한다.

해설 원통도는 진직도, 평행도, 진원도의 복합 공차로, 규제하는 원통 형체의 모든 표면의 공통 축선으로부터 같은 거리에 있는 두 개의 원통 표면에 들어가야 하는 공차이다.

28. KS 나사에서 ISO 표준에 있는 관용 테이퍼 암나사에 해당하는 것은?

① R 3/4   ② Rc 3/4

③ PT 3/4   ④ Rp 3/4

해설 • R : 관용 테이퍼 수나사

• PT : 관용 테이퍼 나사

• Rp : 관용 평행 암나사

29. 다음 설명에 적합한 기하 공차 기호는?

구 형상의 중심은 데이텀 평면 A로부터 30 mm, B로부터 25 mm 떨어져 있고, 데이텀 C의 중심선 위에 있는 점의 위치를 기준으로 지름 0.3 mm 구 안에 있어야 한다.

2019년

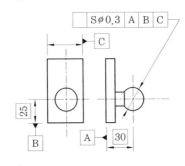

$S\phi 0.3$ A B C

① ⊕   ② ∠

③ ⊥   ④ ◎

해설 • 위치도 : ⊕ • 경사도 : ∠
• 직각도 : ⊥ • 동심도 : ◎

30. 그림과 같은 도시 기호에 대한 설명으로 틀린 것은?

① 용접하는 곳이 화살표 쪽이다.
② 온둘레 현장 용접이다.
③ 필릿 용접을 오목하게 작업한다.
④ 한쪽 플랜지형으로 필릿 용접 작업한다.

해설 KS 용접 기호

현장 용접	필릿 용접	전체 둘레 용접
⚑	◹	○

31. 암, 리브, 핸들 등의 전단면을 그림과 같이 나타내는 단면도를 무엇이라 하는가?

① 온 단면도   ② 회전 도시 단면도

③ 부분 단면도   ④ 한쪽 단면도

해설 회전 도시 단면도 : 물체의 절단면을 그 자리에서 90° 회전시켜 투상하는 단면법으로, 바퀴, 리브, 형강, 훅 등의 단면 기법을 말한다.

32. 그림과 같은 입체도를 화살표 방향에서 본 투상 도면으로 가장 적합한 것은?

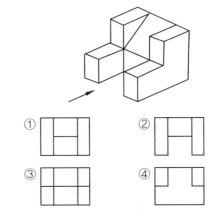

① ②
③ ④

33. 다음 도면에 대한 설명으로 옳은 것은?

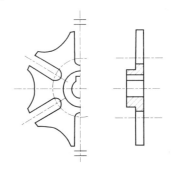

① 부분 확대하여 도시하였다.
② 반복되는 형상을 모두 나타냈다.
③ 대칭되는 도형을 생략하여 도시하였다.
④ 회전 도시 단면도를 이용하여 키 홈을 표현하였다.

34. 다음 끼워맞춤 중에서 헐거운 끼워맞춤인 것은?

① 25N6/h5　　② 20P6/h5

③ 6JS7/h6　　④ 50G7/h6

해설 구멍 기준식 끼워맞춤

기준축	헐거운 끼워맞춤	중간 끼워맞춤			억지 끼워맞춤		
h6	G6　H6	JS6　K6	M6　N6	P6			
	G7　H7	JS　K7	M7　N7	P7　R7	S7		

35. 절단면 표시 방법인 해칭에 대한 설명으로 틀린 것은?

① 같은 절단면상에 나타나는 같은 부품의 단면에는 같은 해칭을 한다.

② 해칭은 주된 중심선에 대하여 45°로 하는 것이 좋다.

③ 인접한 단면의 해칭은 선의 방향 또는 각도를 변경하든지 그 간격을 변경하여 구별한다.

④ 해칭을 하는 부분에 글자 또는 기호를 기입할 경우에는 해칭선을 중단하지 말고 그 위에 기입해야 한다.

해설 치수, 문자, 기호는 해칭선보다 우선이므로 해칭이나 스머징을 중단하거나 피해서 기입한다.

36. 나사의 제도 방법을 설명한 것으로 틀린 것은?

① 수나사에서 골지름은 가는 실선으로 도시한다.

② 불완전 나사부를 나타내는 골지름 선은 축선에 대해서 평행하게 표시한다.

③ 암나사를 축 방향으로 본 측면도에서 호칭지름에 해당하는 선은 가는 실선이다.

④ 완전 나사부란 산봉우리와 골밑 모양의 양쪽 모두 완전한 산형으로 이루어지는 나사부이다.

해설 불완전 나사부를 나타내는 골지름 선은 축선에 대해 30°의 가는 실선으로 그린다.

37. KS 용접 기호 표시와 용접부 명칭이 틀린 것은?

① ▢ : 플러그 용접

② ◯ : 점 용접

③ || : 가장자리 용접

④ ◺ : 필릿 용접

해설 가장자리 용접 : |||

38. 다음 치수 보조 기호에 대한 설명으로 옳지 않은 것은?

① (50) : 데이터 치수 50 mm를 나타낸다.

② t=5 : 판재의 두께 5 mm를 나타낸다.

③ ⌒20 : 원호의 길이 20 mm를 나타낸다.

④ SR30 : 구의 반지름 30 mm를 나타낸다.

해설 (50) : 참고 치수 50 mm

39. 가공 방법의 기호 중에서 다듬질 가공인 스크레이핑 가공 기호는?

① FS　　② FSU

③ CS　　④ FSD

해설 • FS : 스크레이핑 가공
• CS : 사형 주조

40. 도면에 나사의 표시가 "M50×2－6H"로 기입되어 있을 때 이에 대한 올바른 설명은?

① 감김 방향은 왼나사이다.

② 나사의 피치는 알 수 없다.

③ M50×2의 2는 수량 2개를 의미한다.

④ 6H는 암나사의 등급 표시이다.

정답 35. ④　36. ②　37. ③　38. ①　39. ①　40. ④

해설 M50×2은 오른나사, 나사의 바깥지름이 50mm, 나사의 피치는 2mm를 나타내며, 6H는 암나사의 등급 표시이다.

제3과목 : 기계 설계 및 기계 재료

41. 금속 표면에 스텔라이트, 초경합금 등을 용착시켜 표면 경화층을 만드는 방법은?

① 침탄처리법   ② 금속침투법

③ 숏피닝   ④ 하드페이싱

42. 다음 중 합금 공구강에 해당되는 것은?

① SUS 316   ② SC 40

③ STS 5   ④ GCD 550

해설 • STS : 합금 공구강 1~17종
• STD : 합금 공구강 18~39종

43. 플라스틱의 일반적인 특성에 대한 설명으로 옳은 것은?

① 금속 재료에 비해 강도가 높다.
② 전기절연성이 있다.
③ 내열성이 우수하다.
④ 비중이 크다.

해설 플라스틱은 금속 재료에 비해 부드럽고 유연하게 만들 수 있기 때문에 금속 제품으로 만드는 것보다 가공비가 저렴하나, 열에 약하고 강도와 표면 경도가 낮은 단점이 있다.

44. 철강 소재에서 일어나는 다음 반응은 무엇인가?

$$\gamma\text{고용체} \rightarrow \alpha\text{고용체} + Fe_3C$$

① 공석 반응   ② 포석 반응

③ 공정 반응   ④ 포정 반응

45. 기계 가공으로 소성 변형된 제품이 가열에 의하여 원래의 모양으로 돌아가는 것과 관련 있는 것은?

① 초전도 효과   ② 형상기억 효과

③ 연속 주조 효과   ④ 초소성 효과

해설 형상기억 합금은 소성 변형된 것이 특정 온도 이상으로 가열되면 변형되기 이전의 원래 상태로 돌아가는 합금으로, 형상기억 효과를 나타내는 합금은 마텐자이트 변태를 한다.

46. 다음 중 강자성체 금속에 해당되지 않는 것은?

① Fe   ② Ni

③ Sb   ④ Co

해설 강자성체 : 자화 강도가 큰 물질로 철, 코발트, 니켈 등이 있다.

47. 다음 중 열처리 방법과 목적이 서로 맞게 연결된 것은?

① 담금질 – 서랭시켜 재질에 연성을 부여한다.
② 뜨임 – 담금질한 것에 취성을 부여한다.
③ 풀림 – 재질을 강하게 하고 불균일하게 한다.
④ 불림 – 재료의 결정 입자를 미세하게 하고 조직을 균일하게 한다.

해설 열처리의 방법과 목적
• 담금질 : 재질을 경화한다.
• 뜨임 : 담금질한 재질에 인성을 부여한다.
• 풀림 : 재질을 연하고 균일하게 한다.
• 불림 : 조직을 미세화하고 균일하게 한다.

48. Al을 침투시켜 내식성을 향상시키는 금속

정답 41. ④ 42. ③ 43. ② 44. ① 45. ② 46. ③ 47. ④ 48. ②

침투법은?

① 보로나이징   ② 칼로라이징

③ 세라다이징   ④ 실리코나이징

[해설] • 보로나이징 : B 침투

• 세라다이징 : Zn 침투

• 실리코나이징 : Si 침투

• 크로마이징 : Cr 침투

49. 두랄루민의 구성 성분으로 가장 적절한 것은?

① Al + Cu + Mg + Mn

② Al + Fe + Mo + Mn

③ Al + Zn + Ni + Mn

④ Al + Pb + Sn + Mn

[해설] 두랄루민 : 주성분은 Al−Cu−Mg−Mn으로, 고온에서 물에 급랭하여 시효 경화시켜 강인성을 얻는다.

50. 일반적인 청동 합금의 주요 성분은?

① Cu − Sn   ② Cu − Zn

③ Cu − Pb   ④ Cu − Ni

[해설] • 청동 성분 : Cu − Sn

• 황동 성분 : Cu − Zn

51. 체인 피치가 15.875mm, 잇수가 40, 회전수가 500rpm이면 체인의 평균 속도는 약 몇 m/s인가?

① 4.3   ② 5.3

③ 6.3   ④ 7.3

[해설] $V = \dfrac{ZPN}{60000} = \dfrac{40 \times 15.875 \times 500}{60000}$

$\fallingdotseq 5.3 \, \text{m/s}$

52. 10kN의 인장 하중을 받는 1줄 겹치기 이

음이 있다. 리벳의 지름이 16mm라 하면 몇 개 이상의 리벳을 사용해야 되는가? (단, 리벳의 허용 전단 응력은 6.3MPa이다.)

① 5   ② 6

③ 7   ④ 8

[해설] $\tau = \dfrac{P}{A} = \dfrac{P}{\dfrac{\pi d^2}{4}} = \dfrac{4P}{\pi d^2}$, $10 = \dfrac{4P}{\pi 16^2}$

$P = \dfrac{10 \times 16^2 \times \pi}{4} \fallingdotseq 2009.6 \, \text{MPa}$

∴ 리벳 수$(n) = \dfrac{10000}{2009.6 \times 6.3} \fallingdotseq 8$개

53. 응력 − 변형률 선도에서 재료가 파괴되지 않고 견딜 수 있는 최대 응력은? (단, 공칭 응력을 기준으로 한다.)

① 탄성한도   ② 비례한다.

③ 극한 강도   ④ 상항복점

[해설] • 재료의 극한 강도와 허용 응력과의 비를 안전율이라고 한다.

• 안전율 $= \dfrac{\text{극한 강도(인장 강도)}}{\text{허용 응력}} =$ 기준 강도

54. 950 N · m의 토크를 전달하는 지름 50mm인 축에 안전하게 사용할 키의 최소 길이는 약 몇 mm인가? (단, 묻힘 키의 폭과 높이는 모두 8mm이고, 키의 허용 전단 응력은 80N/mm²이다.)

① 45   ② 50

③ 65   ④ 60

[해설] $\tau = \dfrac{2T}{bld}$, $l = \dfrac{2T}{b\tau d}$

∴ $l = \dfrac{2 \times 950000}{8 \times 80 \times 50} \fallingdotseq 60 \, \text{mm}$

55. 다음 커플링의 종류 중 원통 커플링에 속

하지 않는 것은?

① 머프 커플링 ② 올덤 커플링

③ 클램프 커플링 ④ 셀러 커플링

[해설] 원통 커플링 : 구조가 가장 간단하여 외형이 원통형으로 된 커플링으로 머프 커플링, 마찰 원통 커플링, 셀러 커플링, 반중첩 커플링, 분할 원통(클램프) 커플링의 다섯 종류가 있다.

56. 길이에 비해 지름이 5mm 이하로 아주 작은 롤러를 사용하는 베어링이며, 일반적으로 리테이너가 없으면 단위 면적당 부하 용량이 큰 베어링은?

① 니들 롤러 베어링

② 원통 롤러 베어링

③ 구면 롤러 베어링

④ 플렉시블 롤러 베어링

57. 기어 감속기에서 소음이 심하여 분해해보니 이뿌리 부분이 깎여 나가 있음을 발견하였다. 이것을 방지하기 위한 대책으로 틀린 것은?

① 압력각이 작은 기어로 교체한다.

② 깎이는 부분의 치형을 수정한다.

③ 이끝을 깎아 이의 높이를 줄인다.

④ 전위 기어를 만들어 교체한다.

58. 다음 중 마찰력을 이용하는 브레이크가 아닌 것은?

① 블록 브레이크

② 밴드 브레이크

③ 폴 브레이크

④ 내부 확장식 브레이크

59. 코일 스프링에서 코일의 평균 지름은 32mm,

소선의 지름은 4mm이다. 스프링 소재의 허용 전단 응력이 340MPa일 때 지지할 수 있는 최대 하중은 약 몇 N인가? (단, Wahl의 응력 수정계수(K)는 $K = \dfrac{4C-1}{4C-4} + \dfrac{0.615}{C}$, C : 스프링 지수이다.)

① 174 ② 198

③ 225 ④ 246

[해설] $C = \dfrac{D}{d} = \dfrac{32}{4} = 8$

$K = \dfrac{4C-1}{4C-4} + \dfrac{0.615}{C} = \dfrac{4 \times 8 - 1}{4 \times 8 - 4} + \dfrac{0.615}{8}$

$\fallingdotseq 1.19$

$\tau = K \dfrac{8WD}{\pi d^3}$

$\therefore W = \dfrac{\tau \times \pi \times d^3}{K \times 8 \times D} = \dfrac{340 \times \pi \times 4^3}{1.19 \times 8 \times 32} \fallingdotseq 225\,\mathrm{N}$

60. 축 방향으로 32MPa의 인장 응력과 21MPa의 전단 응력이 동시에 작용하는 볼트에서 발생하는 최대 전단 응력은 약 몇 MPa인가?

① 23.8 ② 26.4

③ 29.2 ④ 31.4

[해설] $Z_{max} = \dfrac{\sqrt{\sigma^2 + 4Z}}{2} = \dfrac{\sqrt{32^2 + 4 \times 21^2}}{2}$

$\fallingdotseq 26.4\,\mathrm{MPa}$

제4과목 : 컴퓨터 응용 설계

61. 래스터 방식의 그래픽 모니터에서 수직, 수평선을 제외한 선분들이 계단 모양으로 표시되는 현상은?

① 플리커 ② 언더컷

③ 클리핑 ④ 에일리어싱

해설 에일리어싱 : 그래픽 제작 시 주파수를 추출할 때 올바른 주파수와 그릇된 주파수가 함께 생성되는 것을 말한다.

62. 컴퓨터에서 최소의 입출력 단위로 물리적으로 읽기를 할 수 있는 레코드에 해당하는 것은?

① block
② field
③ word
④ bit

63. 일반적으로 3차원 기하학적 형상 모델링이 아닌 것은?

① 서피스 모델링
② 솔리드 모델링
③ 시스템 모델링
④ 와이어 프레임 모델링

64. 퍼거슨(Ferguson) 곡면의 방정식에는 경계 조건으로 16개의 벡터가 필요하다. 그 중에서 곡면 내부의 볼록한 정도에 영향을 주는 것은?

① 꼭짓점 벡터
② U 방향 접선 벡터
③ V 방향 접선 벡터
④ 꼬임 벡터

65. Bezier 곡선을 이루기 위한 블렌딩 함수의 성질에 대한 설명으로 틀린 것은?

① 시작점이나 끝점에서 n번 미분한 값은 그 점을 포함하여 인접한 $n-1$개의 꼭짓점에 의해 결정된다.
② 생성되는 곡선은 다각형의 시작점과 끝점을 반드시 통과해야 한다.
③ Bezier 곡선을 이루는 다각형의 첫 번째

선분은 시작점에서의 접선 벡터와 같은 방향이고, 마지막 선분은 끝점에서의 접선 벡터와 같은 방향이어야 한다.
④ 다각형의 꼭짓점 순서가 거꾸로 되어도 같은 곡선이 생성되어야 한다.

해설 n개의 정점에 의해 생성된 곡선은 $(n-1)$차 곡선이며, 시작점과 끝점과는 관련이 없다.

66. 화면에 나타난 데이터를 확대하여 데이터의 일부분만을 스크린에 나타낼 때 상당부분이 viewport를 벗어나는데, 이와 같이 일정한 영역을 벗어나는 부분을 잘라버리는 것을 무엇이라고 하는가?

① 윈도잉(windowing)
② 클리핑(clipping)
③ 매핑(mapping)
④ 패닝(panning)

해설 클리핑 : 화면상에서 데이터의 일부분을 스크린에 나타낼 때 viewport를 벗어나는 일정한 영역을 잘라버리는 작업을 말한다.

67. CAD에서 곡선을 표현하기 위한 방법 중 고전적인 보간법과 관계가 먼 것은?

① 선형 보간
② 3차 스플라인 보간
③ Lagrange 다항식에 의한 보간
④ Bernstein 다항식에 의한 보간

68. 형상 구속 조건과 치수 조건을 입력하여 모델링 하는 기법은?

① 파라메트릭 모델링
② Wire frame 모델링
③ B-rep(Boundary representation)
④ CSG(Constructive Solid Geometry)

2019년

해설 파라메트릭 모델링 : 사용자가 형상 구속 조건과 치수 조건을 입력하여 형상을 모델링하는 방식이다.

69. 3차원 직교 좌표계 상의 세 점 A(1, 1, 1), B(2, 1, 4), C(5, 1, 3)이 이루는 삼각형의 넓이는?

① 4 ② 5
③ 8 ④ 10

해설

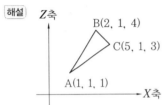

$a_1 = 2-1 = 1$, $a_2 = 1-1 = 0$, $a_3 = 4-1 = 3$
$b_1 = 5-1 = 4$, $b_2 = 1-1 = 0$, $b_3 = 3-1 = 2$

∴ 넓이 $= \dfrac{\sqrt{(0-0)^2 + (0-0)^2 + (12-2)^2}}{2}$

$= \dfrac{\sqrt{100}}{2} = 5$

참고 $A(x_1, y_1, z_1)$, $B(x_2, y_2, z_2)$, $C(x_3, y_3, z_3)$
세 점이 이루는 삼각형의 넓이

$= \dfrac{\sqrt{(a_1 b_2 - a_2 b_1)^2 + (a_2 b_3 - a_3 b_2)^2 + (a_3 b_1 - a_1 b_3)^2}}{2}$

여기서, $a_1 = x_2 - x_1$, $a_2 = y_2 - y_1$, $a_3 = z_2 - z_1$
$b_1 = x_3 - x_1$, $b_2 = y_3 - y_1$, $b_3 = z_3 - z_1$

70. m행과 n열을 가진 행렬을 $m \times n$ 행렬이라고 한다. 3×2 행렬과 2×3 행렬을 서로 곱했을 때 행(row)의 개수는?

① 2 ② 3
③ 5 ④ 6

해설 3×2 행렬과 2×3 행렬의 곱의 예

$\begin{bmatrix} 1 & 1 \\ 1 & 1 \\ 1 & 1 \end{bmatrix} \begin{bmatrix} 1 & 0 & 0 \\ 0 & 0 & 1 \end{bmatrix} = \begin{bmatrix} 1 & 0 & 1 \\ 1 & 0 & 1 \\ 1 & 0 & 1 \end{bmatrix}$

∴ 행의 개수는 3이다.

71. 솔리드 모델을 정육면체와 같은 간단한 입체의 집합으로 대략 근사적으로 표현하는 모델을 분해 모델(decomposition model)이라고 하는데, 이러한 분해 모델의 표현에 해당하지 않는 것은?

① 복셀(voxel) 표현
② 콤파운드(compound) 표현
③ 옥트리(octree) 표현
④ 세포(cell) 표현

72. 공간상에 존재하는 2개의 곡면이 서로 교차하는 경우, 교차되는 부분에서 모서리(edge)가 발생하는데, 이 모서리를 주어진 반지름으로 부드럽게 처리하는 기능을 무엇이라 하는가?

① intersecting ② projecting
③ blending ④ stretching

해설 블렌딩(blending) : 주어진 형상을 국부적으로 변화시키는 방법으로, 서로 만나는 모서리를 부드러운 곡면 모서리로 연결되게 하는 곡면 처리를 말한다.

73. 다음 모델링에 관한 설명 중 틀린 것은?

① 솔리드 모델링은 3차원 형상 정보를 명확하게 표현하는 표현 방식이다.
② 솔리드 모델의 표현 방식에는 CSG(Constructive Solid Geometry) 방식과 B-rep(Boundary representation) 방식 등이 있다.
③ B-rep 방식은 경계가 잘 정의되는 단위 형상(primitive)의 조합으로 솔리드를 표현하는 방법이다.

④ 모따기(chamfer), 필릿(fillet), 포켓(pocket) 등 전형적인 특징 형상을 시스템에 기억하고 있다가 불러내어 모델링하는 방법도 있다.

74. 전자발광형 디스플레이 장치(혹은 EL 패널)에 대한 설명으로 틀린 것은?

① 스스로 빛을 내는 성질을 가지고 있다.
② TFT-LCD보다 시야각에 제한이 없다.
③ 백라이트를 사용하여 보다 선명한 화질을 구현한다.
④ 응답시간이 빨라 고화질 영상을 자연스럽게 처리할 수 있다.

해설 전자 발광형 디스플레이 장치는 AC나 DC가 나타날 때 발광 재료에서 빛이 발광되도록 되어 있으며, 발광 재료로 망간이 첨가된 아연황화물을 사용하기 때문에 노란색을 띠고 있다.

75. CAD 활용의 확장과 관련하여 공정의 계획, 운용, 공장 자원과의 직·간접적인 인터페이스를 통한 생산운전 제어를 위해 컴퓨터를 활용하는 기술은?

① CAP(Computer-Aided Planning)
② CAM(Computer-Aided Manufacturing)
③ CAE(Computer-Aided Engineering)
④ CAI(Computer-Aided Inspection)

해설 • CAP : NC 가공에 필요한 정보, 생산 및 검사를 위한 계획 등의 리스트를 작성하는 것
• CAM : 생산 계획, 제품 생산 등 생산에 관련된 일련의 작업을 컴퓨터를 통해 직·간접적으로 제어하는 것
• CAE : 컴퓨터를 통해 기본 설계, 상세 설계에 대한 해석, 시뮬레이션 등을 하는 것
• CIM : 제품의 사양 입력만으로 최종 제품이 완성되는 자동화 시스템의 통합 시스템
• CAT : 제조 공정에 있어서 검사 공정의 자동

화에 대한 것(CAM의 일부분)

76. 일반적인 CAD 시스템에서 2차원 평면에서 정해진 하나의 원을 그리는 방법이 아닌 것은?

① 원주상의 세 점을 알 경우
② 원의 반지름과 중심점을 알 경우
③ 원주상의 한 점과 원의 반지름을 알 경우
④ 원의 반지름과 2개의 접선을 알 경우(단, 2개의 접선은 만나는 점을 기준으로 한쪽으로만 무한히 연장되는 경우로 가정을 한다.)

77. CAD 시스템을 활용하기 위한 주변 장치 중 입력장치는?

① 프린터(printer)
② LCD
③ 모니터(monitor)
④ 마우스(mouse)

해설 • 출력장치 : 음극관(CRT), 평판 디스플레이, 플로터, 프린터 등
• 입력장치 : 키보드, 태블릿, 마우스, 조이스틱, 컨트롤 다이얼, 트랙볼, 라이트 펜 등

78. 다음 그림에서 벡터 $\vec{a}$ 의 크기가 5, 벡터 $\vec{b}$ 의 크기가 3이고 $\theta=30°$라면 두 벡터의 내적은 얼마인가?

① 7.50
② 10.58
③ 12.99
④ 15.39

해설 $\vec{a}\cdot\vec{b}=|\vec{a}||\vec{b}|\cos\theta$
$=5\times3\times\cos30°$
$=5\times3\times\dfrac{\sqrt{3}}{2}≒12.99$

79. 다음은 CAD 시스템에서 사용되고 있는 출력장치들이다. 이 중 래스터 방식을 이용한 장치가 아닌 것은?

① 펜 플로터
② 정전식 플로터
③ 열전사식 플로터
④ 잉크 제트식 플로터

해설 •펜식 플로터 : 플랫 베드형, 드럼형, 리니어 모터식, 벨트형
•래스터식 플로터 : 정전식, 잉크젯식, 열전사식
•포토식 플로터 : 포토 플로터

80. 다음 설명에 해당하는 것은?

이미 제작된 제품에서 3차원 데이터를 측정하여 CAD 모델로 만드는 작업

① reverse engineering
② feature-based modeling
③ digital mock-up
④ virtual manufacturing

해설 역설계(reverse engineering) : 기존 부품을 3차원 스캐닝하여 모델링 변환을 하는 작업이다.

기계설계산업기사

제1과목 : 기계 가공법 및 안전관리

1. 기어 가공의 절삭법이 아닌 것은?

① 형판을 이용하는 절삭법
② 다인 공구를 이용하는 절삭법
③ 총형 공구를 이용하는 절삭법
④ 창성을 이용하는 절삭법

해설 기어 가공의 절삭법
• 총형 공구를 이용한 가공(성형법)
• 형판에 의한 가공
• 창성식 가공

2. 일반적으로 니형 밀링 머신의 크기 또는 호칭을 표시하는 방법으로 틀린 것은?

① 콜릿척의 크기
② 테이블 작업면의 크기(길이×폭)
③ 테이블 이동거리(좌우×전후×상하)
④ 테이블 전후 이송을 기준으로 한 호칭번호

해설 밀링 머신의 호칭번호는 테이블상에 설치된 공작물의 이송 가능 거리에 따라 구분한다.

3. 구성 인선(built-up edge)이 생기는 것을 방지하기 위한 대책으로 틀린 것은?

① 절삭 속도를 높인다.
② 절삭 깊이를 깊게 한다.
③ 절삭유를 충분히 공급한다.
④ 공구의 윗면 경사각을 크게 한다.

해설 구성 인선의 방지책
• 바이트의 윗면 경사각을 크게 한다.
• 절삭 깊이와 이송 속도를 작게 한다.
• 절삭 속도를 높이고 절삭유를 사용한다.

4. 허용할 수 있는 부품의 오차 정도를 결정한 후 각각 최대 및 최소 치수를 설정하여 부품의 치수가 그 범위 내에 드는지를 검사하는 게이지는?

① 다이얼 게이지
② 게이지 블록
③ 간극 게이지
④ 한계 게이지

해설 한계 게이지는 두 개의 게이지를 짝지어 한쪽은 최대 치수로, 다른 쪽은 최소 치수로 설정하여, 제품이 이 한도 내에서 제작되는지를 검사하는 게이지이다.

5. 선반 가공에 영향을 주는 절삭조건에 대한 설명으로 틀린 것은?

① 이송이 증가하면 가공 변질층은 깊어진다.
② 절삭각이 커지면 가공 변질층은 깊어진다.
③ 절삭 속도가 증가하면 가공 변질층은 얕아진다.
④ 절삭 온도가 상승하면 가공 변질층은 깊어진다.

해설 절삭열은 대부분 칩에 의해 열의 형태로 소모되기 때문에 절삭 온도가 상승하면 가공 변질층은 얕아진다.

6. 드릴로 구멍 가공을 한 다음에 사용하는 공구가 아닌 것은?

① 리머
② 센터 펀치
③ 카운터 보어
④ 카운터 싱크

해설 리머, 카운터 보어, 카운터 싱크는 먼저 드릴로 구멍을 뚫은 후 사용하나 센터 펀치는 드릴 작업 없이 센터 구멍을 바로 뚫을 때 사용한다.

7. 다음 중 수용성 절삭유에 속하는 것은?

① 유화유　　　　② 혼성유

③ 광유　　　　　④ 동식물유

해설 유화유 : 냉각작용 및 윤활작용이 좋아 절삭작업에 널리 사용하는 것으로 광유에 비눗물을 첨가하여 유화한 것이다. 물에 녹인 것으로 유백색을 띠고 있다.

8. 도면에 편심량이 3mm로 주어졌다. 이때 다이얼 게이지 눈금의 변위량이 얼마로 나타나도록 편심시켜야 하는가?

① 3mm　　　　② 4.5mm

③ 6mm　　　　④ 7.5mm

해설 다이얼 게이지의 눈금 변위량은 편심량의 2배이다.

∴ 변위량 $= 2 \times 3 = 6$mm

9. 다음 중 대형이며 중량의 공작물을 가공하기 위한 밀링 머신으로 중절삭이 가능한 것은 어느 것인가?

① 나사 밀링 머신(thread milling machine)

② 만능 밀링 머신(universal milling machine)

③ 생산형 밀링 머신(production milling machine)

④ 플레이너형 밀링 머신(planer type milling machine)

해설 플레이너형 밀링 머신은 대형 공작물 또는 중량물의 평면이나 홈 가공에 사용한다.

10. 게이지 블록 중 표준용(calibration grade)으로서 측정기류의 정도 검사 등에 사용되는 게이지의 등급은?

① 00(AA)급　　　② 0(A)급

③ 1(B)급　　　　④ 2(C)급

해설 블록 게이지의 등급 및 용도

구분	사용 용도	등급
공작용 (2급)	공구, 절삭 공구 설치	C
	게이지 제작, 측정기류 조정	B 또는 C
검사용 (1급)	기계 부품, 공구 검사	B 또는 C
	게이지 정도 점검	A 또는 B
표준용 (0급)	측정기류 정도 검사	A 또는 B
	공작용 블록 게이지 정도 점검	
	검사용 블록 게이지 정도 점검	
참조용 (00급)	표준용 블록 게이지 정도 점검	AA 또는 A
	연구용	

11. 원주를 단식 분할법으로 32등분하고자 할 때, 다음과 같이 준비된 〈분할판〉을 사용하여 작업하는 방법으로 옳은 것은?

〈분할판〉

No. 1 : 20, 19, 18, 17, 16, 15

No. 2 : 33, 31, 29, 27, 23, 21

No. 3 : 49, 47, 43, 41, 39, 37

① 16구멍열에서 1회전과 4구멍씩

② 20구멍열에서 1회전과 10구멍씩

③ 27구멍열에서 1회전과 18구멍씩

④ 33구멍열에서 1회전과 18구멍씩

해설 $n = \dfrac{40}{N} = \dfrac{40}{32} = 1\dfrac{8}{32} = 1\dfrac{4}{16}$

∴ 16구멍열에서 1회전에 4구멍씩 이동한다.

12. 산화알루미늄(Al_2O_3) 분말을 주성분으로 소결한 절삭 공구 재료는?

① 세라믹　　　　② 고속도강

③ 다이아몬드　　④ 주조경질합금

해설 세라믹은 산화알루미늄(Al_2O_3) 분말을 주성분으로 마그네슘(Mg), 규소(Si) 등의 산화물과 소량의 다른 원소를 첨가하여 소결한 절삭 공구 재료이다.

13. 연삭 가공 중 가공 표면의 표면 거칠기가 나빠지고 정밀도가 저하되는 떨림현상이 나타나는 원인이 아닌 것은?

① 숫돌의 평형상태가 불량할 경우
② 숫돌축이 편심되어 있을 경우
③ 숫돌의 결합도가 너무 작을 경우
④ 연삭기 자체에 진동이 있을 경우

14. 고속도강 절삭 공구를 사용하여 저탄소 강재를 절삭할 때 가장 일반적인 구성 인선(built-up edge)의 임계 속도(m/min)는?

① 50 ② 120
③ 150 ④ 170

15. CNC 선반에 대한 설명으로 틀린 것은?

① 축은 공구대가 전후좌우의 2방향으로 이동하므로 2축을 사용한다.
② 휴지(dwell) 기능은 지정한 시간 동안 이송이 정지되는 기능을 의미한다.
③ 좌표치의 지령방식에는 절대지령과 증분지령이 있고, 한 블록에 2가지를 혼합하여 지령할 수 없다.
④ 테이퍼나 원호 절삭 시, 임의의 인선 반지름을 가지는 공구의 인선 반지름에 의한 가공 경로의 오차를 CNC 장치에서 자동으로 보정하는 인선 반지름 보정 기능이 있다.

[해설] 좌표치의 지령방식에는 절대지령방식과 증분지령방식이 있고, 한 블록에 2가지를 혼합하여 지령하는 혼합지령방식이 있다.

16. 선반에서 테이퍼의 각이 크고 길이가 짧

은 테이퍼를 가공하기에 가장 적합한 방법은 어느 것인가?

① 백기어 사용 방법
② 심압대의 편위 방법
③ 복식 공구대를 경사시키는 방법
④ 테이퍼 절삭장치를 이용하는 방법

[해설] 테이퍼 절삭 방법
• 복식 공구대 사용 방법 : 각도가 크고 길이가 짧을 때
• 심압대의 편위 방법 : 공작물이 길고 테이퍼가 작을 때

17. 다음 중 밀링 머신에 관한 안전사항으로 틀린 것은?

① 장갑을 끼지 않도록 한다.
② 가공 중에 손으로 가공면을 점검하지 않는다.
③ 칩 받이가 있기 때문에 보호안경은 필요 없다.
④ 강력 절삭을 할 때는 공작물을 바이스에 깊게 물린다.

[해설] 밀링 작업 시 보호안경을 착용해야 한다.

18. 탭(tap)이 부러지는 원인이 아닌 것은?

① 소재보다 경도가 높은 경우
② 구멍이 바르지 못하고 구부러진 경우
③ 탭 선단이 구멍 바닥에 부딪혔을 경우
④ 탭의 지름에 적합한 핸들을 사용하지 않는 경우

[해설] 탭 작업 시 탭이 부러지는 이유
• 구멍이 작거나 바르지 못할 때
• 탭이 구멍 바닥에 부딪혔을 때
• 칩의 배출이 원활하지 못할 때
• 핸들에 무리한 힘을 주었을 때
• 소재보다 탭의 경도가 낮을 때

2019년

19. 가늘고 긴 일정한 단면 모양을 가진 공구에 많은 날을 가진 절삭 공구가 사용되며, 공작물의 홈을 빠르게 가공할 수 있어 대량 생산에 적합한 가공 방법은?

① 보링(boring)
② 태핑(tapping)
③ 셰이핑(shaping)
④ 브로칭(broaching)

해설 브로칭 가공은 브로치라는 공구를 사용하여 1회 공정으로 표면 또는 내면을 절삭 가공하는 기계이므로 빠르게 가공할 수 있어 대량생산에 적합하다.

20. 연삭 균열에 관한 설명으로 틀린 것은?

① 열팽창에 의해 발생된다.
② 공석강에 가까운 탄소강에서 자주 발생된다.
③ 연삭 균열을 방지하기 위해서는 결합도가 연한 숫돌을 사용한다.
④ 이송을 느리게 하고 연삭액을 충분히 사용하여 방지할 수 있다.

제2과목 : 기계 제도

---

21. 다음 도면의 크기 중 A1 용지의 크기를 나타내는 것은? (단, 치수 단위는 mm이다.)

① 841×1189   ② 594×841
③ 420×594   ④ 297×420

해설 용지의 크기
• A0 용지 : 841×1189
• A2 용지 : 420×594
• A3 용지 : 297×420
• A4 용지 : 210×297

22. 다음과 같은 표면의 결 도시기호에서 C가 의미하는 것은?

① 가공에 의한 컷의 줄무늬가 투상면에 평행
② 가공에 의한 컷의 줄무늬가 투상면에 경사지고 두 방향으로 교차
③ 가공에 의한 컷의 줄무늬가 투상면의 중심에 대하여 동심원 모양
④ 가공에 의한 컷의 줄무늬가 투상면에 대해 여러 방향

해설 줄무늬 방향 지시 기호
• = : 투상면에 평행
• × : 투상면에 경사지고 두 방향으로 교차
• M : 투상면에 대해 여러 방향으로 교차

23. 그림과 같은 용접 기호의 명칭으로 맞는 것은?

① 개선 각이 급격한 V형 맞대기 용접
② 개선 각이 급격한 일면 개선형 맞대기 용접
③ 가장자리(edge) 용접
④ 표면 육성

24. 다음과 같은 치수 120 숫자 위의 기호가 뜻하는 것은?

① 원호의 길이   ② 참고 치수
③ 현의 길이   ④ 각도 치수

해설 원호의 길이를 나타내는 기호가 숫자 앞에 오도록 KS 규격이 개정되었다(⌒120).

정답 **19.** ④   **20.** ④   **21.** ②   **22.** ③   **23.** ③   **24.** ①

25. 그림과 같은 3각법으로 정투상한 정면도와 평면도에 대한 우측면도로 가장 적합한 것은?

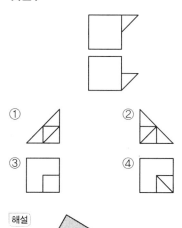

① ② ③ ④

[해설]

26. 지름이 10cm이고 길이가 20cm인 알루미늄 봉이 있다. 이 알루미늄의 비중이 2.7일 때 질량(kg)은?

① 0.424kg
② 4.24kg
③ 1.70kg
④ 17.0kg

[해설] $V = \dfrac{\pi \times 10^2}{4} \times 20 = 1570\,cm^3$

∴ 질량$(m) =$ 부피$(V) \times$ 비중(ρ)
　　　　　$= 1570 \times 2.7$
　　　　　$≒ 4240\,g = 4.24\,kg$

27. KS에서 정의하는 기하 공차 기호 중에서 관련 형체의 위치 공차 기호들만으로 짝지어진 것은?

① □ ○ ─
② ∠ ⊥ ⌗
③ ⌖ ◎ ⚌
④ ⌀ ⌒ ◎

[해설] 위치 공차
- 위치도 : ⌖
- 대칭도 : ⚌
- 동축도(동심도) : ◎

28. 구름 베어링 기호 중 안지름이 10mm인 것은?

① 7000
② 7001
③ 7002
④ 7010

[해설] 00 : 10mm, 01 : 12mm, 02 : 15mm, 03 : 17mm, 04부터는 5배

29. 다음 중 가는 1점 쇄선으로 표시하지 않는 선은?

① 피치선
② 기준선
③ 중심선
④ 숨은선

30. 그림과 같은 기하 공차의 해석으로 가장 적합한 것은?

① 지정 길이 100mm에 대하여 0.05mm, 전체 길이에 대해 0.005mm의 대칭도
② 지정 길이 100mm에 대하여 0.05mm, 전체 길이에 대해 0.005mm의 평행도
③ 지정 길이 100mm에 대하여 0.005mm, 전체 길이에 대해 0.05mm의 대칭도
④ 지정 길이 100mm에 대하여 0.005mm, 전체 길이에 대해 0.05mm의 평행도

31. 끼워맞춤 관계에 있어서 헐거운 끼워맞춤에 해당하는 것은?

① $\dfrac{H7}{g6}$
② $\dfrac{H7}{n6}$

2019년

③ $\dfrac{P6}{h6}$　　　④ $\dfrac{N6}{h6}$

해설 • 구멍 기준식 : H　• 축 기준식 : h
A(a)에 가까울수록 헐거운 끼워맞춤, Z(z)에 가까울수록 억지 끼워맞춤이다.

32. 다음 중 단열 앵귤러 볼 베어링의 간략 도시 기호는?

 ①　　 ②

 ③　　 ④

해설 ① 단열 깊은 홈 볼 베어링
③ 복렬 자동 조심 볼 베어링
④ 자동 조심 니들 롤러 베어링

33. KS 나사의 표시 기호에 대한 설명으로 잘못된 것은?

① 호칭 기호 M은 미터나사이다.
② 호칭 기호 UNF는 유니파이 가는 나사이다.
③ 호칭 기호 PT는 관용 평행 나사이다.
④ 호칭 기호 TW는 29° 사다리꼴나사이다.

해설 PT : 관용 테이퍼 나사

34. 다음 용접 기호에 대한 설명으로 옳지 않은 것은?

① ⊠ : 매끄럽게 처리한 필릿 용접
② ⊻ : 넓은 루트면이 있고 이면 용접된 V형 맞대기 용접
③ ▽ : 평면 마감 처리한 V형 맞대기 용접
④ ⊿ : 볼록한 필릿 용접

35. 크로뮴 몰리브데넘강의 KS 재료 기호는?

① SMn　　　② SMnC
③ SCr　　　④ SCM

해설 • SMn : 망간강
• SMnC : 망간 크로뮴강
• SCr : 크로뮴강

36. 그림과 같이 스퍼 기어의 주투상도를 부분 단면도로 나타낼 때 "A"가 지시하는 곳의 선의 모양은?

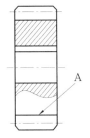

① 가는 실선　　　② 굵은 파선
③ 굵은 실선　　　④ 가는 파선

해설 단면된 부분의 이뿌리선은 굵은 실선으로 그리며, 단면되지 않은 부분의 이뿌리선은 가는 실선으로 그린다.

37. 기계 제도에서 도면이 구비해야 할 기본 요건으로 거리가 먼 것은?

① 대상물의 도형과 함께 필요로 하는 크기, 모양, 자세 등의 정보를 포함하여야 하며, 필요에 따라 재료, 가공 방법 등의 정보를 포함하여야 한다.
② 무역 및 기술의 국제 교류의 입장에서 국제성을 가져야 한다.
③ 도면 표현에 있어서 설계자의 독창성이 잘 나타나야 한다.
④ 마이크로필름 촬영 등을 포함한 복사 및 도면의 보존, 검색, 이용이 확실히 되도록

정답 **32.** ② **33.** ③ **34.** ④ **35.** ④ **36.** ① **37.** ③

내용과 양식이 구비되어야 한다.

38. 그림과 같은 제3각법 정투상도면의 입체
도로 가장 적합한 것은?

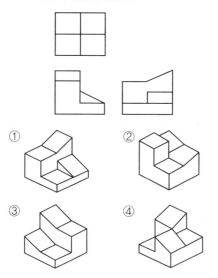

① 180   ② 195

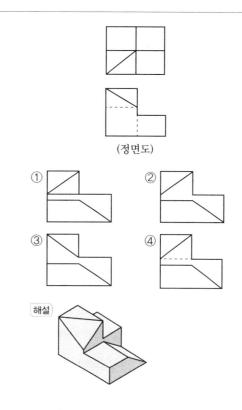

(정면도)

① ② ③ ④

해설

제3과목 : 기계 설계 및 기계 재료

39. 그림과 같이 크기와 간격이 같은 여러 구
멍의 치수 기입에서 (A)에 들어갈 치수로 옳
은 것은?

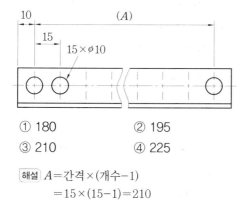

① 180   ② 195

③ 210   ④ 225

해설 A = 간격 × (개수 − 1)
$= 15 × (15 − 1) = 210$

41. 다음 중 철−탄소 상태도에서 나타나지
않는 불현점은?

① 공정점   ② 포석점

③ 공석점   ④ 포정점

해설 탄소 함유량에 따라 포정점(0.51%), 공정
점(4.3%), 공석점(0.85%)이 나타난다.

42. 강의 표면 경화법에 대한 설명으로 틀린
것은?

① 침탄법에는 고체 침탄법, 액체 침탄법,
가스 침탄법 등이 있다.

② 질화법은 강 표면에 질소를 침투시켜 경
화하는 방법이다.

40. 그림은 제3각법으로 투상한 정면도와 평
면도를 나타낸 것이다. 여기에 가장 적합한
우측면도는?

③ 화염 경화법은 일반 담금질법에 비해 담금질 변형이 적다.

④ 세라다이징은 철강 표면에 Cr을 확산 침투시키는 방법이다.

해설 세라다이징은 Zn을 확산 침투시키는 방법이다.

43. 구리에 아연이 5~20% 정도 첨가되어 전연성이 좋고 색깔이 아름다워 장식용 악기 등에 사용되는 것은?

① 톰백　　　　② 백동

③ 6-4 황동　　④ 7-3 황동

해설 톰백 : 8~20% Zn을 함유하며, 금에 가까운 색이고 연성이 크다. 금 대용품이나 장식품에 사용한다.

44. 결정격자가 면심입방격자인 금속은?

① Al　　　　② Cr

③ Mo　　　　④ Zn

해설 • 면심입방격자(FCC) : Al, Ag, Cu, Ni
• 체심입방격자(BCC) : Cr, Mo, W, V
• 조밀육방격자(HCP) : Zn, Mg, Co, Be

45. 아공석강에서 탄소의 함량이 증가함에 따른 기계적 성질의 변화에 대한 설명으로 틀린 것은?

① 인장 강도가 증가한다.

② 경도가 증가한다.

③ 항복 강도가 증가한다.

④ 연신율이 증가한다.

해설 탄소 함유량을 증가시키면 인장 강도, 항복 강도와 경도는 증가하고 연신율과 충격값은 감소한다.

46. 금속재료와 비교한 세라믹의 일반적인 특징으로 옳은 것은?

① 인성이 크다.

② 내충격성이 높다.

③ 내산화성이 양호하다.

④ 성형성 및 기계 가공성이 좋다.

해설 세라믹은 경도가 높고 내산화성이 우수하지만 인성이 적고 충격에 약하다.

47. 다음 구조용 복합재료 중에서 섬유강화 금속은?

① SPF　　　　② FRTP

③ FRM　　　　④ GFRP

해설 • SPF : 구조목(Spruce, Pine, Fir)
• FRTP : 섬유강화 내열 플라스틱
• GFRP : 유리 섬유강화 플라스틱

48. 공구재료가 구비해야 할 조건으로 틀린 것은?

① 내마멸성과 강인성이 클 것

② 가열에 의한 경도 변화가 클 것

③ 상온 및 고온에서 경도가 높을 것

④ 열처리와 공작이 용이할 것

해설 공구재료는 고온에서도 경도가 떨어지지 않아야 한다.

49. 다음 중 열가소성 수지로 나열된 것은?

① 페놀, 폴리에틸렌, 에폭시

② 알키드 수지, 아크릴, 페놀

③ 폴리에틸렌, 염화비닐, 폴리우레탄

④ 페놀, 에폭시, 멜라민

50. 다음 중 구리에 대한 설명과 가장 거리가

먼 것은?

① 전기 및 열의 전도성이 우수하다.

② 전연성이 좋아 가공이 용이하다.

③ 건조한 공기 중에서는 산화하지 않는다.

④ 광택이 없으며 귀금속적 성질이 나쁘다.

51. 레이디얼 볼 베어링 '6304'에서 한계속도 계수(dN, mm · rpm)값을 120000이라 하면, 이 베어링의 최고 사용 회전수는 약 몇 rpm인가?

① 4500

② 6000

③ 6500

④ 8000

52. 그림과 같은 기어열에서 각각의 잇수가 Z_A는 16, Z_B는 60, Z_C는 12, Z_D는 64인 경우 A 기어가 있는 I축이 1500rpm으로 회전할 때, D 기어가 있는 III축의 회전수는 얼마인가?

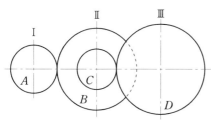

① 56rpm

② 60rpm

③ 75rpm

④ 85rpm

해설 $\dfrac{Z_A}{Z_B} = \dfrac{N_B}{N_A}$ 이므로 $\dfrac{16}{60} = \dfrac{N_B}{1500}$

∴ $N_B = 400\,\text{rpm}$

$\dfrac{Z_C}{Z_D} = \dfrac{N_D}{N_C}$ 이므로 $\dfrac{12}{64} = \dfrac{N_D}{400}$ ∴ $N_D = 75\,\text{rpm}$

53. 재료의 파손이론 중 취성 재료에 잘 일치하는 것은?

① 최대 주응력설 ② 최대 전단응력설

③ 최대 주변형률설 ④ 변형률 에너지설

54. 두 축을 주철 또는 주강제로 이루어진 2개의 반원통에 넣고 두 반원통의 양쪽을 볼트로 체결하며 조립이 용이한 커플링은?

① 클램프 커플링 ② 셀러 커플링

③ 퍼프 커플링 ④ 플랜지 커플링

해설 클램프 커플링은 두 개로 분할한 원통을 두 축의 연결 단에 덮어씌우고 볼트로 체결하며 토크를 전달하는 커플링으로, 분할 원통 커플링이라고도 한다.

55. 너클 핀 이음에서 인장 하중(P) 20kN을 지지하기 위한 핀의 지름(d_1)은 약 몇 mm 이상이어야 하는가? (단, 핀의 전단 응력은 50N/mm²이며 전단 응력만 고려한다.)

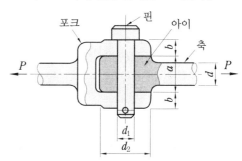

① 10

② 16

③ 20

④ 28

해설 $d_1 = \dfrac{\sqrt{2 \times 20000}}{\pi \times 50} ≒ 16\,\text{mm}$

56. 원주 속도는 5m/s로 22kW의 동력을 전달하는 평벨트 전동장치에서 긴장측 장력은 약 몇 N인가? (단, 벨트의 장력비($e^{\mu\theta}$)는 2이다.)

① 450

② 660

2019년

③ 750 ④ 880

해설 $H = \dfrac{T_1 v}{102 \times 9.81} \times \dfrac{e^{\mu\theta} - 1}{e^{\mu\theta}}$

$2.2 = \dfrac{5 T_1}{102 \times 9.81} \times \dfrac{1}{2}$

$\therefore T_1 = \dfrac{2.2 \times 2 \times 102 \times 9.81}{5} \fallingdotseq 880 \, \text{N}$

57. 접합할 모재의 한쪽에 구멍을 뚫고 판재의 표면까지 용접하여 다른 쪽 모재와 접합하는 용접 방법은?

① 그루브 용접 ② 필릿 용접

③ 비드 용접 ④ 플러그 용접

58. 스프링의 용도와 거리가 먼 것은?

① 하중의 측정 ② 진동 흡수

③ 동력 전달 ④ 에너지 축적

해설 스프링의 용도
- 진동 흡수, 충격 완화
- 에너지 저축(시계 태엽)
- 압력의 제한 및 힘의 측정
- 기계 부품의 운동 제한 및 운동 전달

59. 기계의 운동 에너지를 마찰에 따른 열에너지 등으로 변환·흡수하여 속도를 감소시키는 장치는?

① 기어 ② 브레이크

③ 베어링 ④ V-벨트

해설 브레이크는 기계의 운동 에너지를 흡수하여 속도를 느리게 하거나 정지시키는 장치이다.

60. 축 방향으로 10000N의 인장 하중이 작용하는 볼트에서 골지름은 약 몇 mm 이상이어야 하는가? (단, 볼트의 허용 인장 응력은 48N/mm²이다.)

① 13.2 ② 14.6

③ 15.4 ④ 16.3

해설 $d = \sqrt{\dfrac{2W}{\sigma}} = \sqrt{\dfrac{2 \times 10000}{48}} \fallingdotseq 20.4$

$\therefore d_1 = 0.8 d \fallingdotseq 16.3 \, \text{mm}$

제4과목 : 컴퓨터 응용 설계

61. 다음 중 베지어(Bezier) 곡선의 특징이 아닌 것은?

① 다각형의 양 끝의 선분은 시작점과 끝점의 접선 벡터와 다른 방향이다.

② 곡선은 정점을 통과시킬 수 있는 다각형의 내측에 존재한다.

③ 1개의 정점 변화가 곡선 전체에 영향을 미친다.

④ 곡선은 양단의 끝점을 반드시 통과한다.

해설 베지어 곡선은 1개의 정점 변화가 곡면 전체에 영향을 주며, 시작점과 끝점과는 관련이 없다.

62. 컴퓨터 하드웨어의 기본적인 구성 요소라고 할 수 없는 것은?

① 중앙처리장치(CPU)

② 기억장치(memory unit)

③ 운영체제(operating system)

④ 입출력 장치(input-output device)

해설 운영체제는 소프트웨어이다.

63. 중심점이 (1, 2, 3)이고 반지름이 5인 구면(spherical surface)의 점 (4, 2, 7)에서 단위 법선 벡터 $\vec{n}$을 계산한 것으로 옳은 것은? (단, $\hat{i}, \hat{j}, \hat{k}$는 각각 x, y, z축 방향의 단

위 벡터이다.)

① $\vec{n}=0.6\hat{i}+0.8\hat{j}$ ② $\vec{n}=0.6\hat{i}+0.8\hat{k}$
③ $\vec{n}=0.8\hat{i}+0.6\hat{j}$ ④ $\vec{n}=0.8\hat{i}+0.6\hat{k}$

64. 국제표준화기구(ISO)에서 제정한 제품모델의 교환과 표현의 표준에 관한 줄인 이름으로 형상 정보뿐만 아니라 제품의 가공, 재료, 공정, 수리 등 수명주기 정보의 교환을 지원하는 것은?

① IGES ② DXF
③ SAT ④ STEP

해설 STEP : 제품 데이터의 표현 및 교환을 위한 국제 표준 규격으로, 이때 제품 데이터는 개념설계에서 상세설계, 시제품, 생산지원 등 제품 관련 모든 부분에 적용이 되는 데이터를 의미한다.

65. 다음 설명의 특징을 가진 곡면에 해당하는 것은?

> • 평면상의 곡선뿐만 아니라 3차원 공간에 있는 형상도 간단히 표현할 수 있다.
> • 곡면의 일부를 표현하고자 할 때는 매개변수의 범위를 두므로 간단히 표현할 수 있다.
> • 곡면의 좌표변환이 필요하면 단순히 주어진 벡터만을 좌표변환하여 원하는 결과를 얻을 수 있다.

① 원뿔(cone) 곡면
② 퍼거슨(ferguson) 곡면
③ 베지어(bezier) 곡면
④ 스플라인(spline) 곡면

66. 미국 표준협회에서 제정한 코드로 기계와 기계 또는 시스템과 시스템 사이의 상호 정보 교환을 목적으로 개발된 7비트 혹은 8비트로 한 문자를 표현하며, 총 128가지의 문자를 표현할 수 있는 코드는?

① BCD ② ELA
③ EBCDIC ④ ASCII

해설 ASCII : 미국 정보 교환 표준 부호로, 소형 컴퓨터에서 문자 데이터(문자, 숫자, 문장 부호)와 입출력 장치 명령(제어문자)을 나타내는데 사용되는 표준 데이터 전송 부호이다.

67. 변환 행렬(matrix)을 사용할 필요가 없는 작업은?

① scaling ② erasing
③ rotation ④ reflection

68. 솔리드 모델링 기법에서 B-rep 방식을 사용하는 경우 물체를 형성하는 데 사용되는 기본요소로서 위상요소가 아닌 것은?

① 면(face) ② 공간(space)
③ 모서리(edge) ④ 꼭짓점(vertex)

69. 다음 행렬의 곱(AB)을 옳게 구한 것은?

$$A=\begin{bmatrix} 2 & 4 \\ 1 & 3 \end{bmatrix} \quad B=\begin{bmatrix} 6 & -1 \\ 3 & 5 \end{bmatrix}$$

① $\begin{bmatrix} 24 & 18 \\ 14 & 15 \end{bmatrix}$ ② $\begin{bmatrix} 18 & 24 \\ 15 & 14 \end{bmatrix}$

③ $\begin{bmatrix} 24 & 18 \\ 15 & 14 \end{bmatrix}$ ④ $\begin{bmatrix} 18 & 24 \\ 14 & 15 \end{bmatrix}$

해설 $AB=\begin{bmatrix} 2 & 4 \\ 1 & 3 \end{bmatrix}\begin{bmatrix} 6 & -1 \\ 3 & 5 \end{bmatrix}$

2019년

$$=\begin{bmatrix} 12+12 & -2+20 \\ 6+9 & -1+15 \end{bmatrix}=\begin{bmatrix} 24 & 18 \\ 15 & 14 \end{bmatrix}$$

70. 다음은 3차원 모델링에 대한 설명으로 틀린 것은?

① 와이어 프레임 모델링은 구조가 간단하여 도형 처리가 용이하다.
② 서피스 모델링은 은선 제거가 가능하다.
③ 솔리드 모델링은 데이터를 처리하는 데 소요되는 시간이 상대적으로 짧다.
④ 서피스 모델링은 내부에 관한 정보가 없어 해석용 모델로는 사용하지 못한다.

71. CAD 용어 중 회전 특징 형상 모양으로 잘려나간 부분에 해당하는 특징 형상은?

① 그루브(groove) ② 챔퍼(chamfer)
③ 라운드(round) ④ 홀(hole)

해설 • 챔퍼 : 모서리를 45° 모따기하는 형상
• 라운드 : 모서리를 둥글게 블렌드하는 형상
• 홀 : 물체에 진원으로 파인 구멍 형상

72. 제품 도면 정보가 컴퓨터에 저장되어 있는 경우 공정계획을 컴퓨터를 이용하여 빠르고 정확하게 수행하고자 하는 기술은?

① CAPP(Computer – Aided Process Planning)
② CAE(Computer–Aided Engineering)
③ CAI(Computer–Aided Inspection)
④ CAD(Computer–Aided Design)

해설 CAPP : CAD 및 CAM 등 사람이 해 오던 공정계획을 컴퓨터의 발달과 더불어 이를 이용하여 좀 더 빠르고 정확하게 공정계획을 세우고자 하는 분야이다.

73. 기본 입체에 적용한 불리안(Boolean) 연산과정을 트리구조로 저장하는 CSG 구조에 대한 설명으로 틀린 것은?

① 내부와 외부가 분명하게 구분되지 않는 입체라도 구현이 가능한다.
② 자료구조가 간단하고 데이터 양이 적어 데이터의 관리가 용이하다.
③ CSG 표현은 대응되는 B–rep 모델로 치환 가능하다.
④ 파라메트릭(Parametric) 모델링의 구현이 쉽다.

74. 화면에 CAD 모델들을 현실감 있게 나타내기 위해 채색이나 음영 등을 주는 작업은 무엇인가?

① animation ② simulation
③ modelling ④ rendering

해설 렌더링 : 평면에 현실감을 나타내기 위해 여러 가지 방법을 이용하여 모델들을 입체적으로 보이게 하는 작업이다.

75. 분산 처리형 CAD 시스템이 갖추어야 할 기본 성능에 해당하지 않는 것은?

① 사용자별로 단일 프로세서를 사용하거나 혹은 정보통신망으로 각자의 시스템별로 상호 간에 연결되어 중앙에서 제어받는 것과 같은 방식으로도 사용할 수 있어야 한다.
② 어떤 시스템에서 작성된 자료나 프로그램을 다른 사용자가 사용하고자 할 때 언제라도 해당 자료를 사용하거나 보내줄 수 있어야 한다.
③ 분산 처리 시스템의 주 시스템과 부 시스템에서 각각 별도의 자료 처리 및 계산 작업이 이루어질 수 있어야 한다.

정답 **70.** ③ **71.** ① **72.** ① **73.** ① **74.** ④ **75.** ④

④ 자료의 정합성을 담보하기 위해 일부 시스템에 고장이 발생하면 다른 시스템에서도 자료의 이동 및 교환을 막아야 한다.

해설 분산 처리형은 일부 시스템에서 고장이 나더라도 다른 시스템에는 영향을 주지 않는다.

76. CAD 시스템의 입력장치 중 미리 작성된 문자나 도형의 이미지 입력에 사용되는 장치는?

① 프린터   ② 키보드
③ 스캐너   ④ 섬휠

77. 평면 좌푯값 (x, y)에서 x, y가 다음과 같은 식으로 주어질 때 그리는 궤적의 모양은? (단, r은 일정한 상수이다.)

$$x=r\cos\theta, \ y=r\sin\theta \ (-\pi \leq \theta \leq \pi)$$

① 원   ② 타원
③ 쌍곡선   ④ 포물선

해설 $x=r\cos\theta$, $y=r\sin\theta$를
원의 방정식 $x^2+y^2=r^2$에 대입하면
$r^2\cos^2\theta+r^2\sin^2\theta=r^2$
$r^2(\cos^2\theta+\sin^2\theta)=r^2$
$r^2=r^2$으로 식이 성립한다.
따라서 알맞은 자취(궤적)의 모양은 원이다.

78. 일반적으로 CAD 도면에서 형상 정보로 분류될 수 있는 것은?

① 부품의 수량   ② 부품의 재질
③ 부품 간의 위치   ④ 부품의 제작 방법

79. 솔리드 모델을 구성하는 면의 일부 혹은 전부를 원하는 방향으로 당겨서 결과적으로 물체가 늘어나도록 하는 모델링 작업은?

① 스키닝(skinning)
② 리프팅(lifting)
③ 스위핑(sweeping)
④ 트위킹(tweaking)

80. 다음에서 설명하고 있는 모델링 방식은?

- CSG 등의 물체 표현 방식이 있다.
- 표면적, 부피, 관성 모멘트 계산이 가능하다.

① 와이어 프레임 모델
② 서피스 모델
③ 솔리드 모델
④ 지오메트릭 모델

해설 솔리드 모델링의 특징
- 은선 제거가 가능하다.
- 물리적 성질의 계산이 가능하다.
- 간섭 체크가 용이하다.
- 불 연산을 통해 복잡한 형상 표현이 가능하다.
- 형상을 절단한 단면도 작성이 용이하다.
- 이동 · 회전 등을 통하여 정확한 형상을 파악할 수 있다.

2019년

기계설계산업기사 필기 3200제

2019년 5월 20일 인쇄
2019년 5월 25일 발행

편저 : 이광수
펴낸이 : 이정일

펴낸곳 : 도서출판 **일진사**
www.iljinsa.com

(우)04317 서울시 용산구 효창원로 64길 6
대표전화 : 704-1616, 팩스 : 715-3536
등록번호 : 제1979-000009호(1979.4.2)

값 25,000원

ISBN : 978-89-429-1587-3

* 이 책에 실린 글이나 사진은 문서에 의한 출판사의
동의 없이 무단 전재 · 복제를 금합니다.